网站开发案例课堂

Photoshop网页设计与配色案例课堂

刘玉红　编著

清华大学出版社
北　京

内 容 简 介

全书共分为20章，分别介绍了初识Photoshop CS6、图像的简单编辑、选区的创建与基本操作、调整图像的色彩、绘制与修饰图像、快速制作图像特效、图层蒙版与通道的应用、制作网页文字特效、制作网页按钮与导航条、制作网页特效边线与背景、制作网站Logo、制作网页Banner、网页配色基础概述、网页配色的要领、网页配色的色彩表现、配色工具的使用、根据网页色调进行配色、不同网站网页配色设计分析。最后以2个综合网站的设计为例进行讲解，通过每章的综合实例，使读者进一步巩固所学知识，提高综合实战能力。

本书涉及面广泛，几乎涉及了Photoshop CS6网页设计与配色的所有重要知识，适合所有网页设计初学者快速入门，同时也适合想全面了解Photoshop CS6网页设计与配色的设计人员阅读。

本书内容丰富全面，图文并茂，通俗易懂，便于读者理解并掌握Photoshop CS6网页设计与配色的技术，从而能解决实际生活和工作中的问题，真正做到知其然更知其所以然。本书条理清晰、系统地为读者介绍了其希望了解的网页设计技巧。

本书注重实用，可操作性强，详细讲解书中每一个知识点和技巧，真正体现本书“完全”的含义，是一本物超所值的好书。

图书在版编目(CIP)数据

Photoshop网页设计与配色案例课堂/刘玉红编著. --北京：清华大学出版社，2015
(网站开发案例课堂)
ISBN 978-7-302-38555-4

Ⅰ. ①P… Ⅱ. ①刘… Ⅲ. ①网页制作工具 Ⅳ. ①TP393.092

中国版本图书馆CIP数据核字(2014)第273672号

责任编辑：张彦青
封面设计：杨玉兰
责任校对：马素伟
责任印制：李红英

出版发行：清华大学出版社
网　　址：http://www.tup.com.cn，http://www.wqbook.com
地　　址：北京清华大学学研大厦A座　　邮　　编：100084
社 总 机：010-62770175　　邮　　购：010-62786544
投稿与读者服务：010-62776969，c-service@tup.tsinghua.edu.cn
质 量 反 馈：010-62772015，zhiliang@tup.tsinghua.edu.cn
课 件 下 载：http://www.tup.com.cn,010-62791865
印 刷 者：清华大学印刷厂
装 订 者：三河市溧源装订厂
经　　销：全国新华书店
开　　本：190mm×260mm　　**印　张**：28.75　　**字　数**：699千字
(附DVD1张)
版　　次：2015年1月第1版　　**印　次**：2015年1月第1次印刷
印　　数：1～3000
定　　价：59.00元

产品编号：058033-01

前　言

Photoshop CS6在网页设计和配色方面的应用越来越普遍，包括版面设计，按钮的制作及应用，制作Banner和导航条、制作网页广告、文字特效，网页其他组成部分的设计和制作等内容。对初学者来说，实用性强和易于操作是目前最大的需求。本书针对想学习网页设计和配色的初学者的需要编写而成，能让初学者快速入门后提高实战水平。

本书特色

知识丰富全面：知识点由浅入深，涵盖了所有Photoshop CS6的网页设计和配色知识点，使读者由浅入深地掌握Photoshop CS6在网页设计和配色方面的技能。

图文并茂：注重操作，图文并茂，在介绍案例的过程中，每一个操作均有对应的插图。这种图文结合的方式能让读者在学习过程中直观、清晰地看到操作的过程以及效果，便于更快地理解和掌握。

易学易用：本书的编写颠覆了传统“看”书的观念，使本书成为一本能“操作”的图书。

案例丰富：把知识点融汇于系统的案例实训当中，并且结合经典案例进行讲解和拓展，从而达到使读者“知其然，并知其所以然”的效果。

提示技巧、贴心周到：本书对读者在学习过程中可能会遇到的疑难问题以“提示”和“技巧”等形式进行了说明，以免读者在学习的过程中走弯路。

超值赠送：除了素材和结果外，本书还将赠送封面所述的大量的资源，通过它们，读者可以全面掌握网页设计和配色方方面面的知识。

读者对象

本书不仅适合网页设计和配色初级读者入门学习，还可作为中、高级用户的参考手册。书中大量的实例模拟真实的网页设计案例，对读者的工作有现实的借鉴作用。

鸣谢

除刘玉红外，还有胡同夫、梁云亮、王攀登、王婷婷、陈伟光、包慧利、孙若淞、肖品、王维维和刘海松等人参与了本书的编写工作。编者虽然倾注了努力，但由于水平有限、时间仓促，书中难免有疏漏之处，请读者谅解。如果遇到问题或有任何意见和建议，敬请与我们联系，我们将全力提供帮助。

编　者

目 录

第1章 初识 Photoshop CS6

Photoshop CS6 是专业的图形图像处理软件，是优秀设计师的必备工具之一。Photoshop 不仅为图形图像设计提供了一个更加广阔的发展空间，而且在图像处理中还有化平凡为神奇的功能。

1.1 启动与退出 Photoshop CS6

掌握软件的正确启动与退出的方法是学习软件应用的必要条件。Photoshop CS6软件的启动方法与其他软件基本相同，具体介绍如下。

1.1.1 启动 Photoshop CS6

启动Photoshop CS6的方法有3种。

(1) 从【开始】菜单启动Photoshop CS6。

选择【开始】→【程序】→Adobe Photoshop CS6菜单命令，即可启动Photoshop CS6程序，如图1-1所示。

(2) 直接双击桌面快捷方式图标启动Photoshop CS6。

安装Photoshop CS6时，安装向导会自动地在桌面上添加一个Photoshop CS6的快捷方式图标Ps；用户直接双击桌面上的Photoshop CS6快捷方式图标，即可启动Photoshop CS6。

(3) 在Windows资源管理器中双击Photoshop CS6的文档文件，如图1-2所示。

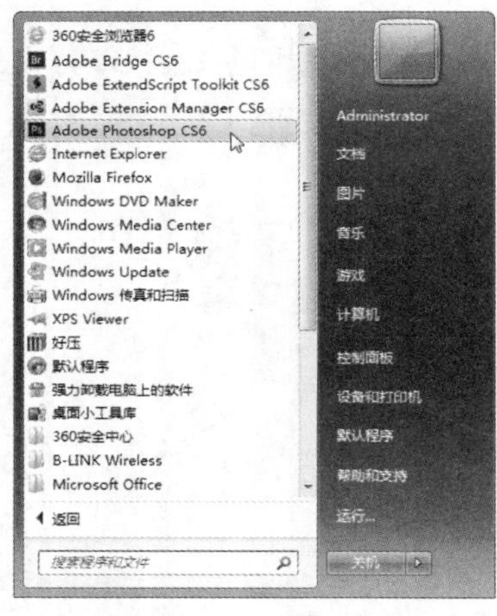

图 1-1 【开始】菜单

图 1-2 Photoshop CS6 文档文件

1.1.2 退出 Photoshop CS6

退出Photoshop CS6的方法有4种。

(1) 通过【文件】菜单退出Photoshop CS6。

选择Photoshop CS6菜单栏中的【文件】→【退出】菜单命令，如图1-3所示。

(2) 通过标题栏退出Photoshop CS6。

单击Photoshop CS6标题栏左侧的图标Ps，在弹出的下拉菜单中选择【关闭】命令，如图1-4所示。

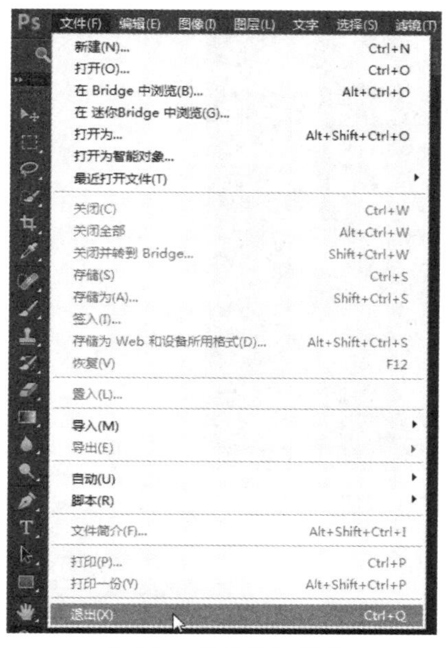

图 1-3　【文件】菜单

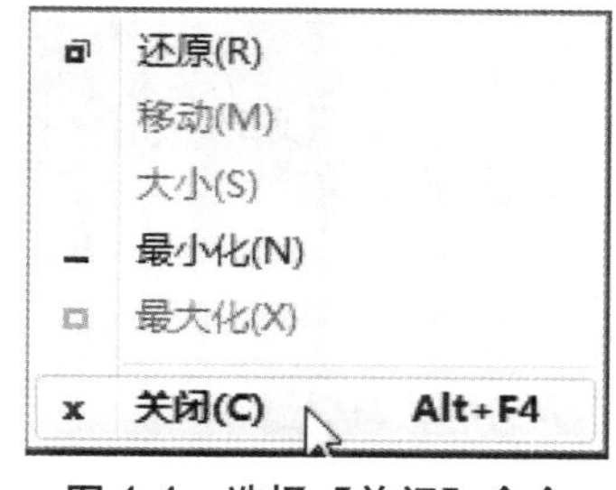

图 1-4　选择【关闭】命令

(3) 通过【关闭】按钮退出Photoshop CS6。

单击Photoshop CS6界面右上角的【关闭】按钮退出Photoshop CS6。此时若用户的文件没有保存，程序会弹出一个对话框提示用户是否保存；若用户的文件已经保存过，程序则会直接关闭，如图1-5所示。

(4) 利用快捷键退出Photoshop CS6。

按Alt+F4组合键退出Photoshop CS6。此时若用户的文件没有保存，程序会弹出一个提示框提示用户是否保存，如图1-6所示。

图 1-5　【关闭】按钮

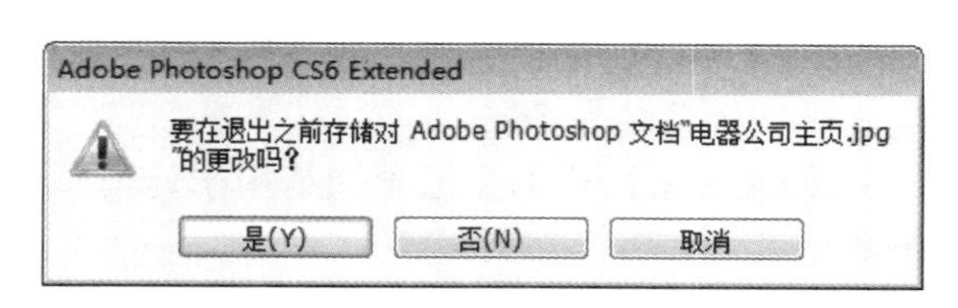

图 1-6　信息提示框

1.2　认识 Photoshop CS6 的工作界面

Photoshop CS6的工作界面的设计非常系统化，便于操作和理解，同时也易于被人们所接受。其主要由标题栏、菜单栏、工具箱、任务栏、调色板和工作区等几个部分组成。图1-7所示为Photoshop CS6的工作界面。

图 1-7　Photoshop 的工作界面

1.2.1　认识菜单栏

Photoshop CS6中有10个主菜单，每个菜单内都包含一系列命令，这些命令按照不同的功能采用分割线进行分离，如图1-8所示。

Ps　文件(F)　编辑(E)　图像(I)　图层(L)　文字(Y)　选择(S)　滤镜(T)　视图(V)　窗口(W)　帮助(H)

图 1-8　菜单栏

菜单栏包含执行任务的菜单，这些菜单是按主题进行组织的。

(1)【文件】菜单中包含的是用于处理文件的基本操作命令，如新建、保存、退出等菜单命令。

(2)【编辑】菜单中包含的是用于进行基本编辑操作的命令，如填充、自动混合图层、定义图案等菜单命令。

(3)【图像】菜单中包含的是用于处理画布图像的命令，如模式、调整、图像大小等菜单命令。

(4)【图层】菜单中包含的是用于处理图层的命令，如新建、图层样式、合并图层等菜单命令。

(5)【文字】菜单中包含的是用于处理文字的命令，如字体大小、文字变形、转换文本形状类型等。

(6)【选择】菜单中包含的是用于处理选区的命令，如修改、变换选区、载入选区等菜单命令。

(7)【滤镜】菜单中包含的是用于处理滤镜效果的命令，如滤镜库、风格化、模糊等菜单命令。

(8)【视图】菜单中包含的是一些基本的视图编辑命令，如放大、打印尺寸、标尺等菜单命令。

(9)【窗口】菜单中包含的是一些基本的调板启用命令。

(10)【帮助】菜单中包含的是一些帮助命令。

1.2.2 认识工具箱

在默认情况下，工具箱将出现在屏幕左侧。可通过拖移工具箱的标题栏来移动它，也可以通过选择【窗口】→【工具】菜单命令，显示或隐藏工具箱，工具箱如图1-9所示。

工具箱中的某些工具有出现在上下文相关工具选项栏中的选项。通过这些工具，可以进行选择、绘画、绘制、取样、编辑、移动、注释和查看图像等操作。通过工具箱中的工具，还可以更改前景色/背景色以及在不同的模式下工作。

工具图标右下角的小三角形表示存在隐藏工具，可以展开某些工具以查看它们后面的隐藏工具。图1-10所示为选框工具的隐藏工具列表。

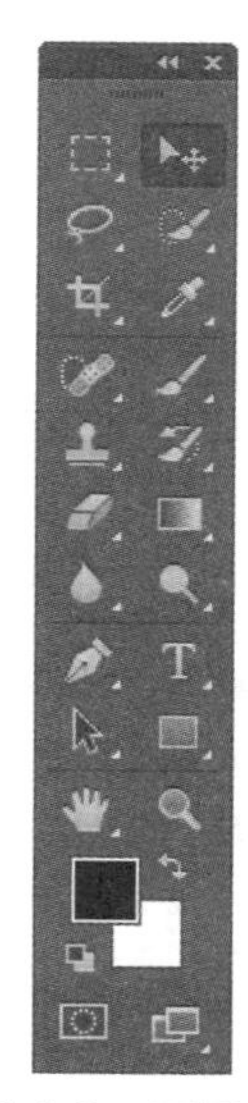

图 1-9 工具箱

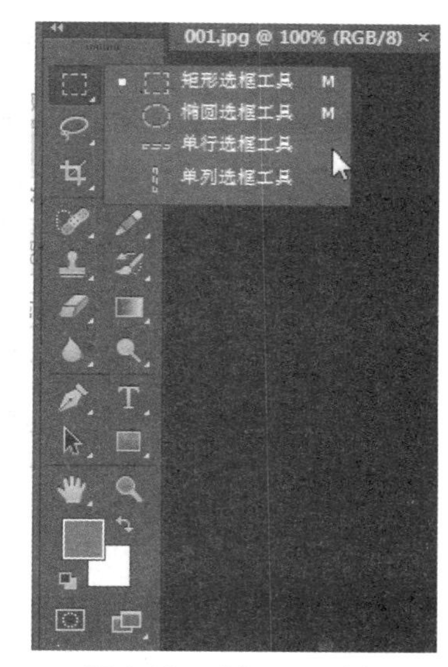

图 1-10 选框工具列表

双击工具箱顶部的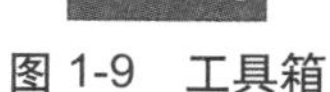按钮可以实现工具箱的展开和折叠。如果工具的右下角有一个黑色的三角形，说明该工具是一组工具（还有隐藏的工具）。把鼠标光标放置在工具上，按下鼠标左键并且停几秒钟就会展开隐藏的工具。

1.2.3 认识选项栏

大多数工具的选项都会在选中该工具的状态下在选项栏中显示，选中【移动工具】时的选项栏如图1-11所示。

图 1-11 选中【移动工具】时的选项栏

选项栏与工具相关，并且会因所选工具的不同而变化。选项栏中的一些设置（例如绘画模式和不透明度）对于许多工具都是通用的，但是有些设置则专用于某个工具（例如用于铅笔工具的【自动抹掉】设置）。

1.2.4 认识调板

使用调板可以监视和修改图像。Photoshop CS6中的常用调板主要有图层、通道、路径等。

1. 【图层】调板

【图层】调板列出了图像中的所有图层、图层组和图层效果。可以使用【图层】调板来显示和隐藏图层、创建新图层以及处理图层组，如图1-12所示。

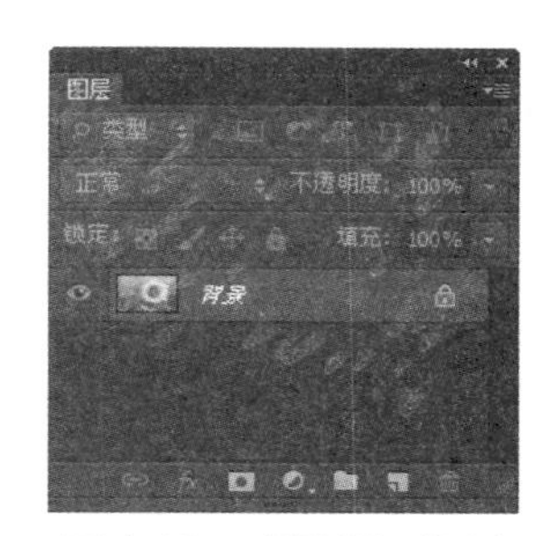

图 1-12 【图层】调板

2. 【通道】调板

【通道】调板列出了图像中的所有通道，对于RGB、CMYK和Lab图像，将最先列出复合通道。通道内容的缩览图显示在通道名称的左侧，在编辑通道时会自动更新缩览图，如图1-13所示。

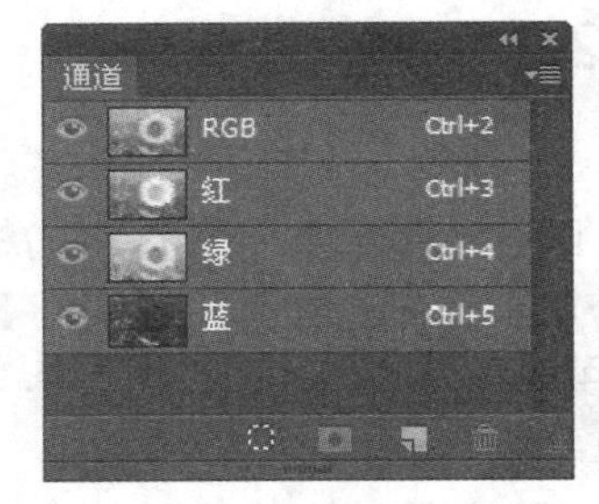

图 1-13　【通道】调板

3. 【路径】调板

【路径】调板列出了每条存储的路径、当前工作路径和当前矢量蒙版的名称和缩览图像，如图1-14所示。

选择【窗口】命令可以控制面板的显示与隐藏。默认情况下，调板以组的方式堆叠在一起。用鼠标左键拖曳调板的顶端移动位置可以移动调板组。还可以单击调板左侧的各类调板标签打开相应的调板。

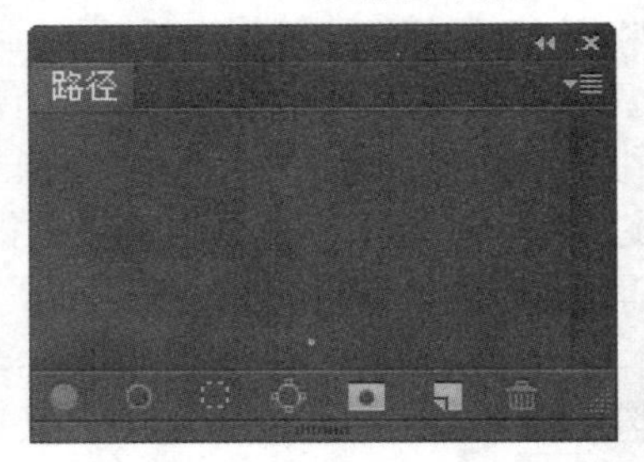

图 1-14　【路径】调板

1.2.5　认识属性栏

状态栏位于每个文档窗口的上部，显示工具参数的相关信息，例如在【工具栏】中单击【矩形工具】按钮，则属性栏中显示矩形工具的绘图类型、样式和颜色等属性参数，如图1-15所示。

图 1-15　属性栏

1.2.6　认识状态栏

状态栏位于每个文档窗口的底部，显示相关信息，例如现用图像的当前放大倍数、文件大小以及当前工具用法的简要说明等，如图1-16所示。

图 1-16　状态栏

单击状态栏上的白色三角形可以弹出一个菜单，如图1-17所示。

选择相应的图像状态，状态栏的信息显示情况也会随之改变，例如选择【暂存盘大小】命令，状态栏中将显示有关暂存盘大小的信息。

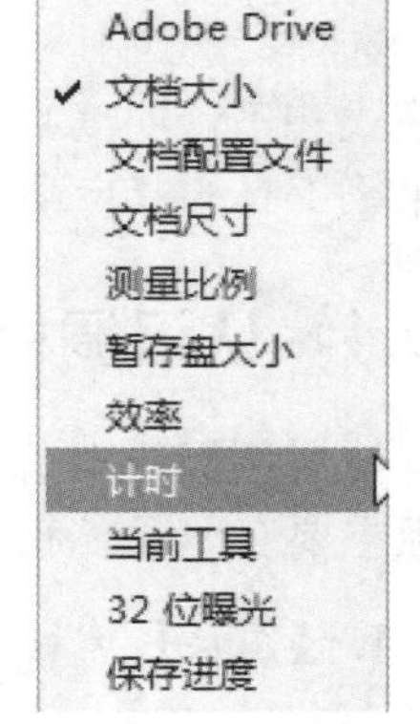

图 1-17　状态栏菜单

1.3 了解 Photoshop CS6 的新增功能

在Photoshop CS6中，软件的界面与功能的结合更加趋于完美，各种命令与功能不仅得到了很好的扩展，还最大限度地为用户的操作提供了简捷、有效的途径。本节将介绍Photoshop CS6的新增功能。

1.3.1 全新的界面设计

Photoshop CS6采用的是经过重新设计的深色界面，据说能带来“更引人入胜的使用体验”。如果你更喜欢原来的浅灰色界面，也可以通过【编辑】→【首选项】→【界面】菜单命令，在打开的【首选项】对话框中进行设置，如图1-18所示。

为了方便用户进行操作，Photoshop CS6用户还可以对工作场景的背景色进行调整，将鼠标光标移动到场景中右击，然后在弹出的快捷菜单中选择即可，如图1-19所示。

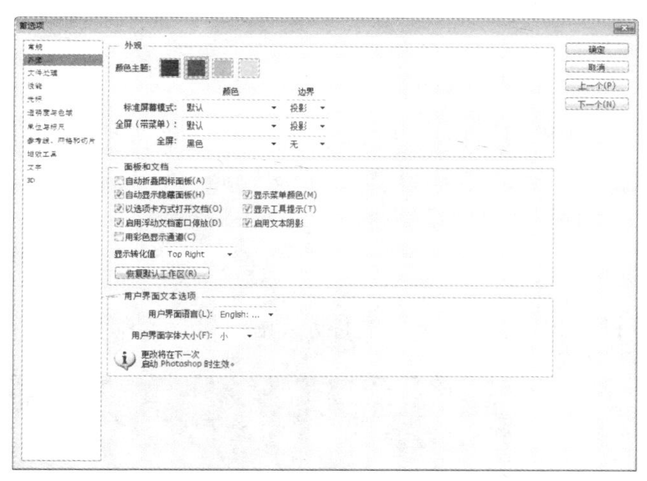

图 1-18 【首选项】对话框

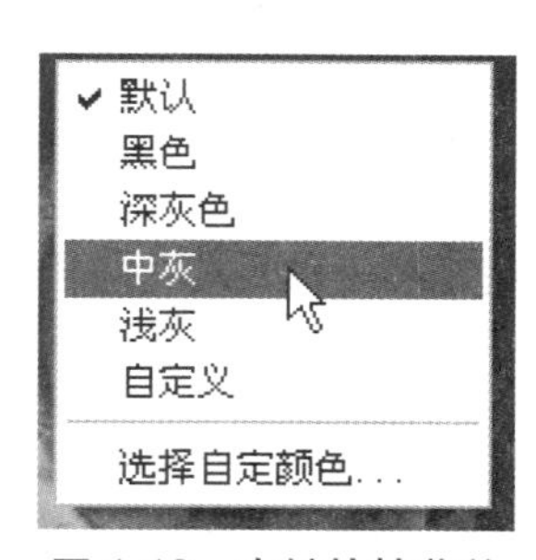

图 1-19 右键快捷菜单

1.3.2 内容感知移动工具

内容感知移动工具是CS6中的一个新工具，它能在用户整体移动图片中选中某物体时，智能填充物体原来的位置。使用内容感知移动工具移动物体的具体操作步骤如下。

步骤1 打开随书光盘中的“素材 \ch01\ 图 01.jpg”文件，单击工具箱中的内容感知移动工具，然后选出图片中需要进行移动的内容。在内容感知移动工具的属性栏中将模式选为移动，如图 1-20 所示。

步骤2 接下来按住鼠标左键不放进行拖动，将其拖动到需要放置的位置，释放鼠标，此时用户可以看到图片中的内容被完整地移植到其他地方，如图 1-21 所示。

图 1-20　选择需要移动的内容

图 1-21　移植内容

如果用户使用选择工具勾勒出的物体边缘比较粗糙，将它移至新的位置时，软件会将物体边缘与周围环境羽化融合。经测试发现，内容感知移动功能还不是很好用，总需要反复调整，在图片背景较为复杂的情况下更是如此。

1.3.3　模糊滤镜

Photoshop CS6新增的模糊功能非常出色，可以快速创建摄影模糊效果，在Photoshop CS6的模糊滤镜中，多了3个全新的滤镜，分别是场景模糊、光圈模糊和倾斜偏移。选择【滤镜】→【模糊】菜单命令，可以看到新增的3个模糊滤镜，如图1-22所示。

1. 场景模糊

步骤1　打开随书光盘中的“素材\ch01\图02.jpg”文件，如图1-23所示。

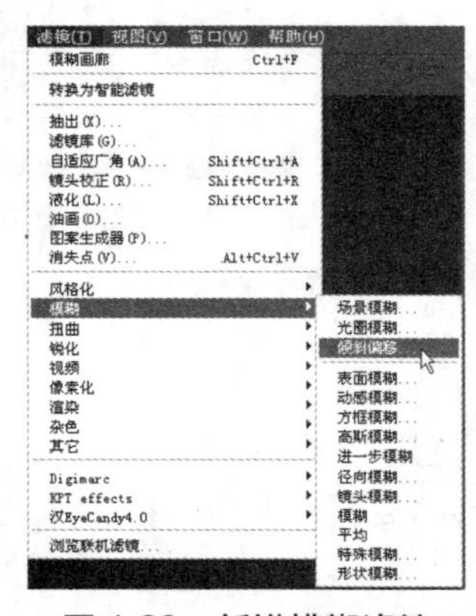

图 1-22　新增模糊滤镜

图 1-23　打开的素材文件

步骤2　选择【滤镜】→【模糊】→【场景模糊】菜单命令，打开【场景模糊】控制面板，如图1-24所示。

步骤3　用户可以通过主界面右侧的模糊控制面板上的滑块来调整照片模糊强弱程度，如图1-25所示。

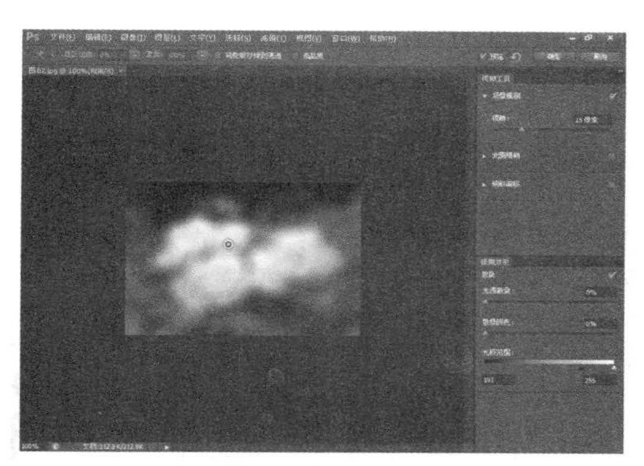

图 1-24 【场景模糊】控制面板

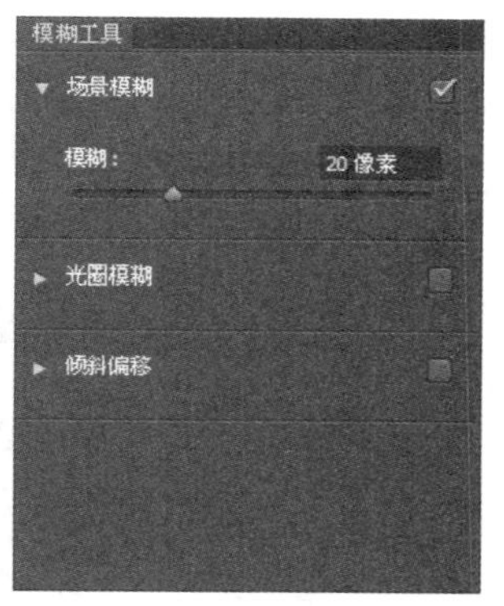

图 1-25 调整模糊强弱程度

步骤4 在【模糊效果】调板中可以设置场景模糊的效果，如图 1-26 所示。

步骤5 单击【确定】按钮，可以看到应用场景模糊之后的效果，如图 1-27 所示。

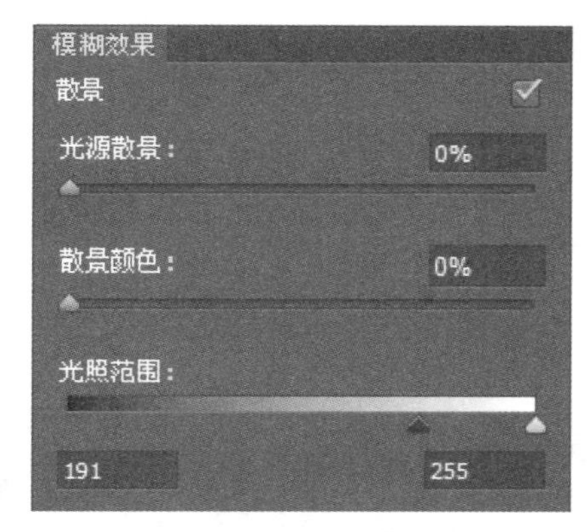

图 1-26 设置场景模糊效果

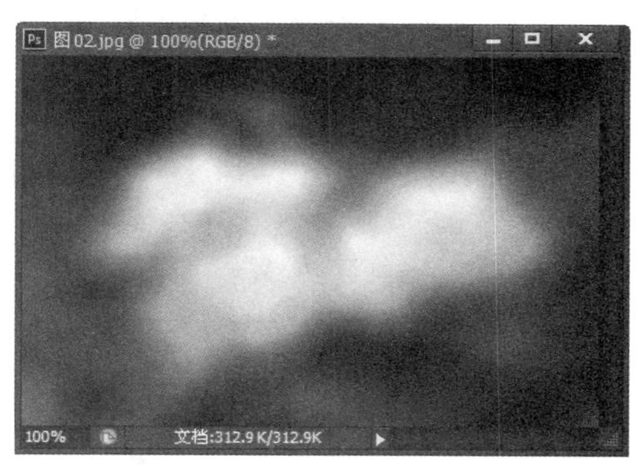

图 1-27 最终效果

2. 光圈模糊

步骤1 打开随书光盘中的“素材\ch01\图 03.jpg”文件，如图 1-28 所示。

步骤2 选择【滤镜】→【模糊】→【光圈模糊】菜单命令，打开【光圈模糊】控制面板。如图 1-29 所示。

图 1-28 打开的素材文件

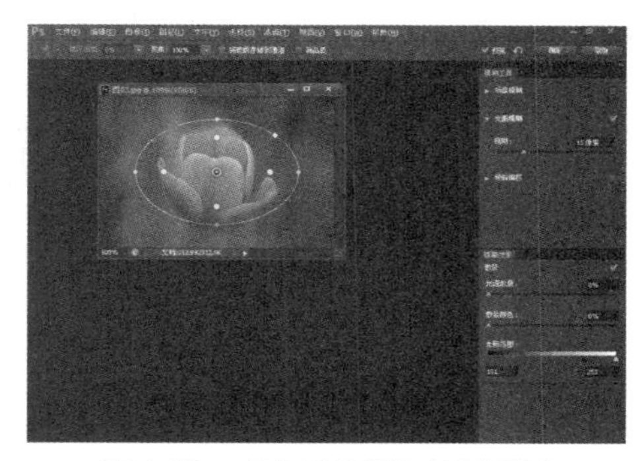

图 1-29 【光圈模糊】控制面板

步骤3 用户可以通过主界面右侧的模糊控制面板上的滑块来调整照片光圈模糊强弱程度，还可以通过移动控制点来设置模糊效果，用户可以为一张图片添加多个光圈模糊点，如图 1-30 所示。

步骤4 单击【确定】按钮，可以看到应用光圈模糊之后的效果，如图 1-31 所示。

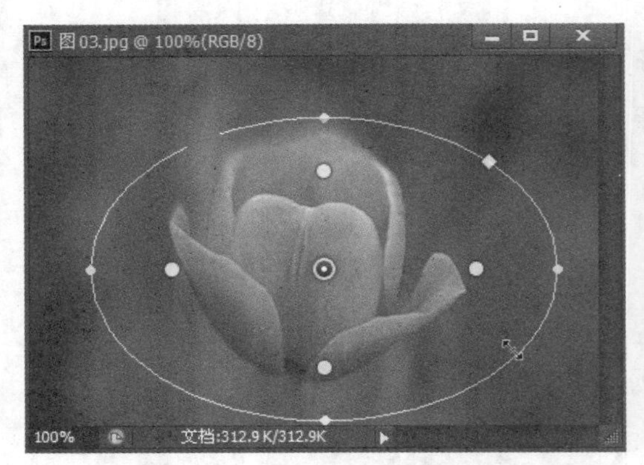

图 1-30　设置光圈模糊效果

图 1-31　最终效果

3. 倾斜偏移

步骤1 打开随书光盘中的“素材 \ch01\ 图 04.jpg”文件。如图 1-32 所示。

步骤2 选择【滤镜】→【模糊】→【倾斜偏移】菜单命令，打开【倾斜偏移】控制面板，如图 1-33 所示。

图 1-32　打开的素材文件

图 1-33　【倾斜偏移】控制面板

步骤3 在移轴效果控制面板中，通过边框的控制点改变移轴效果的角度以及效果的作用范围，如图 1-34 所示。

步骤4 通过边缘的两条虚线为移轴模糊过渡的起始点，通过调整移轴范围调整模糊的起始点，如图 1-35 所示。

图 1-34 设置边框控制点

图 1-35 设置起始点

步骤5 在移轴控制中心的控制点，拖曳该点可以调整移轴效果在照片上的位置以及移轴形成模糊的强弱程度，如图 1-36 所示。

步骤6 单击【确定】按钮，可以看到应用倾斜偏移模糊之后的效果，如图 1-37 所示。

图 1-36 设置模糊的强弱程度

图 1-37 最终效果

1.3.4 新增自动保存和图层搜索功能

以往用户使用Photoshop的时候，如果突然断电或死机，那么正在处理的文件将会丢失，而Photoshop CS6新增了自动保存功能，实现后台自动存档；没有进行保存的文件，下次启动Photoshop CS6将自动打开，新版的启动速度和打开速度非常快。

在Photoshop CS6的工作界面中选择【编辑】→【首选项】→【文件处理】菜单命令，打开【首选项】对话框，在【文件存储选项】区域中可以设置自动存储文件的时间间隔，如图1-38所示。

另外，Photoshop CS6新增了图层搜索功能。在使用Photoshop时很多朋友都会觉得图层查找是件非常麻烦的事情，特别是图层特别多时。Photoshop CS6就为用户解决了这一难题，加入图层搜索功能，就能快速地找到你要的图层。

在【图层】调板中单击【正常】按钮，在弹出的下拉列表中选择【名称】选项，如图1-39所示。

这时后面将出现一个文本框，在其中输入想要查看的图片，则在【图层】调板的下方将显示搜索出来的图层，如图1-40所示。

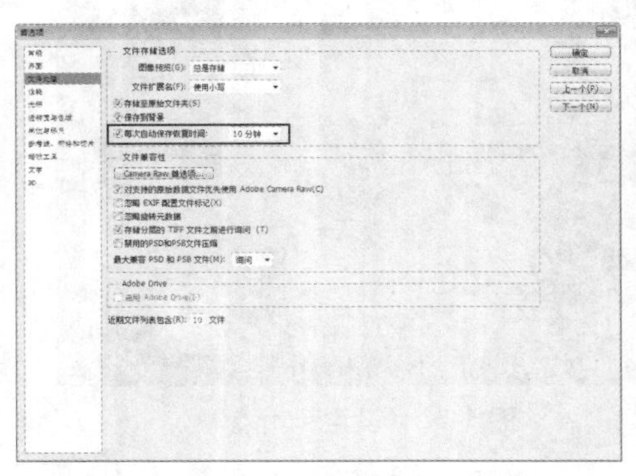

图 1-38　设置时间间隔

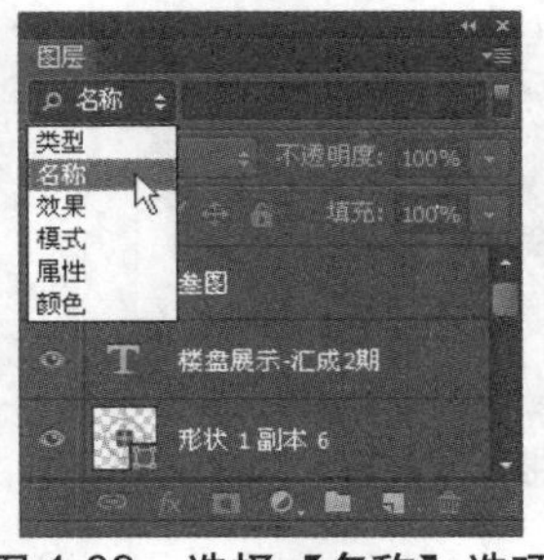

图 1-39　选择【名称】选项

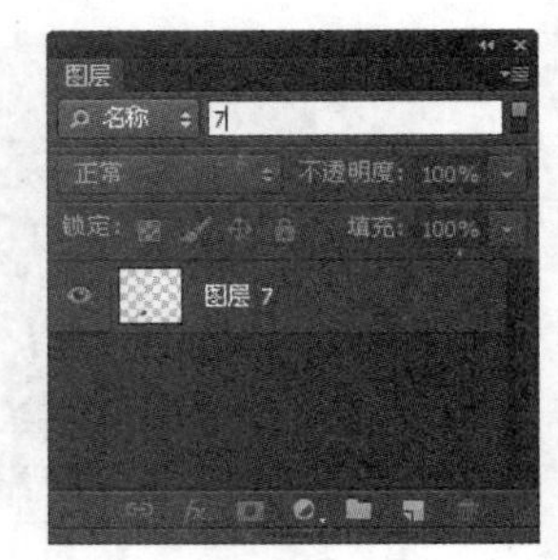

图 1-40　输入数值

1.3.5　一键美图功能

随着傻瓜式操作软件的普及，Adobe公司在Photoshop CS6版本中也新增了一键美图功能。用户只要通过鼠标拖曳滑块，就可以调整图片的色调、亮度、对比度等参数，使用简单，效果却非常不错，可以轻松实现一键美图的效果。

使用一键美图功能的具体操作步骤如下。

步骤1　打开随书光盘中的“素材\ch01\图05.jpg”文件，如图1-41所示。

步骤2　在【图层】调板中单击【创建新的填充或调整图层】按钮，在弹出的列表中选择【色相/饱和度】选项，如图1-42所示。

图 1-41　素材文件

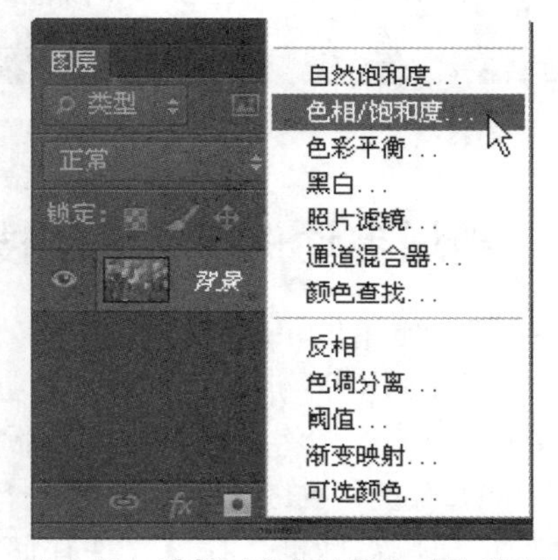

图 1-42　选择【色相/饱和度】选项

步骤3　打开【属性】面板，在其中单击【预设】后面的按钮，在弹出的下拉列表中选择【进一步增加饱和度】选项，如图1-43所示。

步骤4　这时可以看到图片自动调整了亮度、对比度、色相与饱和度，起到了美图作用，如图1-44所示。

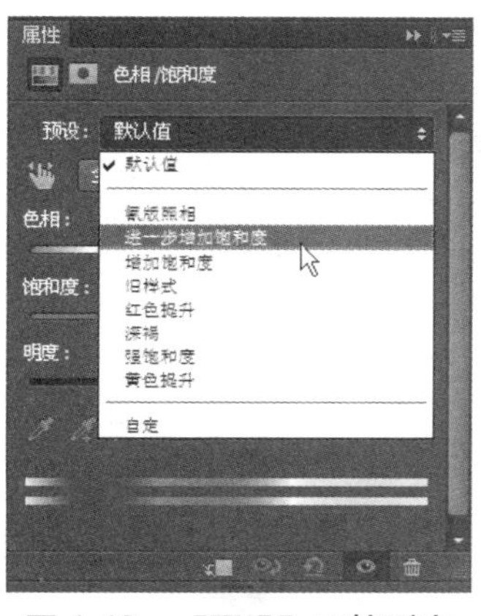

图 1-43 【预设】下拉列表

图 1-44 最终效果

1.3.6 全新的裁剪工具

以前使用裁剪工具时，是图片固定，然后对选择区域进行变形和移动；而新的裁剪工具则是让选择区域固定，可对图片进行移动和旋转。掌握这个工具的使用诀窍后，将让用户在使用过程中得心应手，如图1-45所示。

提示：如果用户已熟练运用旧版中裁剪工具的快捷键，这个重新设计后的工具可能会让用户很不习惯。

1.3.7 透视裁切工具

首先在工具箱中选择透视裁切工具，然后在画面中选取出要裁切的部分，透视裁切工具将透视影像进行裁切，并把画面拉直与转正，其操作也非常简单，用户只要把裁切点放在4个透视点上，就可自动地对画面进行裁切与转正，非常方便，如图1-46所示。

图 1-45 全新的裁剪工具

图 1-46 透视裁切工具

1.3.8 镜头矫正

摄影师在拍摄时，经常会使用到广角镜头拍摄。在使用广角镜头拍摄时，所产生的镜头畸变会让照片变焦产生变形。在Photoshop CS6中的滤镜中添加了全新的广角镜头矫正命令。在使用广角镜头矫正时，Photoshop CS6会自动纠正广角镜头拍摄时产生的变形。

使用【自适应广角】滤镜矫正图片的具体操作步骤如下。

步骤1 打开随书光盘中的“素材\ch01\图06.jpg”文件。选择【滤镜】→【自适应广角】菜单命令，打开【自适应广角】对话框，在其中可以设置相应的参数，如图1-47所示。

步骤2 单击【确定】按钮，可以看到矫正后的图片，如图1-48所示。

图1-47 【自适应广角】对话框

图1-48 矫正后的效果

提示 如果用户对软件自动计算效果不满意，可以根据需要手动调整纠正广角变形。在广角变形纠正中，可以通过鱼眼、透视、自动3种方式纠正广角镜头畸变，如图1-49所示。

另外，选择【滤镜】→【镜头矫正】菜单命令，可以打开【镜头矫正】对话框，在其中可以更直观地使用镜头矫正滤镜。网格显示默认为关闭，色差校正滑块允许进行小数点调整，此外还新增第三个滑块，以校正常见的绿色/洋红色色差，如图1-50所示。

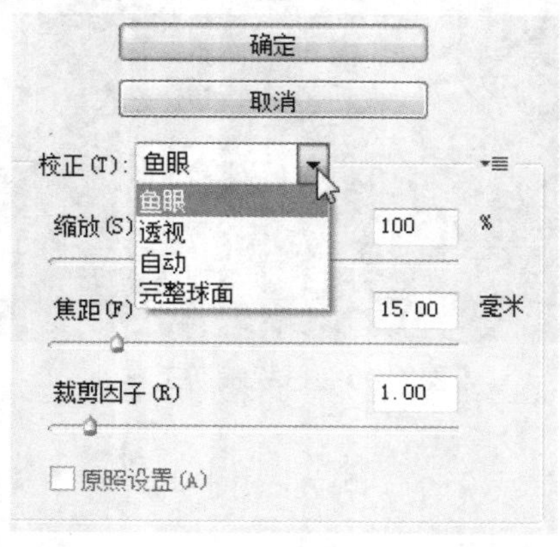

图1-49 参数面板

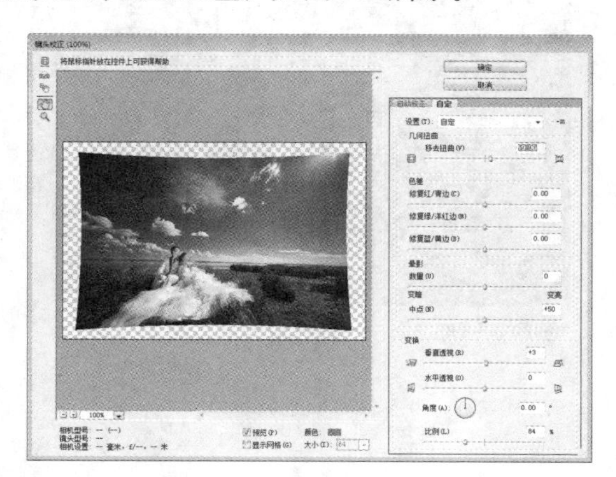

图1-50 【镜头矫正】对话框

1.3.9 视频处理功能

Photoshop CS6提供了功能强大的视频编辑功能，用户可以通过Photoshop CS6的视频处理功能来处理拍摄的视频文件。用户可以利用熟悉的各种Photoshop工具轻松地对视频文件进行处理、剪辑，制作出精美的影片，如图1-51所示。

Photoshop CS6在制作视频的时候可以通过设置关键帧的形式来设置素材的动画效果，其关键帧的设置和Premiere是非常相似的。用户可以通过设置素材的位置、透明度、风格来得到丰富多彩的动画效果，如图1-52所示。

图 1-51 【时间轴】面板

图 1-52 在【时间轴】面板中添加素材

1.3.10 迷你管理器

在Photoshop CS6版本中新增加的Mini Bridge特性使得文件浏览工具直接集成到CS6中。保持Mini Bridge媒体管理器为开启状态，就能通过它轻松直观地浏览和使用电脑中保存的图片与视频。这是对常用文件打开功能的一个很好补充，可以有效减少文件打开操作。【迷你管理器】面板如图1-53所示。

1.3.11 全新的 Adobe Mercury 图形引擎

全新的Adobe Mercury图形引擎拥有前所未有的响应速度，让用户工作起来如行云流水般流畅。当用户使用Photoshop CS6的液化、操控变形和裁剪等主要工具进行编辑时，能够即时查看实时效果。【液化】设置界面如图1-54所示。

图 1-53 【迷你管理器】面板

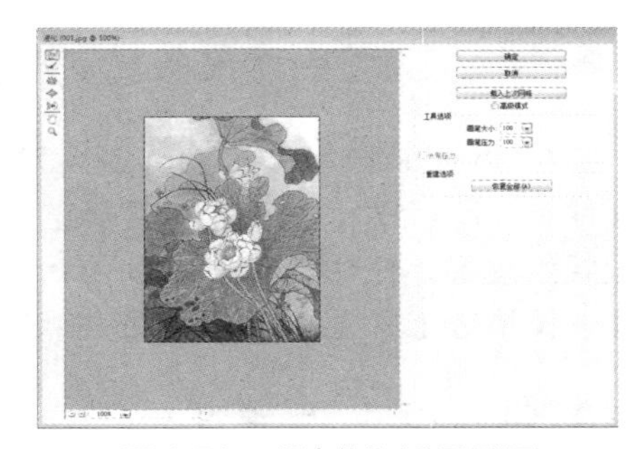

图 1-54 【液化】设置界面

1.3.12 灵活的画笔调整

Photoshop CS6的画笔工具可以产生更自然逼真的效果。任意磨钝和削尖炭笔或蜡笔，以创建不同的效果，并将常用的钝化笔尖效果存储为预设。通过鼠标手动更改画笔的旋转，产生更自然的绘图效果。通过快捷键随意调整画笔的大小，以及轻松调整不透明度或硬度。【画笔】面板如图1-55所示。

1.3.13 矢量图形样式

在Photoshop里面有一些矢量工具如钢笔工具和矩形工具等，可以很方便地绘制出矩形、圆角矩形、圆形以及不规则图形。但是这些矢量图形除了简单地填充颜色和样式外就只能当作路径、选区使用了。如果用户想绘制一个虚线矩形框，在以前版本中是很费力费时的一件事，而在Photoshop CS6中新增了矢量图形样式功能，可以轻松完成这项工作，如图1-56所示。

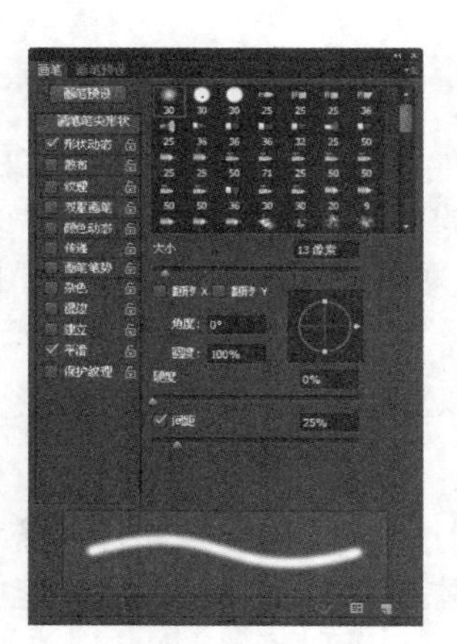

图 1-55 【画笔】面板

图 1-56 矢量图形样式功能

1.3.14 Camera Raw 增效工具

Adobe Photoshop Camera Raw 7增强模块中功能强大的工具可以来编辑和增强原始图像文件和JPEG文件。呈现图像亮部的所有细节同时保留阴影的丰富细节，如移除噪点、增加粒状纹理等。使用Adobe Photoshop Camera Raw 7增效工具可以来处理各种相机拍摄的图像。该增效工具支持350多种相机机型。Camera Raw首选项界面如图1-57所示。

1.3.15 肤色选择功能

创建精确的选区和蒙版，可以让用户不费力地调整或保留肤色；轻松选择精细的图像元素，选择【选择】→【色彩范围】菜单命令，然后在打开的【色彩范围】对话框中选择肤色、设置容差，如图1-58所示。

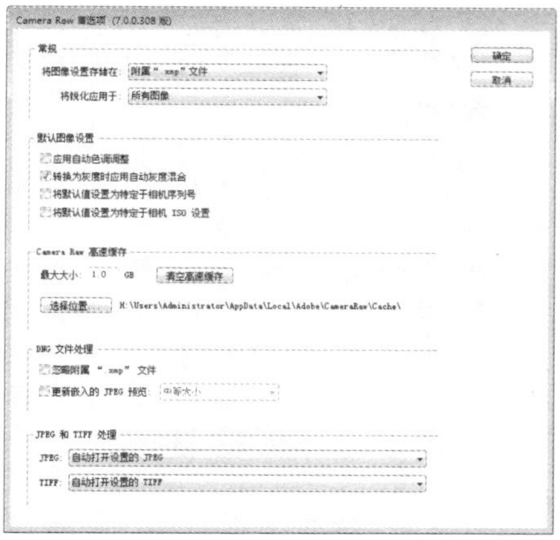

图 1-57 Camera Raw 首选项界面

图 1-58 【色彩范围】对话框

选择好以后，用户可以设置羽化值，然后对肤色进行调整，快速创建蒙版；使用色彩调整工具对用户所选择的部分进行调整。可以轻松选择和蒙版复杂图像元素以及尝试更多智能编辑工具。

1.3.16 新增 3D 文字特效工具

在Photoshop CS6版本中新增了3D功能，集成了市面上各种滤镜、灯光、建模和文字3D工具。只要保持文字的编辑属性，用户可以在任何时候调整文字的内容，甚至随意变形，如图1-59所示。

图 1-59 3D 文字特效工具

Photoshop CS6 的 3D 功能在 Windows XP 系统下面是无法正常使用的，而且还有一些其他功能无法使用。

1.4 综合实例 1——在 Photoshop CS6 当中构建网页结构

设计网页之前，设计者可以先在Photoshop中勾画出框架，那么后来的设计就可以在此框架基础上进行布局了，其具体操作步骤如下。

步骤1 打开 Photoshop CS6，如图 1-60 所示。

步骤2 选择【文件】→【新建】菜单命令，打开【新建】对话框，在其中设置文档的宽度为 1024 像素、高度为 768 像素，如图 1-61 所示。

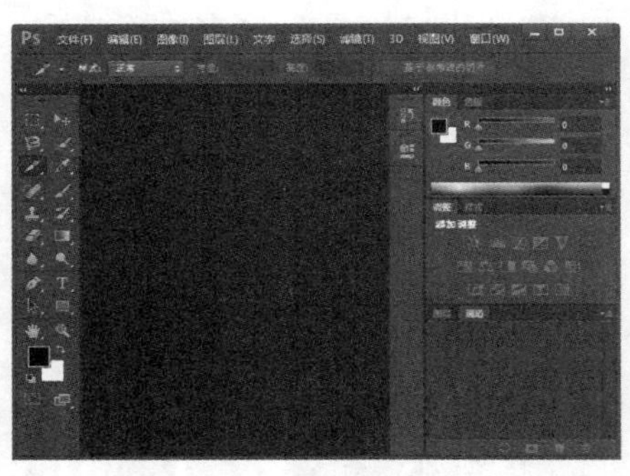

图 1-60　Photoshop CS6 主界面

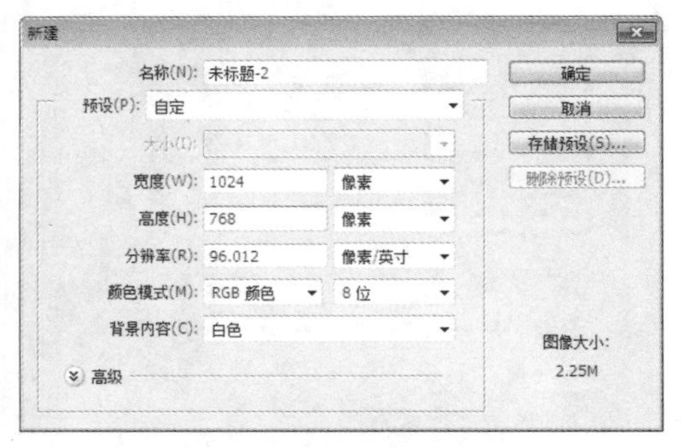

图 1-61　【新建】对话框

步骤3　单击【确定】按钮，创建一个 1024×768 像素的文档，如图 1-62 所示。

步骤4　选择左侧工具框中的矩形工具，并调整为路径状态，画一个矩形框，如图 1-63 所示。

图 1-62　新建的空白文档

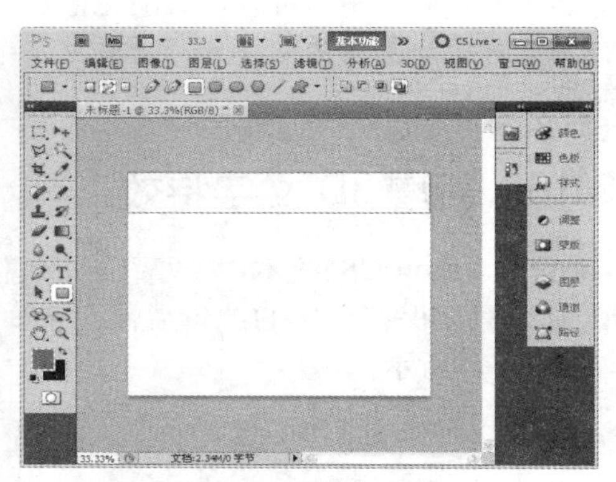

图 1-63　绘制矩形框

步骤5　使用文字工具，创建一个文本图层，输入“网站的头部”，如图 1-64 所示。

步骤6　依次绘出中左、中右和底部，网站的结构布局最终如图 1-65 所示。

图 1-64　输入文字

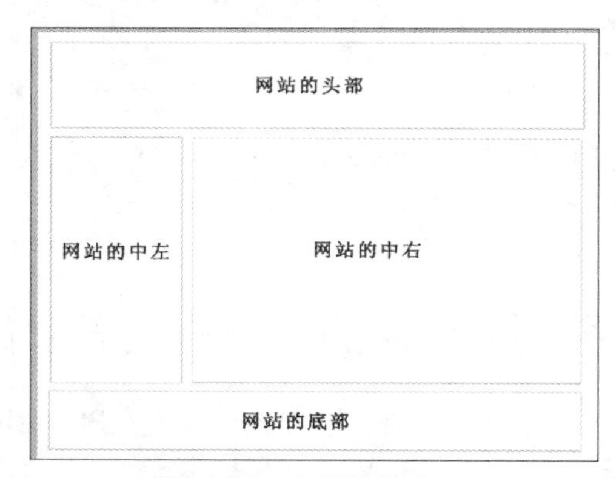

图 1-65　网站结构布局

1.5 综合实例 2——使用 Photoshop CS6 进行切图

最常用的切图工具还是Photoshop，在掌握切图原则后，就可以动手进行实际操作。其具体操作步骤如下。

步骤1 选择【文件】→【打开】菜单命令，打开随书光盘中的素材文件，如图 1-66 所示。

步骤2 在工具箱中单击【切片工具】按钮，根据需要在网页中选择需要切割的图片，如图 1-67 所示。

图 1-66 打开的素材文件

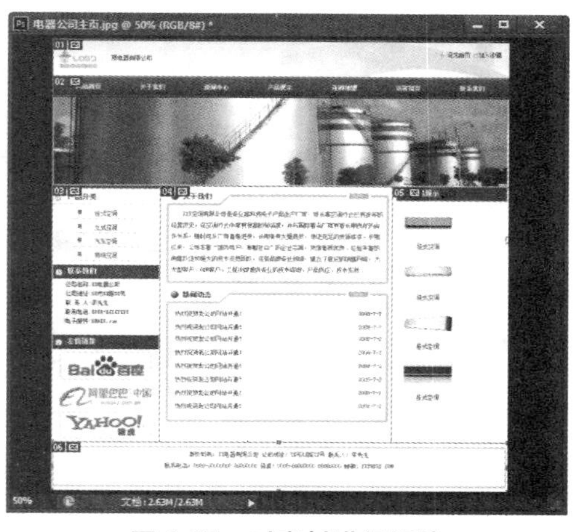

图 1-67 对素材进行切片

步骤3 选择【文件】→【存储为 Web 所用格式】菜单命令，打开【存储为 Web 和设置所用格式】对话框，在其中选中所有切片图像，如图 1-68 所示。

步骤4 单击【存储】按钮，即可打开【将优化结果存储为】对话框，单击【切片】后面的下三角按钮，从弹出的下拉列表中选择【所有切片】选项，如图 1-69 所示。

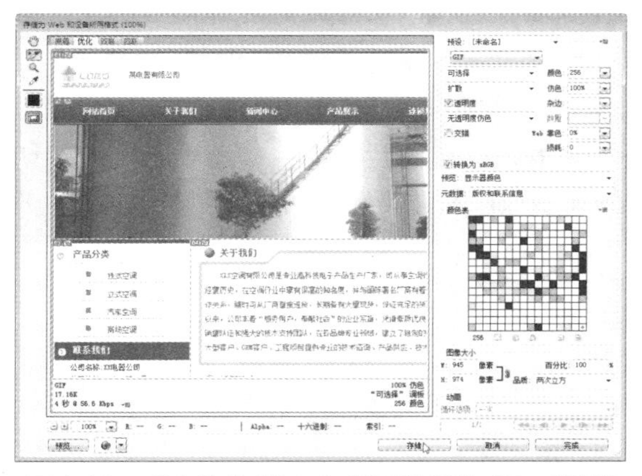

图 1-68 【存储为 Web 和设置所用格式】对话框

图 1-69 【将优化结果存储为】对话框

步骤5 单击【保存】按钮，即可将所有切片中的图像保存起来，如图 1-70 所示。

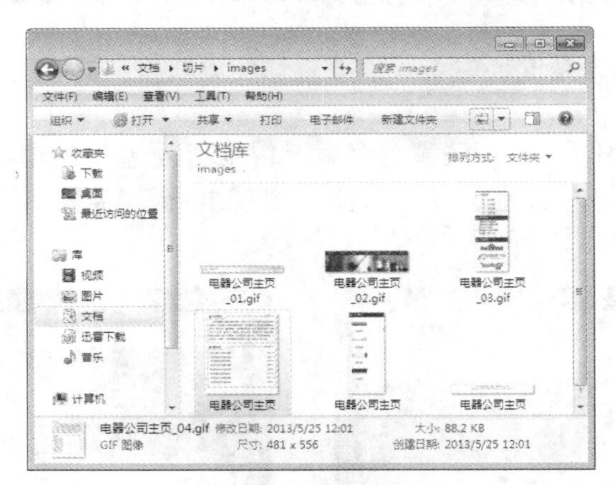

图 1-70 存储的素材图片

在切图过程中，如果有格式一致的重复项，我们只需切一次，其他重复项通过调整 table 表格，使它正常。这样做的好处有两点：一是避免重复劳动；二是保证每个重复项表格图片大小统一。

1.6 专家答疑

疑问 1：在 Photoshop CS6 的主窗口中，右边的调板面板经过多次拖拉后将会变得很乱，有的甚至找不到了，可否使其恢复到初始状态？

答：此时，只要在Photoshop CS6的主窗口中选择【窗口】→【工作区】→【复位基本功能】菜单命令，即可将其恢复到初始状态。但如果其他地方（比如菜单、工具箱）也变得混乱了而想要将其恢复到初始状态，则选择【窗口】→【工作区】→【基本功能（默认）】菜单命令，即可将整个工作区恢复到初始状态。

疑问 2：在使用 Photoshop CS6 进行切图时，应注意哪些事项？

答：图片应该是平均切，而不是大一块小一块的，以免图片出现速度不平衡。切图切得好不好，在我们打开这个站点看到图片出来的先后顺序和速度时是可以知道的。

第2章 图像的简单编辑

在处理图像的时候，会频繁地在图像的整体和局部之间来回切换，通过对整体的把握和对局部的修改来达到最终的完美效果。Photoshop CS6 提供了一系列图像查看命令，可以方便地完成这些操作。

2.1 文件的基本操作

要绘制或处理图像，首先要新建、导入或打开图像文件，处理完成之后，再进行保存，这是最基本的流程。

2.1.1 新建文件

新建文件的方法很简单，但是新建文件有许多设置内容，结合需求调整设置参数可以创建出满足不同需求的文件。选择【文件】→【新建】菜单命令，打开【新建】对话框，如图2-1所示。

在制作网页图像时一般是用像素作单位，在制作印刷品时则是用厘米作单位。

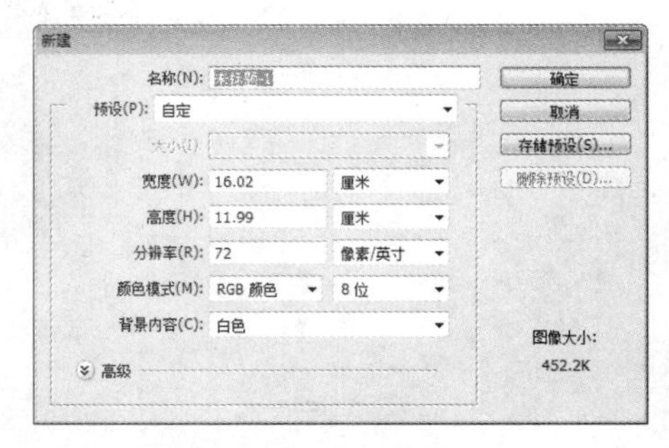

图 2-1 【新建】对话框

【名称】文本框：用于填写新建文件的名称。【未标题-1】是Photoshop默认的名称，可以将其改为其他名称。

【预设】下拉列表：用于提供预设文件尺寸及自定义尺寸。

【宽度】设置框：用于设置新建文件的宽度，默认以像素为宽度单位，也可以选择英寸、厘米、毫米、点、派卡和列等为单位。

【高度】设置框：用于设置新建文件的高度，单位同上。

【分辨率】设置框：用于设置新建文件的分辨率。像素/英寸为分辨率的默认单位，也可以选择像素/厘米为单位。

【颜色模式】下拉列表：用于设置新建文件的模式，包括位图、灰度、RGB颜色、CMYK颜色和Lab颜色等几种模式。

【背景内容】下拉列表：用于选择新建文件的背景内容，包括白色、背景色和透明等3种。

(1) 白色：白色背景。

(2) 背景色：以所设定的背景色（相对于前景色）为新建文件的背景。

(3) 透明：透明的背景(以灰色与白色交错的格子表示)。

按 Ctrl+N 组合键，可以快速弹出【新建】对话框。

对已有文件执行编辑操作时，首先要打开文件，其具体操作步骤如下。

步骤1 选择【文件】→【打开】菜单命令，打开【打开】对话框。一般情况下【文件类型】默认为【所有格式】，也可以选择某种特定的文件格式，然后在大量的文件中进行筛选，如图 2-2 所示。

步骤2 单击【打开】对话框中的【查看】菜单图标，可以选择以缩略图的形式来显示图像，如图 2-3 所示。

图 2-2 【打开】对话框

图 2-3 选择素材文件

步骤3 选中要打开的图片，然后单击【打开】按钮或者直接双击图像即可打开图像，如图 2-4 所示。

图 2-4 打开的图像

技巧 按 Ctrl+O 组合键，可以快速弹出【打开】对话框，选择要打开的文件；在工作区空白位置双击也可以快速弹出【打开】对话框。

2.1.3 保存文件

制作好的图像要留待以后使用需要执行保存操作，其具体操作方法如下。

方法1 选择【文件】→【存储】菜单命令，可以以原有的格式存储正在编辑的文件，如图 2-5 所示。

方法2 选择【文件】→【存储为】菜单命令，打开【存储为】对话框进行保存。对于新建的文件或已经存储过的文件，可以使用【存储为】命令将文件另外存储为某种特定的格式，如图 2-6 所示。

图 2-5　选择【存储】命令

图 2-6　【存储为】对话框

(1)【存储选项】区：用于对各种要素进行存储前的取舍。

【作为副本】复选框：选中此复选框，可将所编辑的文件存储为文件的副本并且不影响原有的文件。

【Alpha通道】复选框：当文件中存在Alpha通道时，可以选择存储Alpha通道（选中此复选框）或不存储Alpha通道（撤选此复选框）。要查看图像是否存在Alpha通道，可执行【窗口】→【通道】菜单命令打开【通道】调板，然后在其中查看即可。

【图层】复选框：当文件中存在多图层时，可以保持各图层独立进行存储（选中此复选框）或将所有图层合并为同一图层存储（撤选此复选框）。要查看图像是否存在多图层，可执行【窗口】→【图层】菜单命令打开【图层】调板，然后在其中查看即可。

【注释】复选框：当文件中存在注释时，可以通过选中或撤选此复选框对其存储或忽略。

【专色】复选框：当图像中存在专色通道时，可以通过选中或撤选此复选框对其存储或忽略。专色通道可以在【通道】调板中查看。

(2)【颜色】选项区：用于为存储的文件配置颜色信息。

(3)【缩览图】复选框：用于为存储文件创建缩览图，该选项为灰色表明系统自动地为其创建缩览图。

(4)【使用小写扩展名】复选框：选中此复选框，则用小写字母创建文件的扩展名。

方法3　可以使用 Ctrl+S 组合键保存文件。

2.1.4　置入文件

使用【打开】菜单命令，打开的各个图像之间是独立的，如果想让图像导入另外一个图像上，需要使用【置入】菜单命令，其具体操作步骤如下。

步骤1　打开随书光盘中的“素材 \ch02\ 图 01.jpg”文件，如图 2-7 所示。

步骤2　选择【文件】→【置入】菜单命令，弹出【置入】对话框。选择随书光盘中的“素材 \ch02\ 图 06.jpg”文件，然后单击【置入】按钮，如图 2-8 所示。

图 2-7 打开素材文件

图 2-8 选择要置入的素材

步骤3 图像被置入【图 01】上，并在四周显示控制线，如图 2-9 所示。

步骤4 将鼠标放在置入图像的控制线上，当变成旋转箭头时，按住鼠标不放即可旋转图像，如图 2-10 所示。

图 2-9 置入图像文件

图 2-10 调整置入的素材

步骤5 将鼠标放在置入图像的控制线上，当变成双向箭头时，按住鼠标不放即可等比例缩放图像。设置完成后，按 Enter 键即可完成设置，如图 2-11 所示。

图 2-11 完成置入设置

2.1.5 关闭文件

关闭文件的方法有以下3种。

方法1 选择【文件】→【关闭】菜单命令，即可关闭正在编辑的文件。

方法2 单击编辑窗口上方的【关闭】按钮，即可关闭正在编辑的文件，如图2-12所示。

方法3 在标题栏上右击，在弹出的快捷菜单中选择【关闭】命令，如果关闭所有打开的文件，可以选择【关闭全部】命令，如图2-13所示。

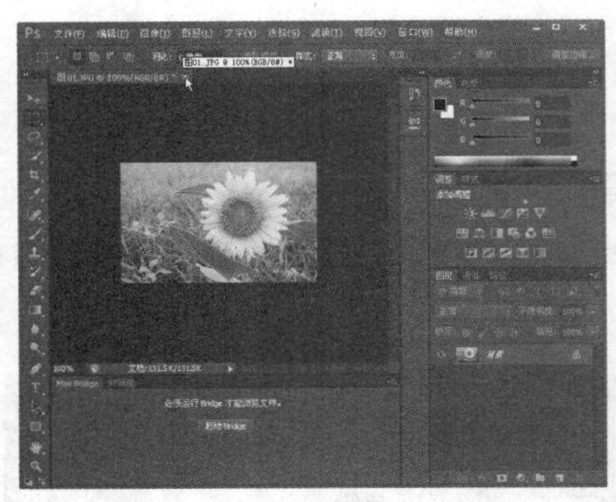

图2-12 单击【关闭】按钮

图2-13 选择【关闭全部】命令

2.2 图像的基本操作

Photoshop CS6作为图像编辑工具最基本的功能就是查看与调整图像，目前使用Photoshop可以查看的图像格式为BMP、DICOM、JPEG、PNG、PSD、Targa、TIFF、OpenEXR等；调整图像的内容包括大小、方向等。

2.2.1 使用导航器查看图像

选择【窗口】→【导航器】菜单命令，可以查看局部图像。在导航器缩略窗口中使用抓手工具可以改变图像的局部区域，如图2-14所示。

单击导航器中的缩小图标可以缩小图像，单击放大图标可以放大图像。也可以在左下角的位置直接输入缩放的数值，如图2-15所示。

图2-14 【导航器】调板

图2-15 缩放图像

2.2.2 使用缩放工具查看图像

使用缩放工具可以实现对图像的缩放查看。使用缩放工具拖曳出想要放大的区域即可对局部区域进行放大，也可以利用快捷键来实现：Ctrl++以画布为中心放大图像；Ctrl+－以画布为中心缩小图像；Ctrl+0以满画布显示图像，即图像窗口充满整个工作区域，如图2-16所示。

图 2-16　使用缩放工具查看图像

2.2.3 使用抓手工具查看图像

当图像放大到窗口中只能够显示局部图像的时候，如果需要查看图像中的某一部分，方法有3种：使用抓手工具；在使用抓手工具以外的工具时，按住空格键的同时拖曳鼠标可以将所要显示的部分图像在图像窗口中显示出来；也可以拖曳水平滚动条和垂直滚动条来查看图像。如图2-17所示为使用抓手工具查看部分图像。

图 2-17　使用抓手工具查看图像

2.2.4 调整图像的大小

在Photoshop CS6中，可以使用【图像大小】对话框来调整图像的像素大小、打印尺寸和分辨率。选择【图像】→【图像大小】菜单命令，弹出【图像大小】对话框，如图2-18所示。

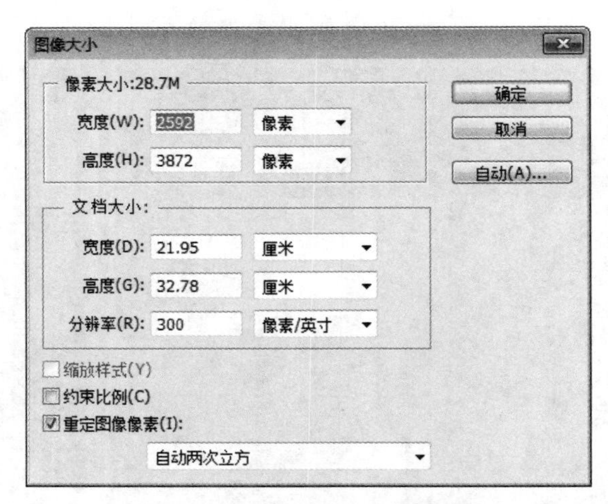

图 2-18 【图像大小】对话框

(1)【像素大小】设置区：在此输入【宽度】值和【高度】值。如果要输入当前尺寸的百分比值，应选取【百分比】作为度量单位。图像的新文件大小会出现在【图像大小】对话框的顶部，而旧文件大小则在括号内显示。

(2)【缩放样式】复选框：如果图像带有应用了样式的图层，则可选择【缩放样式】复选框，在调整大小后的图像中，图层样式的效果也被缩放。只有选中了【约束比例】复选框，才能使用此复选框。

(3)【约束比例】复选框：如果要保持当前的像素宽度和像素高度的比例，则应选择【约束比例】复选框。更改高度时，该选项将自动更新宽度，反之亦然。

(4)【重定图像像素】复选框：在其后面的下拉列表框中包括【邻近】、【两次线性】和【两次立方】、【两次立方较平滑】、【两次立方较锐利】等5个选项。

①【邻近】：选择此项，速度快但精度低。建议对包含未消除锯齿边缘的插图使用该方法，以保留硬边缘并产生较小的文件。但是，该方法可能导致锯齿状效果，在对图像进行扭曲或缩放时或在某个选区上执行多次操作时，这种效果会变得非常明显。

②【两次线性】：对于中等品质方法可使用两次线性插值。

③【两次立方】：选择此项，速度慢但精度高，可得到最平滑的色调层次。

④【两次立方较平滑】：在两次立方的基础上，适用于放大图像。

⑤【两次立方较锐利】：在两次立方的基础上，适用于图像的缩小，用以保留更多重新取样后的图像细节。

2.2.5 调整画布的大小

在Photoshop CS6中，所添加的画布有多个背景选项。如果图像的背景是透明的，那么添加的画布也将是透明的。选择【图像】→【画布大小】菜单命令，打开【画布大小】对话框，如图2-19所示。

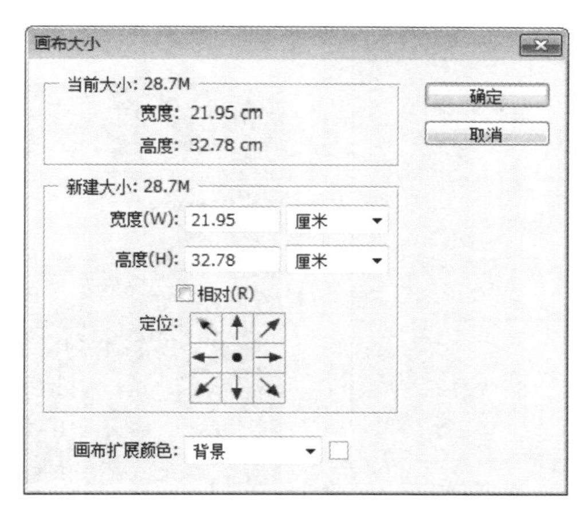

图 2-19 【画布大小】对话框

1.【画布大小】对话框参数设置

(1)【宽度】和【高度】参数框：设置画布尺寸。

(2)【相对】复选框：在【宽度】和【高度】参数框内根据需要的画布大小输入增加或减少的数量（输入负数将减小画布大小）。

(3)【定位】：单击某个方块可以指示现有图像在新画布上的位置。

(4)【画布扩展颜色】下拉列表框中包含有4个选项。

①【前景】项：选中此项则用当前的前景颜色填充新画布。

②【背景】项：选中此项则用当前的背景颜色填充新画布。

③【白色】、【黑色】或【灰色】项：选中这3项之一则用所选颜色填充新画布。

④【其他】项：选中此项则使用拾色器选择新画布颜色。

2. 增加画布尺寸

步骤1 打开随书光盘中的“素材 \ch02\ 图 02.jpg”文件，如图 2-20 所示。

步骤2 选择【图像】→【画布大小】菜单命令，弹出【画布大小】对话框，如图 2-21 所示。

图 2-20 打开素材文件

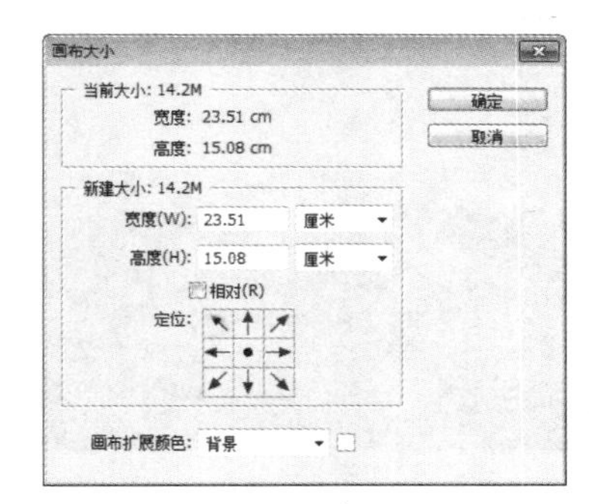

图 2-21 打开【画布大小】对话框

步骤3 在【宽度】和【高度】参数框中分别将原尺寸缩减3厘米，如图2-22所示。

步骤4 单击【确定】按钮，最终效果如图2-23所示。

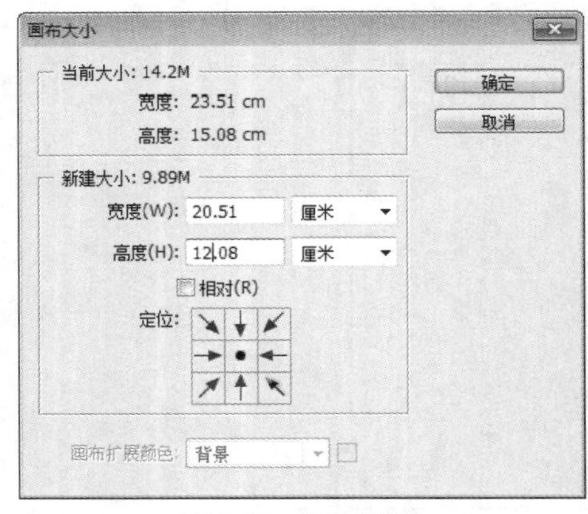

图 2-22　设置参数

图 2-23　最终效果

2.2.6　调整图像的方向

旋转画布就是对画布进行旋转操作。选择【图像】→【图像旋转】菜单命令，在弹出的子菜单中选择旋转的角度。包括180度、90度（顺时针和逆时针）、任意角度和水平翻转画布等操作，如图2-24所示。

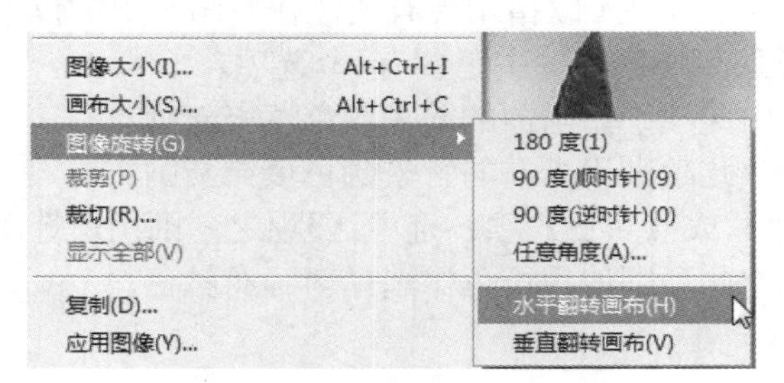

图 2-24　【图像旋转】菜单

下面是选择【水平翻转画布】命令后的效果对比，如图2-25所示。

图 2-25　图像水平翻转前后的对比

2.2.7 裁剪图像

在处理图像的时候，如果图像的边缘有多余的部分可以通过裁剪将其修整。常见的裁剪图像的方法有3种：使用剪裁工具、使用裁剪命令和使用剪切命令。

1. 使用裁剪工具

裁剪工具去除图像中裁剪选框或选区周围的部分。对于移去分散注意力的背景元素以及创建照片的焦点区域而言，裁剪功能非常有用。

使用裁剪工具剪裁图像的具体操作步骤如下。

步骤1 打开随书光盘中的“素材\ch02\图02.jpg”文件，如图2-26所示。

步骤2 选择【裁剪工具】，在图像中拖曳创建一个矩形，放开鼠标后即可创建裁剪区域，如图2-27所示。

图2-26 打开素材文件

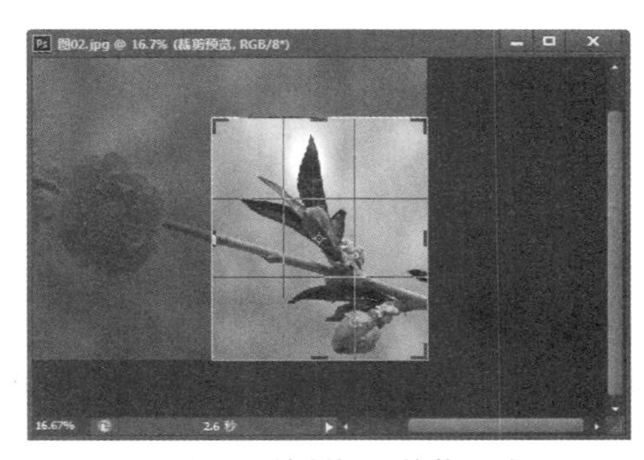

图2-27 绘制矩形剪裁区域

步骤3 将光标移至定界框的控制点上，单击并拖动鼠标调整定界框的大小，如图2-28所示。

步骤4 按Enter键确认剪裁，最终效果如图2-29所示。

图2-28 设置剪裁框的大小

图2-29 剪裁后的效果

2. 使用裁剪命令

使用裁剪命令剪裁图像的具体操作步骤如下。

步骤1 使用选区工具来选择要保留的图像部分，如图2-30所示。

步骤2 选择【图像】→【裁剪】菜单命令，如图2-31所示。

步骤3 完成图像的裁剪，按 Ctrl+D 组合键取消选区，如图 2-32 所示。

图 2-30 创建选区

图 2-31 选择【裁剪】命令

图 2-32 完成裁剪

3. 使用裁切命令

【裁切】命令通过移去不需要的图像数据来裁剪图像，其所用的方式与【裁剪】命令所用的方式不同，主要通过裁切周围的透明像素或指定颜色的背景像素来裁剪图像。

用裁切命令剪切图像的具体操作步骤如下。

步骤1 打开需要修改的素材，如图 2-33 所示，选择【图像】→【裁切】菜单命令。

步骤2 弹出【裁切】对话框，选中【左上角像素颜色】单选按钮，单击【确定】按钮，如图 2-34 所示。

图 2-33 打开素材文件

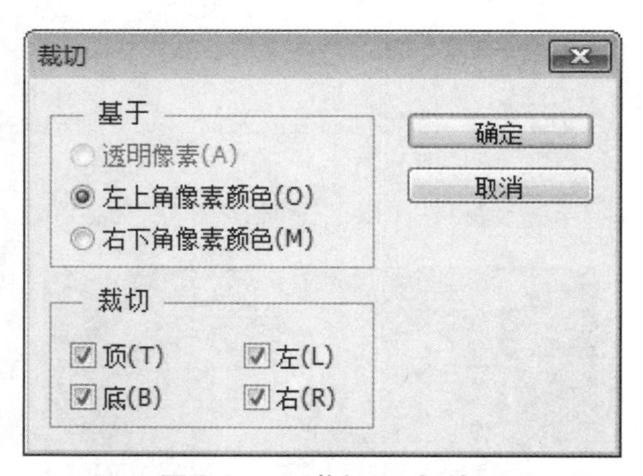

图 2-34 【裁切】对话框

【裁切】对话框中各个参数含义如下。

【透明像素】：修剪掉图像边缘的透明区域，留下包含非透明像素的最小图像。

【左上角像素颜色】：使用此选项，可从图像中移去左上角像素颜色的区域。

【右下角像素颜色】：使用此选项，可从图像中移去右下角像素颜色的区域。

【裁切】：选择一个或多个要修剪的图像区域，包括【顶】、【底】、【左】和【右】4个选项。

步骤3 裁切后的图像如图 2-35 所示。

图 2-35　裁切后的图像

2.2.8　图像的变换与变形

【编辑】→【变换】的下拉菜单中包含对图像进行变换的各种命令。通过这些命令可以对选区内的图像、图层、路径和矢量形状进行变换操作，例如旋转、缩放、扭曲等。执行这些命令时，当前对象上会显示出定界框，拖动定界框中的控制点便可以进行变换操作。

使用【变换】命令调整图像的具体操作步骤如下。

步骤1 打开随书光盘中的“素材\ch02\图 05.jpg”和“素材\ch02\图 06.jpg”文件，如图 2-36 所示。

步骤2 选择【移动工具】，将【图 06】拖曳到【图 05】文档中，同时生成【图层 1】图层，如图 2-37 所示。

步骤3 选择【图层 1】图层，选择【编辑】→【变换】→【缩放】菜单命令来调整【图 06】的大小和位置，如图 2-38 所示。

图 2-36　打开的素材文件

图 2-37　移动图片

图 2-38　调整图片

步骤4 在定界框内右击，在弹出的快捷菜单中选择【变形】命令来调整透视，然后按 Enter 键确认调整，如图 2-39 所示。

步骤5 在【图层】调板中设置【图层 1】图层的混合模式为【深色】，最终效果如图 2-40 所示。

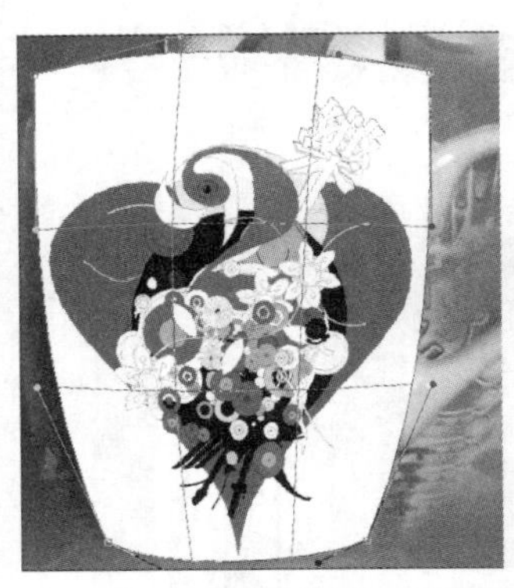

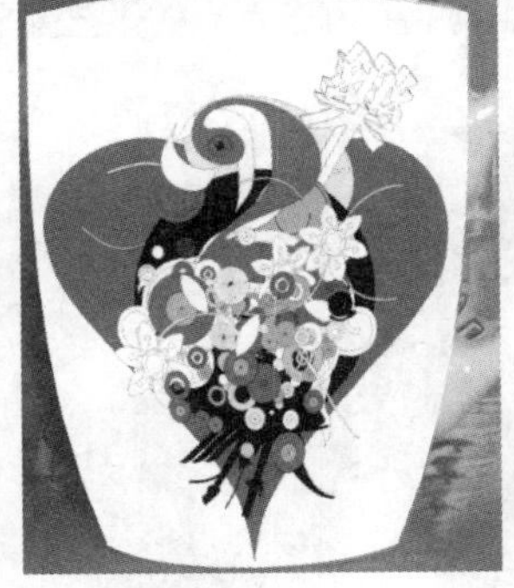

图 2-39　设置图片的透视效果

图 2-40　最终的效果

2.3　综合实例 1——图像的艺术化修饰

本实例主要讲解使用移动工具和调整不透明度命令制作一幅将鱼放置在鱼缸中的效果图片，具体操作步骤如下。

步骤1 执行【文件】→【打开】菜单命令，打开随书光盘中的“素材 \ch02\ 鱼缸 .jpg”和“鱼 .psd”两幅图像，如图 2-41、图 2-42 所示。

图 2-41　鱼缸素材

图 2-42　鱼素材

步骤2 选择工具箱中的【移动工具】将素材鱼拖曳到“鱼缸”中，Photoshop 自动新建【图层 1】图层，关闭鱼文件，如图 2-43 所示。

步骤3 选择鱼所在的【图层 1】图层。按住 Ctrl+T 组合键执行自由变换命令来调整巧克力的位置和大小，调整完毕按 Enter 键确定，如图 2-44 所示。

步骤4 在【图层】调板中选择【图层 1】图层。设置图层不透明度为 80%，最终效果如图 2-45 所示。

图 2-43 拖动鱼素材

图 2-44 调整鱼的大小

图 2-45 设置图层的不透明度

2.4 综合实例 2——为图像添加背景

本实例介绍如何为图像添加背景，其具体步骤如下。

步骤1 打开随书光盘中的“素材\ch02\企鹅.psd”和“素材\ch02\湖光山色.jpg”文件，如图 2-46 与图 2-47 所示。

图 2-46 企鹅素材

图 2-47 湖光山色素材

步骤2 选择【移动工具】，将企鹅拖曳到湖光山色文档中，同时生成【图层 1】图层，如图 2-48 所示。

步骤3 选择【图层 1】图层，选择【编辑】→【变换】→【缩放】菜单命令来调整【企鹅】的大小和位置，如图 2-49 所示。

图 2-48　拖动企鹅素材

图 2-47　调整企鹅的大小

2.5 专家答疑

疑问 1：选区图像如何精确移动?

选择选区后，单击工具栏中的【移动工具】按钮，使用键盘方向键可以对选区执行轻移，每次移动一个像素。如果要加快移动速度，可以在移动的同时按下Shift键。

疑问 2：图像的大小与图像尺寸有何区别?

答：这也是初学者最容易混淆的两个概念，这是两个完全不同的概念，简单地讲，图像的尺寸是指版面的大小，图像的大小是指所占磁盘空间的多少。

具体分析可知，图像尺寸是指图像本身的长度和宽度，就是打印出来的尺寸，它与在显示器上的尺寸无关。而图像大小是指图像文件所占用的磁盘空间，它与色彩的模式有关。两者的单位不同：图像尺寸是以像素、厘米、英寸等长度单位来度量的；图像大小是以计算机存储的基本的单位字节来度量的。两者的影响因素不同：图像尺寸只取决于建立文件时的设置尺寸，不受其他因素的影响；图像大小随着分辨率、色彩的模式不同而不同。

第3章 选区的创建与基本操作

在Photoshop中不论是绘图还是图像处理，图像的选取都是这些操作的基础。本章将针对Photoshop中常用的选取工具进行详细讲解。

3.1 认识选区

一般情况下要想在Photoshop中绘图或者修改图像，首先要选取图像，然后才可以对被选取的区域进行操作。这样即使你误操作了，选区以外的内容也不会破坏图像，因为Photoshop不允许对选区以外的内容进行操作。

灵活地使用多种选取工具可以创造出非常精确的选区，而运用选区对图像进行编辑可以变化出多种视觉效果，例如图像变形和透视效果等。掌握选取工具的使用是进行Photoshop操作的关键环节。

3.2 创建选区的工具、命令

在处理图像的过程中，首先需要学会如何创建选区。在Photoshop CS6中对图像的选取可以通过多种选取工具。

3.2.1 选框工具

选框工具有4个：【矩形选框工具】、【椭圆选框工具】、【单行选框工具】和【单列选框工具】。

1. 矩形选框工具

【矩形选框工具】主要用于选择矩形的图像，是Photoshop CS6中比较常用的工具。使用该工具仅限于选择规则的矩形，不能选取其他形状，如图3-1所示。

2. 椭圆选框工具

【椭圆选框工具】用于选取圆形或椭圆的图像，如图3-2所示。

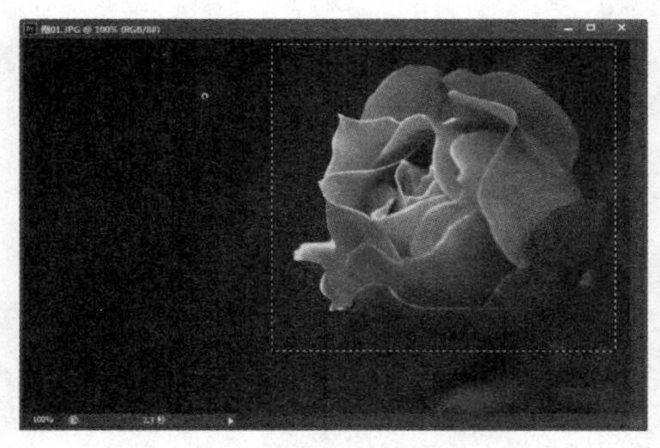

图 3-1 矩形选框工具

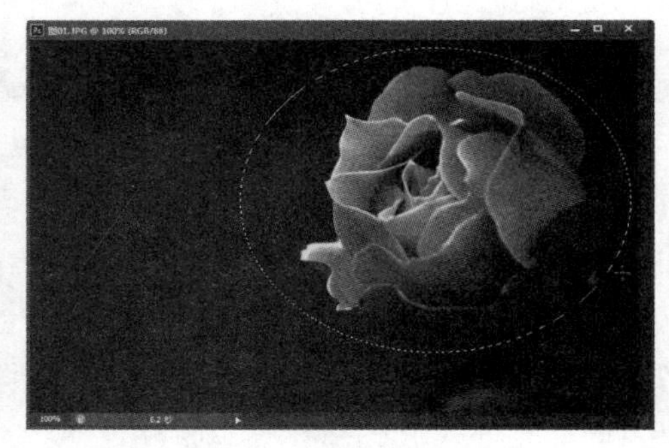

图 3-2 椭圆选框工具

3. 单行选框工具

【单行选框工具】用于选取一个像素大小的单行图像，如图3-3所示。

4. 单列选框工具

【单列选框工具】用于选取一个像素大小的单列图像，如图3-4所示。

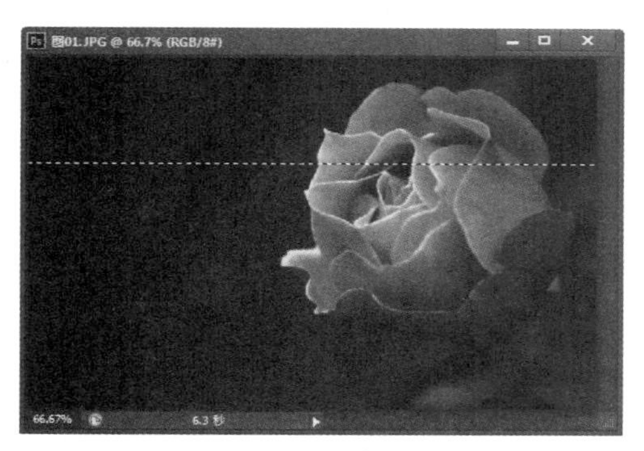

图 3-3　单行选框工具

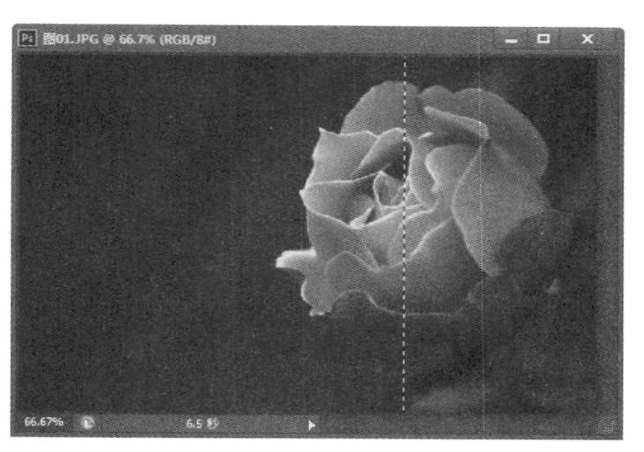

图 3-4　单列选框工具

3.2.2　钢笔工具

使用【钢笔工具】可以载入选区，从而创建选区，具体操作步骤如下。

步骤1　打开随书光盘中的“素材\ch03\11.jpg”文件。单击工具箱中的【钢笔工具】按钮，选择属性栏中的【排除重叠形状】命令，使用【钢笔工具】在图像中描点，如图 3-5 所示。

步骤2　由于下一个节点在转角位置，需要将上个点的方向线手柄去掉，按下 Alt 键单击上一个描点，方向线手柄清除，如图 3-6 所示。

图 3-5　使用【钢笔工具】开始描点

图 3-6　清除方向线手柄

步骤3　依照上述步骤继续描点，如果描点错误，可以使用 Ctrl+Z 组合键撤销操作，或者在【历史记录】模板中选择恢复到的历史记录位置。终点和起点重合时，鼠标指针右下角有一个圆圈，单击即可闭合路径，如图 3-7 所示。

步骤4　路径闭合，杯子被添加到闭合路径中，如图 3-8 所示。

图 3-7　使终点与起点重合

图 3-8　闭合路径

步骤5　打开【路径】面板，单击面板下方的【将路径作为选区载入】按钮，如图 3-9 所示。

步骤6　路径变成蚂蚁线，选区生成，如图 3-10 所示。

图 3-9　【路径】面板

图 3-10　生成选区

3.2.3　磁性套索、魔棒选择工具

常见的套索工具有3种：【套索工具】、【多边形套索工具】和【磁性套索工具】。普通的【套索工具】可以拖曳鼠标在图像上任意绘制一个不规则的选区；【多边形套索工具】可以通过多次单击鼠标绘制一个多边形选区；而【磁性套索工具】可以智能地自动选取，特别适用于快速选择与背景对比强烈而且边缘复杂的对象。

使用【套索工具】获得选区的效果如图3-11所示。

使用【多边形套索工具】获得选区的效果如图3-12所示。

图 3-11　套索工具

图 3-12　多边形套索工具

使用【磁性套索工具】获得选区的效果如图3-13所示。

使用【魔棒工具】可以自动地选择颜色一致的区域，不必跟踪其轮廓，特别适用于选择颜色相近的区域，如图3-14所示。

图 3-13 磁性套索工具

图 3-14 魔棒工具

不能在位图模式的图像中使用【魔棒工具】。

3.2.4 蒙版工具

使用【快速蒙版工具】也可以生成特殊选区。

步骤1 打开随书光盘中的“素材\ch03\图 01.jpg”文件。使用【椭圆选框工具】将花朵选为选区，如图 3-15 所示。

步骤2 单击工具栏中的【以快速蒙版模式编辑】按钮，椭圆选区外的未选区域蒙上红色。使用【橡皮擦工具】在红色区域绘制形状，如图 3-16 所示。

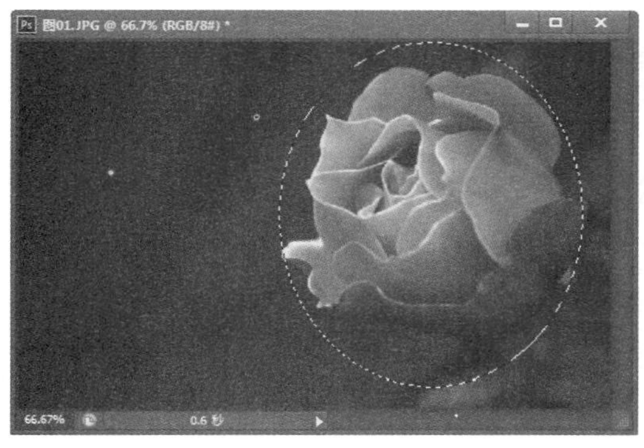

图 3-15 选中花朵

图 3-16 进入快速蒙版编辑模式

步骤3 单击工具栏中的【以标准模式编辑】按钮，取消快速蒙版，图像中得到新的选区，如图 3-17 所示。

图 3-17 获得新的选区

3.2.5 快速选择 + 调整边缘工具

【快速选择工具】可以更加方便快捷地进行选取操作了。直接使用鼠标单击并在图像中拖曳，就可以将相似颜色的区域选中，使用【快速选择工具】在花朵以外的地方拖动，很轻松地就将该区域选中，如图3-18所示。

选中好选区后，如果对选中的选区不满意，可以选择【选择】→【调整边缘】菜单命令，弹出【调整边缘】对话框，对选区的边缘作调整，包括边缘半径、平滑、羽化等选项，如图3-19所示。

图 3-18 快速选择工具的使用

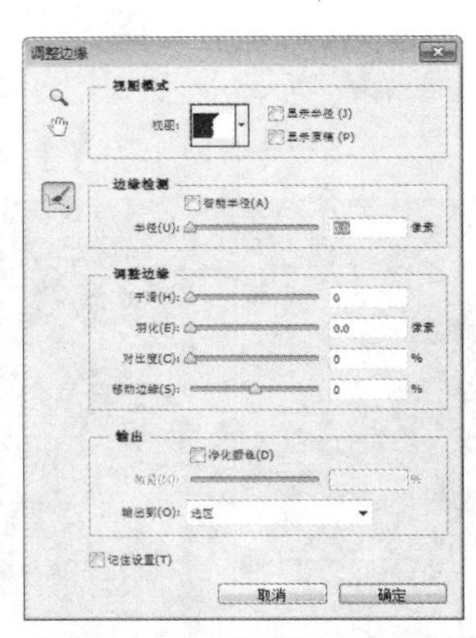

图 3-19 【调整边缘】对话框

3.2.6 【色彩范围】命令

使用【色彩范围】命令可以对图像中的现有选区或整个图像内需要的颜色或颜色子集进行选择。

颜色子集是对一种颜色进行编码的方法，也指一个技术系统能够产生的颜色的总和（不同的色域产生出的颜色多少各有不同）。在计算机图形处理中，色域是颜色的某个完全的子集（就是将颜色写成显示器和显卡能够识别的程式来描述）。颜色子集最常见的应用是用来精确地代表一种给定的情况。简单地说就是一个给定的色彩空间（RGB/CMYK等）范围。

步骤1 选择【选择】→【色彩范围】菜单命令，弹出【色彩范围】对话框，鼠标指针变成了吸管状，如图 3-20 所示。

步骤2 在图像窗口中需要作为选区的颜色，调整【容差】和【范围】值确定选区的颜色范围和选区在图像中的区域范围，如图 3-21 所示。

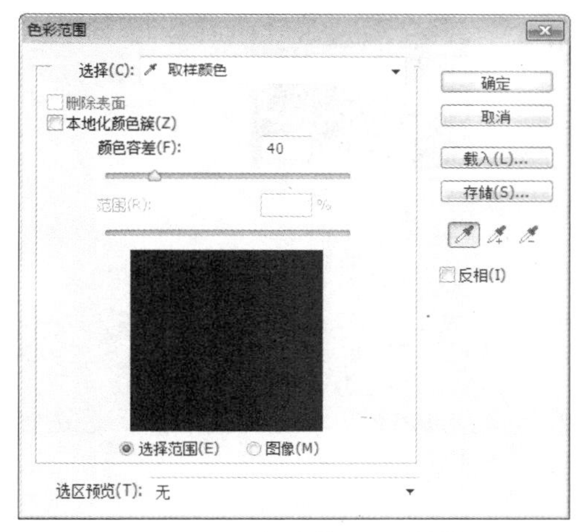

图 3-20 【色彩范围】对话框

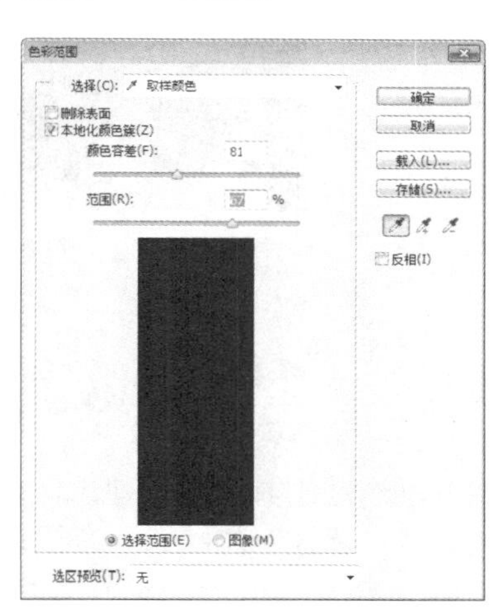

图 3-21 设置色彩范围参数

步骤3 单击【确定】按钮，即可获得选区，如图 3-22 所示。

图 3-22 获得选区

3.2.7 通道工具

打开图像，选择【通道】面板，单击【将通道作为选区】按钮，会自动将图形中灰度在127以上的区域作为选区，如图3-23所示。

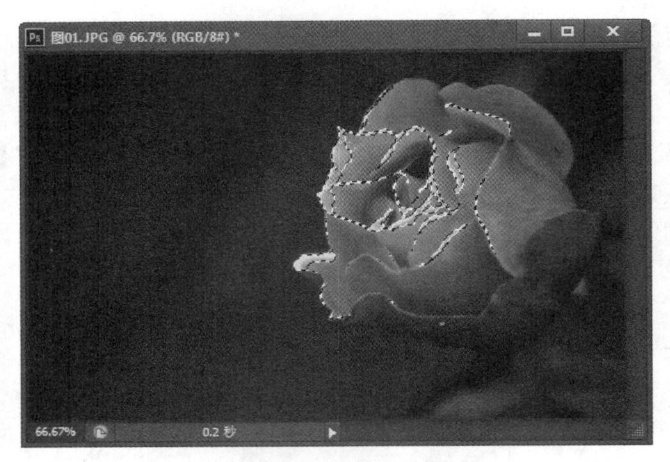

图 3-23　通道工具的使用

3.3　选区的基本操作

使用各种选区工具可以创建选区，对已生成的选区可以作进一步调整，如反选选区、添加选区、减去选区、隐藏选区、移动选区等。

3.3.1　快速选择选区与反选选区

选择【选择】→【全选】菜单命令，可以将当前画布选为选区。同时也可以使用Ctrl+A组合键完成全选画布操作。如果要对选区外的图像进行操作，可以执行反选操作，将选区外的图像归入选区。

步骤1 打开随书光盘中的“素材\ch03\图01.jpg”文件，使用【磁性套索工具】将花朵选为选区，如图 3-24 所示。

步骤2 选择【选择】→【反向】菜单命令，将花朵以外的图像选为选区，也可以使用 Ctrl+Shift+I 组合键执行反选操作，如图 3-25 所示。

图 3-24　选区花朵

图 3-25　进行反选

步骤3 按Delete键，对选区执行删除操作，花朵以外的图像被删除，如图3-26所示。

图3-26 删除选区

3.3.2 取消选择和重新选择

选择的选区不合适，或对选区内的内容操作完成，要取消选择时，可以选择【选择】→【取消选择】菜单命令撤销选区，也可以使用Ctrl+D组合键完成该操作，如图3-27所示。

如果要对撤销的选区重新编辑，可以选择【选择】→【重新选择】菜单命令来实现，也可以使用Ctrl+Shift+D组合键完成该操作，如图3-28所示。

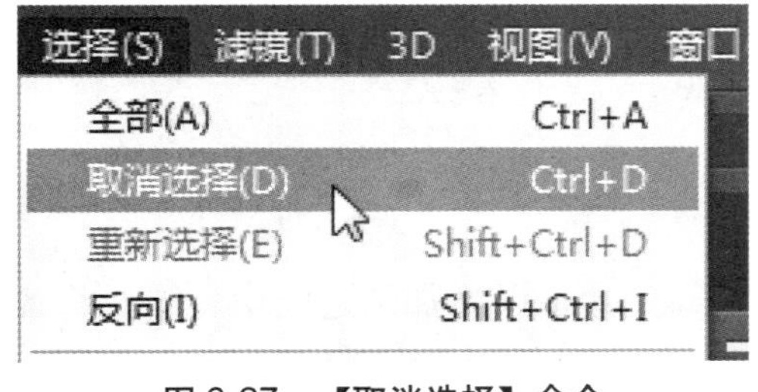

图3-27 【取消选择】命令

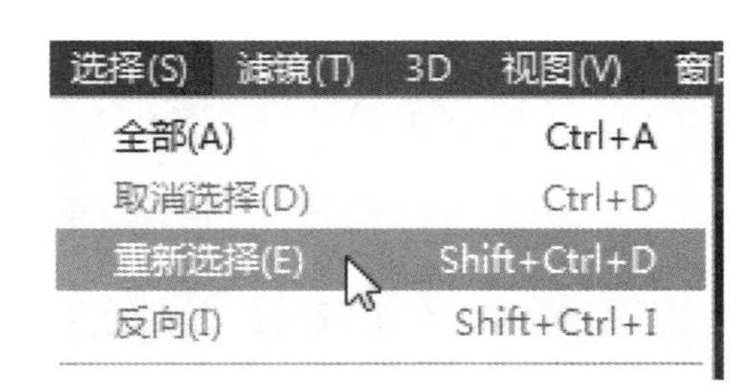

图3-28 【重新选择】命令

3.3.3 添加选区与减去选区

选区生成后并不一定能满足需求，可能还要对已有选区进行扩成或者缩减。

1. 添加选区

步骤1 打开随书光盘中的“素材\ch03\图02.jpg”文件，如图3-29所示。

步骤2 使用【魔棒工具】将花的背景选为选区，【魔棒工具】的【容差】参数设置为50，选中【连续】复选框，单击小花背景。背景并没有全部划入选区，如图3-30所示。

图 3-29　打开素材文件

图 3-30　使用魔棒工具

步骤3　按下选区属性栏中的【添加到选区】按钮，鼠标指针为魔棒形，且左下角有“+”号，此时在未加入选区的背景图像上单击，可扩充选区，如图 3-31 所示。

步骤4　多次单击鼠标，将所有未加入选区的背景全部添加到选区中，如图 3-32 所示。

图 3-31　添加选区

图 3-32　添加选区后的效果

技巧　也可以使用 Shift 键和单击鼠标的方式完成选区添加。

2. 减去选区

步骤1　如图 3-33 所示，小花的左上侧有一部分叶子误添加到选区中，需要将多余的选区去掉。

步骤2　按下选区属性栏中的【从选区减去】按钮，鼠标指针为魔棒形，且左下角有“–”号，此时在未加入选区的背景图像上单击，可缩减选区，如图 3-34 所示。

图 3-33　素材文件

图 3-34　缩减选区

步骤3 多次单击鼠标，将多余选区去掉。如图 3-35 所示。

图 3-35 缩减选区后的效果

也可以使用 Alt 键和单击鼠标的方式完成选区缩减。

3.3.4 羽化选区

通过羽化选区，可以对选区的边缘执行模糊效果，具体操作步骤如下。

步骤1 右击选区，弹出快捷菜单，选择【羽化】命令，如图 3-36 所示。

步骤2 弹出【羽化选区】对话框，在【羽化半径】文本框中可以输入适当的羽化值，如图 3-37 所示。

图 3-36 选择【羽化】命令

图 3-37 【羽化选区】对话框

步骤3 【羽化半径】设置为 10 的羽化效果如图 3-38 所示。

步骤4 【羽化半径】设置为 25 的羽化效果如图 3-39 所示。

图 3-38 羽化半径为 10

图 3-39 羽化半径为 25

3.3.5 精确选择选区与移动选区

很多选区工具都是笼统选择的，如【魔棒工具】。可以通过调整参数的方式提高选区的精确度。

步骤1 打开随书光盘中的“素材\ch03\图16.jpg”文件，需要将图像中的苹果勾出，如图3-40所示。

步骤2 使用【魔棒工具】将白色背景加入选区，【魔棒工具】属性栏中【容差】设置为100，在空白处单击，选区效果如图3-41所示，显然苹果上颜色较白的地方也被加入了选区。

图3-40 打开素材文件

图3-41 使用【魔棒工具】添加选区

步骤3 将【容差】设置为20，单击后产生选区，苹果未被加入选区，下方有部分背景没有加入选区。未加入选区的部分可以使用上文3.3.3节中添加选区的方式完善选区，如图3-42所示。

图3-42 精确选区

选区选好之后可以移动，直接单击鼠标拖曳就可以。

3.3.6 隐藏或显示选区

使用菜单栏中的【视图】→【显示】→【选区边缘】菜单命令，可以对选区进行隐藏和再显示操作，如图3-43所示。

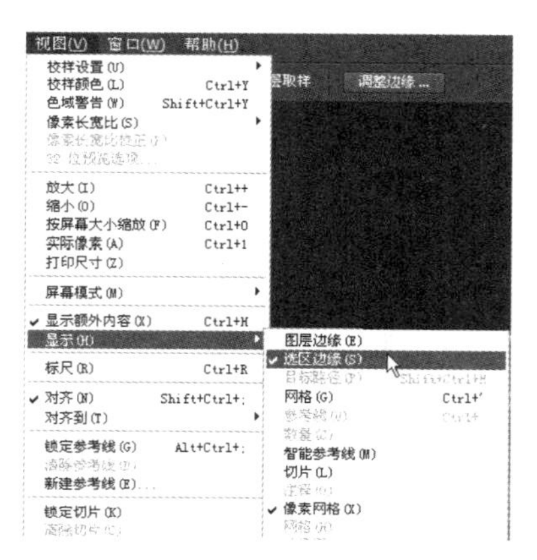

图 3-43 隐藏或显示选区

3.4 选区的编辑

选区选择好之后，可以对选区进行编辑，如变换选区、存储选区、描边选区等。

3.4.1 选区图像的变换

选择好选区后，可以对选区中的图像做变换操作，包括缩放、旋转、扭曲等。可以通过【编辑】→【变换】菜单命令组完成图像变换操作，也可以使用【编辑】→【自由变换】菜单命令，如图3-44所示。

打开随书光盘中的“素材\ch03\12.jpg”文件，使用【魔棒工具】选择白色区域，然后按Ctrl+Shift+I组合键执行反选，选中图中草莓。下面分别对选中的选区作各种变换操作，如图3-45所示。

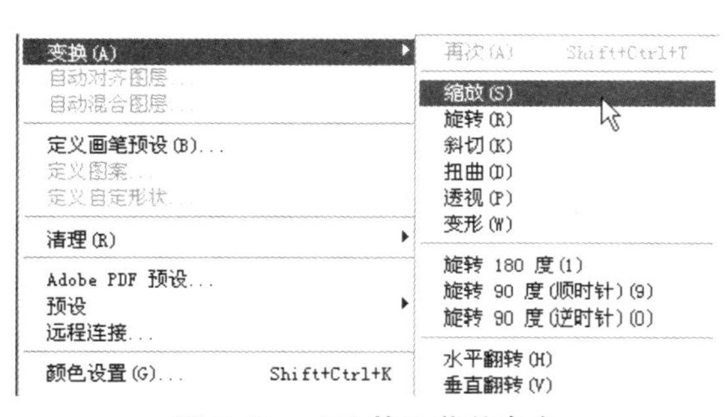

图 3-44 【变换】菜单命令

图 3-45 添加选区

1. 缩放

选区变成如下效果，通过拖动4个角和4条边的节点，可以对选区中的图像执行缩放操作。按住Shift键拖动可执行长宽等比例缩放，按住Alt键拖动可执行以圆点为中心对称缩放，如图3-46所示。

2. 旋转

将鼠标指针放到4个顶点时，鼠标指针会变成两端带箭头的弧形，此时拖动鼠标方可执行旋转操作，如图3-47所示。

图 3-46　缩放选区

图 3-47　旋转选区

3. 斜切

将鼠标指针放到4条边上时，指针变换为如图所示样式，上下或左右拖动，可以使图像变形，如图3-48所示。

4. 扭曲

将鼠标指针放到4个顶点时，指针变成黑色箭头，拖动后可挪动当前顶点，使图像变形，如图3-49所示。

图 3-48　斜切选区

图 3-49　扭曲选区

5. 透视

拖动鼠标顶点，会以当前方向对图像执行对称缩放，缩放后使图像有透视效果，如图3-50所示。

6. 变形

选择变形后，图像中出现网格，在网格中拖动鼠标，会使图像扭曲变形，如图3-51所示。

图 3-50　透视选区

图 3-51　变形选区

3.4.2　存储和载入选区

有些图像的选区选择起来很麻烦，好不容易选择的选区，一旦撤销极为可惜。如果在以后的操作中还需要使用，可以先将其存储起来。其具体操作步骤如下。

步骤1　选择好选区后，选择【选择】→【存储选区】菜单命令，弹出【存储选区】对话框，在【名称】文本框中输入存储选区的名称，单击【确定】按钮，如图 3-52 所示。

步骤2　打开【通道】面板，新存储的选区出现在通道下方，如图 3-53 所示。

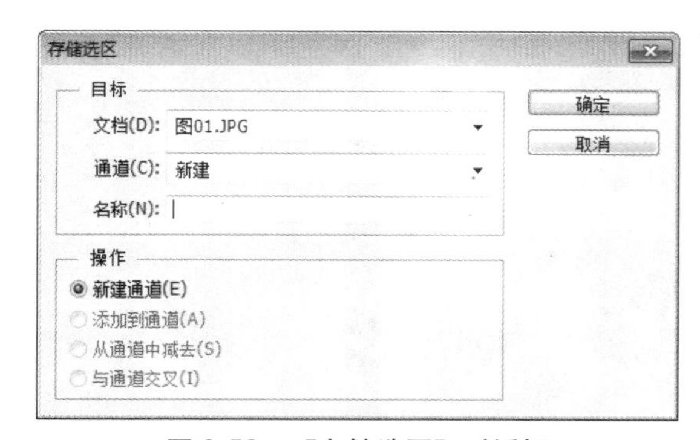

图 3-52　【存储选区】对话框

图 3-53　【通道】面板

在编辑中，如果想要调用已经存储的选区，该如何操作呢？选择【选择】→【载入选区】菜单命令，弹出【载入选区】对话框，在【通道】下拉列表中选择已经存储的选区，单击【确定】按钮即可。也可以在上述通道面板中直接单击存储的选区通道，使其可见，如图3-54所示。

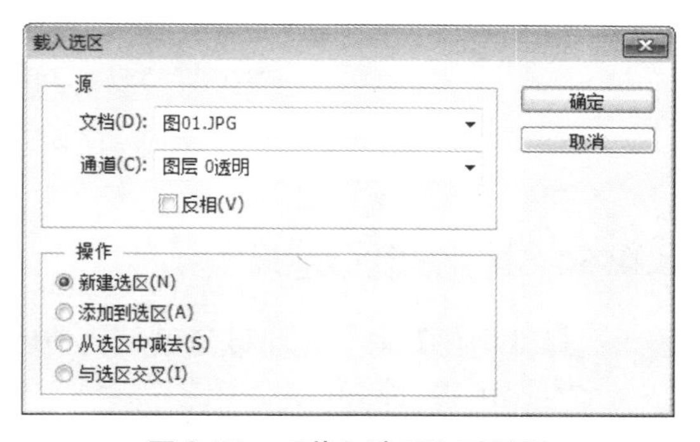

图 3-54　【载入选区】对话框

3.4.3 描边选区

选择好选区后，可以对选区执行描边操作。其具体操作步骤如下。

步骤1 打开随书光盘中的“素材 \ch03\12.jpg”文件，使用【魔棒工具】和【反选】命令将草莓选为选区，如图 3-55 所示。

步骤2 选择【编辑】→【描边】菜单命令，弹出【描边】对话框，在【宽度】文本框中输入 100px，单击【颜色】后的色条可以设置颜色，【位置】选项组设置的是描边出现在选区边缘的位置，本实例采用居中，如图 3-56 所示。

图 3-55 添加选区

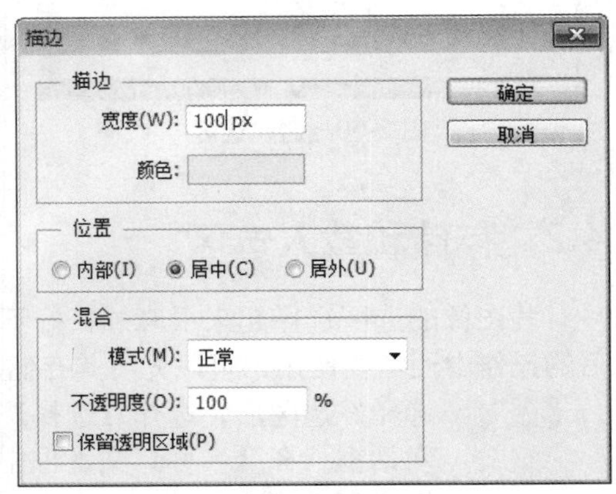

图 3-56 【描边】对话框

步骤3 单击【确定】按钮，选区边缘出现描边效果，如图 3-57 所示。

图 3-57 描边效果

3.4.4 羽化选区边缘

选择【羽化】命令，可以通过羽化使硬边缘变得平滑。其具体操作步骤如下。

步骤1 打开随书光盘中的“素材 \ch03\12.jpg”文件，选择【椭圆工具】，在图像中建立一个椭圆形选区，如图 3-58 所示。

步骤2 选择【选择】→【修改】→【羽化】菜单命令，弹出【羽化选区】对话框。在【羽化半径】数值框中输入数值，其范围是0.2～255，单击【确定】按钮，如图3-59所示。

图3-58 添加椭圆选区

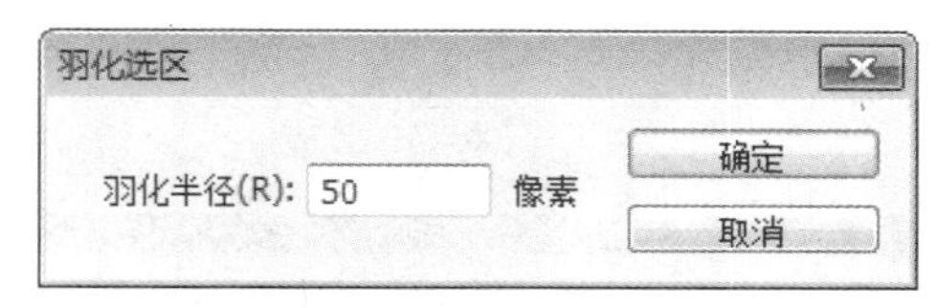

图3-59 【羽化选区】对话框

步骤3 选择【选择】→【反向】菜单命令，反选选区，如图3-60所示。

步骤4 选择【编辑】→【清除】菜单命令，按Ctrl+D组合键取消选区。清除反选选区后的效果如图3-61所示。

图3-60 反选选区

图3-61 清除选区

如果选区小，而【羽化半径】过大，小选区则可能变得非常模糊，以至于看不到其显示，因此系统会出现【任何像素都不大于50%选择】的提示，此时应减小【羽化半径】或增大选区大小，或者单击【确定】按钮，接受蒙版当前的设置并创建看不到边缘的选区。

3.4.5 扩大选取与选取相似

使用【扩大选取】命令可以选择所有和现有选区颜色相同或相近的相邻像素。

步骤1 打开随书光盘中的“素材\ch03\图16.jpg”文件，选择【矩形选框工具】，在黄色区域中创建一个矩形选框，如图3-62所示。

步骤2 选择【选择】→【扩大选取】菜单命令，即可看到与矩形选框内颜色相近的相邻像素都被选中了。可以多次执行此命令，直至选择了合适的范围为止，如图 3-63 所示。

图 3-62　创建矩形选区

图 3-63　扩大选区

使用【选取相似】命令可以选择整个图像中的与现有选区颜色相邻或相近的所有像素，而不只是相邻的像素。

步骤1 选择【椭圆选框工具】，在黄色苹果上创建一个椭圆选区，如图 3-64 所示。

步骤2 选择【选择】→【选取相似】菜单命令，这样包含于整个图像中的与当前选区颜色相邻或相近的所有像素就都会被选中，如图 3-65 所示。

图 3-64　创建椭圆选区

图 3-65　选择相似选区

3.4.6 修改选区边界

使用【边界】命令可以使当前选区的边缘产生一个边框，其具体操作步骤如下。

步骤1 打开随书光盘中的“素材 \ch03\ 图 01.jpg”文件，选择【矩形选框工具】，在图像中建立一个矩形选区，如图 3-66 所示。

步骤2 选择【选择】→【修改】→【边界】菜单命令，弹出【边界选区】对话框。在【宽度】数值框中输入 50 像素，如图 3-67 所示。

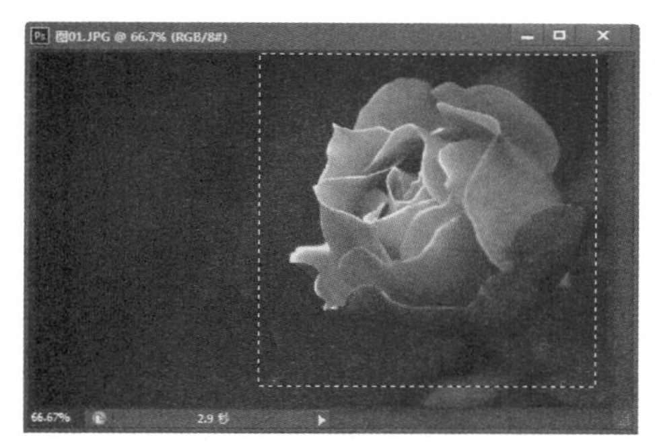

图 3-66　创建矩形选区

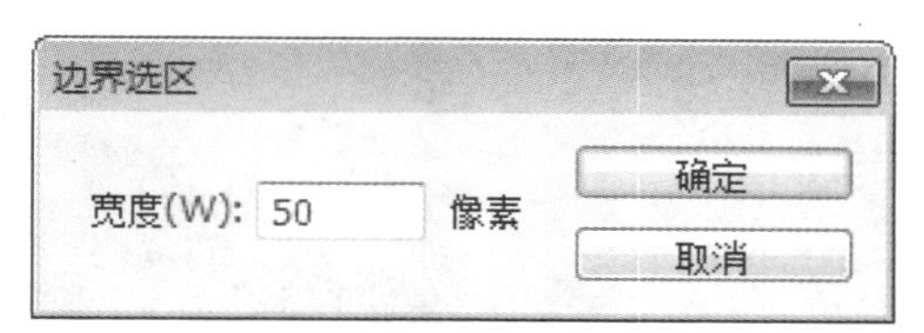

图 3-67　【边界选区】对话框

步骤3 单击【确定】按钮，可以看到添加的边界，如图 3-68 所示。

步骤4 选择【编辑】→【清除】菜单命令（或按 Delete 键），再按 Ctrl+D 组合键取消选择，制作出一个选区边框，如图 3-69 所示。

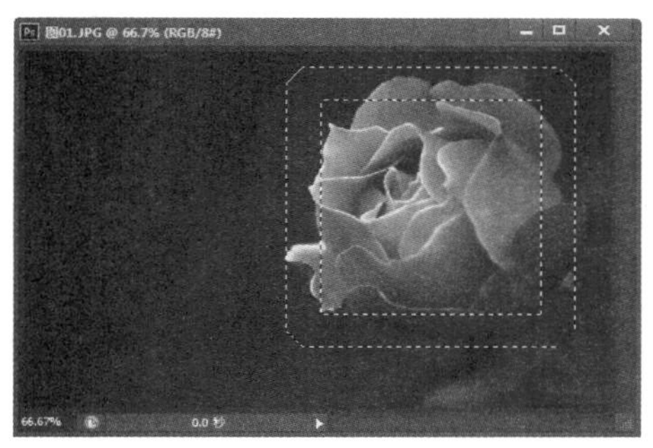

图 3-68　添加边界选区

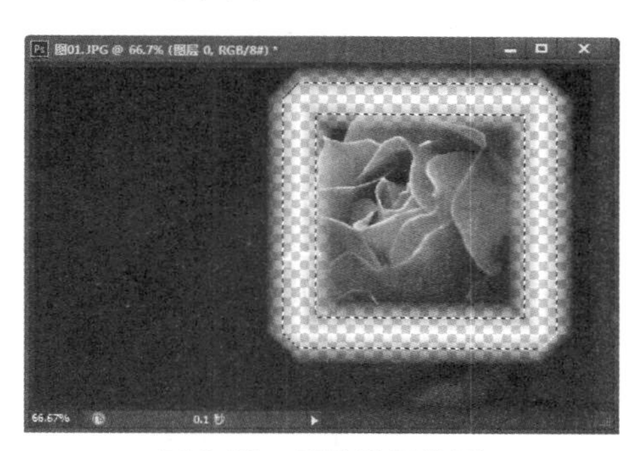

图 3-69　清除边界选区

3.4.7　平滑选区边缘

使用【平滑】命令可以使尖锐的边缘变得平滑，其具体操作步骤如下。

步骤1 打开随书光盘中的“素材\ch03\图 14.jpg”文件，然后使用【多边形套索工具】在图像中建立一个多边形选区，如图 3-70 所示。

步骤2 选择【选择】→【修改】→【平滑】菜单命令，弹出【平滑选区】对话框。在【取样半径】数值框中输入 100 像素，如图 3-71 所示。

图 3-70　创建多边形选区

图 3-71　【平滑选区】对话框

步骤3 单击【确定】按钮，即可看到图像的边缘变得平滑了，如图 3-72 所示。

步骤4 按 Ctrl+Shift+I 组合键反选选区，按 Delete 键删除选区内的图像，然后按 Ctrl+D 组合键取消选区。此时，一个多角形的相框就制作好了，如图 3-73 所示。

图 3-72 平滑选区边缘

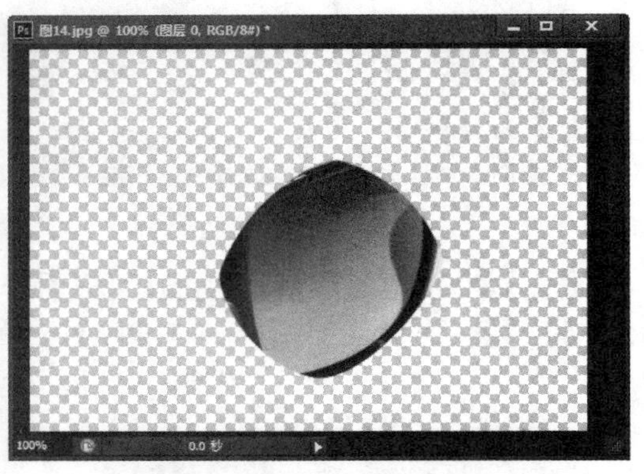

图 3-73 删除多余选区

3.4.8 扩展选区

使用【扩展】命令可以对已有的选区进行扩展。

步骤1 打开随书光盘中的“素材\ch03\图 01.jpg”文件，然后建立一个椭圆选区，如图 3-74 所示。

步骤2 选择【选择】→【修改】→【扩展】菜单命令，弹出【扩展选区】对话框。在【扩展量】数值框中输入 100 像素，如图 3-75 所示。

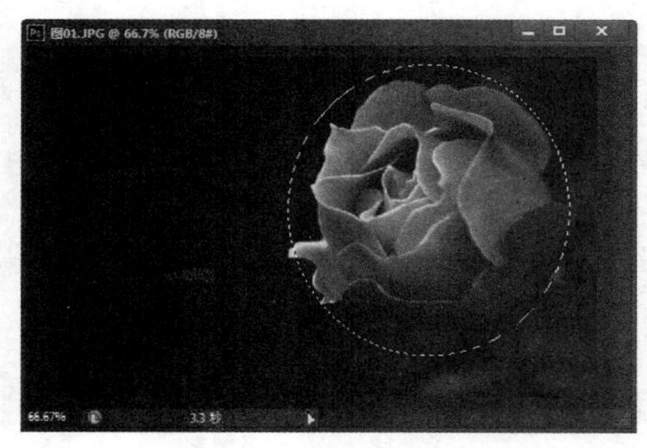

图 3-74 创建椭圆选区

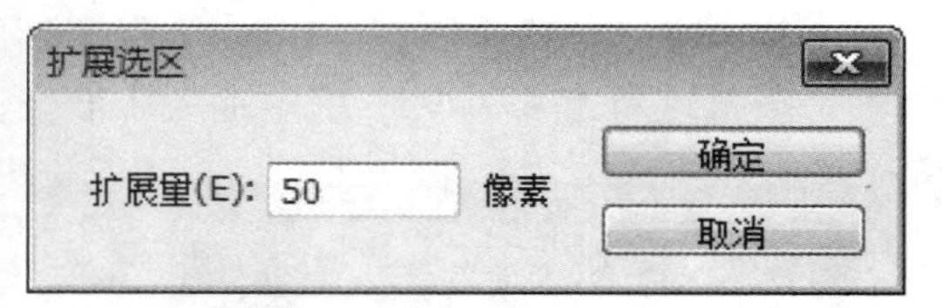

图 3-75 【扩展选区】对话框

步骤3 单击【确定】按钮，即可看到图像的边缘得到了扩展，如图 3-76 所示。

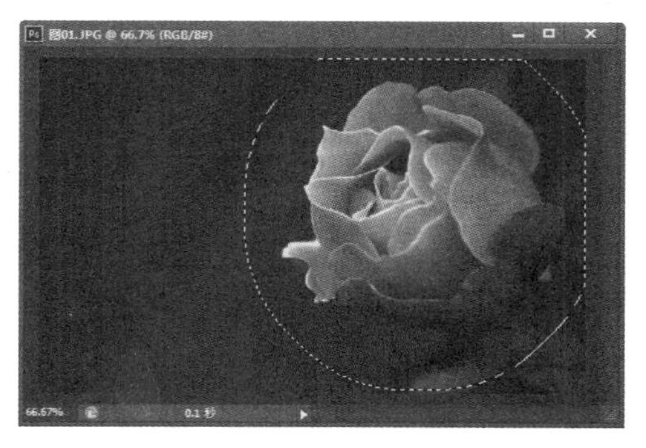

图 3-76　扩展选区后的效果

3.4.9　收缩选区

使用【收缩】命令可以使选区收缩。

步骤1 打开随书光盘中的“素材\ch03\图01.jpg”文件，在图像中建立一个椭圆选区，如图3-77所示。

步骤2 选择【选择】→【修改】→【收缩】菜单命令，弹出【收缩选区】对话框。在【收缩量】数值框中输入100像素，如图3-78所示。

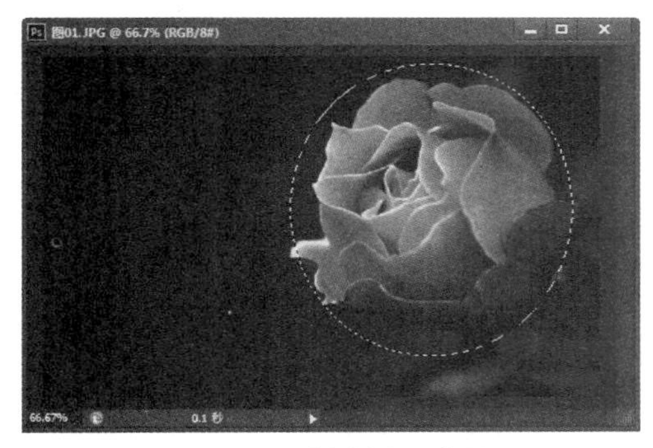

图 3-77　创建椭圆选区

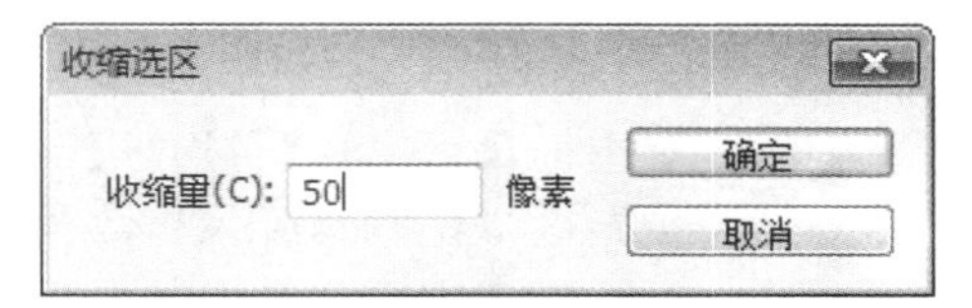

图 3-78　【收缩选区】对话框

步骤3 单击【确定】按钮，即可看到图像边缘得到了收缩，如图3-79所示。

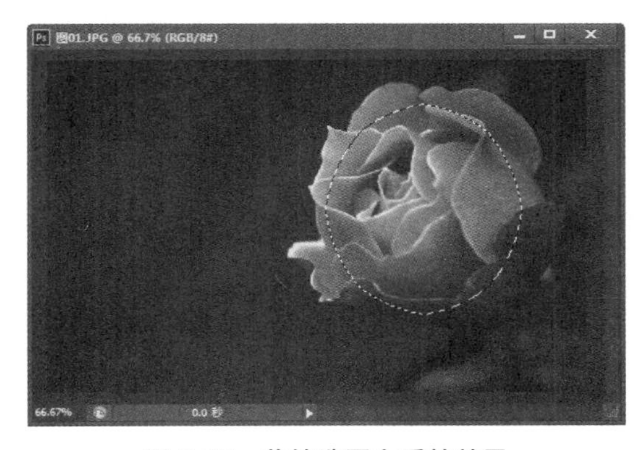

图 3-79　收缩选区之后的效果

物理距离和像素距离之间的关系取决于图像的分辨率。例如72像素/英寸图像中的5像素距离就比在300像素/英寸图像中的长。

3.5 综合实例1——用椭圆选框工具设计光盘封面

家庭摄影、录像已经普及，为了妥善保存影音视频，可以将其制作成为光盘。为了使光盘美观，便于记忆，可以为光盘制作一个简易的封面。其具体操作步骤如下。

步骤1 选择【文件】→【新建】菜单命令，弹出【新建】对话框，在【名称】文本框中输入【光盘封面】，【宽度】和【高度】都设置为12厘米，【分辨率】设为200像素，【背景内容】设为透明，单击【确定】按钮，如图3-80所示。

步骤2 选择【视图】→【标尺】菜单命令，或者使用Ctrl+R组合键调出标尺。如图3-81所示，标尺显示的不是厘米，而是像素。为了方便操作，需要将标尺单位改为厘米。

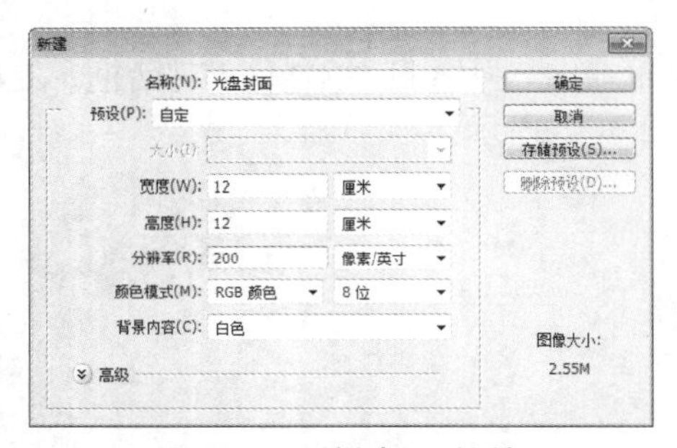

图3-80 【新建】对话框

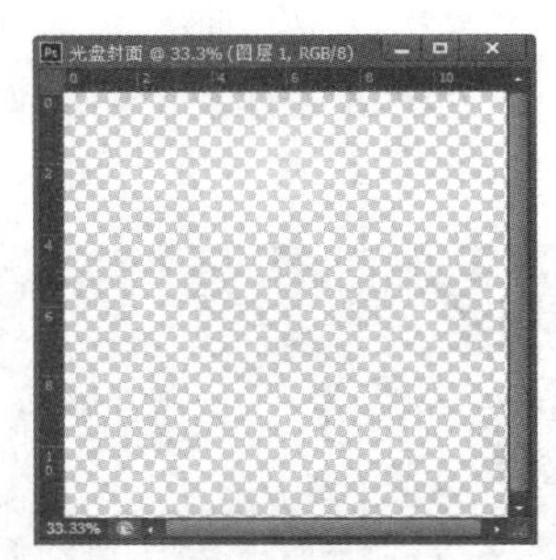

图3-81 创建透明文件

步骤3 双击标尺，弹出【首选项】对话框，默认显示【单位与标尺】选项，将右侧【单位】区域中的【标尺】改为厘米，单击【确定】按钮，如图3-82所示。

步骤4 单击标尺拖曳，可以绘制出参考线，横向和纵向分别在4、6、8厘米处添加参考线，如图3-83所示。

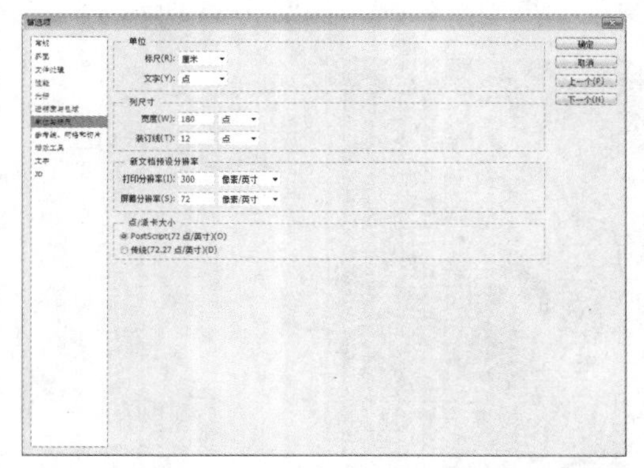

图3-82 【首选项】对话框

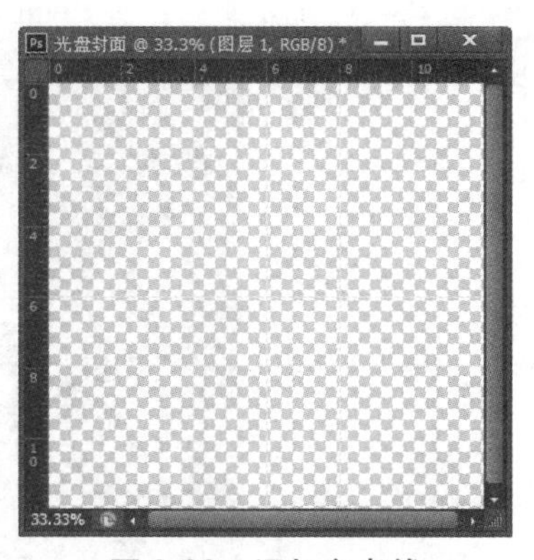

图3-83 添加参考线

步骤5 选择工具栏中的【椭圆选框工具】，属性栏中设置【羽化】值为0px，在【样式】下拉列表中选择【固定大小】选项，【宽度】和【高度】分别设置为12厘米。按住Alt键，单击纵横6厘米参考线的交点，产生一个正圆的选区，如图3-84所示。

光盘的直径一般为12厘米，如果是其他型号的光盘可以先进行测量再设计。

步骤6 单击属性栏中的【从选区减去】按钮，依照上述方法，绘制一个直径为4厘米的圆形选区，如图3-85所示。

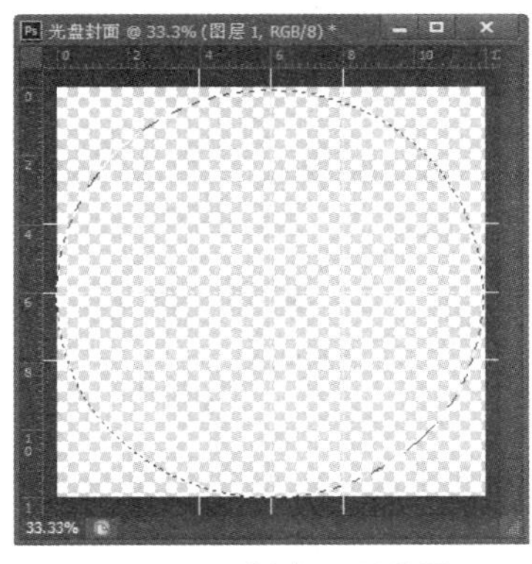

图3-84 创建正圆选区

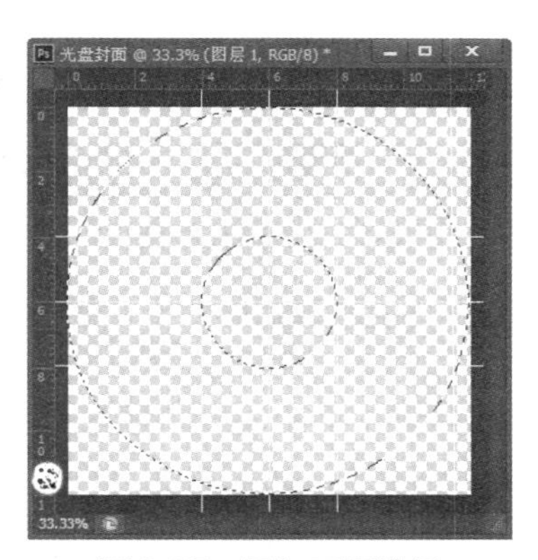

图3-85 添加正圆选区

步骤7 选择【视图】→【清除参考线】菜单命令，将参考线清除。选择【选择】→【反向】菜单命令，对选区进行反选操作，如图3-86所示。

步骤8 选择工具箱中的【油漆桶工具】，将选区填充为白色，如图3-87所示。

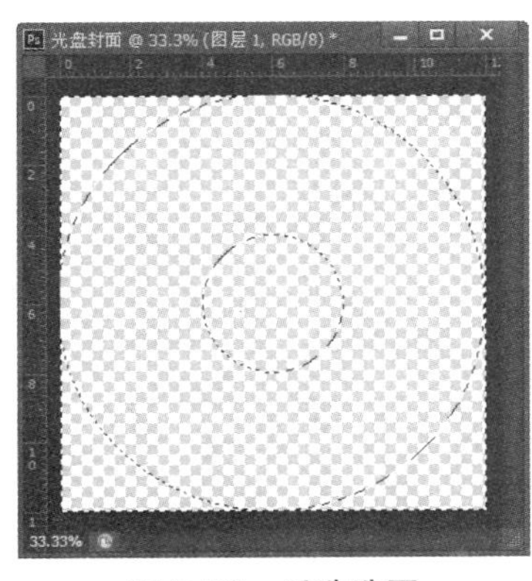

图3-86 反选选区

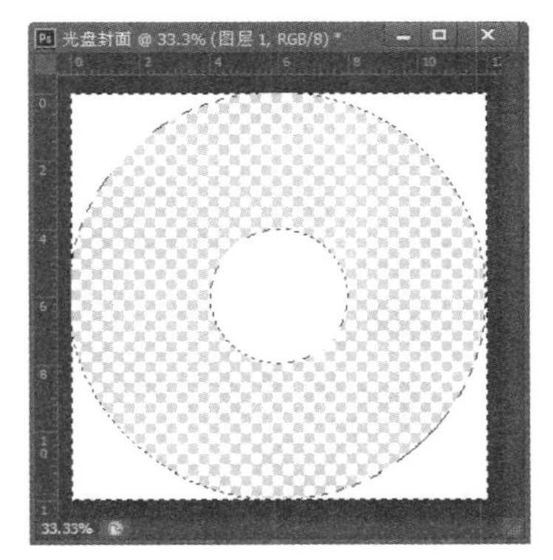

图3-87 填充选区为白色

步骤9 使用Ctrl+D组合键撤销选区。打开随书光盘中的“素材\ch03\图19.jpg”文件，使用工具栏中的【移动工具】将图像移动到【光盘封面】文件中，产生一个新图层【图层2】，如图3-88所示。

步骤10 选择【图层2】，选择【编辑】→【自由变换】菜单命令，或按Ctrl+T组合键，对女孩图像进行大小及位置调整，调整后如图3-89所示。

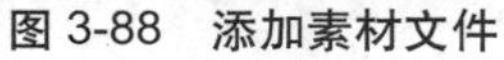
图 3-88　添加素材文件

图 3-89　变换素材文件

步骤11 使用【横排文字工具】在图像中适当位置添加文字，然后选择【图层】→【合并可见图层】菜单命令，将所有图层合并。使用【魔棒工具】选择白色区域，进行删除，得到如图 3-90 所示的效果。

步骤12 选择【文件】→【存储为】菜单命令，弹出【存储为】对话框，将文件保存为 PNG 格式，如图 3-91 所示。

图 3-90　添加光盘文字

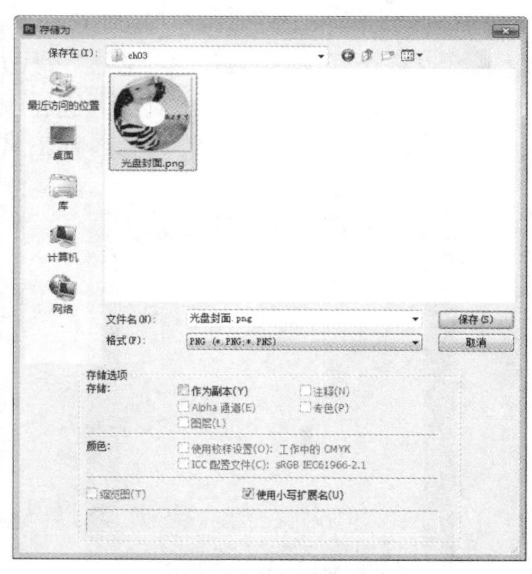

图 3-91　存储文件

3.6　综合实例 2——使用【调整边缘】命令抠毛发

结合使用【调整边缘】命令可以在复制的图像中抠出细致复杂的毛发。如将一只小猫从图像背景中抠出，其具体操作步骤如下。

步骤1 打开随书光盘中的“素材 \ch03\ 毛发抠除 .jpg”文件，如图 3-92 所示。

步骤2 选择工具箱中的【快速选择工具】，在小猫上拖动选择小猫为选区，如图 3-93 所示。

图 3-92 打开素材文件

图 3-93 选中小猫

步骤3 单击属性栏中的【调整边缘】按钮，弹出【调整边缘】对话框，调整【半径】和【移动边缘】值，扩大选区范围使小猫的毛全部在选区中，图中小猫眼睛部位选区减少，可以使用【矩形选框工具】将眼睛部位重新加入选区，如图 3-94 所示。

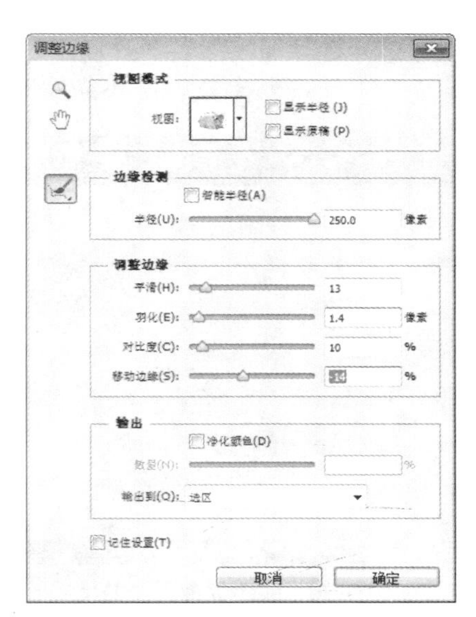

图 3-94 调整小猫选区

步骤4 再次重复上一步，使小猫的皮毛更细致更完整地容纳在选区中，如图 3-95 所示。

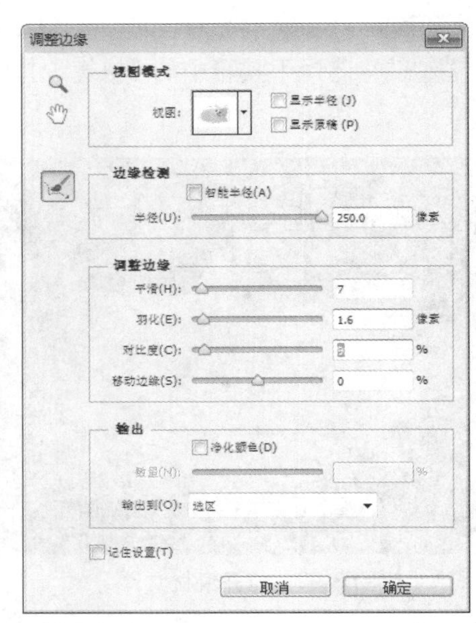

图 3-95　进一步调整小猫选区

步骤5 按 Ctrl+J 组合键，复制选区中的图像，生成两个新图层。设置【背景】和【图层 1 副本】图层不可见，选择【图层 1】，选择【图像】→【调整】→【去色】菜单命令，使图像变成黑白效果，如图 3-96 所示。

步骤6 选择【图像】→【调整】→【亮度 / 对比度】菜单命令，调整【亮度】和【对比度】参数，使小猫的毛与杂边颜色反差更大，如图 3-97 所示。

图 3-96　去色处理后的效果

图 3-97　调整亮度与对比度

步骤7 单击【图层】面板下方的【新建图层】按钮，新建【图层 2】，置于【图层 1】下方，使用填充工具为【图层 2】填充深蓝色，如图 3-98 所示。

步骤8 使用工具栏中的【橡皮擦工具】，将小猫选区的杂边擦除，擦除时可适当调整橡皮擦的【大小】和【不透明度】，得到如图 3-99 所示的效果，基本看不出小猫有深色杂边。

图 3-98 填充图层为蓝色

图 3-99 使用橡皮擦工具

步骤9 选择【图层 1 副本】，使其显示可见，单击【图层】面板下方的【添加矢量蒙版】按钮，并使用【画笔工具】涂抹【图层 1 副本】中小猫的杂边，可适当调整【画笔工具】的【大小】和【不透明度】。最终得到纯色背景、无杂边的小猫，如图 3-100 所示。

图 3-100 最终的显示效果

3.7 专家答疑

疑问 1：如何重复利用设置好的渐变色？

在设置渐变填充时，设置一个比较满意的渐变色很不容易。设置好的渐变色也有可能在多个对象上使用，所以能将设置好的渐变色保存下来就再好不过了。那应当如何操作呢？

具体的操作方法如下：在【渐变编辑器】对话框中，设置好渐变色后，在【名称】文本框中输入名称，单击【新建】按钮，可以将已经设置好的渐变色保存到预设中，对其他对象设置渐变时可以从预设中找到保存的渐变设置。

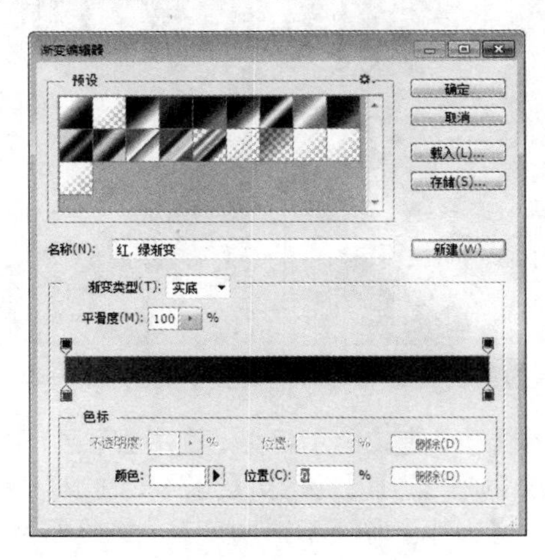

疑问2：如何在图像中创建正方形或正圆形选区？

答：由于在Photoshop CS6中的工具箱中没有提供正方形选区工具与正圆形选区工具，如果想要创建这两种选区，则需要在选中【矩形选框工具】或【椭圆形选框工具】后按Shift键，然后再创建选区，即可得到所需要的选区类型。

第 4 章 调整图像的色彩

颜色模式用数字描述颜色。可以通过不同的方法用数字描述颜色，而颜色模式决定着在显示和打印图像时使用哪一种方法或哪一组数字。Photoshop 的颜色模式基于颜色模型，而颜色模型对于印刷中使用的图像非常有用。

4.1 了解图像的颜色模式

常见的颜色模式包括位图模式、灰度模式、双色调模式、HSB（表示色相、饱和度、亮度）模式、RGB（表示红、绿、蓝）颜色模式、CMYK（表示青、洋红、黄、黑）颜色模式、Lab颜色模式、索引颜色模式、多通道模式以及8位/16位/32位通道模式，每种模式的图像描述和重现色彩的原理及所能显示的颜色数量是不同的。在Photoshop中选择【图像】→【模式】菜单命令，可以打开【模式】的子菜单，如图4-1所示。

4.1.1 RGB 颜色模式

Photoshop的RGB颜色模式使用RGB模型，对于彩色图像中的每个RGB（红色、绿色、蓝色）分量，为每个像素指定一个0（黑色）到255（白色）之间的强度值。例如亮红色可能R值为246，G值为20，而B值为50，如图4-2所示。

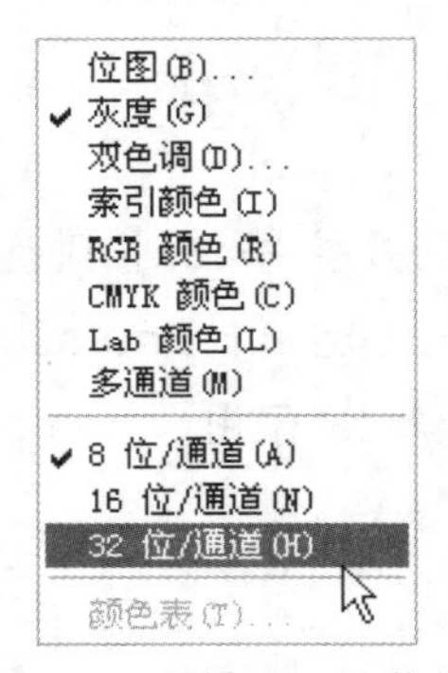

图 4-1 【模式】子菜单

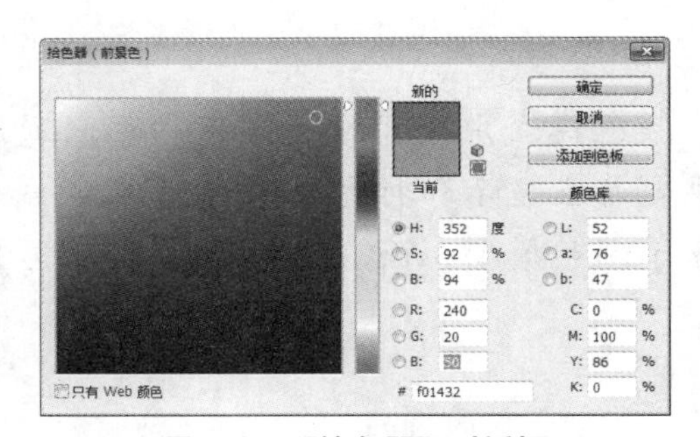

图 4-2 【拾色器】对话框

不同的图像中RGB各个成分也不尽相同，可能有的图中R（红色）成分多一些，有的B（蓝色）成分多一些。在电脑中显示时，RGB的多少是指亮度，并用整数来表示。通常情况下RGB的3个分量各有256级亮度，用数字0、1、2、…、255表示。注意：虽然数字最高是255，但0也是数值之一，因此共有256级。当所有分量的值均为255时，结果是纯白色，如图4-3所示。

当所有分量的值都为0时，结果是纯黑色，如图4-4所示。

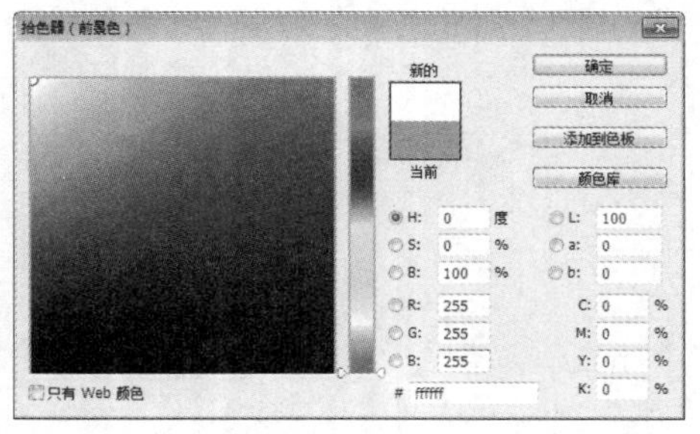

图 4-3 纯白色 RGB 的值

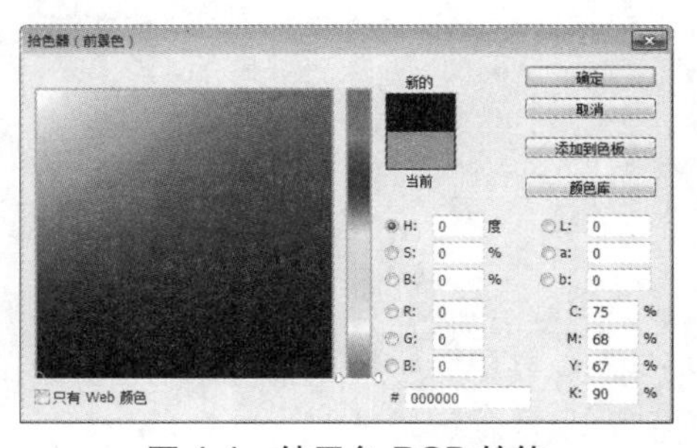

图 4-4 纯黑色 RGB 的值

4.1.2 CMYK 颜色模式

CMYK颜色模式是一种基于印刷油墨的颜色模式，具有青色、洋红、黄色和黑色4个颜色通道，每个通道的颜色也是8位，即256种亮度级别。4个通道组合使得每个像素具有32位的颜色容量，在理论上能产生232种颜色。但是由于目前的制造工艺还不能造出高纯度的油墨，CMYK相加的结果实际上是一种暗红色，因此还需要加入一种专门的黑墨来中和。CMYK通道如图4-5所示。

CMYK通道的灰度图和RGB类似。RGB灰度表示色光亮度，CMYK灰度表示油墨浓度，但二者对灰度图中的明暗有着不同的定义。

RGB通道灰度图中较白部分表示亮度较高，较黑部分表示亮度较低，纯白表示亮度最高，纯黑表示亮度为零。RGB模式下通道明暗的含义如图4-6所示。

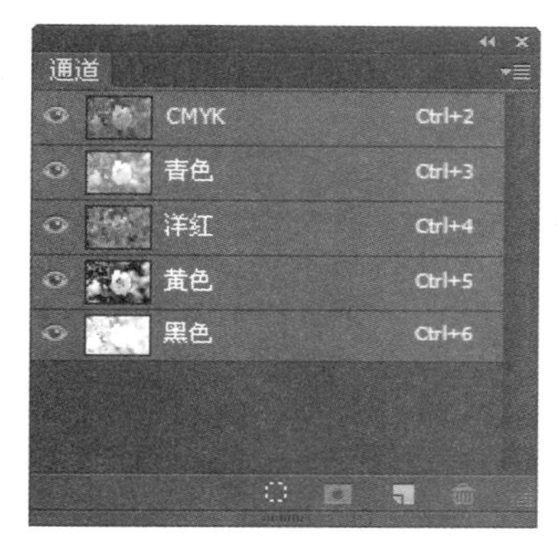

图 4-5 【通道】面板

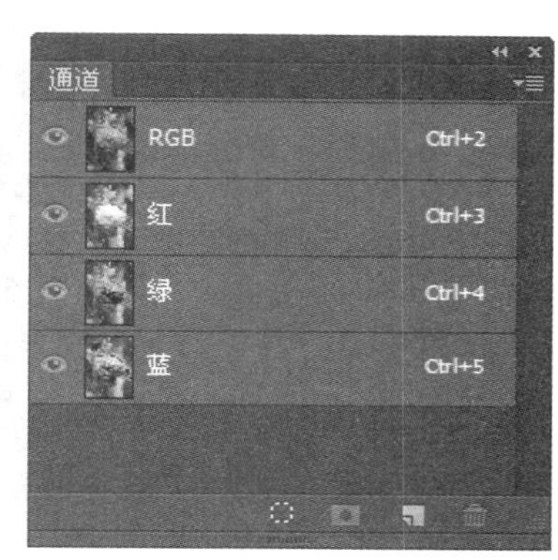

图 4-6 RGB 模式下的【通道】面板

CMYK通道灰度图中较白表示油墨浓度较低，较黑表示油墨浓度较高，纯白表示完全没有油墨，纯黑表示油墨浓度最高。CMYK模式下通道明暗的含义如图4-7所示。

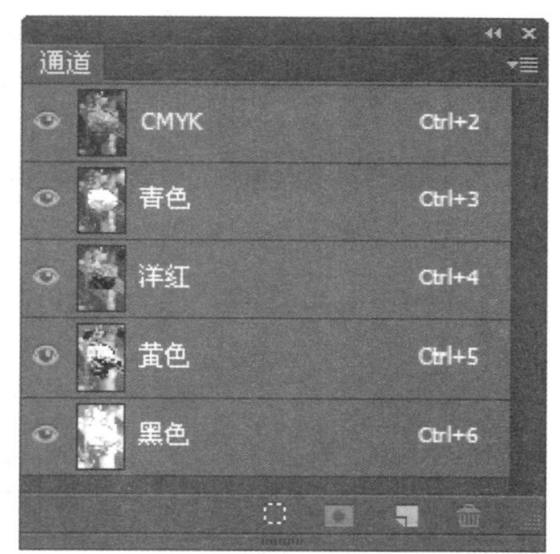

图 4-7 CMYK 模式下的【通道】面板

4.1.3 灰度模式

所谓灰度图像，就是指纯白、纯黑以及两者之间的一系列从黑到白的过渡色。灰度色中不包含任何色相，即不存在红色、黄色这样的颜色。灰度的通常表示方法是百分比，范围为0%~100%。

在Photoshop中只能输入整数，百分比越高颜色越黑，百分比越低颜色越白。灰度最高相当于最高的黑，就是纯黑，灰度为100%，如图4-8所示。

灰度最低相当于最低的黑，也就是没有黑，那就是纯白，灰度为0%，如图4-9所示。

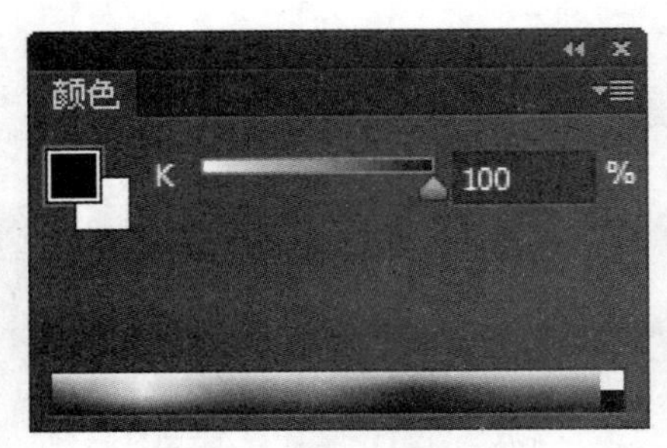

图 4-8 【颜色】面板

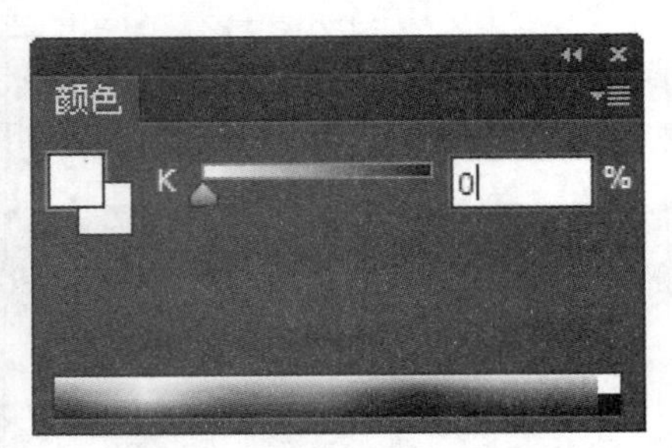

图 4-9 【颜色】面板

当灰度图像是从彩色图像模式转换而来时，灰度图像反映的是原彩色图像的亮度关系，即每个像素的灰阶对应着原像素的亮度，如图4-10所示。

图 4-10 图像的彩色模式与灰色模式

在灰度图像模式下，只有一个描述亮度信息的通道，如图4-11所示。

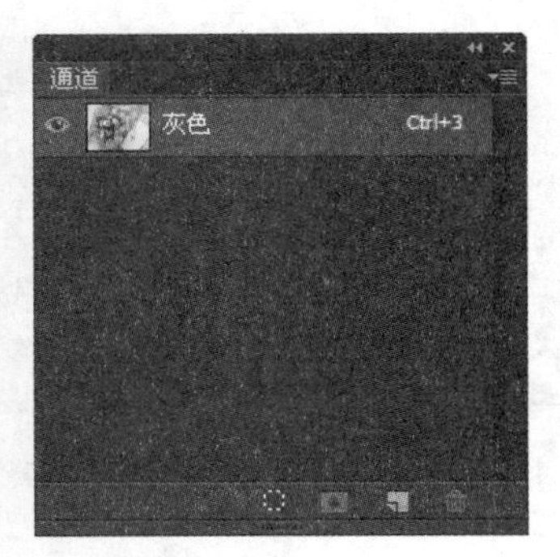

图 4-11 图像的灰色模式与【通道】面板

只有灰度模式和双色调模式的图像才能转换为位图模式，其他模式的图像必须先转换为灰度模式，然后才能进一步地转换为位图模式。

4.1.4 位图模式

在位图模式下，图像的颜色容量是一位，即每个像素的颜色只能在两种深度的颜色中选择，不是黑就是白。相应的图像也就是由许多个小黑块和小白块组成，如图4-12所示。

选择【图像】→【模式】→【位图】菜单命令，弹出【位图】对话框，从中可以设定转换过程中的减色处理方法，如图4-13所示。

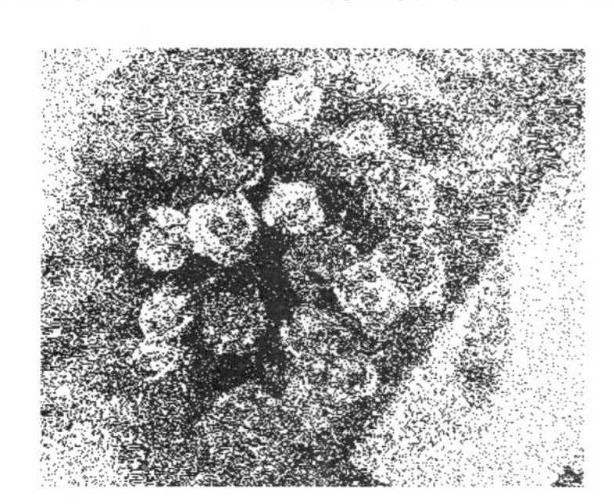

图 4-12 图像的位图模式

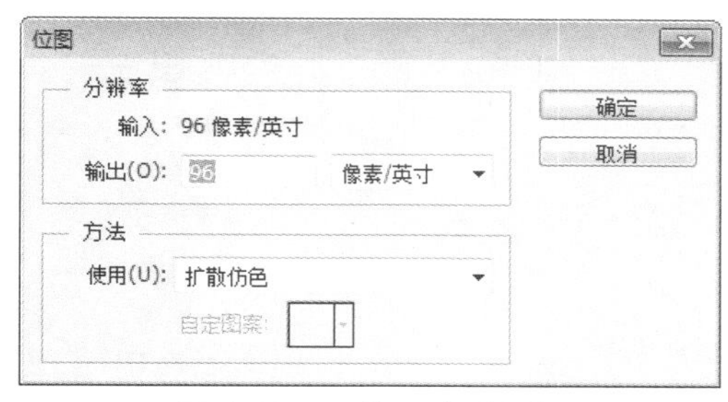

图 4-13 【位图】对话框

(1)【分辨率】设置区：用于设定转换后图像的分辨率。

(2)【方法 】设置区：在转换的过程中可以使用5种减色处理方法。选择【50%阈值】选项会将灰度级别大于50%的像素全部转换为黑色，将灰度级别小于50%的像素转换为白色；选择【图案仿色】选项可使用黑白点的图案来模拟色调；选择【扩散仿色】选项会产生一种颗粒效果；【半调网屏】选项是商业中经常使用的一种输出模式；选择【自定义图案】选项可以根据定义的图案来减色，使得转换更为灵活自由。

在位图模式下图像只有一个图层和一个通道，滤镜全部被禁用。

4.1.5 双色调模式

双色调模式可以弥补灰度图像的不足。在双色调模式中，不能像在RGB、CMYK和Lab模式中那样直接访问单个的图像通道，而是通过【双色调选项】对话框中的曲线来控制通道。选择【图像】→【模式】→【双色调】菜单命令可以打开【双色调选项】对话框，如图4-14所示。

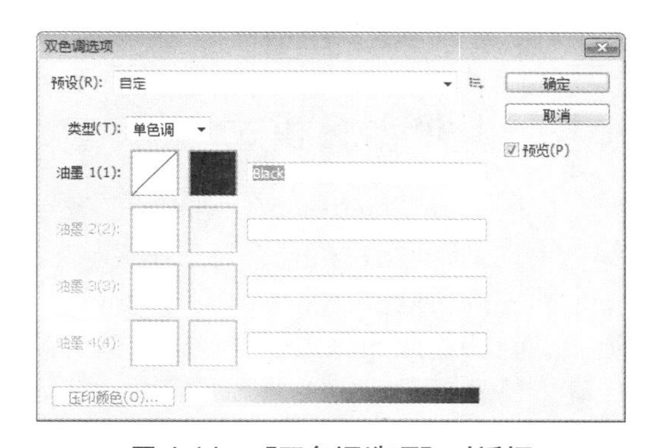

图 4-14 【双色调选项】对话框

(1) 【类型】下拉列表：可以从【单色调】、【双色调】、【三色调】和【四色调】中选择一种套印类型。

(2) 【油墨】设置项：选择了套印类型后，即可在各色通道中用曲线工具调节套印效果。

4.1.6 索引颜色模式

索引颜色模式用最多256种颜色生成8位图像文件。当转换为索引颜色时，Photoshop将构建一个颜色查找表，用以存放索引图像中的颜色。如果原图像中的某种颜色没有出现在该表中，程序将选取最接近的一种或使用仿色来模拟该颜色。

索引颜色模式的优点是它的文件格式比较小，同时保持视觉品质不单一，因此非常适合用来做多媒体动画和Web页面。在索引颜色模式下只能进行有限的编辑，若要进一步进行编辑，则应临时转换为RGB模式。选择【图像】→【模式】→【索引颜色】菜单命令即可弹出【索引颜色】对话框，如图4-15所示。

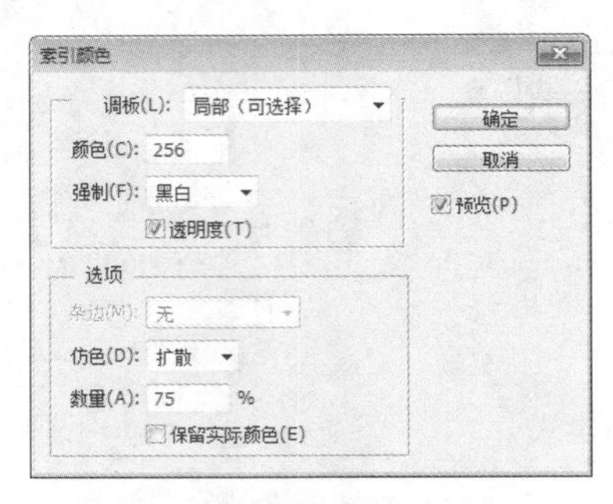

图 4-15 【索引颜色】对话框

(1) 【调板】下拉列表：用于选择在转换为索引颜色时使用的调色板。例如需要制作Web网页，则可选 择Web调色板。

(2) 【强制】下拉列表：可以选择将某些颜色强制加入颜色表中，例如选择【黑白】，就可以将纯黑和纯白强制添加到颜色表中。

(3) 【杂边】下拉列表：可以指定用于消除图像锯齿边缘的背景色。

(4) 【仿色】下拉列表：可以选择是否使用仿色。

(5) 【数量】设置框：输入仿色数量的百分比值。该值越高，所仿颜色越多，但是可能会增加文件大小。

注意 在索引颜色模式下图像只有一个图层和一个通道，滤镜全部被禁用。

4.1.7 Lab 颜色模式

Lab颜色是Photoshop在不同颜色模式之间转换时使用的中间颜色模式。Lab颜色模式将亮度通道从彩色通道中分离出来成为一个独立的通道。将图像转换为Lab颜色模式，然后去掉色彩通道中的a、b通道而保留明度通道，这样就能获得100%逼真的图像亮度信息，得到100%准确的黑白效果，如图4-16所示。

图 4-16 Lab 颜色模式

4.2 快速调整图像的色彩

色彩调整命令是Photoshop CS6的核心内容，各种调整命令是对图像进行颜色调整不可缺少的。选择【图像】→【调整】菜单命令，从其子菜单中可以选择各种命令。如图4-17所示。

图 4-17 【调整】菜单命令

4.2.1 调整图像的色阶

【色阶】命令通过调整图像暗调、灰色调和高光的亮度级别来校正图像的色调，包括反差、明暗、图像层次以及平衡图像的色彩。

下面通过调整图像的色阶，来学习【色阶】命令的使用方法。

步骤1 打开随书光盘中的“素材 \ch04\ 图 02.jpg”图像，如图 4-18 所示。

步骤2 选择【图像】→【调整】→【色阶】菜单命令，弹出【色阶】对话框，如图 4-19 所示。

步骤3 从中调整中间调滑块，使图像的整体色调的亮度有所提高，最终效果如图 4-20 所示。

图 4-18 素材文件

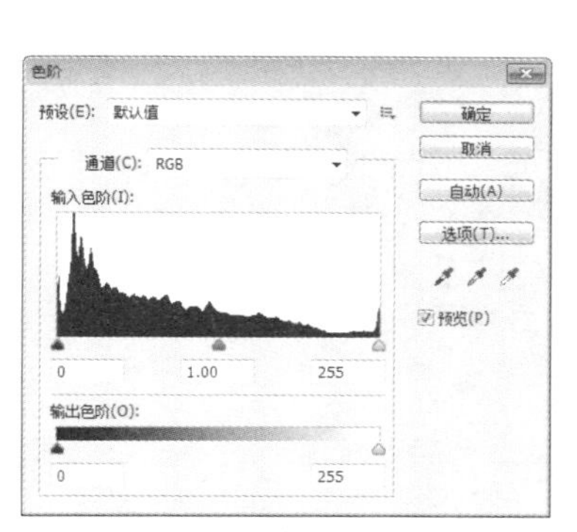

图 4-19 【色阶】对话框

图 4-20 调整后的效果

4.2.2 调整图像的亮度 / 对比度

选择【亮度/对比度】命令，可以对图像的色调范围进行简单的调整。使用【亮度/对比度】命令调整图像的具体操作步骤如下。

步骤1 打开随书光盘中的“素材 \ch04\ 图 03.jpg”图像，如图 4-21 所示。

步骤2 选择【图像】→【调整】→【亮度 / 对比度】菜单命令，弹出【亮度 / 对比度】对话框，设置【亮度】为 150，【对比度】为 36，如图 4-22 所示。

步骤3 单击【确定】按钮，得到最终图像效果，如图 4-23 所示。

图 4-21 素材文件

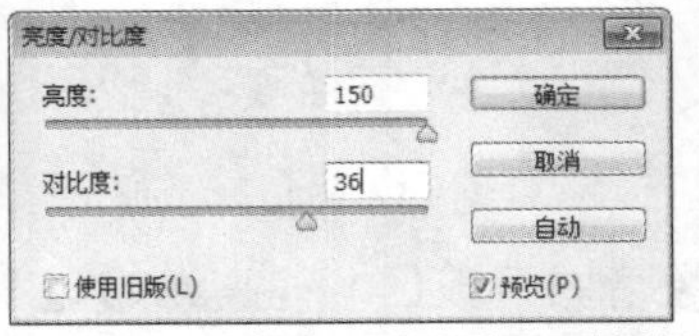

图 4-22 【亮度 / 对比度】对话框

图 4-23 调整后的效果

4.2.3 调整图像的色彩平衡

选择【色彩平衡】命令可以调节图像的色调，可分别在暗调区、灰色调区和高光区通过控制各个单色的成分来平衡图像的色彩，操作起来简单直观。

使用【色彩平衡】命令调整图像的具体操作步骤如下。

步骤1 打开随书光盘中的“素材 \ch04\ 图 2.jpg”图像，如图 4-24 所示。

步骤2 选择【图像】→【调整】→【色彩平衡】菜单命令，在弹出的【色彩平衡】对话框中的【色阶】参数框中依次输入 28、10 和 30，如图 4-25 所示。

步骤3 单击【确定】按钮，得到最终图像效果，如图 4-26 所示。

图 4-24 素材文件

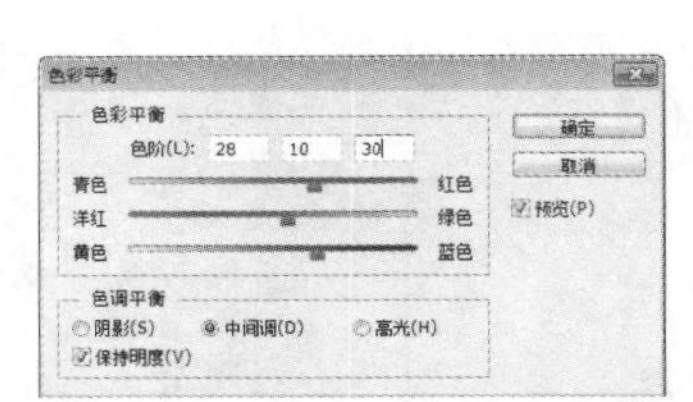

图 4-25 【色彩平衡】对话框

图 4-26 调整后的效果

4.2.4 调整图像的曲线

通过【曲线】菜单命令可以对个别颜色通道的色调进行调节以平衡图像色彩。使用【曲线】命令来调整图像的操作步骤如下。

步骤1 打开随书光盘中的“素材 \ch04\ 玫瑰花 .jpg”图像，如图 4-27 所示。

步骤2 选择【图像】→【调整】→【曲线】命令，在弹出的【曲线】对话框中调整曲线（或者设置【输入】为 156，【输出】为 177），将图像的亮度增强，如图 4-28 所示。

图 4-27　素材文件

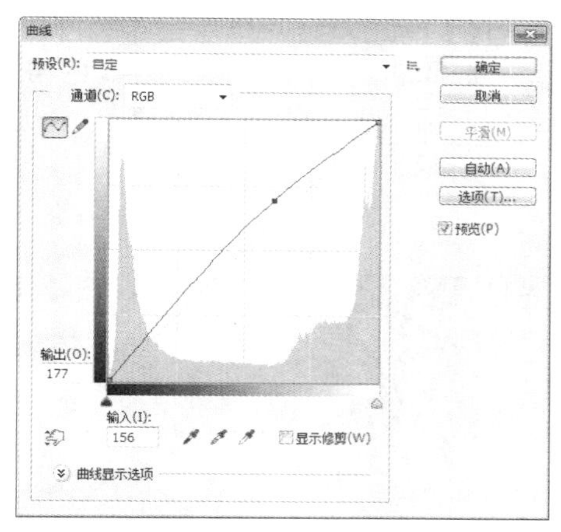

图 4-28　【曲线】对话框

步骤3 在【通道】下拉列表中选择【红】选项，调整曲线（或者设置【输入】为“139”，【输出】为 206），使玫瑰花的红色更鲜红，如图 4-29 所示。

步骤4 单击【确定】按钮，得到最终图像效果，如图 4-30 所示。

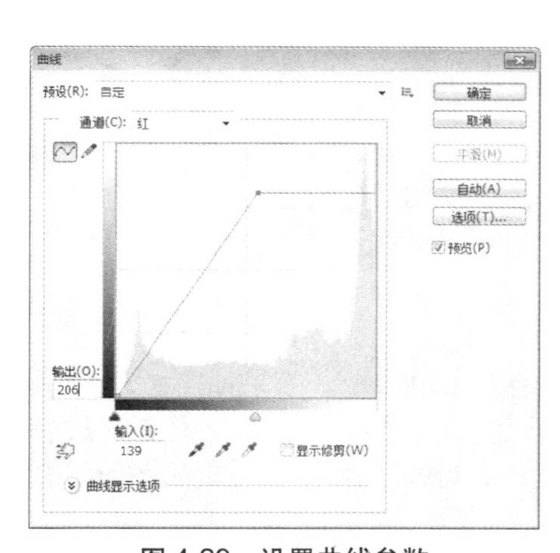

图 4-29　设置曲线参数

图 4-30　调整后的效果

4.2.5　调整图像的色相 / 饱和度

选择【色相/饱和度】命令可以调节整个图像或图像中单个颜色成分的色相、饱和度和亮度。色相、饱和度和亮度的含义如下。

● 色相就是通常所说的颜色，即红、橙、黄、绿、青、蓝和紫。

● 饱和度简单地说是一种颜色的纯度，颜色纯度越高饱和度越大，颜色纯度越低相应颜色的饱和度就越小。

● 亮度就是指色调，即图像的明暗度。

利用【色相/饱和度】命令来调整图像色彩的具体操作步骤如下。

步骤1 打开随书光盘中的“素材\ch04\图 06.jpg”图像，如图 4-31 所示。

步骤2 选择【图像】→【调整】→【色相/饱和度】菜单命令，在弹出的【色相/饱和度】对话框中，设置【色相】为 180，【饱和度】为 21，【明度】为 –3，如图 4-32 所示。

步骤3 单击【确定】按钮，得到最终图像效果，如图 4-33 所示。

图 4-31　素材文件

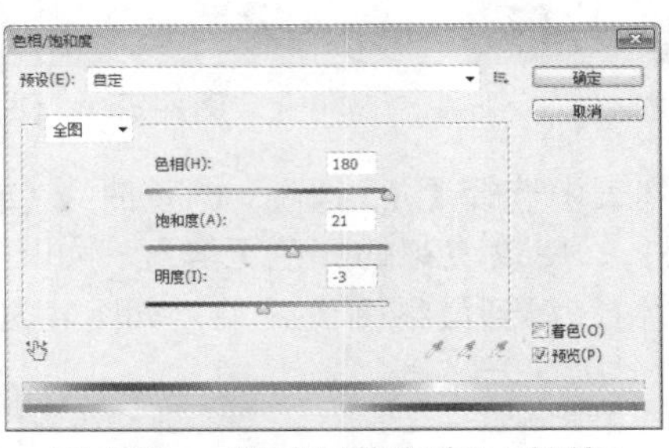

图 4-32　【色相 / 饱和度】对话框

图 4-33　调整后的效果

4.2.6　将彩色照片变成黑白照片

选择【去色】命令可以将图像的颜色去掉，变成相同颜色模式下的灰度图像，每个像素仅保留原有的明暗度，下面通过为图像去色来学习【去色】命令的使用方法。

为彩色照片去色的具体操作步骤如下。

步骤1 打开随书光盘中的“素材\ch04\图 12.jpg”图像，如图 4-34 所示。

步骤2 选择【图像】→【调整】→【去色】菜单命令，效果如图 4-35 所示。

步骤3 可以看到去色后的图像的整体对比度不是很好，选择【图像】→【调整】→【曲线】命令对图像做进一步的调整，得到最终效果，如图 4-36 所示。

图 4-34　素材文件

图 4-35　去色后的效果

图 4-36　调整后的效果

4.2.7 匹配图像颜色

选择【匹配颜色】命令可将一个图像（源图像）的颜色与另一个图像（目标图像）相匹配。其具体操作步骤如下。

步骤1 打开随书光盘中的“素材\ch04\图06.jpg”和“素材\ch04\图12.jpg”图像，如图4-37所示。

图4-37 素材文件

步骤2 将【图06.jpg】的颜色色调应用到【图12.jpg】中。选择【图像】→【调整】→【匹配颜色】菜单命令，在弹出的【匹配颜色】对话框中设置【明亮度】为200，【颜色强度】为100，【渐隐】为24，【源】设置为“图06.jpg”，如图4-38所示。

步骤3 单击【确定】按钮，得到最终图像效果，如图4-39所示。

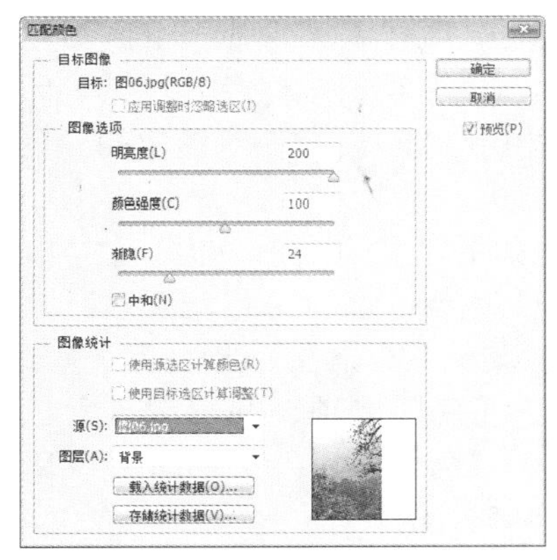

图4-38 【匹配颜色】对话框

图4-39 调整后的效果

4.2.8 为图像替换颜色

选择【替换颜色】命令可以创建蒙版，可以选择图像中的特定颜色，然后替换这些颜色。可以设置选定区域的色相、饱和度和亮度，也可以使用拾色器选择替换颜色。由【替换颜色】命令创建的蒙版是临时性的。

使用【替换颜色】命令来替换花朵颜色的具体操作步骤如下。

步骤1 打开随书光盘中的“素材\ch04\图02.jpg”图像，如图4-40所示。

步骤2 选择【图像】→【调整】→【替换颜色】命令，在弹出【替换颜色】对话框中使用吸管工具吸取图像中的红色，并设置【颜色容差】为81，【色相】为–101，【饱和度】为20，【明度】为21，如图4-41所示。

步骤3 单击【确定】按钮后的图像效果如图4-42所示。

图4-40 素材文件

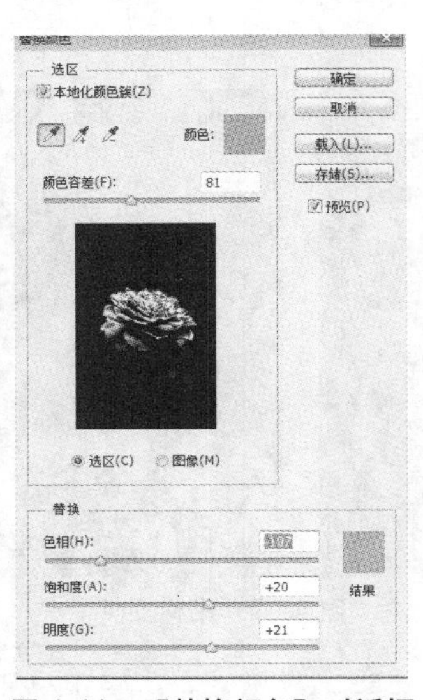

图4-41 【替换颜色】对话框

图4-42 调整后的效果

4.2.9 使用【可选颜色】命令调整图像

可选颜色校正是在高档扫描仪和分色程序中使用的一项技术，它基于组成图像某一主色调的4种基本印刷色（CMYK），选择性地改变某一主色调（如红色）中某一印刷色（如青色C）的含量，而不影响该印刷色在其他主色调中的表现，从而对图像的颜色进行校正。首先应确保在【通道】调板中选择了复合通道。

使用【可选颜色】命令来调整图像的具体操作步骤如下。

步骤1 打开随书光盘中的“素材\ch04\图02.jpg”图像，如图4-43所示。

步骤2 选择【图像】→【调整】→【可选颜色】菜单命令，在弹出的【可选颜色】对话框中的【颜色】下拉列表中选择“红色”选项，并设置【青色】为–100，【洋红】为100，【黄色】为–67，【黑色】为74，如图4-44所示。

步骤3 单击【确定】按钮，调整后的效果如图4-45所示。

图 4-43　素材文件

图 4-44　【可选颜色】对话框

图 4-45　调整后的效果

4.2.10　调整图像的阴影 / 高光

【阴影/高光】命令能基于阴影或高光中的局部相邻像素来校正每个像素，从而调整图像的阴影和高光区域。该命令适用于校正由强逆光而形成阴影的照片或者校正由于太接近相机闪光灯而有些发白的照片。在以其他采光方式拍摄的照片中，这种调整也可用于使阴影区域变亮。

使用【阴影/高光】命令来调整图像的具体操作步骤如下。

步骤1 打开随书光盘中的“素材 \ch04\ 玫瑰花 .jpg”图像，如图 4-46 所示。

步骤2 选择【图像】→【调整】→【阴影 / 高光】菜单命令，在弹出的【阴影 / 高光】对话框中的【阴影】设置区中将【数量】设置为 48%，在【高光】设置区中将【数量】设置为 37%，如图 4-47 所示。

步骤3 单击【确定】按钮，调整后的效果如图 4-48 所示。

图 4-46　素材文件

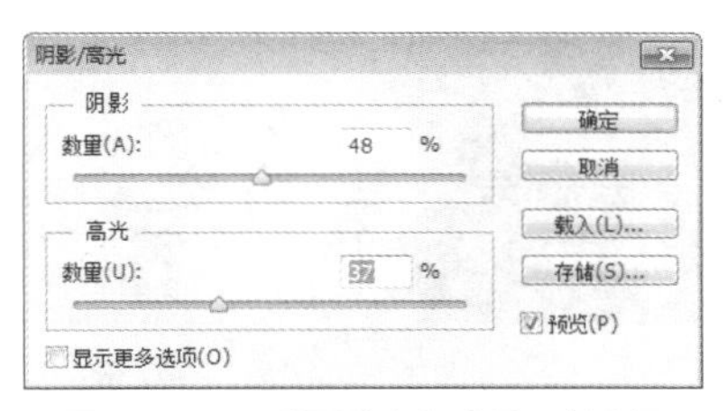

图 4-47　【阴影 / 高光】对话框

图 4-48　调整后的效果

4.2.11 调整图像的曝光度

【曝光度】命令专门用于调整HDR图像的色调，也可以用于8位和16位图像。使用【曝光度】命令调整图像的具体操作步骤如下。

步骤1 打开随书光盘中的“素材\ch04\图23.jpg”图像，如图4-49所示。

步骤2 选择【图像】→【调整】→【曝光度】菜单命令，在弹出的【曝光度】对话框中进行如图4-50所示的参数设置。

步骤3 单击【确定】按钮，调整后的效果如图4-51所示。

图4-49 素材文件

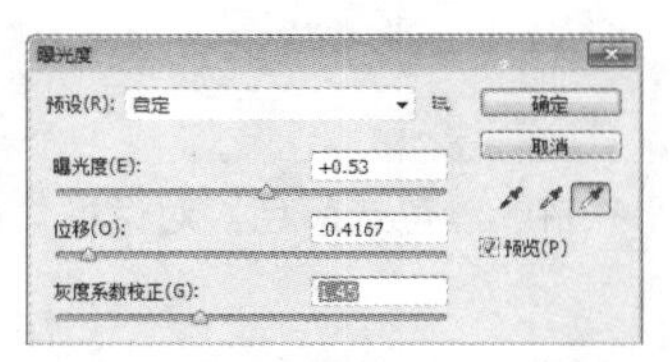

图4-50 【曝光度】对话框

图4-51 调整后的效果

4.2.12 使用【通道混和器】命令调整图像的颜色

通道混和器是使用图像中现有（源）颜色通道的混和来修改目标（输出）颜色通道的。颜色通道是代表图像（RGB或CMYK）中颜色分量的色调值的灰度图像。使用通道混合器可以通过源通道向目标通道加减灰度数据。利用这种方法可以向特定颜色分量中增加或减去颜色。

使用【通道混和器】命令来调整图像颜色的具体操作步骤如下。

步骤1 打开随书光盘中的“素材\ch04\图04.jpg”图像，如图4-52所示。

步骤2 选择【图像】→【调整】→【通道混和器】命令，在弹出的【通道混和器】对话框中的【输出通道】下拉列表中选择【红】选项，并在【源通道】设置区中设置【红色】为71，【绿色】为0，【蓝色】为0，如图4-53所示。

图4-52 素材文件

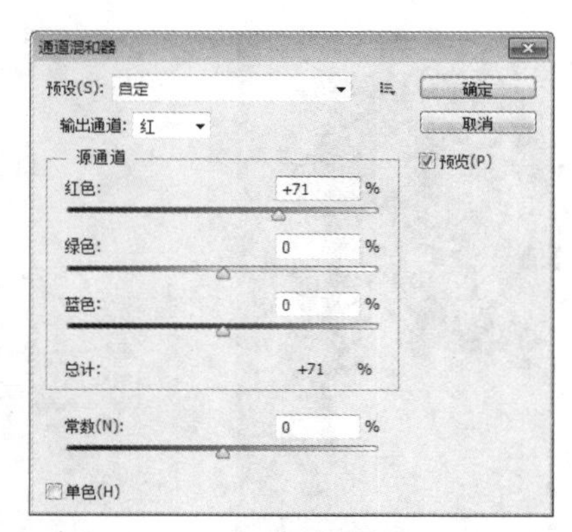

图4-53 【通道混和器】对话框

步骤3 在【输出通道】下拉列表中选择【绿】选项，并设置【红色】为0，【绿色】为122，【蓝色】为0，如图4-54所示。

步骤4 在【输出通道】下拉列表中选择【蓝】选项，并设置【红色】为0，【绿色】为0，【蓝色】为168，如图4-55所示。

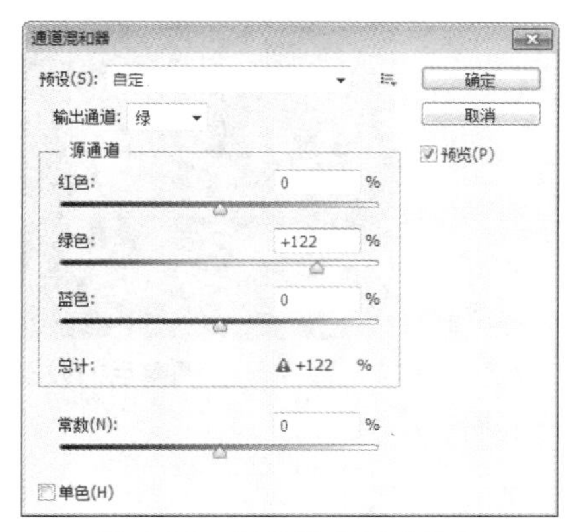

图4-54 设置输出通道为绿

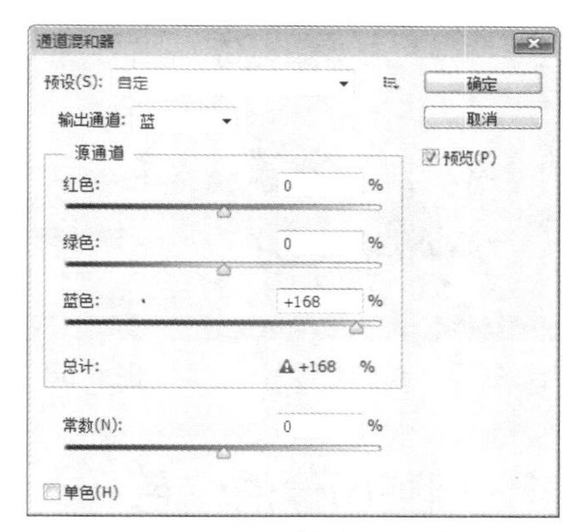

图4-55 设置输出通道为蓝

步骤5 单击【确定】按钮，调整后的效果如图4-56所示。

图4-56 调整后的效果

4.2.13 为图像添加渐变映射效果

选择【渐变映射】命令可以将图像的色阶映射为一组渐变色的色阶。如指定双色渐变填充时，图像中的暗调被映射到渐变填充的一个端点颜色；高光被映射到另一个端点颜色；中间调被映射到两个端点之间的层次。

为图像添加渐变映射效果的具体操作步骤如下。

步骤1 打开随书光盘中的“素材\ch04\图12.jpg”图像，如图4-57所示。

步骤2 选择【图像】→【调整】→【渐变映射】菜单命令，在弹出的【渐变映射】对话框中选择一种渐变映射，如图4-58所示。

步骤3 单击【确定】按钮，调整后的效果如图4-59所示。

图4-57　素材文件

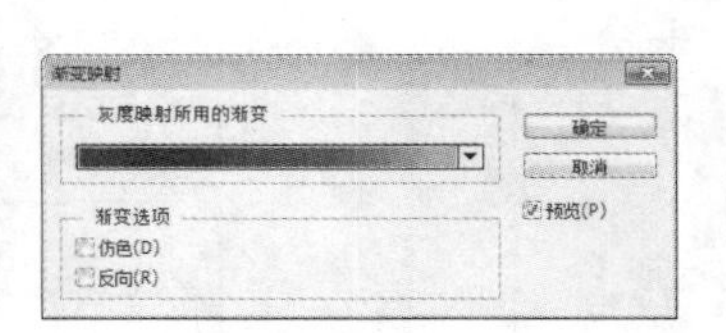

图4-58　【渐变映射】对话框

图4-59　调整后的效果

4.2.14　调整图像的偏色

选择【照片滤镜】命令可以模仿在相机镜头前面加彩色滤镜，以便调整通过镜头传输的光的色彩平衡和色温。

使用照片滤镜调整图像偏色的具体操作步骤如下。

步骤1 打开随书光盘中的“素材\ch04\图23.jpg”图像，如图4-60所示。

步骤2 该图像整体色调偏红色。选择【图像】→【调整】→【照片滤镜】菜单命令，在弹出的【照片滤镜】对话框中设置【颜色】为绿色（C：81，M：42，Y：100，K：44），【浓度】为64%，如图4-61所示。

步骤3 单击【确定】按钮，最终效果如图4-62所示。

图4-60　素材文件

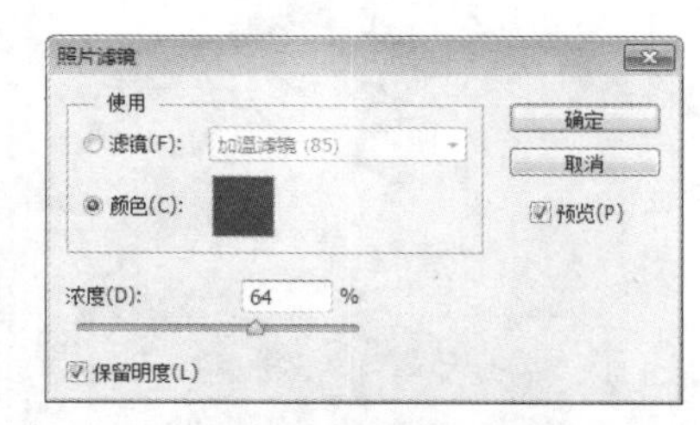

图4-61【照片滤镜】对话框

图4-62　调整后的效果

4.2.15　实现图片的底片效果

选择【反相】命令可以反转图像中的颜色，通道中每个像素的亮度值都会转换为256级颜色值刻度上相反的值。例如值为255的正片图像中的像素会转换为0，值为5的像素会转换为250。

下面使用【反相】命令给图片制作出一种底片的效果，具体操作步骤如下。

步骤1 打开随书光盘中的“素材\ch04\图23.jpg”图像，如图4-63所示。

步骤2 选择【图像】→【调整】→【反相】菜单命令，得到的效果如图4-64所示。

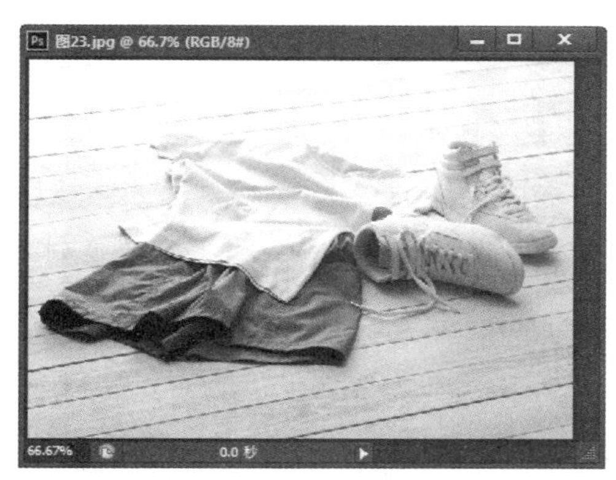

图 4-63　素材文件

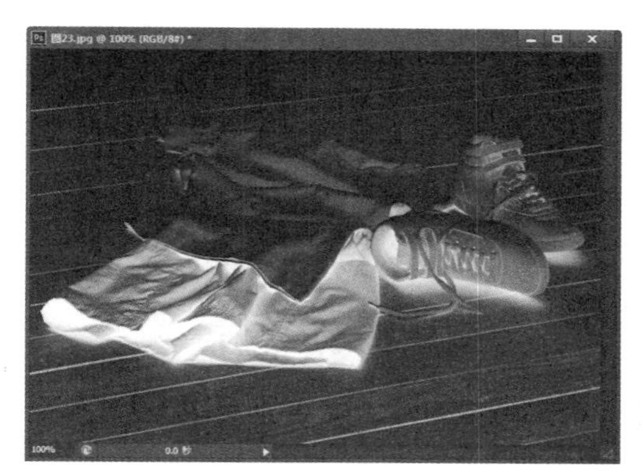

图 4-64　调整后的效果

4.2.16　使用【色调均化】命令调整图像

【色调均化】命令可以重新分布图像中像素的亮度值，使它们更均匀地呈现所有范围的亮度级别。Photoshop CS6会将最亮值均调整为白色，最暗的值均调整为黑色，而中间值则均匀地分布在整个灰度范围中。

使用【色调均化】命令调整图像的具体操作步骤如下。

步骤1　打开随书光盘中的“素材 \ch04\ 图 2.jpg”图像，使用【矩形选框工具】在画面上创建一个选区，如图 4-65 所示。

步骤2　选择【图像】→【调整】→【色调均化】菜单命令，在弹出的【色调均化】对话框中选中【仅色调均化所选区域】单选按钮，如图 4-66 所示。

步骤3　单击【确定】按钮后得到的效果如图 4-67 所示。

图 4-65　素材文件

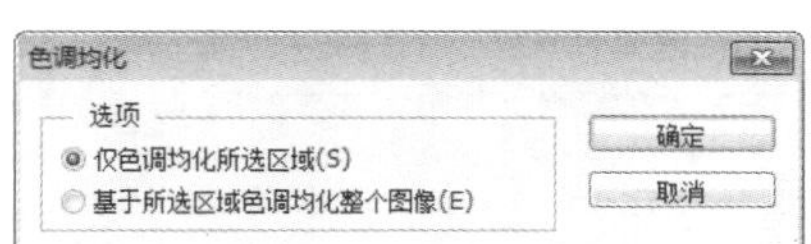

图 4-66　【色调均化】对话框

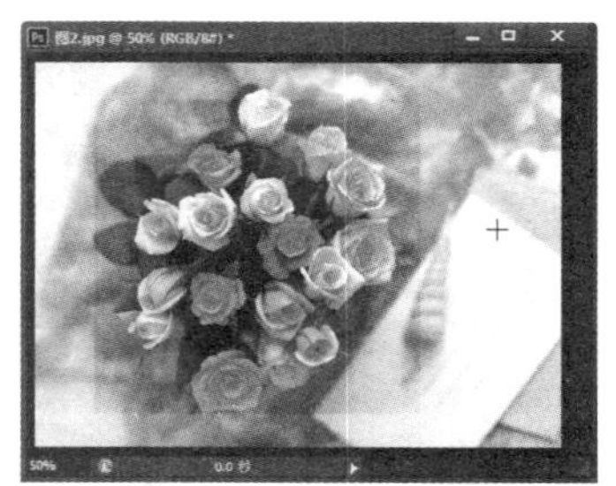

图 4-67　调整后的效果

4.2.17　制作黑白分明的图像效果

选择【阈值】命令可以将灰度或彩色图像转换为高对比度的黑白图像，可以指定某个色阶作为阈值。所有比阈值亮的像素转换为白色，而所有比阈值暗的像素则转换为黑色。【阈值】命令对确定图像的最亮和最暗区域有很大作用。

下面使用【阈值】命令制作一张黑白分明的图像效果。其具体操作步骤如下。

步骤1　打开随书光盘中的“素材 \ch04\2.jpg”图像，如图 4-68 所示。

步骤2 选择【图像】→【调整】→【阈值】菜单命令，在弹出的【阈值】对话框中设置【阈值色阶】为 128，如图 4-69 所示。

步骤3 单击【确定】按钮后得到的效果如图 4-70 所示。。

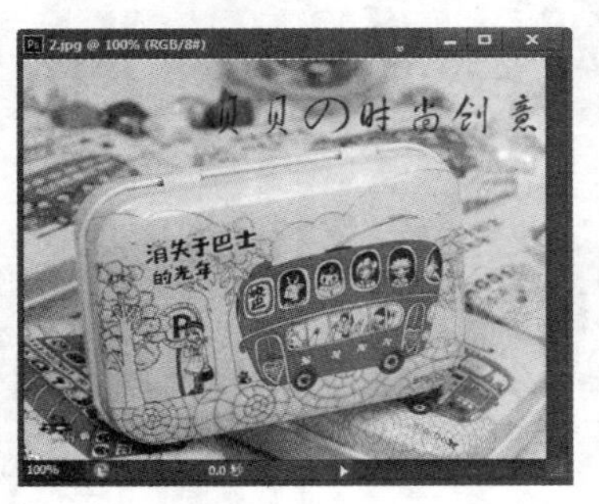

图 4-68　素材文件

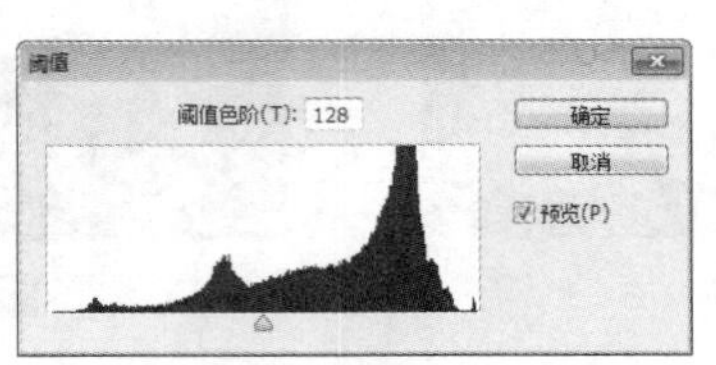

图 4-69　【阈值】对话框

图 4-70　调整后的效果

4.2.18　实现图片的特殊效果

选择【色调分离】命令可以指定图像中每个通道的色调级（或亮度值）的数目，然后将像素映射为最接近的匹配级别。使用【色调分离】命令可以在彩色图像中产生一些特殊的效果。

下面使用【色调分离】命令来制作特殊效果，其具体操作步骤如下。

步骤1 打开随书光盘中的“素材\ch04\图 12.jpg”图像，如图 4-71 所示。

步骤2 执行【图像】→【调整】→【色调分离】命令，在弹出的【色调分离】对话框中设置【色阶】为 3，如图 4-72 所示。

步骤3 单击【确定】按钮后得到的效果图如图 4-73 所示。

图 4-71　素材文件

图 4-72　【色调分离】对话框

图 4-73　调整后的效果

4.2.19　实现图像不同色调区的调整

【变化】命令通过显示替代物的缩览图，可以调整图像的色彩平衡、对比度和饱和度。选择【变化】命令可以完成不同色调区域的调整，如暗调、中间色调、高光以及饱和度等的调整。

选择【图像】→【调整】→【变化】菜单命令即可弹出【变化】对话框，在其中可以设置图像的变化效果，如图4-74所示为【变化】对话框，如图4-75所示为图像添加绿色效果后的显示效果。

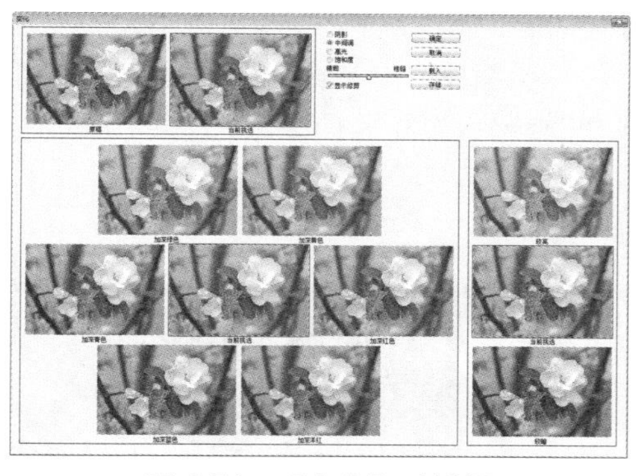
图 4-74 【变化】对话框

图 4-75 调整后的效果

4.2.20 使用【自然饱和度】命令调整图像的色彩

【自然饱和度】在调节图像饱和度时会保护已经饱和的像素，即在调整时会大幅增加不饱和像素的饱和度，而对已经饱和的像素只做很少、很细微的调整，特别是对皮肤的肤色有很好的保护作用。这样不但能够增加图像某一部分的色彩，而且还能使整幅图像饱和度正常。

使用【自然饱和度】命令调整图像色彩的具体操作步骤如下。

步骤1 打开随书光盘中的“素材 \ch04\ 图 04.jpg”图像，如图 4-76 所示。

步骤2 选择【图像】→【调整】→【自然饱和度】菜单命令，在弹出的【自然饱和度】对话框中设置【自然饱和度】为 100，【饱和度】为 24。如图 4-77 所示。

步骤3 单击【确定】按钮后得到的效果如图 4-78 所示。

图 4-76 素材文件

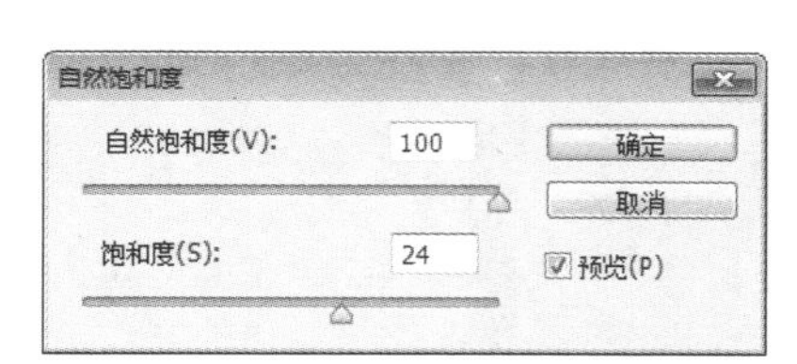

图 4-77 【自然饱和度】对话框

图 4-78 调整后的效果

4.2.21 使用【黑白】命令调整图像的色彩

通过丰富的设定，可以创造高反差的黑白图片、红外线模拟图片以及复古色调等，极富有新意。

使用【黑白】命令调整图像色彩的具体操作步骤如下。

步骤1 打开随书光盘中的“素材 \ch04\ 图 04.jpg”图像。如图 4-79 所示。

步骤2 选择【图像】→【调整】→【黑白】菜单命令，在弹出的【黑白】对话框中设置【红色】为 40%，设置黄色为 60%，如图 4-80 所示。

步骤3 单击【确定】按钮后得到的效果如图 4-81 所示。

图 4-79　素材文件

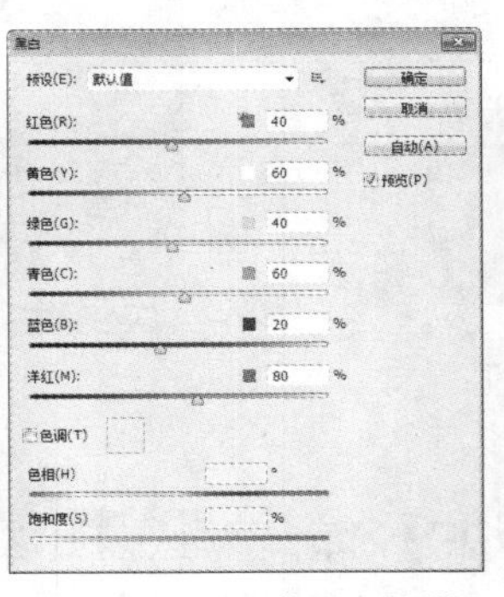

图 4-80　【黑白】对话框

图 4-81　调整后的效果

4.3　综合实例 1——校正偏红图片

拍摄的图片由于曝光等问题，有可能会发红，此时就可以使用【应用图像】命令进行调整，其具体操作步骤如下。

步骤1 打开随书光盘中的“素材 \ch04\ 图 1.jpg”文件，如图 4-82 所示。

步骤2 选择【图像】→【应用图像】菜单命令，弹出【应用图像】对话框，在【通道】下拉列表中选择【绿】，在【混合】下拉列表中选择【滤色】，将【不透明度】设为 50%，勾选【蒙版】复选框，在下方的【通道】下拉列表中选择【绿色】，并勾选【反相】复选框，设置完成后单击【确定】按钮，如图 4-83 所示。

图 4-82　素材文件

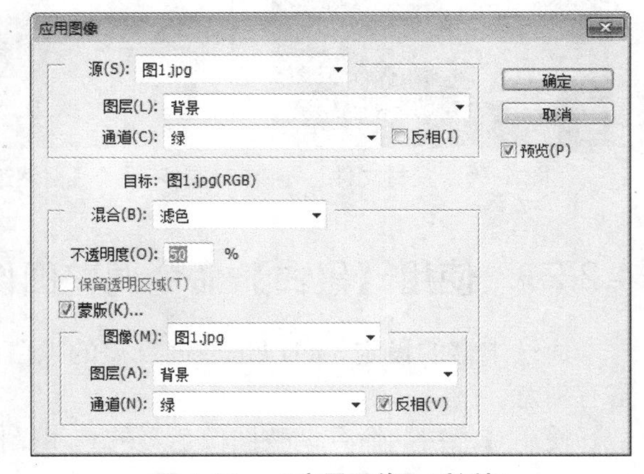

图 4-83　【应用图像】对话框

在设置【不透明度】时，要结合当前图片红的程度调整参数。

步骤3 打开【应用图像】对话框，使用同样方法对蓝色通道执行滤色操作，如图 4-84 所示。

步骤4 打开【应用图像】对话框，在【通道】下拉列表中选择 RGB，在【混合】下拉列表中选择【变暗】，将【不透明度】设置为 100%，单击【确定】按钮，如图 4-85 所示。

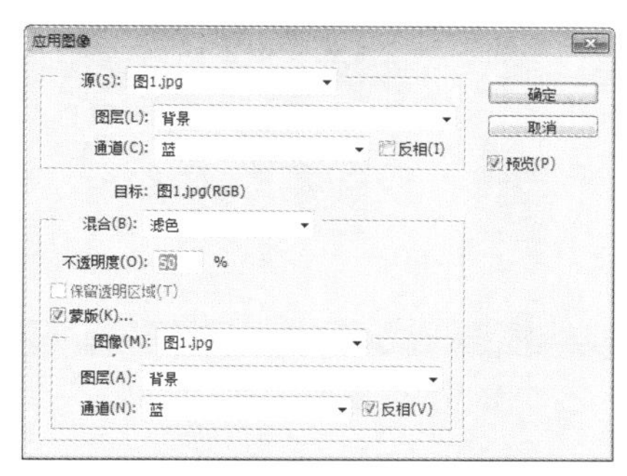

图 4-84　设置蓝色通道参数

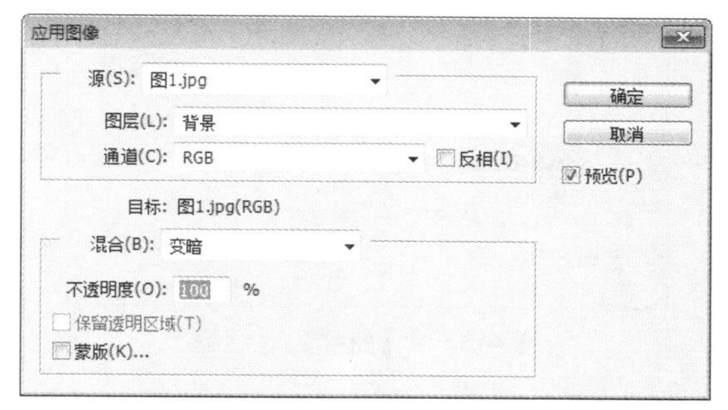

图 4-85　设置 RGB 通道参数

步骤5 打开【应用图像】对话框，在【通道】下拉列表中选择“红”，在【混合】下拉列表中选择【正片叠底】，将【不透明度】设置为 100%，勾选【蒙版】复选框，在下方的【通道】下拉列表中选择【绿】，勾选【反相】复选框，单击【确定】按钮，如图 4-86 所示。

步骤6 返回图像，可以看到红色已经减淡，但是还是有些微微泛红，可以使用曲线工具再做微调，如图 4-87 所示。

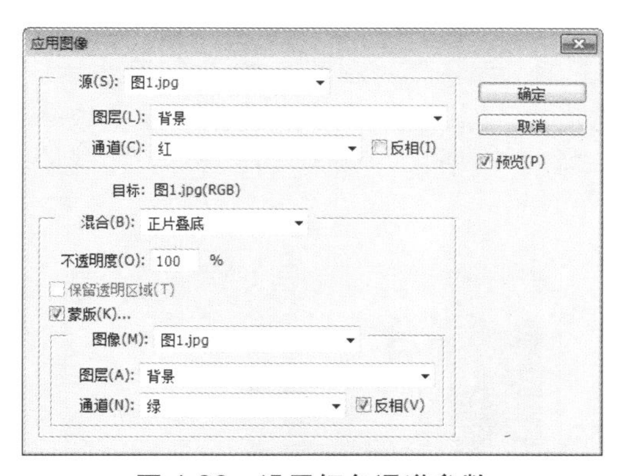

图 4-86　设置红色通道参数

图 4-87　应用图像后的效果

步骤7 选择【图像】→【调整】→【曲线】菜单命令，打开【曲线】对话框，在【通道】下拉列表中选择【红】，单击曲线中间，向下拖动，图像颜色调整差不多时，释放鼠标，单击【确定】按钮，如图 4-88 所示。

步骤8 调整结束，图像已经没有泛红的感觉，如图 4-89 所示。

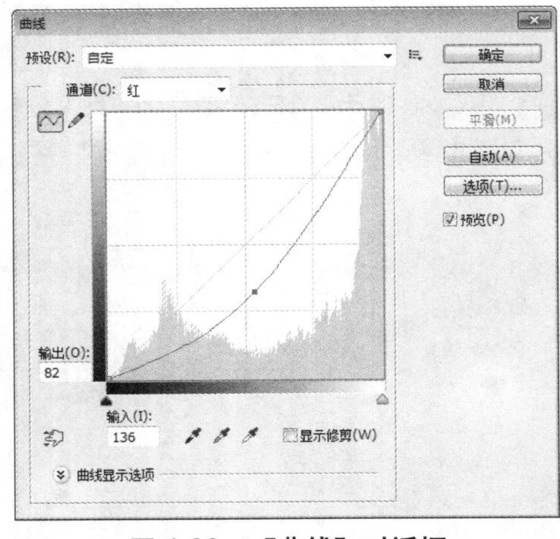

图 4-88 【曲线】对话框

图 4-89 最终的显示效果

使用【应用图像】命令校正偏红图像时，要结合偏红程度做参数调整，这就要求操作者对图像的颜色构成有基本的了解。

4.4 综合实例 2——模糊风景照片的处理

本练习要求处理一张带雾蒙蒙的效果的风景图，通过处理，让照片重新显示明亮、清晰的效果。

模糊风景照片处理的具体操作步骤如下。

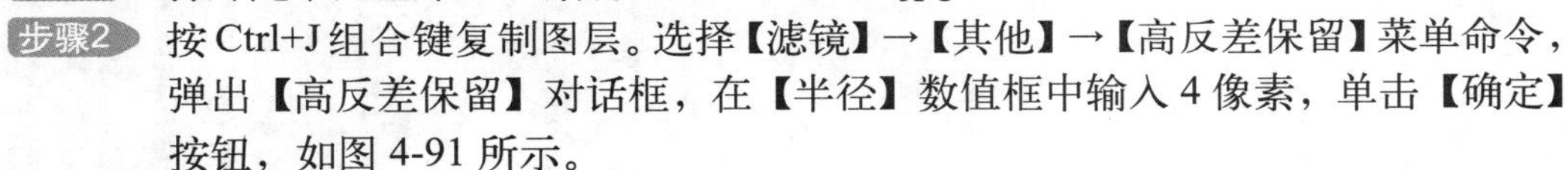

步骤1 打开随书光盘中的“素材 \ch04\ 灰蒙蒙 .jpg”素材图片，如图 4-90 所示。

步骤2 按 Ctrl+J 组合键复制图层。选择【滤镜】→【其他】→【高反差保留】菜单命令，弹出【高反差保留】对话框，在【半径】数值框中输入 4 像素，单击【确定】按钮，如图 4-91 所示。

图 4-90 素材文件

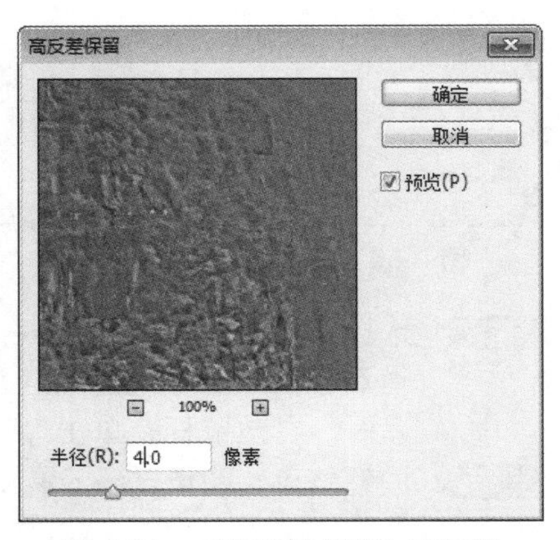

图 4-91 【高反差保留】对话框

步骤3 选择【图像】→【调整】→【亮度/对比度】菜单命令，弹出【亮度/对比度】对话框，设置【亮度】为–10、【对比度】为18，单击【确定】按钮，如图4-92所示。

步骤4 在【图层】面板中，设置图层模式为【叠加】模式、【不透明度】为80%，如图4-93所示。

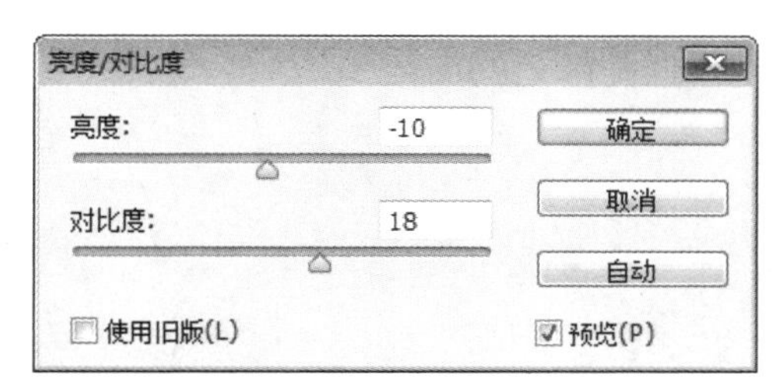

图4-92 【亮度/对比度】对话框

图4-93 【图层】面板

步骤5 按Ctrl+M组合键，弹出【曲线】对话框，设置【输入】和【输出】参数。读者可以根据预览的效果去调整不同的参数，直到效果满意为止，如图4-94所示。

步骤6 单击【确定】按钮，完成设置，按Ctrl+E组合键合并图层，风景照片处理完成，如图4-95所示。

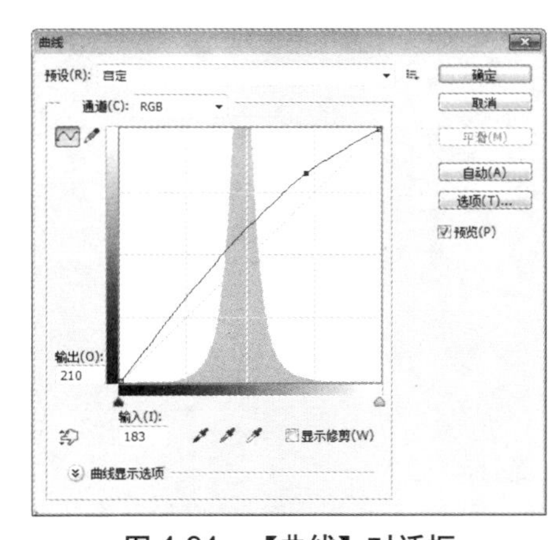

图4-94 【曲线】对话框

图4-95 最终的显示效果

提示 处理风景照片主要是调整图片的亮度与对比度，处理好这些就能使风景照片的清晰度大大增加，从而达到理想的效果。

4.5 专家答疑

疑问1：为什么屏幕显示和打印出来的效果相差很大？

答：在Photoshop中我们通常在RGB模式下编辑图像，但打印机使用的是CMYK颜色体系，而RGB所能表示的颜色数是多过CMYK的，所以有些颜色能在屏幕上看到，打印机却不能正确还原，它会自动选取最相近的颜色来替换。另外，显示器的显示也会有一定的误差。

疑问2：为什么使用【匹配颜色】命令不能在两个图像之间进行颜色的匹配？

答：【匹配颜色】命令用于匹配不同图像之间、多个图层之间或多个颜色选区之间的颜色，它允许用户通过更改图像的亮度、色彩范围以及中和色痕的方式调整图像中的颜色，要在不同图像之间匹配颜色，必须同时开启用于匹配颜色的图像。

第5章 绘制与修饰图像

Photoshop CS6 在图像创作方面有着非常强大的功能，它在色彩设置、图像绘制、图像的变换等方面有着无可比拟的优势，可以使没有任何美术基础的人成为合格的设计师。

5.1 使用绘画工具绘制图像

掌握绘画工具的使用方法，不仅可以绘制出美丽的图画，而且可以为其他工具的使用打下基础。

5.1.1 画笔工具

【画笔工具】是直接使用鼠标进行绘画的工具。绘画原理和现实中的画笔相似。选中【画笔工具】，其属性栏如图5-1所示。

图 5-1 画笔属性栏

在使用【画笔工具】过程中，按住 Shift 键可以绘制水平、垂直或者以 45°为增量角的直线；如果在确定起点后，按住 Shift 键单击画布中任意一点，则两点之间以直线相连接。

1. 更改画笔的颜色

通过设置前景色和背景色可以更改画笔的颜色。如图5-2所示为【拾色器（前景色）】对话框，如图5-3所示为【拾色器（背景色）】对话框。

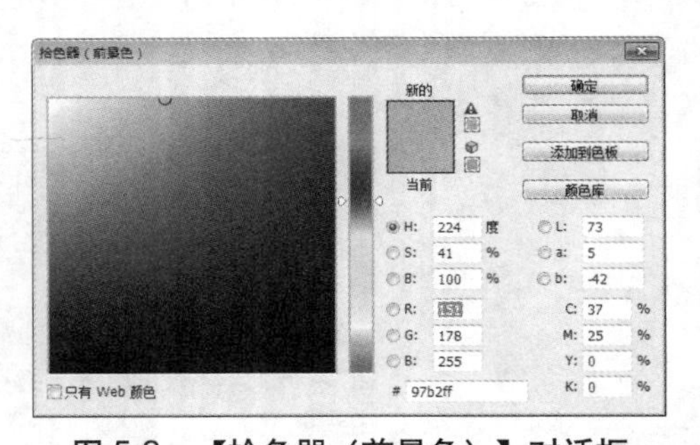

图 5-2 【拾色器（前景色）】对话框

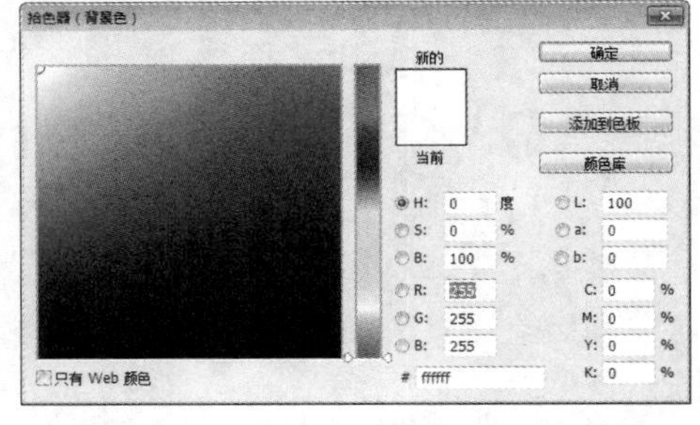

图 5-3 【拾色器（背景色）】对话框

2. 更改画笔的大小

在画笔属性栏中单击画笔后面的三角会弹出【画笔预设】选取器，如图5-4所示。在【主直径】文本框中可以输入1~2500像素的数值或者直接通过拖曳滑块来更改画笔直径。也可以通过快捷键更改画笔的大小：按【[】键缩小，按【]】键放大。

3. 更改画笔的硬度

可以在【画笔预设】选取器中的【硬度】文本框中输入0%~100%之间的数值或者直接拖曳滑块更改画笔硬度。硬度为0%的效果和硬度为100%的效果如图5-5所示。

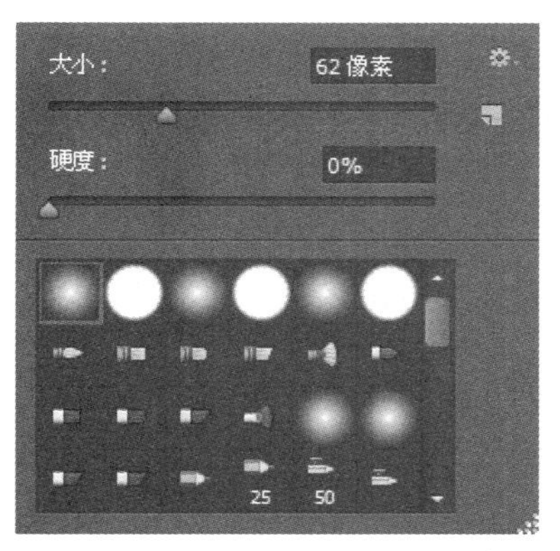

图 5-4 【画笔预设】选取器

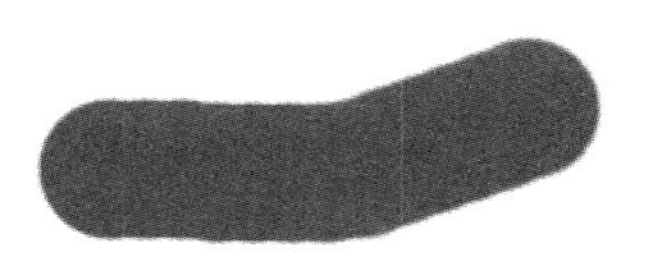

图 5-5 改变画笔的硬度

4. 更改笔尖样式

在【画笔预设】选取器中可以选择不同的笔尖样式，如图5-6所示。画笔笔尖除了默认样式外，还可以导入画笔文件或者手工制作画笔，后面会介绍制作画笔的方法。

5. 设置画笔的混合模式

在画笔属性栏中通过【模式】选项可以选择绘画时的混合模式，如图5-7所示。

6. 设置画笔的不透明度

在画笔属性栏中的【不透明度】参数框中可以输入1%~100%之间的数值来设置画笔的不透明度。不透明度为20%时的效果和不透明度为100%时的效果对比如图5-8所示。

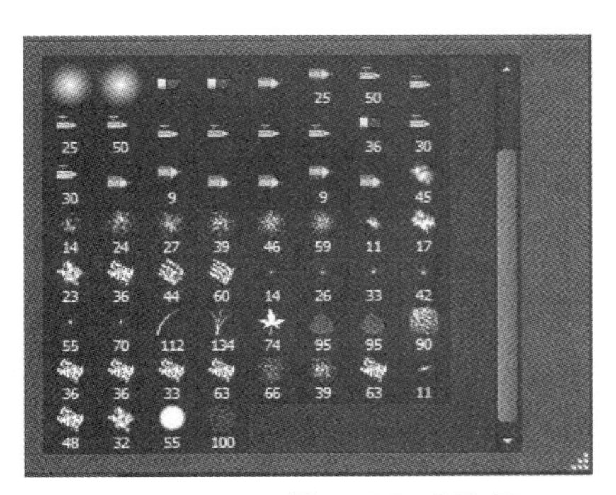

图 5-6 【画笔预设】选取器

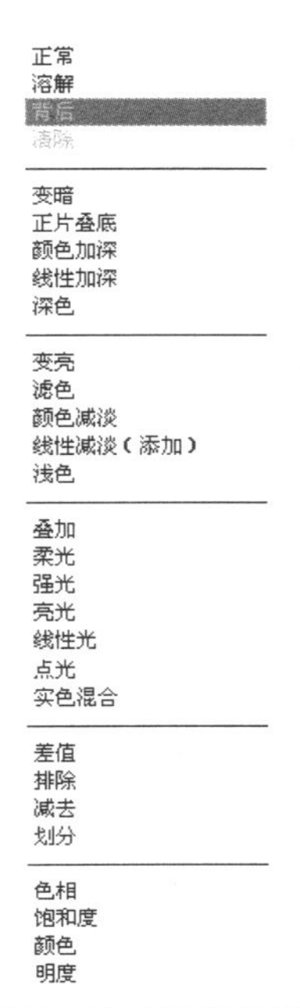

图 5-7 改变画笔的硬度

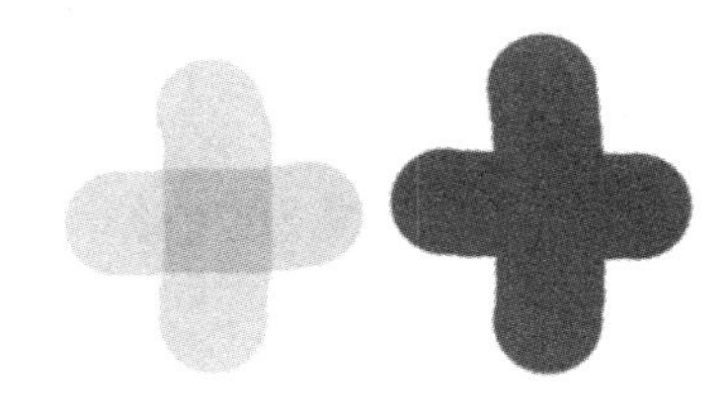

图 5-8 改变画笔的不透明度

7. 设置画笔的流量

流量控制画笔在绘画中涂抹颜色的速度。在【流量】参数框中可以输入1%~100%之间的数值来设定绘画时的流量。流量为20%时的效果和流量为100%时的效果对比如图5-9所示。

图 5-9　改变画笔的流量

8. 启用喷枪功能

喷枪功能是用来制造喷枪效果的。在画笔属性栏中单击图标，图标反白时为启动，图标灰色则表示取消该功能。

下面使用画笔工具制作一幅梦幻的背景，其具体操作步骤如下。

步骤1 选择【文件】→【新建】菜单命令，打开【新建】对话框，设置画布尺寸为1200 像素 × 1200 像素，单击【确定】按钮，如图 5-10 所示。

步骤2 单击工具箱中的前景色色块，弹出【拾色器（前景色）】对话框，设置前景色为深灰色，单击【确定】按钮，如图 5-11 所示。

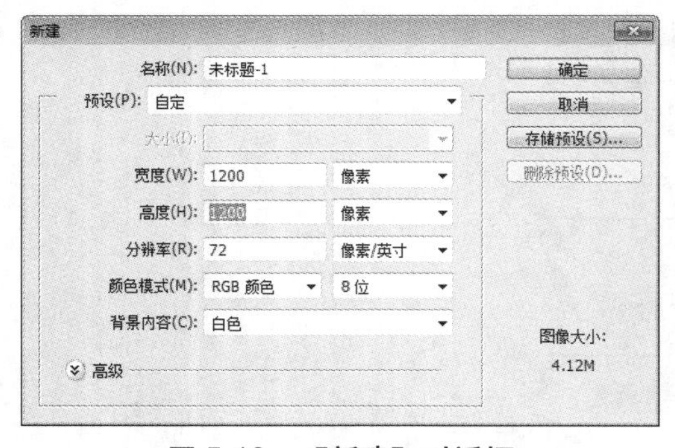

图 5-10　【新建】对话框

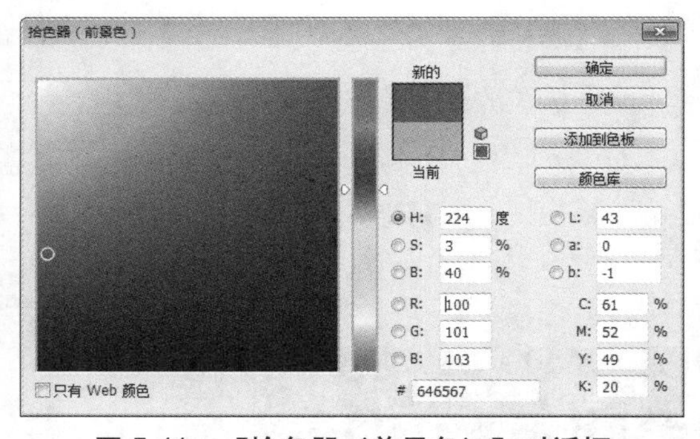

图 5-11　【拾色器（前景色）】对话框

步骤3 使用工具栏中的【油漆桶工具】，为整个画布填充前景色，如图 5-12 所示。

步骤4 隐藏【背景】图层，新建一个【图层 1】，选中工具箱中的【椭圆工具】，按 Shift 键画一个黑色的正圆，在【图层】面板中设置【填充】的透明度为50%，如图 5-13 所示。

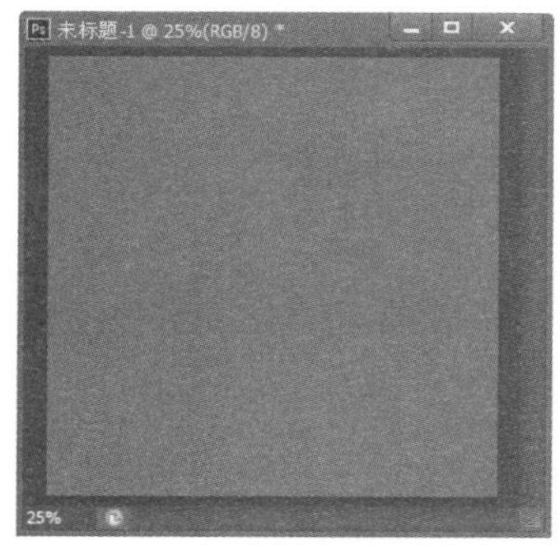

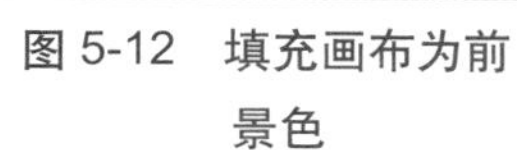

图 5-12 填充画布为前景色

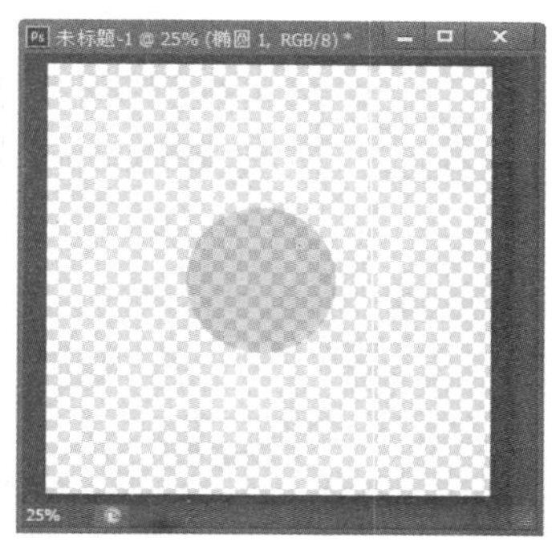

图 5-13 新建图层并绘制正圆

步骤5 双击【图层 1】，弹出【混合模式】对话框，选择左侧列表中的【描边】选项，设置描边颜色为黑色，【位置】为“内部”，【大小】为 3 像素，单击【确定】按钮，如图 5-14 所示。

步骤6 选择【编辑】→【定义画笔预设】菜单命令，弹出【画笔名称】对话框，单击【确定】按钮，将刚刚画好的圆形定义为画笔，如图 5-15 所示。

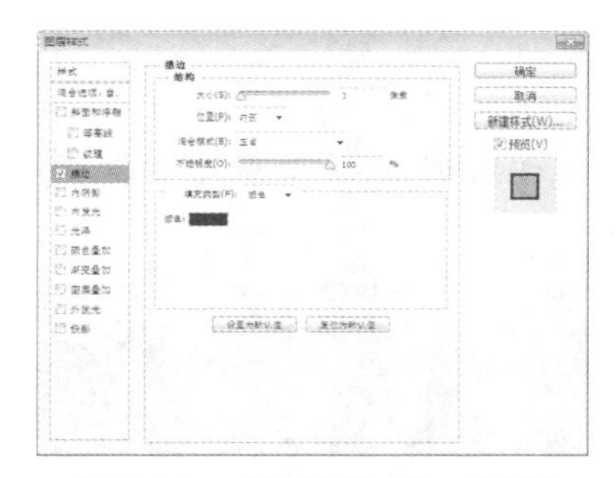

图 5-14 【图层样式】对话框

图 5-15 【画笔名称】对话框

步骤7 选择【窗口】→【画笔】菜单命令，弹出【画笔】面板，选择刚刚定义的画笔，并对相应的选项进行设置，如图 5-16 所示。

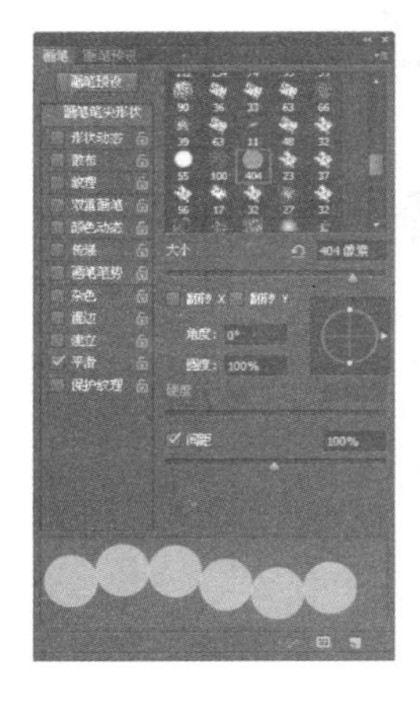

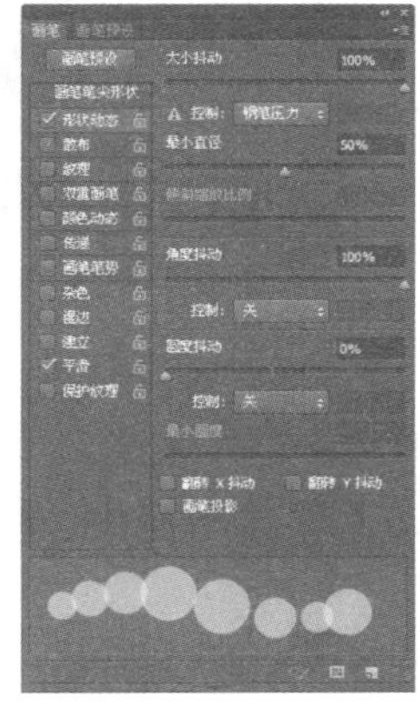

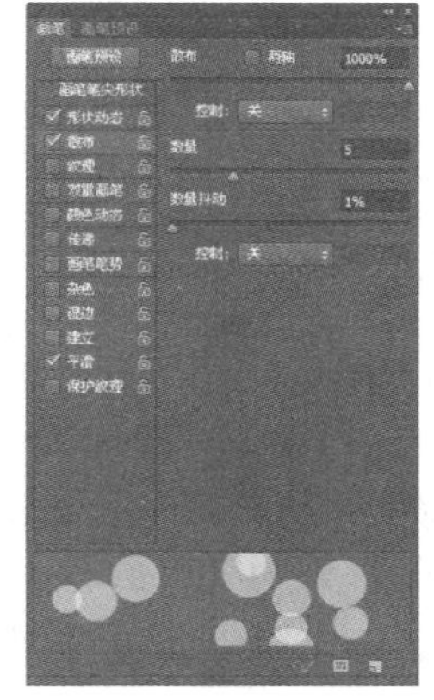

图 5-16 定义画笔样式

步骤8 新建图层，双击图层弹出【图层样式】对话框，在左侧选择【渐变叠加】选项，单击右侧【渐变】色条，如图 5-17 所示。

步骤9 弹出【渐变编辑器】对话框，设置相应的渐变颜色，单击【确定】按钮，如图 5-18 所示。

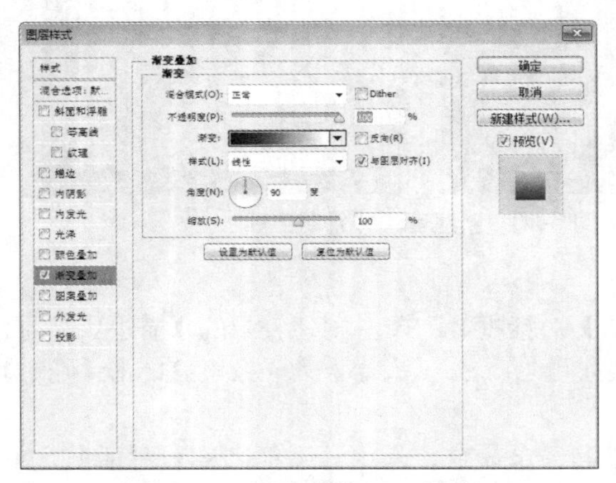

图 5-17 【图层样式】对话框

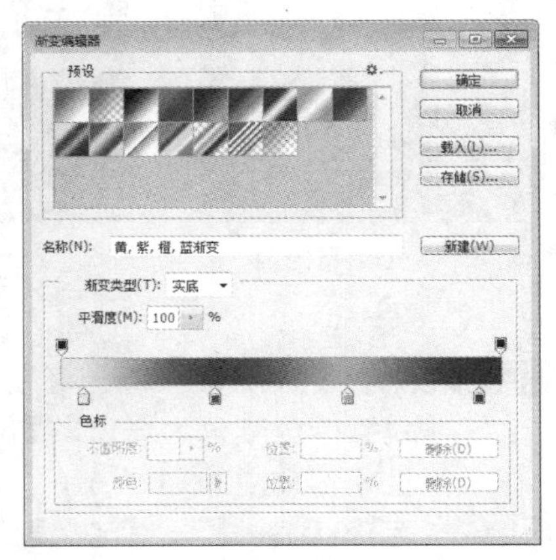

图 5-18 【渐变编辑器】对话框

步骤10 返回到【图层样式】对话框，并设置渐变叠加的角度为45度，单击【确定】按钮，如图5-19所示。

步骤11 单击工具箱中的【油漆桶工具】，为图层添加渐变填充效果，如图5-20所示。

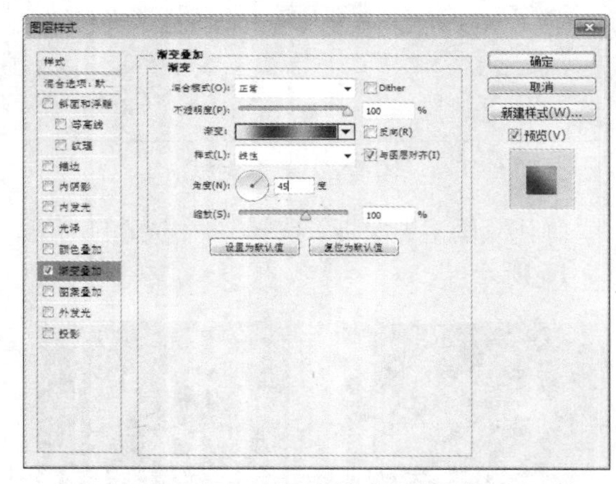

图 5-19 【图层样式】对话框

图 5-20 应用渐变叠加效果

步骤12 新建图层，选择工具栏【画笔工具】，在工具属性栏中选择之前设置的画笔，大小调整为 200px，在画布中绘制，产生如图 5-21 所示的效果。

步骤13 选择【滤镜】→【模糊】→【高斯模糊】菜单命令，弹出【高斯模糊】对话框，设置【半径】为 10 像素，如图 5-22 所示。

步骤14 单击【确定】按钮，即可得到如图 5-23 所示的梦幻背景。

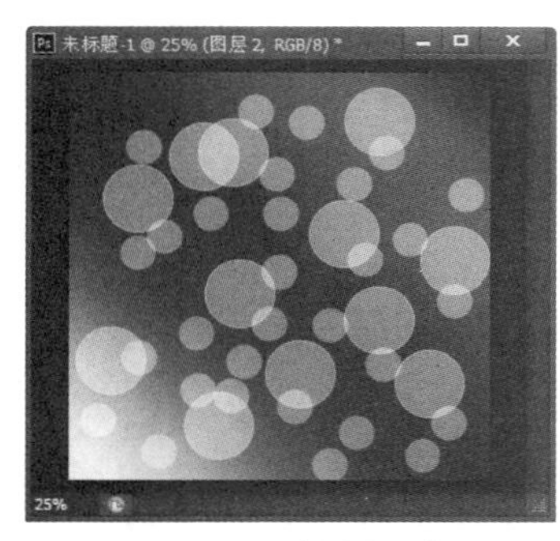
图 5-21 绘制图案

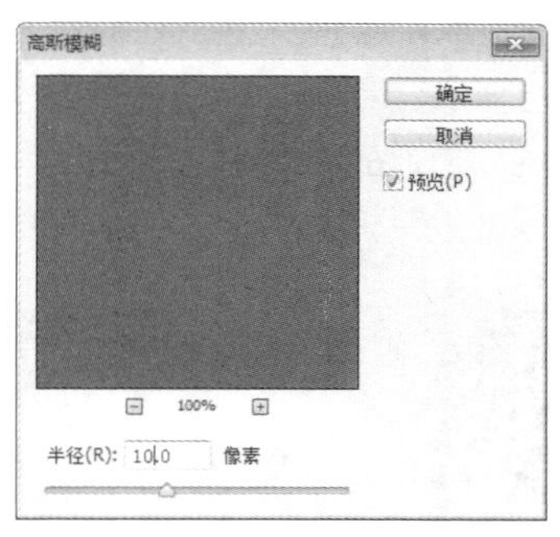

图 5-22 设置高斯模糊

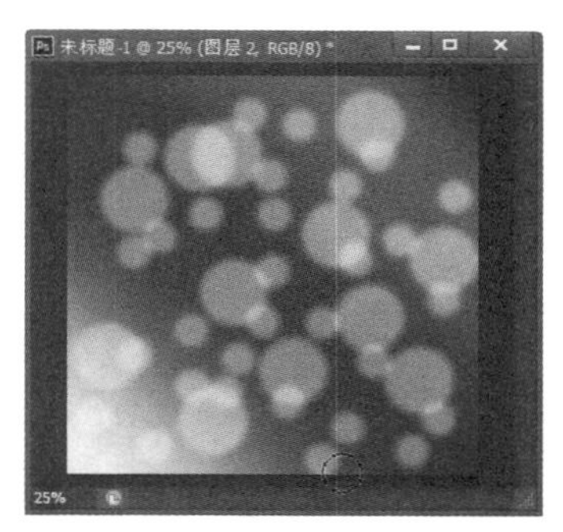
图 5-23 最终的梦幻背景

5.1.2 铅笔工具

铅笔工具用于创建线段或曲线笔触效果，使用铅笔工具绘制的图形比较生硬。可以通过单击工具箱中的【铅笔工具】按钮调用该功能，如图5-24所示。

选择铅笔工具后，在工具属性栏中会显示相应的设置内容，如图5-25所示。

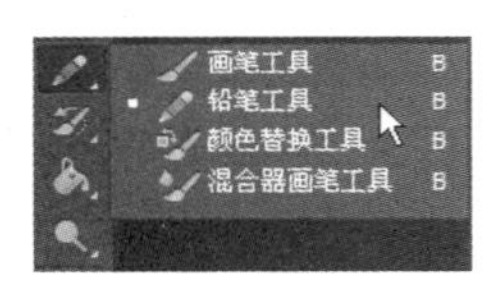

图 5-24 铅笔工具

图 5-25 铅笔工具属性栏

如果把铅笔的笔触缩小到一个像素的时候，铅笔的笔触就会变成一个小方块，用这个小方块，可以很方便地绘制一些像素图形。下面就来绘制一个QQ表情的像素图，其具体操作步骤如下。

步骤1 选择【文件】→【新建】菜单命令，弹出【新建】对话框，设置图像大小为30像素×30像素，【分辨率】为72像素/英寸，【颜色模式】为【RGB颜色】，单击【确定】按钮，如图5-26所示。

步骤2 由于图像比较小，在画布左下角设置缩放比例为1200%，如图5-27所示。

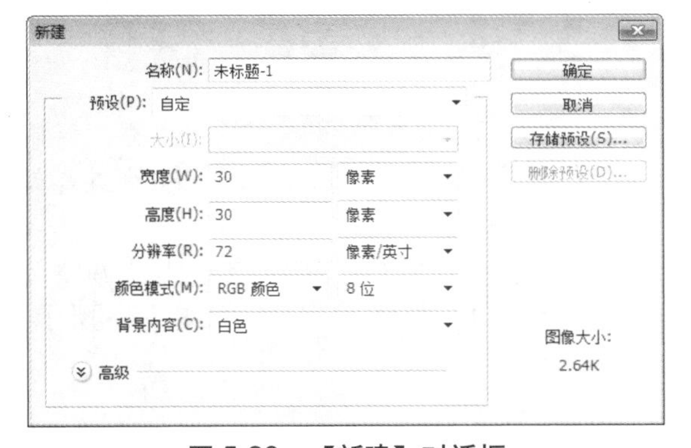

图 5-26 【新建】对话框

图 5-27 创建空白文档

步骤3 选择工具栏中的【铅笔工具】，在工具属性栏中设置铅笔【大小】为1像素，【硬度】为100%，如图5-28所示。

步骤4 设置前景色为黑色，在画布中绘制表情轮廓，可以看出轮廓的构成是由一个个像素块组成的，如图5-29所示。

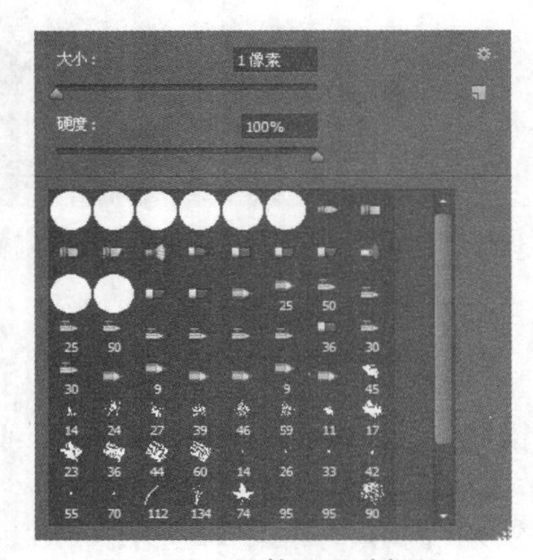

图 5-28　铅笔预设选择器

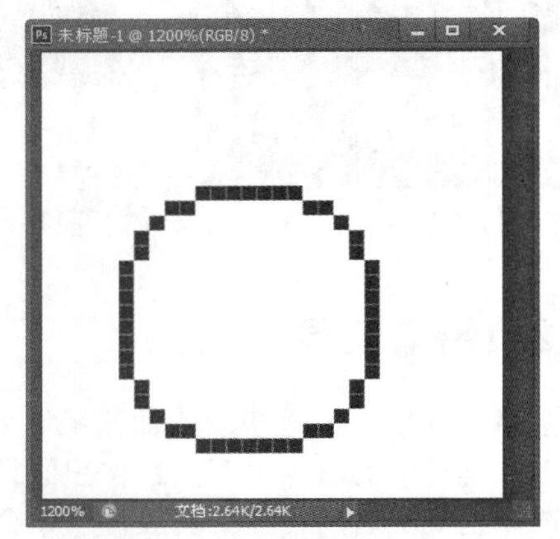

图 5-29　绘制表情轮廓

步骤5 继续上一步的操作，为表情绘制五官，主要是眼睛和嘴巴，如图5-30所示。

步骤6 分别设置前景色为紫色和黄色，填充嘴和面部颜色，如图5-31所示。

图 5-30　绘制表情五官

图 5-31　为表情填充颜色

步骤7 使用工具箱中的【魔棒工具】，选中白色背景，并按Delete键删除背景，如图5-32所示。

步骤8 表情绘制完成，由于之前是放大显示，呈现像素状，现将缩放比例调整为100%，图像显示出实际尺寸，一个简单的QQ表情制作完成，如图5-33所示。

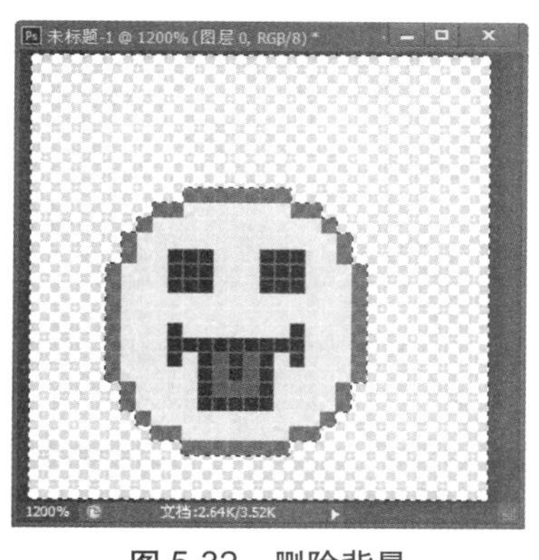

图 5-32 删除背景

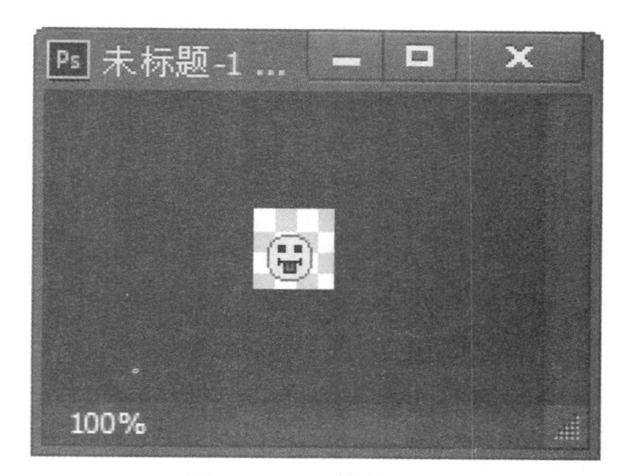

图 5-33 最终的效果

QQ 表情无须背景，所以保存时应保存为 PNG 文件类型，因为该类型的文件可以保存透明背景。

5.1.3 历史记录艺术画笔工具

【历史记录艺术画笔工具】使用指定的历史记录状态或快照中的源数据，以风格化描边进行绘画。

下面通过使用【历史记录艺术画笔工具】对图像处理成特殊效果。

步骤1 打开随书光盘中的“素材 \ch05\ 图 02.jpg”文件，如图 5-34 所示。

步骤2 在【图层】调板的下方单击【创建新图层】按钮，新建【图层 1】图层，如图 5-35 所示。

图 5-34 素材文件

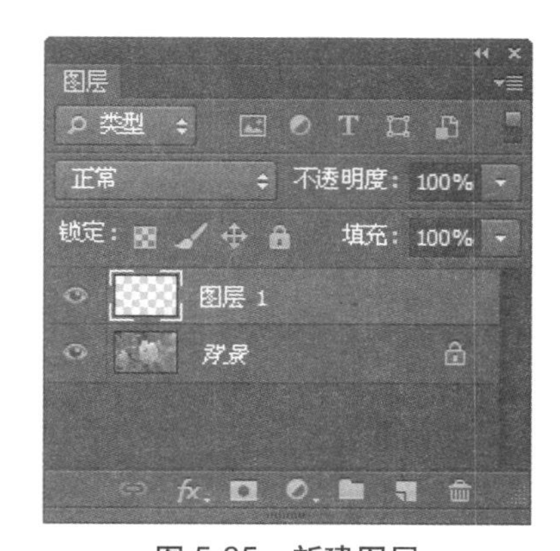

图 5-35 新建图层

步骤3 双击工具箱中的【设置前景色】按钮，在弹出的【拾色器（前景色）】对话框中设置为灰色（C：0，M：0，Y：0，K：10），然后单击【确定】按钮，如图 5-36 所示。

步骤4 按 Alt+Delete 组合键为【图层 1】图层填充前景色，如图 5-37 所示。

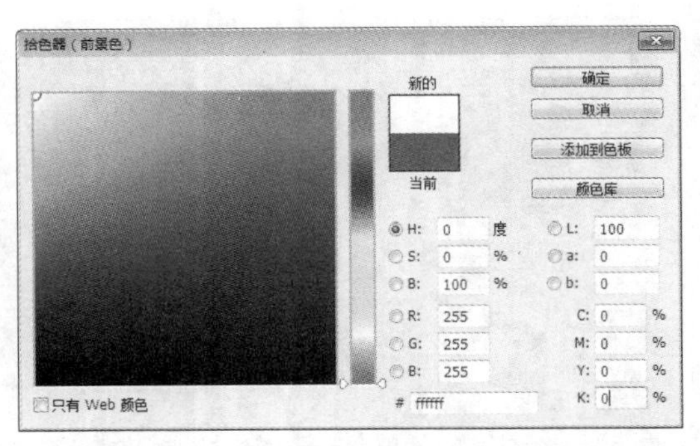
图 5-36 【拾色器（前景色）】对话框

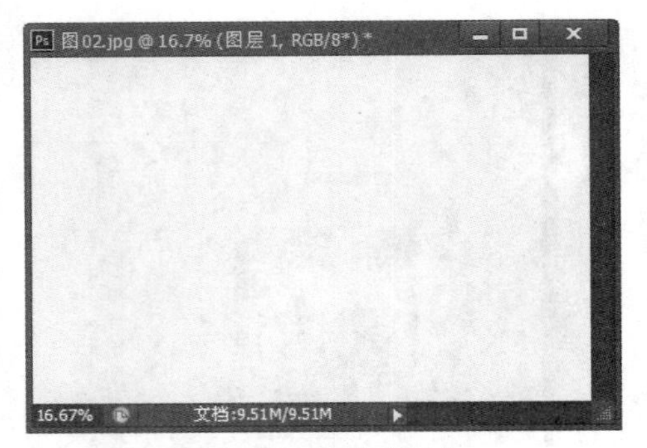
图 5-37 填充前景色

步骤5 选择【历史记录艺术画笔工具】，在属性栏中设置参数如图 5-38 所示。

图 5-38 属性栏

步骤6 选择【窗口】→【历史记录】菜单命令，在弹出的【历史记录】调板中的【打开】步骤前单击，指定图像被恢复的位置，如图 5-39 所示。

步骤7 将鼠标指针移至画布中单击并拖动鼠标进行图像的恢复，创建类似粉笔画的效果，如图 5-40 所示。

图 5-39 【历史记录】面板

图 5-40 最终效果

5.1.4 形状工具

使用形状工具可以方便地绘制出许多特定的形状，还可以通过形状的运算及自定义形状让形状更加丰富。绘制形状的工具有【矩形工具】、【圆角矩形工具】、【椭圆工具】、【多边形工具】、【直线工具】及【自定形状工具】等，如图5-41所示。

使用形状工具绘制中秋红灯笼的具体操作步骤如下。

步骤1 选择【文件】→【新建】菜单命令，弹出【新建】对话框，设置图像大小为 600 像素 ×600 像素，【分辨率】为 300 像素/英寸，单击【确定】按钮，如图 5-42 所示。

步骤2 使用填充工具，将画布填充为红色，如图 5-43 所示。

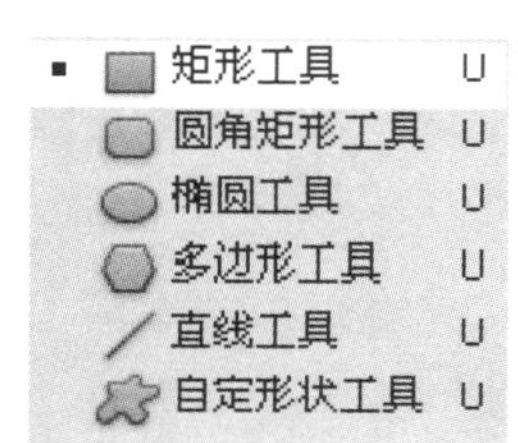

图 5-41　形状工具

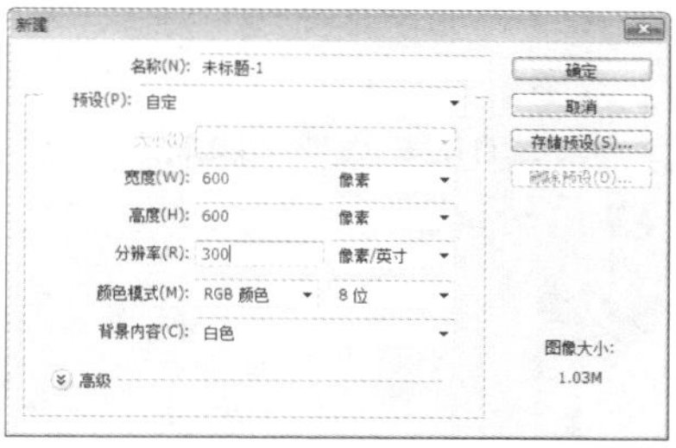

图 5-42　【新建】对话框

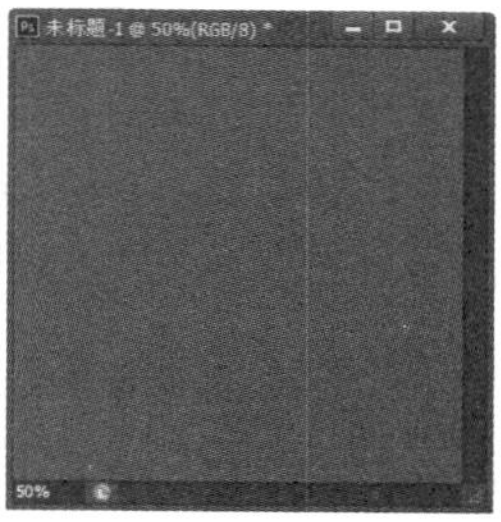

图 5-43　填充红色

步骤3　新建一个新图层，选择工具栏中的【单列选择工具】在图像上单击，出现选区，使用工具栏中的【油漆桶工具】为选区填充黄色，如图 5-44 所示。

步骤4　填充完后，图像中出现一条黄色线条。选择工具栏中的【移动工具】，按下 Ctrl+Alt 组合键，多次拖动黄色选区，图像中便复制出了若干条黄色线，将其均匀排列在图像中，如图 5-45 所示。

图 5-44　使用单列选择工具

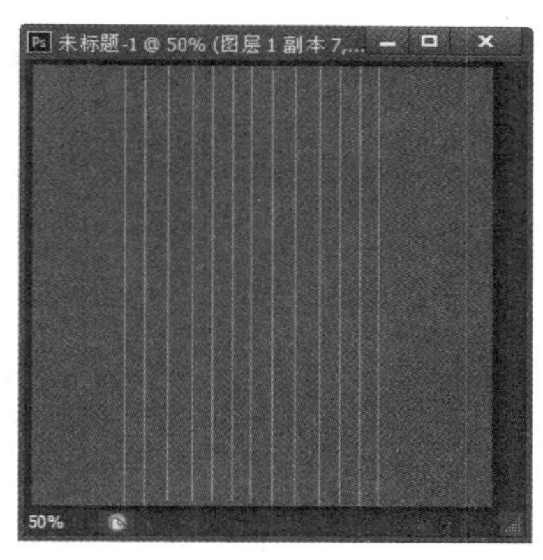

图 5-45　复制黄线

步骤5　选择工具箱中的【椭圆工具】，在工具属性栏中选择【路径】选项，在画布中绘制椭圆，【路径】面板中出现工作路径，如图 5-46 所示。

步骤6　按住 Ctrl 键单击工作路径，将路径生成选区，选择【选择】→【反相】菜单命令，按 Delete 键，将椭圆选区外的图像删除，如图 5-47 所示。

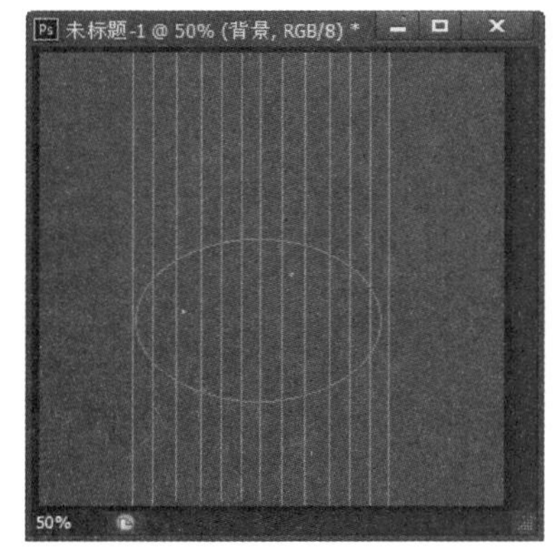

图 5-46　绘制椭圆路径

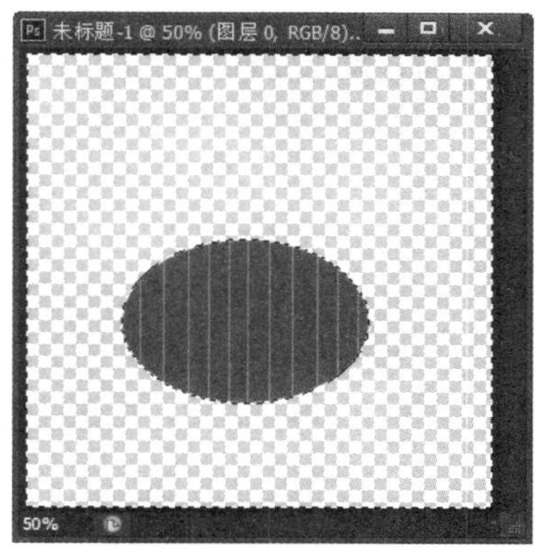

图 5-47　删除椭圆选区外的图像

步骤7 选择工具栏中的【横排文字工具】，在椭圆中写下一个【福】字，调整字体大小及位置至满意。调整好后栅格化文字，并合并可见图层，如图 5-48 所示。

步骤8 按住 Ctrl 键单击图层，将椭圆选为选区，然后选择菜单栏【滤镜】→【扭曲】→【球面化】菜单命令，设置【数量】为 100%，单击【确定】按钮，如图 5-49 所示。

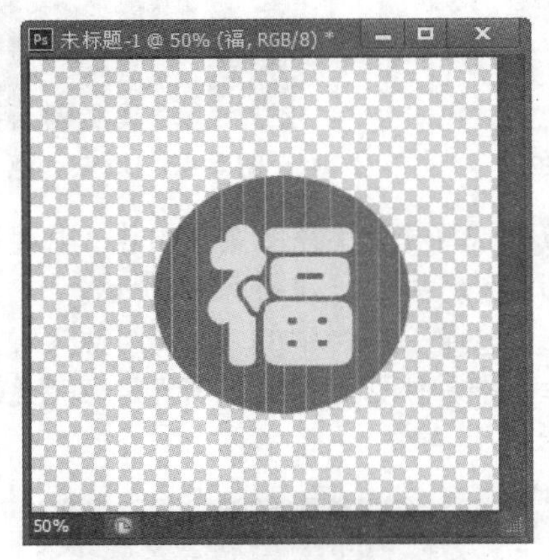

图 5-48　输入福字

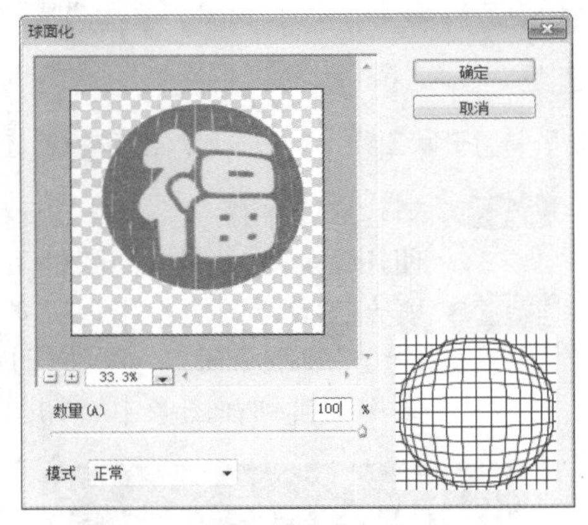

图 5-49　球面化福字

步骤9 新建图层，使用工具箱中的【椭圆选择工具】绘制椭圆，如图 5-50 所示。

步骤10 选择工具栏中的【矩形选框工具】，在工具属性栏中选择【与选区交叉】选项，在椭圆中上方绘制矩形，交叉后的选区如图 5-51 所示。

图 5-50　绘制椭圆选区

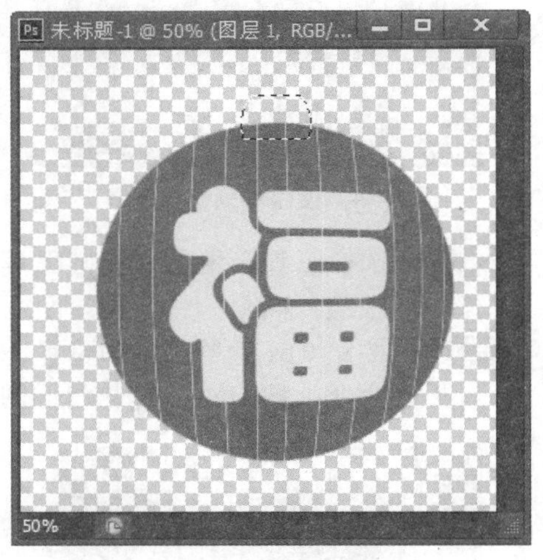

图 5-51　添加矩形选区

步骤11 使用工具栏中的【油漆桶工具】为选区填充红色，并将该图层置于底层，如图 5-52 所示。

步骤12 选中图层，按 Ctrl+J 组合键复制图层，选中生成的图层副本，按 Ctrl+T 组合键，对副本图层中的对象作自由变换操作，如图 5-53 所示。

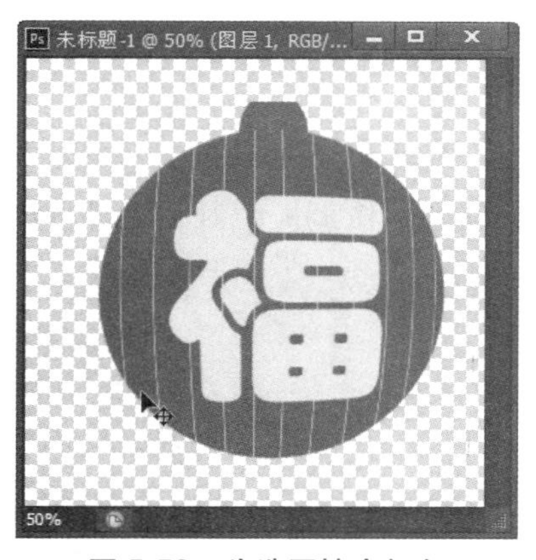

图 5-52　为选区填充红色

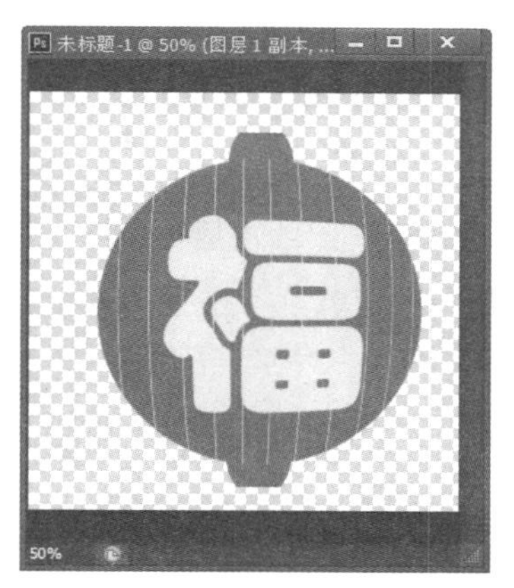

图 5-53　自由变换图层

步骤13 新建图层，使用画笔工具在灯笼下方绘制一条细线，颜色为红色，如图 5-54 所示。

步骤14 按住 Ctrl 键单击新图层，将细线选为选区，按住 Ctrl+Alt 组合键，移动复制选区，合并所有复制后的图层，生成如图 5-55 所示的效果，至此灯笼已经基本制作完成。

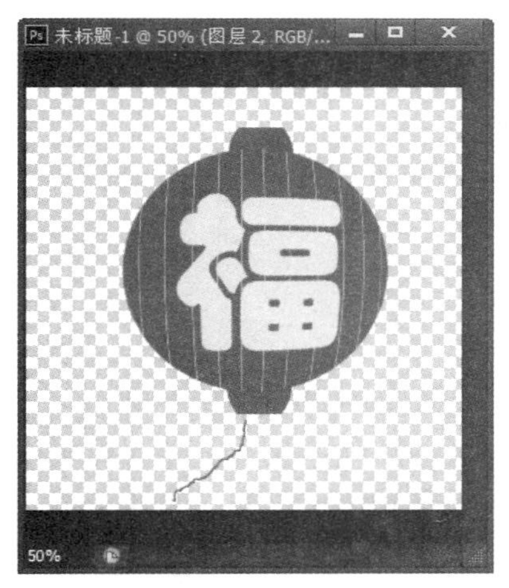

图 5-54　绘制细线

图 5-55　绘制多个细线

5.2　使用修饰工具修饰图像

用户可以使用Photoshop CS6中的工具对图像的细节进行修饰。

5.2.1　污点修复画笔工具

使用【污点修复画笔工具】可以快速除去照片中的污点、划痕和其他不理想部分。使用方法与【修复画笔工具】类似，但当修复画笔要求指定样本时，污点画笔则可以自动从所修饰的区域周围取样。

1.【污点修复画笔工具】相关参数设置

【污点修复画笔工具】的属性栏如图5-56所示。

(1)【画笔】：单击后面的下三角按钮，可以在打开的下拉调板中对画笔进行设置，如图5-57所示。

图 5-56 【污点修复画笔工具】属性栏

图 5-57 画笔预设参数

(2)【模式】下拉列表：用来设置修复图像时使用的混合模式，包括【正常】、【替换】、【正片叠底】等。选择【替换】选项可保留画笔描边的边缘处的杂色、胶片颗粒和纹理。

(3)【类型】选项区：用来设置修复的方法。选中【近似匹配】单选按钮，可使用选区边缘周围的像素来查找要用作选定区域修补的图像区域；选中【创建纹理】单选按钮，可使用选区中的所有像素创建一个用于修复该区域的纹理。

(4)【对所有图层取样】复选框：勾选该项可从所有可见图层中对数据进行取样，取消勾选该项则只从当前图层中取样。

2. 使用【污点修复画笔工具】修复图像

具体操作步骤如下。

步骤1 打开随书光盘中的“素材 \ch05\ 图 01.jpg”文件，如图 5-58 所示。

步骤2 选择【污点修复画笔工具】，在属性栏中设定各项参数保持不变（画笔大小可根据需要进行调整）。开始在图中使用工具，如图 5-59 所示。

图 5-58 素材文件

图 5-59 设置画笔的参数

步骤3 将鼠标指针移动到污点上，单击鼠标即可修复斑点，如图 5-60 所示。

步骤4 修复其他斑点区域，直至图片修复完毕，如图 5-61 所示。

图 5-60 修复污点

图 5-61 最终的效果

5.2.2 修复画笔工具

【修复画笔工具】可用于消除并修复瑕疵，使图像达到完好的程度。与【仿制图章工具】一样，使用【修复画笔工具】可以利用图像或图案中的样本像素来绘画。但是【修复画笔工具】可将样本像素的纹理、光照、透明度和阴影等与源像素进行匹配，从而使修复后的像素不留痕迹地融入图像的其他部分。

1.【修复画笔工具】相关参数设置

【修复画笔工具】的属性栏中包括【画笔】设置项、【模式】下拉列表框、【源】选项区和【对齐】复选框等，如图5-62所示。

图 5-62 【修复画笔工具】属性栏

(1)【画笔】设置项：在该选项的下拉列表中可以选择画笔样本。

(2)【对齐】复选框：勾选该项会对像素进行连续取样，在修复过程中，取样点随修复位置的移动而变化。取消勾选，则在修复过程中始终以一个取样点为起始点。

(3)【模式】下拉列表：其中的选项包括【替换】、【正常】、【正片叠底】、【滤色】、【变暗】、【变亮】、【颜色】和【亮度】等。

(4)【源】选项区：选中【取样】或者【图案】单选按钮。按下Alt键定义取样点，然后才能使用【源】选项区。选中【图案】单选按钮后要先选择一个具体的图案，然后使用才会有效果。

2. 使用【修复画笔工具】修复照片

具体操作步骤如下。

步骤1 打开随书光盘中的“素材 \ch05\ 脏衣服 .jpg”文件，如图 5-63 所示。

步骤2 选择【修复画笔工具】，并设置各项参数。开始在图中使用工具，如图 5-64 所示。

图 5-63　素材文件

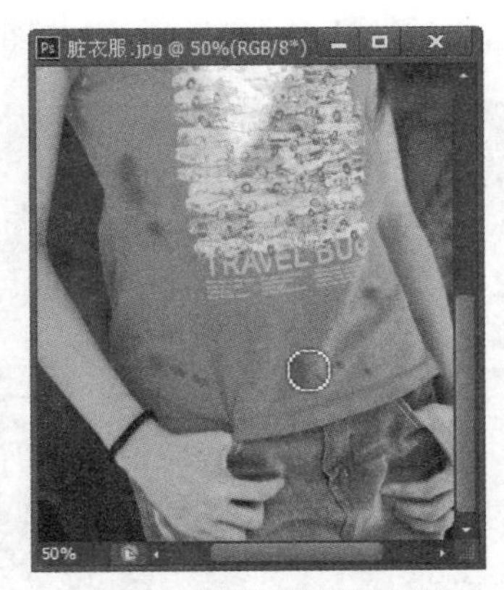

图 5-64　设置画笔预设参数

步骤3 按住 Alt 键并单击鼠标，以复制图像的起点，在需要修复的地方单击并拖曳鼠标，如图 5-65 所示。

步骤4 多次改变取样点并进行修复，图片修复完毕，如图 5-66 所示。

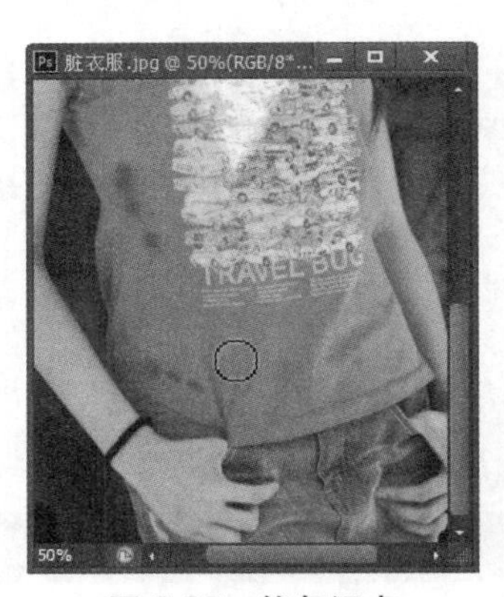

图 5-65　修复污点

图 5-66　最终效果

5.2.3　修补工具

【修补工具】可以说是对【修复画笔工具】的一个补充。【修复画笔工具】使用画笔对图像进行修复，而【修补工具】则是通过选区对图像进行修复的。像【修复画笔工具】一样，【修补工具】能将样本像素的纹理、光照和阴影等与源像素进行匹配。使用【修补工具】还可以仿制图像的隔离区域。

1.【修补工具】相关参数设置

【修补工具】的属性栏包括【修补】选项区、【透明】复选框、【使用图案】设置框等。如图5-67所示。

图 5-67　【修补工具】属性栏

(1)【修补】选项区：选中【源】单选按钮时，将选区拖至要修补的区域，释放鼠标后，将使用该区域的图像来修补原来的选区；选中【目标】单选按钮时，则拖动选区至其他区域时，可复制原区域内的图像至当前区域。

(2)【透明】复选框：勾选此项，可对选区内的图像进行模糊处理，可以去除选区内细小的划痕。先用【修补工具】选择所要处理的区域，然后在其属性栏上勾选【透明】复选框，区域内的图像就会自动消除细小的划痕等。

(3)【使用图案】设置框：用指定的图案修饰选区。

2. 使用【修补工具】修复图像

步骤1 打开随书光盘中的“素材\ch05\美女长斑.jpg”文件，如图5-68所示。

步骤2 选择【修补工具】，在属性栏中设置【修补】为“源”，开始在途中使用工具，如图5-69所示。

图 5-68 打开素材文件

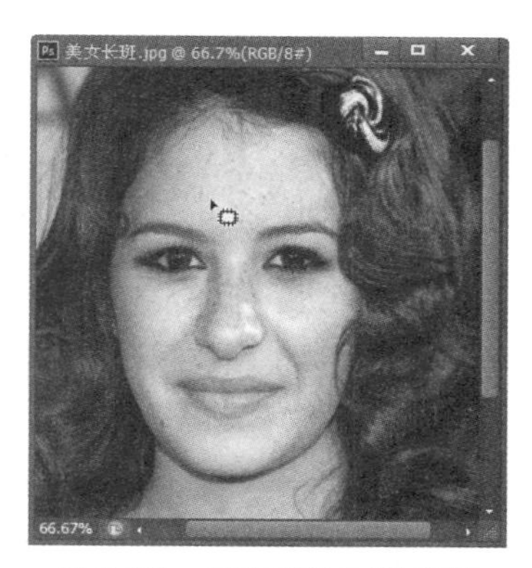

图 5-69 设置修补工具参数

步骤3 在需要修复的位置绘制一个选区，将鼠标指针移动到选区内，再向周围没有瑕疵的区域拖曳来修复瑕疵，如图5-70所示。

提示

由于图像中雀斑比较多，以开始的时候放大图像在小范围内修补，当一块区域被修补好之后，可以扩大选区快速修补。

步骤4 修复其他瑕疵区域，直至图片修复完毕，如图5-71所示。

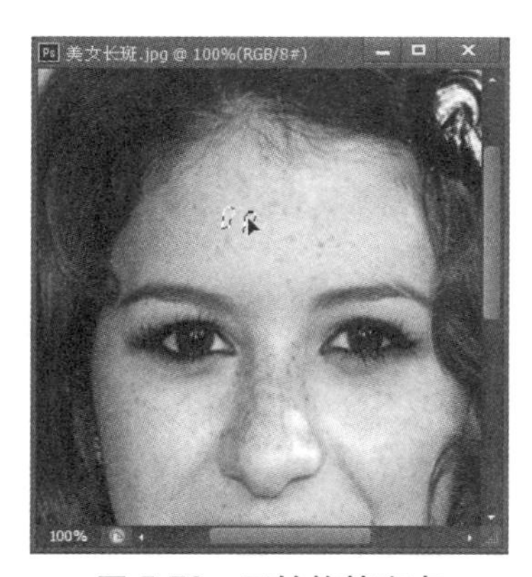

图 5-70 开始修补斑点

图 5-71 修复完成后的效果

无论是用【仿制图章工具】、【修复画笔工具】还是【修补工具】，在修复图像的边缘时都应该结合选区完成。

5.2.4 红眼工具

【红眼工具】可消除用闪光灯拍摄的人物照片中的红眼，也可以消除用闪光灯拍摄的动物照片中的白色或绿色反光。

1. 【红眼工具】相关参数设置

选择【红眼工具】后的属性栏如图5-72所示。

图 5-72 【红眼工具】属性栏

(1) 【瞳孔大小】设置框：设置瞳孔（眼睛暗色的中心）的大小。
(2) 【变暗量】设置框：设置瞳孔的暗度。

2. 修复一张有红眼的照片

步骤1 打开随书光盘中的“素材\ch05\图 10.jpg”文件，如图 5-73 所示。
步骤2 选择【红眼工具】，设置其参数，如图 5-74 所示。

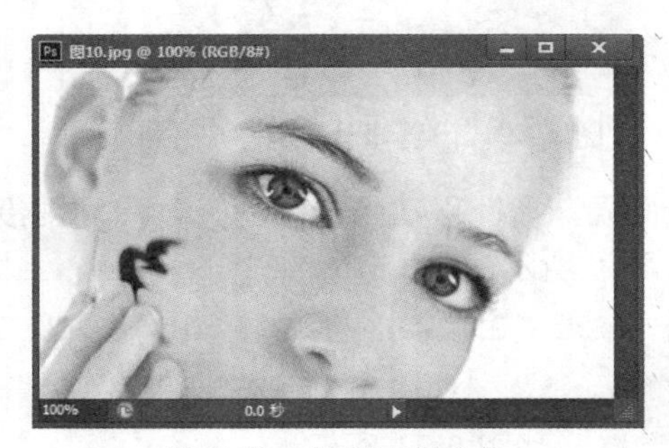

图 5-73 打开素材文件

图 5-74 设置红眼工具的属性栏参数

步骤3 单击照片中的红眼区域可得到如图 5-75 所示的效果。

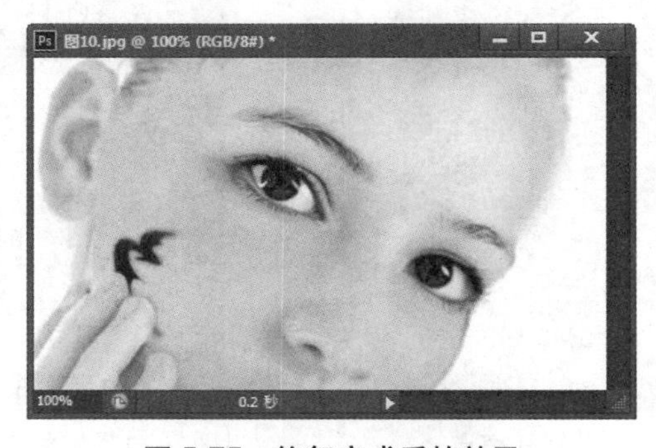

图 5-75 修复完成后的效果

红眼是由于相机闪光灯在主体视网膜上反光引起的。在光线暗淡的条件下照相时，由于主体的虹膜张开得很宽，更加明显地出现红眼现象。因此在照相时，最好使用相机的红眼消除功能，或者使用远离相机镜头位置的独立闪光装置。

5.2.5 仿制图章工具

图章工具包括仿制图章和图案图章两个工具，它们的基本功能都是复制图像。仿制图章工具是一种复制图像的工具，利用它可以做一些图像的修复工作。下面通过复制图像来学习【仿制图章工具】的使用方法。

步骤1 打开随书光盘中的“素材\ch05\金鱼.jpg”文件，如图5-76所示。

步骤2 选择【仿制图章工具】，把鼠标指针移动到想要复制的图像上，按住Alt键，这时指针会变为形状，单击鼠标即可把鼠标指针落点处的像素定义为取样点，如图5-77所示。

步骤3 在要复制的位置单击或拖曳鼠标即可，如图5-78所示。

步骤4 多次取样多次复制，直至画面饱满，如图5-79所示。

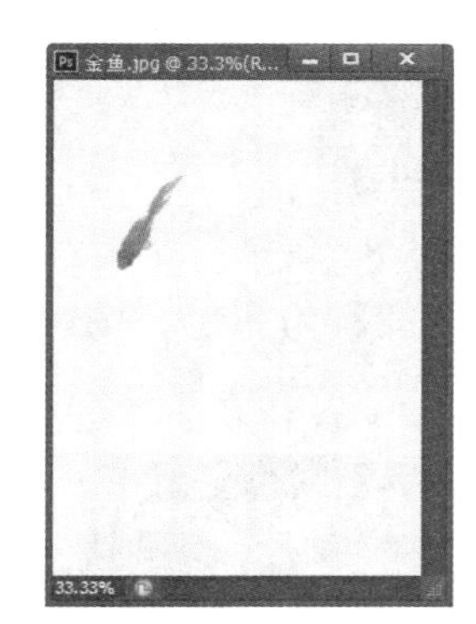
图5-76 打开素材文件

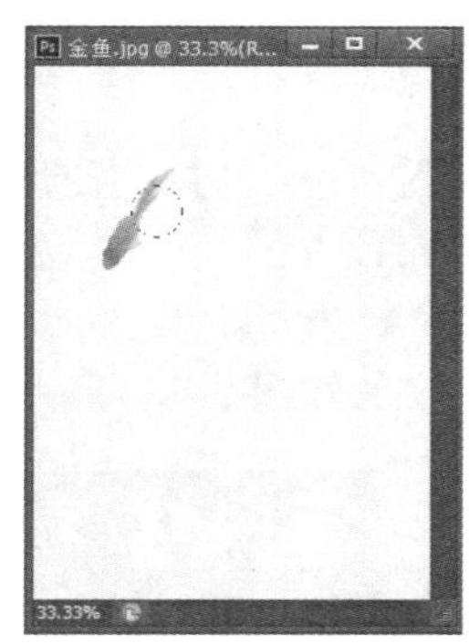
图5-77 使用仿制图章工具

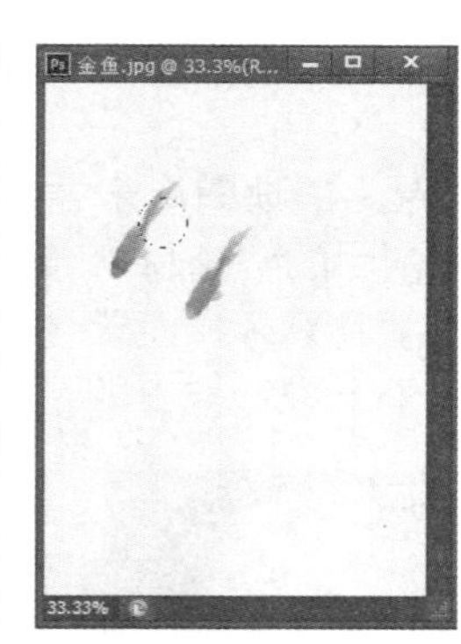
图5-78 仿制出鱼图像

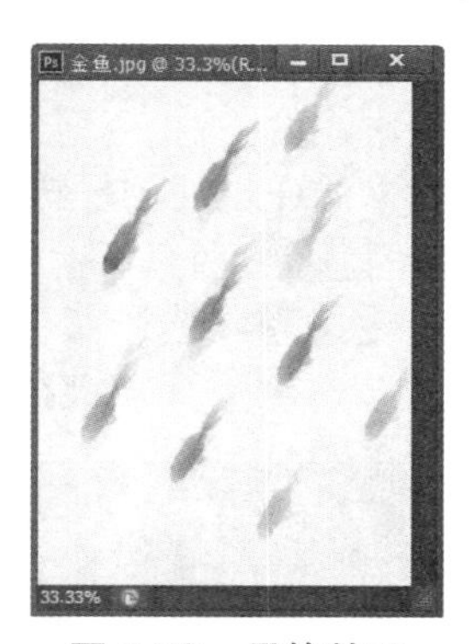
图5-79 最终效果

5.2.6 模糊工具

使用【模糊工具】可以柔化图像中的硬边缘或区域，从而减少细节。它的主要作用是进行像素之间的对比，使主题鲜明。

使用【模糊工具】模糊背景的具体操作步骤如下。

步骤1 打开随书光盘中的“素材\ch05\烟雾.jpg”文件，如图5-80所示。

步骤2 选择【模糊工具】，设置【模式】为“正常”，【强度】为100%。按住鼠标左键在需要模糊的背景上拖曳鼠标即可，效果如图5-81所示。

图 5-80　打开素材文件

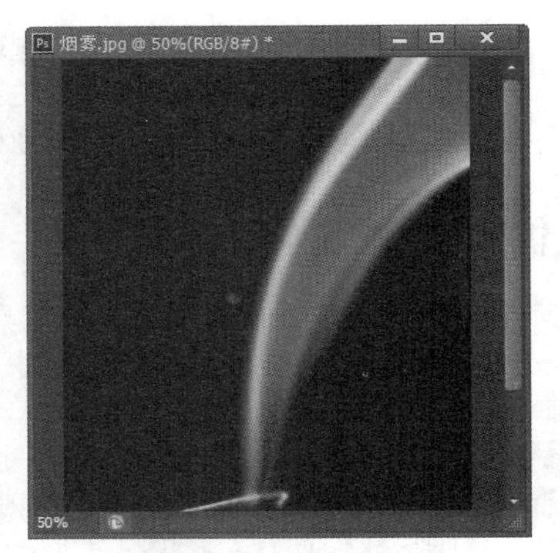

图 5-81　使用模糊工具

5.2.7　锐化工具

使用【锐化工具】可以聚焦软边缘以提高清晰度或聚焦的程度，也就是增大像素之间的对比度。

下面通过处理模糊图像为清晰图像来学习【锐化工具】的使用方法。

步骤1　打开随书光盘中的“素材\ch05\图12.jpg”文件，如图5-82所示。

步骤2　选择【锐化工具】，设置【模式】为“正常”，【强度】为50%。按住鼠标左键在叶子上进行拖曳即可，效果如图5-83所示。

图 5-82　打开素材文件

图 5-83　使用锐化工具

5.2.8　涂抹工具

使用【涂抹工具】产生的效果类似于用干画笔在未干的油墨上擦过，也就是说画笔周围的像素将随着笔触一起移动。下面详细介绍使用涂抹工具制作火焰效果的操作方法。

步骤1　新建一个600像素×800像素，分别率为72像素/英寸的文件，如图5-84所示。

步骤2　将新建的文件填充为黑色背景，新建图层，在新图层中使用工具栏【画笔工具】绘制一条白色的竖线，如图5-85所示。

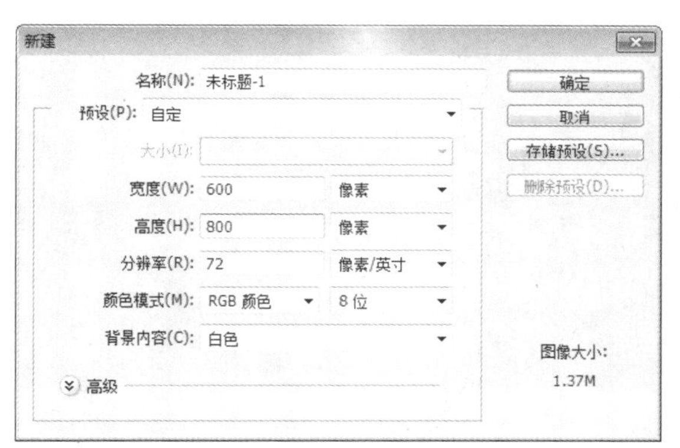

图 5-84 【新建】对话框

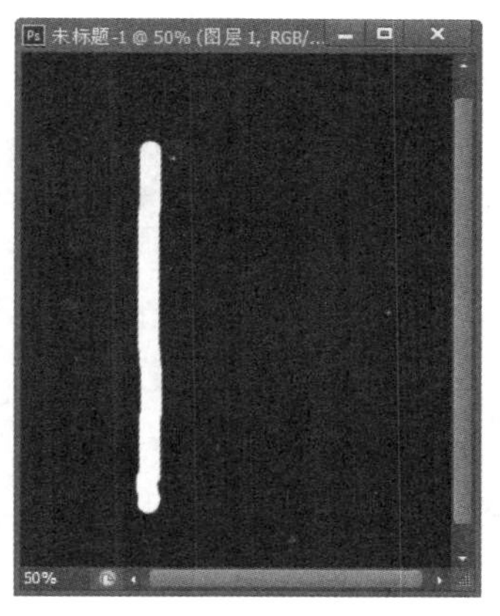

图 5-85 绘制白色竖线

步骤3 选择工具栏中的【涂抹工具】，在白线上进行上、下、左、右、旋、挑等涂抹操作，直到图形达到满意效果为止，如果不满意，可以在【历史记录面板】中恢复操作，重新涂抹，如图 5-86 所示。

提示 在涂抹时，可以先使用大尺寸笔刷，当形状差不多时再使用小一些的笔刷涂抹。

步骤4 单击【图层】面板底下【创建新的填充或调整图层】下拉按钮，在弹出的快捷菜单中选择【色相 / 饱和度】命令，如图 5-87 所示。

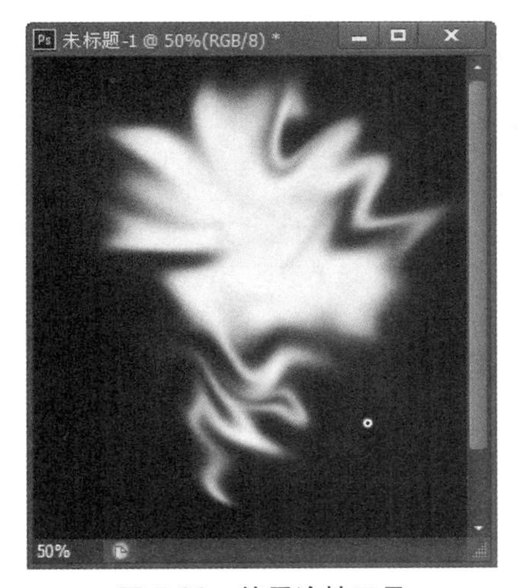

图 5-86 使用涂抹工具

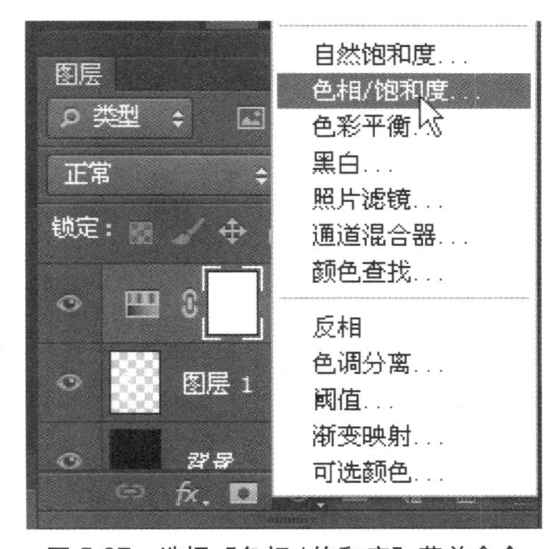

图 5-87 选择【色相 / 饱和度】菜单命令

步骤5 打开【调整】面板，勾选【着色】复选框，适当调整【色相】、【饱和度】和【明度】值，如图 5-88 所示。

步骤6 单击【图层】面板底下【创建新的填充或调整图层】下拉按钮，在弹出的快捷菜单中选中【色彩平衡】菜单命令，打开【色彩平衡】调整面板，在色调选项组中分别选中【阴影】、【中间调】和【高光】单选按钮，并对应调整颜色，得到如图 5-89 所示的火焰效果。

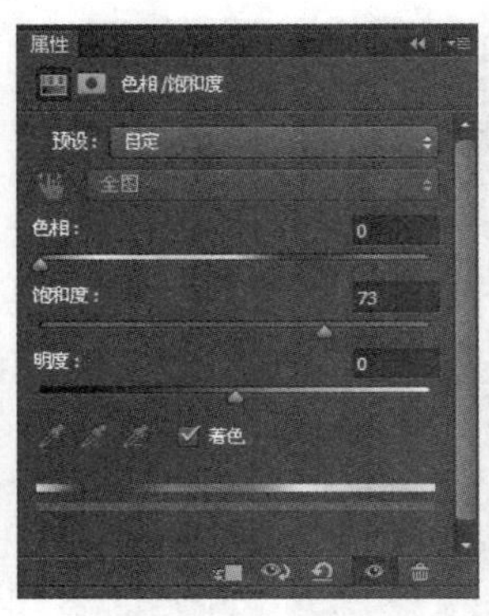
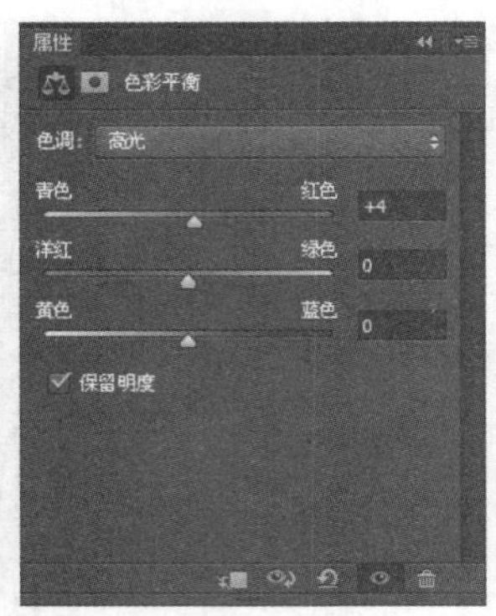

图 5-88 【调整】面板

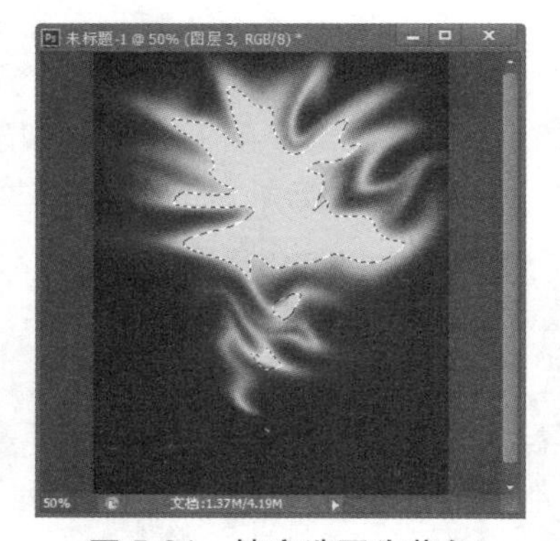

图 5-89 最终的效果

步骤7 按Ctrl+Shift+Alt+E组合键，盖印所有可见图层，得到新图层，使用【涂抹工具】再对图层中不满意的部位进行涂抹，也可以使用【橡皮擦工具】对多余的部位进行擦除，使图像更逼真，如图 5-90 所示。

步骤8 使用【魔棒工具】选择图像中的高亮部位，生成选区，新建图层，用填充工具在选区中填充淡黄色，如图 5-91 所示。

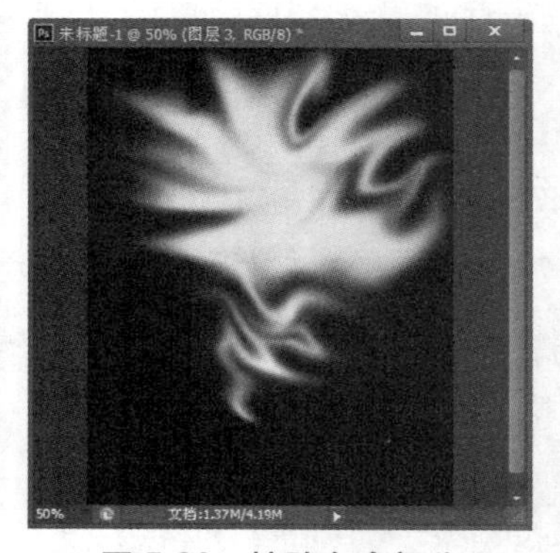

图 5-90 擦除多余部分

图 5-91 填充选区为黄色

步骤9 为淡黄色选区增加图层样式，即【外发光】和【内发光】效果，使图像火焰中心变得模糊、光亮，如图 5-92 所示。

步骤10 图层样式设置完成后，图像效果如图 5-93 所示。

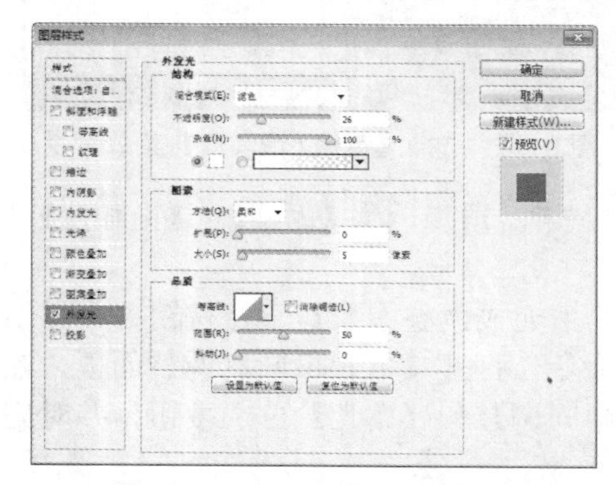

图 5-92 【图层样式】对话框

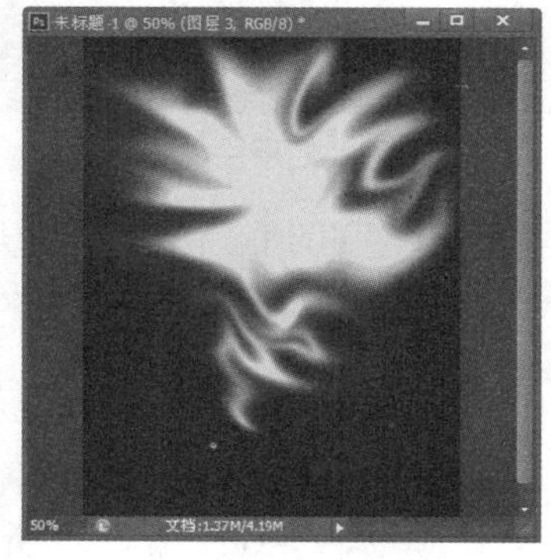

图 5-93 最终的效果

步骤11 执行【滤镜】→【扭曲】→【极坐标】菜单命令，弹出【极坐标】对话框，选中【平面坐标到极坐标】单选按钮，单击【确定】按钮，如图 5-94 所示。

步骤12 调整图层【不透明度】，出现火焰光影，如图 5-95 所示。

步骤13 火焰光影效果不够逼真，使用【涂抹工具】和【橡皮擦工具】调整光影，使其更逼真，如图 5-96 所示。

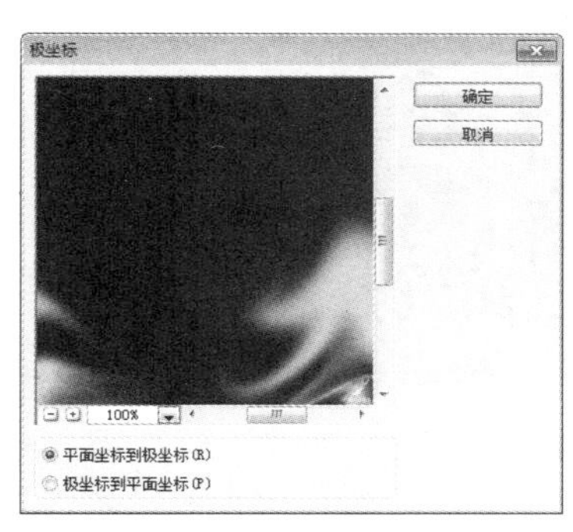

图 5-94 【极坐标】对话框

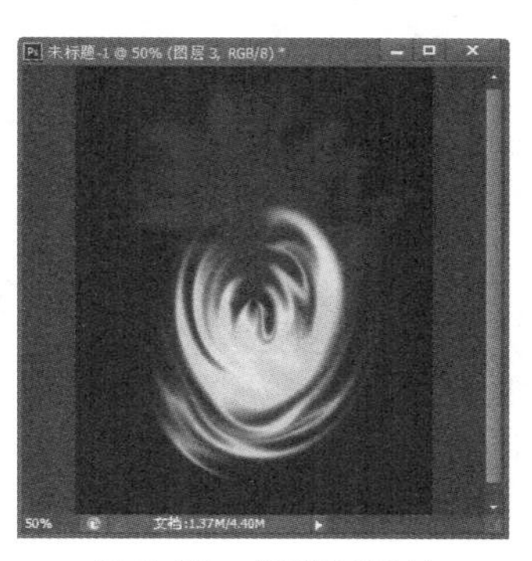

图 5-95 调整图层的不透明度

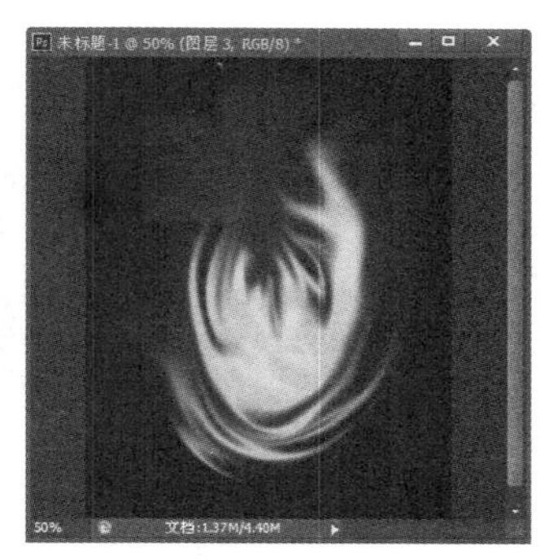

图 5-96 最终效果

5.3 综合实战 1——将两张图像糅合为一张图像

本实例练习使用移动工具以及其他工具来将两张图像糅合成一张图像。其具体操作步骤如下。

步骤1 打开随书光盘中的“素材 \ch05\ 图 08.jpg”和“素材 \ch05\ 图 09.jpg”文件，如图 5-97 所示。

图 5-97 打开素材文件

步骤2 使用工具箱中的【移动工具】，选择并拖曳“图 09.jpg”图片到“图 08.jpg”图片上，如图 5-98 所示。

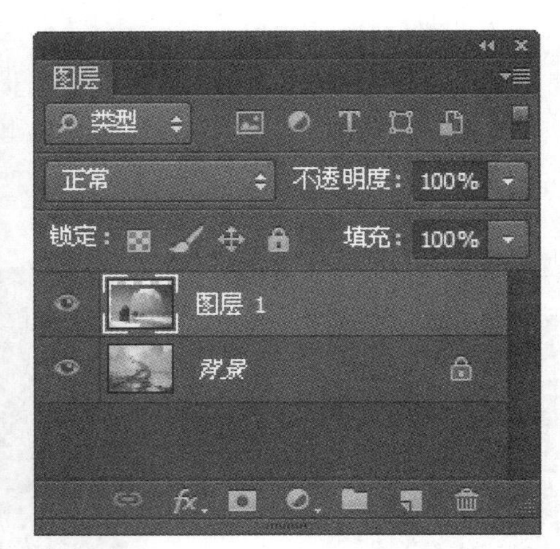

图 5-98　使用移动工具移动图像

步骤3 单击【图层】调板下方的【添加图层蒙版】按钮，为当前图层创建图层蒙版，设置【不透明度】为 59%，如图 5-99 所示。

步骤4 根据自己的需要调整图片的位置，然后把前景色设置为黑色，选择【画笔工具】，开始涂抹直至两幅图片融合在一起，如图 5-100 所示。

图 5-99　添加图层蒙板

图 5-100　最终的效果

这时，可以看到两幅图片已经融合在一起，构成了一幅图片。

5.4　综合实战 2——制作泼墨山水画

根据现有的山水图像，用户可以将其制作为泼墨风格的山水画，其具体操作步骤如下。

步骤1 打开随书光盘中的“素材\ch05\山水.jpg”素材图片，如图 5-101 所示。

步骤2 执行【图层】→【复制图层】菜单命令，弹出【复制图层】对话框，将图层命名为“副本 1”，单击【确定】按钮，如图 5-102 所示。

步骤3 重复步骤 2，再复制“副本 2”和“副本 3”，如图 5-103 所示。

图 5-101 素材文件

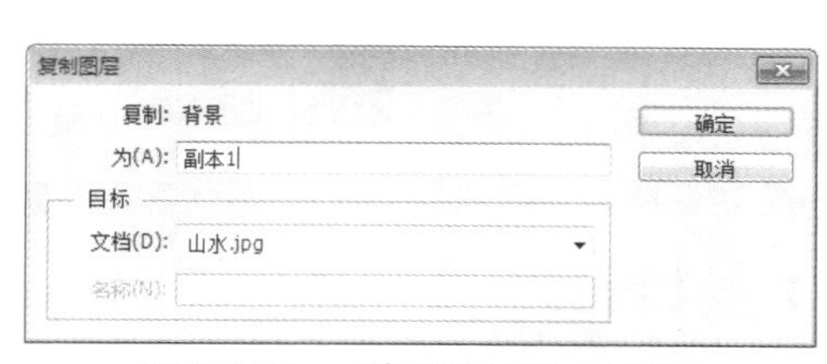

图 5-102 【复制图层】对话框

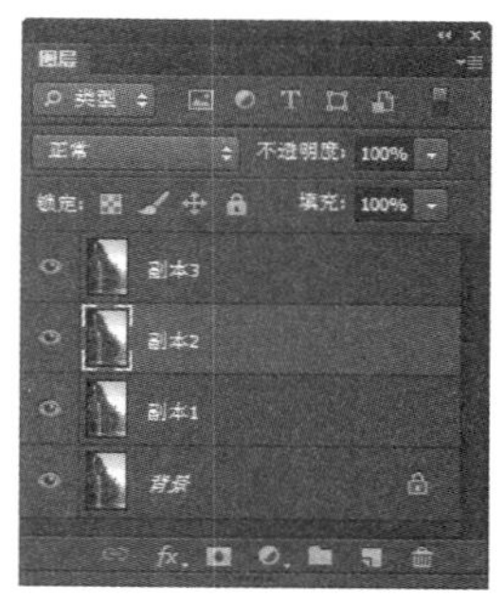

图 5-103 复制图层

步骤4 执行图层【副本 1】，如图 5-104 所示。选择【图像】→【调整】→【去色】菜单命令。

步骤5 执行【图像】→【调整】→【色相 / 饱和度】菜单命令，弹出【色相 / 饱和度】对话框，在【明度】文本框中输入 46 像素，单击【确定】按钮，如图 5-105 所示。

步骤6 执行【滤镜】→【杂色】→【中间值】菜单命令，弹出【中间值】对话框，设置【半径】为 21，单击【确定】按钮，如图 5-106 所示。

图 5-104 进行去色处理

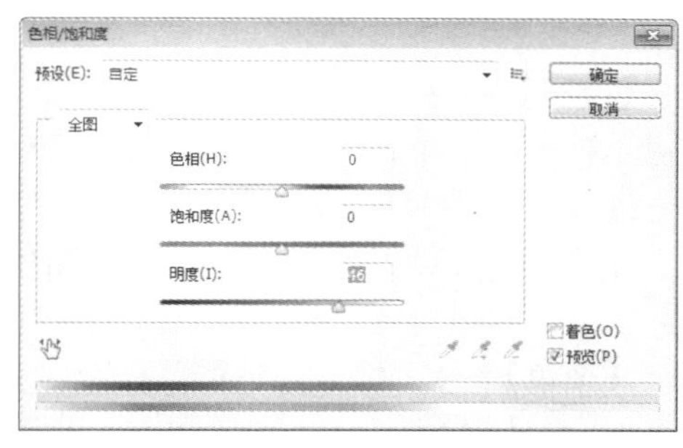

图 5-105 【色相 / 饱和度】对话框

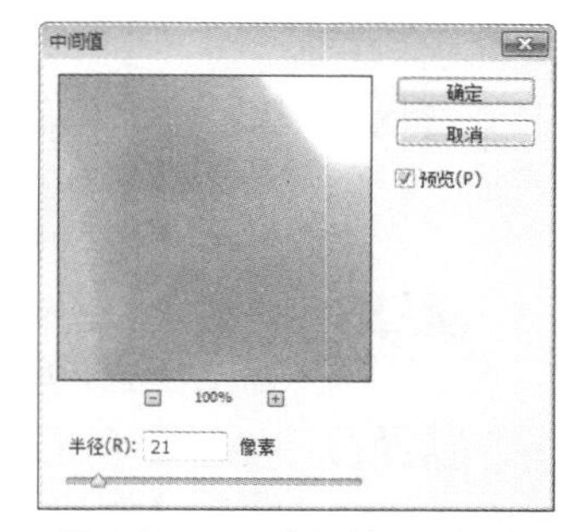

图 5-106 【中间值】对话框

步骤7 执行【滤镜】→【模糊】→【高斯模糊】菜单命令，弹出【高斯模糊】对话框，设置【半径】为 16，单击【确定】按钮，如图 5-107 所示。

步骤8 执行【滤镜】→【滤镜库】→【艺术效果】→【水彩】菜单命令，弹出【水彩】对话框。设置【画笔细节】为 5、【阴影强度】为 0、【纹理】为 3，单击【确定】按钮，如图 5-108 所示。

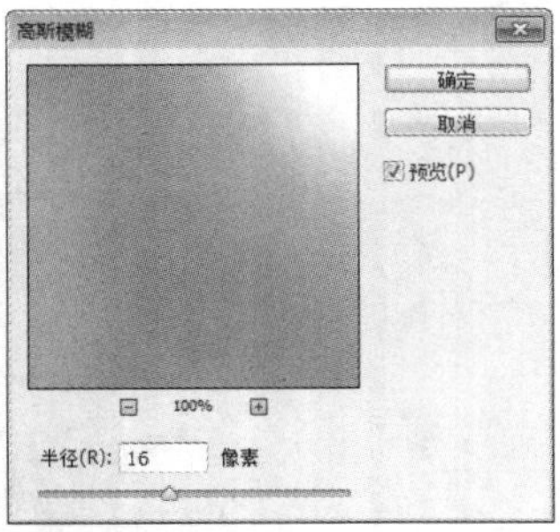

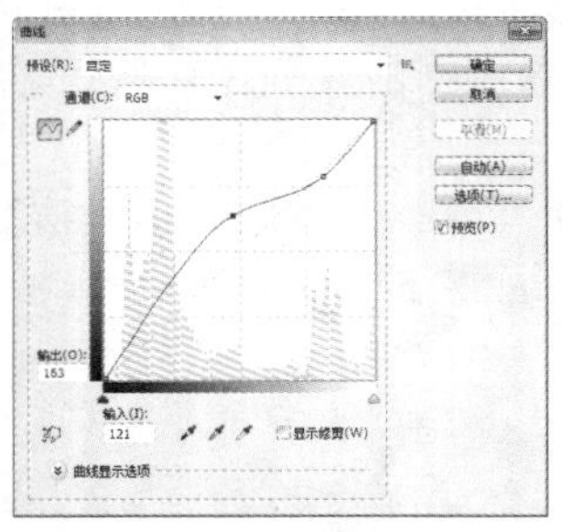
图 5-107　【高斯模糊】对话框

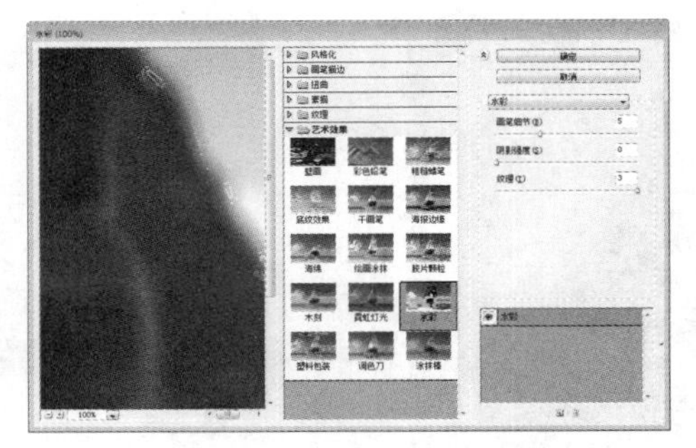
图 5-108　【水彩】对话框

步骤9 执行【图像】→【调整】→【曲线】菜单命令，弹出【曲线】对话框，分别设置输入和输出参数，单击【确定】按钮，如图 5-109 所示。

步骤10 执行图层【副本 2】，选择【图像】→【调整】→【色相/饱和度】菜单命令，弹出【色相/饱和度】对话框，在【明度】文本框中输入 40 像素，单击【确定】按钮，如图 5-110 所示。

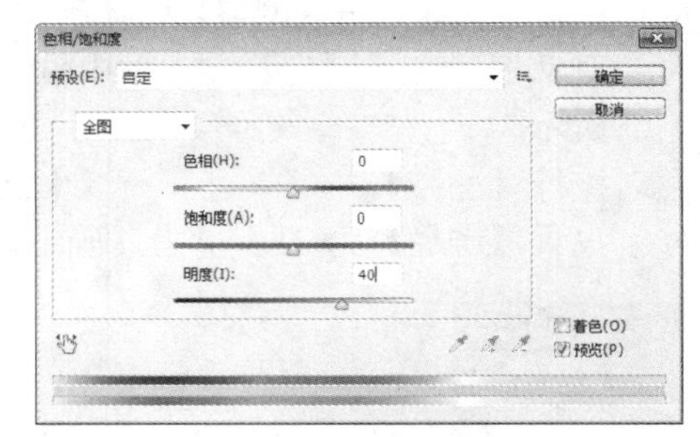
图 5-109　【曲线】对话框

图 5-110　【色相/饱和度】对话框

步骤11 执行【图像】→【调整】→【亮度/对比度】菜单命令，弹出【亮度/对比度】对话框，在【亮度】文本框中输入“45”、【对比度】文本框中输入“80”，单击【确定】按钮，如图 5-111 所示。

步骤12 将图层【副本 2】的混合模式设置为【正片叠底】、图层【副本 3】设置为不可见，如图 5-112 所示。

步骤13 执行【滤镜】→【杂色】→【中间值】菜单命令，弹出【中间值】对话框，设置【半径】为 4，单击【确定】按钮，如图 5-113 所示。

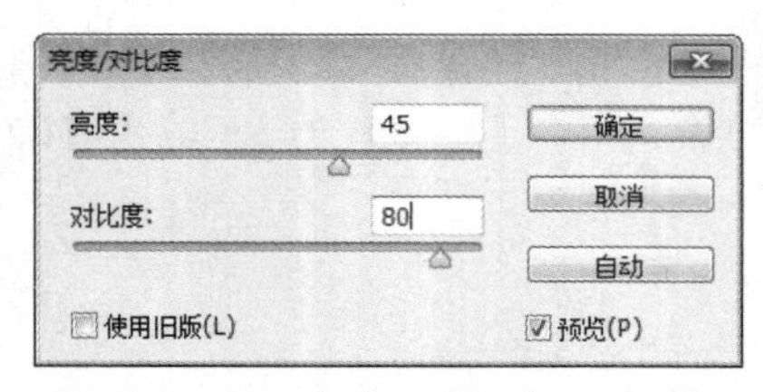

图 5-111　【亮度/对比度】对话框

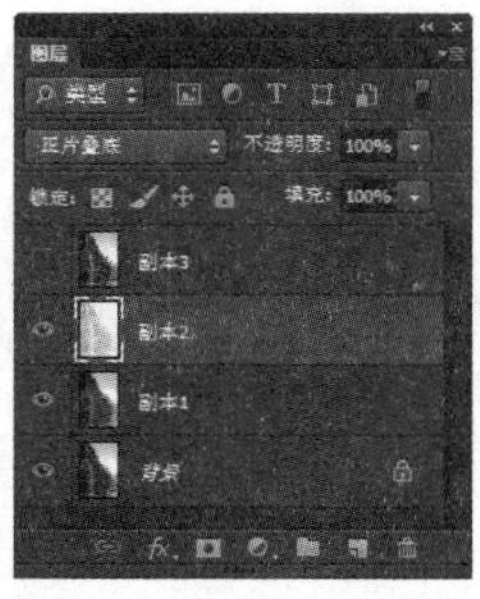
图 5-112　【图层】面板

图 5-113　【中间值】对话框

步骤14 执行【滤镜】→【滤镜库】→【艺术效果】→【水彩】菜单命令，弹出【水彩】对话框，设置【画笔细节】为14、【阴影强度】为0、【纹理】为1，单击【确定】按钮，如图5-114所示。

步骤15 执行【图像】→【调整】→【曲线】菜单命令，弹出【曲线】对话框，设置输入和输出参数。读者可以根据预览的效果去调整不同的参数，直到效果满意为止，如图5-115所示。

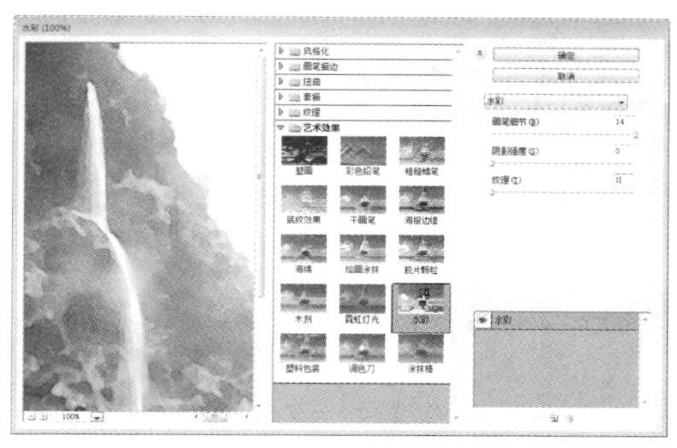

图5-114 【水彩】对话框

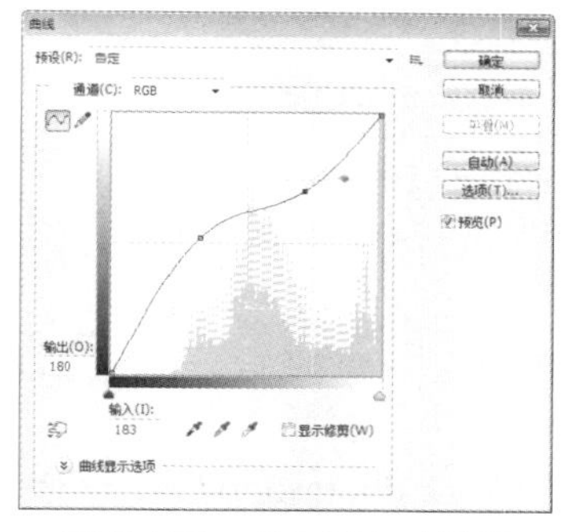

图5-115 【曲线】对话框

步骤16 将图层【副本3】设置为可见、混合模式设置为【叠加】，如图5-116所示。

步骤17 单击工具栏中的【魔棒工具】按钮，在属性栏中设置【容差】为20，在图像绿色区域任意一处单击，执行【选择】→【选取相似】菜单命令，如图5-117所示。

步骤18 执行【选择】→【修改】→【羽化】菜单命令，在弹出的对话框中设置【羽化半径】为3，单击【确定】按钮，如图5-118所示。

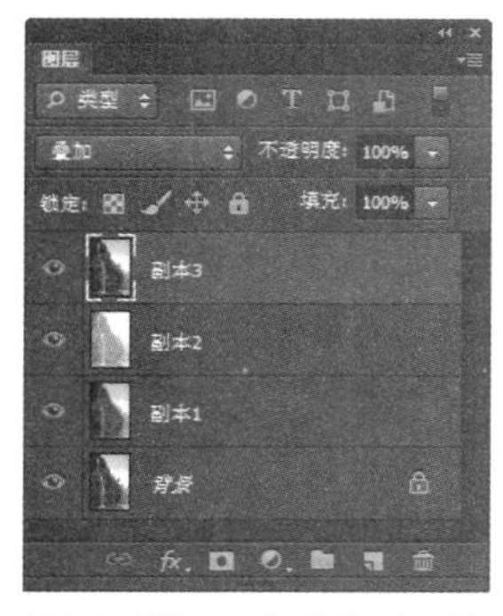

图5-116 【图层】面板

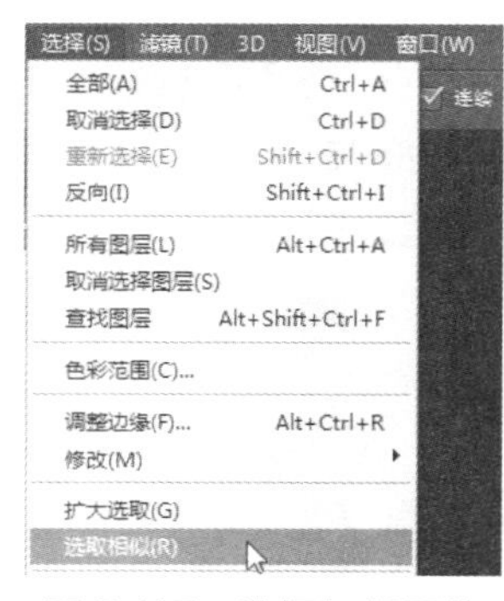

图5-117 选择相似图像

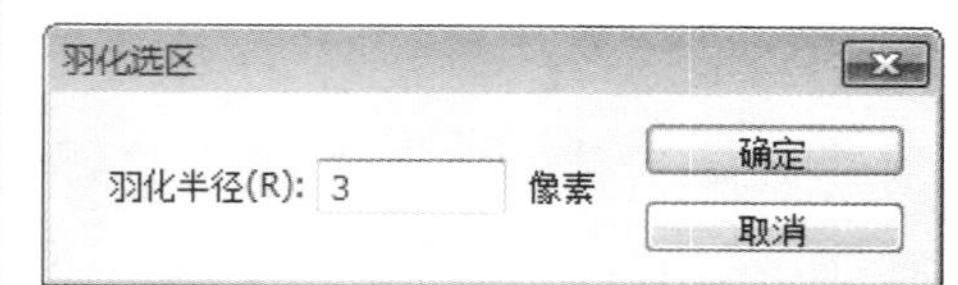

图5-118 【羽化选区】对话框

步骤19 执行【选择】→【取消选择】菜单命令。执行【滤镜】→【杂色】→【中间值】菜单命令，如图5-119所示。

步骤20 在【图层】面板中将【不透明度】设为“50%”，并依次从【图层2】向下合并图层，最后合并【图层3】，如图5-120所示。

步骤21 完成设置，查看最终效果，如图5-121所示。

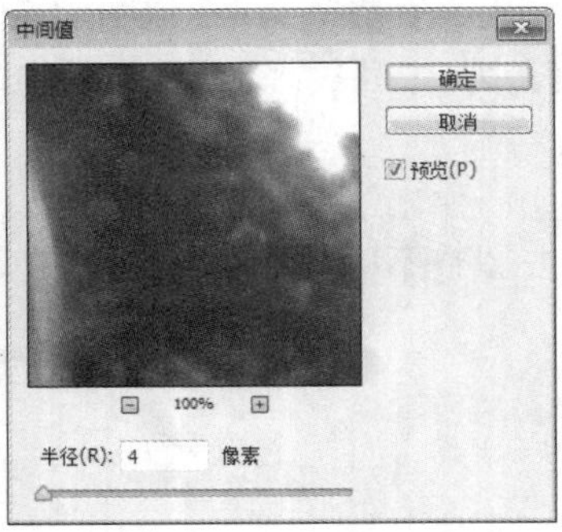

图 5-119　【中间值】对话框

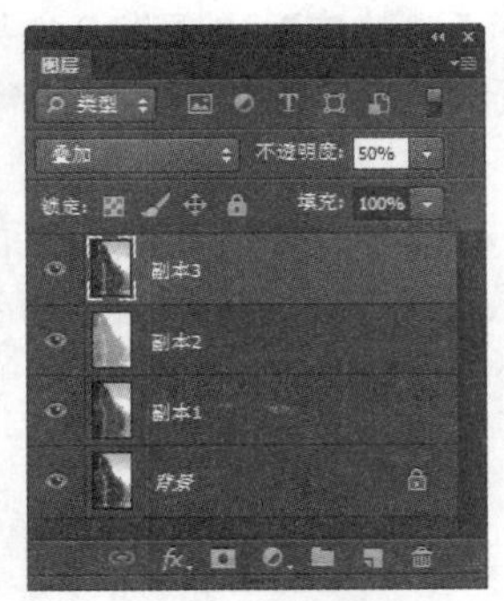

图 5-120　【图层】面板

图 5-121　最终效果

5.5 专家答疑

疑问 1：在 Photoshop CS6 中仿制图章工具和修补画笔工具有什么异同？

答：在Photoshop CS6中，仿制图章工具是从图像中的某一部分取样之后，再将取样绘制到其他位置或其他图片中。而修补画笔工具和仿制图章工具十分类似，不同之处在于仿制图章工具是将取样部分全部照搬，而修补画笔工具会对目标点的纹理、阴影、光照等因素进行自动分析并匹配，从而使修复后的像素不留痕迹地融入图像的其余部分。

疑问 2：怎样使一个图片和另一个图片很好地融合在一起（包括看不出图像的边缘）？

答：有以下两种方法可以解决这个问题。

（1）先选中图片，实行羽化，然后反选，再按Delete键，这样就可以把图片边缘羽化。为了达到好的融合效果，可以把羽化的像素值设定为较大，同时还可以多次按Delete键，那样融合的效果会更好。

（2）在图片上添加蒙版，然后选羽化的喷枪对图片进行羽化，同样能达到融合的效果。最后别忘了把图层的透明度降低，效果会更好。

第6章 快速制作图像特效

使用滤镜功能可以快速制作图像特效，在 Photoshop CS6 中，有位图处理传统滤镜和一些新滤镜，每一种滤镜又提供了多种细分的滤镜效果，为用户处理位图提供了极大的方便。

6.1 滤镜概述

滤镜产生的复杂数字化效果源自摄影技术，滤镜不仅可以改善图像的效果并掩盖其缺陷，还可以在原有图像的基础上产生许多特殊的效果。

6.1.1 滤镜库

滤镜是应用于图片后期处理的，可以增强图片画面的艺术效果。所谓滤镜就是把原有的画面进行艺术过滤，得到一种艺术或更完美的展示。滤镜功能是Photoshop的强大功能之一。利用滤镜可以实现许多无法实现的绘画艺术效果，这为众多非艺术专业人员提供了一种创造艺术化作品的手段，极大地丰富了平面艺术领域。

(1) 滤镜只能应用于当前可视图层，且可以反复应用，连续应用。但一次只能应用在一个图层上。

(2) 滤镜不能应用于位图模式、索引颜色和48bit RGB模式的图像。某些滤镜只对RGB模式的图像起作用，如画笔描边滤镜和素描滤镜就不能在CMYK模式下使用。还有，滤镜只能应用于图层的有色区域，对完全透明的区域没有效果。

(3) 有些滤镜完全在内存中处理，所以内存的容量对滤镜的生成速度影响很大。

(4) 有些滤镜很复杂或是要应用滤镜的图像尺寸很大，执行时需要很长时间，如果想结束正在生成的滤镜效果，只需按Esc键即可。

(5) 上次使用的滤镜将出现在滤镜菜单的顶部，可以通过执行此命令对图像再次应用上次使用过的滤镜效果。

(6) 如果在滤镜设置窗口中对自己调节的效果不满意，希望恢复调节前的参数，可以按住Alt键，这时取消按钮会变为复位按钮，单击此按钮就可以将参数重置为调节前的状态。

6.1.2 滤镜的使用方法

使用艺术效果滤镜可以为美术或商业项目制作绘画效果或特殊效果，例如使用木刻滤镜进行拼贴或文字处理。使用这些滤镜可以模仿自然或传统介质效果。所有的艺术效果滤镜都可以通过使用【滤镜】→【滤镜库】菜单命令来应用。【胶片颗粒】对话框如图6-1所示。

图 6-1 【胶片颗粒】对话框

6.2 使用滤镜制作扭曲效果

【扭曲】滤镜将图像进行几何扭曲，用于创建3D或其他整形效果。扭曲滤镜组主要包括的滤镜有波浪、波纹、极坐标等。

6.2.1 放大镜效果——液化滤镜

【液化】滤镜可用于推、拉、旋转、反射、折叠和膨胀图像的任意区域。创建的扭曲可以是细微的或剧烈的，这就使【液化】命令成为修饰图像和创建艺术效果的强大工具。

使用液化滤镜中的扭曲工具制作图像扭曲效果的具体操作步骤如下。

步骤1 打开随书光盘中的“素材\ch06\图01.jpg”文件，如图6-2所示。

步骤2 执行【滤镜】→【液化】菜单命令，在弹出的【液化】对话框中勾选【高级模式】复选框，然后选择【顺时针旋转扭曲工具】并在【液化】对话框中设置画笔大小为300，画笔密度为50，画笔压力为100，画笔速率为80，然后对图像进行旋转扭曲，如图6-3所示。

图6-2 素材文件

图6-3 【液化】对话框

步骤3 单击【确定】按钮，最终效果图如图6-4所示。

图6-4 液化后的效果

6.2.2 波浪效果

【波浪】滤镜是在选区上创建波状起伏的图案，像水池表面的波浪。

步骤1 打开随书光盘中的“素材\ch06\图01.jpg”文件。执行【滤镜】→【扭曲】→【波浪】菜单命令，在弹出的【波浪】对话框中进行参数设置，如图6-5所示。

步骤2 单击【确定】按钮即可为图像添加波浪效果，如图6-6所示。

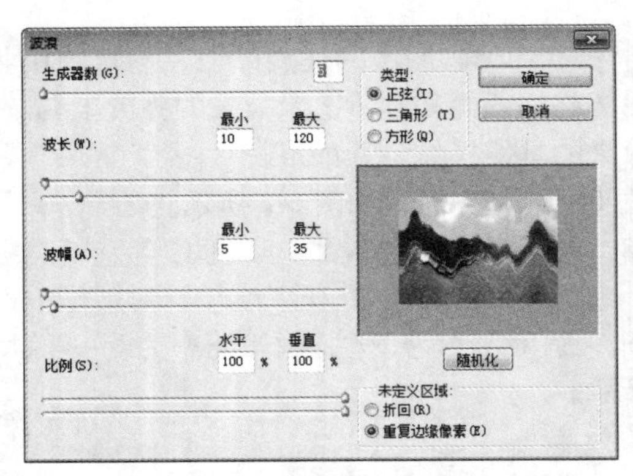

图6-5 【波浪】对话框

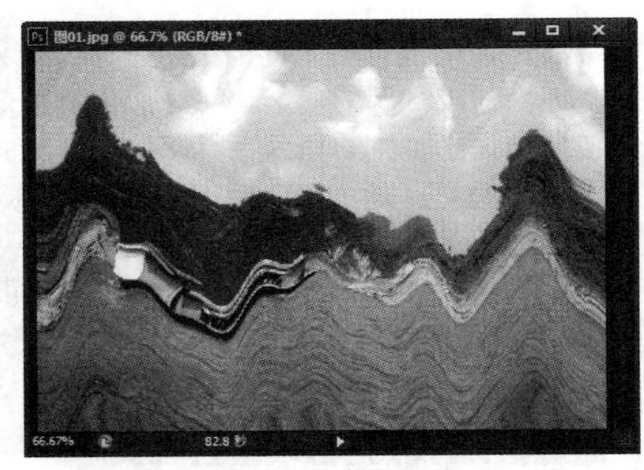

图6-6 波浪效果

6.2.3 玻璃效果

【玻璃】滤镜使图像看起来像是透过不同类型的玻璃来观看似的。可以选取一种玻璃效果，也可以将自己的玻璃表面创建为Photoshop文件并应用它。

步骤1 打开随书光盘中的“素材\ch06\图01.jpg”文件。选择【滤镜】→【滤镜库】→【扭曲】→【玻璃】选项，在弹出的【玻璃】对话框中进行参数设置，如图6-7所示。

步骤2 单击【确定】按钮即可为图像添加玻璃效果，如图6-8所示。

图6-7 【玻璃】对话框

图6-8 玻璃效果

6.2.4 波纹效果

使用【波纹】滤镜，可以在选区上创建波状起伏的图案，像水中的图像。

步骤1 打开随书光盘中的“素材\ch06\图01.jpg”文件。执行【滤镜】→【扭曲】→【波纹】菜单命令，在弹出的【波纹】对话框中进行参数设置，如图6-9所示。

步骤2 单击【确定】按钮即可为图像添加波纹效果，如图6-10所示。

图6-9 【波纹】对话框

图6-10 波纹效果

6.2.5 球面化效果

【球面化】滤镜通过将选区折成球形、扭曲图像以及伸展图像以适合选中的曲线，使对象具有3D效果。

步骤1 打开随书光盘中的“素材\ch06\图01.jpg”文件。执行【滤镜】→【扭曲】→【球面化】菜单命令，在弹出的【球面化】对话框中进行参数设置，如图6-11所示。

步骤2 单击【确定】按钮即可为图像添加球面化效果，如图6-12所示。

图6-11 【球面化】对话框

图6-12 球面化效果

6.2.6 挤压效果

【挤压】滤镜能够使图像的中心产生凸起或凹下的效果。在挤压选区中，正值（最大值是100%）将选区向中心挤压；负值（最小值是–100%）将选区向外挤压。

步骤1 打开随书光盘中的“素材\ch06\图01.jpg”文件。执行【滤镜】→【扭曲】→【挤压】菜单命令，在弹出的【挤压】对话框中进行参数设置，如图 6-13 所示。

步骤2 单击【确定】按钮即可为图像添加挤压效果，如图 6-14 所示。

图 6-13 【挤压】对话框

图 6-14 挤压效果

6.2.7 旋转扭曲效果

使用【旋转扭曲】滤镜旋转选区时，中心的旋转程度比边缘的旋转程度大。指定角度时可以生成旋转扭曲图案。

步骤1 打开随书光盘中的“素材 \ch06\ 图 01.jpg”文件。执行【滤镜】→【扭曲】→【旋转扭曲】菜单命令，在弹出的【旋转扭曲】对话框中进行参数设置，如图 6-15 所示。

步骤2 单击【确定】按钮即可为图像添加旋转扭曲效果，如图 6-16 所示。

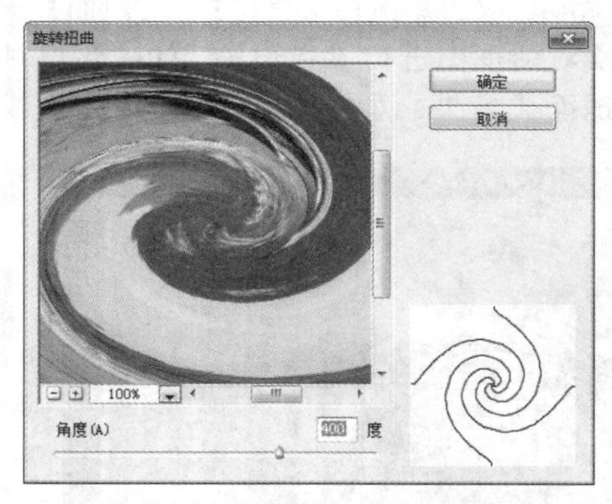

图 6-15 【旋转扭曲】对话框

图 6-16 旋转扭曲效果

6.3 使用滤镜制作风格化效果

【风格化】滤镜通过置换像素和通过查找并增加图像的对比度，在选区中生成绘画或印象派的效果。在使用【查找边缘】和【等高线】等突出显示边缘的滤镜后，可应用【反相】命令用彩色线条勾勒彩色图像的边缘或用白色线条勾勒灰度图像的边缘。

6.3.1 浮雕效果

通过【浮雕效果】滤镜可以将选区的填充色转换为灰色，并用原填充色描画边缘，从而使选区显得凸起或压低。

步骤1 打开随书光盘中的“素材 \ch06\ 图 04.jpg”文件，如图 6-17 所示。

步骤2 执行【滤镜】→【风格化】→【浮雕效果】菜单命令，在弹出的【浮雕效果】对话框中进行参数设置，如图 6-18 所示。

图 6-17 打开素材文件

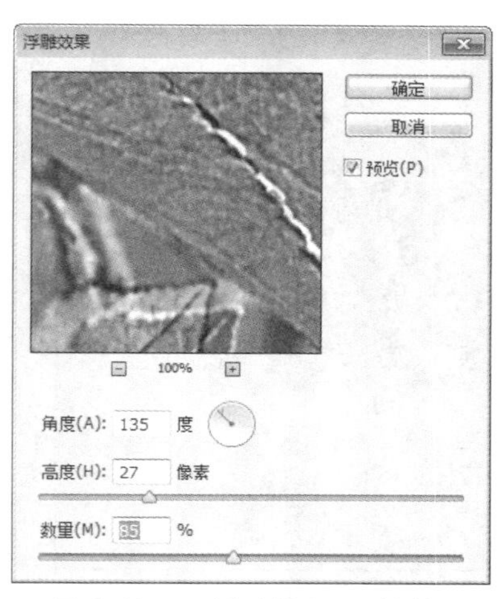

图 6-18 【浮雕效果】对话框

步骤3 单击【确定】按钮即可为图像添加浮雕效果，如图 6-19 所示。

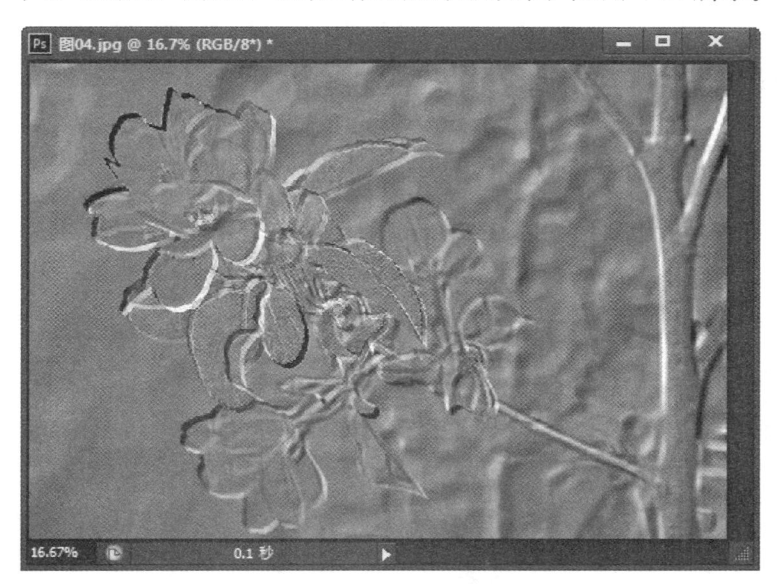

图 6-19 浮雕效果

6.3.2 风效果

通过【风】滤镜可以在图像中放置细小的水平线条来获得风吹的效果。其中包括【风】、【大风】（用于获得更生动的风效果）和【飓风】（使图像中的线条发生偏移）。

步骤1 打开随书光盘中的“素材\ch06\图04.jpg”文件。执行【滤镜】→【风格化】→【风】菜单命令，在弹出的【风】对话框中进行参数设置，如图6-20所示。

步骤2 单击【确定】按钮即可为图像添加风效果，如图6-21所示。

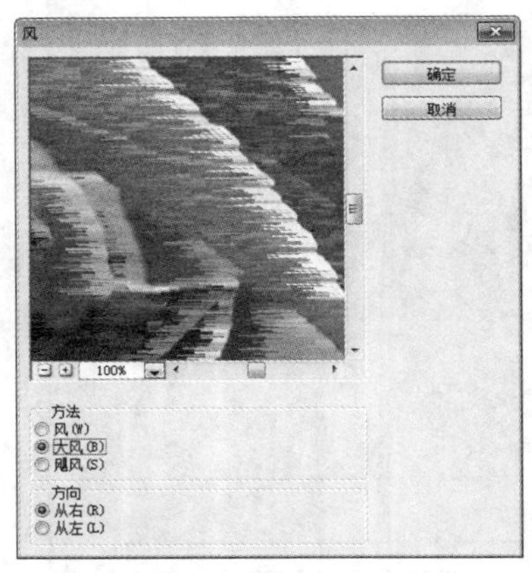

图6-20 【风】对话框

图6-21 风效果

6.3.3 马赛克拼贴效果

使用【马赛克拼贴】滤镜渲染图像，使它看起来是由小的碎片或拼贴组成，然后在拼贴之间灌浆。

步骤1 打开随书光盘中的“素材\ch06\图04.jpg”文件。执行【滤镜】→【滤镜库】→【纹理】→【马赛克拼贴】菜单命令，在弹出的【马赛克拼贴】对话框中进行参数设置，如图6-22所示。

步骤2 单击【确定】按钮即可为图像添加马赛克拼贴效果，如图6-23所示。

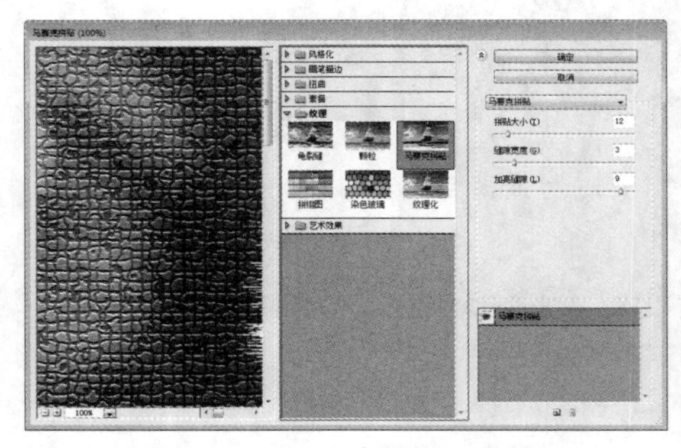

图6-22 【马赛克拼贴】对话框

图6-23 马赛克拼贴效果

6.3.4 查找边缘效果

【查找边缘】滤镜用显著的转换标识图像的区域，并突出边缘。像【等高线】滤镜一样，【查找边缘】滤镜用相对于白色背景的黑色线条勾勒图像的边缘，这对生成图像周围的边界非常有用。

下面讲解【查找边缘】滤镜的使用方法。

步骤1 打开随书光盘中的“素材 \ch06\ 图 04.jpg”文件，如图 6-24 所示。

步骤2 执行【滤镜】→【风格化】→【查找边缘】菜单命令，为图片添加查找边缘效果，如图 6-25 所示。

图 6-24 打开素材文件

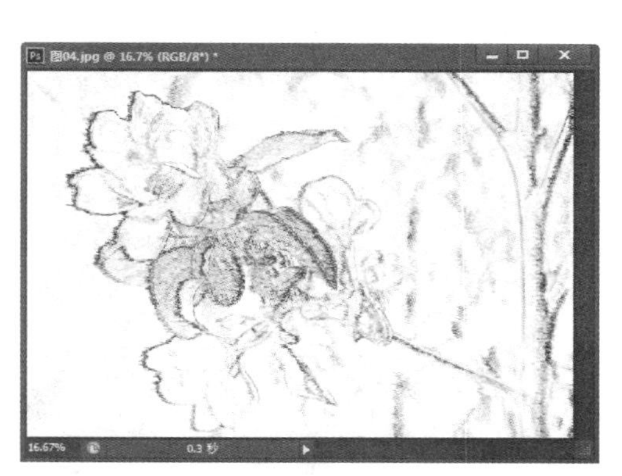

图 6-25 查找边缘效果

6.3.5 拼贴效果

【拼贴】滤镜将图像分解为一系列拼贴，使选区偏离其原来的位置。

步骤1 打开随书光盘中的“素材 \ch06\ 图 04.jpg”文件。执行【滤镜】→【风格化】→【拼贴】菜单命令，在弹出的【拼贴】对话框中进行参数设置，如图 6-26 所示。

步骤2 单击【确定】按钮即可为图像添加拼贴效果，如图 6-27 所示。

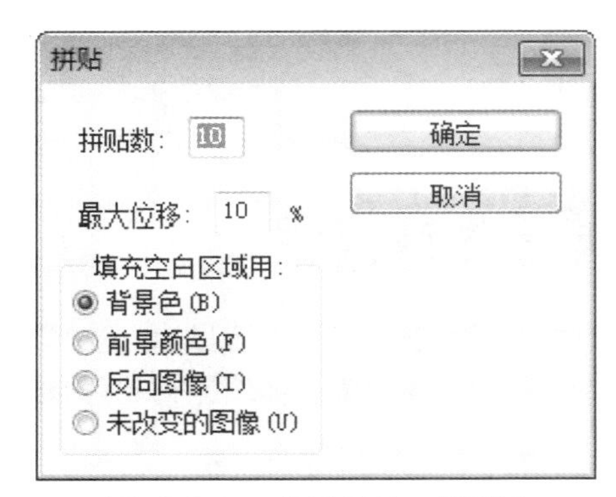

图 6-26 【拼贴】对话框

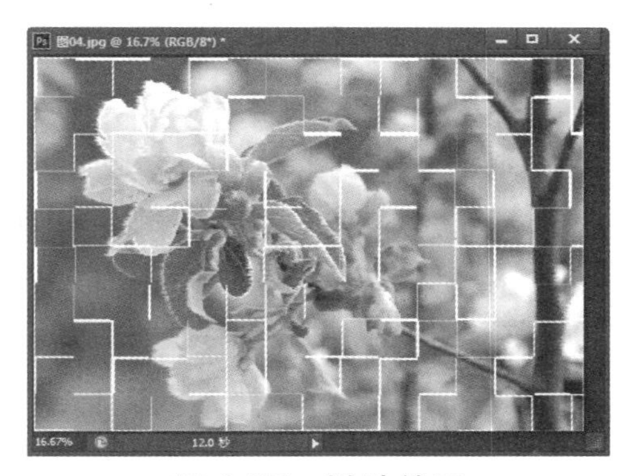

图 6-27 拼贴效果

6.3.6 凸出效果

【凸出】滤镜赋予选区或图层一种3D纹理效果。

步骤1 打开随书光盘中的“素材 \ch06\ 图 03.jpg”文件，如图 6-28 所示。

步骤2 执行【滤镜】→【风格化】→【凸出】菜单命令，在弹出的【凸出】对话框中进行参数设置，如图 6-29 所示。

图 6-28 打开素材文件

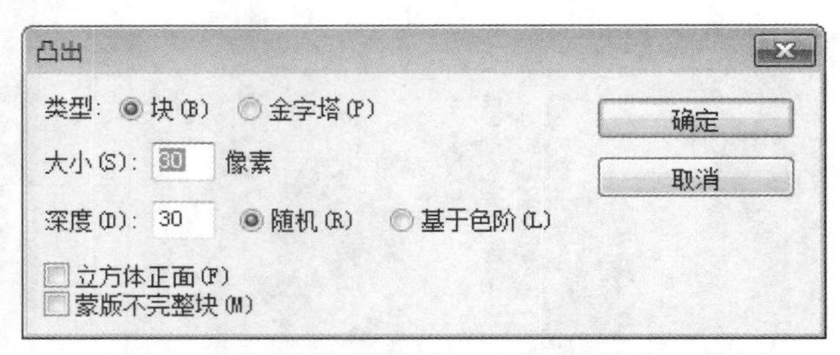

图 6-29 【凸出】对话框

步骤3 单击【确定】按钮即可为图像添加凸出效果，如图 6-30 所示。

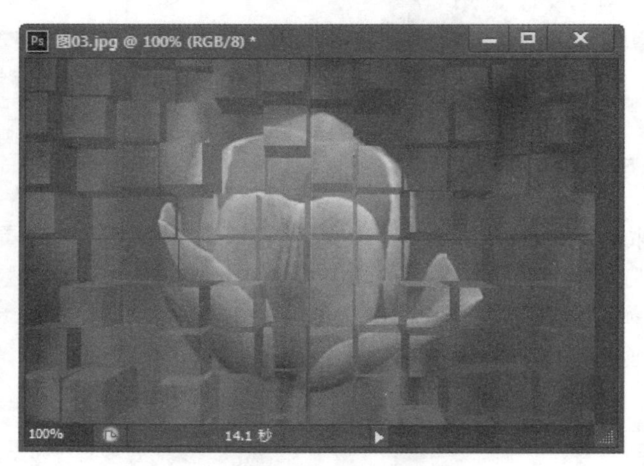

图 6-30 凸出效果

6.4 使用滤镜使图像清晰或模糊

【锐化】滤镜通过增加相邻像素的对比度来聚焦模糊的图像。【模糊】滤镜可以柔化选区或整个图像，这对于修饰非常有用。它们通过平衡图像中已定义的线条和遮蔽区域的清晰边缘旁边的像素，使变化显得更柔和。

6.4.1 锐化与锐化边缘效果

【锐化】滤镜通过增加像素间的对比度使图像变得清晰，该滤镜无对话框，锐化效果不是很明显。【锐化边缘】滤镜锐化图像的边缘，同时保留总体的平滑度。

步骤1 打开随书光盘中的“素材 \ch06\ 图 02.jpg”文件，如图 6-31 所示。

步骤2 执行【滤镜】→【锐化】→【锐化】菜单命令，为图片调整锐化效果，如图 6-32 所示。

图 6-31 打开素材文件

图 6-32 调整锐化效果

步骤3 执行【滤镜】→【锐化】→【锐化边缘】菜单命令，为图片调整锐化边缘效果，如图 6-33 所示。

图 6-33 调整锐化边缘效果

6.4.2 智能锐化效果

相对于标准的USM锐化滤镜，【智能锐化】滤镜用于改善边缘细节、阴影及高光锐化，在阴影和高光区域它对锐化提供了良好的控制，可以从3个不同类型的模糊中选择移除——高斯模糊、动感模糊和镜头模糊。智能锐化设置可以保存为预设，供以后使用。

步骤1 打开随书光盘中的“素材 \ch06\ 茶花 .jpg”文件，如图 6-34 所示。

步骤2 执行【滤镜】→【锐化】→【智能锐化】菜单命令，在弹出的【智能锐化】对话框中进行参数设置，如图 6-35 所示。

图 6-34　打开素材文件

图 6-35　【智能锐化】对话框

步骤3 单击【确定】按钮即可为图像添加智能锐化效果，如图 6-36 所示。

图 6-36　智能锐化效果

6.4.3　表面模糊效果

【表面模糊】滤镜在保留边缘的同时模糊图像，此滤镜用于创建特殊效果并消除杂色或粒度。

步骤1 打开随书光盘中的“素材\ch06\茶花.jpg”文件。执行【滤镜】→【模糊】→【表面模糊】菜单命令，在弹出的【表面模糊】对话框中进行参数设置，如图 6-37 所示。

步骤2 单击【确定】按钮即可对图像进行表面模糊，效果如图 6-38 所示。

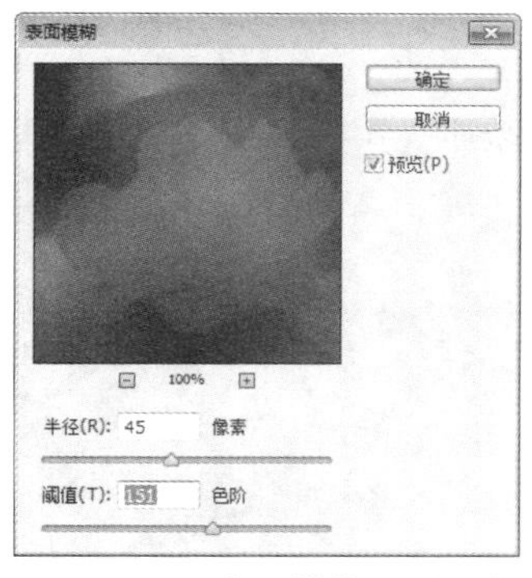

图 6-37 【表面模糊】对话框

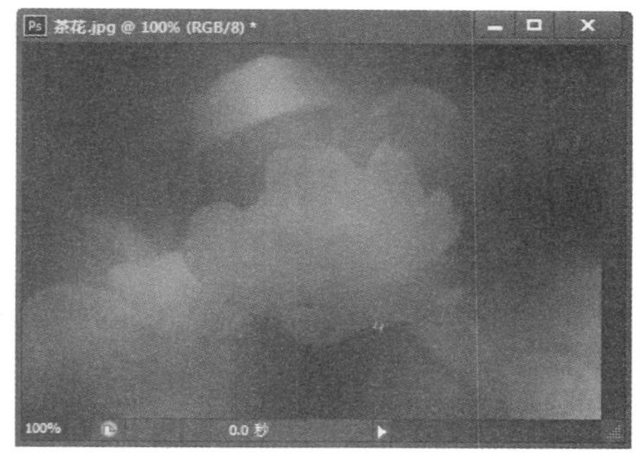

图 6-38 表面模糊效果

6.4.4 动感模糊效果

【动感模糊】滤镜沿指定方向（–360 ~ +360 度）以指定强度（1 ~ 999）进行模糊。此滤镜的效果类似于以固定的曝光时间给一个移动的对象拍照。

步骤1 打开随书光盘中的“素材\ch06\茶花.jpg”文件。执行【滤镜】→【模糊】→【动感模糊】菜单命令，在弹出的【动感模糊】对话框中进行参数设置，如图 6-39 所示。

步骤2 单击【确定】按钮即可对图像添加动感模糊效果，如图 6-40 所示。

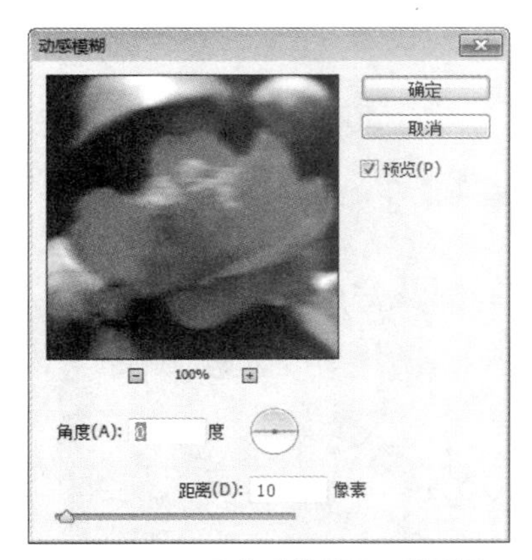

图 6-39 【动感模糊】对话框

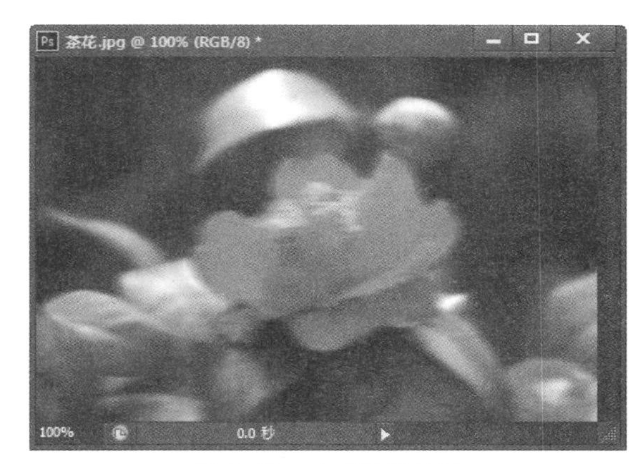

图 6-40 动感模糊效果

6.4.5 高斯模糊效果

【高斯模糊】滤镜使用可调整的量快速模糊选区。高斯模糊是指当Photoshop将加权平均应用于像素时生成的钟形曲线。【高斯模糊】滤镜可以添加低频细节，并产生一种朦胧效果。

步骤1 打开随书光盘中的“素材\ch06\茶花.jpg”文件。执行【滤镜】→【模糊】→【高斯模糊】菜单命令，在弹出的【高斯模糊】对话框中进行参数设置，如图 6-41 所示。

步骤2 单击【确定】按钮即可为图像添加高斯模糊效果，如图 6-42 所示。

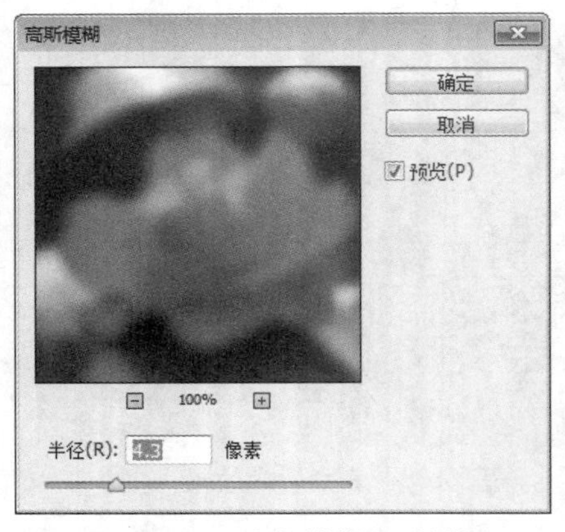

图 6-41 【高斯模糊】对话框

图 6-42 高斯模糊效果

6.4.6 径向模糊效果

【径向模糊】滤镜模拟缩放或旋转的相机所产生的模糊，产生一种柔化的效果。

步骤1 打开随书光盘中的“素材\ch06\茶花.jpg”文件。选择【滤镜】→【模糊】→【径向模糊】菜单命令，在弹出的【径向模糊】对话框中进行参数设置，如图 6-43 所示。

步骤2 单击【确定】按钮即可为图像添加径向模糊效果，如图 6-44 所示。

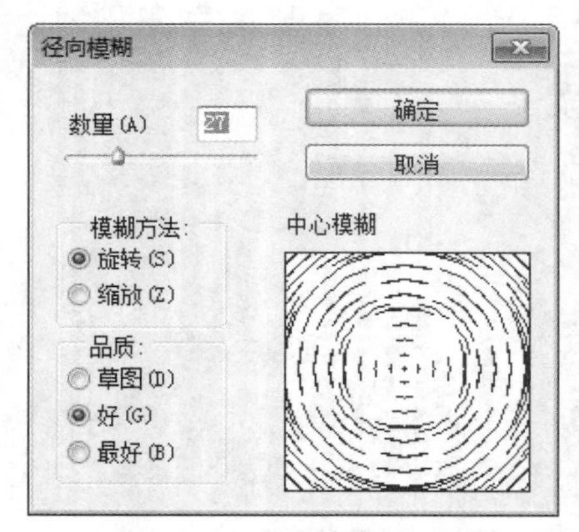

图 6-43 【径向模糊】对话框

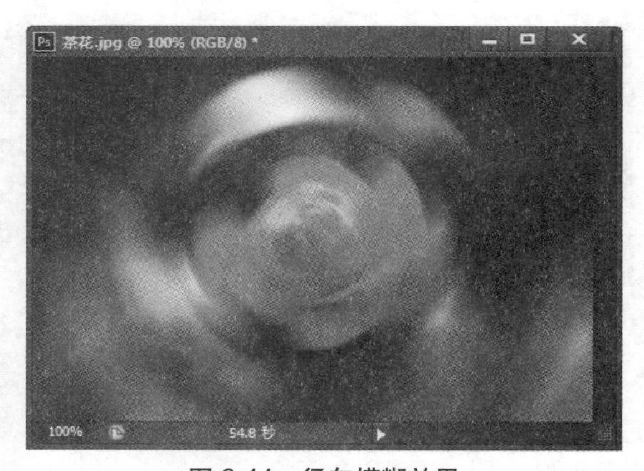

图 6-44 径向模糊效果

6.4.7 镜头模糊效果

所谓景深，是指当焦距对准某一点时，其前后仍可清晰的范围。它能决定是把背景模糊化来突出拍摄对象，还是拍出清晰的背景。【镜头模糊】滤镜向图像中添加模糊以产生更窄的景深效果，以便使图像中的一些对象在焦点内，而使另一些区域变模糊。

步骤1 打开随书光盘中的“素材\ch06\茶花.jpg”文件。选择【滤镜】→【模糊】→【镜头模糊】菜单命令，在弹出的【镜头模糊】对话框中进行参数设置，如图 6-45 所示。

步骤2 单击【确定】按钮即可为图像添加镜头模糊效果，如图 6-46 所示。

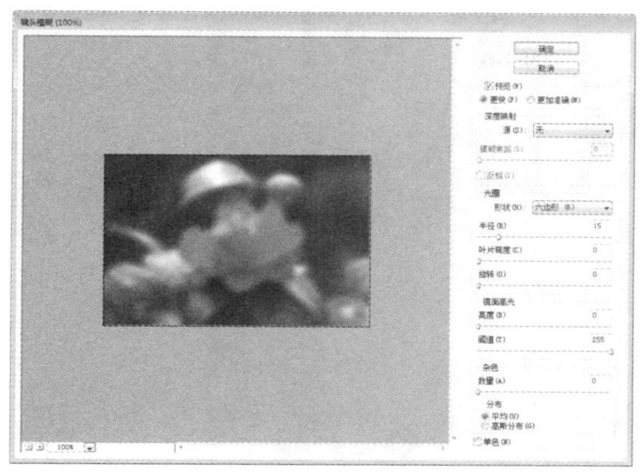

图 6-45 【镜头模糊】对话框

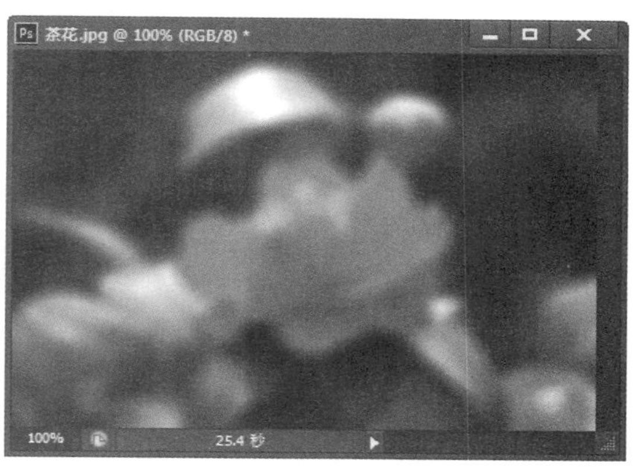

图 6-46 镜头模糊效果

6.5 使用滤镜制作艺术效果

使用【艺术效果】子菜单中的滤镜，可以为美术或商业项目制作和提供绘画效果或艺术效果。例如，使用【木刻】滤镜进行拼贴或印刷。这些滤镜可以模仿自然或传统介质的效果。可以通过【滤镜库】来应用所有【艺术效果】滤镜。

6.5.1 壁画效果

【壁画】滤镜使用短而圆的、粗略涂抹的小块颜料，以一种粗糙的风格绘制图像。

步骤1 打开随书光盘中的“素材 \ch06\ 图 04.jpg”文件，如图 6-47 所示。

步骤2 执行【滤镜】→【滤镜库】→【艺术效果】→【壁画】菜单命令，在弹出的【壁画】对话框中进行参数设置，如图 6-48 所示。

图 6-47 打开素材文件

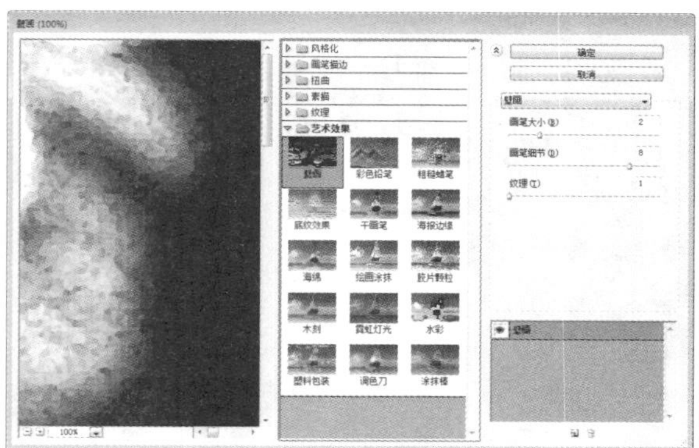

图 6-48 【壁画】对话框

步骤3 单击【确定】按钮即可为图像添加壁画效果，如图 6-49 所示。

图 6-49　壁画效果

6.5.2　彩色铅笔效果

【彩色铅笔】滤镜使用彩色铅笔在纯色背景上绘制图像，保留重要边缘，外观呈粗糙阴影线，纯色背景色透过比较平滑的区域显示出来。

步骤1 打开随书光盘中的"素材\ch06\图04.jpg"文件。执行【滤镜】→【滤镜库】→【艺术效果】→【彩色铅笔】菜单命令，在弹出的【彩色铅笔】对话框中进行参数设置，如图6-50所示。

步骤2 单击【确定】按钮即可为图像添加彩色铅笔效果，如图6-51所示。

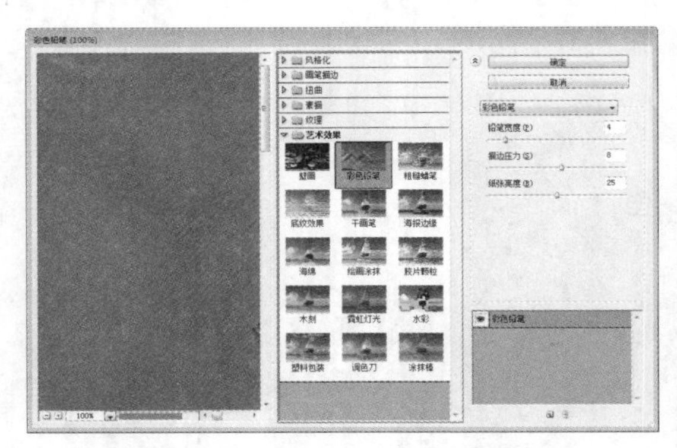

图 6-50　【彩色铅笔】对话框

图 6-51　彩色铅笔效果

6.5.3　粗糙蜡笔效果

【粗糙蜡笔】在带纹理的背景上应用粉笔描边。在亮色区域，粉笔看上去很厚，几乎看不见纹理；在深色区域，粉笔似乎被擦去了，使纹理显露出来。

步骤1 打开随书光盘中的“素材\ch06\图04.jpg”文件。执行【滤镜】→【滤镜库】→【艺术效果】→【粗糙蜡笔】菜单命令，在弹出的【粗糙蜡笔】对话框中进行参数设置，如图6-52所示。

步骤2 单击【确定】按钮即可为图像添加粗糙蜡笔效果，如图6-53所示。

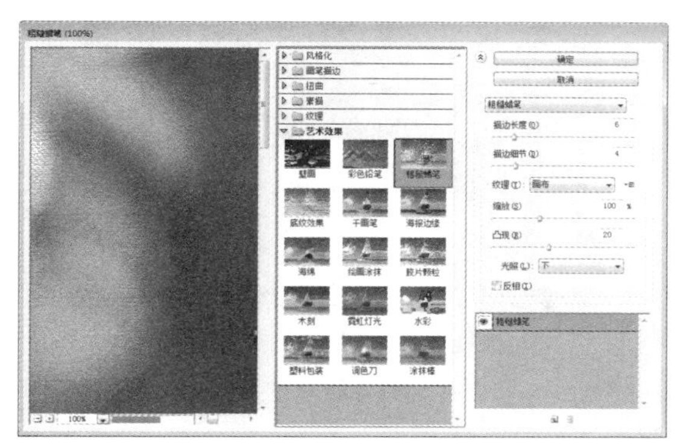

图6-52 【粗糙蜡笔】对话框

图6-53 粗糙蜡笔效果

6.5.4 底纹效果

【底纹效果】滤镜在带纹理的背景上绘制图像，然后将最终图像绘制在该图像上。

步骤1 打开随书光盘中的“素材\ch06\图04.jpg”文件。执行【滤镜】→【滤镜库】→【艺术效果】→【底纹效果】菜单命令，在弹出的【底纹效果】对话框中进行参数设置，如图6-54所示。

步骤2 单击【确定】按钮即可为图像添加底纹效果，如图6-55所示。

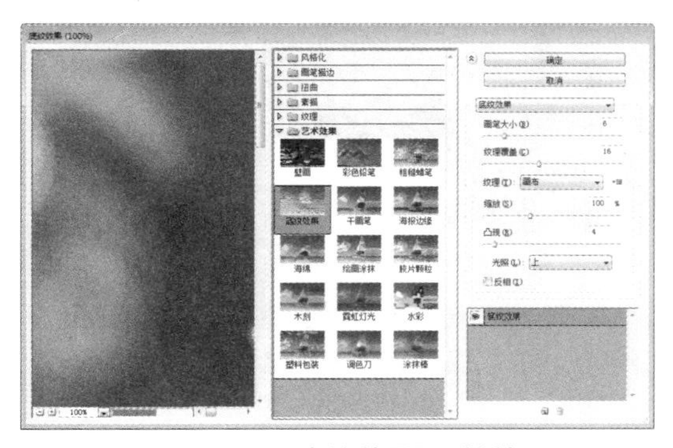

图6-54 【底纹效果】对话框

图6-55 底纹效果

6.5.5 调色刀效果

【调色刀】滤镜用来减少图像中的细节以生成描绘得很淡的画布效果，可以显示出下面的纹理。

步骤1 打开随书光盘中的“素材\ch06\图04.jpg”文件。执行【滤镜】→【滤镜库】→【艺术效果】→【调色刀】菜单命令，在弹出的【调色刀】对话框中进行参数设置，如图 6-56 所示。

步骤2 单击【确定】按钮即可为图像添加调色刀效果，如图 6-57 所示。

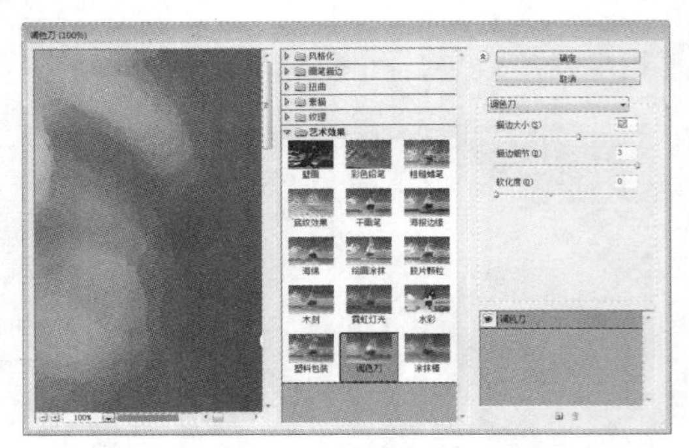

图 6-56 【调色刀】对话框

图 6-57 调色刀效果

6.5.6 干画笔效果

【干画笔】滤镜使用干画笔技术（介于油彩和水彩之间）绘制图像边缘。此滤镜通过将图像的颜色范围降到普通颜色范围来简化图像。

步骤1 打开随书光盘中的“素材 \ch06\ 图 04.jpg”文件。执行【滤镜】→【滤镜库】→【艺术效果】→【干画笔】菜单命令，在弹出的【干画笔】对话框中进行参数设置，如图 6-58 所示。

步骤2 单击【确定】按钮即可为图像添加干画笔效果，如图 6-59 所示。

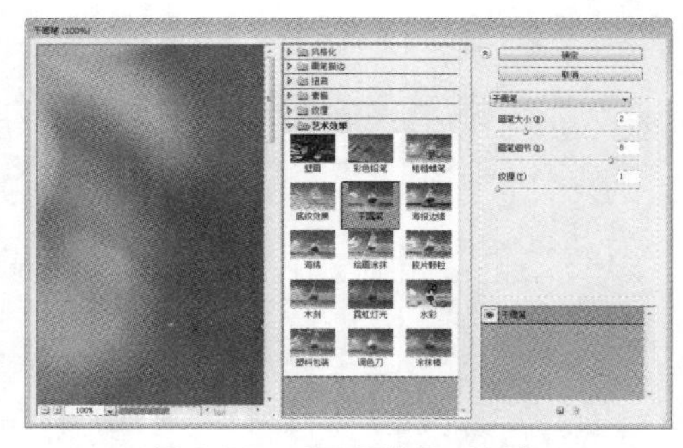

图 6-58 【干画笔】对话框

图 6-59 干画笔效果

6.5.7 海报边缘效果

【海报边缘】滤镜根据设置的海报化选项减少图像中的颜色数量（对其进行色调分离），并查找图像的边缘，在边缘上绘制黑色线条。大而宽的区域有简单的阴影，而细小的深色细节遍布图像。

步骤1 打开随书光盘中的“素材 \ch06\ 图 04.jpg”文件。执行【滤镜】→【滤镜库】→【艺术效果】→【海报边缘】菜单命令，打开【海报边缘】对话框，为图片调整海报边缘效果，如图 6-60 所示。

步骤2 单击【确定】按钮即可为图像添加海报边缘效果，如图 6-61 所示。

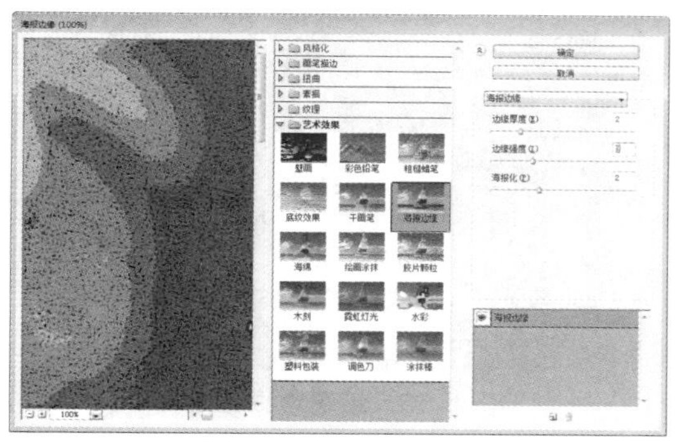
图 6-60 【海报边缘】对话框

图 6-61 海报边缘效果

6.5.8 海绵效果

【海绵】滤镜使用颜色对比强烈、纹理较重的区域创建图像，以模拟海绵绘画的效果。

步骤1 打开随书光盘中的“素材 \ch06\ 图 04.jpg”文件。执行【滤镜】→【滤镜库】→【艺术效果】→【海绵】菜单命令，在弹出的【海绵】对话框中进行参数设置，如图 6-62 所示。

步骤2 单击【确定】按钮即可为图像添加海绵效果，如图 6-63 所示。

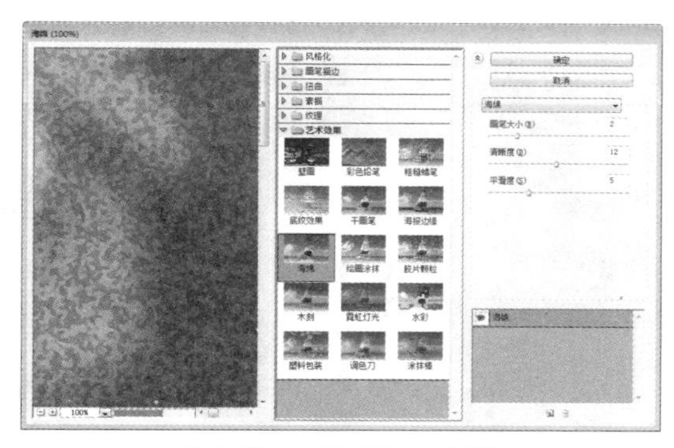
图 6-62 【海绵】对话框

图 6-63 海绵效果

6.5.9 绘画涂抹效果

【绘画涂抹】滤镜可以选取各种大小（1 ~ 50）和类型的画笔来创建绘画效果。画笔类型包括简单、未处理光照、暗光、宽锐化、宽模糊和火花。

步骤1 打开随书光盘中的“素材 \ch06\ 图 04.jpg”文件。执行【滤镜】→【滤镜库】→【艺术效果】→【绘画涂抹】菜单命令，在弹出的【绘画涂抹】对话框中进行参数设置，如图 6-64 所示。

步骤2 单击【确定】按钮即可为图像添加绘画涂抹效果，如图 6-65 所示。

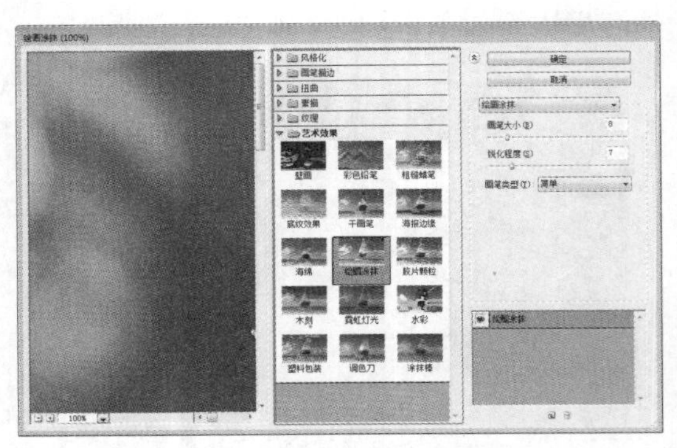

图 6-64 【绘画涂抹】对话框

图 6-65 绘画涂抹效果

6.5.10 胶片颗粒效果

【胶片颗粒】滤镜将平滑图案应用于阴影和中间色调。将一种更平滑、饱和度更高的图案添加到亮区。在消除混合的条纹和将各种来源的图素在视觉上进行统一时，此滤镜非常有用。

步骤1 打开随书光盘中的“素材\ch06\图 04.jpg”文件。执行【滤镜】→【滤镜库】→【艺术效果】→【胶片颗粒】菜单命令，在弹出的【胶片颗粒】对话框中进行参数设置，如图 6-66 所示。

步骤2 单击【确定】按钮即可为图像添加胶片颗粒效果，如图 6-67 所示。

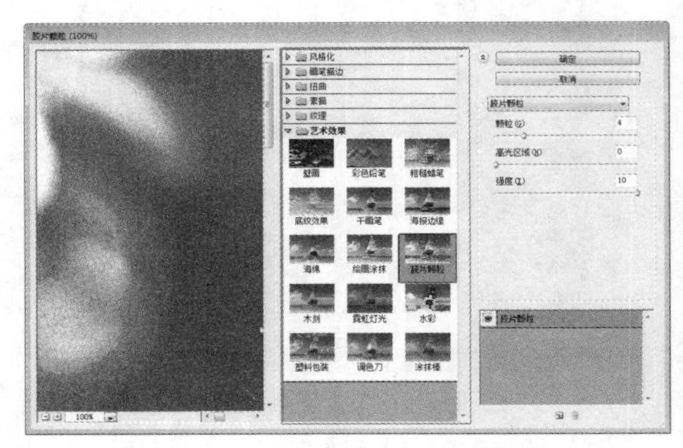

图 6-66 【胶片颗粒】对话框

图 6-67 胶片颗粒效果

6.5.11 木刻效果

【木刻】滤镜使图像看上去好像是由从彩纸上剪下的边缘粗糙的剪纸片组成的。高对比度的图像看起来呈剪影状，而彩色图像看上去是由几层彩纸组成的。

步骤1 打开随书光盘中的“素材\ch06\图 04.jpg”文件。执行【滤镜】→【滤镜库】→【艺术效果】→【木刻】菜单命令，在弹出的【木刻】对话框中进行参数设置，如图 6-68 所示。

步骤2 单击【确定】按钮即可为图像添加木刻效果，如图 6-69 所示。

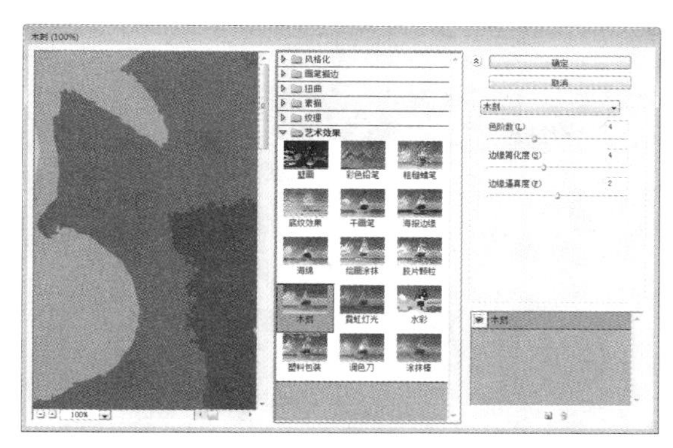
图 6-68 【木刻】对话框

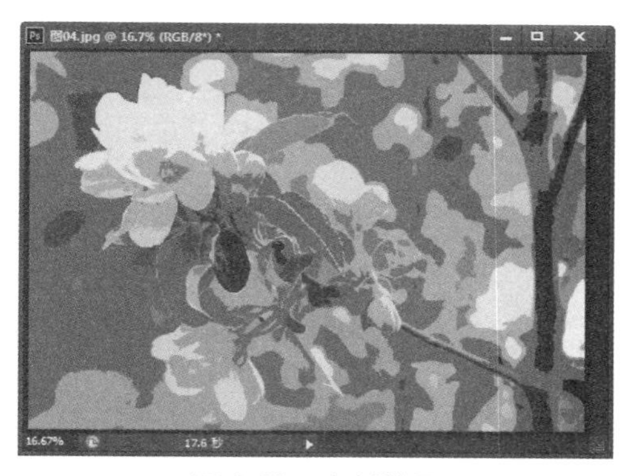
图 6-69 木刻效果

6.5.12 霓虹灯光效果

【霓虹灯光】滤镜将各种类型的灯光添加到图像中的对象上。此滤镜用于在柔化图像外观时给图像着色。要选择一种发光颜色，请单击发光框，并从拾色器中选择一种颜色。

步骤1 打开随书光盘中的“素材\ch06\图04.jpg”文件。执行【滤镜】→【滤镜库】→【艺术效果】→【霓虹灯光】菜单命令，在弹出的【霓虹灯光】对话框中进行参数设置，如图6-70所示。

步骤2 单击【确定】按钮即可为图像添加霓虹灯光效果，如图6-71所示。

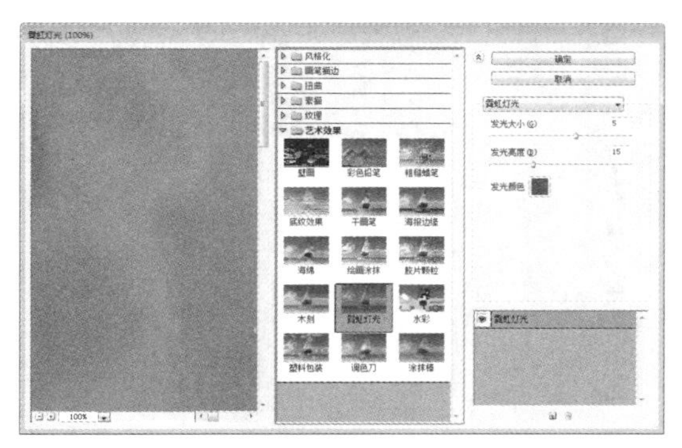
图 6-70 【霓虹灯光】对话框

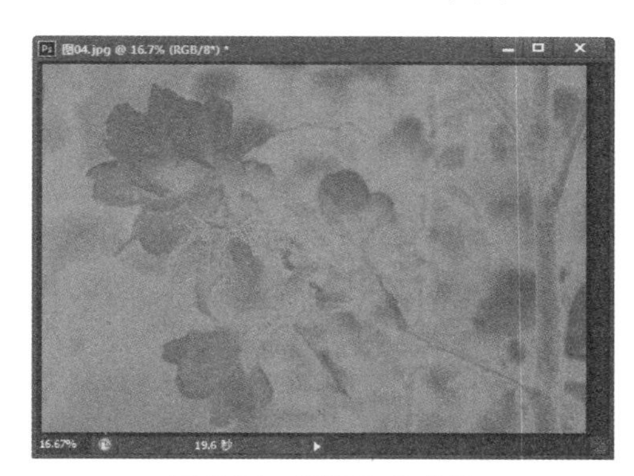
图 6-71 霓虹灯光效果

6.5.13 水彩效果

【水彩】滤镜以水彩的风格绘制图像，使用蘸了水和颜料的中号画笔绘制以简化细节。当边缘有显著的色调变化时，此滤镜会使颜色饱满。

步骤1 打开随书光盘中的“素材\ch06\图04.jpg”文件。执行【滤镜】→【滤镜库】→【艺术效果】→【水彩】菜单命令，在弹出的【水彩】对话框中进行参数设置，如图6-72所示。

步骤2 单击【确定】按钮即可为图像添加水彩效果，如图 6-73 所示。

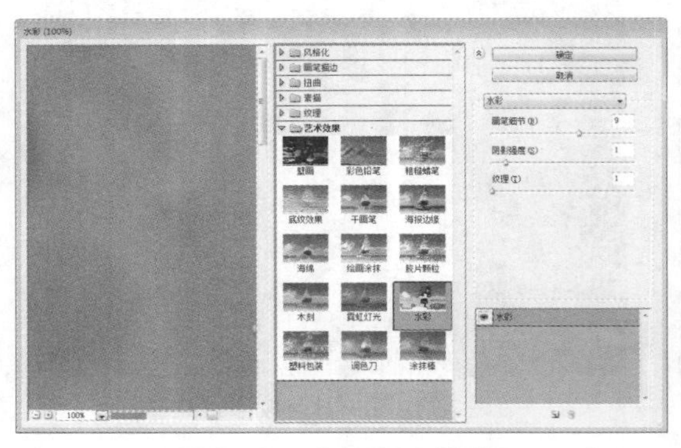
图 6-72　【水彩】对话框

图 6-73　水彩效果

6.5.14　塑料包装效果

【塑料包装】滤镜给图像涂上一层光亮的塑料，以强调表面细节。

步骤1 打开随书光盘中的“素材 \ch06\ 图 04.jpg”文件。执行【滤镜】→【滤镜库】→【艺术效果】→【塑料包装】菜单命令，在弹出的【塑料包装】对话框中进行参数设置，如图 6-74 所示。

步骤2 单击【确定】按钮即可为图像添加塑料包装效果，如图 6-75 所示。

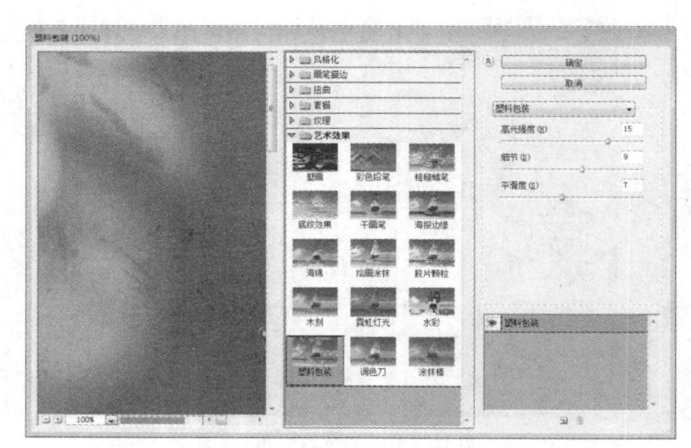
图 6-74　【塑料包装】对话框

图 6-75　塑料包装效果

6.5.15　涂抹棒效果

【涂抹棒】滤镜使用短的对角描边涂抹暗区以柔化图像。亮区变得更亮，以致失去细节。

步骤1 打开随书光盘中的“素材 \ch06\ 图 04.jpg”文件。执行【滤镜】→【滤镜库】→【艺术效果】→【涂抹棒】菜单命令，在弹出的【涂抹棒】对话框中进行参数设置，如图 6-76 所示。

步骤2 单击【确定】按钮即可为图像添加涂抹棒效果，如图 6-77 所示。

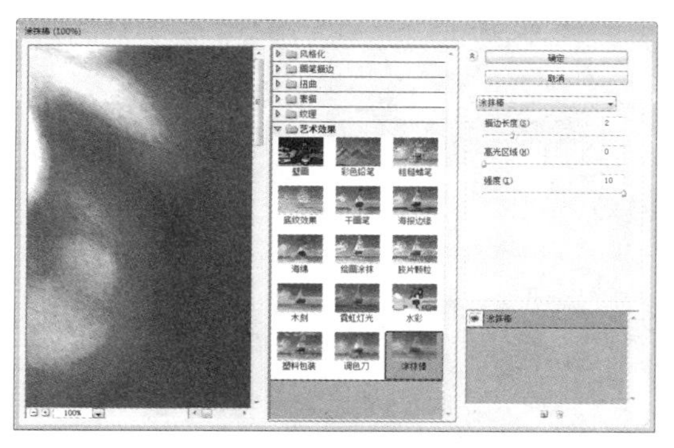
图 6-76 【涂抹棒】对话框

图 6-77 涂抹棒效果

6.6 其他常用滤镜组

除了上述滤镜组外，Photoshop CS6还提供了更多的滤镜效果，用户可以每一个都练习一下，为做综合类的效果打下基础。

6.6.1 【素描】滤镜组

【素描】子菜单中的滤镜将纹理添加到图像上，通常用于获得 3D 效果。这些滤镜还适用于创建美术或手绘外观。许多【素描】滤镜在重绘图像时使用前景色和背景色。可以通过【滤镜库】来应用所有【素描】滤镜，如图6-78所示。

下面将举例来介绍如何添加【素描】滤镜效果。例如为图像添加半调图案效果，具体操作步骤如下。

步骤1 打开随书光盘中的“素材 \ch06\ 小葵花 .jpg”文件，如图 6-79 所示。

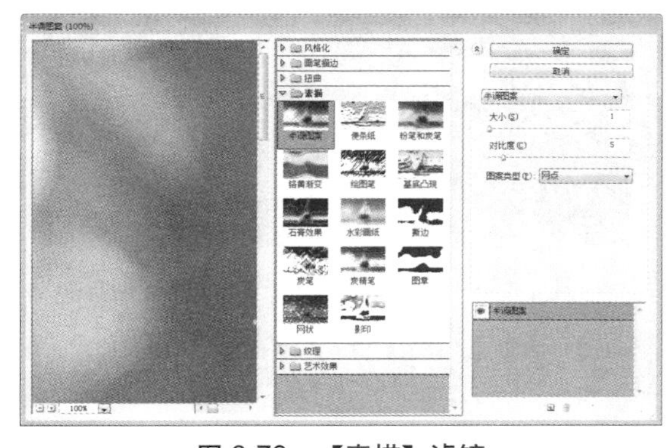
图 6-78 【素描】滤镜

图 6-79 打开素材文件

步骤2 执行【滤镜】→【滤镜库】→【素描】→【半调图案】菜单命令，在弹出的【半调图案】对话框中进行参数设置，如图 6-80 所示。

步骤3 单击【确定】按钮，即可为图像添加半调图案效果，如图 6-81 所示。

图 6-80 【半调图案】对话框

图 6-81 半调图案效果

6.6.2 【纹理】滤镜组

可以使用【纹理】滤镜模拟具有深度感或物质感的外观，或者添加一种器质外观，如图6-82所示。

下面将举例来介绍如何添加【纹理】滤镜效果。比如为图像添加龟裂缝效果，具体操作步骤如下。

【龟裂缝】滤镜将图像绘制在一个高凸现的石膏表面上，以循着图像等高线生成精细的网状裂缝。使用此滤镜可以对包含多种颜色值或灰度值的图像创建浮雕效果。

步骤1 打开随书光盘中的“素材\ch06\小葵花.jpg”文件，如图6-83所示。

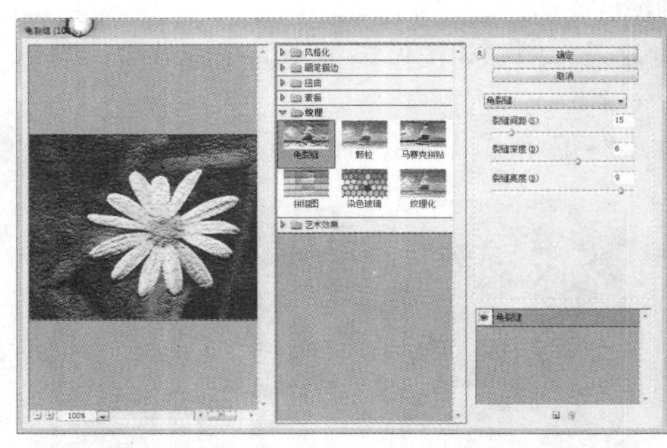

图 6-82 【纹理】滤镜

图 6-83 打开素材文件

步骤2 选择【滤镜】→【滤镜库】→【纹理】→【龟裂缝】菜单命令，在弹出的【龟裂缝】对话框中进行参数设置，如图6-84所示。

步骤3 单击【确定】按钮即可为图像添加龟裂缝效果，如图6-85所示。

图 6-84 【龟裂缝】对话框

图 6-85 龟裂缝效果

6.6.3 【像素化】滤镜组

【像素化】子菜单中的滤镜通过使单元格中颜色值相近的像素结成块来清晰地定义一个选区。下面将举例来介绍如何添加【像素化】滤镜效果。【彩色半调】滤镜模拟在图像的每个通道上使用放大的半调网屏的效果。对于每个通道，滤镜将图像划分为矩形，并用圆形替换每个矩形。圆形的大小与矩形的亮度成比例。

步骤1 打开随书光盘中的"素材\ch06\小葵花.jpg"文件。执行【滤镜】→【像素化】→【彩色半调】菜单命令，在弹出的【彩色半调】对话框中进行参数设置，如图 6-86 所示。

步骤2 单击【确定】按钮即可为图像添加彩色半调效果，如图 6-87 所示。

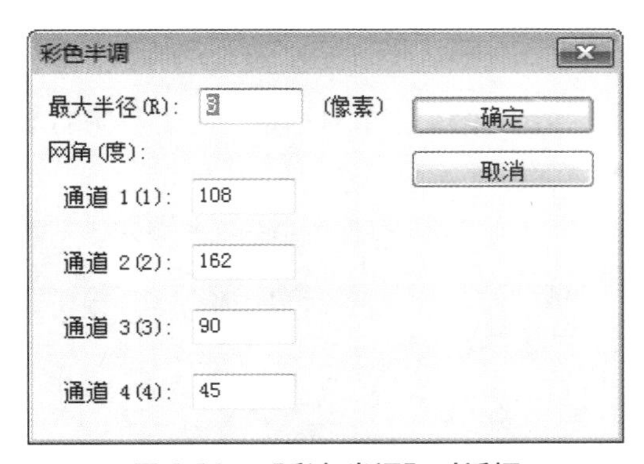

图 6-86 【彩色半调】对话框

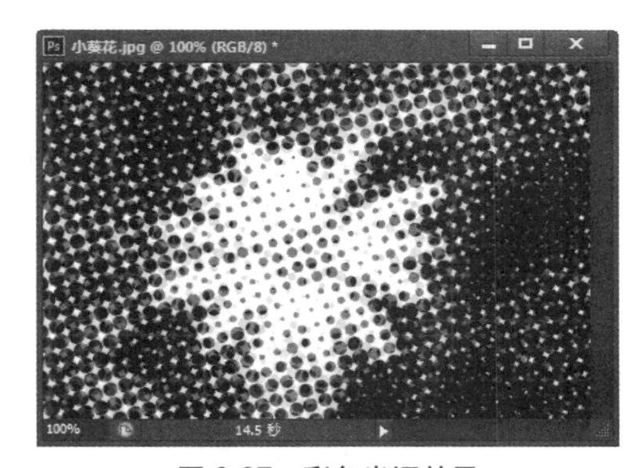

图 6-87 彩色半调效果

6.6.4 【渲染】滤镜组

【渲染】滤镜在图像中创建3D形状、云彩图案、折射图案和模拟的光反射。也可在3D空间中操纵对象，创建3D对象（立方体、球面和圆柱），并从灰度文件创建纹理填充以产生类似3D的光照效果。

下面将举例来介绍如何添加【渲染】滤镜效果。

【分层云彩】滤镜使用随机生成的介于前景色与背景色之间的值，生成云彩图案。此滤镜将云彩数据和现有的像素混合，其方式与“差值”模式混合颜色的方式相同。

步骤1 打开随书光盘中的“素材\ch06\小葵花.jpg”文件，如图 6-88 所示。

步骤2 执行【滤镜】→【渲染】→【分层云彩】菜单命令，为图片调整分层云彩效果，如图 6-89 所示。

图 6-88 打开素材文件

图 6-89 分层云彩效果

6.7 综合实战 1——去除照片多余人物

使用【消失点】滤镜来修饰、添加或移去图像中的内容时，结果将更加逼真，因为系统可正确确定这些编辑操作的方向，并且将它们缩放到透视平面。

下面使用【消失点】滤镜去除照片多余人物，其具体操作步骤如下。

步骤1 打开随书光盘中的“素材\ch06\欢乐.jpg”文件，在照片背景中有一个小女孩可以将其去除，如图 6-90 所示。

步骤2 选择【滤镜】→【消失点】菜单命令，弹出【消失点】对话框，使用左侧的【创建平面工具】按钮，如图 6-91 所示。

图 6-90 打开素材文件

图 6-91 【消失点】对话框

步骤3 通过单击的方式在女孩所在的区域创建平面，平面创建成功，平面由边点构成，线条呈现蓝色，表示 4 个顶点在同一个平面上，可以拖曳平面的顶点调整平面，如图 6-92 所示。

步骤4 选择【编辑平面工具】按钮，拖动平面的四边可以拉伸平面，扩大平面范围，调整【网格大小】参数，可以变换网格密度，如图 6-93 所示。

图 6-92 调整平面

图 6-93 编辑平面

步骤5 选择【选框工具】按钮，在平面内绘制一个选区，该选区用作填充女孩，设置【羽化】值为 0，【不透明度】为 100%，【修复】下拉菜单选择【开】，如图 6-94 所示。

步骤6 按下 Alt 键，拖动选区，覆盖女孩图像区域，尽量使覆盖后的图像与原图像吻合，可以重复以上操作，执行多次选区覆盖，如图 6-95 所示。

图 6-94 绘制一个选区

图 6-95 覆盖女孩图像区域

步骤7 女孩阴影还留在图像中，在女孩阴影区域创建平面，平面中不能包含必须保留的图像内容，如前面的人物图像，所以在构建阴影平面时，不宜过大，如图 6-96 所示。

步骤8 依照上述方式，将女孩的阴影去掉，如图 6-97 所示。

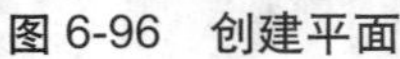

图 6-96　创建平面

图 6-97　去掉阴影

步骤9 单击【确定】按钮后，返回图像界面，女孩已经从图像中去除，如图 6-98 所示。

图 6-98　从图像中去除女孩

6.8　综合实战 2——制作蓝色特效魔圈

使用【艺术效果】滤镜可以产生各种个性化的效果，这里以【塑料包装】艺术效果为例制作特效魔圈，其具体操作步骤如下。

步骤1 按 Ctrl+N 组合键，弹出【新建】对话框，创建一个 500 像素 × 500 像素的文件，背景色采用黑色，如图 6-99 所示。

步骤2 按 Ctrl+J 组合键，复制背景图层，生成【图层 1】，如图 6-100 所示。

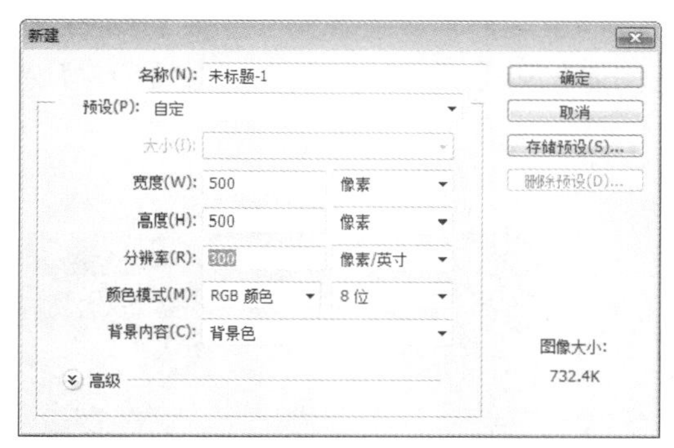

图 6-99 【新建】对话框

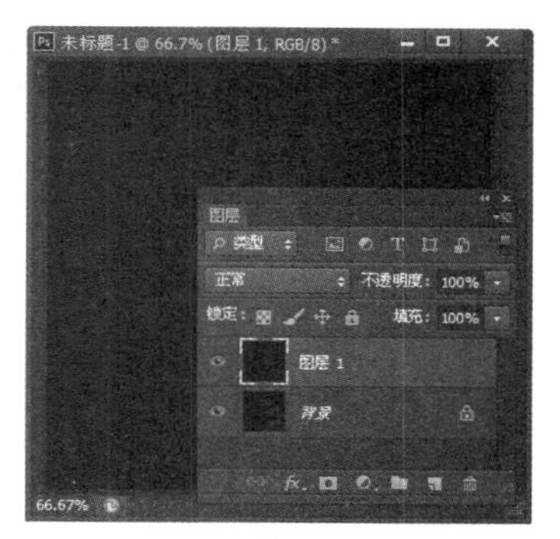

图 6-100 复制背景图层

步骤3 执行【图层 1】，选择【滤镜】→【渲染】→【镜头光晕】菜单命令，弹出【镜头光晕】对话框，适当调整【亮度】，在小窗口中调整光晕中心位置，至图形中心，单击【确定】按钮，如图 6-101 所示。

步骤4 执行【滤镜】→【滤镜库】→【艺术效果】→【塑料包装】菜单命令，弹出【塑料包装】对话框，调整右侧的【高光强度】、【细节】和【平滑度】参数，单击【确定】按钮，如图 6-102 所示。

图 6-101 【镜头光晕】对话框

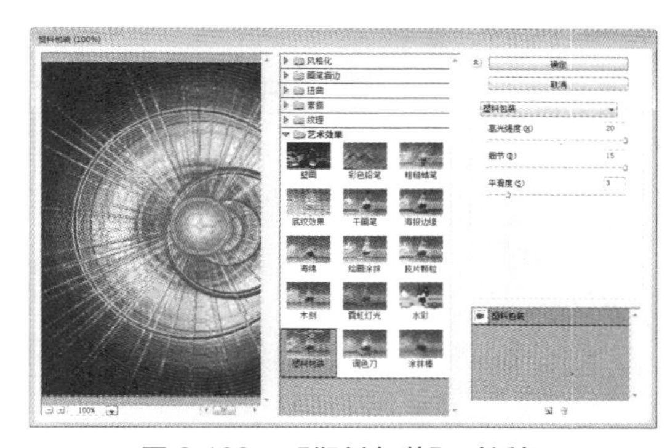

图 6-102 【塑料包装】对话框

步骤5 返回图像界面，按下 Ctrl+J 组合键，复制当前图层，如图 6-103 所示。

步骤6 双击【图层 1 副本】，弹出【图层样式】对话框，设置【混合模式】为“叠加”，单击【确定】按钮，如图 6-104 所示。

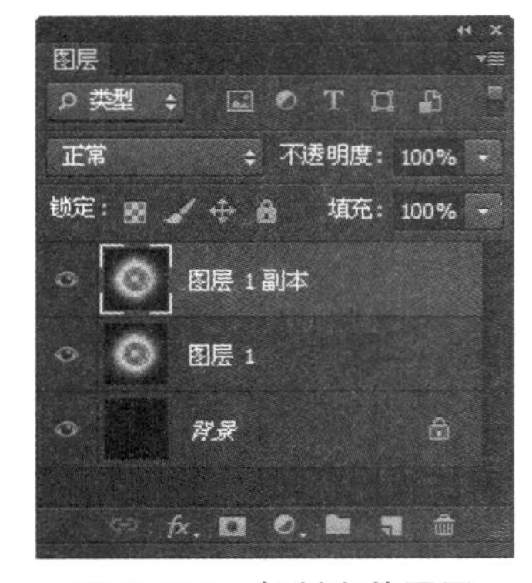

图 6-103 复制当前图层

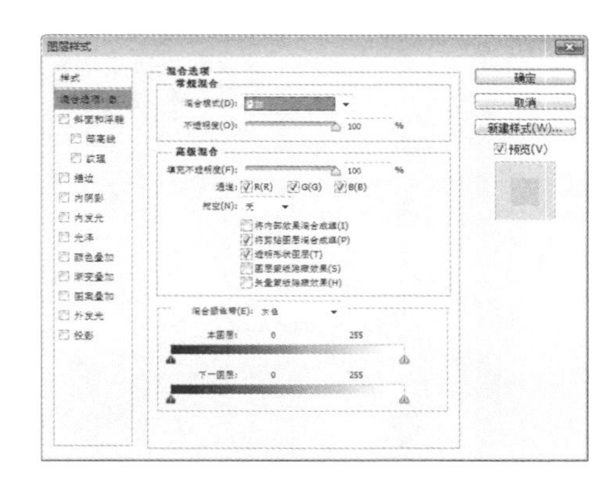

图 6-104 【图层样式】对话框

步骤7 执行【编辑】→【调整】→【色相/饱和度】菜单命令，弹出【色相/饱和度】对话框，调整【色相】、【饱和度】和【明度】参数，单击【确定】按钮，如图6-105所示。

步骤8 返回图像界面，得到蓝色魔圈效果，如图6-106所示。

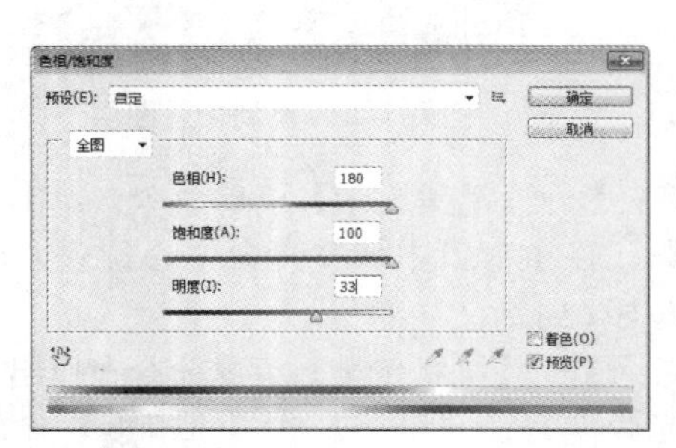

图6-105 【色相/饱和度】对话框

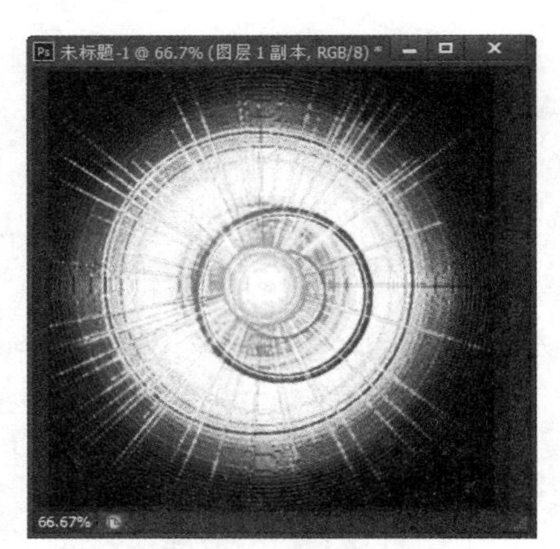

图6-106 蓝色魔圈效果

6.9 专家答疑

疑问1：为什么在有些图像中不能应用滤镜效果呢?

答：滤镜效果不能应用于位图模式、索引颜色以及16位/通道的图像，并且有些滤镜只能应用于RGB颜色模式的图像，而不能应用于CMYK颜色模式的图像。

疑问2：普通滤镜不能进行复制、粘贴等操作，那么如何才能对滤镜进行复制、粘贴等操作呢?

答：要想对滤镜进行复制、粘贴等操作，需要将普通滤镜转换为智能滤镜，转换方式很简单，首先需要将图像所在的图层转换为智能对象，操作方式为：在Photoshop工作界面中选择【滤镜】→【转换为智能滤镜】菜单命令即可。然后就可以为智能图层添加滤镜了，这时添加的滤镜就是智能滤镜。这样就可以对滤镜进行复制、粘贴操作了。

第7章 图层蒙版与通道的应用

图层功能是Photoshop处理图像的基本功能，也是Photoshop中很重要的一部分。在Photoshop中有一些具有特殊功能的图层，使用这些图层可以在不改变图层中原有图像的基础上制作出多种特殊的效果，这就是蒙版。另外，Photoshop中的通道有多种用途，它可以显示图像的分色信息、存储图像的选取范围和记录图像的特殊色信息。

7.1 图层的基本操作

图层是Photoshop最为核心的功能之一。它承载了几乎所有的编辑操作。如果没有图层，所有图像将处在同一个平面上，这对于图像的编辑来讲，简直是无法想象的，正是因为有了图层功能，Photoshop才变得如此强大。

7.1.1 创建图层

需要使用新图层时，可以执行图层创建操作。创建图层的方法有以下几种。

方法1 打开【图层】面板，单击【新建图层】按钮，可创建新图层，如图 7-1 所示。

方法2 选择【图层】→【新建】→【图层】菜单命令，弹出【新建图层】对话框，可创建新图层，如图 7-2 所示。

图 7-1 【图层】面板

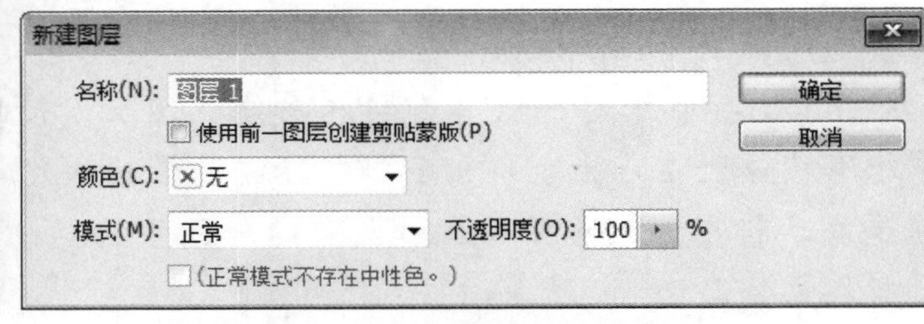

图 7-2 【新建图层】对话框

方法3 按下 Ctrl+Shift+N 组合键也可以弹出【新建图层】对话框，进而创建新图层。

7.1.2 隐藏与显示图层

在进行图像编辑时，为了避免在部分图层中误操作，可以先将其隐藏，需要对其操作时再将其显示。隐藏与显示图层的方法有两种。

方法1 打开【图层】面板，选择需要隐藏或显示的图层，图层前面有一个可见性指示框，显示眼睛图标时，该图层可见，单击眼睛，眼睛会消失，图层变为不可见，再次单击，图层会再次显示为可见，如图7-3所示。

方法2 选择需要隐藏的图层后，选择【图层】→【隐藏图层】菜单命令，可将图层隐藏，如图7-4所示。选择需要显示的图层，选择【图层】→【显示图层】菜单命令，可将其设为可见，如图7-5所示。

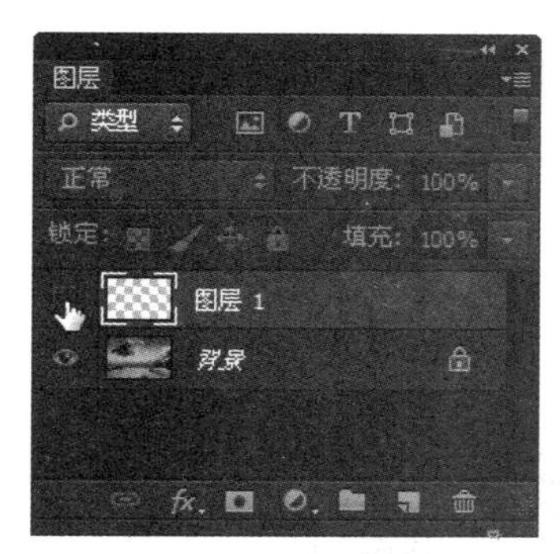
图 7-3 【图层】面板

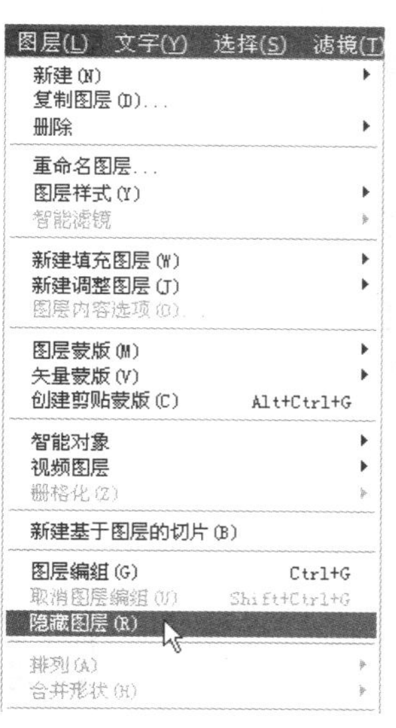
图 7-4 将图层隐藏

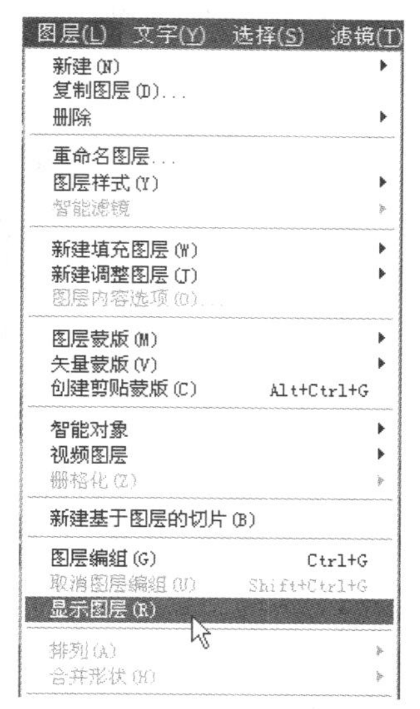
图 7-5 显示选择的图层

7.1.3 对齐图层

依据当前图层和链接图层的内容，可以进行图层之间的对齐操作。Photoshop中提供有6种对齐方式。

1. 图层的对齐与分布

步骤1 打开随书光盘中的“素材\ch07\图12.psd”文件，如图 7-6 所示。

步骤2 在【图层】调板中按住 Ctrl 键的同时单击【图层 1】、【图层 2】、【图层 3】和【图层 4】图层，如图 7-7 所示。

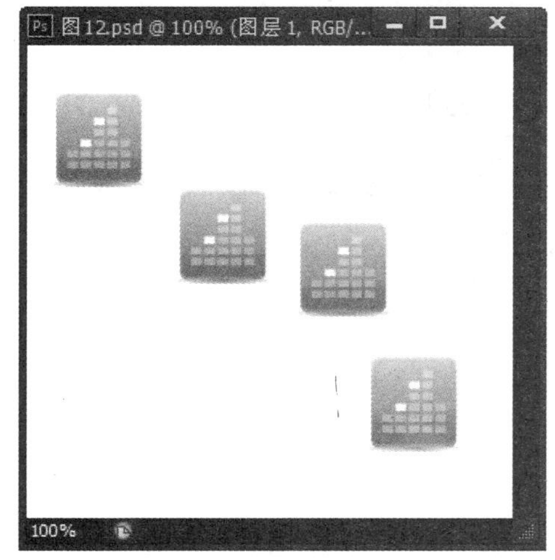
图 7-6 打开素材文件

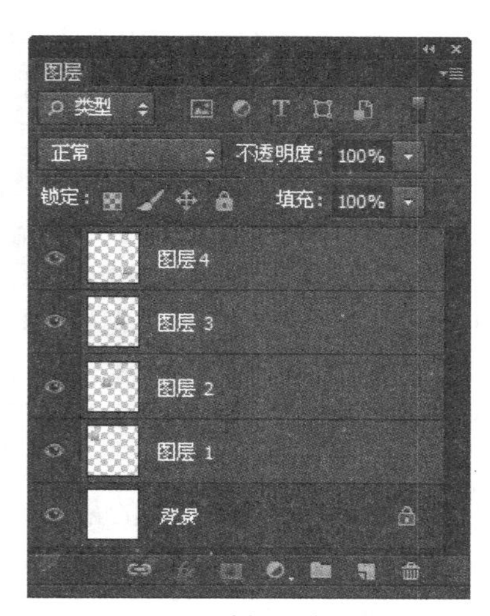
图 7-7 选择多个图层

步骤3 执行【图层】→【对齐】→【顶边】菜单命令，如图 7-8 所示。

步骤4 最终效果如图 7-9 所示。

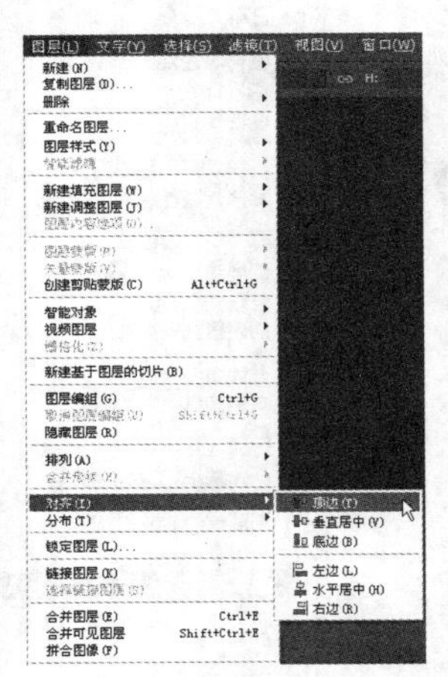

图 7-8 选择【顶边】命令

图 7-9 顶边效果

2. 图层对齐的操作技巧

Photoshop提供有6种排列方式，如图7-10所示。

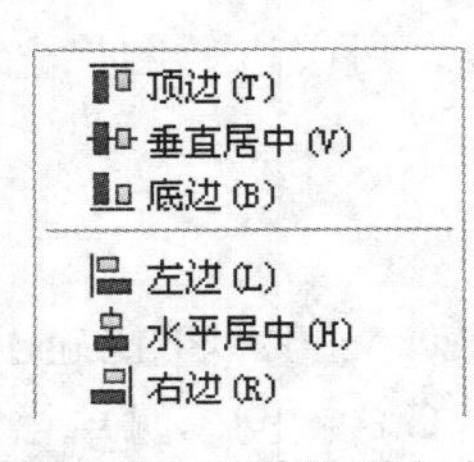

图 7-10 6 种排列方式

(1) 【顶边】：将链接图层顶端的像素对齐到当前工作图层顶端的像素或者选区边框的顶端，以此方式来排列链接图层的效果。

(2) 【垂直居中】：将链接图层的垂直中心像素对齐到当前工作图层垂直中心的像素或者选区的垂直中心，以此方式来排列链接图层的效果。

(3) 【底边】：将链接图层的最下端的像素对齐到当前工作图层的最下端像素或者选区边框的最下端，以此方式来排列链接图层的效果。

(4) 【左边】：将链接图层最左边的像素对齐到当前工作图层最左端的像素或者选区边框的最左端，以此方式来排列链接图层的效果。

(5) 【水平居中】：将链接图层水平中心的像素对齐到当前工作图层水平中心的像素或者选区的水平中心，以此方式来排列链接图层的效果。

(6) 【右边】：将链接图层的最右端像素对齐到当前工作图层最右端的像素或者选区边框的最右端，以此方式来排列链接图层的效果。

3. 将链接图层之间的间隔均匀地分布

步骤1 打开随书光盘中的“素材 \ch07\ 图 12.psd”文件，如图 7-11 所示。

步骤2 在【图层】调板中按住 Ctrl 键的同时单击【图层 1】、【图层 2】、【图层 3】和【图层 4】图层，选择【图层】→【分布】→【顶边】菜单命令。如图 7-12 所示。

步骤3 最终效果如图 7-13 所示。

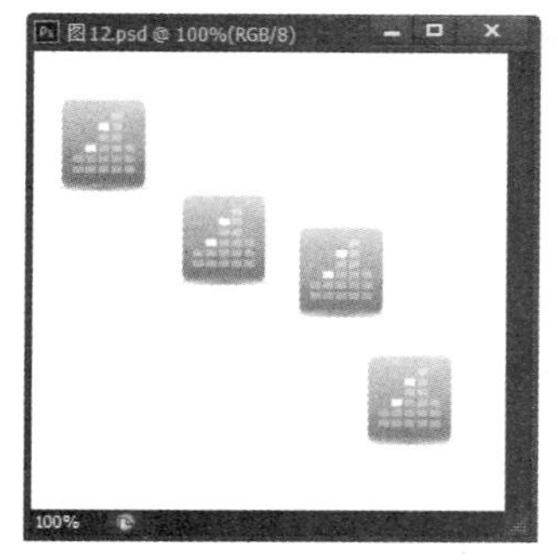

图 7-11　打开素材文件

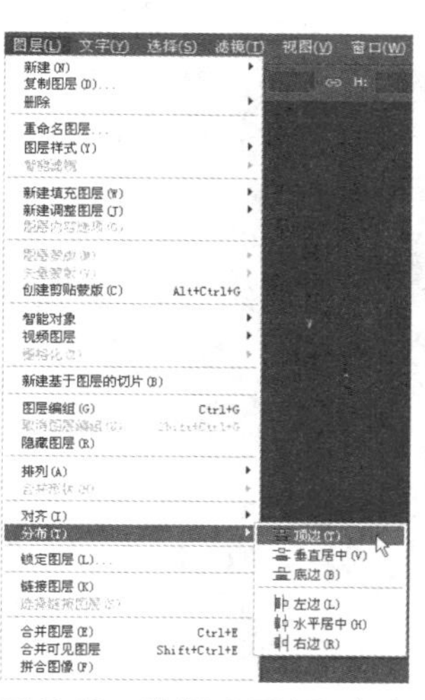

图 7-12　选择【顶边】命令

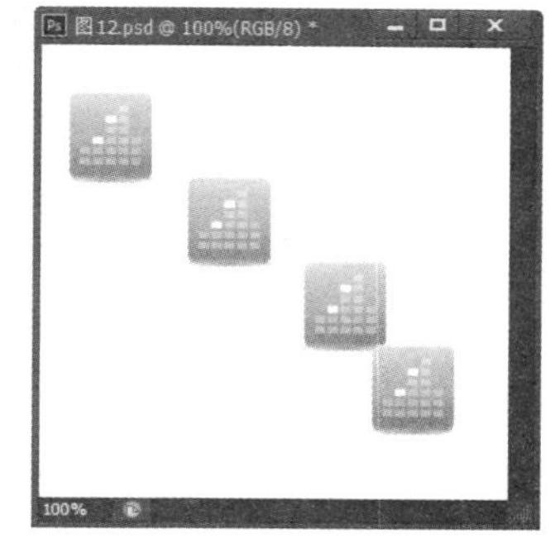

图 7-13　最终效果

7.1.4　合并图层

合并图层即是将多个有联系的图层合并为一个图层，以便于进行整体操作。首先选择要合并的多个图层，然后选择【图层】→【合并图层】菜单命令即可。也可以通过Ctrl+E组合键来完成。

1. 合并图层

步骤1 打开随书光盘中的“素材 \ch07\ 图 10.psd”文件，如图 7-14 所示。

步骤2 在【图层】调板中按住 Ctrl 键同时单击所有图层，单击【图层】调板右上角的小三角按钮，在弹出的快捷菜单中选择【合并图层】命令，如图 7-15 所示。

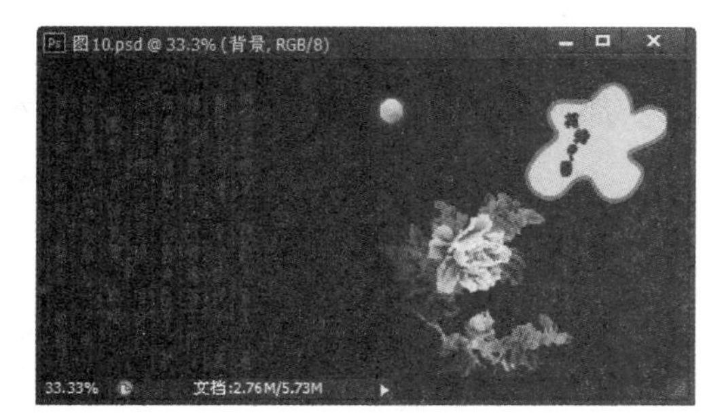

图 7-14　打开素材文件

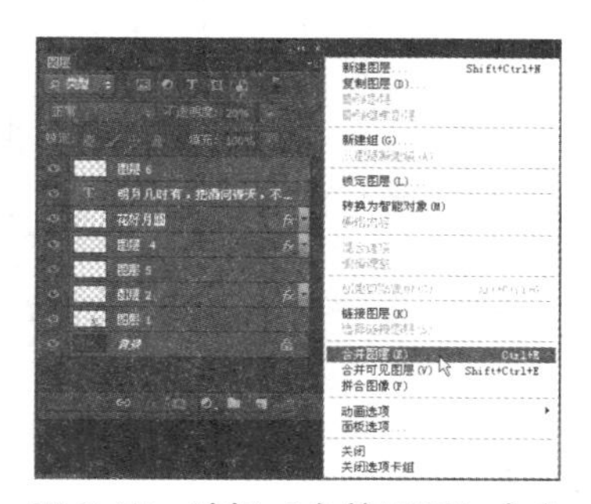

图 7-15　选择【合并图层】命令

步骤3 最终效果如图 7-16 所示。

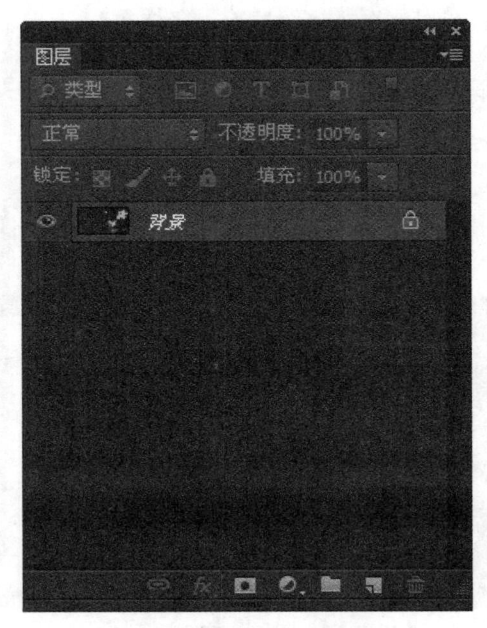

图 7-16 合并图层后的效果

2. 合并图层的操作技巧

Photoshop提供有3种合并图层的方式，如图7-17所示。

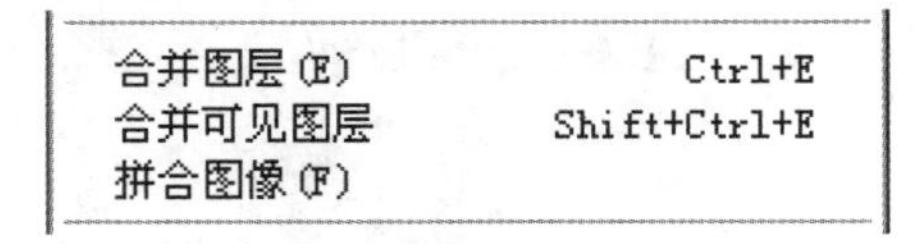

图 7-17 3 种合并的方式

(1)【合并图层】: 在没有选择多个图层的状态下，可以将当前图层与其下面的图层合并为一个图层。也可以通过Ctrl+E组合键来完成。

(2)【合并可见图层】: 将所有的显示图层合并到背景图层中，隐藏图层被保留。也可以通过Shift+Ctrl+E组合键来完成。

(3)【拼合图像】: 可以将图像中的所有可见图层都合并到背景图层中，隐藏图层则被删除。这样可以大大地降低文件的大小。

7.1.5 设置不透明度和填充

打开【图层】面板，选择图层，可以对图层设置不透明度和填充。两者功能效果相似，但又有差异。

步骤1 打开随书光盘中的“素材 \ch07\ 图 14.psd”文件，如图 7-18 所示。

步骤2 选中图层 4，双击该图层，打开【图层样式】对话框，在其中设置参数，为图像添加【外发光】混合效果，如图 7-19 所示。

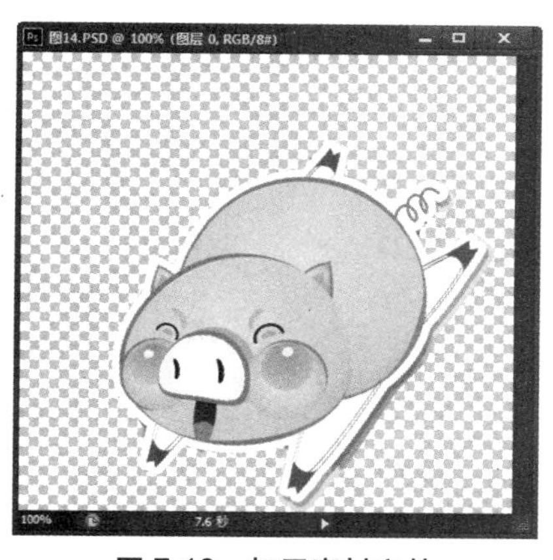

图 7-18 打开素材文件

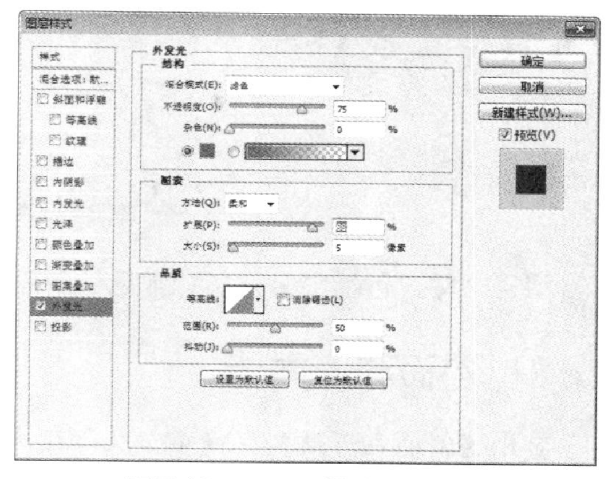

图 7-19 【图层样式】对话框

步骤3 单击【确定】按钮，设置完成后的图像效果如图 7-20 所示。

步骤4 在【图层】面板中设置不透明度为 50%，图像效果如图 7-21 所示。

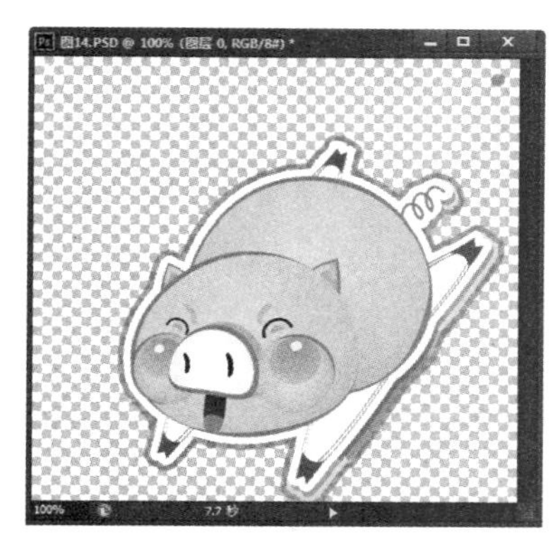

图 7-20 外发光效果

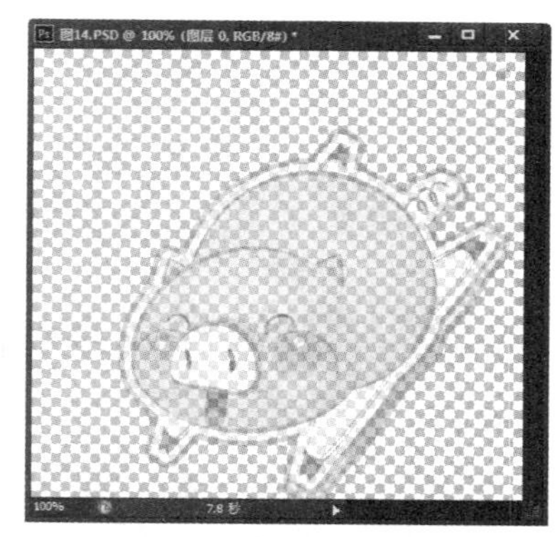

图 7-21 设置不透明度

步骤5 如果将图像的填充设置为 50%，图像效果如图 7-22 所示。

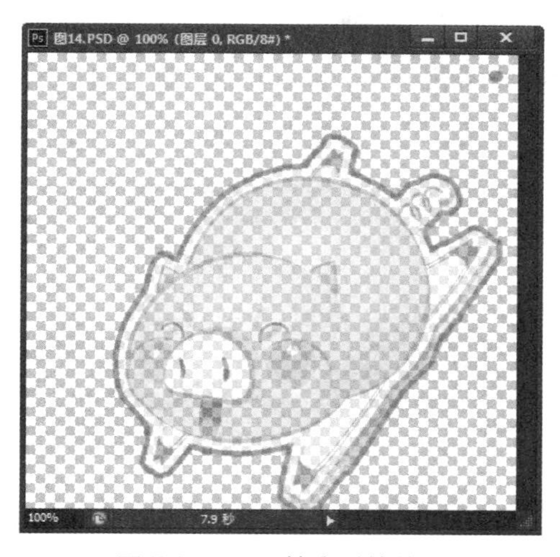

图 7-22 设置填充后的效果

不透明度可以对图像及其混合效果都生效，而填充只对图像本身有用，对混合效果无效。

7.2 图层的样式操作

图层的样式包括很多种，如常见的斜面与浮雕、外发光、内发光、描边等。

7.2.1 斜面和浮雕

应用【斜面和浮雕】样式可以为图层内容添加暗调和高光效果，使图层内容呈现凸起的立体效果。

使用【斜面和浮雕】命令创建立体文字的具体操作步骤如下。

步骤1 新建画布，大小为 400 × 200（像素），输入文字，如图 7-23 所示。

步骤2 单击【添加图层样式】按钮，在弹出的【添加图层样式】菜单项中选择【斜面和浮雕】选项，在弹出的【图层样式】对话框中进行参数设置，如图 7-24 所示。

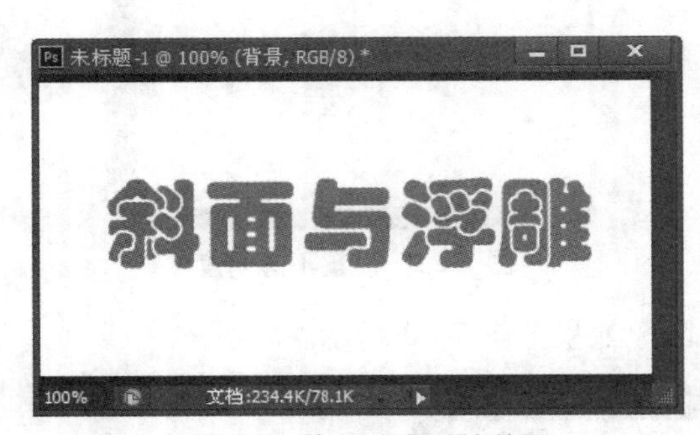

图 7-23 输入文字后的效果

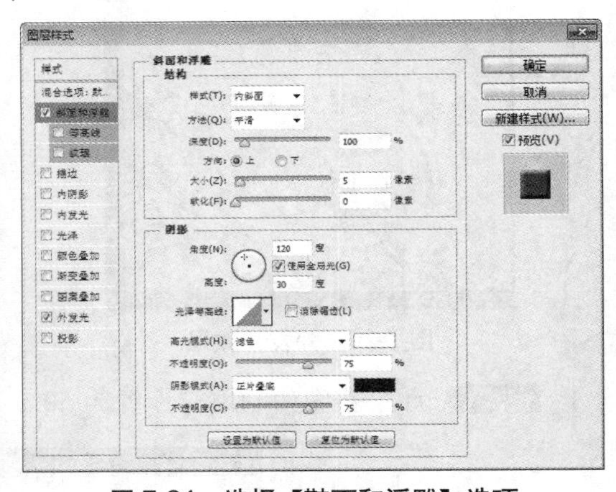

图 7-24 选择【鞋面和浮雕】选项

步骤3 单击【确定】按钮，最终形成的立体文字效果如图 7-25 所示。

图 7-25 立体文字效果

7.2.2 外发光

应用【外发光】选项可以围绕图层内容的边缘创建外部发光效果。使用【外发光】命令创建发光文字的具体操作步骤如下。

步骤1 打开随书光盘中的“素材 \ch07\ 图 13.jpg”文件，然后输入文字 Photoshop，如图 7-26 所示。

步骤2 单击【添加图层样式】按钮，在弹出的【添加图层样式】菜单中选择【外发光】选项，在弹出的【图层样式】对话框中进行参数设置，如图 7-27 所示。

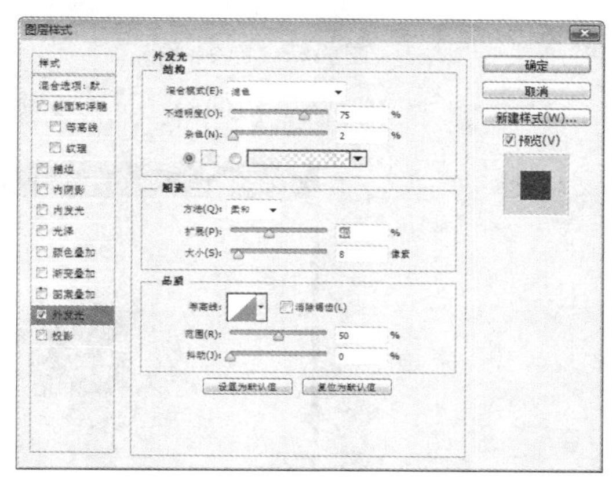

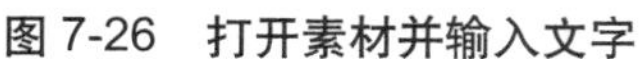

图 7-26 打开素材并输入文字　　图 7-27 选择【外发光】选项

步骤3 单击【确定】按钮，最终效果如图 7-28 所示。

图 7-28 外发光效果

7.2.3 描边

应用【描边】选项可以为图层内容创建边线颜色，这个边框可以是一种颜色，也可以是渐变，还可以是另一个样式。为文字添加描边效果的具体操作步骤如下。

步骤1 新建画布，大小为 400×200（像素），输入文字，如图 7-29 所示。

步骤2 单击【添加图层样式】按钮，在弹出的【添加图层样式】菜单中选择【描边】选项，在弹出的【图层样式】对话框中的【填充类型】下拉列表中选择【渐变】选项，并设置其他参数，如图 7-30 所示。

图 7-29　新建画布

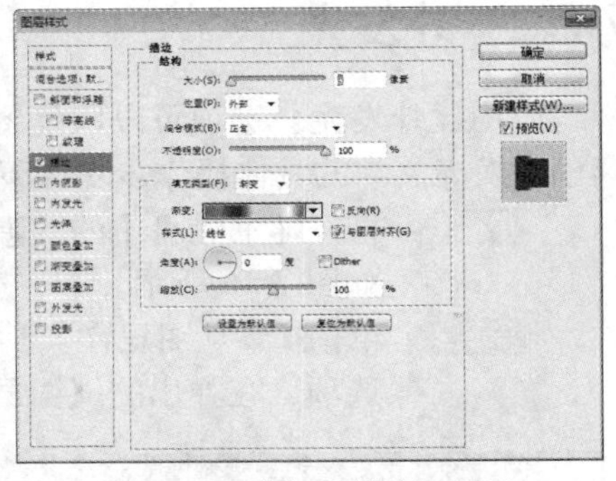

图 7-30　选择【描边】效果

步骤3 单击【确定】按钮，形成的描边效果如图 7-31 所示。

图 7-31　描边效果

7.2.4　图案叠加

应用【图案叠加】选项可以为图层内容套用图案混合效果。在原来的图像上加上一个图层图案的效果，根据图案颜色的深浅在图像上表现为雕刻效果的深浅。使用中要注意调整图案的不透明度，否则得到的图像可能只是一个放大的图案。为图像叠加图案的具体操作步骤如下。

步骤1 打开随书光盘中的“素材 \ch07\ 图 13.jpg”文件，如图 7-32 所示。

步骤2 在【图层】调板中双击【背景】图层，打开【新建图层】对话框，单击【确定】按钮，将【背景】图层转化为普通图层，如图 7-33 所示。

图 7-32　打开素材文件

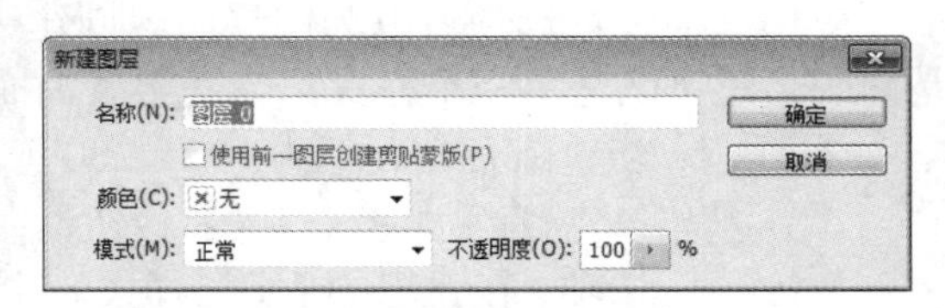

图 7-33　【新建图层】对话框

步骤3 单击【添加图层样式】按钮，在弹出的【添加图层样式】菜单中选择【图案叠加】选项，在弹出的【图层样式】对话框中为图像添加图案，并设置其他参数，如图 7-34 所示。

步骤4 单击【确定】按钮，最终效果如图 7-35 所示。

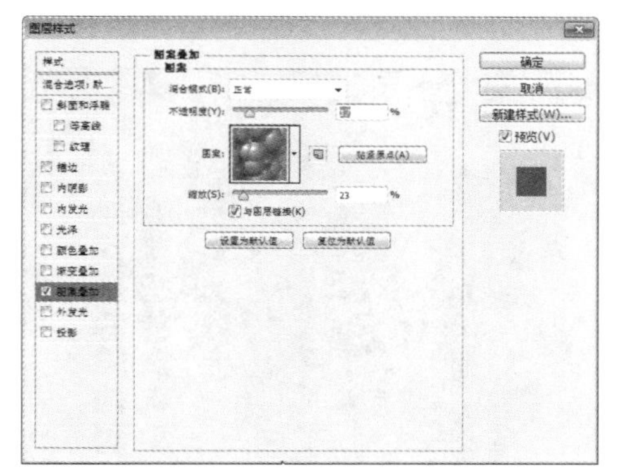

图 7-34 选择【图案叠加】选项

图 7-35 图案叠加效果

7.3 蒙版的应用

蒙版的使用非常广泛，本章主要讲述蒙版的使用方法和技巧。

7.3.1 剪贴蒙版

剪贴蒙版是一种非常灵活的蒙版，它可以使用下层图层中图像的形状来限制上层图像的显示范围，因此可以通过一个图层来控制多个图层的显示区域。剪贴蒙版的创建和修改方法都非常简单。

下面使用自定义形状工具剪贴蒙版特效，其具体操作方法如下。

步骤1 打开随书光盘中的“素材 \ch07\ 图 2.jpg”文件，如图 7-36 所示。

步骤2 设置前景色为黑色，新建一个图层【图层 1】，选择【自定形状工具】，然后在属性栏上单击【点按可打开“自定形状”拾色器】按钮，在弹出的下拉列表中选择第 3 排第 5 个红心形卡，如图 7-37 所示。

图 7-36 打开素材文件

图 7-37 选择红心形卡

步骤3 将新建的图层放到最上方，然后在画面中拖动鼠标绘制该形状，如图 7-38 所示。

步骤4 选择【直排文字蒙版工具】，在画面中输入文字，设置字体为华文琥珀和字号 50 点。设置完成后右击文字图层，在弹出的快捷菜单中选择【栅格化文字】菜单命令，最终效果如图 7-39 所示。

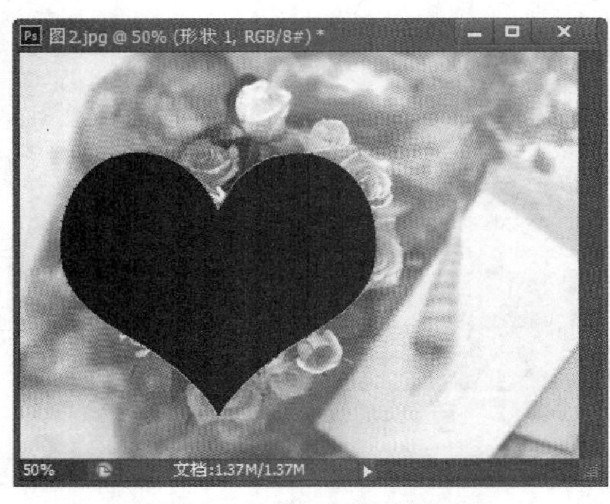

图 7-38　拖动鼠标绘制该形状

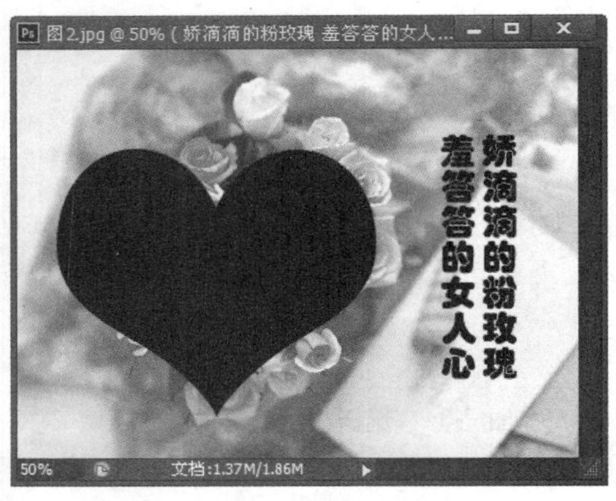

图 7-39　输入文字

步骤5 将添加的文字图层和【图层 1】合并，并将合并后的图层放到【图层 0】下方，如图 7-40 所示。

步骤6 选择【图层 0】，选择【图层】→【创建剪贴蒙版】菜单命令，为其创建一个剪贴蒙版，如图 7-41 所示。

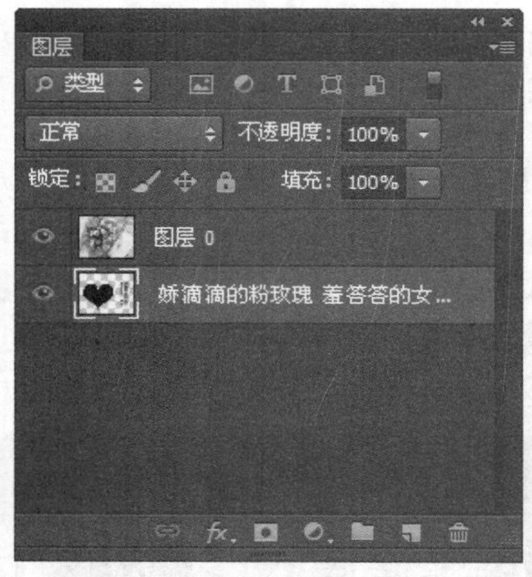

图 7-40　文字图层和【图层 1】合并

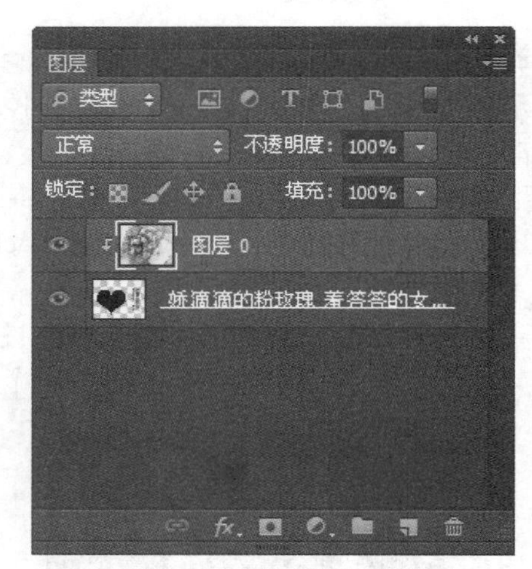

图 7-41　创建一个剪贴蒙版

步骤7 为剪贴蒙版制作一个背景。新建图层，放置到最底层。将图层颜色设置为深灰色，如图 7-42 所示。

图 7-42　新建图层并设置

7.3.2　快速蒙版

应用快速蒙版，会在图像上创建一个临时的屏蔽，可以保护所选区域免于被操作，而处于蒙版范围外的地方则可以进行编辑与处理。

使用快速蒙版为图像制作简易边框的具体操作步骤如下。

步骤1　打开随书光盘中的“素材 \ch07\ 苹果 .jpg”文件，如图 7-43 所示。

步骤2　使用工具栏中的【矩形选框工具】，在图像中创建一个矩形选区，如图 7-44 所示。

图 7-43　打开素材文件

图 7-44　创建矩形选区

步骤3　单击工具栏下方的【以快速蒙版模式编辑工具】，或按 Q 键进入快速蒙版编辑模式，如图 7-45 所示。

步骤4　选择【滤镜】→【扭曲】→【波浪】菜单命令，在弹出的【波浪】对话框中进行参数设置，如图 7-46 所示。

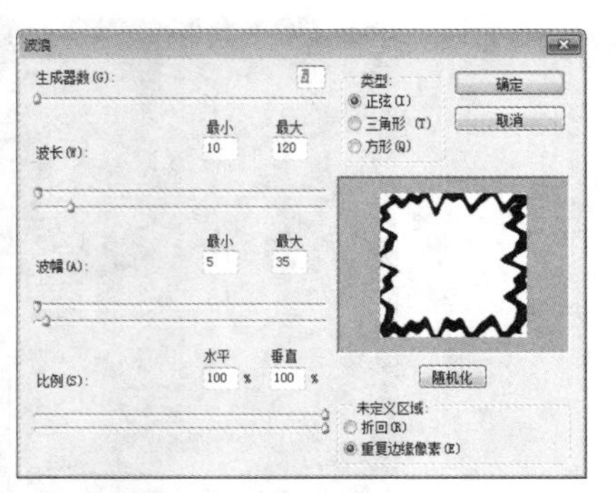

图 7-45　快速蒙版编辑模式

图 7-46　【波浪】对话框

参数可以自由调整，变化参数后可得到不同效果的边框。

步骤5　单击【确定】按钮返回图像界面，图像四周已经有简易的边框模型，如图 7-47 所示。

步骤6　按 Q 键，退出快速蒙版编辑模式，得到一个新的选区，如图 7-48 所示。

图 7-47　简易的边框模型

图 7-48　新的选区

步骤7　选择【选择】→【反选】菜单命令，按 Delete 键将反选后的选区删除，如图 7-49 所示。

步骤8　新建图层置于底部，并填充为绿色，如图 7-50 所示。

图 7-49　将反选后的选区删除

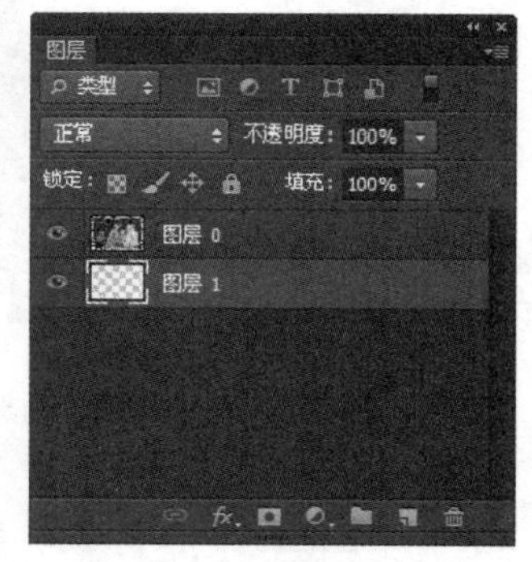

图 7-50　填充新建图层为绿色

步骤9 按 Ctrl+D 组合键，取消选择，这样图像简易边框制作完成，边框呈均匀分布的不规则形状，选择【文件】→【存储为】菜单命令，将图像保存为 JPG 格式即可。

为了得到更多样式的边框，可以使用不同的滤镜生成效果。比如使用【滤镜】→【像素化】→【彩色半调】菜单命令，可以得出如图7-51所示的效果。

图 7-51 彩色半调效果

7.3.3 图层蒙版

图层蒙版是加在图层上的一个遮盖，通过创建图层蒙版来隐藏或显示图像中的部分或全部。

在图层蒙版中，纯白色区域可以遮罩下面的图像中的内容，显示当前图层中的图像；蒙版中的纯黑色区域可以遮罩当前图层中的图像，显示出下面图层的内容；蒙版中的灰色区域会根据其灰度值使当前图层中图像呈现出不同层次的透明效果。

如果要隐藏当前图层中的图像，可以使用黑色涂抹蒙版；如果要显示当前图层中图像，可以使用白色涂抹蒙版；如果要使当前图层中图像呈现半透明效果，则可以使用灰色涂抹蒙版。

使用图层蒙版制作水中倒影的具体操作方法如下。

步骤1 打开随书光盘中的"素材 \ch07\ 图 4.jpg"文件，如图 7-52 所示。

步骤2 按 Ctrl+J 组合键复制当前图层，生成新【图层 1】，如图 7-53 所示。

图 7-52 打开素材文件

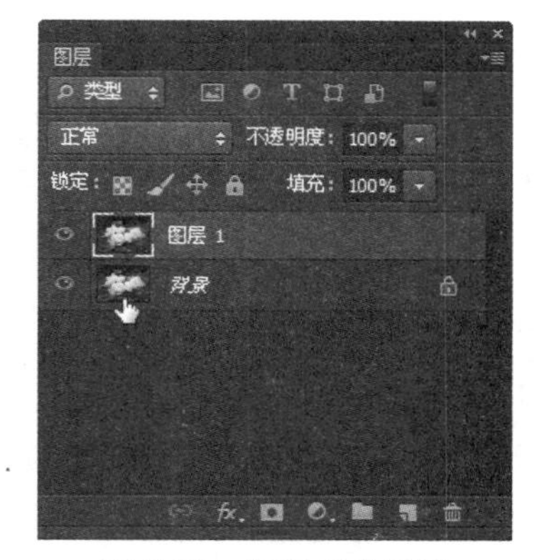

图 7-53 复制当前图层

步骤3 选择【图像】→【画布大小】菜单命令，弹出【画布大小】对话框，将画布高度加大一倍，如图 7-54 所示。

步骤4 选中【图层 1】，选择【编辑】→【变换】→【垂直翻转】菜单命令，并将翻转后的图像垂直移动到下方，和已有的背景图层对接，如图 7-55 所示。

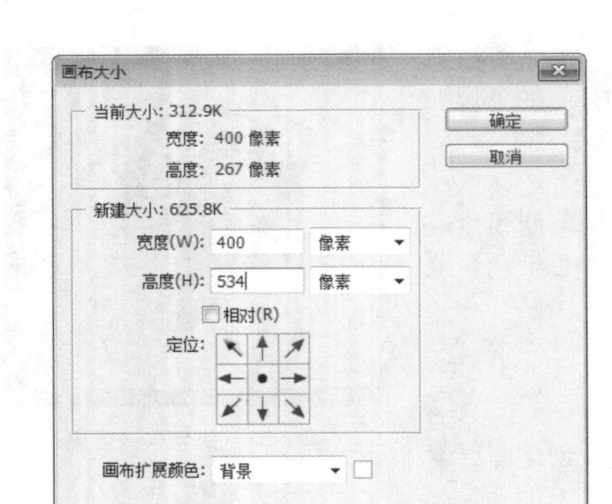

图 7-54 【画布大小】对话框

图 7-55 对接图层

按 Shift 键可以使图像垂直或水平移动。

步骤5 选择【图层 1】，选择魔棒工具，容差设置为 255，将翻转后的图片选为选区，使用渐变工具绘制垂直方向的黑白渐变，如图 7-56 所示。

步骤6 新建一个图层并填充为白色，再按字母 D 把前背景颜色恢复到默认的黑白，选择【滤镜】→【滤镜库】菜单命令，打开【滤镜库】对话框，在其中选择【素描】→【半调图案】选项，打开【半调图案】对话框，在【图案类型】下拉列表中选择直线，将【大小】设置为 7，将【对比度】设置为 50，单击【确定】按钮，如图 7-57 所示。

图 7-56 绘制黑白渐变

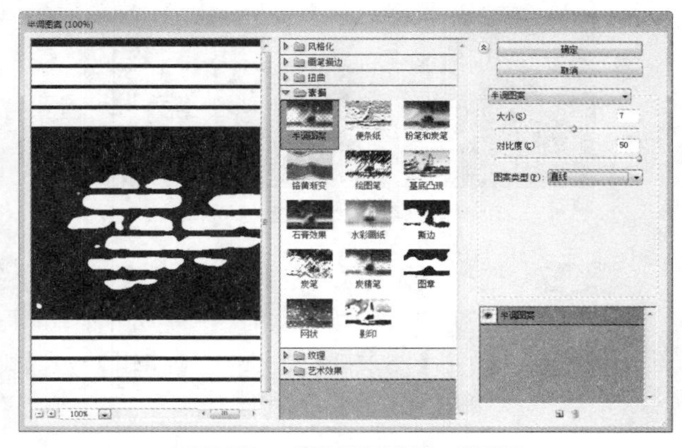

图 7-57 【半调图案】对话框

步骤7 选择【滤镜】→【模糊】→【高斯模糊】菜单命令，打开【高斯模糊】对话框，将【半径】设置为 4，单击【确定】按钮，如图 7-58 所示。

步骤8 按 Ctrl+S 组合键，保存文件为 PSD 格式，名称可自行定义。保存后把上一步中制作的黑白线条图层隐藏，新建一个图层，按 Ctrl+Shift+Alt+E 组合键盖印图层，如图 7-59 所示。

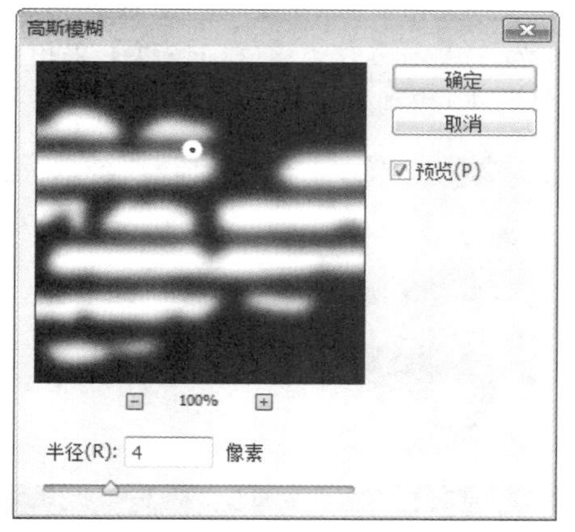

图 7-58 【高斯模糊】对话框

图 7-59 盖印图层

提示 盖印图层是将所有可见图层合并，然后再执行复制。

步骤9 选择【滤镜】→【扭曲】→【置换】菜单命令，打开【置换】对话框，将【水平比例】设置为4，其他参数保持默认配置，如图 7-60 所示。单击【确定】按钮，打开【选取一个置换图】对话框，在其中选择上文保存的PSD文件为置换文件。

步骤10 图层蒙版制作结束，已经可以看到三朵花的水中倒影，而且还呈现了波纹的效果，如图 7-61 所示。

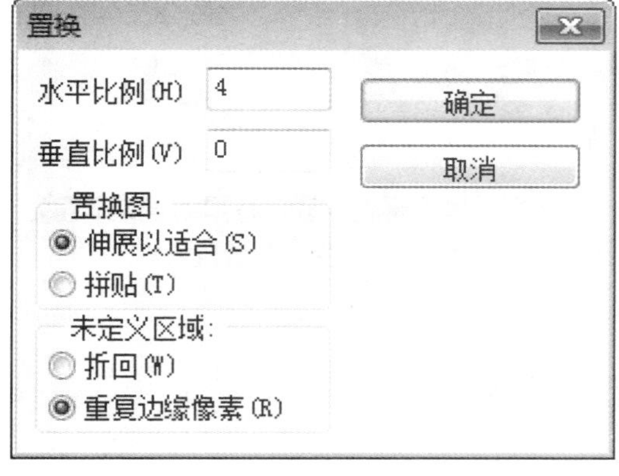

图 7-60 【置换】对话框

图 7-61 水中倒影效果

7.3.4 矢量蒙版

矢量蒙版是由钢笔或者形状工具创建的与分辨率无关的蒙板，它通过路径和矢量形状来控制图像显示区域，常用来创建Logo、按钮、面板或其他Web设计元素。

下面来讲解使用矢量蒙版为图像添加心形的方法。

步骤1 打开随书光盘中的“素材\ch07\图6.jpg”文件，如图7-62所示。

步骤2 打开随书光盘中的“素材\ch07\图7.jpg”文件。使用【移动工具】将图7移动到图6的文件中，生成【图层1】。选择【编辑】→【自由变换】菜单命令，对【图层1】的图片进行缩放和移动操作，移动到合适的位置，如图7-63所示。

图7-62　打开素材文件

图7-63　自由变换图层

步骤3 隐藏【图层1】，设置前景色为黑色。选择【自定形状工具】，并在属性栏上将工具模式设置为【路径】，再单击【点按可打开“自定形状”拾色器】按钮，在弹出的下拉列表中选择第3排第5个红心形卡。在图中合适的位置绘制红心，并使用Ctrl+T组合键对形状进行变形，如图7-64所示。

步骤4 红心路径调整到合适位置后，按Enter键。设置【图层1】可见，选择【图层】→【矢量蒙版】→【当前路径】菜单命令，蒙版效果生成，如图7-65所示。

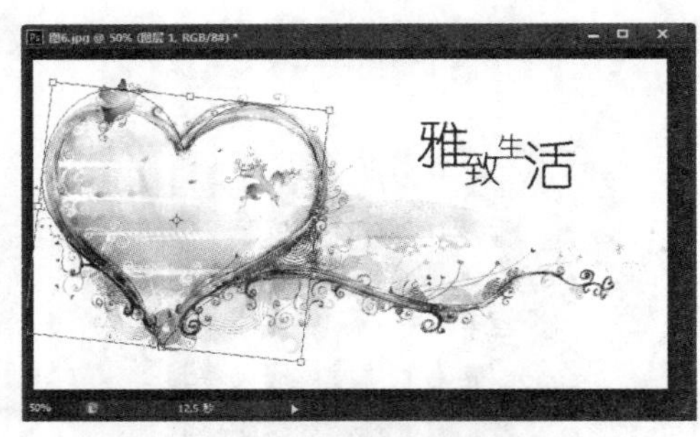

图7-64　绘制红心

图7-65　生成蒙版效果

7.4　通道的应用

本章节主要讲述通道的使用方法和技巧。

7.4.1　复合通道

使用复合通道的方法可以制作出积雪和飘雪的效果，某具体操作步骤如下。

1. 制作积雪效果

步骤1 打开随书光盘中的“素材\ch07\图8.jpg”文件，如图7-66所示。

步骤2 切换到【图层】面板，右击背景图层，在弹出的快捷菜单中选择【复制图层】命令，为新图层命名为【图层1】，如图7-67所示。

图7-66 打开素材文件

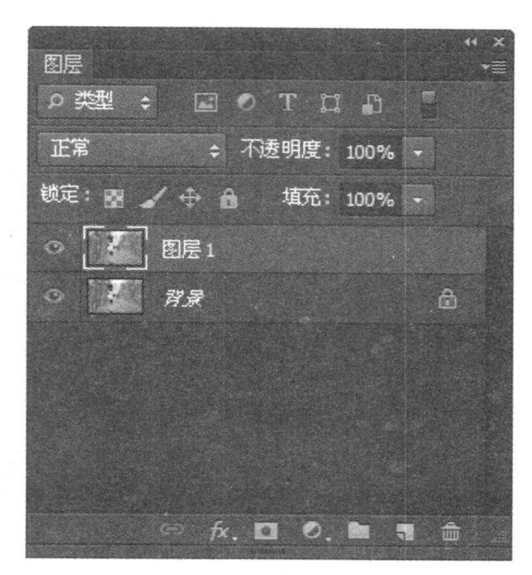

图7-67 复制图层

使用Ctrl+J组合键，可以快速复制图层。

步骤3 选择【图层1】，进入【通道】面板，选择比较清晰的通道，本实例选择绿通道，拖动绿通道到【创建新通道】按钮上，生成新通道【绿副本】，如图7-68所示。

步骤4 选择【绿副本】通道，执行【滤镜】→【滤镜库】菜单命令，打开【滤镜库】对话框，在其中选择【艺术效果】→【胶片颗粒】选项，弹出【胶片颗粒】对话框，根据需求调整【颗粒】、【高光区域】、【强度】参数，单击【确定】按钮，如图7-69所示。

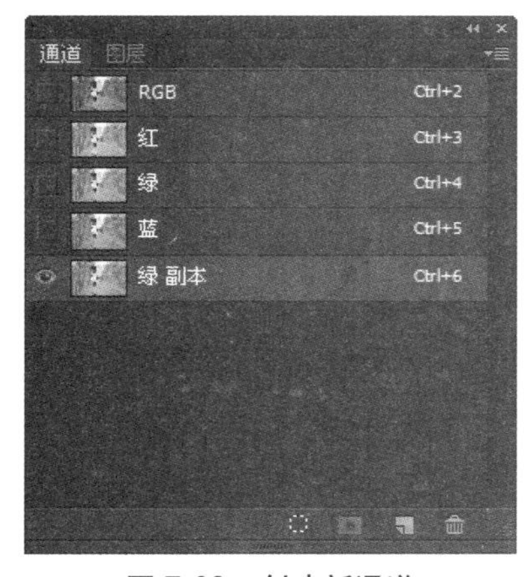

图7-68 创建新通道

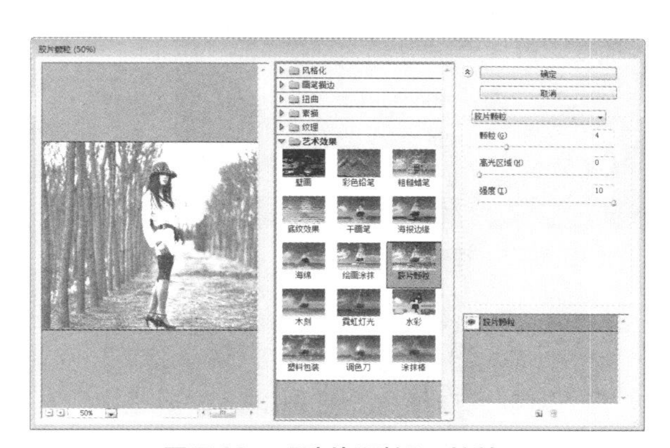

图7-69 【胶片颗粒】对话框

步骤5 返回【通道】面板，选择【绿副本】通道，单击面板下方的【将通道作为选区载入】按钮，生成选区，使用Ctrl+C组合键复制选区，如图7-70所示。

步骤6 切换到【图层】面板，新建图层，选中新图层，使用Ctrl+V组合键粘贴复制的选区，图像中已经基本呈现出被积雪覆盖的感觉，但是女孩的身体和脸也被复制的选区覆盖，呈现白色，如图7-71所示。

图7-70　复制选区

图7-71　粘贴选区

步骤7 使用工具栏中的【橡皮擦工具】，在属性面板中适当调整【大小】、【硬度】、【不透明度】、【流度】等参数，然后将女孩脸部和身体上过多的白色擦除，如图7-72所示。

2. 制作雪花效果

步骤1 将已有的3个图层合并，然后新建图层，命名为【图层1】。选择【编辑】→【填充】菜单命令，弹出【填充】对话框，选择【内容】区域【使用】下拉列表的【50%灰色】选项，其他采用默认配置，单击【确定】按钮，如图7-73所示。

图7-72　擦除过多的白色

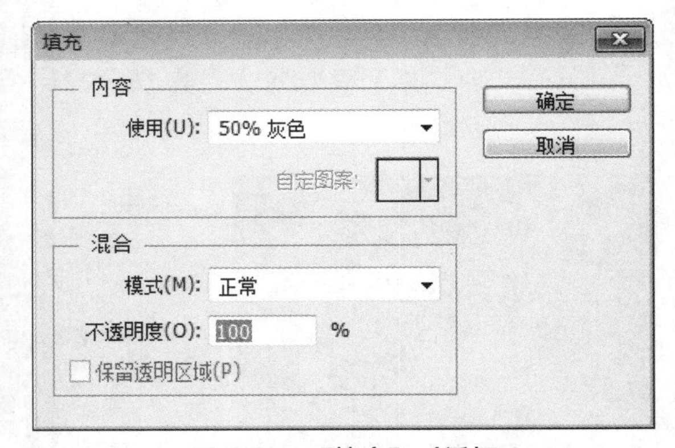

图7-73　【填充】对话框

步骤2 选中【图层1】，执行【滤镜】→【杂色】→【添加杂色】菜单命令，弹出【添加杂色】对话框，将【数量】设置为230%，选中【平均分布】单选按钮，勾选【单色】复选框，单击【确定】按钮，如图7-74所示。

步骤3 选择【滤镜】→【模糊】→【高斯模糊】菜单命令，弹出【高斯模糊】对话框，将【半径】设置为2像素，单击【确定】按钮，如图7-75所示。

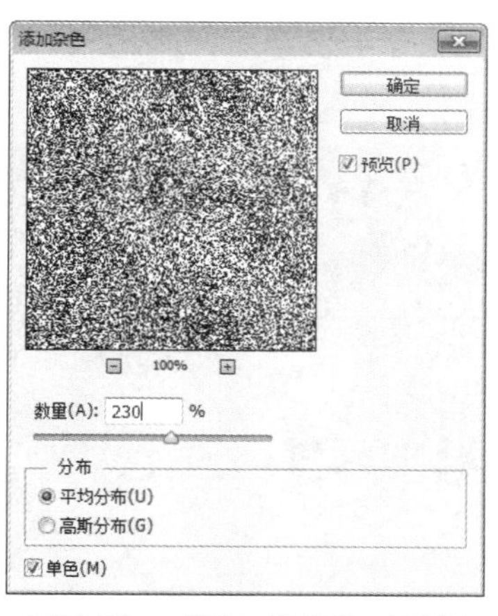

图 7-74 【添加杂色】对话框

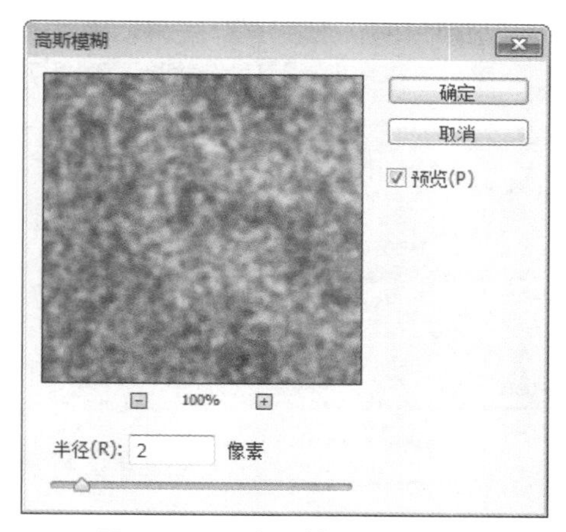

图 7-75 【高斯模糊】对话框

提示 半径确定了后面生成雪花的密度及大小，读者可自行调整几种半径数值，来比较后面生成雪花的密度及大小。

步骤4 选择【图像】→【调整】→【色阶】菜单命令，弹出【色阶】对话框，将输入色阶区域的3个滑条向中间移动，直到图像中出现大量清晰白点为止，单击【确定】按钮，如图7-76所示。

步骤5 选择【滤镜】→【模糊】→【动感模糊】菜单命令，弹出【动感模糊】对话框，调整【角度】为65度，【距离】为10像素，单击【确定】按钮。如图7-77所示。

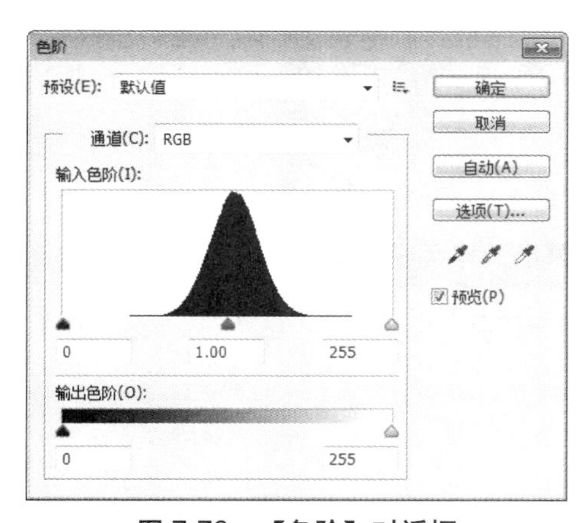

图 7-76 【色阶】对话框

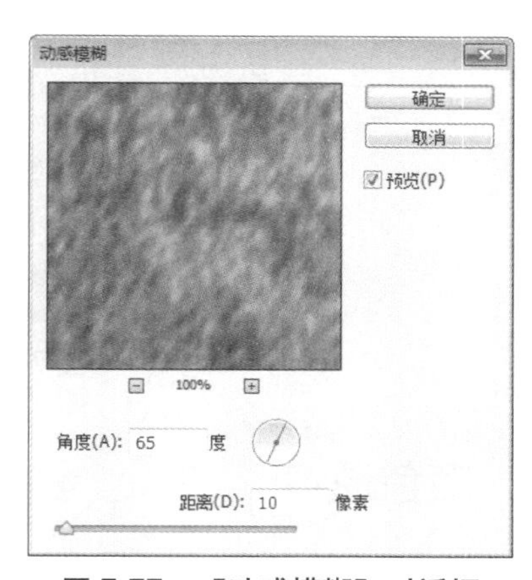

图 7-77 【动感模糊】对话框

提示 角度用于确定雪花飘落的方向，距离用于确定雪花飘落的速度，距离值越大，雪花飘落速度越快。

步骤6 选择【图层】→【图层样式】→【混合选项】菜单命令，弹出【图层样式】对话框，设置【混合模式】为【变亮】，【不透明度】为60%，单击【确定】按钮，如图7-78所示。

步骤7 单击【确定】按钮，返回图形界面，已经基本呈现雪花效果，但是人物在雪花中显得不够清晰，如图 7-79 所示。

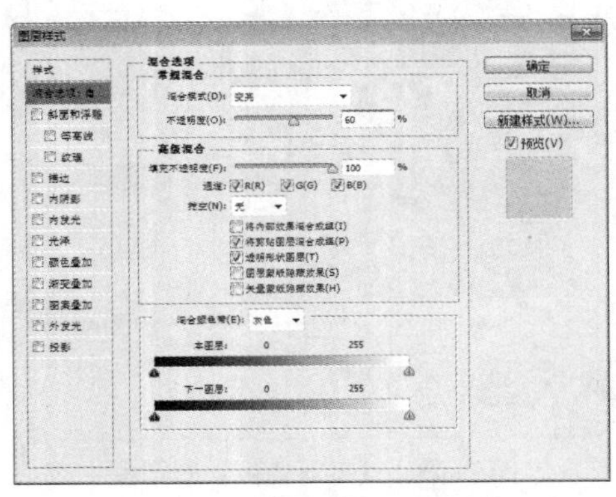

图 7-78 【图层模式】对话框

图 7-79 呈现雪花效果

步骤8 使用工具栏中的【橡皮擦工具】，在属性面板中适当调整【大小】、【硬度】、【不透明度】、【流度】等参数，然后将遮挡女孩脸部的雪花抹除一部分，使女孩清秀的样貌显现出来。如图 7-80 所示。

图 7-80 使用橡皮擦工具

7.4.2 颜色通道

颜色通道是在打开新图像时自动创建的通道，它们记录了图像的颜色信息。图像的颜色模式不同，颜色通道的数量也不相同。RGB图像中包含红、绿、蓝通道和一个用于编辑图像的复合通道;CMYK图像包含青色、洋红、黄色、黑色通道和一个复合通道;Lab图像包含明度、a、b通道和一个复合通道;位图、灰度、双色调和索引颜色图像都只有一个通道。

下面使用颜色通道抠出图像中的文字Logo。

步骤1 打开随书光盘中的“素材 \ch07\2.jpg”文件，如图 7-81 所示。

步骤2 打开【通道】面板，取消【绿】和【蓝】两个通道的显示，只显示【红】通道，可以看出图像中文字 Logo 和周围图像的颜色差别最明显，如图 7-82 所示。

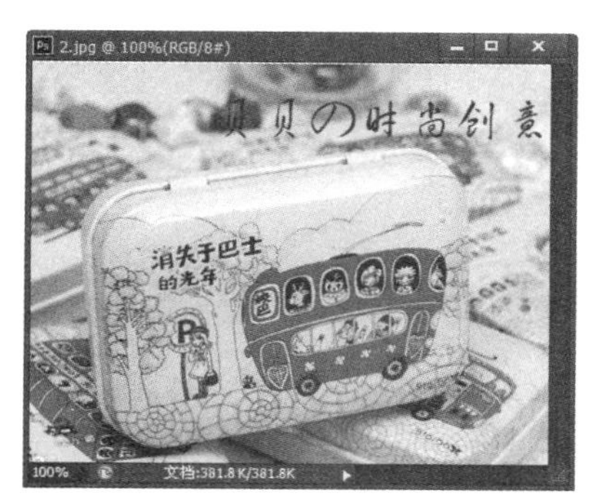

图 7-81　打开素材文件

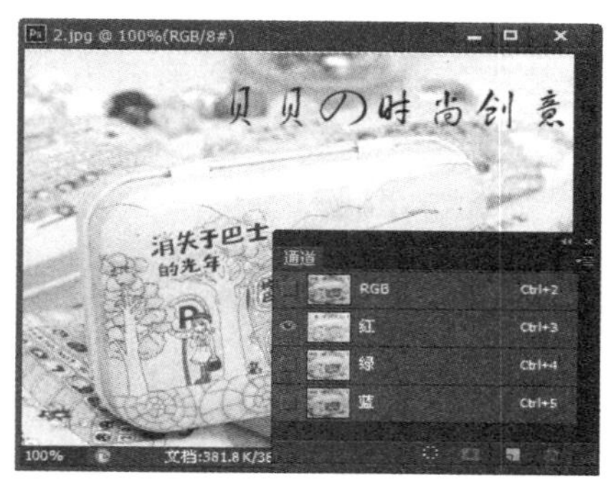

图 7-82　【通道】面板

步骤3　按 Ctrl 键，拖动【红】通道到面板下方的【新建通道】按钮上，产生【红副本】通道，如图 7-83 所示。

步骤4　选择【编辑】→【调整】→【色阶】菜单命令，弹出【色阶】对话框，调整色阶滑条，将黑色和白色滑块向中间滑动，使文字更黑，文字周边颜色更淡，然后单击【确定】按钮，如图 7-84 所示。

图 7-83　新建通道

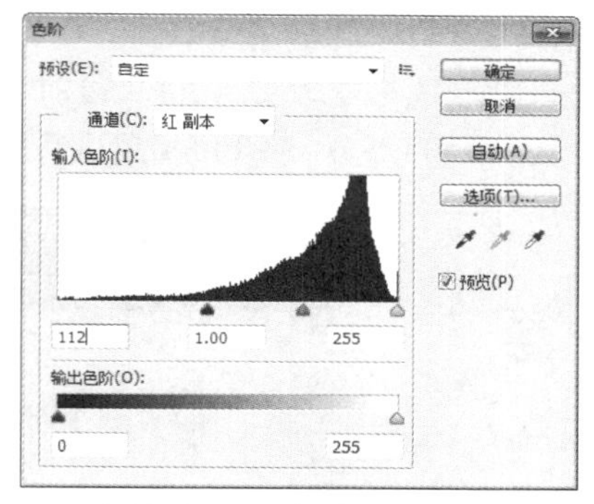

图 7-84　【色阶】对话框

步骤5　将前景色设置为白色，选择工具栏【橡皮擦工具】，先使用值较大的橡皮擦擦除多余的黑色区域，再使用较小尺寸的橡皮擦将文字 Logo 周围的多余颜色擦除，如图 7-85 所示。

步骤6　擦除后，得到黑色的文字以及白色的背景，由于调整色阶的问题，文字可能出现锯齿边，选择【加深工具】，多次单击文字 Logo，如图 7-86 所示。

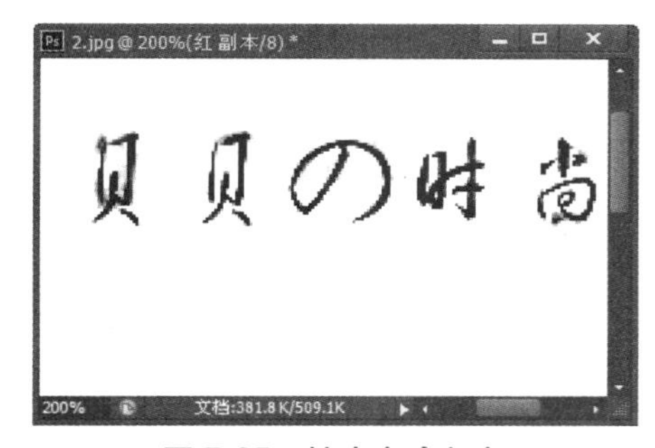

图 7-85　擦出多余颜色

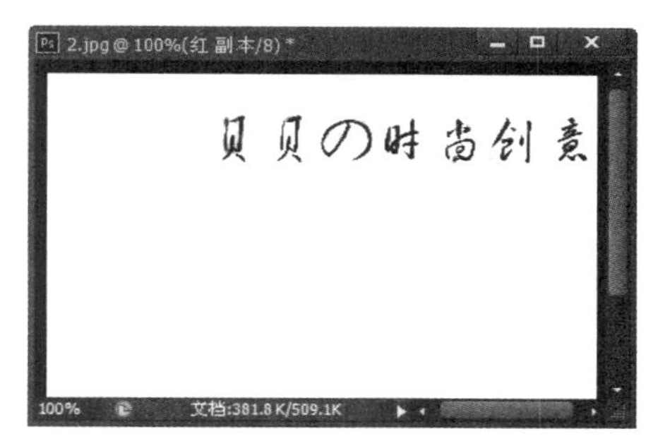

图 7-86　加深文字 Logo

步骤7 按Ctrl键，单击【通道】面板中的【红 副本】通道，将白色区域生成为选区，然后选择图像图层，除了文字Logo外，所有图像都在选区中，如图7-87所示。

步骤8 按Delete键，删除选区内容，再按Ctrl+D组合键取消选区，得到完整的文字Logo，如图7-88所示。

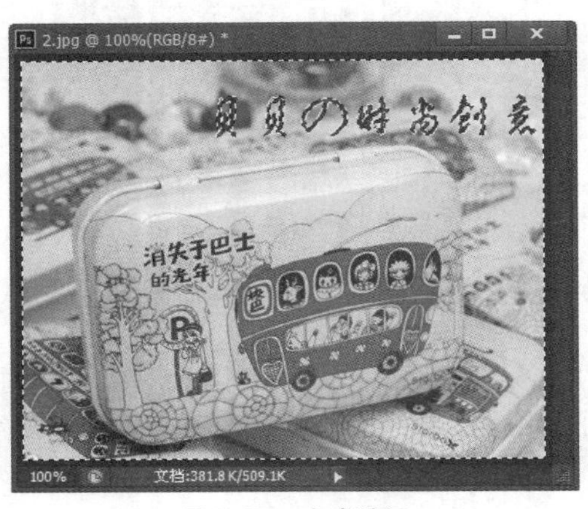

图7-87 生成选区

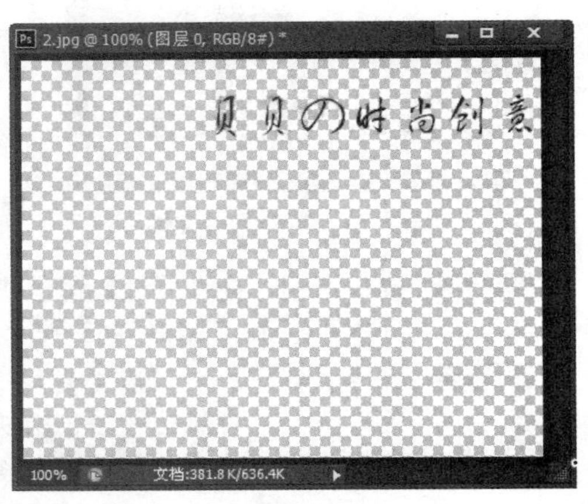

图7-88 得到完整的文字Logo

步骤9 选择工具箱中的【裁剪工具】，拖动鼠标选中图像中除了文字Logo以外的部分，按Enter键执行裁剪，这样可以去掉多余的空白区域，如图7-89所示。

图7-89 去掉多余的空白区域

做好的文字Logo应该保存为png格式，因为png格式的文件可以使用透明背景。

7.4.3 专色通道

专色通道是一种特殊的混合油墨，一般用来替代或者附加到图像颜色油墨中。一个专色通道都有属于自己的印版，在对一张含有专色通道的图像进行印刷输出时，专色通道会作为一个单独的页被打印出来。

要新建【专色通道】，可从调板的下拉菜单中选择【新专色通道】命令或者按住Ctrl键并单击按钮，即可弹出【新专色通道】对话框，设定后单击【确定】按钮，如图7-90所示。

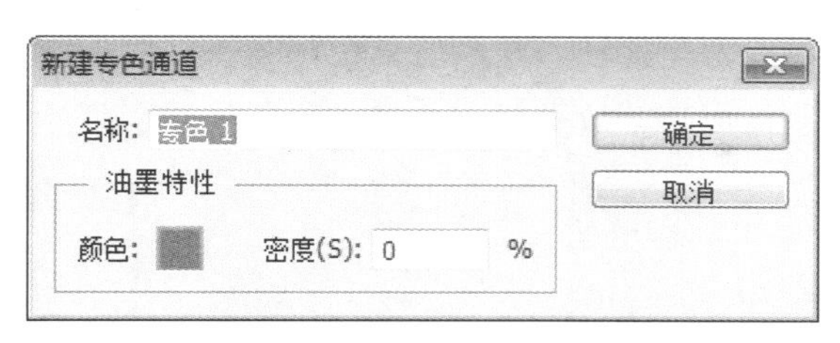

图 7-90 【新专色通道】对话框

(1) 【名称】文本框：可以给新建的专色通道命名。默认的情况下将自动命名【专色1】、【专色2】等，以此类推。在【油墨特性】选项组中可以设定颜色和密度。

(2) 【颜色】设置项：用于设定专色通道的颜色。

(3) 【密度】参数框：可以设定专色通道的密度，其范围在0%～100%之间。这个选项的功能对实际的打印效果没有影响，只是在编辑图像时可以模拟打印的效果。这个选项类似于蒙版颜色的【透明度】。

步骤1 打开随书光盘中的“素材 \ch07\ 人物剪影 .psd”文件，如图 7-91 所示。

步骤2 打开【通道】面板，按住 Ctrl 键单击 Alpha 1 通道，在图像中选中人物选区，如图 7-92 所示。

图 7-91 打开素材文件

图 7-92 【通道】面板

步骤3 按住 Ctrl 键，单击【通道】面板下方的【创建新通道】按钮，弹出【新建专色通道】对话框，单击【颜色】色块，如图 7-93 所示。

步骤4 弹出【选择专色】对话框，设置颜色为黑色，R、G 和 B 三个文本框中分别设置为 0，单击【确定】按钮，如图 7-94 所示。

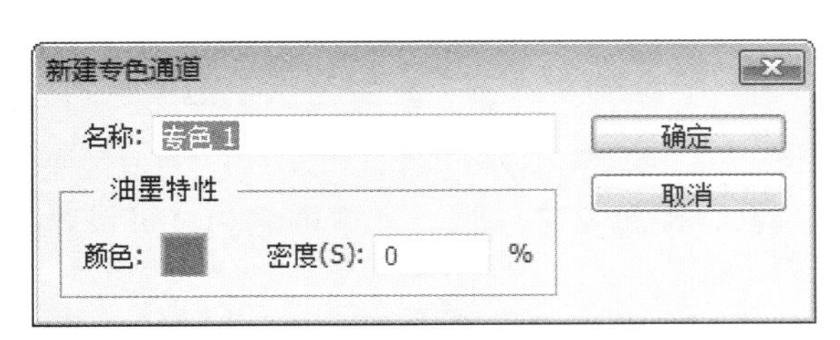

图 7-93 【新建专色通道】对话框

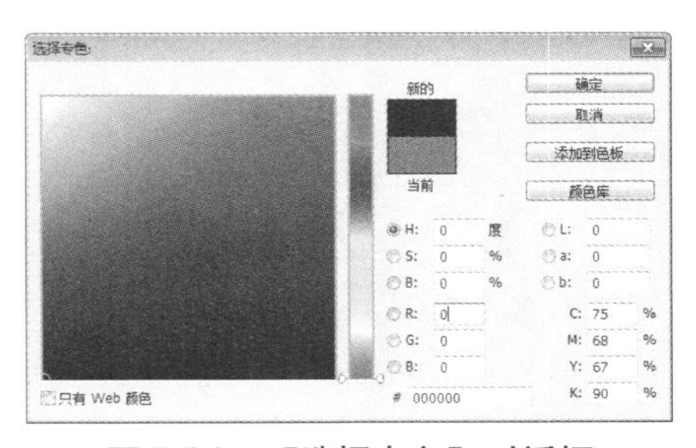

图 7-94 【选择专色】对话框

步骤5 返回【新建专色通道】对话框，单击【确定】按钮，如图 7-95 所示。

步骤6 人物剪影制作成功，效果如图 7-96 所示。

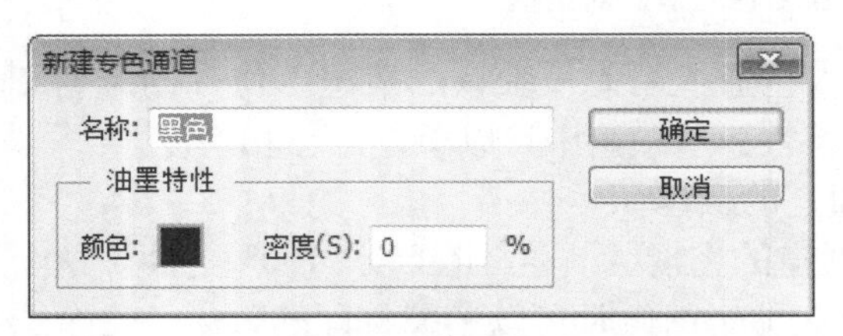

图 7-95　确认设置

图 7-96　人物剪影效果

7.4.4　Alpha 通道

Alpha通道是用来保存选区的，它可以将选区存储为灰度图像。我们可以通过添加Alpha通道来创建和存储蒙版，这些蒙版用于处理或保护图像的某些部分。Alpha通道与颜色通道不同，它不会直接影响图像的颜色。

在Alpha通道中，默认情况下，白色代表选区；黑色代表非选区；灰色代表了被部分选择的区域状态，即羽化的区域。

下面介绍利用Alpha通道制作金属字效果的方法，其具体操作步骤如下。

1. 添加文字

步骤1 选择【文件】→【新建】菜单命令，弹出【新建】对话框，设置文件大小为 1200 像素 ×600 像素，分辨率为 300 像素 / 英寸，单击【确定】按钮，如图 7-97 所示。

步骤2 单击工具箱中的前景色，弹出【拾色器】对话框，设置颜色为灰色，R、G 和 B 值均设置为 150，单击【确定】按钮，如图 7-98 所示。

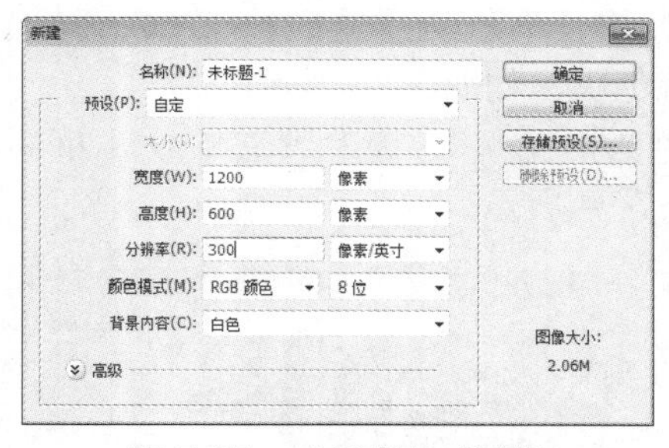

图 7-97　【新建】对话框

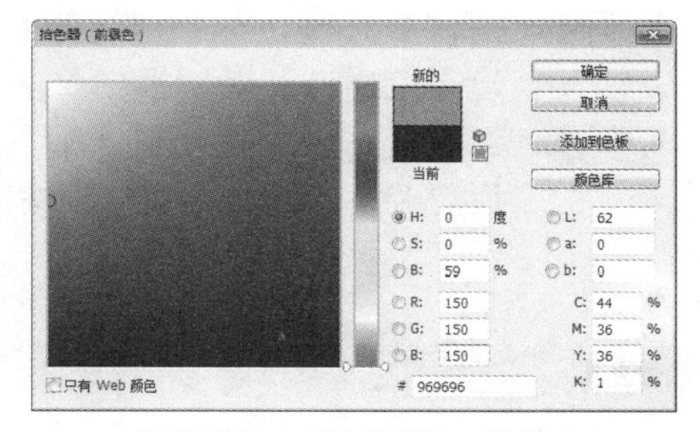

图 7-98　【拾色器】对话框

步骤3 使用工具箱中的【横排文字工具】，添加文字图层，文本内容为【贝贝の时尚创意】，如图 7-99 所示。

步骤4 右击新建的文字图层，在弹出的快捷菜单中选择【栅格化文字】命令，即可栅格化文字图层，如图 7-100 所示。

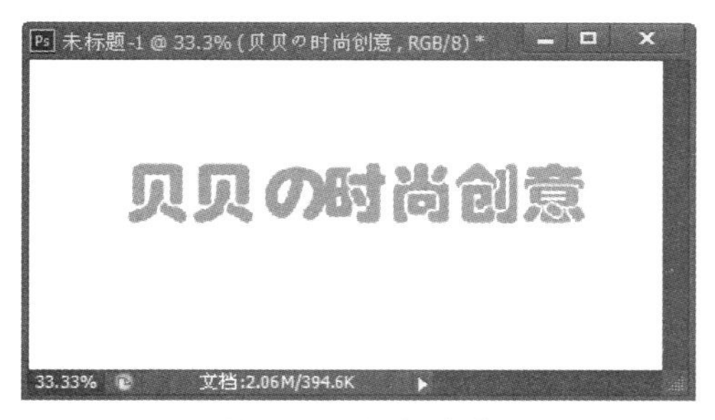

图 7-99 添加文字

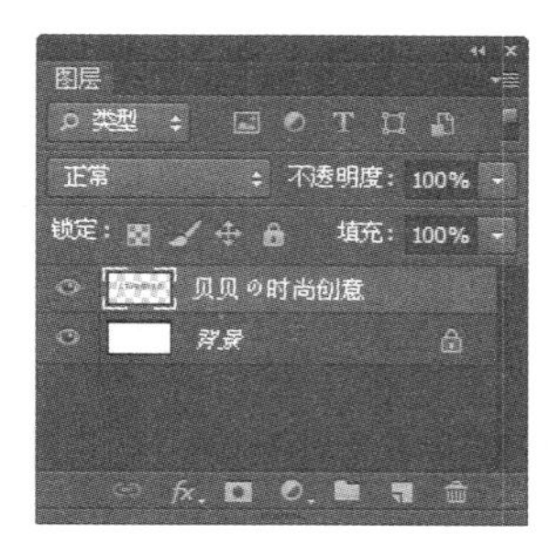

图 7-100 栅格化文字图层

2. 设置文字金属质感

步骤1 按住 Ctrl 键，单击文字图层，选择文字为选区，选择【选择】→【存储选区】菜单命令，弹出【存储选区】对话框，可在【名称】文本框中输入选区名称（本实例不设置名称），单击【确定】按钮，如图 7-101 所示。

步骤2 返回【通道】面板，未设置存储选区名，自动生成名为 Alpha 1 的新通道，如图 7-102 所示。

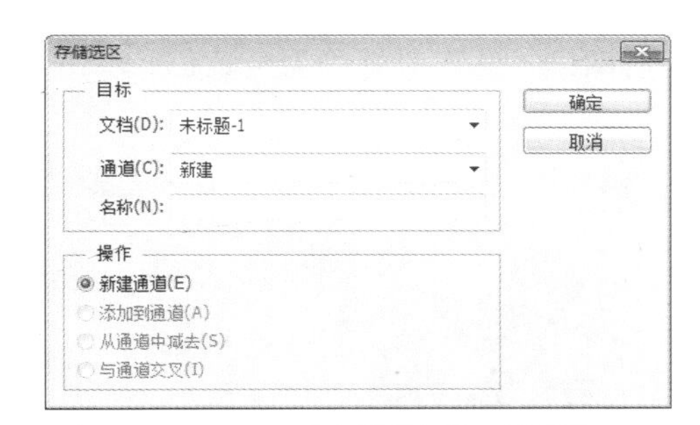

图 7-101 【存储选区】对话框

图 7-102 【通道】面板

步骤3 选中 Alpha 1 通道，选择【滤镜】→【模糊】→【高斯模糊】菜单命令，弹出【高斯模糊】对话框，设置【半径】值为 5 像素，单击【确定】按钮，如图 7-103 所示。

步骤4 返回【图层】面板，选中文字图层，单击【图层样式】按钮，在弹出的对话框中选择【斜面和浮雕】选项，打开【图层样式】对话框，在其中设置相关参数，单击【确定】按钮，如图 7-104 所示。

图 7-103 【高斯模糊】对话框

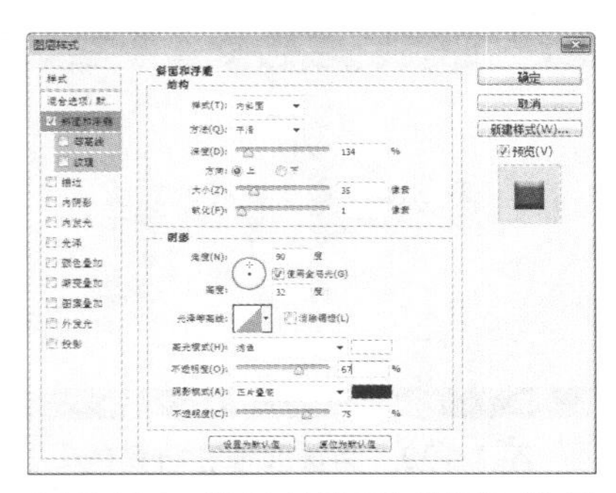

图 7-104 选择【斜面和浮雕】选项

步骤5 返回图像界面，按 Ctrl+D 组合键，取消选区，效果如图 7-105 所示。

步骤6 选择【编辑】→【调整】→【曲线】菜单命令，弹出【曲线】对话框，适当调整曲线，单击【确定】按钮，如图 7-106 所示。

图 7-105　取消选区

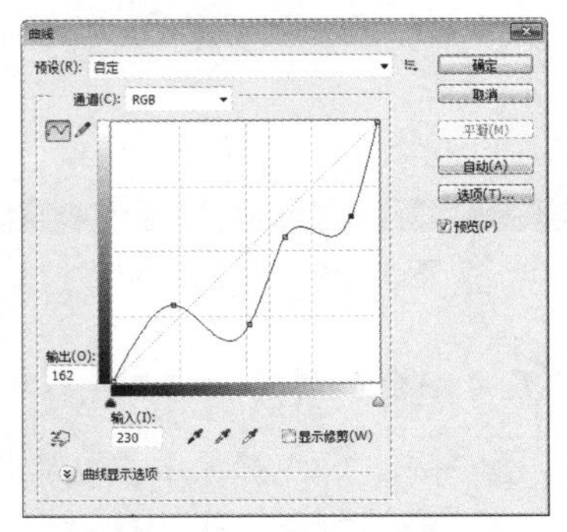

图 7-106　【曲线】对话框

步骤7 返回图像界面，文字金属立体效果更加明显，有质感，如图 7-107 所示。

3. 设置金属颜色

步骤1 单击工具栏前景色，弹出【拾色器】对话框，设置前景色为金黄色，单击【确定】按钮，如图 7-108 所示。

图 7-107　金属立体效果

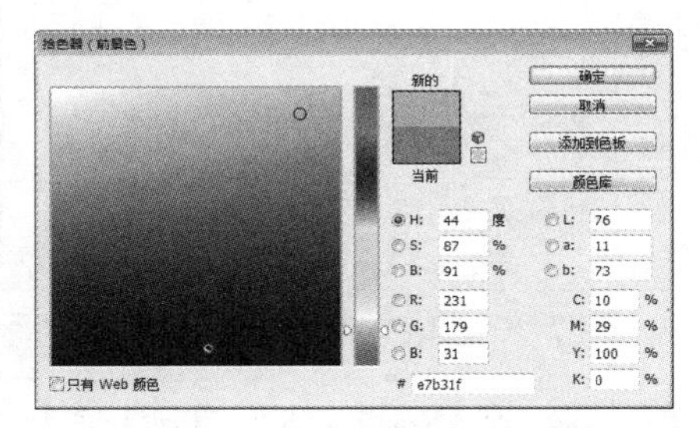

图 7-108　设置前景色

步骤2 在文字图层上方新建图层，按住 Ctrl 键，单击文字图层，在新建图层中生成文字选区，使用工具栏【油漆桶工具】为选区填充前景色，如图 7-109 所示。

步骤3 双击新建图层，弹出【图层样式】对话框，设置【混合模式】为【亮光】，【不透明度】为 65，单击【确定】按钮，如图 7-110 所示。

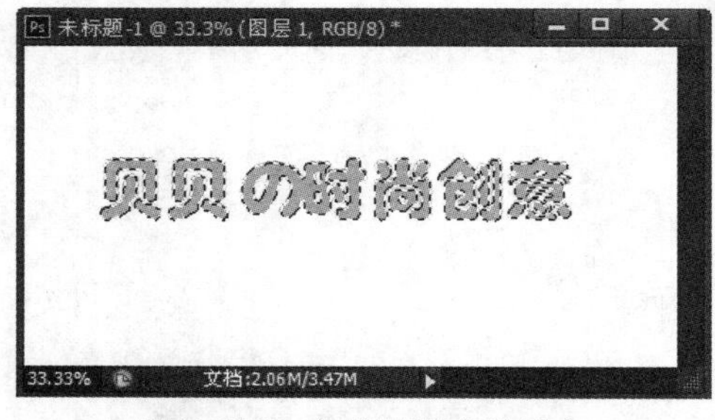

图 7-109　为选区填充前景色

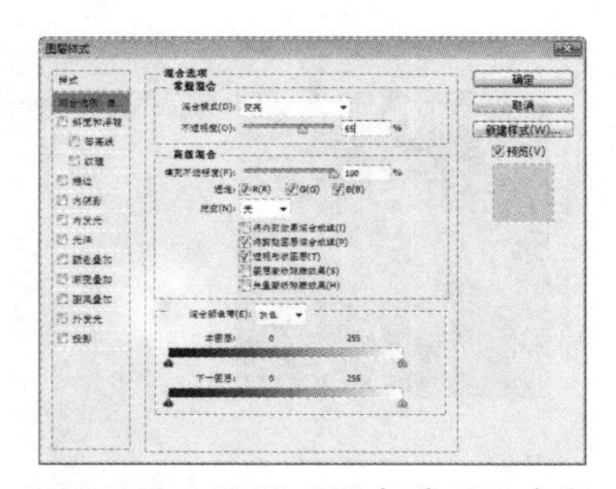

图 7-110　设置【混合选项】参数

步骤4 返回图像界面，文字带有金色金属质感，如图 7-111 所示。

4. 设置透视效果及背景

步骤1 按住 Ctrl 键，分别单击图层面板中的文字图层和新图层，选中两个图层，选择【编辑】→【变换】→【扭曲】菜单命令，调整图像使文字显示出近大远小的透视效果，按 Enter 键使变换生效，如图 7-112 所示。

图 7-111 金色金属质感

图 7-112 扭曲文字

步骤2 选中文字图层，按 Ctrl+J 组合键，复制图层，生成文字图层副本，按 Ctrl+T 组合键对副本图层进行自由变换，并设置图层透明度为 35%，效果如图 7-113 所示。

步骤3 选择工具栏中的【渐变工具】，并在工具属性栏中选择【径向渐变】选项，单击【点按可编辑渐变】按钮，弹出【渐变编辑器】对话框，设置渐变颜色为灰色—黑色，单击【确定】按钮，如图 7-114 所示。

图 7-113 复制并设置图层

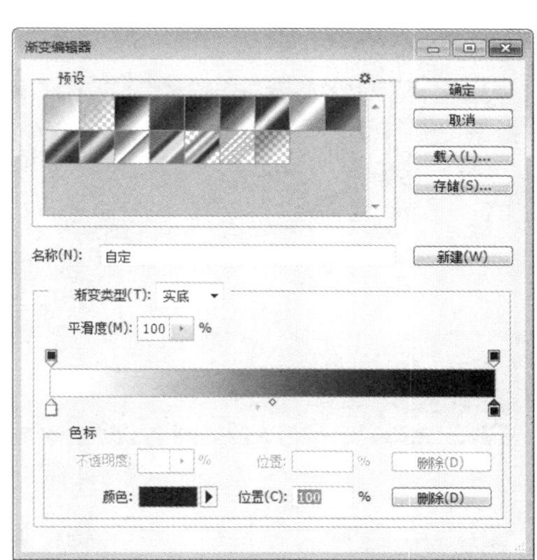

图 7-114 【渐变编辑器】对话框

步骤4 在文字图层下方插入一个新图层，并使用渐变工具填充渐变效果，如图 7-115 所示。

图 7-115　填充渐变效果

7.5　综合实例 1——使用计算功能制作灰色图像

计算用于混合两个来自一个或多个源图像的单个通道，然后将结果应用到新图像或新通道中。

下面使用【计算】功能，制作灰色图像效果，其具体操作步骤如下。

步骤1　打开随书光盘中的“素材 \ch07\ 图 13.jpg”文件，如图 7-116 所示。

步骤2　打开【图层】面板，选择【背景】图层，然后按 Ctrl+J 组合键，复制背景层，得到“背景 副本”图层，如图 7-117 所示。

图 7-116　打开素材文件

图 7-117　复制背景层

步骤3　选中【背景】图层，选择【图像】→【计算】菜单命令，弹出【计算】对话框，把【源 1】和【源 2】选项组中的【图层】和【通道】分别设为【背景】和【灰色】，勾选【源 2】选项组中的【反相】复选框，在【混合】下拉列表中选择【正片叠底】选项，【不透明度】设置为 100%，单击【确定】按钮，如图 7-118 所示。

步骤4　打开【通道】面板，产生新通道 Alpha 1，单击面板下方的【将通道作为选区载入】按钮，如图 7-119 所示。

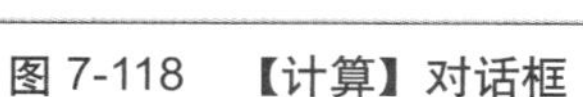
图 7-118 【计算】对话框

图 7-119 【通道】面板

步骤5 返回到【图层】面板，单击图层面板下方的【创建新的填充或调整图层】按钮，在弹出的下拉列表中选择【色阶】选项，打开【色阶】调整面板，在 RGB 通道下把输入色阶设为 0、3.65、255，输出色阶则为 0、252，如图 7-120 所示。

步骤6 单击【创建新的填充或调整图层】按钮，在弹出的下拉列表中选择【通道混合器】选项，打开【通道混合器】调整面板，在【输出通道】下拉列表中选择【青色】选项，勾选【单色】复选框，拖动颜色滑条，调至满意为止，如图 7-121 所示。

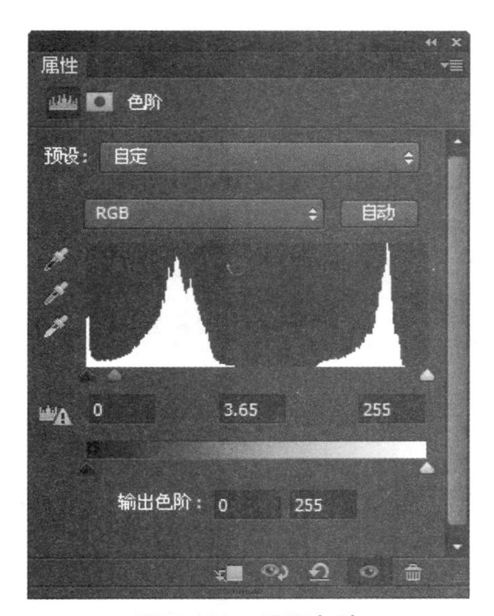

图 7-120 设置色阶

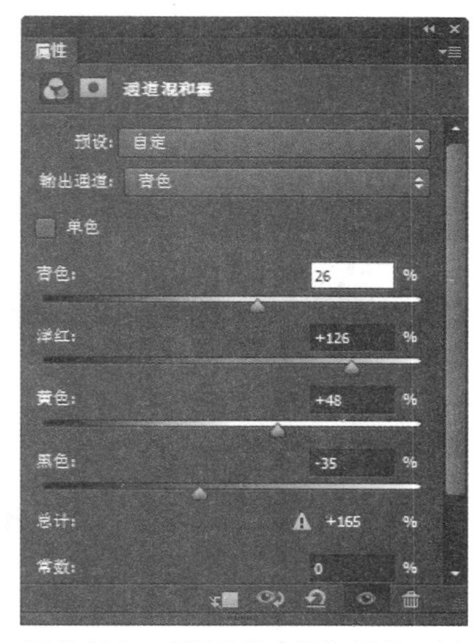

图 7-121 【通道混合器】调整面板

步骤7 选择最顶端的【背景 副本】图层，选择【滤镜】→【模糊】→【高斯模糊】菜单命令，弹出【高斯模糊】对话框，设置【半径】为 10 像素，单击【确定】按钮，如图 7-122 所示。

步骤8 选择【图层】→【图层样式】→【混合选项】菜单命令，弹出【图层样式】对话框，将【混合模式】设为【柔光】，按住 Alt 键调节混合颜色带，至满意为止，单击【确定】按钮，如图 7-123 所示。

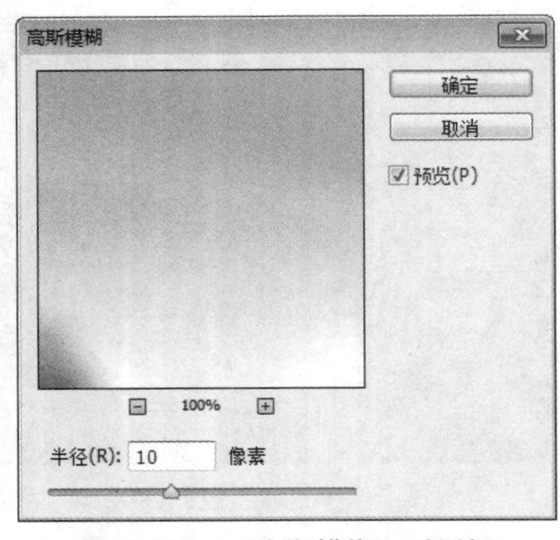

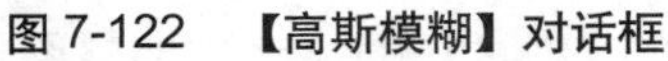
图 7-122 【高斯模糊】对话框

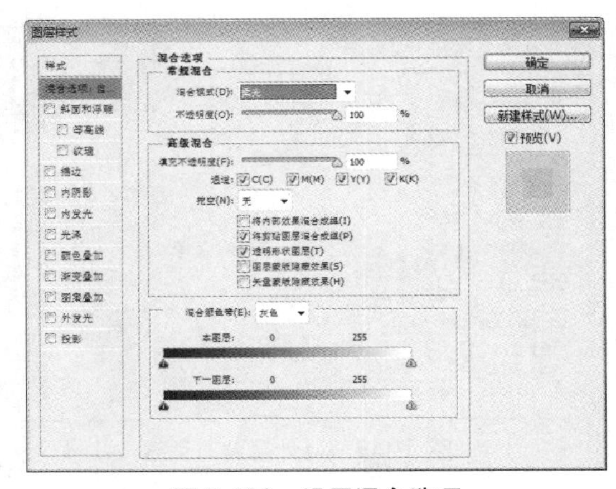

图 7-123 设置混合选项

步骤9 返回到【图层】面板，新建一个图层，按Ctrl+Alt+Shift+E组合键盖印可见图层，如图 7-124 所示。

步骤10 打开【通道】面板，将 Alpha 1 设置为不可见，如图 7-125 所示。

图 7-124 新建图层

图 7-125 【通道】面板

步骤11 最后灰色图像效果生成，如图 7-126 所示。

图 7-126 灰色图像效果

7.6 综合实例2——综合运用选择工具设计时钟

综合利用选区工具可以制作各种图像，下面演示设计时钟的操作步骤。

1. 创建钟表背景

步骤1 选择【文件】→【新建】菜单命令，弹出【新建】对话框，创建2400像素×1800像素的文件，采用默认背景色，单击【确定】按钮，如图7-127所示。

步骤2 按Ctrl+R组合键，为图像添加标尺，右击标尺，在弹出的快捷菜单中选择【百分比】命令，如图7-128所示。

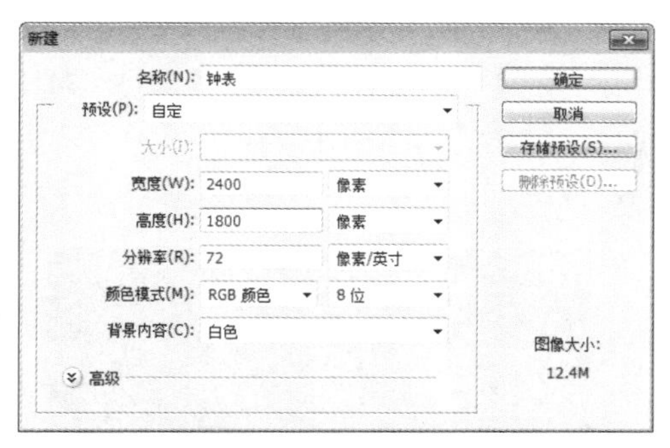

图7-127 【新建】对话框

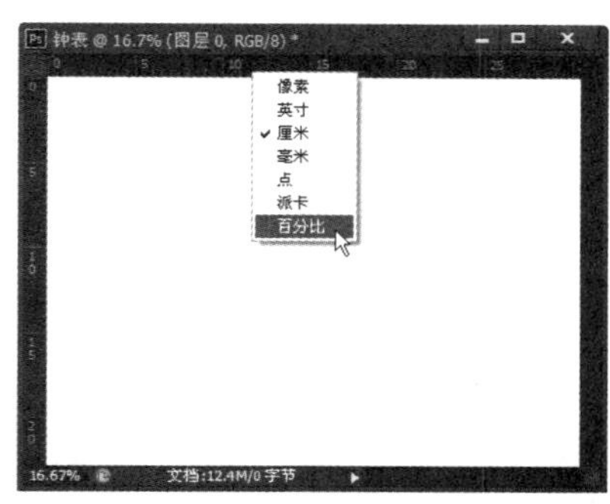

图7-128 选择【百分比】命令

步骤3 使用鼠标从左、上标尺中拖出两条参考线，并将参考线置于50%处，如图7-129所示。

步骤4 按Ctrl+A组合键，将整个图层定为选区，选择工具箱中的【渐变工具】，单击属性栏中的渐变条，弹出【渐变编辑器】对话框，设置渐变颜色为浅蓝至深蓝，单击【确定】按钮，如图7-130所示。

图7-129 设置参考线

图7-130 设置渐变颜色

步骤5 单击属性栏的【径向渐变】按钮，在图像中绘制渐变，得到如图7-131所示的效果。

步骤6 打开随书光盘中的“素材\ch03\木质花纹.jpg”文件，使用工具栏中的【移动工具】将其拖放到钟表文件中，产生新图层，并对其进行自由变换，如图7-132所示。

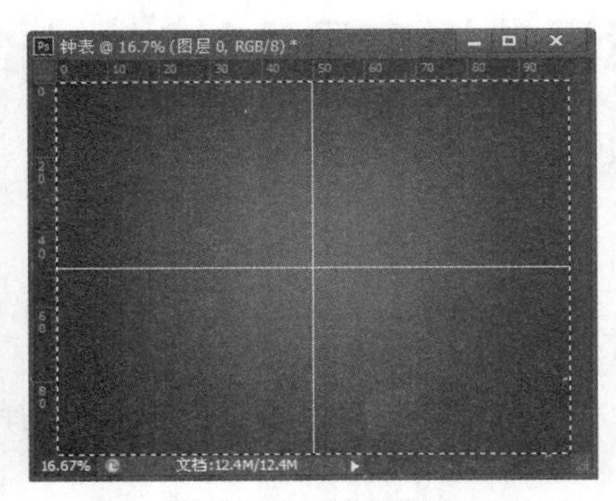
图 7-131　绘制渐变

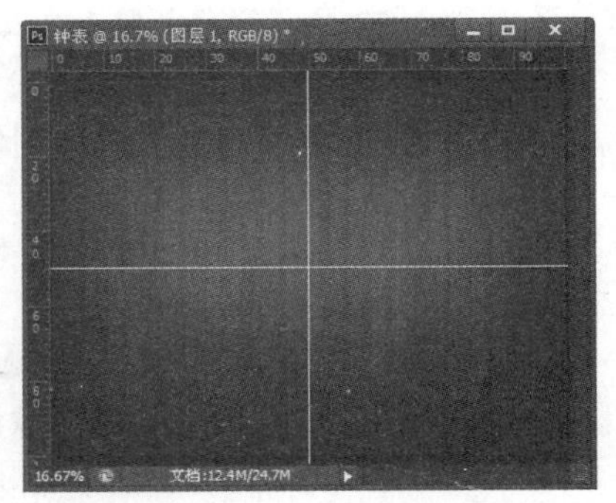
图 7-132　自由变换新图层

步骤7 选择【编辑】→【调整】→【亮度 / 对比度】菜单命令，弹出【亮度 / 对比度】对话框，调整亮度，使木质图层发亮，如图 7-133 所示。

步骤8 将木质图层的不透明度调整为 50%，得到如图 7-134 所示的效果。

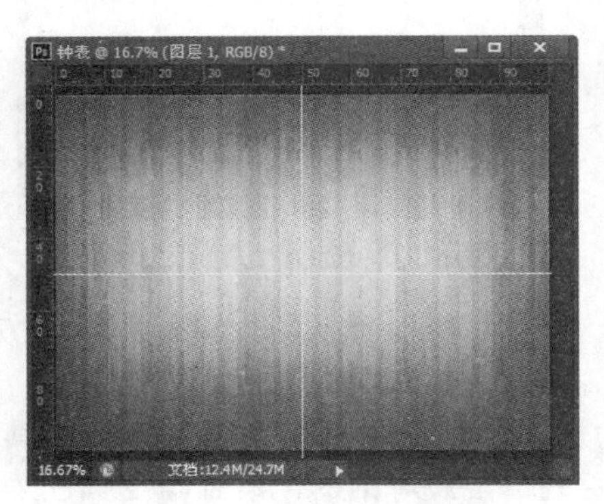
图 7-133　使木质图层发亮

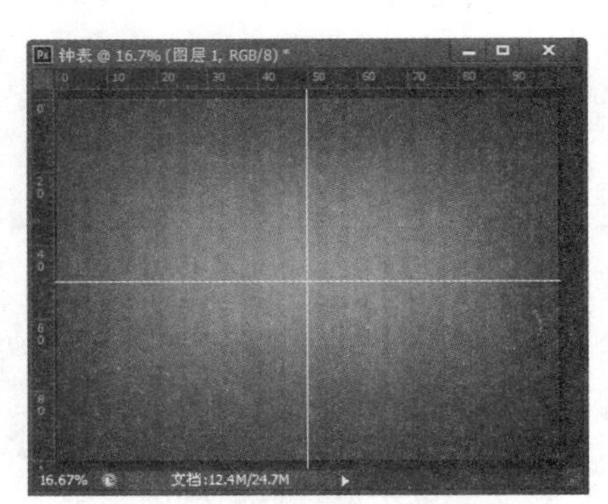
图 7-134　调整木质图层的不透明度

2. 构建钟表表面外形

步骤1 新建一个图层，命名为【钟表面】，选择工具栏中的【椭圆选框工具】，按 Alt +Shift 组合键，从参考线交叉点起拖一个正圆出来，如图 7-135 所示。

步骤2 按 D 键，将前景色和背景色调整为 PS 默认颜色，使用工具栏中的【填充工具】为选区填充前景色，按 Ctrl+D 组合键取消选区，如图 7-136 所示。

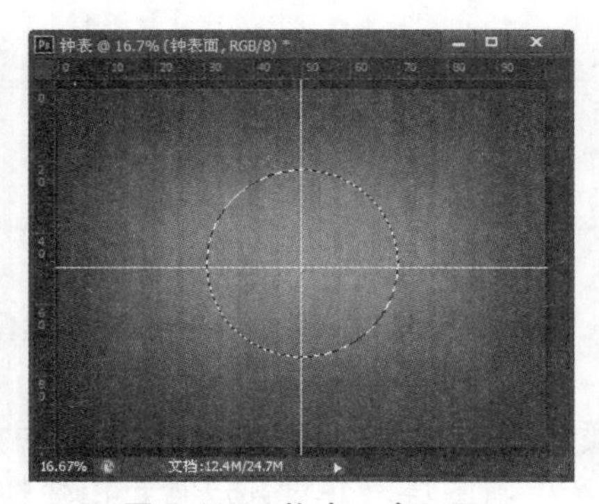
图 7-135　拖出一个正圆

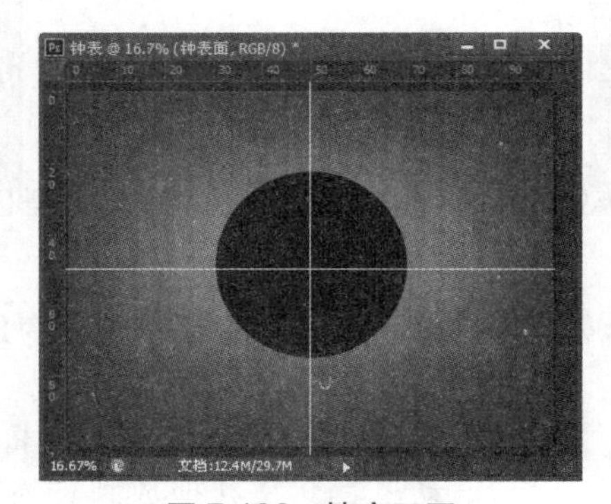
图 7-136　填充正圆

步骤3 双击钟表面图层，弹出【图层样式】对话框，勾选【投影】复选框，调整【不透明度】为65%，【距离】为15像素，【大小】为25像素，如图7-137所示。

步骤4 勾选【内阴影】，设置【混合模式】为【正片叠底】，【不透明度】为65%，【阻塞】为12%，【大小】为12像素，如图7-138所示。

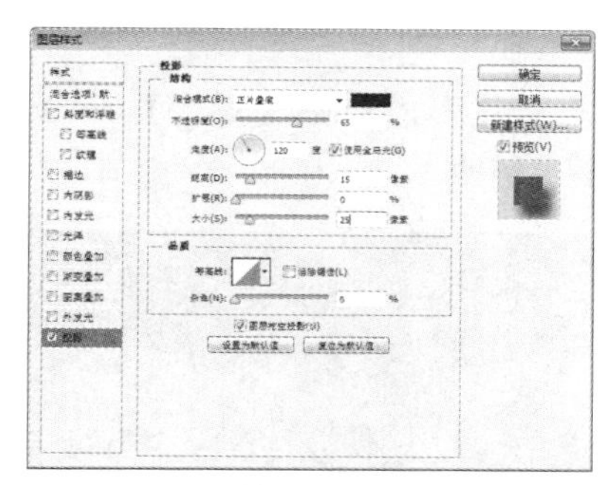

图7-137 设置【投影】样式

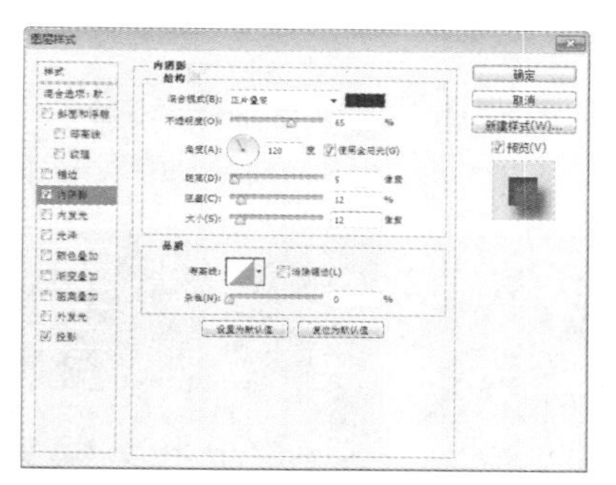

图7-138 设置【内阴影】样式

步骤5 勾选【内发光】复选框，设置【混合模式】为“线性加深”，颜色为红色，【大小】为35像素，如图7-139所示。

步骤6 勾选【斜面和浮雕】复选框，设置【样式】为“内斜面”，【方法】为“雕刻清晰”，【大小】为25像素，如图7-140所示。

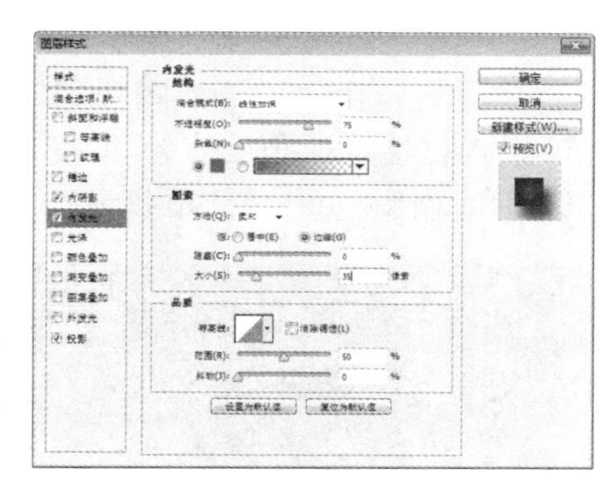

图7-139 设置【内发光】样式

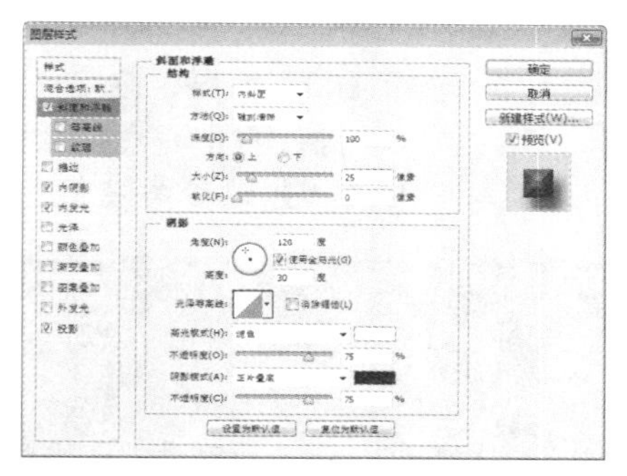

图7-140 设置【斜面和浮雕】样式

步骤7 勾选【渐变叠加】复选框，设置渐变颜色为红色到深红，如图7-141所示。

步骤8 单击【确定】按钮，图层样式调整完成，效果如图7-142所示。

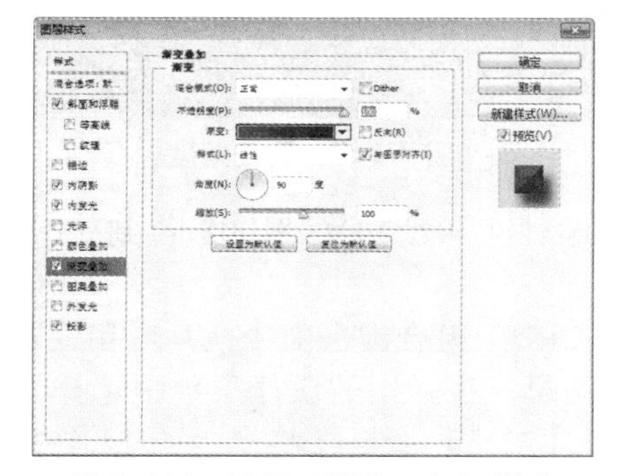

图7-141 设置【渐变叠加】样式

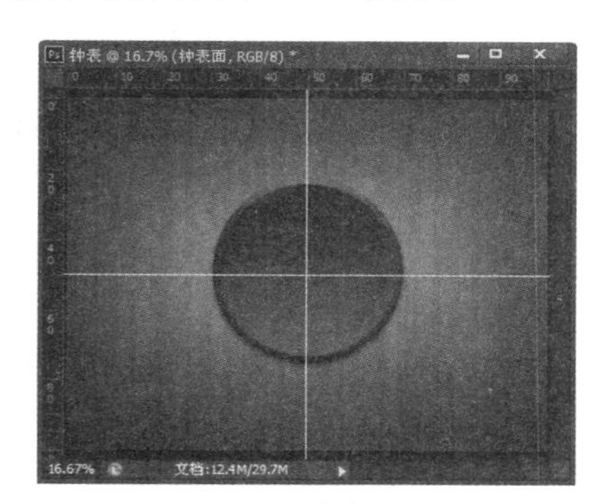

图7-142 钟表面效果

3. 添加时刻

步骤1 选择工具箱中的【横排文字工具】，添加文字，内容为【00】，如图 7-143 所示。

之所以使用【00】，是因为【00】完全对称，容易找到中心，方便下面步骤对齐位置。

步骤2 选中【00】图层和【钟表面】图层，选择【图层】→【对齐】→【水平居中】菜单命令，使【00】位于钟表的中轴线上，如图7-144所示。

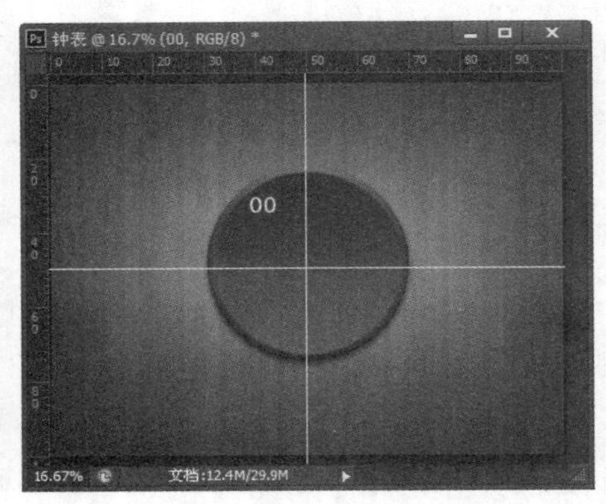

图 7-143 添加文字

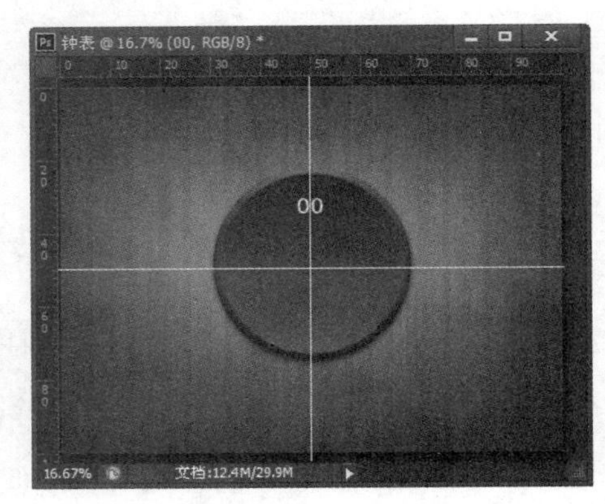

图 7-144 水平居中

步骤3 选择【00】图层，按 Ctrl+T 组合键，对文字进行自由变换，如图 7-145 所示。

步骤4 按 Alt 键，将中心点拖放到参考线交点，设置属性栏中角度值为 30 度，图像中的【00】以参考线角度为轴心，成 30 度角旋转，如图 7-146 所示。

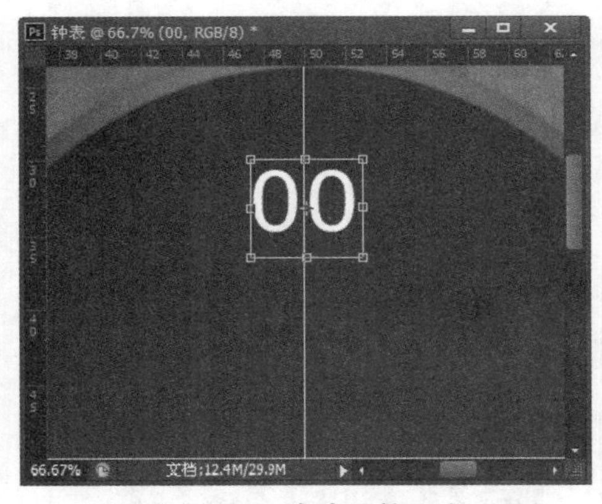

图 7-145 自由变换文字

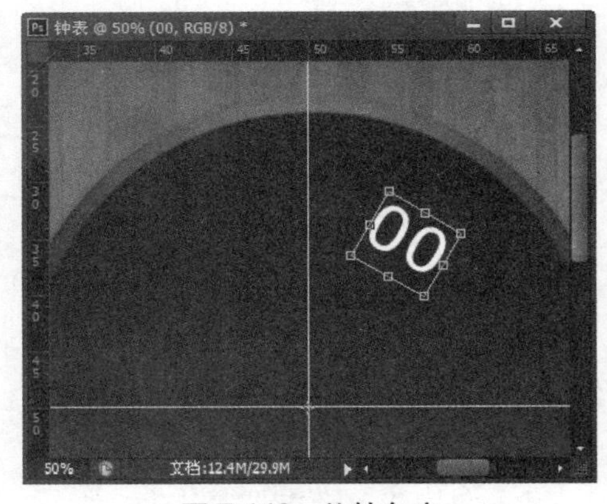

图 7-146 旋转角度

步骤5 重复按Ctrl+Shift+Alt+T组合键11次，顺时针30度角复制【00】，得到如图 7-147 所示的效果。

步骤6 分别调整每个图层中的数值，并使用 Ctrl+T 组合键自由变换角度和位置。调整完成后选中 12 个文字图层，右击图层，在弹出的快捷菜单中选择【栅格化文字】命令，再次右击，选择【合并图层】命令，将产生的 12 个文字图层合并为一个图层，如图 7-148 所示。

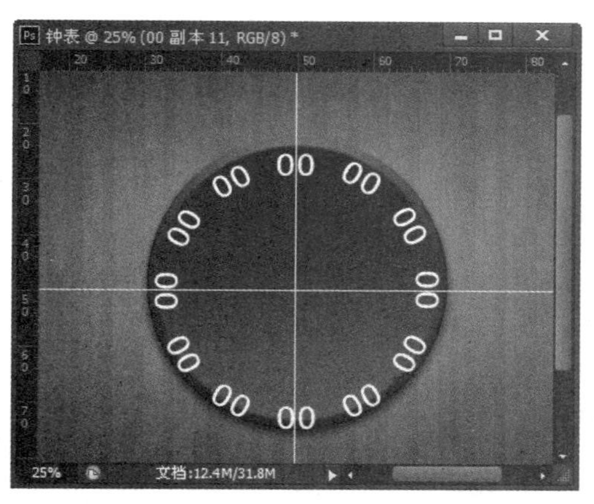
图 7-147　复制文字

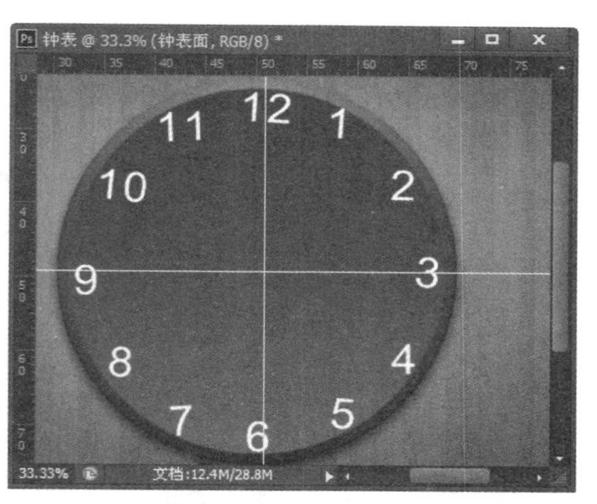
图 7-148　合并图层

步骤7 双击合并的图层，弹出【图层样式】对话框，分别设置其【外发光】、【斜面和浮雕】和【渐变叠加】样式，分别如图 7-149、图 7-150 和图 7-151 所示。

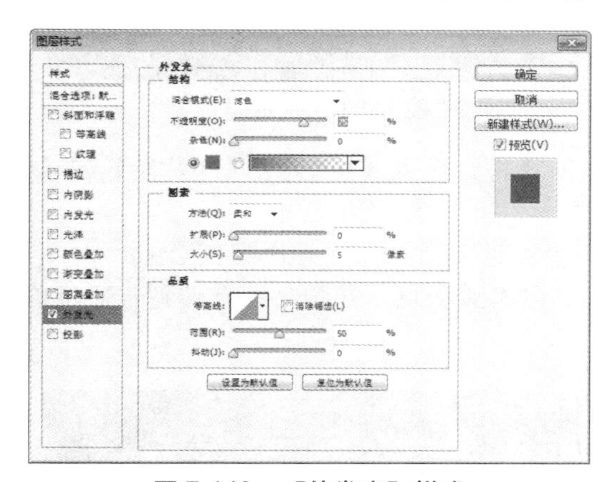
图 7-149　【外发光】样式

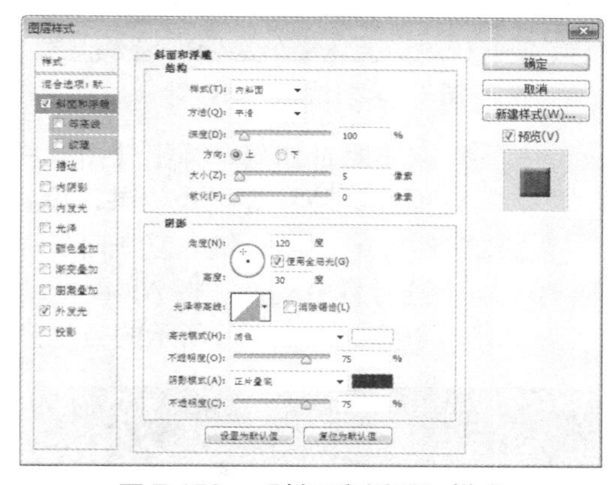
图 7-150　【斜面和浮雕】样式

步骤8 单击【确定】按钮，最终效果如图 7-152 所示。

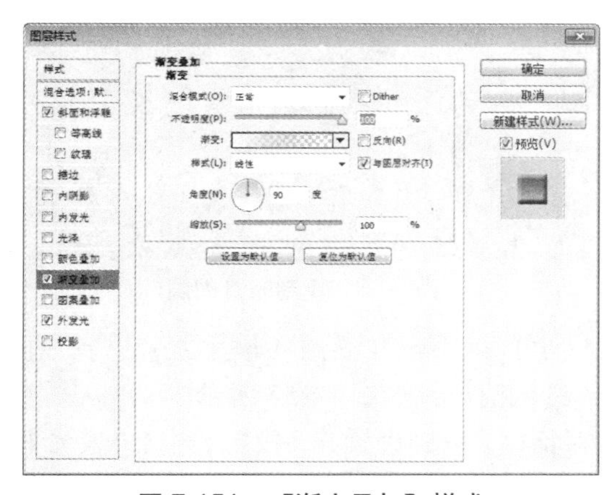
图 7-151　【渐变叠加】样式

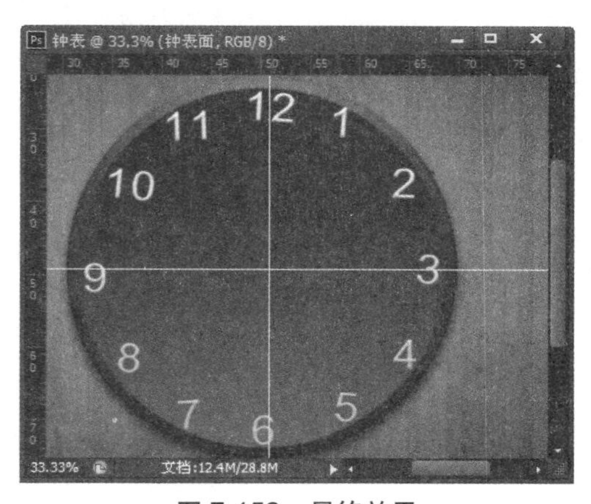
图 7-152　最终效果

4. 添加时针

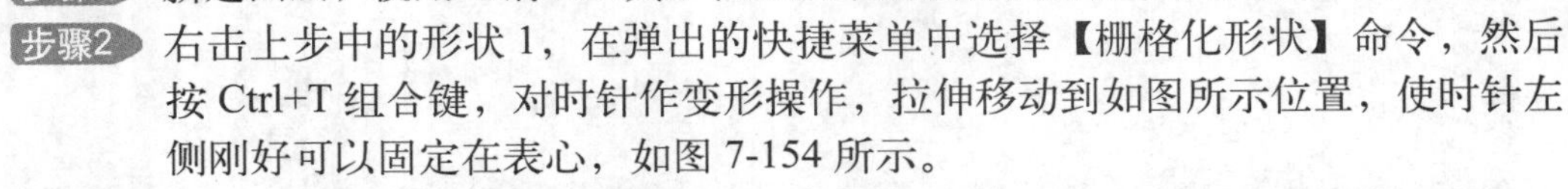

步骤1 新建图层，使用【钢笔工具】在图层中绘制钟表时针形状，如图 7-153 所示。

步骤2 右击上步中的形状 1，在弹出的快捷菜单中选择【栅格化形状】命令，然后按 Ctrl+T 组合键，对时针作变形操作，拉伸移动到如图所示位置，使时针左侧刚好可以固定在表心，如图 7-154 所示。

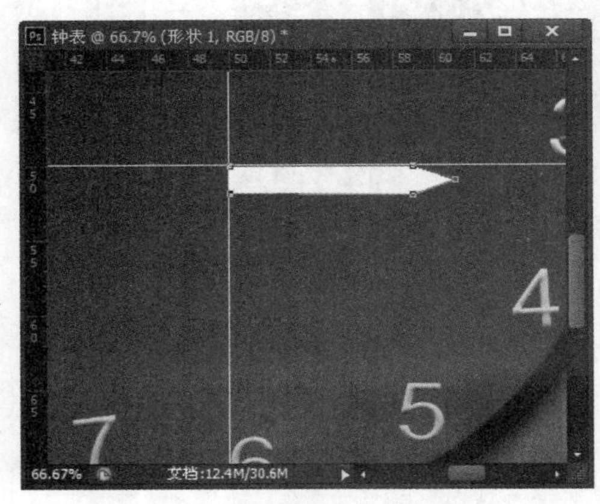

图 7-153　绘制钟表时针

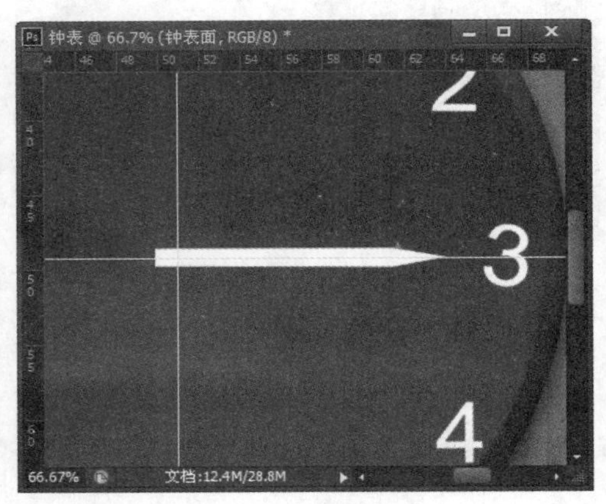

图 7-154　变形时针

步骤3 双击时针图层，弹出【图层样式】对话框，设置【投影】、【外发光】和【斜面和浮雕】等样式效果，设置后效果如图 7-155 所示。

步骤4 按 Ctrl+J 组合键，复制时针图层，生成时针副本，按 Ctrl+T 组合键，对图形进行自由变换。按 Alt 键拖动中心到参考线交点，并顺时针旋转到合适位置，得到如图 7-156 所示的效果。

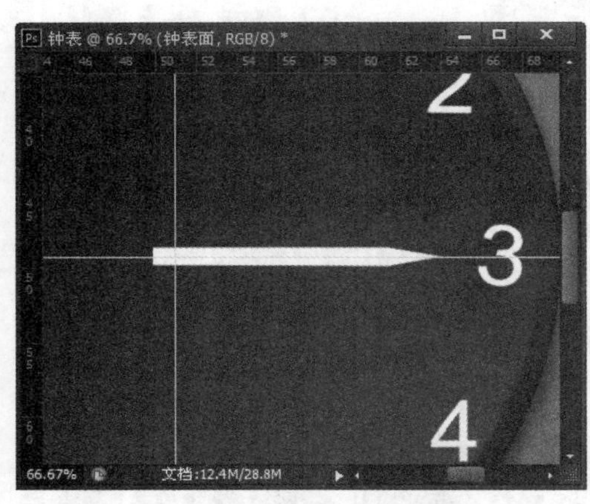

图 7-155　设置时针的效果

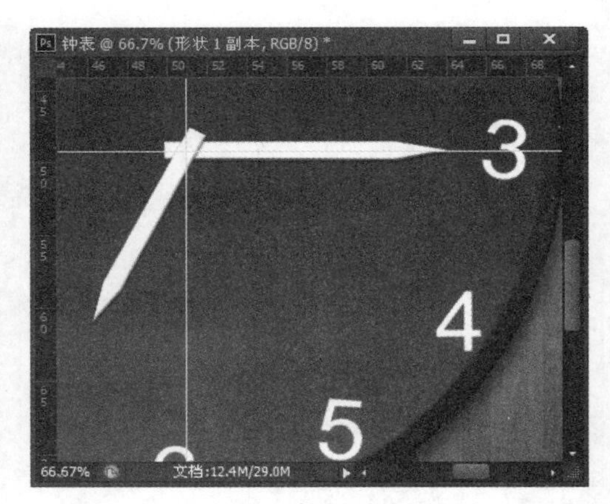

图 7-156　复制时针图层

步骤5 新建图层，命名为【表心】，选择工具栏中的【椭圆选框工具】，按 Alt+Shift 组合键，以参考线交点为起点绘制圆形，如图 7-157 所示。

步骤6 双击表心图层，弹出【图层样式】对话框，分别设置其【投影】、【外发光】、【渐变叠加】等参数，然后单击【确定】按钮，如图 7-158 所示。

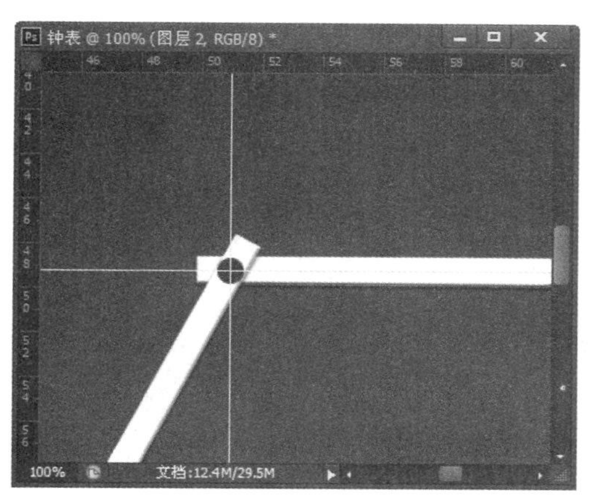

图 7-157　绘制圆形

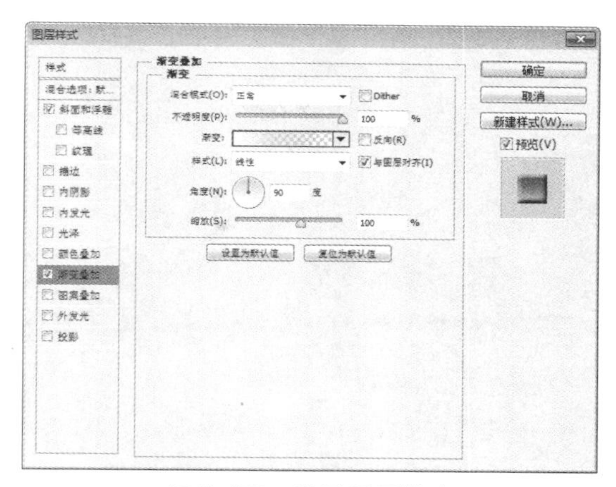

图 7-158　设置图层样式

5. 设置表面效果

步骤1 新建图层，使用工具栏中的【椭圆选框工具】，以参考线交点为起点绘制一个正圆，正圆略小于钟表面层中圆的大小，为圆填充白色，并调整【不透明度】，效果如图 7-159 所示。

步骤2 新建图层，依照上一步绘制同样的圆，按 Ctrl+T 组合键，对新图层中的圆自由变换操作，使其位于表面中上方。单击【图层】面板下方的【添加蒙版】按钮，在蒙版中添加自下而上的黑白渐变，得到镜面中上方的高光效果，如图 7-160 所示。

图 7-159　绘制一个正圆

图 7-160　黑白渐变效果

步骤3 新建图层，依照上述步骤绘制同样的圆，填充为黑色，选择【滤镜】→【渲染】→【镜头光晕】菜单命令，弹出【镜头光晕】对话框，选中【105 毫米聚焦】单选按钮，单击【确定】按钮，如图 7-161 所示。

步骤4 双击上一步中的图层，弹出【图层样式】对话框，设置【混合模式】为【滤色】，单击【确定】按钮，如图 7-162 所示。

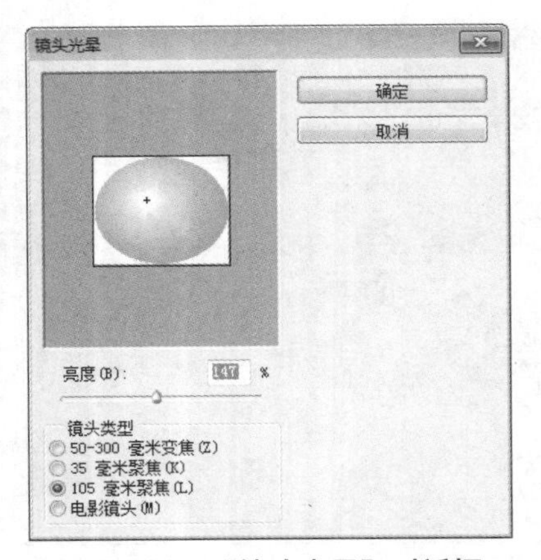

图 7-161 【镜头光晕】对话框

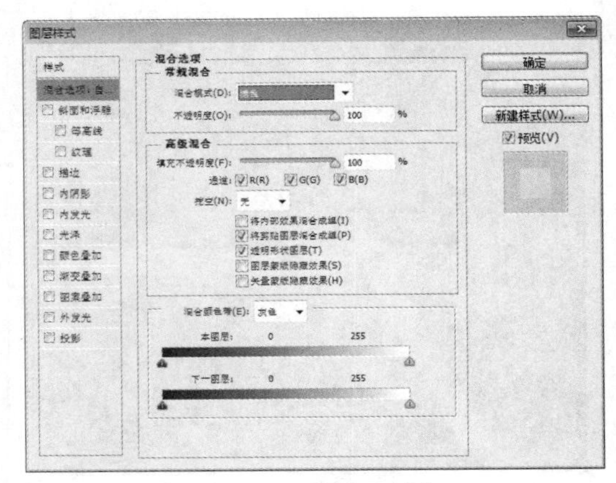

图 7-162 设置混合选项

步骤5 返回图像界面，得到高光加强效果，如图 7-163 所示。

图 7-163 高光加强效果

7.7 专家答疑

疑问 1：为什么在 Photoshop CS6 中的红、绿、蓝通道均呈现灰色的显示，而不是各颜色都呈现不同的颜色？

答：出现这种情况是正常的。因为在Photoshop CS6中，通道都是以灰色和黑色显示。此时如果想要将其调节成彩色的，则选择【编辑】→【首选项】→【界面】菜单项，在打开的【首选项】对话框中勾选【用彩色显示通道】复选框，单击【确定】按钮保存就可以了。

疑问 2：如何查找图像中的蒙版状态？

答：在【图层】调板中，按住Alt键的同时单击蒙版缩览图，可以在画布中显示蒙版的状态，再次执行该操作可以切换为图层状态。

第 8 章 制作网页文字特效

使用 Photoshop CS6 的各种功能命令可以制作出绚丽的效果。其中在文字特效制作方面很突出，如立体文字、火焰文字及各种材质效果的文字。在排版印刷、广告设计行业，特色的文字效果对整体作品的影响非常突出。本章将详细介绍几种文字特效的制作方法。

8.1 创建文字效果

文字是平面设计的重要组成部分，它不仅可以传达信息，还能起到美化版面、强化主题的作用。Photoshop提供了多个用于创建文字的工具，文字的编辑和修改方法也非常灵活。

8.1.1 输入文字

文字是人们传达信息的主要方式，文字在设计工作中显得尤为重要。字的不同大小、颜色及不同的字体传达给人的信息也不相同，所以用户应该熟练地掌握文字的输入与设定。

输入文字的工具有【横排文字工具】T、【直排文字工具】IT、【横排文字蒙版工具】T和【直排文字蒙版工具】IT4种，后两种工具主要用来建立文字形选区。

利用文字输入工具可以输入两种类型的文字，【点文本】和【段落文本】。

(1) 【点文本】用在较少文字的场合，例如标题、产品和书籍的名称等。输入时选择文字工具，然后在画布中单击输入即可，它不会自动换行。

(2) 【段落文本】主要用于报纸杂志、产品说明和企业宣传册等。输入时可选择文字工具，然后在画布中单击并拖曳鼠标生成文本框，在其中输入文字即可，它会自动换行形成一段文字。

下面来讲解输入文字的具体操作步骤。

步骤1 打开随书光盘中的“素材\ch08\图01.jpg”文件，如图8-1所示。

步骤2 选择【文字工具】T，在文档中单击鼠标，输入标题文字，如图8-2所示。

图8-1 打开素材文件

图8-2 输入文字标题

步骤3 选择【文字工具】T，在文档中单击鼠标并向右下角拖动出一个界定框，此时画面中会呈现闪烁的光标，如图8-3所示。

步骤4 在界定框内输入文本，如图8-4所示。

图 8-3　拖动界定框

图 8-4　输入文本

当创建文字时，在【图层】调板中会添加一个新的文字图层，在 Photoshop 中还可以创建文字形状的选框。但在 Photoshop 中，因为【多通道】、【位图】或【索引颜色】模式不支持图层，所以不会为这些模式中的图像创建文字图层。在这些图像模式中，文字显示在背景上。

8.1.2　设置文字属性

在Photoshop 中，通过文字工具的属性栏可以设置文字的文字方向、大小、颜色和对齐方式等。

步骤1　打开上述输入的文字文档，如图 8-5 所示。

步骤2　选择文本框中的文字，在工具属性栏中设置字体为【华文行楷】，大小为 30 点，颜色为红色（C：0，M：100，Y：100，K：0），如图 8-6 所示。

图 8-5　打开文字文档

图 8-6　设置文字属性

【文字工具】的相关参数如图8-7所示。

图 8-7　【文字工具】的参数

(1) 【更改文字方向】按钮：单击此按钮可以在横排文字和竖排文字之间进行切换。

(2) 【字体】设置框：设置字体类型。

(3) 【字号】设置框：设置文字大小。

(4) 【消除锯齿】设置框：消除锯齿的方法包括【无】、【锐利】、【犀利】、【浑厚】和【平滑】等，通常设定为【平滑】。

(5) 【段落格式】设置区：包括【左对齐】按钮、【居中对齐】按钮和【右对齐】按钮。

(6) 【文本颜色】设置项：单击可以弹出【拾色器（前景色）】对话框，在对话框中可以设定文本颜色。

(7) 【创建文字变形】按钮：设置文字的变形方式。

(8) 【切换字符和段落面板】按钮：单击该按钮可打开【字符】和【段落】面板。

在对文字大小进行设定时，可以先通过文字工具拖曳选择文字，然后使用快捷键对文字大小进行更改。

更改文字大小的快捷键：

Ctrl+Shift+>组合键可以增大字号

Ctrl+Shift+<组合键可以减小字号。

更改文字间距的快捷键：

Alt+←组合键可以减小字符的间距

Alt+→组合键可以增大字符的间距。

更改文字行间距的快捷键：

Alt+↑组合键可以减小行间距

Alt+↓组合键可以增大行间距。

文字输入完毕，可以使用Ctrl＋Enter组合键提交文字输入。

8.1.3 设置段落属性

创建段落文字后，可以根据需要调整界定框的大小，文字会自动在调整后的界定框中重新排列，通过界定框还可以旋转、缩放和斜切文字。下面来讲解设置段落属性的具体操作步骤。

步骤1 打开随书光盘中的“素材\ch08\文本1.psd”文档，如图8-8所示。

步骤2 选择文字后，在属性栏中单击【切换字符和段落面板】按钮，弹出【字符】调板，切换到【段落】调板，如图8-9所示。

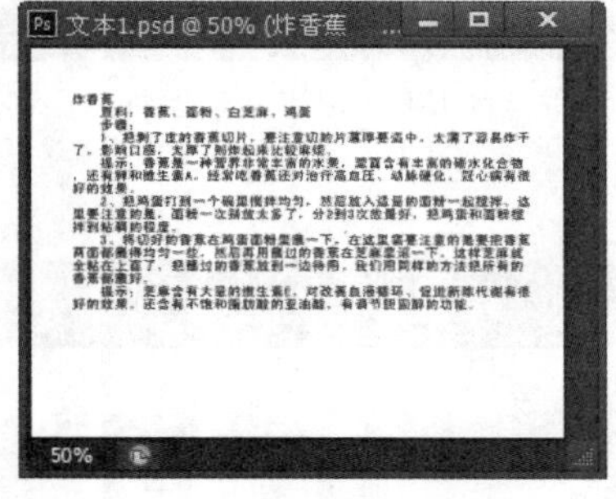

图8-8 打开文档

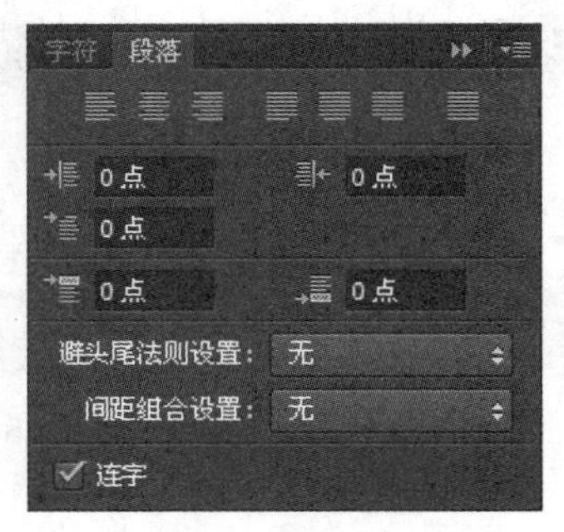

图8-9 【段落】调板

步骤3 在【段落】调板上单击【最后一行左对齐】按钮，将文本对齐，如图8-10所示。

步骤4 将鼠标指针定位在界定框的右下角，此时指针会变为双向箭头形状时，然后将文本框拖曳变大，隐藏的文本就会出现，如图8-11所示。

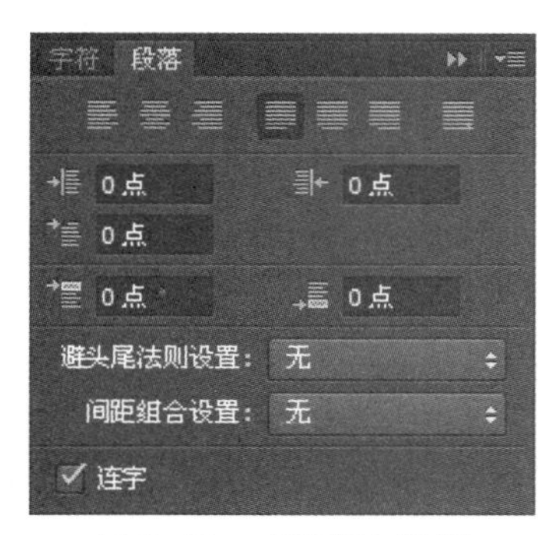

图8-10 【段落】调板

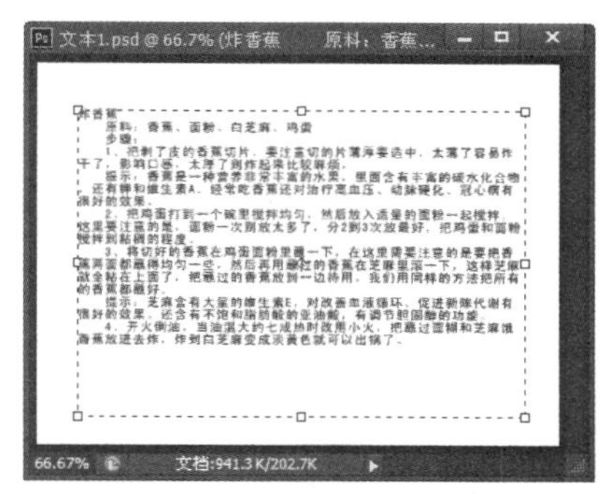

图8-11 调整文本框的大小

步骤5 最终效果如图8-12所示。

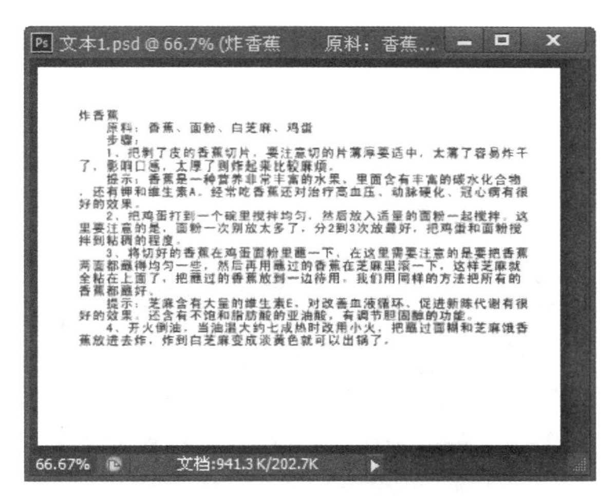

图8-12 最终效果

提示：要在调整界定框大小时缩放文字，应在拖曳手柄的同时按住Ctrl键。若要旋转界定框，可将指针定位在界定框外，此时指针会变为弯曲的双向箭头形状。按住Shift键并拖曳可将旋转限制为按15度进行。若要更改旋转中心，按住Ctrl键并将中心点拖曳到新位置即可，中心点可以在界定框的外面。

8.1.4 转换文字形式

Photoshop中的点文字和段落文字是可以相互转换的。如果是点文字，可选择【文字】→【转化为段落文字】菜单命令，将其转化为段落文字后，各文本行彼此独立的排行，每个文字行的末尾（最后一行除外）都会添加一个回车字符；如果是段落文字，可选择【文字】→【转换为点文本】菜单命令，将其转化为点文字，如图8-13所示。

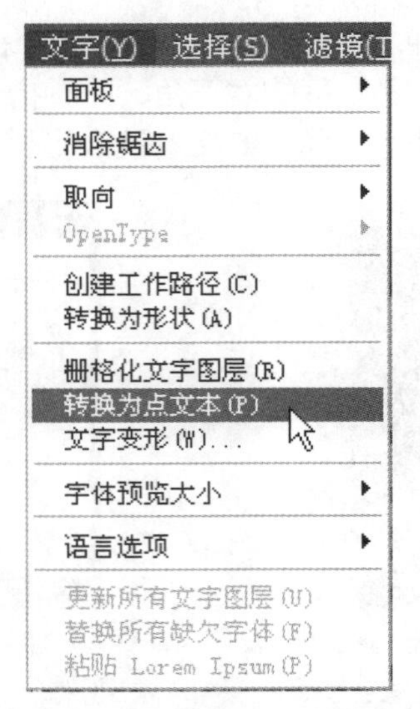

图 8-13　选择【转换为点文本】选项

8.1.5　通过调板设置文字格式

格式化字符是指设置字符的属性，包括字体、大小、颜色和行距等。输入文字之前可以在工具属性栏中设置文字属性，也可以在输入文字之后在【字符】调板中为选择的文本或者字符重新设置这些属性，如图8-14所示。

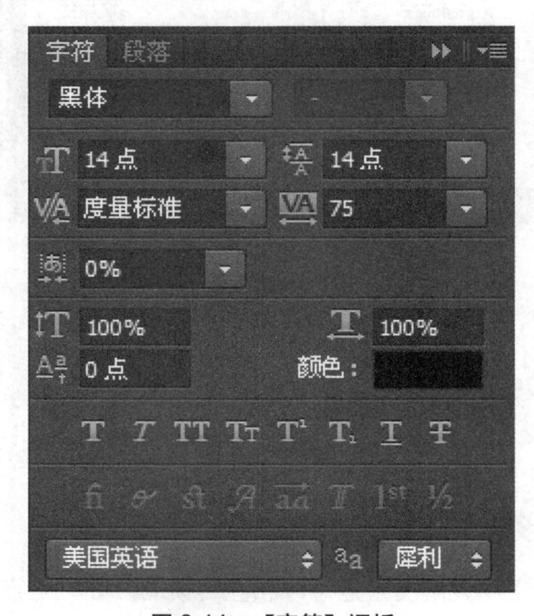

图 8-14　【字符】调板

(1) 设置字体。单击按钮，在打开的下拉列表中可以为文字选择字体。

(2) 设置文字大小。单击字体大小选项右侧的按钮，在打开的下拉列表中可以为文字选择字号。也可以在数值栏中直接输入数值从而设置字体大小。

(3) 设置文字颜色。单击【颜色】选项中的色块，可以在打开的【拾色器】对话框中设置字体颜色。

(4) 行距。设置文本中各个文字之间的垂直距离。

(5) 字距微调。用来调整两个字符之间的间距。

(6) 字距调整。用来设置整个文本中所有的字符。

(7) 水平缩放与垂直缩放。用来调整字符的宽度和高度。

(8) 基线偏移。用来控制文字与基线的距离。

下面来讲解调整字体的方法。

步骤1 打开随书光盘中的“素材\ch08\段落文字.psd”文档，如图 8-15 所示。

步骤2 选择文字后，在属性栏中单击【切换字符和段落面板】按钮，弹出【字符】调板，设置相关参数，颜色设置为红色，如图 8-16 所示。

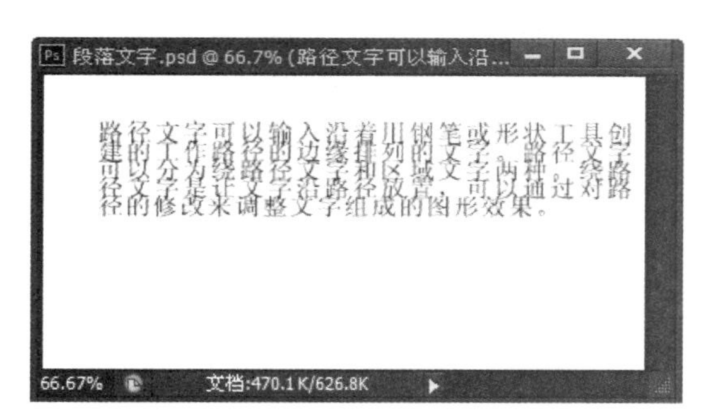

图 8-15　打开素材文件

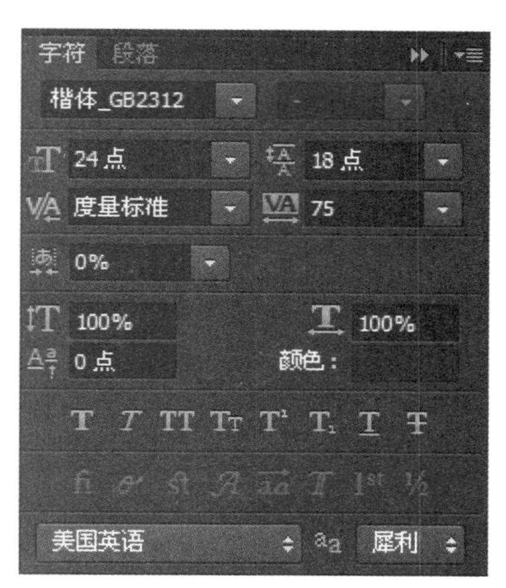

图 8-16　【字符】调板

步骤3 最终效果如图 8-17 所示。

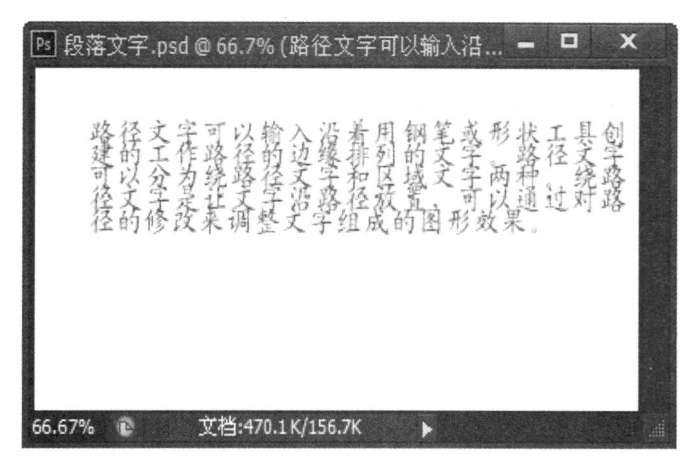

图 8-17　最终效果

8.1.6 栅格化文字

文字图层是一种特殊的图层，要想对文字进行进一步处理，可以对文字进行栅格化处理，即将文字转换成一般的图像再进行处理。

下面来讲解文字栅格化处理的具体操作步骤。

步骤1 用【移动工具】选择文字图层，如图 8-18 所示。

步骤2 选择【图层】→【栅格化】→【文字】菜单命令，栅格化后的效果如图 8-19 所示。

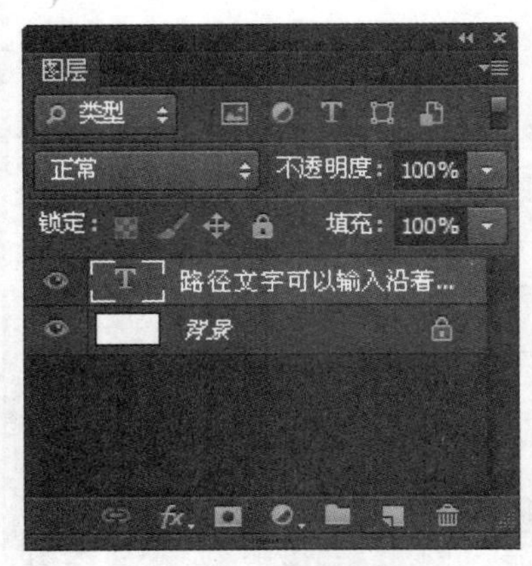

图 8-18 选择文字图层

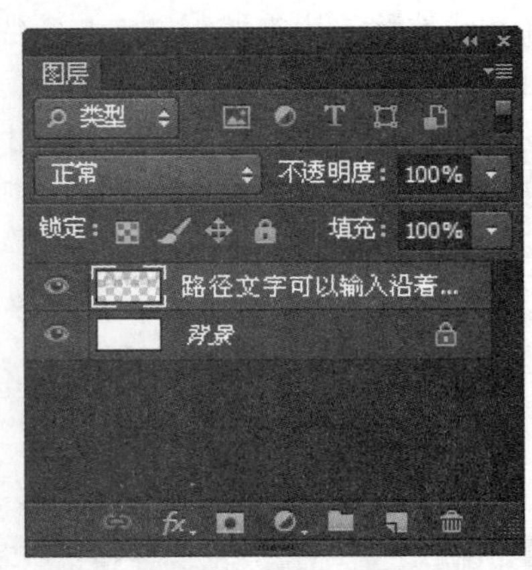

图 8-19 栅格化后的效果

文字图层被栅格化后，就成为一般图形而不再具有文字的属性。文字图层变为普通图层后，可以对其直接应用滤镜效果。

8.1.7 创建变形文字

为了增强文字的效果，可以创建变形文本。

1. 创建变形文字

步骤1 打开随书光盘中的“素材 \ch08\ 图 13.jpg”文件，如图 8-20 所示。

步骤2 在需要输入文字的位置输入文字，然后选择文字，如图 8-21 所示。

图 8-20 打开素材

图 8-21 输入文字

步骤3 在属性栏中单击【创建变形文本】按钮，在弹出的【变形文字】对话框中的【样式】下拉列表中选择【旗帜】选项，并设置其他参数，如图 8-22 所示。

步骤4 单击【确定】按钮，最终效果如图 8-23 所示。

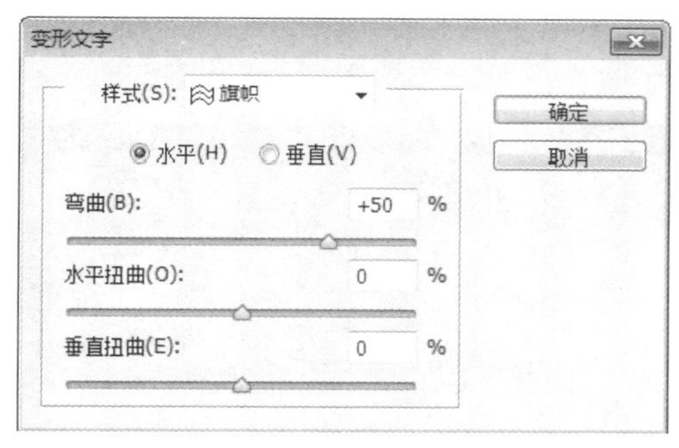

图 8-22 【变形文字】对话框

图 8-23 最终效果

2. 【变形文字】对话框的参数设置

(1) 【样式】下拉列表：用于选择哪种风格的变形。单击右侧的下三角按钮可弹出样式风格菜单。

(2) 【水平】单选按钮和【垂直】单选按钮：用于选择弯曲的方向。

(3) 【弯曲】、【水平扭曲】和【垂直扭曲】设置项：用于控制弯曲的程度，输入适当的数值或者拖曳滑块均可。

8.1.8 创建路径文字

路径文字可以输入沿着用钢笔工具或形状工具创建的工作路径的边缘排列的文字。路径文字可以分为绕路径文字和区域文字两种。绕路径文字是文字沿路径放置，可以通过对路径的修改来调整文字组成的图形效果。

创建绕路径文字效果的具体操作步骤如下。

步骤1 打开随书光盘中的“素材 \ch08\ 图 02.jpg”图像，如图 8-24 所示。

步骤2 选择【钢笔工具】，在工具属性栏中选择工具模式为【路径】，然后绘制希望文本遵循的路径，如图 8-25 所示。

图 8-24 打开素材

图 8-25 绘制路径

步骤3 选择【文字工具】，将光标移至路径上，当光标变为形状时在路径上单击，然后输入文字即可，如图 8-26 所示。

步骤4 选择【直接选择工具】，当光标变为形状时沿路径拖曳即可，如图8-27所示。

图 8-26　输入文字

图 8-27　修改路径和文字

8.2　综合案例 1——制作水晶文字

本实例学习使用【文字工具】、【栅格化文字】命令和【图层样式】命令等制作水晶文字效果。

步骤1 选择【文件】→【新建】菜单命令，弹出【新建】对话框，设置【名称】为【水晶文字】，【宽度】为 500 像素，【高度】为 500 像素，【分辨率】为 72 像素 / 英寸，【颜色模式】为 RGB，单击【确定】按钮，新建一个空白文档，如图 8-28 所示。

步骤2 使用工具栏中的【横排文字工具】，在【字符】调板中设置各项参数，颜色设置为蓝色，在文档中单击鼠标，输入标题文字，如图 8-29 所示。

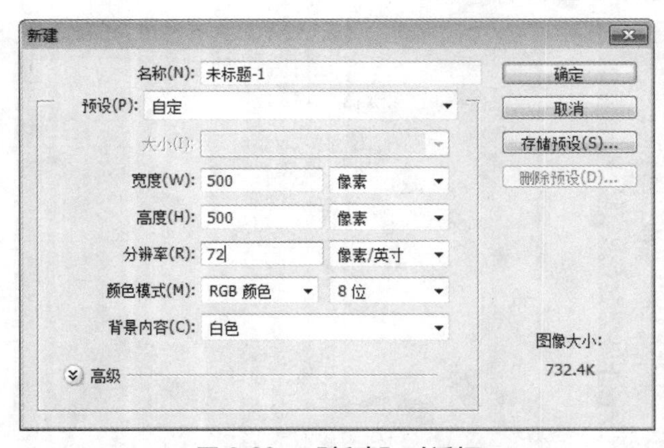

图 8-28　【新建】对话框

图 8-29　输入文字

步骤3 单击【添加图层样式】按钮，为图案添加【描边】效果，设置其参数，其中描边颜色的 RGB 值为 26、153、38，单击【确定】按钮，如图 8-30 所示。

步骤4 设置完成后，效果如图 8-31 所示。

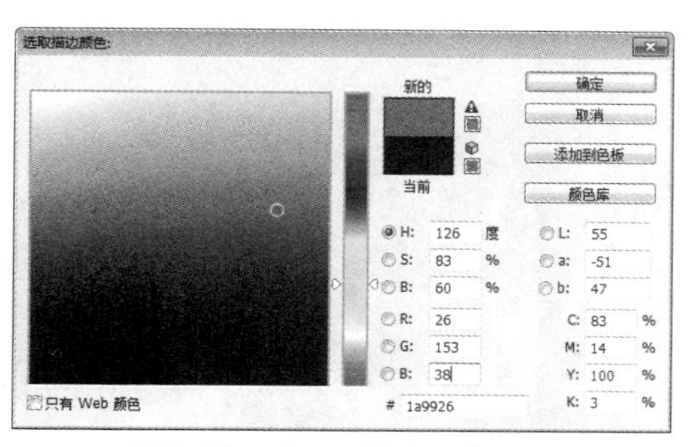

图 8-30　设置【描边】的参数

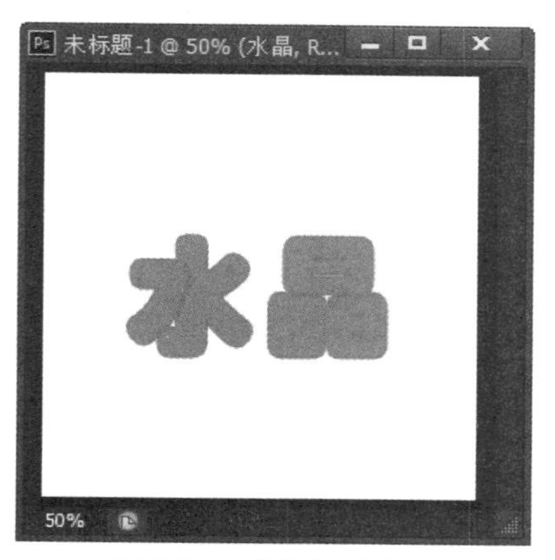

图 8-31　描边后的效果

步骤5 双击【文字】图层，弹出【图层样式】对话框，勾选【投影】复选框，单击【等高线】右侧的向下按钮，在弹出的列表中选择第 2 行第 3 个预设选项，单击【确定】按钮，如图 8-32 所示。

步骤6 设置完成后，效果如图 8-33 所示。

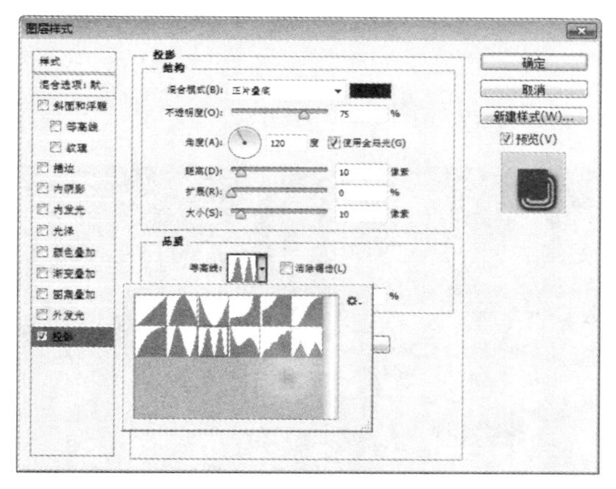

图 8-32　【图层样式】对话框

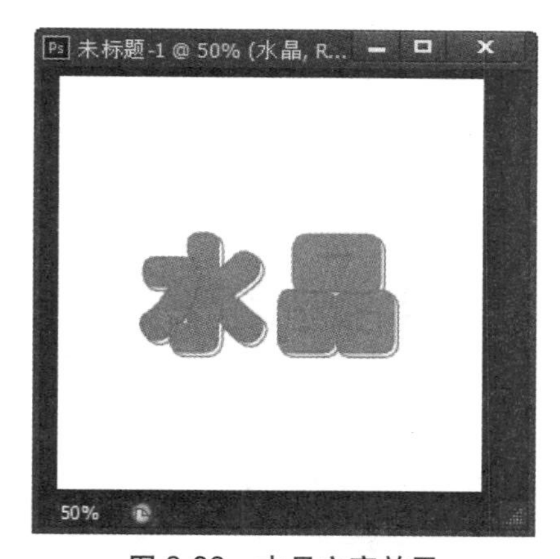

图 8-33　水晶文字效果

本例主要利用图层样式命令来制作水晶文字的效果，读者在实际操作时可根据需要利用调整文字的界定框来适当加长文字或压缩文字，使文字效果更加突出。

8.3　综合案例 2——制作燃烧的文字

本实例学习使用【文字工具】、【滤镜】和【图层样式】命令，制作燃烧的文字。

步骤1 选择【文件】→【新建】菜单命令，弹出【新建】对话框，设置【名称】为【燃烧的文字】，【宽度】为 600 像素，【高度】为 600 像素，【分辨率】为 200 像素 / 英寸，【颜色模式】为 RGB，单击【确定】按钮，如图 8-34 所示。

步骤2 将背景填充为黑色，前景色设为白色，然后输入文字【火】，如图 8-35 所示。

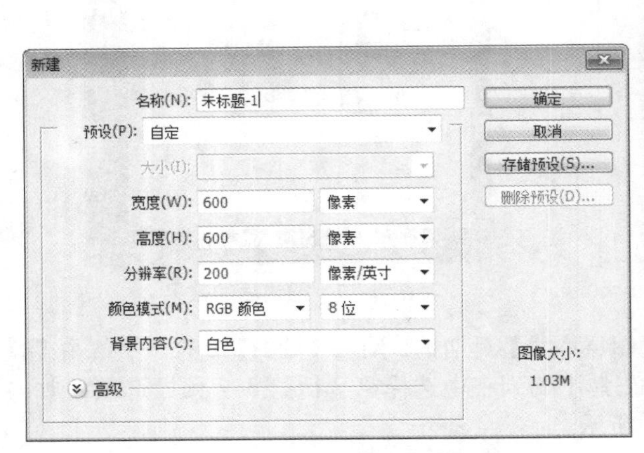

图 8-34 【新建】对话框

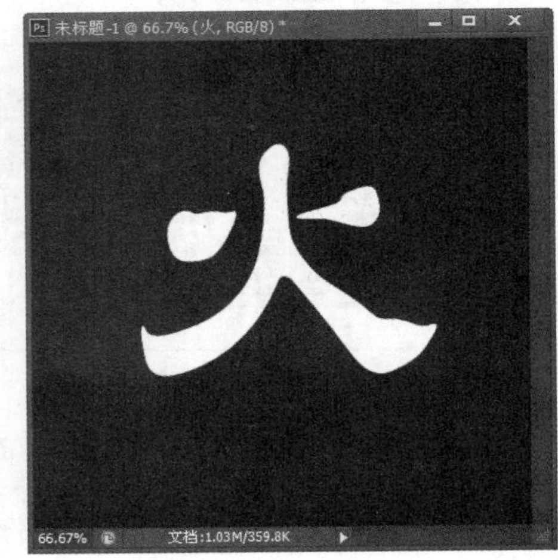

图 8-35 输入文字

步骤3 在【文字】图层上右击，在弹出的快捷菜单中选择【栅格化文字】命令，如图 8-36 所示。

步骤4 将栅格化的文字复制一层，选择副本图层，如图 8-37 所示。

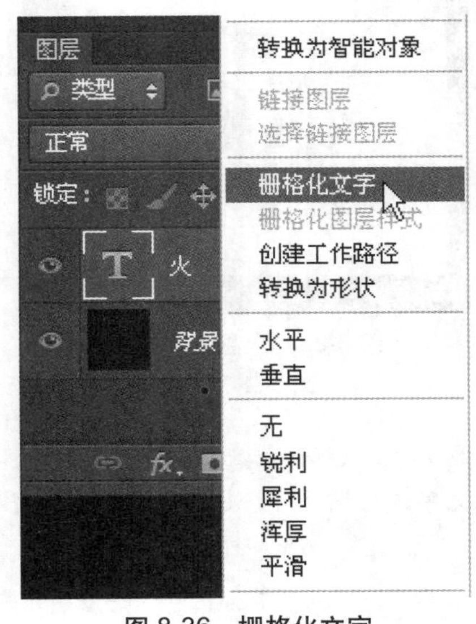

图 8-36 栅格化文字

图 8-37 复制图层

步骤5 选择【编辑】→【变换】→【旋转 90 度（顺时针）】菜单命令，旋转文字图层副本，如图 8-38 所示。

步骤6 选择【滤镜】→【风格化】→【风】菜单命令，弹出【风】对话框，参数设置如图 8-39 所示，单击【确定】按钮。

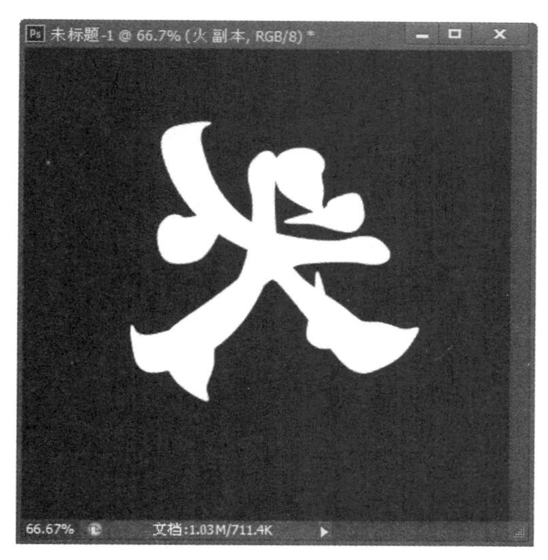

图 8-38 旋转文字

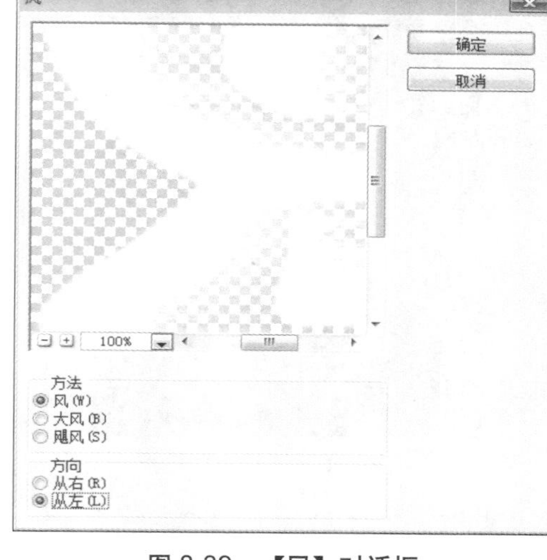

图 8-39 【风】对话框

步骤7 再按 Ctrl+F 组合键两次，加强一下风的效果，如图 8-40 所示。

步骤8 选择【编辑】→【变换】→【旋转 90 度（逆时针）】菜单命令，旋转文字图层副本，如图 8-41 所示。

图 8-40 加强风效果

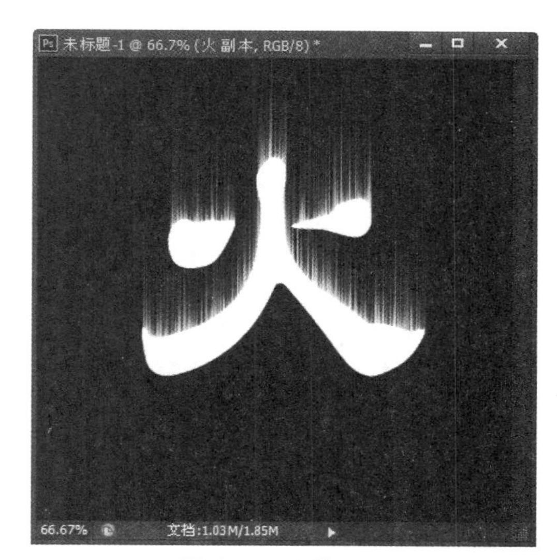

图 8-41 旋转图层

步骤9 选择【火 副本】图层，然后将其复制一层为【火 副本 2】。如图 8-42 所示。

步骤10 选择【滤镜】→【模糊】→【高斯模糊】菜单命令，弹出【高斯模糊】对话框，将【半径】设置为2像素，单击【确定】按钮，如图8-43所示。

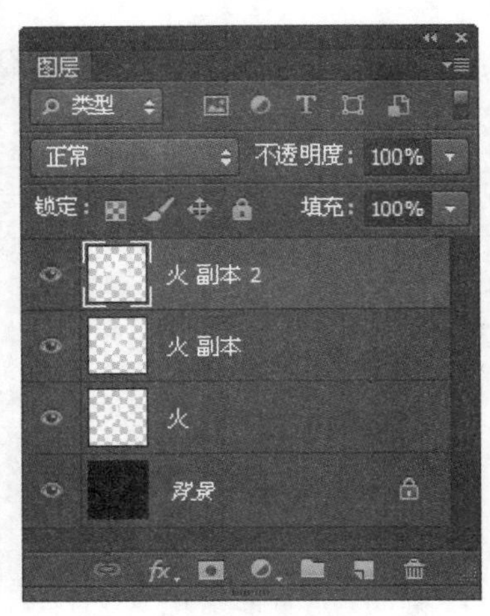

图8-42　复制图层

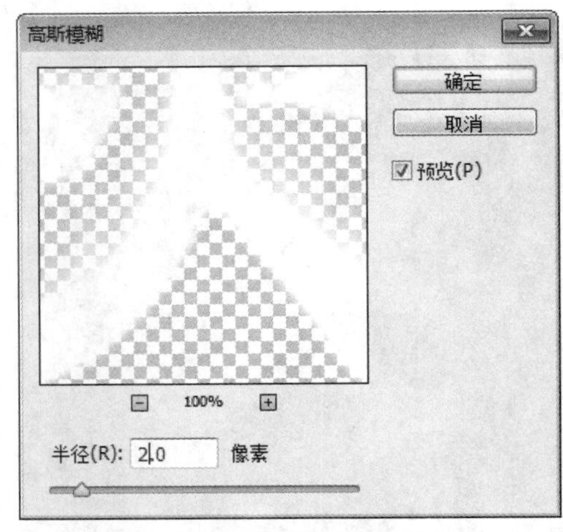

图8-43　【高斯模糊】对话框

步骤11 在【火 副本2】图层下新建一个【图层1】，然后用黑色填充背景，把【图层1】与【火 副本2】图层合并为一个图层，如图8-44所示。

步骤12 选择合并后的图层，选择【滤镜】→【液化】菜单命令，在弹出的对话框中先用大画笔涂出大体走向，再用小画笔突出小火苗，如图8-45所示。

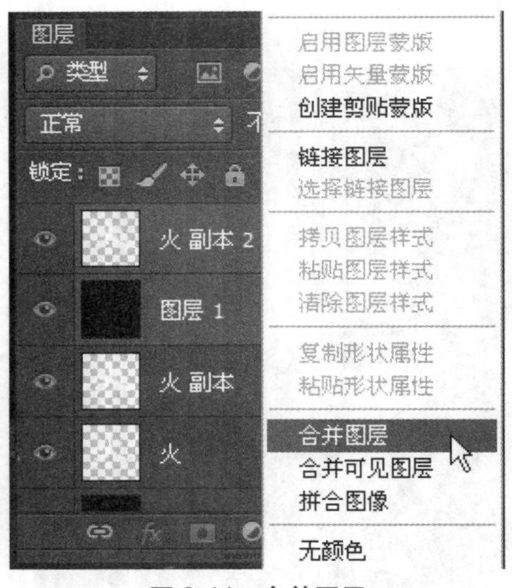

图8-44　合并图层

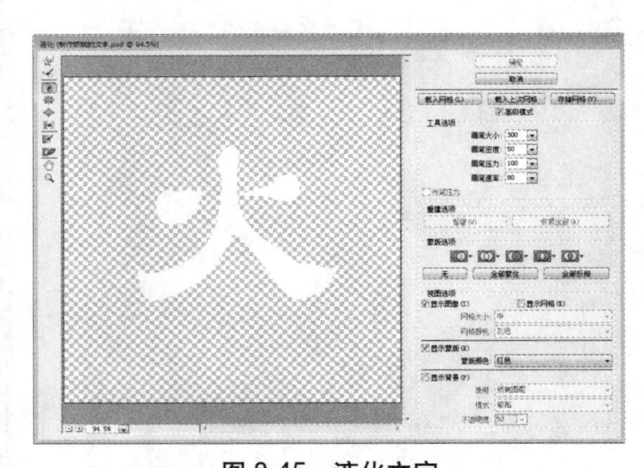

图8-45　液化文字

步骤13 按Ctrl+B组合键，对液化好的图层调整色彩平衡，将其调成橙红色，参数如图8-46所示。

步骤14 单击【确定】按钮，效果如图8-47所示。

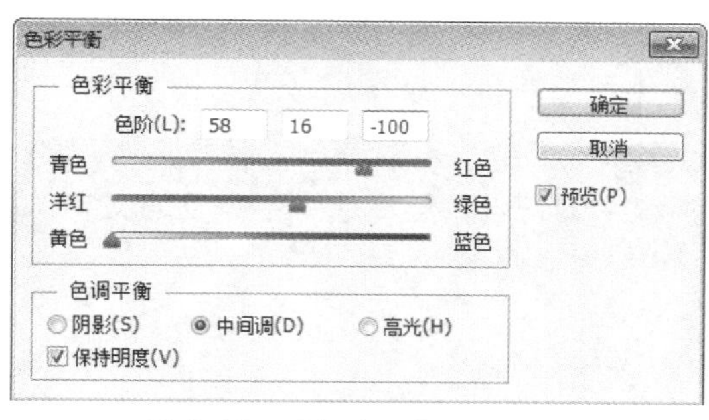

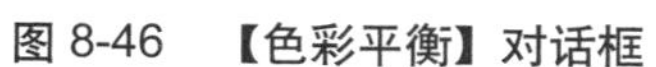
图 8-46 【色彩平衡】对话框

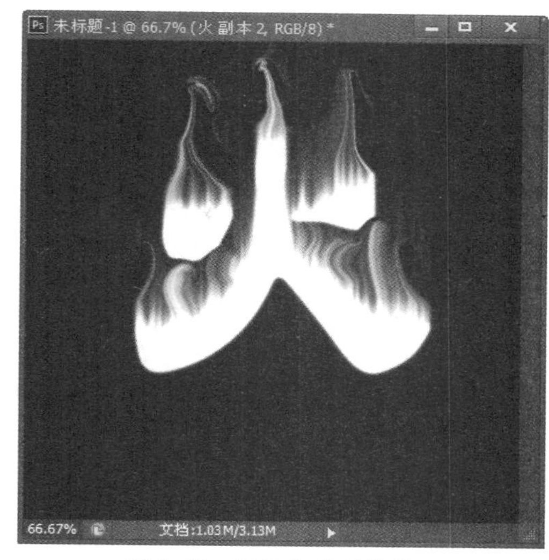

图 8-47 调整色彩后的效果

步骤15 选择【图层 1】并将其复制为【图层 1 副本】，然后将【图层 1 副本】的混合模式设为【叠加】，从而加强火焰的效果，如图 8-48 所示。

步骤16 选择【火 副本】图层，执行【滤镜】→【模糊】→【高斯模糊】菜单命令，弹出【高斯模糊】对话框，将【半径】设为 2.5，效果如图 8-49 所示。

步骤17 单击【确定】按钮，效果如图 8-50 所示。

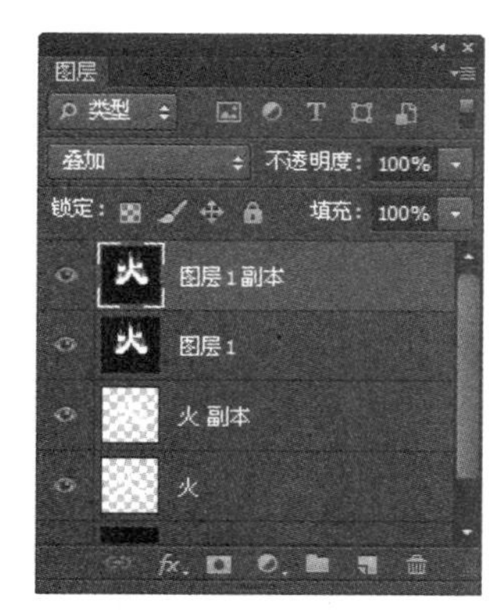

图 8-48 加强火焰的效果

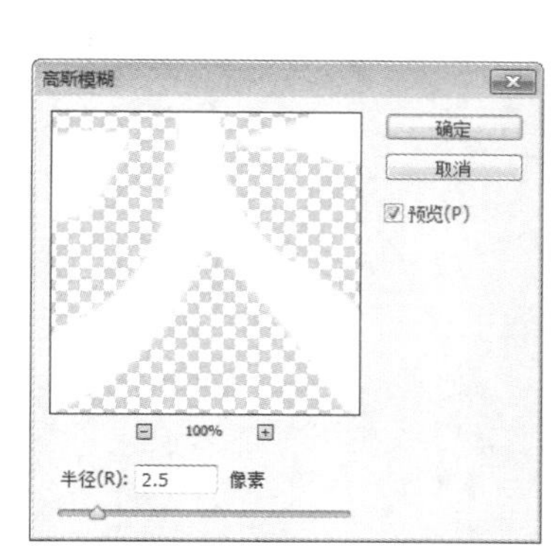

图 8-49 【高斯模糊】对话框

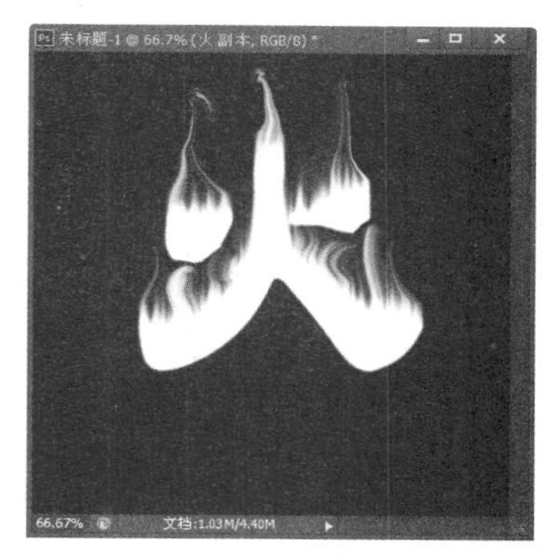

图 8-50 最终效果

在制作火焰文字时，火焰的颜色很重要，读者在操作时一定注意颜色的设置和滤镜的效果添加。

8.4 专家答疑

疑问1：在制作特效字的时候，完成后总是有白色的背景，如何去掉背景色，使得只能看到字，而看不到任何背景？

答：新建一个透明层，在透明层上建立文字，并完成其特效效果，输出为GIF格式的图片，就能实现背景透明的效果。

疑问2：在Photoshop CS6中输入文字，怎样选取文字的一部分？

答：把文字层转换成图层，然后在层面板上按住Ctrl键，用鼠标单击转换成图层的文字层就能选中全部文字，然后按住Alt键，就会出现+_的符号，然后选中不需要的文字，那么留下的就是需要的文字。

第 9 章
制作网页按钮与导航条

按钮是网页设计不可缺少的基础元素之一，按钮作为页面的重要视觉元素，放置在明显、易找、易读的区域是必要的。导航条也是网页设计不可缺少的基础元素之一，导航条不仅仅是信息结构的基础分类，也是浏览网站的路标。

9.1 按钮与导航条的设计原则

按钮和导航条在网页中是不可缺少的元素，但在设计按钮与导航条时，也要符合网页的整体风格以及注意相关设计事项。

9.1.1 网页按钮的设计注意事项

按钮代表着“做某件事”，即单击了按钮代表着操作了一个功能，做的这件事是有后果的，是不易挽回的。例如注册、单击进入等，它们的共同点是：都是在“做”一件事，并且绝大多数都是对表单的提交。

在了解了按钮的作用后，下面就来介绍在设计网页按钮时应注意的事项。

1. 按钮的颜色

按钮的颜色应该区别于它周边的环境色，因此它要更亮而且有高对比度的颜色，如图9-1所示。

图 9-1 按钮的颜色

2 按钮的位置

按钮的位置也需要仔细考究，基本原则是要容易找到，特别重要的按钮应该处在画面的中心位置。

3. 按钮的文字

在按钮上使用什么文字传递给用户非常重要。需要言简意赅，直接明了，如注册、下载、创建、免费试玩等，甚至有时候用“点击进入”。

4. 按钮的尺寸

通常来讲，一个页面当中按钮的大小也决定了其本身的重要级别，但也不是越大越好，尺寸应该适中，因为按钮大到一定程度，会让人觉得不像按钮。

9.1.2 网页导航条的设计注意事项

导航条是最早出现在网页上的页面元素之一，它既是网站路标，又是分类名称，是十分重要的。导航条应放置到明显的页面位置，让浏览者在第一时间内看到它并做出判断，确定要进入哪个栏目中去搜索他们所要的信息。

在设计网站导航条的时候，一般来说要注意以下几点：

- 网站导航条的色彩要与网站的整体相融合，在色彩的选用上不要求像网站的Logo、网站的Bannar那样的鲜明色彩。

● 放置在网站正文的上方或者下方，这样的放置主要是针对网站导航条，能够为精心设计的导航条提供一个很好的展示空间，如果网站使用的是列表导航，也可以将列表放置在网站正文的两侧。

● 导航条层次清晰，能够简单明了地反映访问者所浏览的层次结构。

● 更可能多地提供相关资源的链接。

9.2 制作按钮

在个性张显的今天，互联网也注重个性的发展，不同的网站采用不同的按钮样式，按钮设计的好坏直接影响整个站点的风格。下面介绍几款常用按钮的制作。

9.2.1 实例 1——制作普通按钮

面对色彩丰富繁杂的网络世界，普通简洁的按钮凭其大方经典的样式得以永存。制作普通按钮的具体操作步骤如下：

步骤1 打开 Photoshop，按 Ctrl+N 组合键，打开【新建】对话框，设置宽 250 像素，高 250 像素，并命名为【普通按钮】，如图 9-2 所示。

步骤2 单击【确定】按钮，新建一个空白文档，如图 9-3 所示。

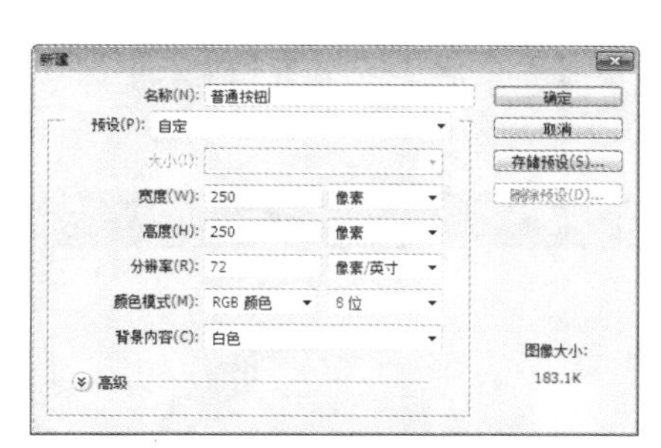

图 9-2 【新建】对话框

图 9-3 新建空白文档

步骤3 新建【图层 1】，选择【椭圆选框工具】，按住 Shift 键的同时在图像窗口画出一个 200 像素 ×200 像素的正圆，如图 9-4 所示。

步骤4 选择【渐变工具】，并设置渐变颜色为“R：102，G：102，B：155”到“R：230，G：230，B：255”的渐变，如图 9-5 所示。

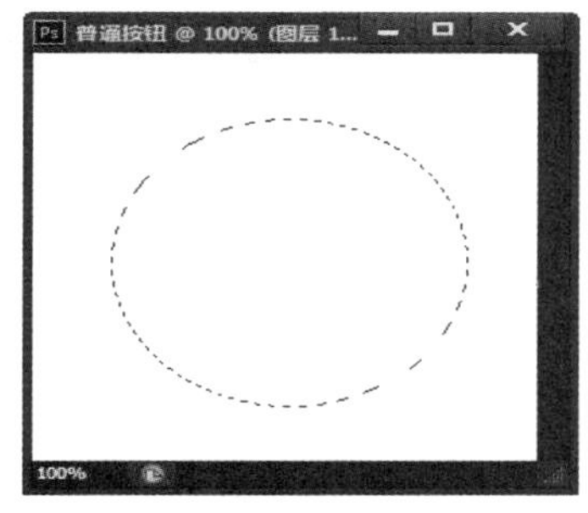

图 9-4 绘制正圆

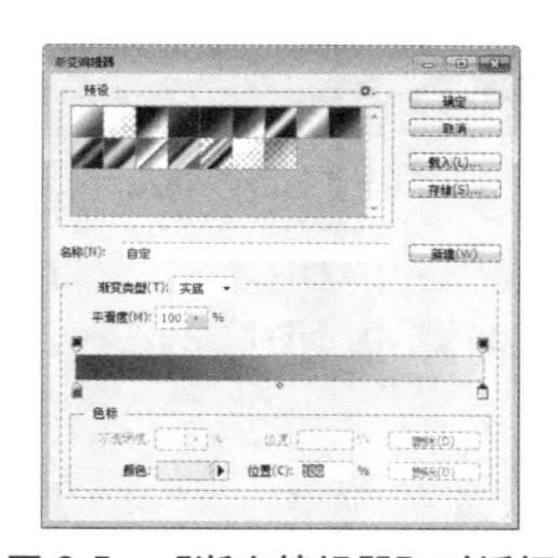

图 9-5 【渐变编辑器】对话框

步骤5 在圆形选框上方单击并向下拖曳鼠标，填充从上到下的渐变。然后按 Ctrl+D 组合键取消选区，如图 9-6 所示。

步骤6 新建【图层 2】，再用【椭圆选框工具】画出一个 170 像素 ×170 像素的正圆，用【渐变工具】进行从下到上的填充，如图 9-7 所示。

图 9-6 填充从上到下的渐变

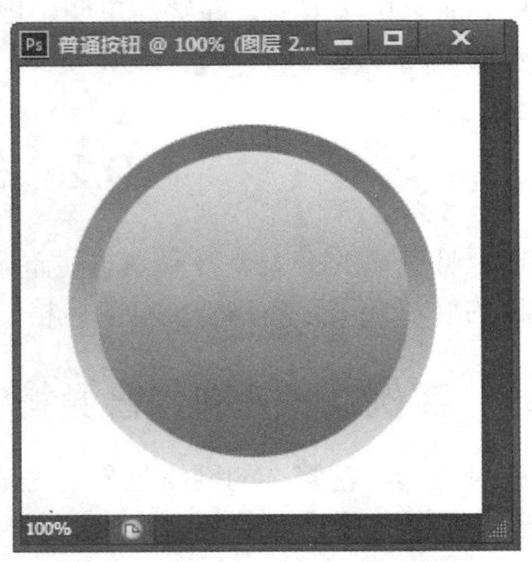

图 9-7 从下到上的填充

步骤7 选中【图层 1】和【图层 2】，然后单击下方的【链接】按钮，链接两个图层，如图 9-8 所示。

步骤8 选择【移动工具】，单击上方工具栏中的【垂直居中对齐】和【水平居中对齐】按钮，以【图层 1】为准，对齐【图层 2】，效果如图 9-9 所示。

图 9-8 链接图层

图 9-9 对齐图层

步骤9 选中【图层 2】，为图层添加【斜面和浮雕】，具体参数设置如图 9-10 所示。

步骤10 选中【图层 2】，为图层添加【描边】效果，具体参数设置如图 9-11 所示。

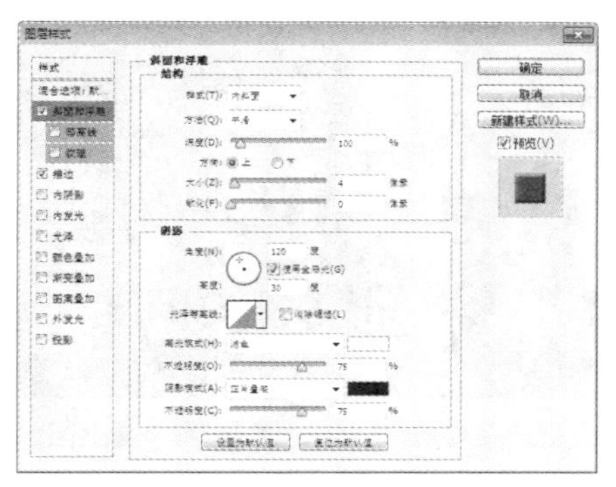

图 9-10 添加【斜面和浮雕】

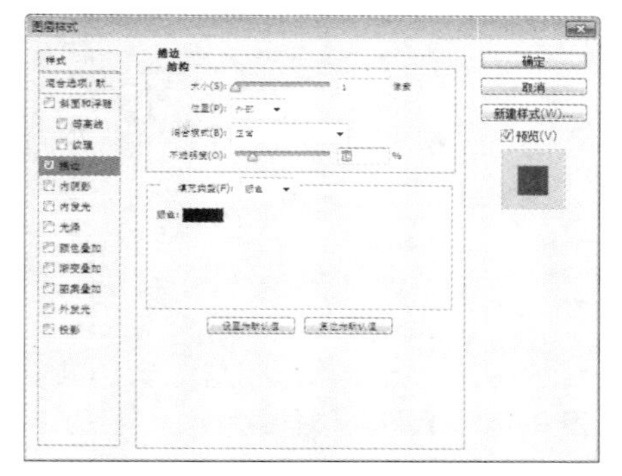

图 9-11 添加【描边】效果

步骤11 单击【确定】按钮，完成普通按钮的制作，效果如图 9-12 所示。

图 9-12 完成按钮的制作

9.2.2 实例 2——制作迷你按钮

信息在网络上有着重要的地位，很多人不想放过可以放任何信息的空间，于是采用迷你按钮，可爱又不失得体，很受年轻人的喜爱。

制作迷你按钮的具体操作步骤如下。

1. 制作圆环

步骤1 打开 Photoshop，按 Ctrl+N 组合键，打开【新建】对话框，设置宽 60 像素，高 60 像素，并命名为【迷你按钮】，如图 9-13 所示。

步骤2 单击【确定】按钮，新建一个空白文档，如图 9-14 所示。

步骤3 新建【图层 1】，用【椭圆选框工具】在图像窗口画一个 50 像素 ×50 像素的正圆，填充橙色“R：255，G：153，B：0”，如图 9-15 所示。

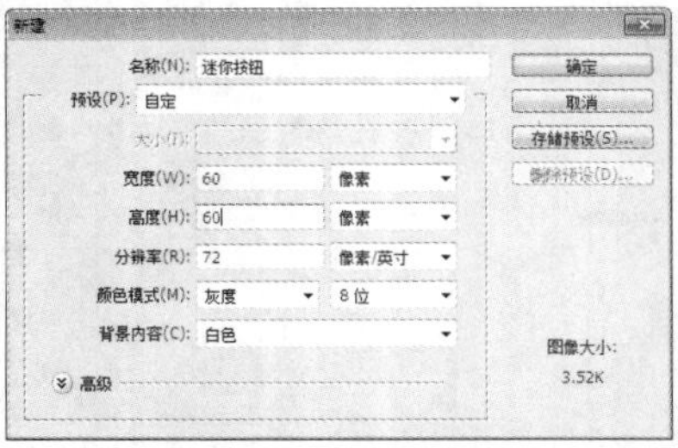

图 9-13 【新建】对话框

图 9-14 新建一个空白文档

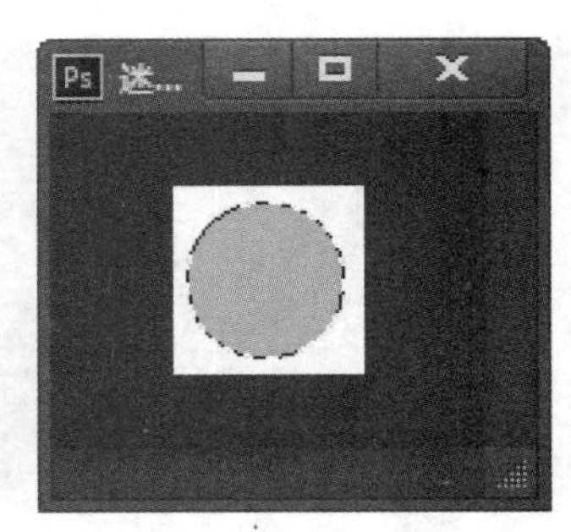

图 9-15 画正圆

步骤4 执行【选择】→【修改】→【收缩】菜单命令，打开【收缩选区】对话框，设置【收缩量】为“7”像素，如图 9-16 所示。

步骤5 单击【确定】按钮，可以看到收缩之后的效果，然后按 Delete 键删除，可以得到如图 9-17 所示的圆环。

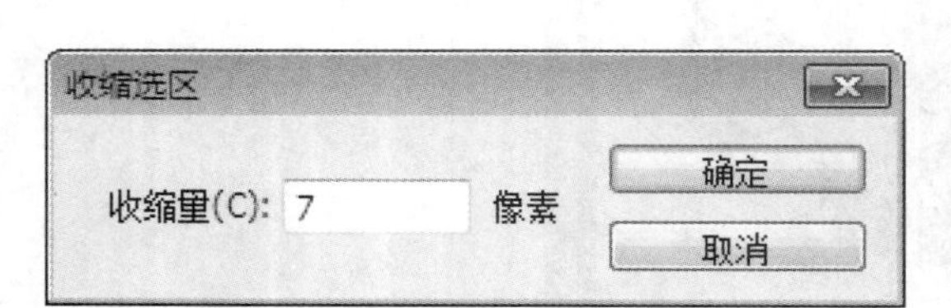

图 9-16 【收缩选区】对话框

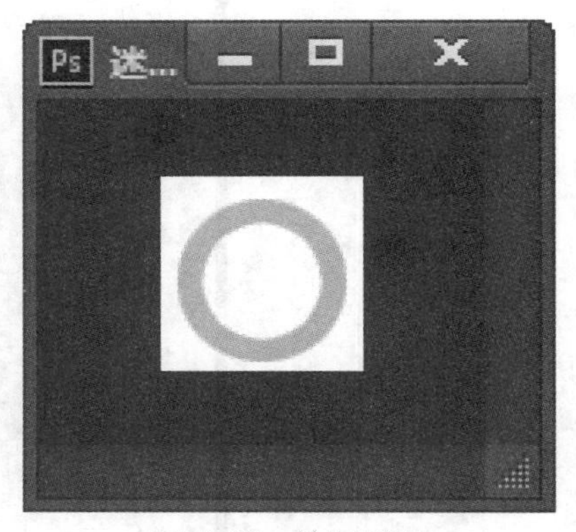

图 9-17 绘制圆环

步骤6 双击【图层 1】弹出【图层样式】对话框，设置【斜面和浮雕】效果，具体参数设置如图 9-18 所示。

步骤7 单击【确定】按钮，得到如图 9-19 所示的圆环。

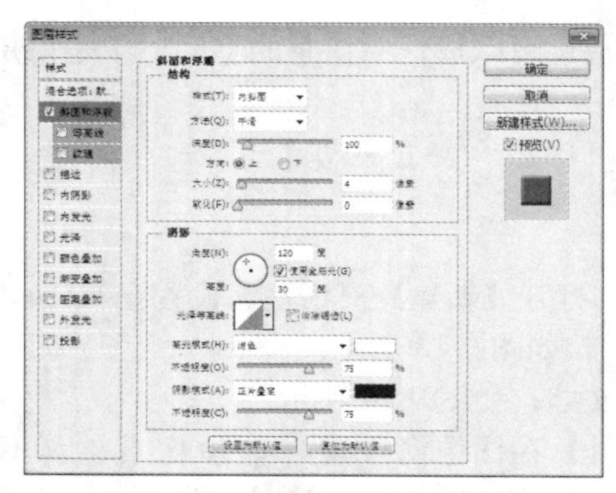

图 9-18 【图层样式】对话框

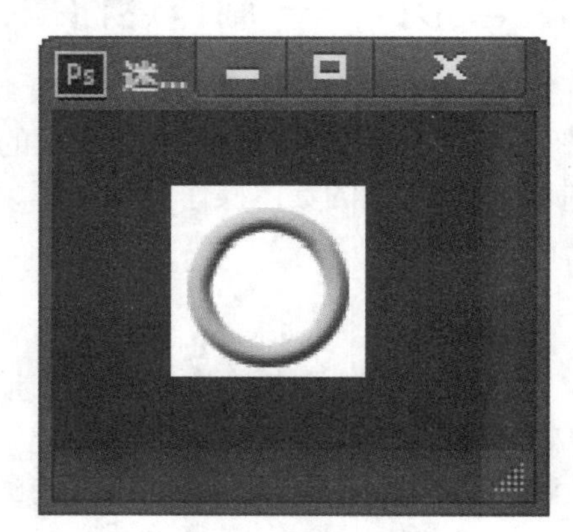

图 9-19 选择文字图层

2. 制作按钮主体

步骤1 新建【图层 2】，用【椭圆选框工具】画一个 36 像素 ×36 像素的正圆，设置前景色为白色，背景色为灰色（R：207，G：207，B：207），如图 9-20 所示。

步骤2 按住 Shift 键的同时用【渐变工具】从左上角往右下角拉出渐变。单击上方工具栏选项中的【垂直居中对齐】和【水平居中对齐】按钮使其与边框对齐，如图 9-21 所示。

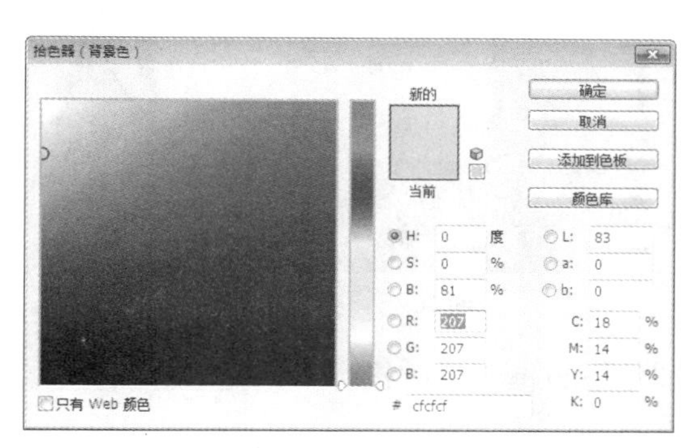

图 9-20 【拾色器】对话框

图 9-21 对齐边框

步骤3 选中【图层 2】并双击，打开【图层样式】对话框，在其中设置【斜面和浮雕】参数，如图 9-22 所示。

步骤4 单击【确定】按钮，得到的效果如图 9-23 所示。

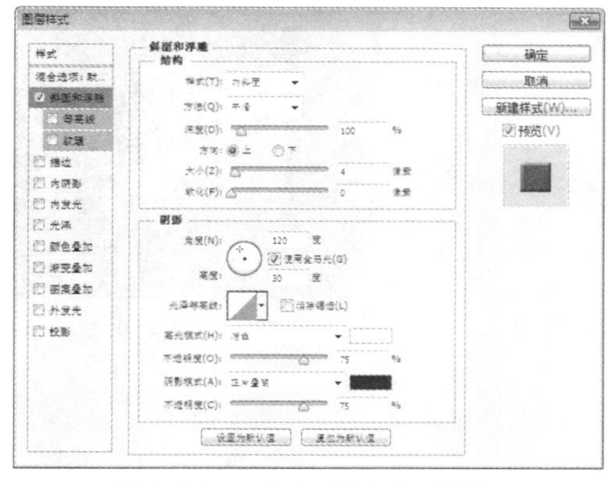

图 9-22 【图层样式】对话框

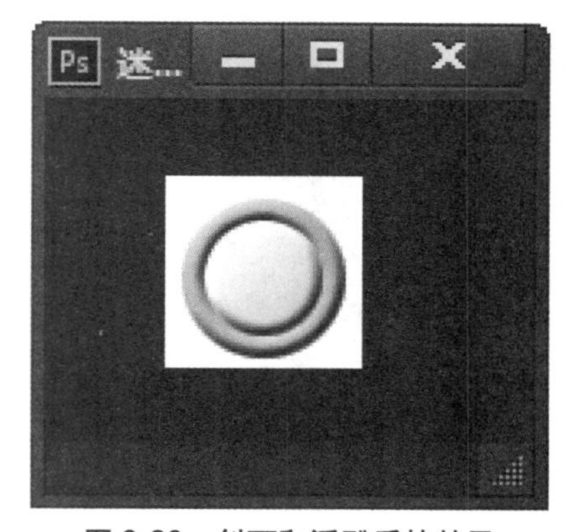

图 9-23 斜面和浮雕后的效果

步骤5 选择【自定形状工具】，在上方出现的工具栏选项中选择自己喜欢的形状，在这里选择了“♿”形状，如果找不到这个形状，可以按形状选择菜单右上角的按钮，然后选择【全部】命令调出全部形状，如图 9-24 所示。

步骤6 新建【路径 1】，绘制大小合适的形状，再右击【路径 1】，在弹出的快捷菜单中选择【建立选区】命令，如图 9-25 所示。

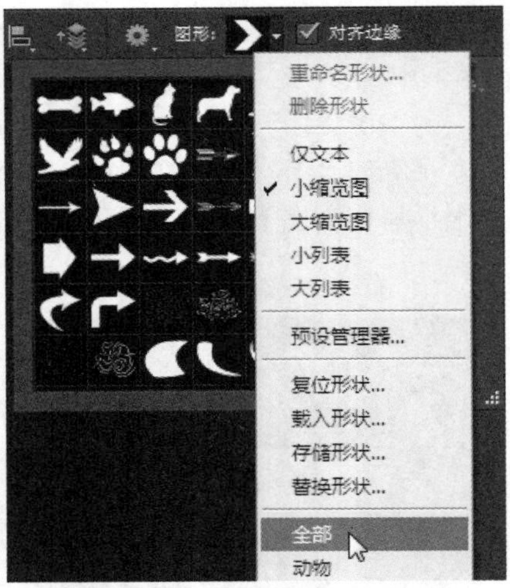

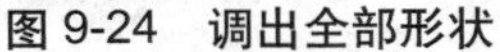

图 9-24 调出全部形状

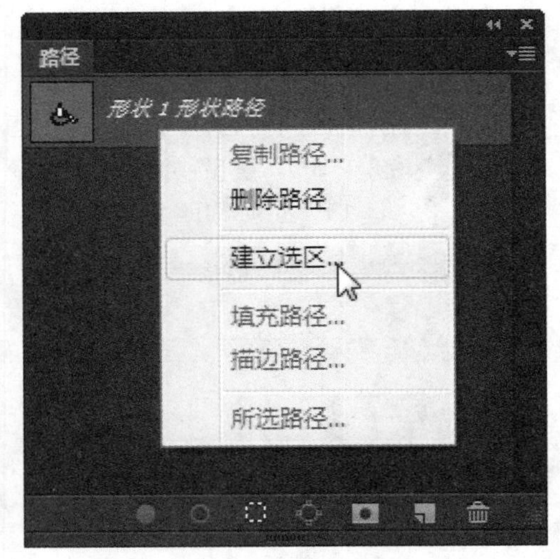

图 9-25 建立选区

步骤7 新建【图层 3】，在选区内填充和按钮边框一样的橙色，重复对齐操作，效果如图 9-26 所示。

步骤8 双击【图层 3】，在弹出的对话框中选择【内阴影】复选框，设置相关参数，如图 9-27 所示。

步骤9 单击【确定】按钮，得到如图 9-28 所示的最终效果。

图 9-26 填充颜色

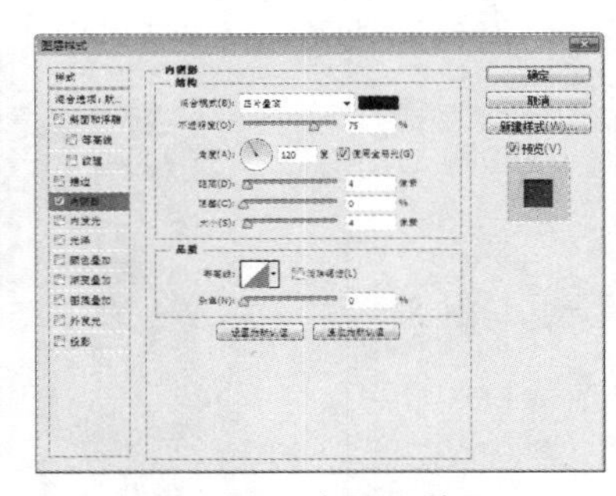

图 9-27 内阴影效果

图 9-28 最终效果

9.2.3 实例 3——制作水晶按钮

水晶按钮可以说是最受欢迎的按钮样式之一，下面就教大家制作一款橘红色的水晶按钮，具体操作步骤如下。

1. 制作水晶按钮的基本模型

步骤1 打开 Photoshop，按 Ctrl+N 组合键，打开【新建】对话框，设置宽 15 厘米，高 15 厘米，并命名为【水晶按钮】，如图 9-29 所示。

步骤2 单击【确定】按钮，新建一个空白文档，如图 9-30 所示。

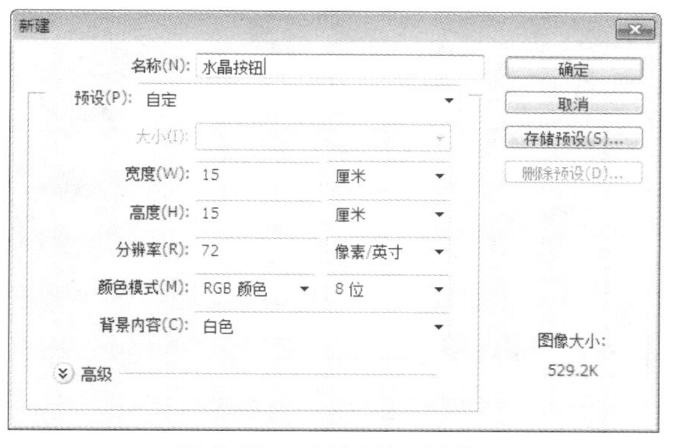

图 9-29 【新建】对话框

图 9-30 新建一个空白文档

步骤3 选择【椭圆选框工具】，双击鼠标，在【工具】面板上部出现的选项栏里设置：【羽化】为 0 像素，勾选【消除锯齿】复选框，【样式】为【固定大小】，【宽度】为 350 像素，【高度】为 350 像素，如图 9-31 所示。

图 9-31 【工具】面板

步骤4 新建一个【图层 1】，将光标移至图像：单击鼠标左键，画出一个固定大小的圆形选区，如图 9-32 所示。

步骤5 选择前景色为“C：0，M：90，Y：100，K：0”，设置背景色为“C：0，M：40，Y：30，K：0”。选择【渐变工具】，在其工具栏选项中设置过渡色为【前景色到背景色】，渐变模式为【线性渐变】，如图 9-33 所示。

步骤6 选择【图层 1】，再回到图像窗口，在选区中按住 Shift 键的同时由上至下画出渐变色，按 Ctrl+D 组合键取消选区，如图 9-34 所示。

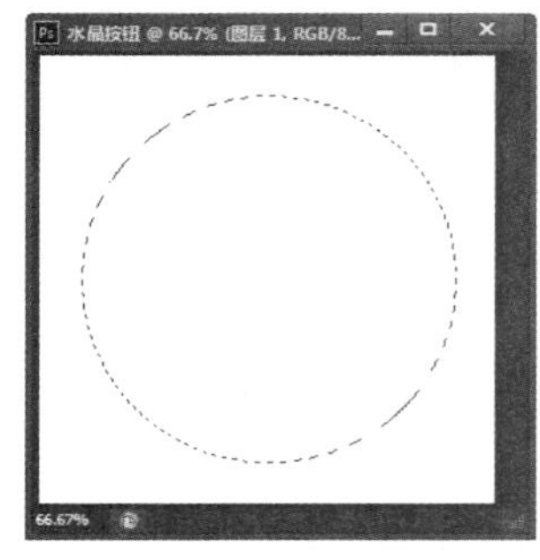
图 9-32 圆形选区

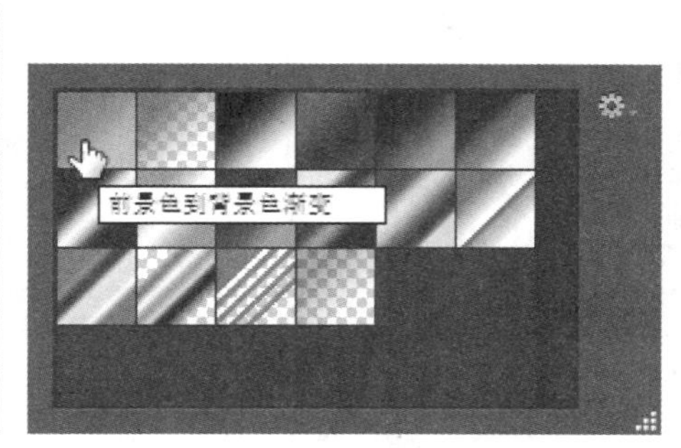

图 9-33 渐变工具

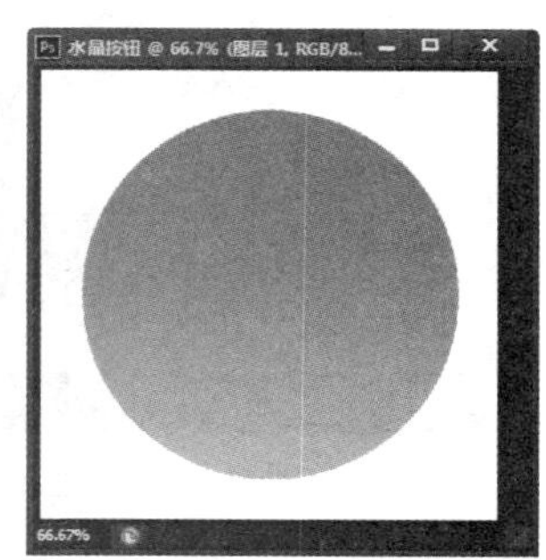
图 9-34 绘制渐变

步骤7 双击【图层 1】，打开【图层样式】对话框，勾选【投影】复选框，设置暗调颜色为“C：0，M：80，Y：80，K：80”，并设置其他相关参数，如图 9-35 所示。

步骤8 再勾选【内发光】复选框，设置发光颜色为“C：0，M：80，Y：80，K：80”，并设置其他相关参数，如图 9-36 所示。

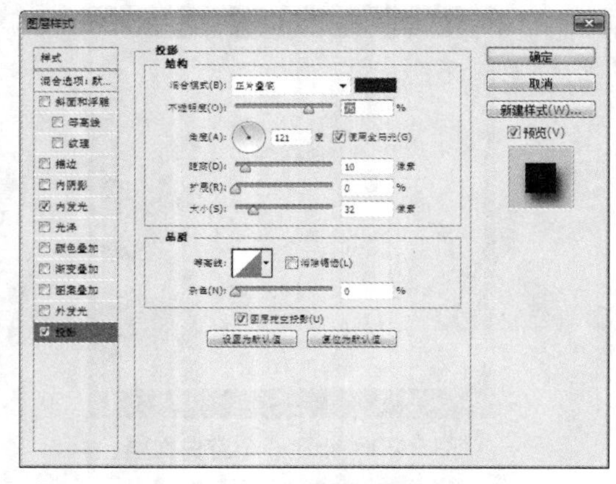

图 9-35 【图层样式】对话框

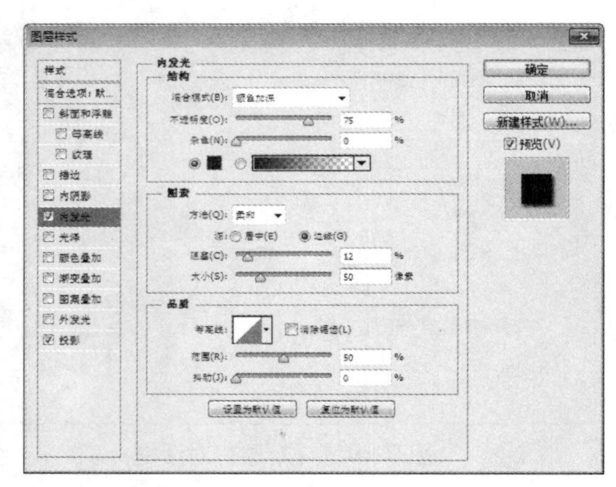

图 9-36 设置【内发光】参数

步骤9 单击【确定】按钮，可以看到最终效果，这时图像中已经初步显示出红色立体按钮的基本模样了，如图 9-37 所示。

2. 制作水晶按钮的其他部分

步骤1 新建一个【图层 2】，选择【椭圆选框工具】，将工具选项栏中的【样式】设置改为【正常】，在【图层 2】中画出一个椭圆形选区，如图 9-38 所示。

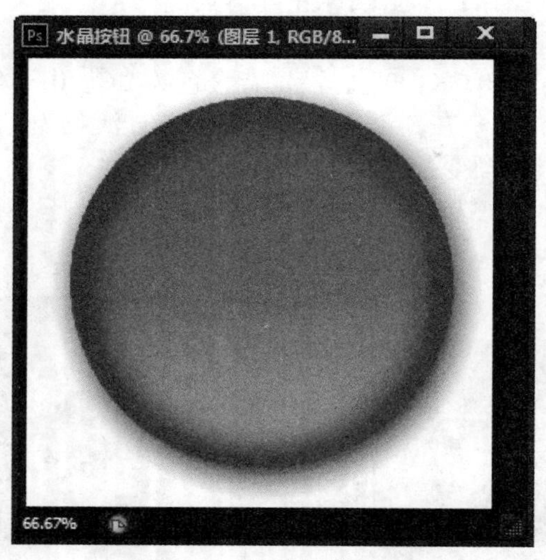

图 9-37 红色立体按钮

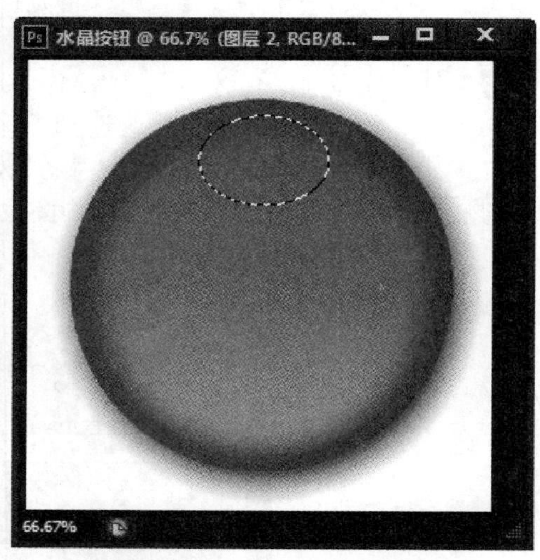

图 9-38 画出一个椭圆形选区

步骤2 双击【工具】面板中的【以快速蒙版模式编辑】按钮，调出【快速蒙版选项】对话框，设置蒙版【颜色】为蓝色，如图 9-39 所示。

步骤3 单击【确定】按钮，此时，图像中椭圆选区以外的部分被带有一定透明度的蓝色遮盖，如图 9-40 所示。

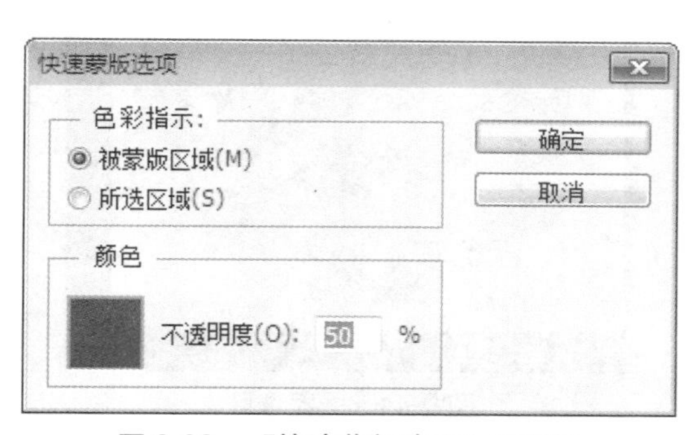

图 9-39 【快速蒙版选项】对话框

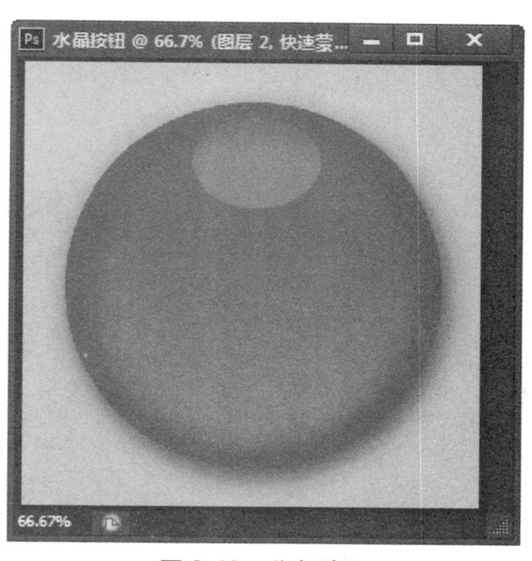

图 9-40 蓝色遮盖

步骤4 选择【画笔工具】，选择合适的笔刷大小和硬度，将光标移至图像窗口，用笔刷以蓝色蒙版色遮盖部分椭圆，如图 9-41 所示。

步骤5 单击【工具】面板中的【以标准模式编辑】按钮，这时图像中原来椭圆形选区的一部分被减去，如图 9-42 所示。

图 9-41 遮盖部分椭圆

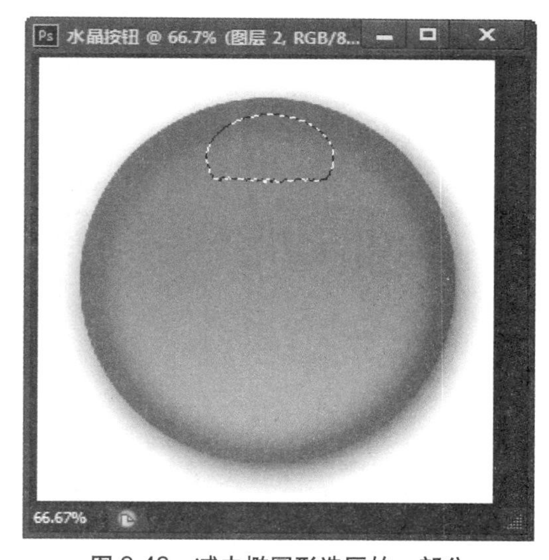

图 9-42 减去椭圆形选区的一部分

步骤6 设置前景色为白色，选择【渐变工具】，在工具选项栏中的【渐变编辑器】中设置渐变模式为【前景到透明】，如图 9-43 所示。

步骤7 按住 Shift 键，同时在选区中由上到下填充渐变，然后按 Ctrl+H 组合键隐藏选区观察效果，如图 9-44 所示。

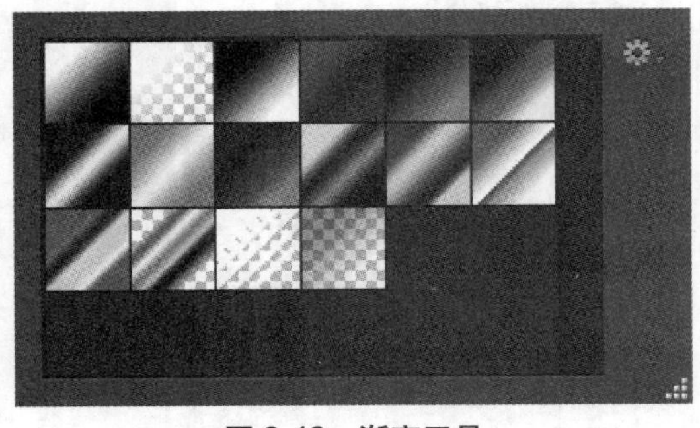

图 9-43 渐变工具

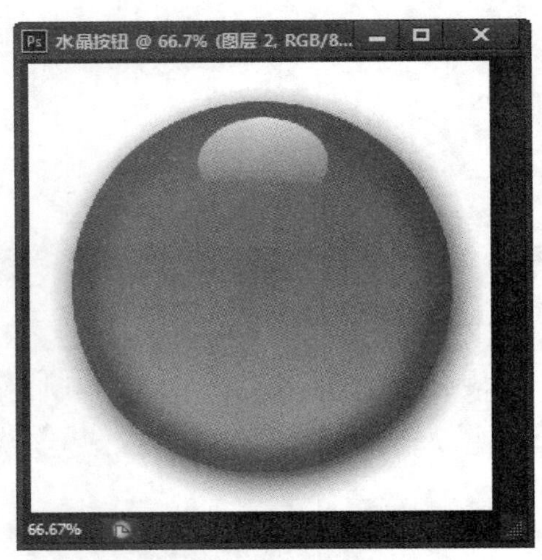

图 9-44 隐藏选区

步骤8 新建一个【图层 3】，按 Ctrl 键，单击图层面板中的【图层 1】，重新获得圆形选区，在菜单中执行【选择】→【修改】→【收缩】命令，在弹出的对话框中设置【收缩量】为 7 像素，将选区收缩，如图 9-45 所示。

步骤9 选择【矩形选框工具】，将光标移至图像窗口，按下 Alt 键，由选区左上部拖动鼠标到选区的右下部四分之三处，减去部分选区，如图 9-46 所示。

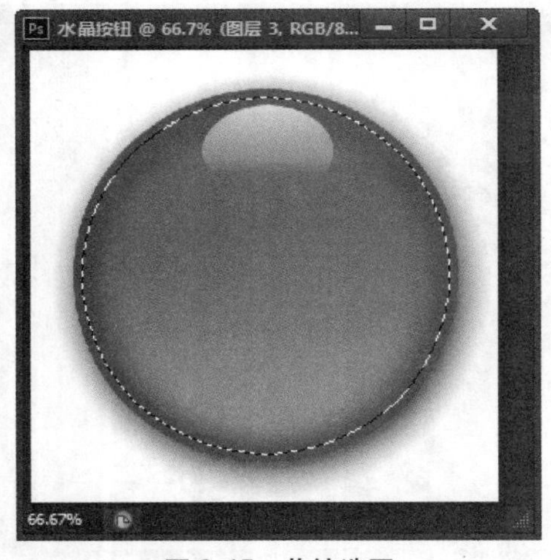

图 9-45 收缩选区

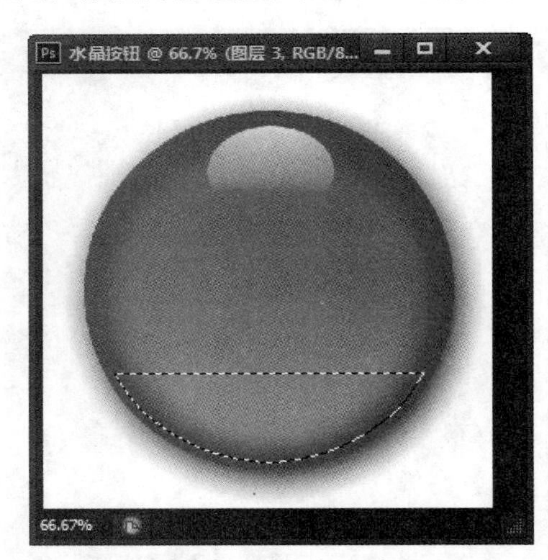

图 9-46 减去部分选区

步骤10 仍用白色作为前景色，并再次选择【渐变工具】，渐变模式设置为【前景到透明】，按 Shift 键的同时在选区中由下到上作渐变填充，之后按 Ctrl+H 组合键隐藏选区观察效果，如图 9-47 所示。

3. 设置模糊效果

步骤1 执行【图层 3】，选择【滤镜】→【模糊】→【高斯模糊】菜单命令，在打开的对话框的【半径】数值框中填入 7，如图 9-48 所示。

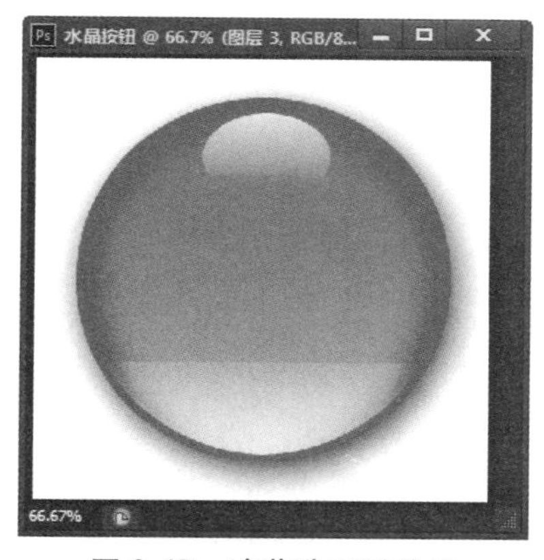

图 9-47　隐藏选区后效果

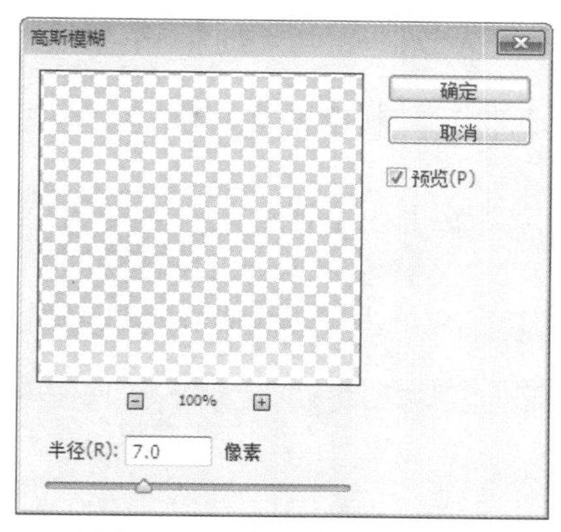

图 9-48　【高斯模糊】对话框

步骤2　单击【确定】按钮，加上高斯模糊效果，如图 9-49 所示。

步骤3　回到图像窗口，在【图层】面板中把【图层 3】的【不透明度】设置为 65%。至此，橘红色水晶按钮就制作完成了，如图 9-50 所示。

图 9-49　高斯模糊效果

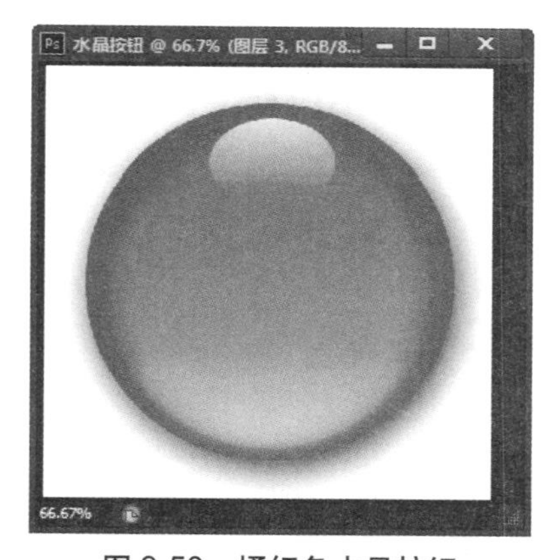

图 9-50　橘红色水晶按钮

提示

合并所有图层，然后执行【图像】→【调整】→【色相 / 饱和度】菜单命令，在打开的对话框中勾选【着色】复选框，可以对按钮进行颜色的变换，如图 9-51 所示。变换设置后的最终效果如图 9-52 所示。

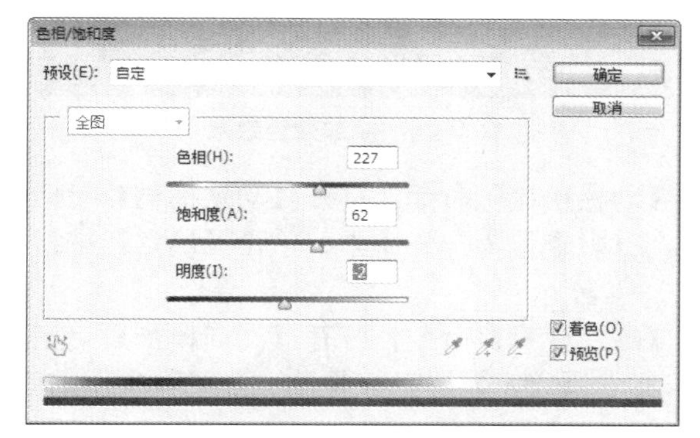

图 9-51　【色相 / 饱和度】对话框

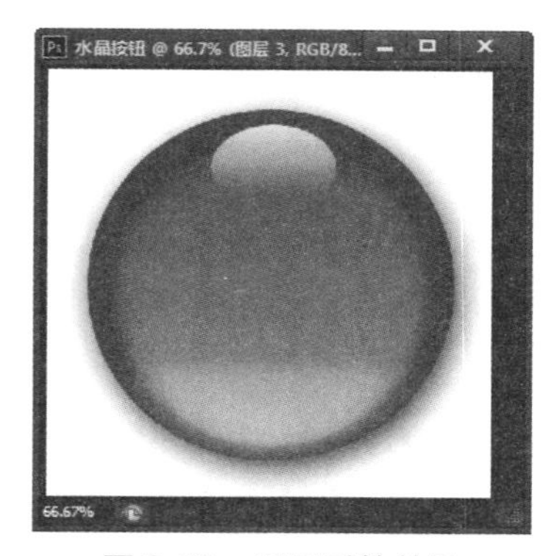

图 9-52　设置后的效果

9.2.4　实例 4——制作木纹按钮

木纹按钮的制作主要是利用滤镜中的滤镜功能来完成的，制作木纹按钮的具体操作步骤如下。

步骤1 打开 Photoshop，按 Ctrl+N 组合键，新建一个宽 200 像素、高 100 像素的文件，将它命名为【木纹按钮】，如图 9-53 所示。

步骤2 单击【确定】按钮，新建一个空白文档，如图 9-54 所示。

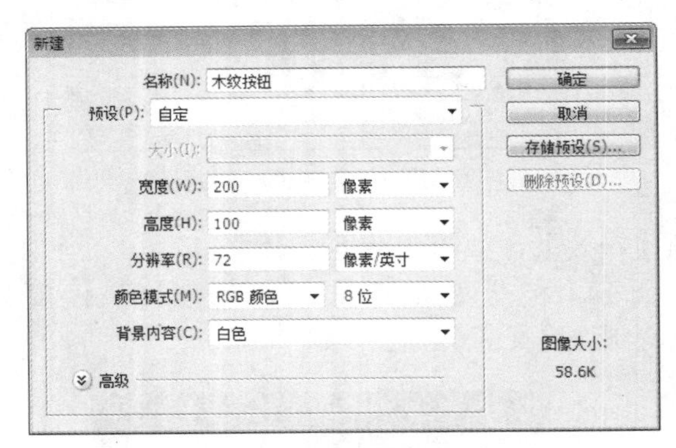

图 9-53　【新建】对话框

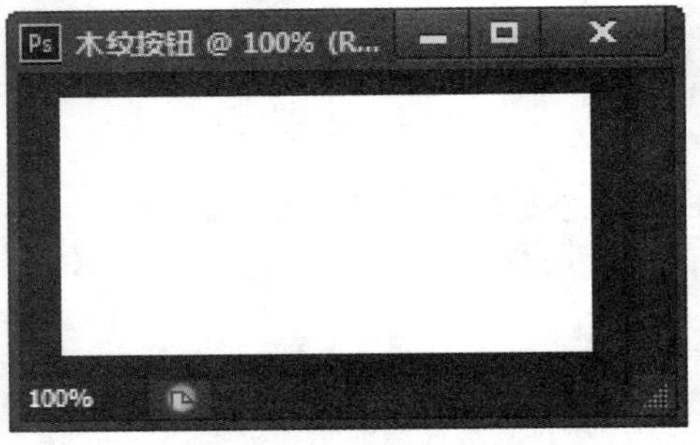

图 9-54　新建一个空白文档

步骤3 背景填充为白色。然后执行【滤镜】→【杂色】→【添加杂色】命令，在打开的对话框中，设置参数【数量】为 400%，【分布】为【高斯分布】，再勾选【单色】复选框，如图 9-55 所示。

步骤4 单击【确定】按钮，效果如图 9-56 所示。

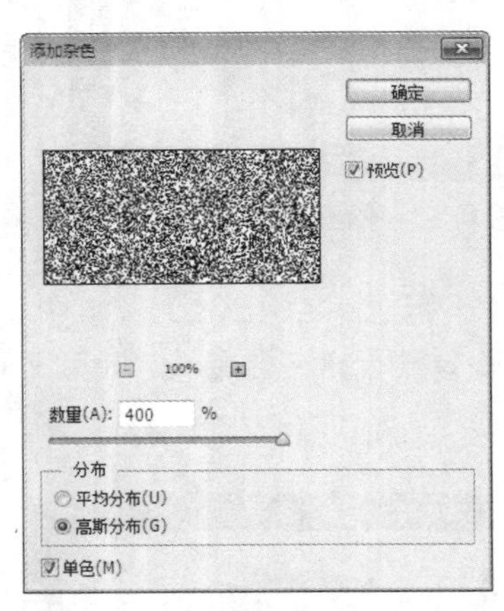

图 9-55　【添加杂色】对话框

图 9-56　添加杂色效果

步骤5 执行【滤镜】→【模糊】→【动感模糊】命令，打开【动感模糊】对话框，设置【角度】为 0 或 180 度，【距离】为 999 像素，单击【确定】按钮，如图 9-57 所示。

步骤6 执行【滤镜】→【模糊】→【高斯模糊】命令，打开【高斯模糊】对话框，设置参数【半径】为 1 像素，单击【确定】按钮，得到如图 9-58 所示的效果。

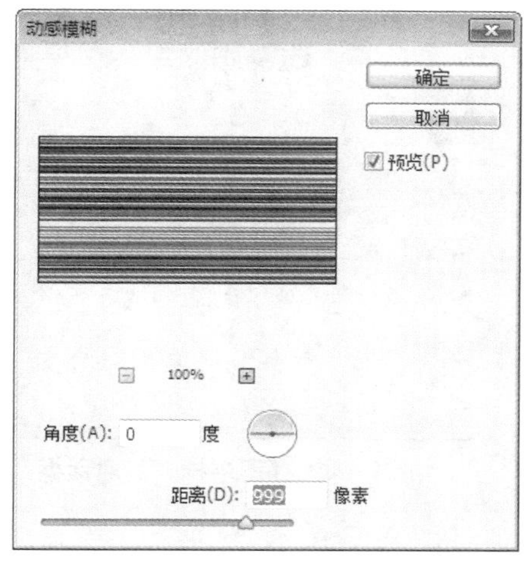

图 9-57 【动感模糊】对话框

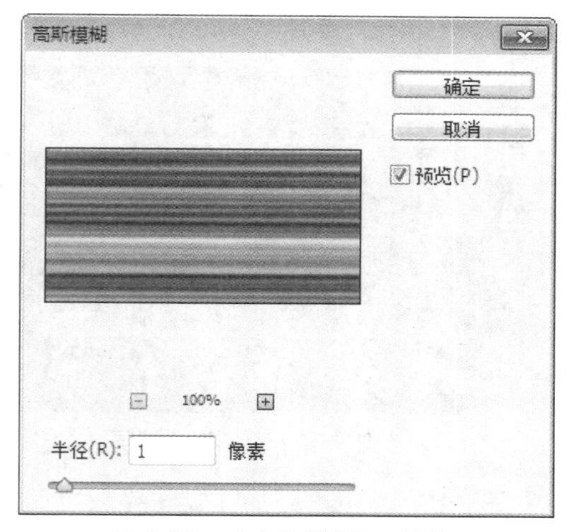

图 9-58 【高斯模糊】对话框

步骤7 按Ctrl+U组合键，弹出【色相/饱和度】对话框，勾选【着色】复选框，设置【色相】为30，【饱和度】为45，【明度】为5，单击【确定】按钮，得出效果如图9-59所示。

步骤8 执行【滤镜】→【扭曲】→【旋转扭曲】命令，打开【旋转扭曲】对话框，设置【角度】为200度，得到如图9-60所示的效果。

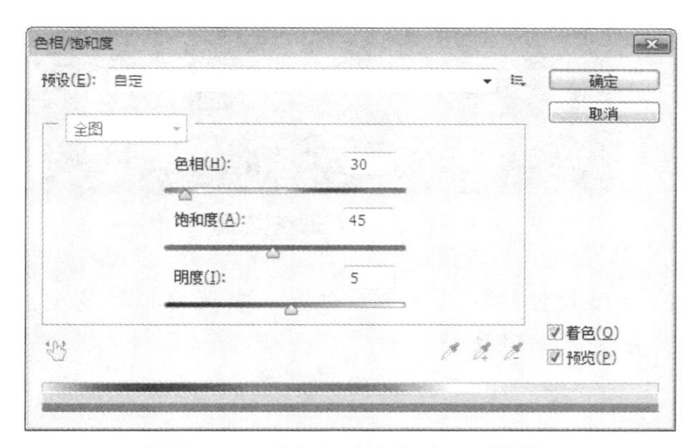

图 9-59 【色相/饱和度】对话框

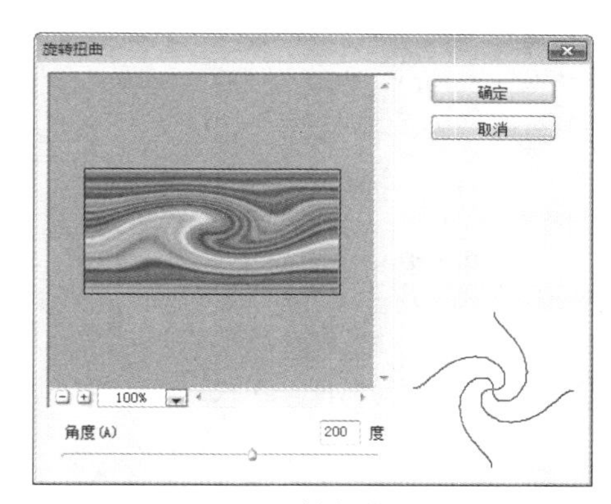

图 9-60 【旋转扭曲】对话框

步骤9 复制背景图层，新建【路径1】，选择【圆角矩形工具】，在上方的工具栏选项中设置【半径】为15像素，绘制出按钮外形，对此路径建立选区，选择【选择】→【反选】，按Delete键删除选区部分，再删除背景图层，如图9-61所示。

步骤10 最后添加图层样式，双击【背景副本】图层，打开【图层样式】对话框，为图层添加【斜面和浮雕】效果，参数设置如图9-62所示。

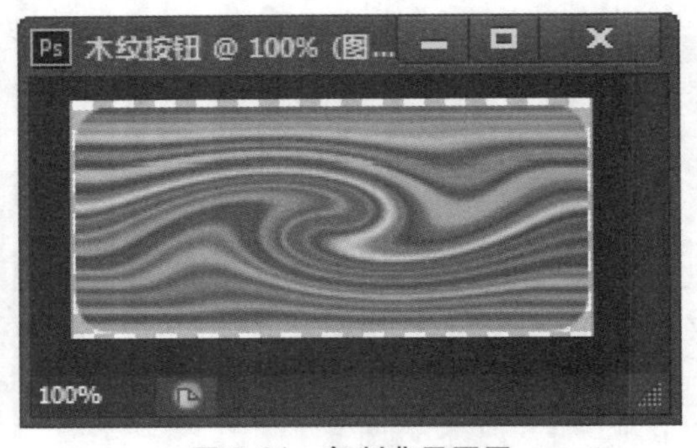

图 9-61　复制背景图层

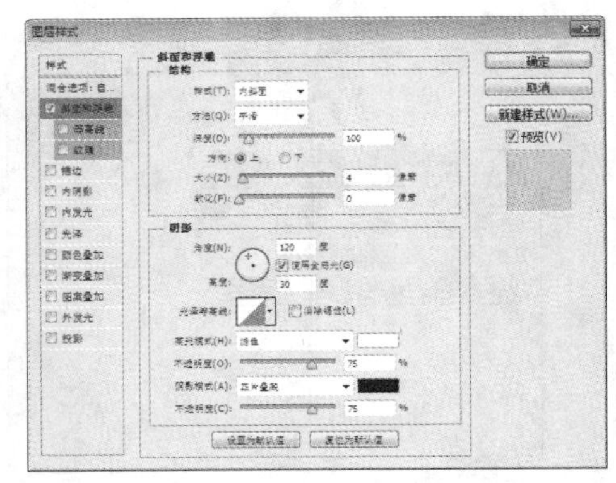

图 9-62　【图层样式】对话框

步骤11　为图层添加【等高线】效果，参数设置如图 9-63 所示。

步骤12　最后单击【确定】按钮，得到最终效果如图 9-64 所示。

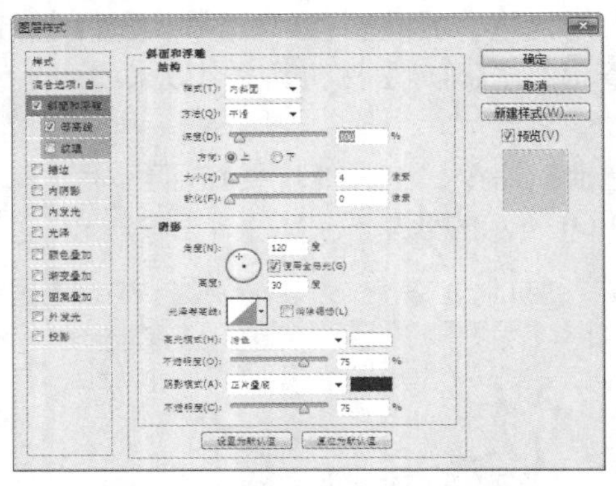

图 9-63　添加【等高线】效果

图 9-64　最终效果

读者还可以通过更改过的图层样式把按钮做得更加精致，甚至可以把它变成红木的，在设计家居网页时或许是种不错的选择。

9.3　制作导航条

导航条的设计根据具体情况的不同可以有多种变化，它的设计风格决定了页面设计的风格。常见的导航条有横排导航、竖排导航等。

9.3.1　实例 5——制作横向导航条

制作横向导航条框架的操作步骤如下。

步骤1　在 Photoshop CS6 操作界面中，执行【文件】→【新建】菜单命令，打开【新建】对话框，在其中设置文档的宽度、高度等参数，如图 9-65 所示。

步骤2　单击【确定】按钮，即可新建一个宽 500 像素、高 50 像素的文件，并将其命名为【导航条】，如图 9-66 所示。

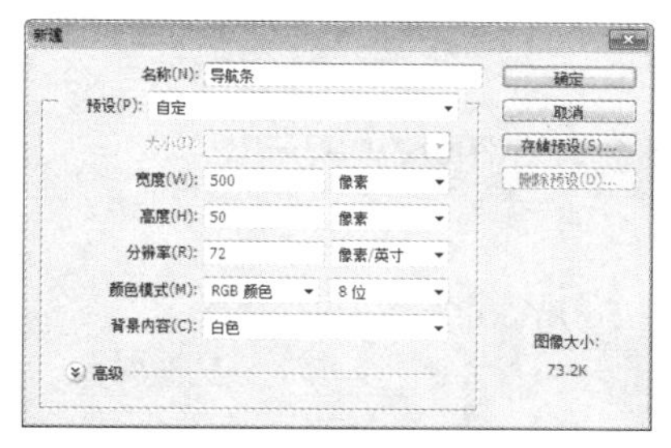

图 9-65 【新建】对话框

图 9-66 新建文件

步骤3 新建【图层 1】，选择【矩形选框工具】绘制 500 像素 ×30 像素的导航轮廓，如图 9-67 所示。

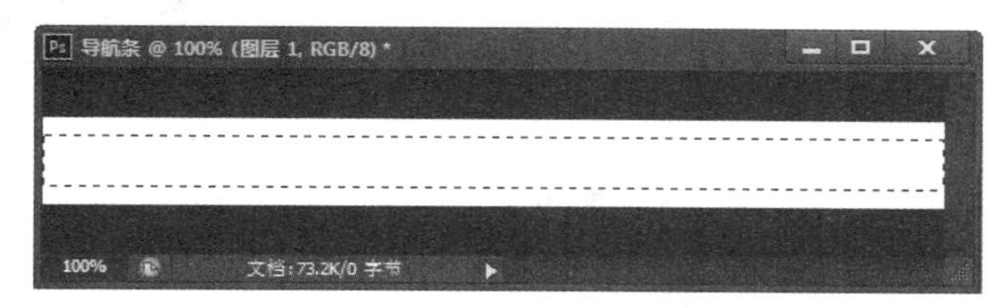

图 9-67 导航轮廓

步骤4 单击工具箱中的前景色色块，将其设置为橘黄色 (R：234，G：151，B：77)，然后使用【油漆桶工具】填充选中的矩形框，如图 9-68 所示。

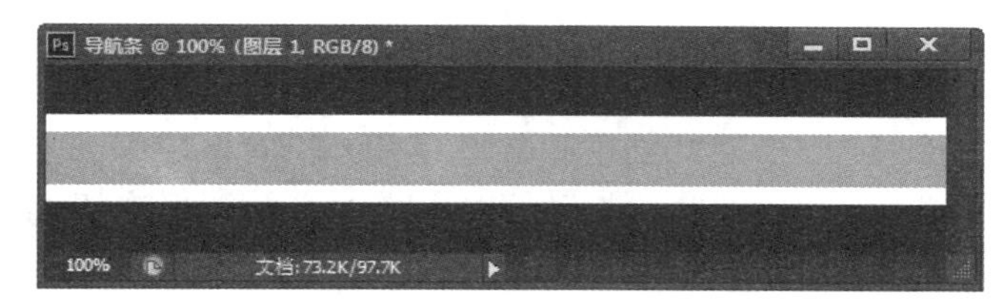

图 9-68 填充导航条

步骤5 双击图层的缩览图，在弹出的对话框中单击左侧的【渐变叠加】，设置填充颜色，其中中间的颜色为（R：77，G：142，B：186），两端颜色为 (R：8，G：123，B：109)，如图 9-69 所示。

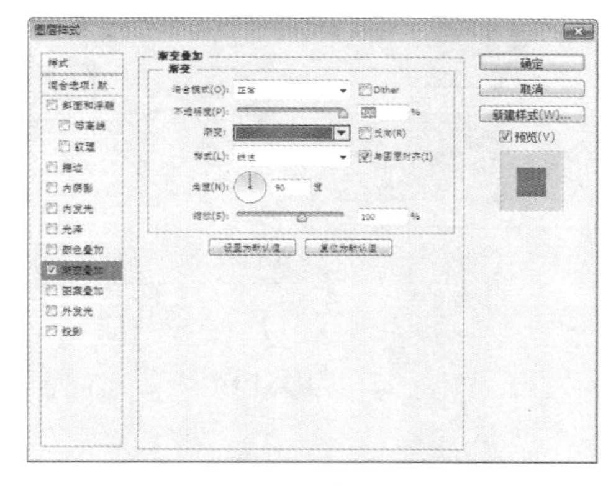

图 9-69 【图层样式】对话框

步骤6 勾选【描边】复选框，设置描边的颜色为(R:77，G:142，B:186)，并设置其他参数，如图9-70所示。

步骤7 单击【确定】按钮，可以看到添加之后的颜色，如图9-71所示。

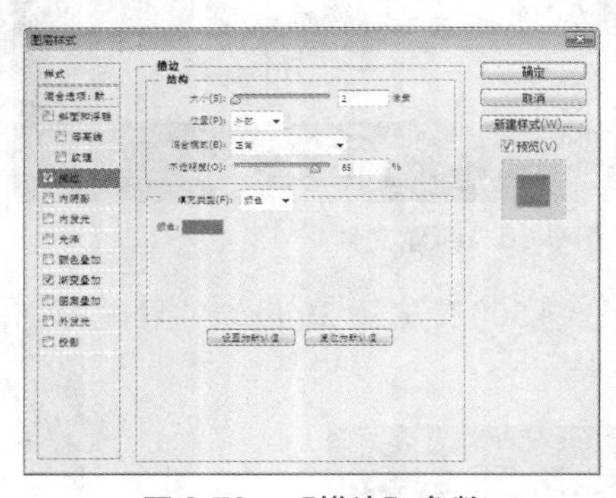

图9-70 【描边】参数

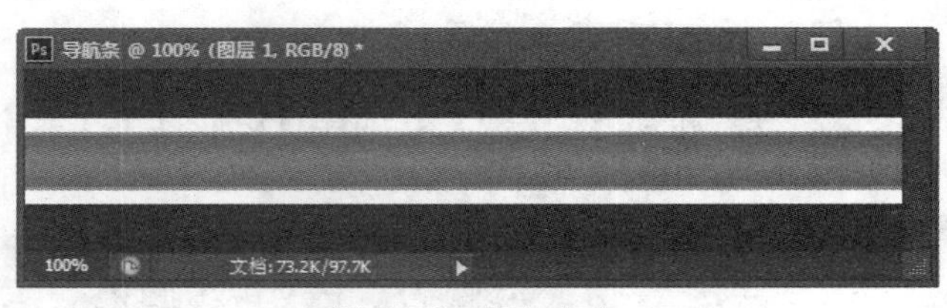

图9-71 添加颜色

制作导航条上的斜纹，具体操作步骤如下。

步骤1 新建【图层2】，按住Ctrl键的同时单击【图层1】图层读取选区，执行【填充】命令，在其中设置填充图案，将【不透明度】改为43%，得到如图9-72所示的效果。

图9-72 填充新建图层

步骤2 新建一个【图层3】，创建如图9-73所示的选区。

步骤3 填充渐变色“#366F99”到“#5891BA”，并给图层添加【内阴影】图层样式，参数设置如图9-74所示。

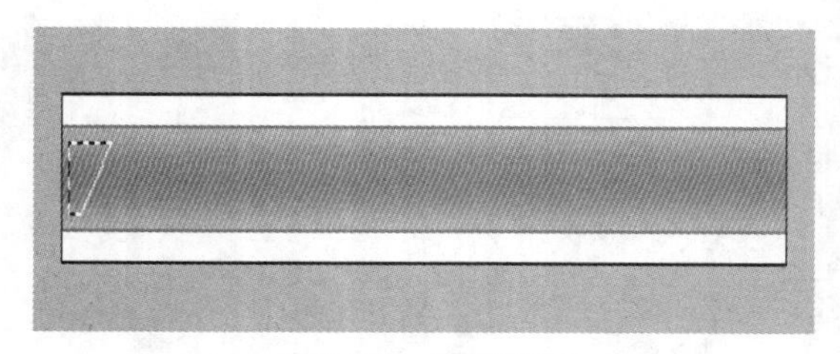

图9-73 创建选区

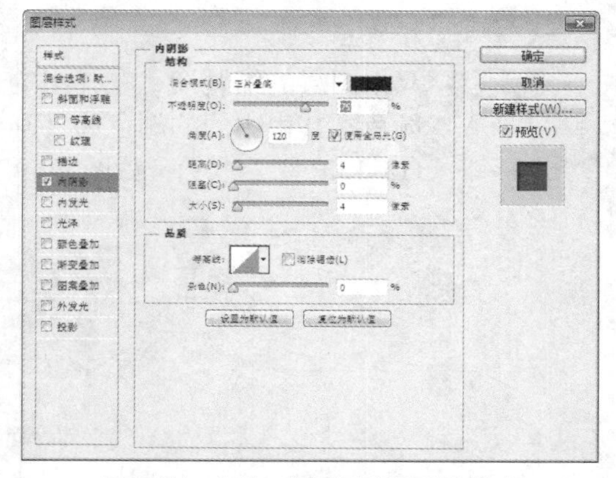

图9-74 添加【内阴影】图层样式

步骤4 添加【描边】效果，颜色为“#4D8EBA”，【位置】选择【内部】，如图9-75所示。

步骤5 添加【图层样式】后的效果如图9-76所示。

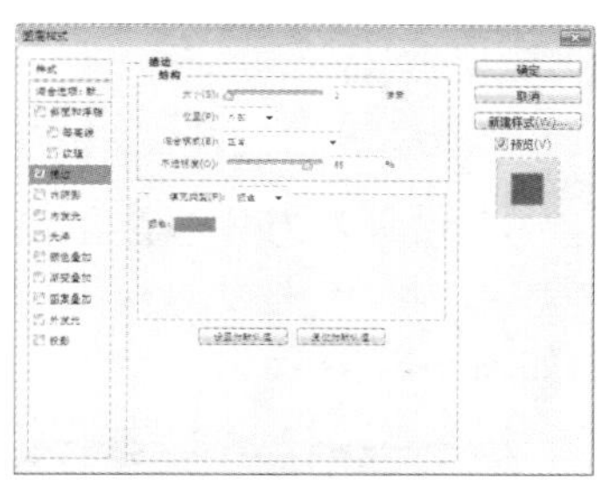

图 9-75　添加【描边】样式

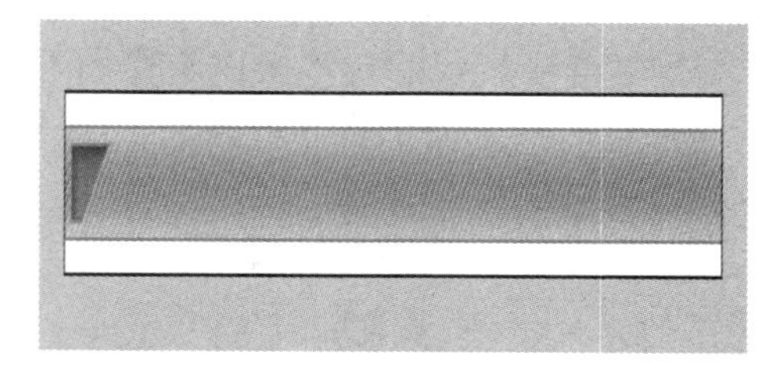

图 9-76　添加【描边】后的效果

步骤6　复制【图层 3】图层，将其移动到与【图层 3】图层对应的位置，如图 9-77 所示。

步骤7　新建【图层 4】，用“#316B94”颜色和白色绘制如下图所示的图像，在不取消选区的情况下转换到【通道】面板，新建 Alpha1 通道，在选区内由上到下填充“白色→黑色→白色”的渐变，再按住 Ctrl 键的同时单击该通道，回到【图层 4】图层，按 Ctrl+Shift+I 组合键进行反选后按 Delete 键删除，如图 9-78 所示。

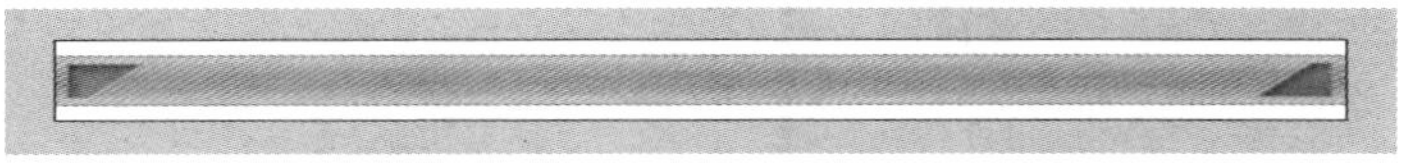

图 9-77　复制图层 3

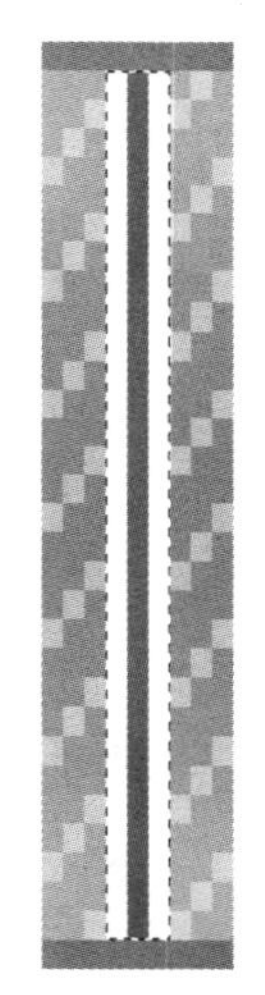

图 9-78　新建图层 4

步骤8　复制几个该图层，分别移动到合适的位置后对齐并合并，如图 9-79 所示。

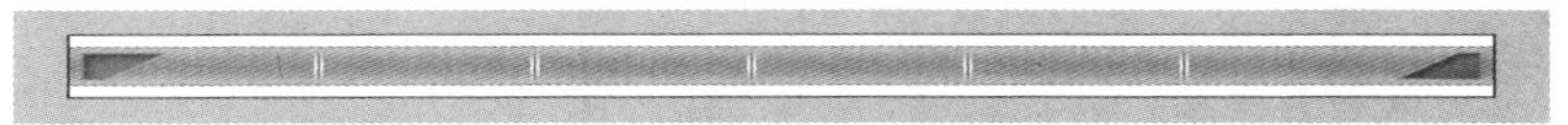

图 9-79　合并图层

步骤9　用【横排文字工具】写上各个导航文字，合并后加上【距离】和【大小】分别为 2 像素的投影，最终效果如图 9-80 所示。

图 9-80　书写导航文字

9.3.2 实例 6——制作纵向导航条

制作垂直导航条的具体操作步骤如下。

步骤1 新建一个宽 300 像素、高 500 像素的文件，将它命名为【垂直导航条】，如图 9-81 所示。

步骤2 单击【确定】按钮，创建一个空白文档。如图 9-82 所示。

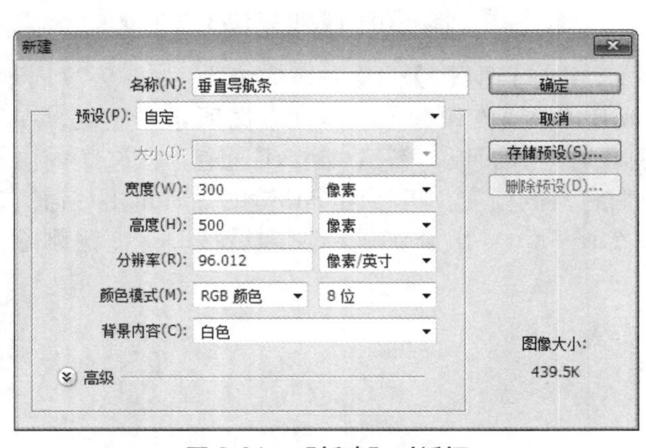

图 9-81 【新建】对话框

图 9-82 创建一个空白文档

步骤3 在工具箱中单击【前景色】按钮，打开【拾色器（前景色）】对话框，设置前景色为灰色（R：229，G：229，B：229），如图 9-83 所示。

步骤4 单击【确定】按钮，按 Alt+Delete 组合键，填充颜色，如图 9-84 所示。

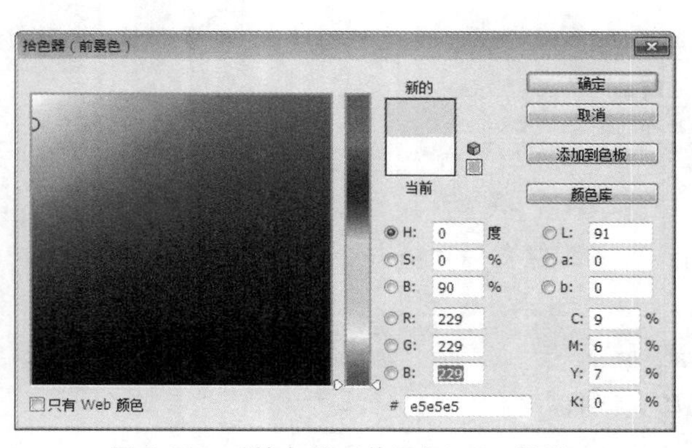

图 9-83 【拾色器（前景色）】对话框

图 9-84 填充颜色

步骤5 新建【图层 1】，使用矩形选区工具绘制如下区域，然后填充为白色，如图 9-85 所示。

步骤6 双击【图层 1】，打开【图层样式】对话框，给该图层添加【投影】、【内阴影】、【渐变叠加】以及【描边】样式。单击【确定】按钮，即可看到添加图层样式后的效果，如图 9-86 所示。

图 9-85 新建图层 1

图 9-86 给图层添加样式

步骤7 选择【工具箱】中的【横排文字工具】，输入导航条上的文字，并设置文字的颜色、大小等属性，如图 9-87 所示。

步骤8 选择【工具箱】中的【自定义形状】按钮，在上方出现的工具栏选项中选择自己喜欢的形状，如图 9-88 所示。

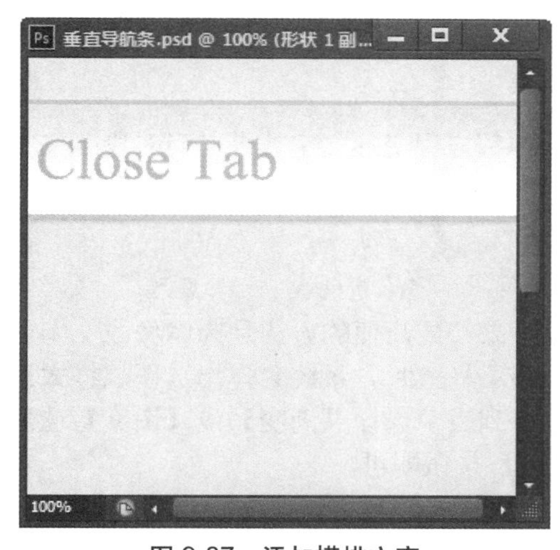

图 9-87 添加横排文字

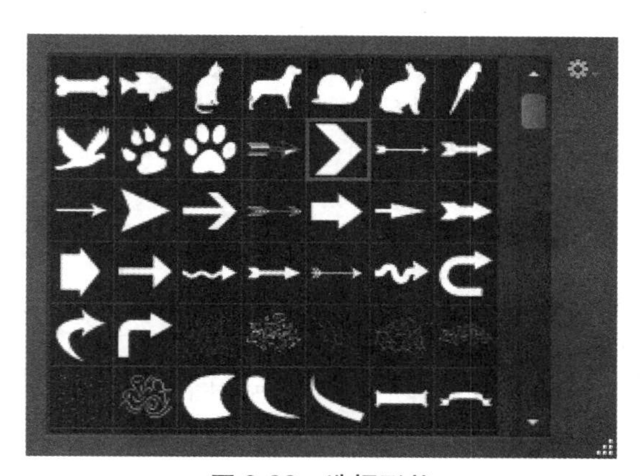

图 9-88 选择形状

步骤9 新建【路径 1】，绘制大小合适的形状，再右击【路径 1】，在弹出的下拉菜单中选择【建立选区】命令，新建【图层 3】，在选区内填充上和文字一样的颜色，重复对齐操作，效果如图 9-89 所示。

步骤10 合并除背景图层之外的所有图层，然后复制合并之后的图层，并调整其位置。至此，就完成了垂直导航条的制作，最终效果如图 9-90 所示。

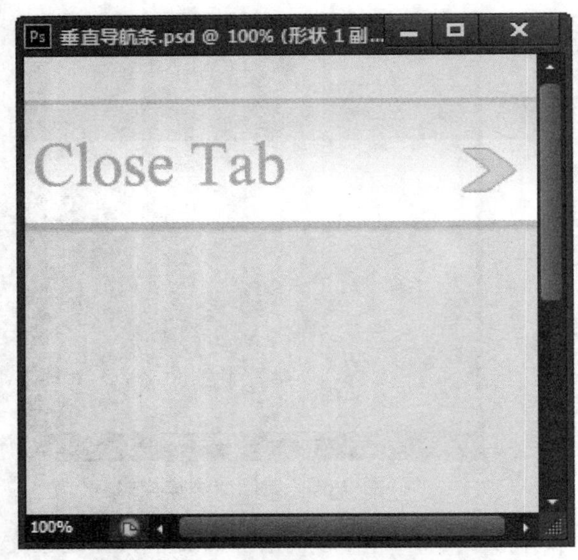

图 9-89　新建路径 1 和图层 3

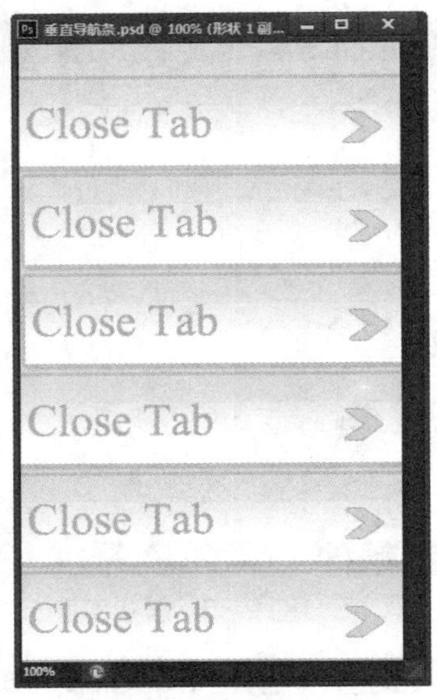

图 9-90　最终效果

9.4 专家答疑

疑问 1：是否可以为段落文本应用变形文字效果？

答：可以，Photoshop可以为点文本和段落文本都应用变形文字效果。当对段落文本应用变形文字效果后，段落文本框会同文字一起产生相应的变形，以使文字在该形状内产生变形，并在该形状内进行排列。

疑问 2：怎样为图像或文字添加渐变或图案的描边效果？

答：要为图像或文字添加渐变或图案的描边效果，最简便的方法是为图像或文字所在的图层添加【描边】图层样式。在添加【描边】图层样式时，系统会弹出【图层样式】对话框，在【描边】选项设置中的【填充类型】下拉列表中选择【渐变】或【图案】选项，然后设置用于填充的渐变色或图案，再单击【确定】按钮即可。

第 10 章 制作网页特效边线与背景

网页图像的设计，作为一种艺术创作，在确定其设计方案时我们要考虑立意、为像、格局这几个方面。具体地讲，所谓立意就是确定设计的内容；为像就是根据内容进行造型；格局就是整个设计图的结构布局。本章就来制作不同网页风格的图像特效。

10.1 制作装饰边线

网页图像的装饰和造型不同于绘画，它不是独立的造型艺术，它的任务是美化网页的页面，给浏览者以美的视觉感受。网页艺术的造型、装饰，根据不同的对象、不同的环境、不同的地域，其在设计方案中的体现也不相同。

10.1.1 实例 1——装饰虚线的制作

虚线可以说是在网页中无处不在，但在Photoshop中却没有虚线画笔，这里教大家两个简单的方法。

1. 通过【画笔工具】实现

具体操作步骤如下。

步骤1 按 Ctrl+N 组合键，新建一个宽 400 像素、高 100 像素的文件，将它命名为【虚线 1】，如图 10-1 所示。

步骤2 选择【画笔工具】，单击上方的工具栏右端的【切换画笔面板】，调出【画笔】面板，如图 10-2 所示。

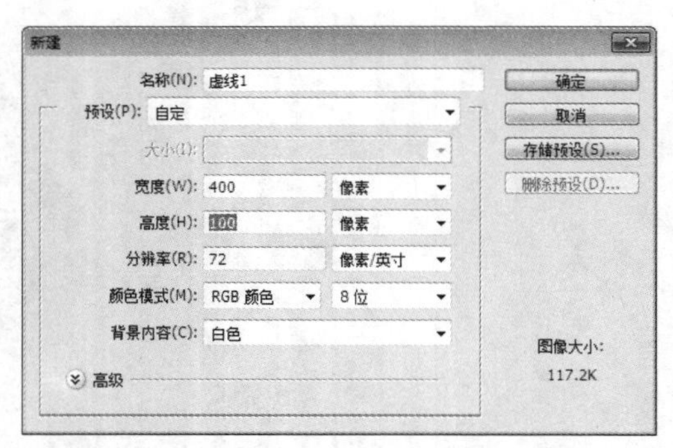

图 10-1 【新建】对话框

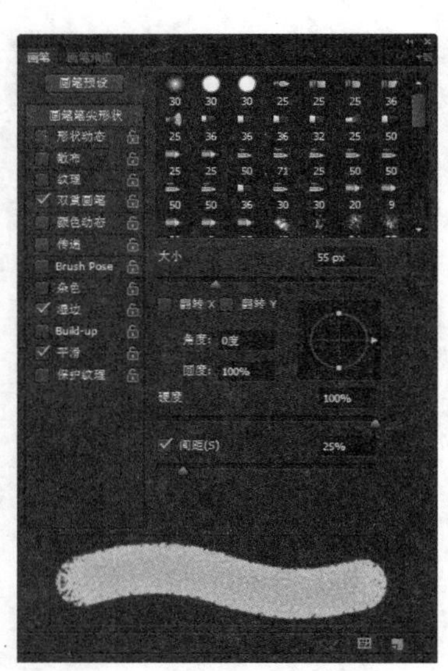

图 10-2 【画笔】面板

步骤3 选择【尖角 3】画笔，再勾选对话框左边的【双重画笔】，选择比【尖角 3】粗一些的画笔，在这里选择的是【尖角 9】画笔，并设置其他参数，可以看到对话框下部的预览框中已经出现了虚线，如图 10-3 所示。

步骤4 新建【图层 1】，在图像窗口按住 Shift 键的同时画出虚线，效果如图 10-4 所示。

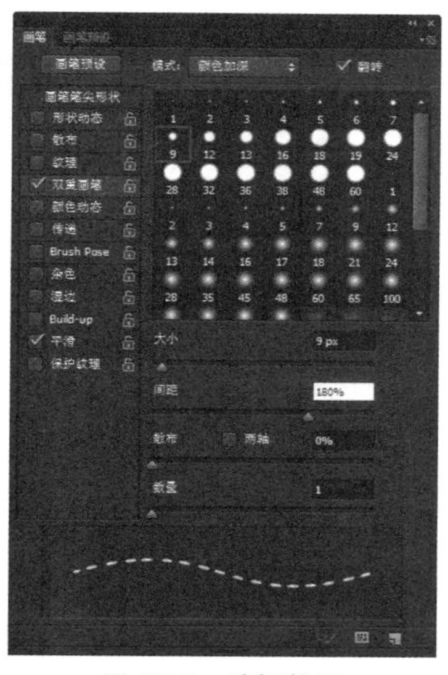

图 10-3 选择笔画

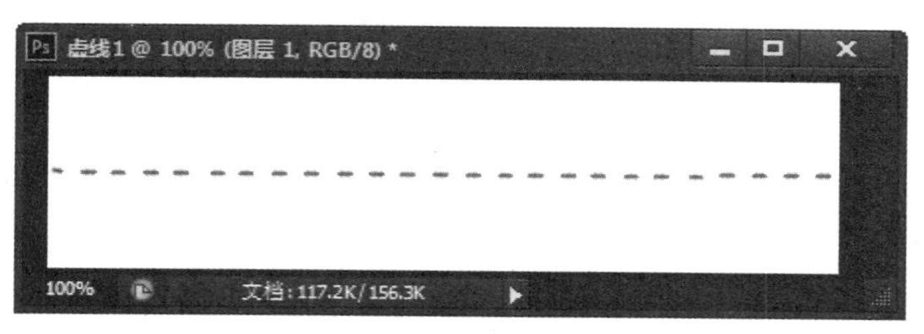

图 10-4 画出虚线

提示 通过【画笔工具】实现的虚线并不是很美观，看上去比较随便，而且画出来的虚线的颜色和真实选择的颜色有出入，下面介绍用【定义图案】来实现虚线的制作。

2. 通过【定义图案】实现

步骤1 按 Ctrl+N 组合键，新建一个宽 16 像素，高 2 像素的文件，将它命名为【虚线图案】，如图 10-5 所示。

步骤2 放大图像，新建【图层 1】，用【矩形选框工具】绘制一个宽 16 像素、高 2 像素的选区，在【图层 1】上填充黑色，取消选区，如图 10-6 所示。

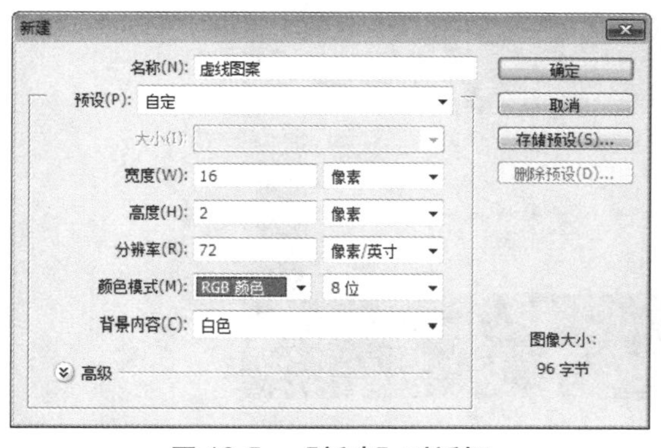

图 10-5 【新建】对话框

图 10-6 填充选区

步骤3 选择【编辑】→【定义图案】菜单命令，打开【图案名称】对话框，输入图案的名称，然后单击【确定】按钮，如图 10-7 所示。

步骤4 按 Ctrl+N 组合键，新建一个宽 400 像素、高 100 像素的文件，将它命名为【虚线 2】，如图 10-8 所示。

图 10-7 【图案名称】对话框

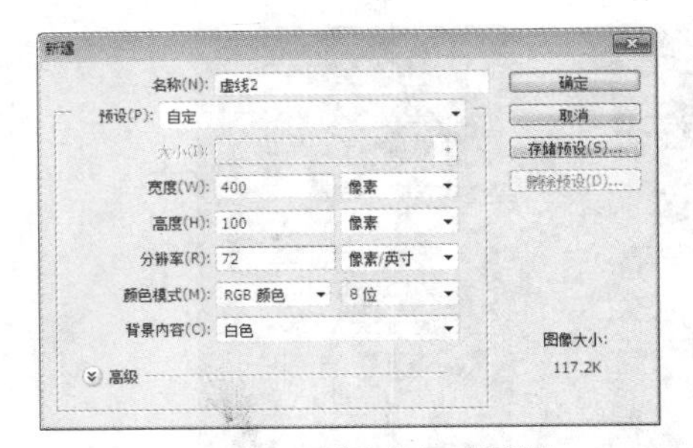

图 10-8 【新建】对话框

步骤5 新建【图层 1】，用【矩形选框工具】绘制一个宽 350 像素，高 2 像素的选区，如图 10-9 所示。

步骤6 在选区内右击，在弹出的快捷菜单中选择【填充】命令，打开【填充】对话框，其中【自定图案】选择之前做的【虚线图案】，如图 10-10 所示。

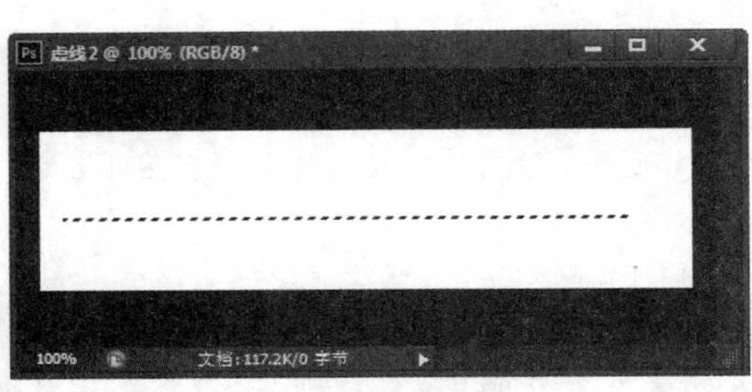

图 10-9 新建图层

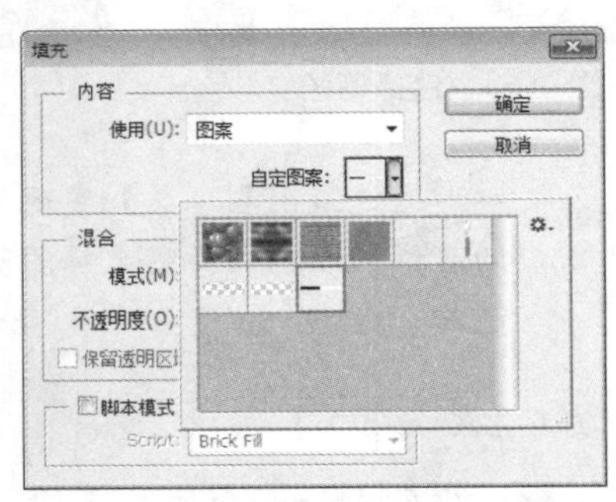

图 10-10 【填充】对话框

步骤7 单击【确定】按钮，即可填充矩形，然后按 Ctrl+D 组合键，取消选区，最终效果如图 10-11 所示。

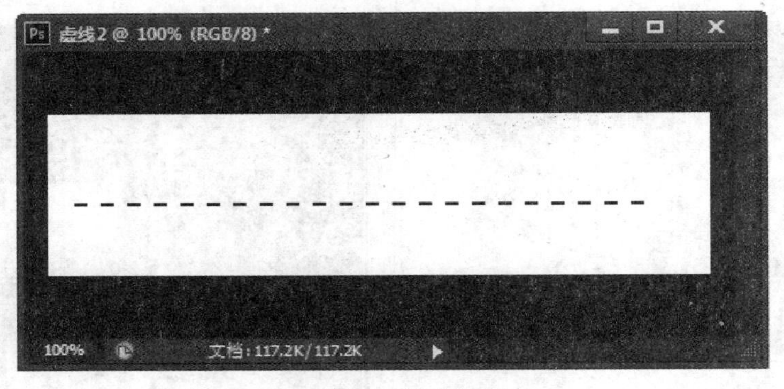

图 10-11 填充矩形

10.1.2 实例 2——内嵌线条的制作

内嵌线条在网页设计中应用较多，主要用来反映自然的光照效果和表现界面的立体感。

具体操作步骤如下。

步骤1 按 Ctrl+N 组合键，新建一个宽 400 像素、高 40 像素的文件，将它命名为【内嵌线条】，如图 10-12 所示。

步骤2 新建【图层 1】，选择一些中性的颜色填充图层，如这里选择紫色，使线条画在上面可以看得清楚，如图 10-13 所示。

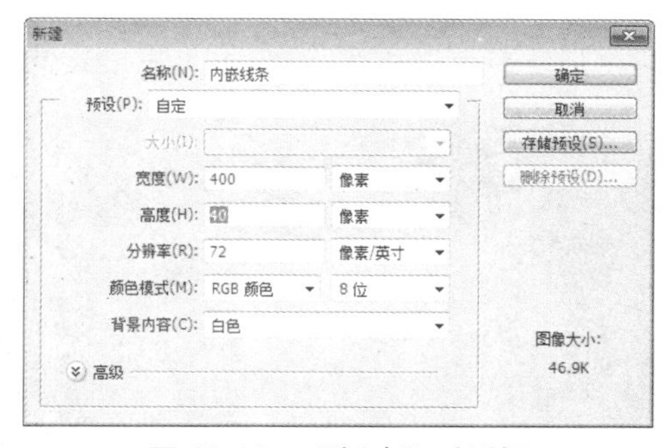

图 10-12 【新建】对话框

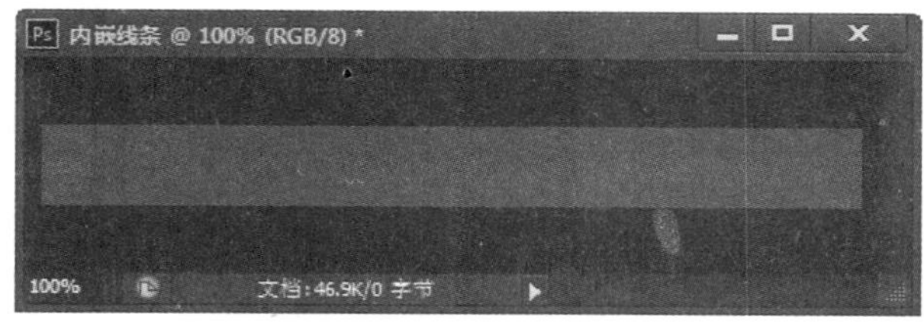

图 10-13 填充图层

步骤3 新建【图层 2】，选择【铅笔工具】，线宽设置成 1 像素。按住 Shift 键的同时在图像上画一条黑色的直线。画好一条后可以再复制一条并把它们对齐，如图 10-14 所示。

步骤4 新建【图层 3】，把线宽设置成 2 像素，然后再按上面的方法画两条白色的线，如图 10-15 所示。

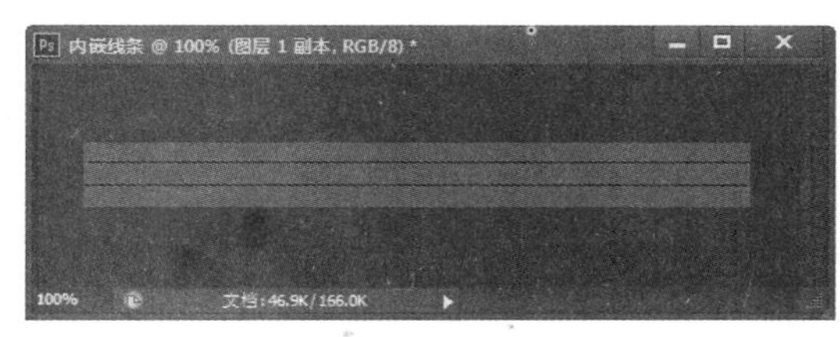

图 10-14 绘制黑色直线

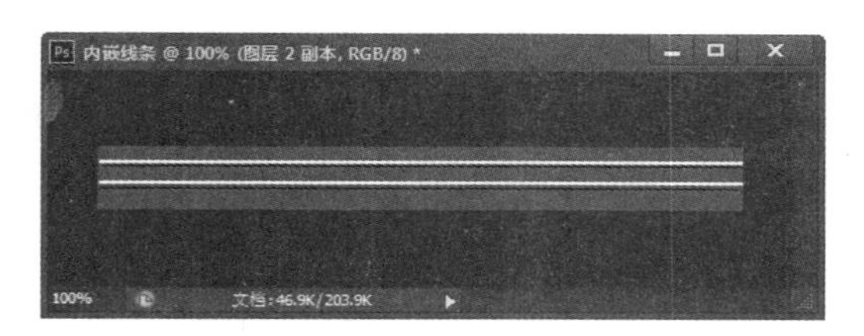

图 10-15 绘制白色直线

步骤5 把【图层 3】拖到【图层 2】的下层，然后选择【移动工具】，把两条白色线条拖动到黑色线条的右下角一个像素处。至此，可以看到添加的立体效果，如图 10-16 所示。

步骤6 在【图层】面板上设置【图层 3】的混合模式为【柔光】，这样装饰性内嵌线条就制作完成了，如图 10-17 所示。

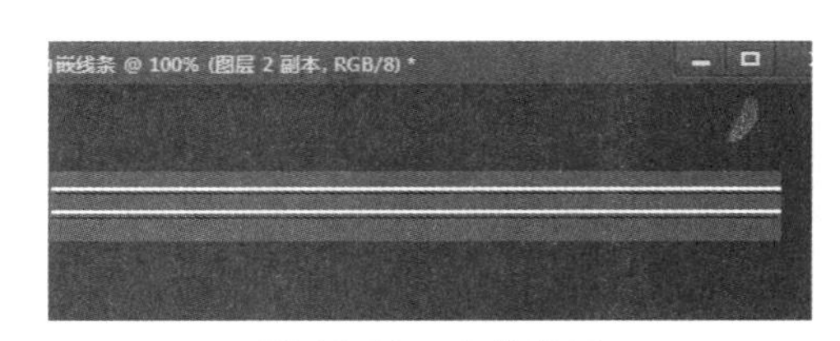

图 10-16 立体效果

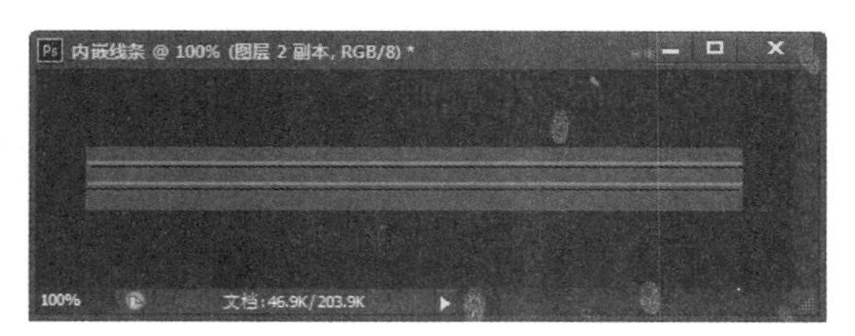

图 10-17 设置混合模式

10.1.3 实例 3——斜纹线条的制作

用户在浏览网页时是否感叹斜纹很多呢？经典的斜纹，永远的时尚，不用羡慕，下面我们也来做一款斜纹线条，同样是通过定义图案来实现。

步骤1 按 Ctrl+N 组合键，新建一个宽 4 像素、高 4 像素的文件，将它命名为【斜纹图案】，如图 10-18 所示。

步骤2 放大图像，新建【图层 1】，用【矩形选框工具】选择选区，如图 10-19 所示。

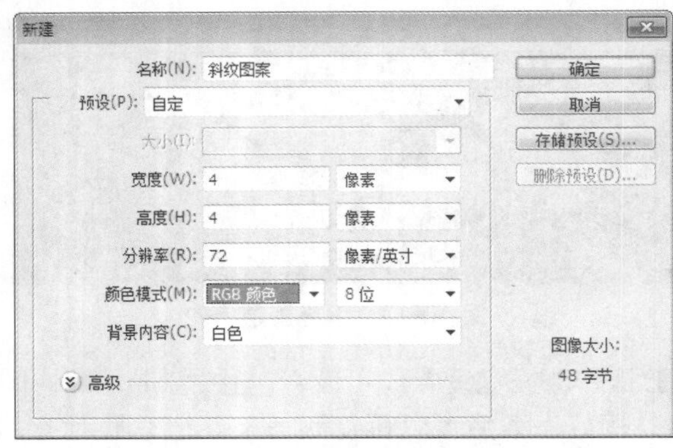

图 10-18 【新建】对话框

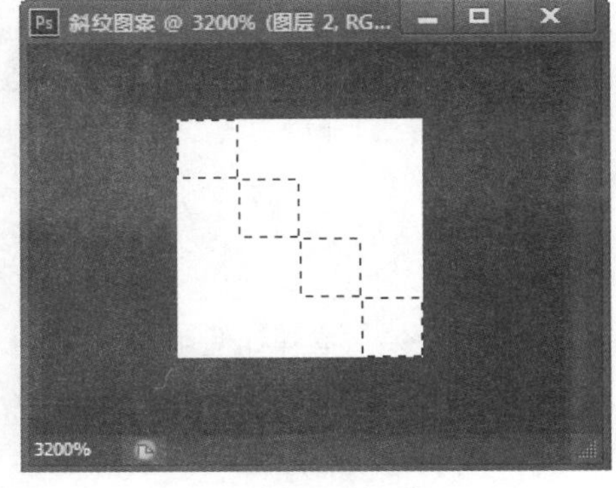

图 10-19 选择选区

步骤3 设置前景色为灰色，按 Alt+Delete 组合键，填充选区，如图 10-20 所示。

步骤4 选择【编辑】→【定义图案】命令，打开【图案名称】对话框，输入图案的名称，然后单击【确定】按钮，如图 10-21 所示。

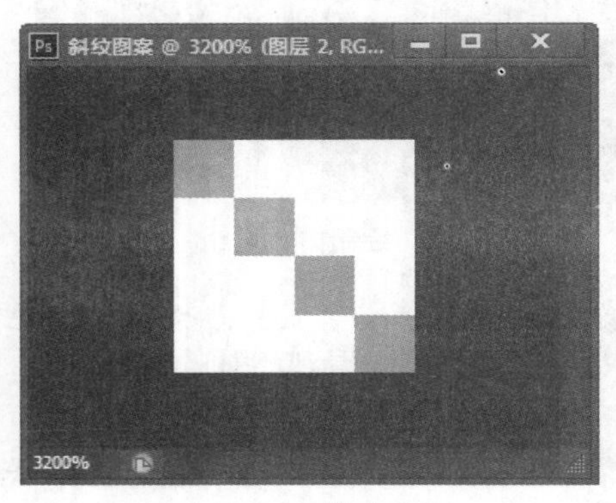

图 10-20 填充选区

图 10-21 【图案名称】对话框

步骤5 按 Ctrl+N 组合键，新建任意长宽的文件，将它命名为【斜纹线条】，如图 10-22 所示。

步骤6 新建【图层 1】，按 Ctrl+A 组合键全选，右击选区，在弹出的快捷菜单中选择【填充】命令，打开【填充】对话框，【自定图案】选择之前制作的【斜纹图案】，如图 10-23 所示。

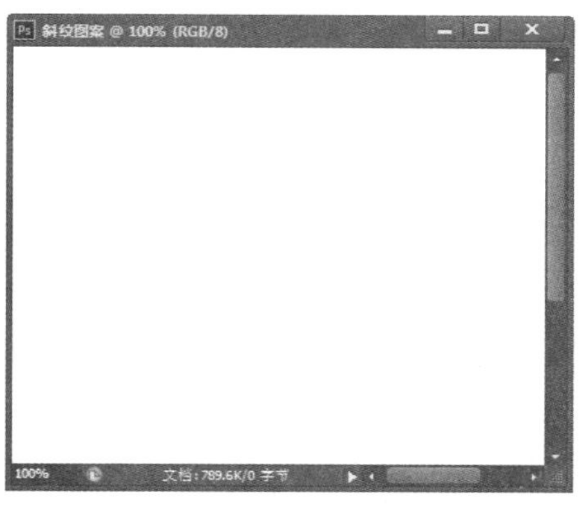

图 10-22　新建文件

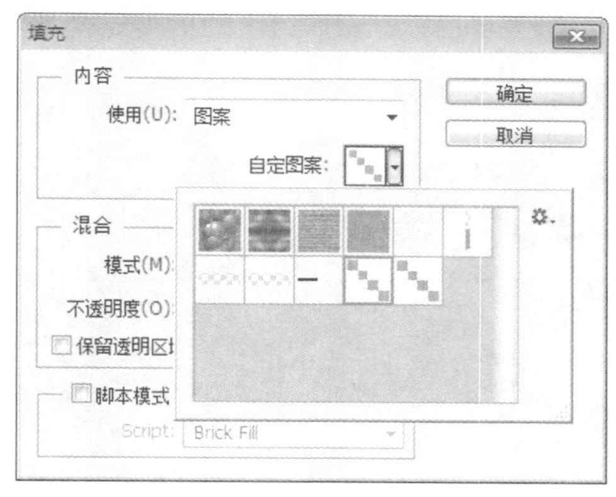

图 10-23　【填充】对话框

步骤7 单击【确定】按钮，即可得到如图 10-24 所示的效果。

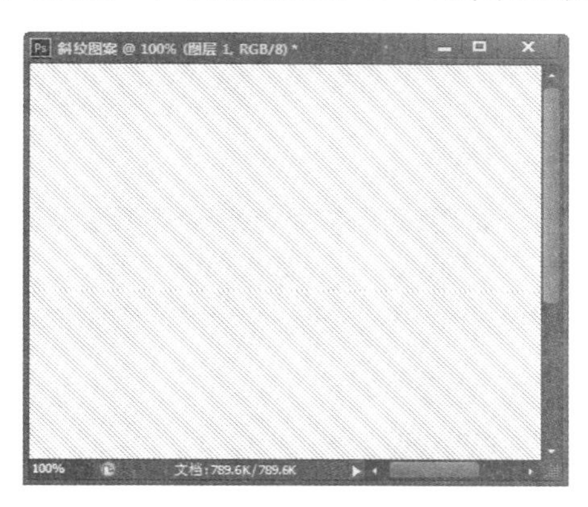

图 10-24　最终效果

10.2　背景图片的制作

为了美化页面，图片是必不可少的页面元素之一。网页设计中的图片从用途上分为背景图和插图两种，背景图在网页设计发展初期只发挥了强调质地感的作用和修饰页面的功能。

10.2.1　实例 4——制作渐变背景图片

在Photoshop CS6中可以制作出很多种背景效果，背景对整个网页来说是非常重要的一部分。制作渐变背景图片的具体操作步骤如下。

(1) 制作渐变背景的具体操作步骤如下。

步骤1 新建一个 600 × 500 的图像文件并用渐变色工具填充，在【渐变编辑器】对话框对各项进行设置，其中颜色条最左边的颜色为“#3C580E”，最右边的颜色为“#A4D23B”，如图 10-25 所示。

步骤2 设置从下到上的渐变，填充完成后的图像效果如图 10-26 所示。

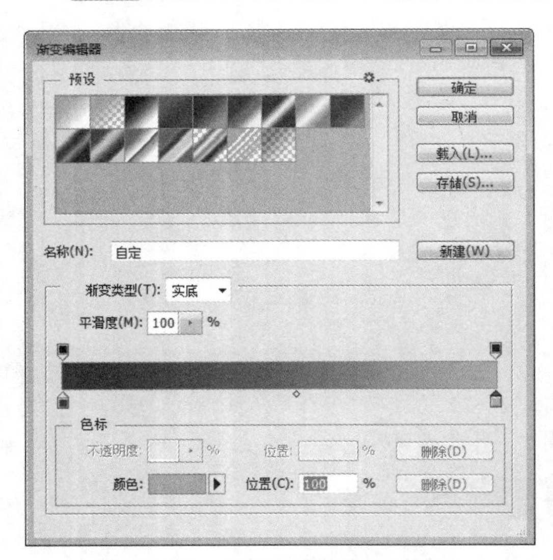

图 10-25 【渐变编辑器】对话框

图 10-26 填充渐变

步骤3 新建【图层 1】，然后再次选中【渐变工具】，设置各项参数，其中颜色条最右边的颜色为“#36bcd4”，如图 10-27 所示。

步骤4 设置从左到右的渐变，填充完成后的页面效果如图 10-28 所示。

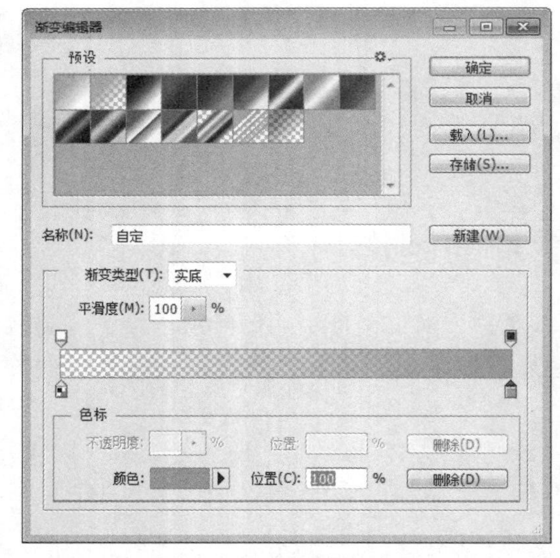

图 10-27 设置渐变参数

图 10-28 填充渐变

步骤5 选择【钢笔工具】，然后在【图层 1】上建立路径，如图 10-29 所示。路径做好以后，按 Ctrl+Enter 组合键将其转换成选区，其效果如图 10-30 所示。

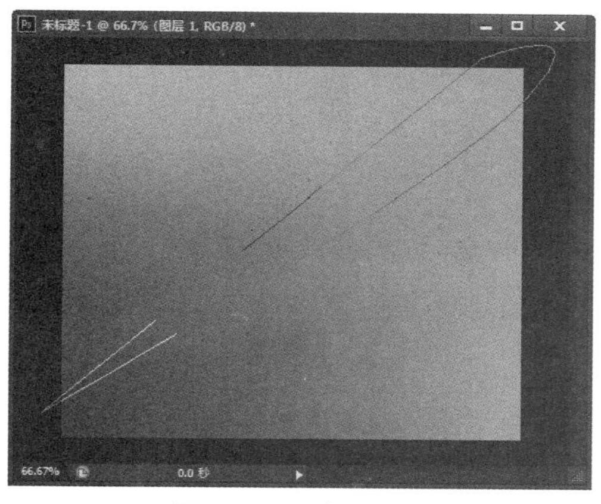

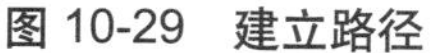
图 10-29　建立路径

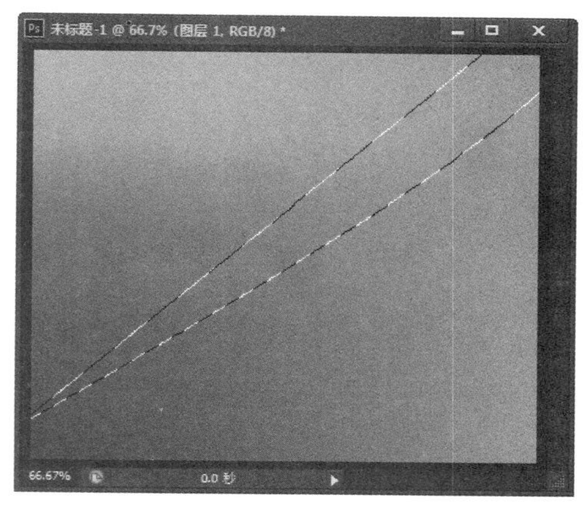

图 10-30　路径转换为选区

步骤6 选择【渐变工具】，然后在打开的【渐变编辑器】对话框中设置各项参数，其中最左边的颜色为“#ffffff”，如图 10-31 所示。

步骤7 新建【图层 2】，然后在新建的图层 4 中做出如图 10-32 所示的渐变，并设置图层的【不透明度】为 40%。

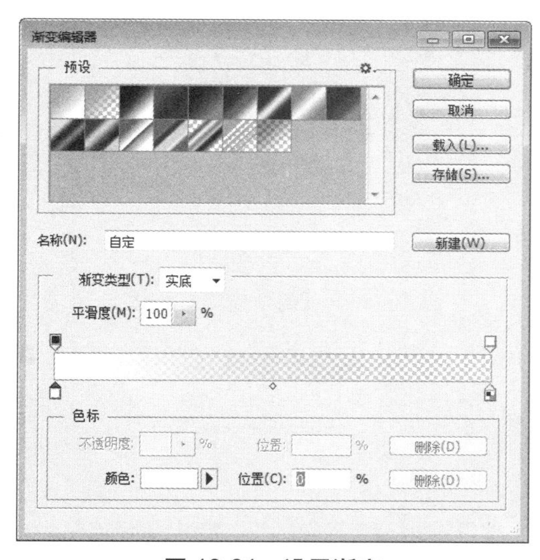

图 10-31　设置渐变

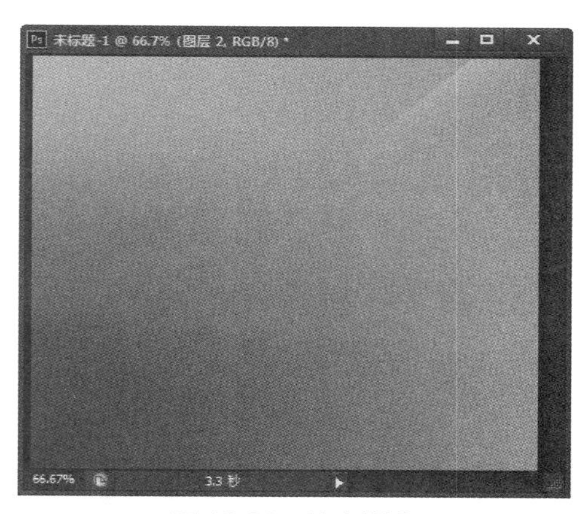

图 10-32　填充渐变

步骤8 为了避免图片单调，重复步骤 5~ 步骤 8 的操作，完成后的图片效果如图 10-33 所示。

(2) 进一步美化渐变背景的具体操作步骤如下。

步骤1 在【图层】调板中单击【背景】图层前面的眼睛图标，将【背景】图层隐藏起来，然后再次新建【图层 3】，然后选择【图像】→【应用图像】菜单命令，打开【应用图像】对话框，如图 10-34 所示。

图 10-33　最终效果

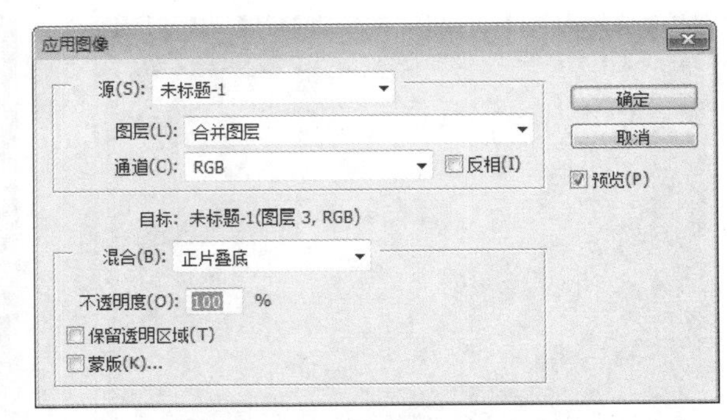

图 10-34　【应用图像】对话框

步骤2　单击【确定】按钮即可将该图层应用到整个图像中，如图 10-35 所示。

步骤3　选择【滤镜】→【模糊】→【高斯模糊】菜单命令，打开【高斯模糊】对话框，在【高斯模糊】对话框中设置【半径】为 7，如图 10-36 所示。

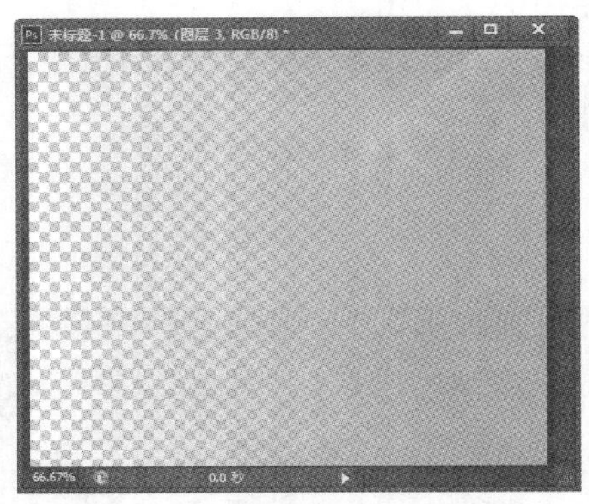

图 10-35　应用图像后的效果

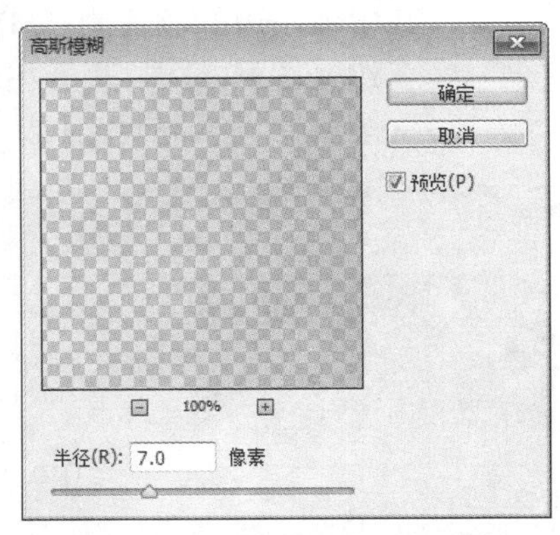

图 10-36　【高斯模糊】对话框

步骤4　设置完毕后单击【确定】按钮即可完成对新建图层应用【高斯模糊】滤镜，如图 10-37 所示。

步骤5　选择【滤镜】→【锐化】→【锐化】菜单命令，即可对图像进行锐化处理。至此，一个渐变背景就制作完成了，如图 10-38 所示。

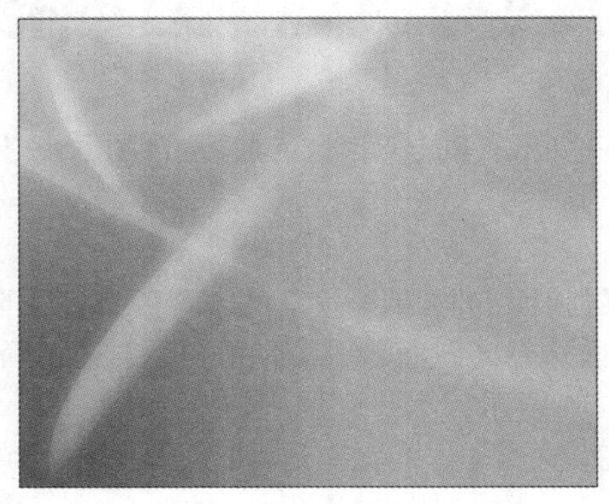

图 10-37　高斯模糊效果

图 10-38　锐化后的效果

10.2.2 实例 5——制作透明背景图像

制作透明图像的方法就是创建好选区以后，将其背景删除即可，具体操作步骤如下。

步骤1 打开随书光盘中的“素材 \ch10\ 苹果 .jpg”文件，如图 10-39 所示。

步骤2 选择【图像】→【计算】菜单命令，弹出【计算】对话框，在【源 1】区域的【通道】下拉列表中选择【蓝】，勾选【反相】复选框，在【源 2】区域的【通道】下拉列表中选择【灰色】，勾选【反相】复选框，【混合】模式选择“相加”，调整【补偿值】为 –100，单击【确定】按钮，如图 10-40 所示。

图 10-39 打开素材

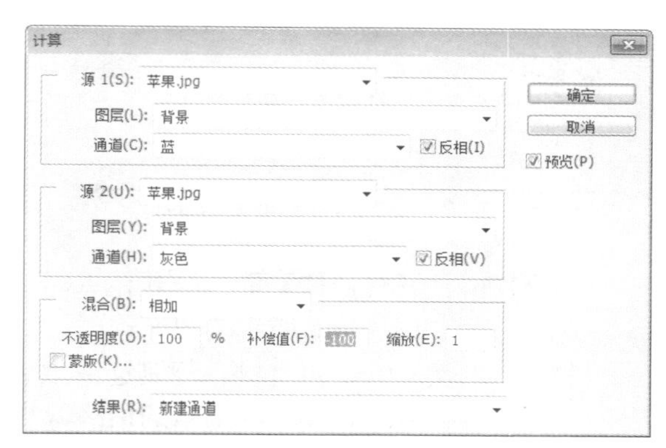

图 10-40 【计算】对话框

步骤3 打开【通道】面板，产生新的 Alpha 1 通道，如图 10-41 所示。

步骤4 返回图像界面，图像呈现高度曝光效果，如图 10-42 所示。

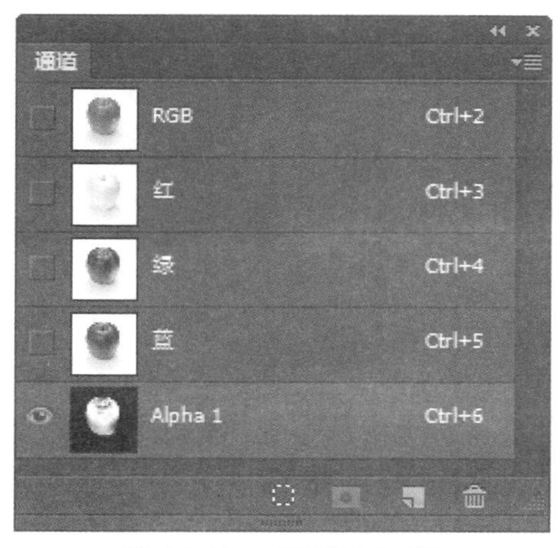

图 10-41 【通道】面板

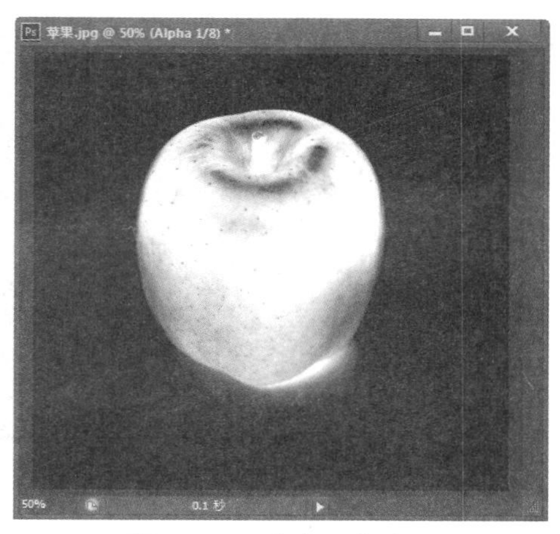

图 10-42 高度曝光效果

步骤5 选择【图像】→【调整】→【色阶】菜单命令，弹出【色阶】对话框，在【通道】下拉列表中选择 Alpha 1，拖动滑条，使图像边缘更细致，如图 10-43 所示。

步骤6 选择工具栏中的【橡皮擦工具】，设置背景色为白色，擦除图像轮廓中的黑灰色区域，效果如图 10-44 所示。

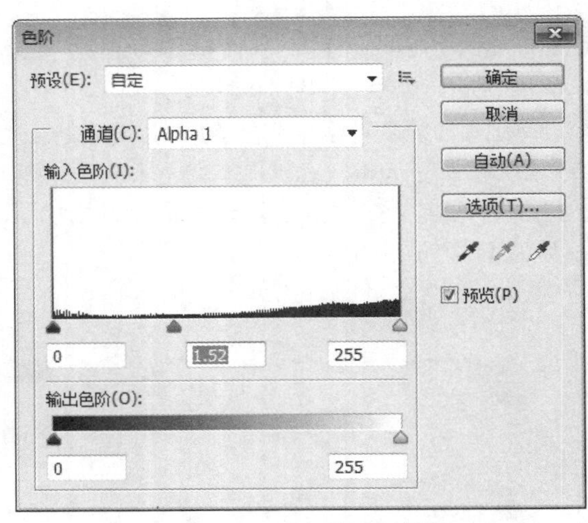

图 10-43 【色阶】对话框

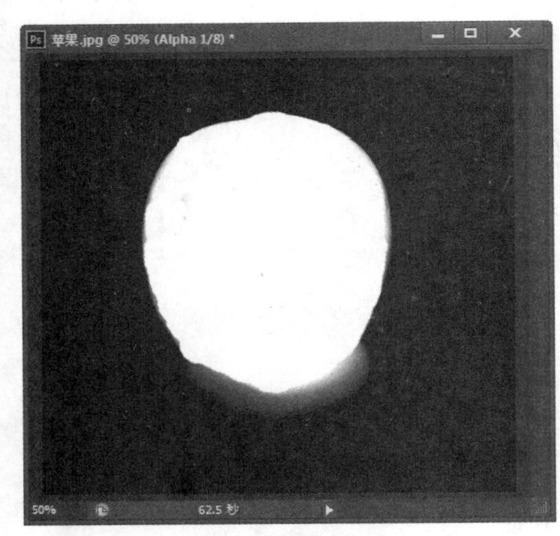

图 10-44 设置后的效果

步骤7 打开【通道】面板，显示 RGB 通道，按住 Ctrl 键，单击 Alpha 1 通道，生成如图 10-45 所示的图像选区。

步骤8 按 Ctrl+J 组合键，复制选区生成新图层为【图层 1】，隐藏原始【图层 0】，得到如图 10-46 所示的最终效果。

图 10-45 生成图像选区

图 10-46 最终效果

使用【文件】菜单中的【存储为 Web 所用格式】命令可以保存透明图像。如果在对话框中选择 GIF，就会显示 GIF 保存格式的相关选项，此时勾选【透明度】复选框，就会按透明图像保存。

10.2.3 实例 6——魔幻背景图像的制作

在网页制作和图像制作中，我们常会看到一些炫目的光影背景或者类似3D效果和数码效果的背景图片，这样的背景常会带给大家极强的视觉冲击和艺术冲击，使我们的网页增色不少。

(1) 制作魔幻背景图像的具体操作步骤如下。.

步骤1 选择【文件】→【新建】菜单命令，弹出【新建】对话框，创建一个 500 像素 ×500 像素白色背景的文件，单击【确定】按钮，如图 10-47 所示。

步骤2 采用默认的黑色前景色和白色背景色，选择【滤镜】→【渲染】→【分层云彩】菜单命令，然后重复按 Ctrl+F 组合键重复使用分层云彩 5 到 10 次，得到如图 10-48 所示的灰度图像。

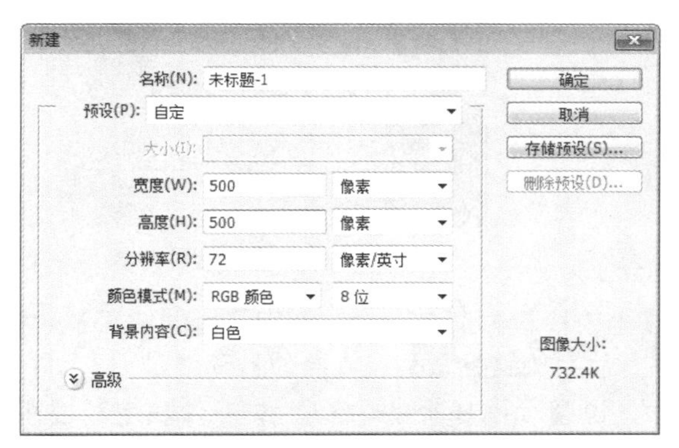

图 10-47 【新建】对话框

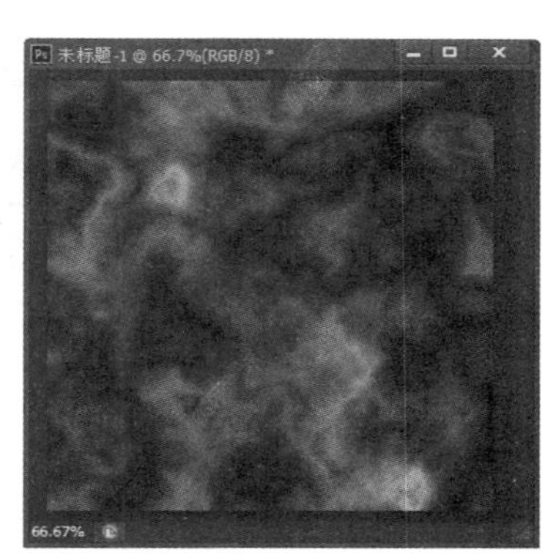

图 10-48 云彩灰度图

步骤3 选择【图像】→【调整】→【渐变映射】菜单命令，弹出【渐变映射】对话框，默认显示黑白渐变，单击渐变条，如图 10-49 所示。

步骤4 弹出【渐变编辑器】对话框，在渐变条下方单击鼠标添加色标，双击色标可打开选择色标颜色的对话框，依图所示分别为色标添加黑、红、黄、白四种颜色，单击【确定】按钮，如图 10-50 所示。

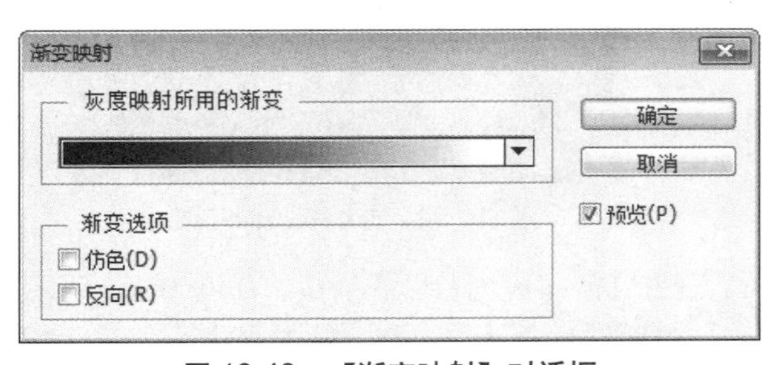

图 10-49 【渐变映射】对话框

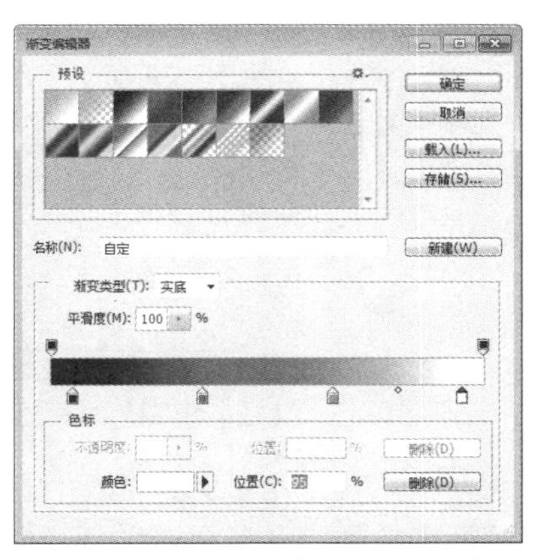

图 10-50 【渐变编辑器】对话框

步骤5 返回到图像界面，显示如图所示的云彩效果，云彩效果略显生硬，如图 10-51 所示。

(2) 美化云彩效果的具体操作步骤如下。

步骤1 右击图层，在弹出的快捷菜单中选择【转换为智能对象】命令，将图层转换为智能对象，如图 10-52 所示。

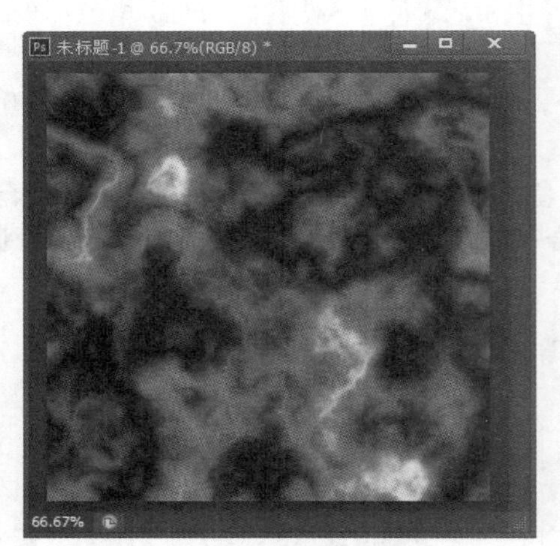

图 10-51　云彩效果

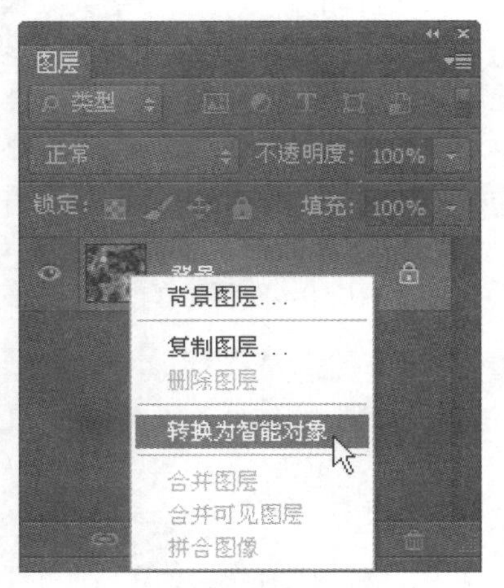

图 10-52　转换为智能对象

步骤2 选择【滤镜】→【模糊】→【径向模糊】菜单命令，弹出【径向模糊】对话框，设置【数量】为 80，【模糊方法】为【缩放】，【品质】为【最好】，在【中心模糊】窗口中用鼠标拖动，调整径向模糊的中心，单击【确定】按钮，如图 10-53 所示。

步骤3 调整后云彩呈现放射状模糊，如图 10-54 所示。

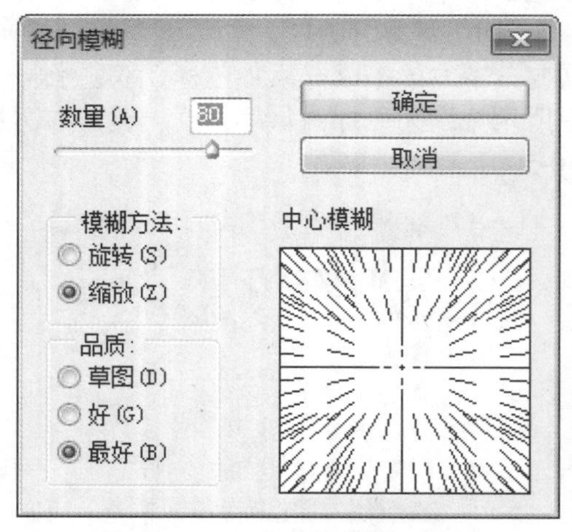

图 10-53　【径向模糊】对话框

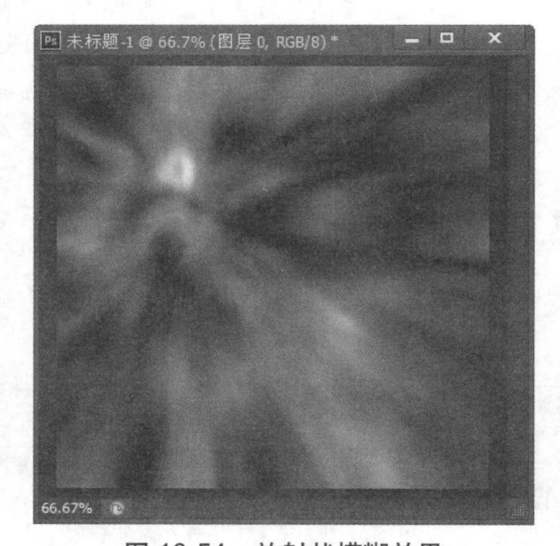

图 10-54　放射状模糊效果

步骤4 双击【图层】面板中【图层 0】下方【径向模糊】后的箭头，如图 10-55 所示。

步骤5 弹出【混合选项（径向模糊）】对话框，在【模式】下拉列表中选择【变亮】选项，单击【确定】按钮，如图 10-56 所示。

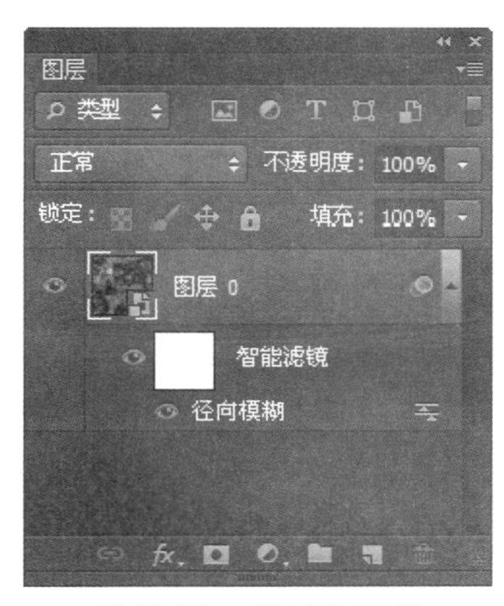

图 10-55 【图层】面板

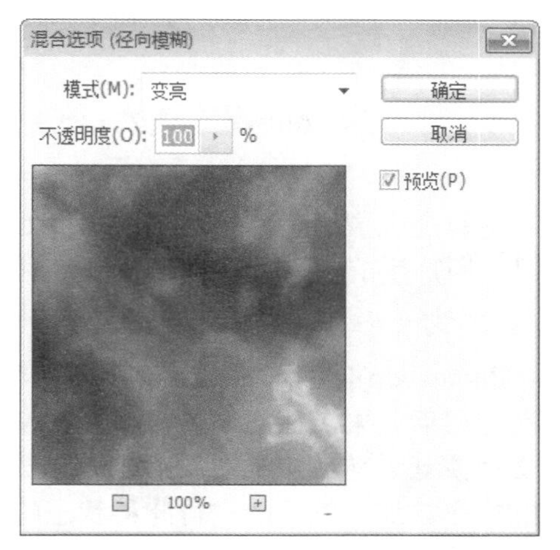

图 10-56 【混合选项(径向模糊)】对话框

步骤6 返回图像界面，得到最终的云彩效果，如图 10-57 所示。

提示 由于云彩图形是随机产生的，不一定全部满足需求，可以剪切其中一部分云彩效果使用。另外，制作云彩效果时，使用的渐变映射的颜色不同，得出的效果也有很大差异，例如选择蓝白相间的渐变颜色。依照上述步骤操作，最终可以得到蓝天白云的效果，如图 10-58 所示。

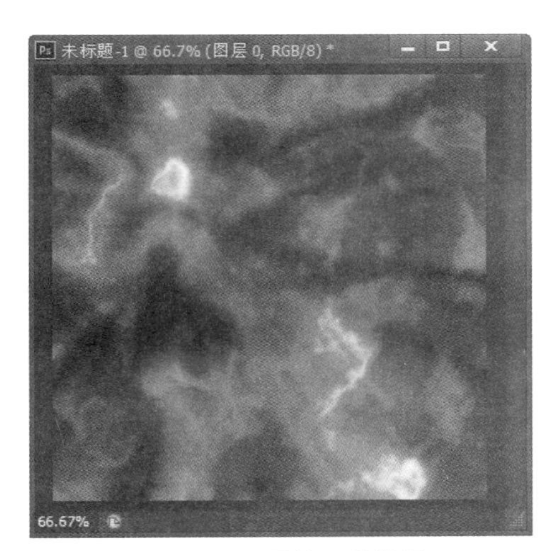

图 10-57 最终云彩效果

图 10-58 蓝天白云的效果

10.3 专家答疑

疑问1：为什么将相同选项设置的滤镜应用于不同的图像中，得到的图像效果会有些差异呢？

答：滤镜是以像素为单位对图像进行处理的，因此在对不同像素的图像应用相同参数的滤镜时，所产生的效果可能也会有些差距。

疑问2：将文字转换为普通图层后，是否还可以恢复文字所在的图层为文字图层？

答：Photoshop不具备将普通图层转换为文字图层的功能。不过，如果在将文字图层转换为普通图层后，未对该文档进行超过20步的操作，那么用户就可以通过【历史记录】调板，将文档恢复为转换文字图层为普通图层前的状态。但是，如果已经对该文档进行了超过20步的操作，那么就不能进行此种状态的还原。这是因为在默认状态下，“历史记录”调板只会记录对当前文档所进行的最近20步的操作。

第 11 章 制作网站 Logo

Logo 的中文含义就是标志、标识。作为独特的传媒符号，Logo 一直是传播特殊信息的视觉文化语言，Logo 自身的风格对网站设计也有一定的影响。本章就来介绍如何制作网站 Logo。

11.1　网站 Logo 概述

在网站的建设过程中，网站标识即Logo的制作是比较重要的一个环节。Logo是标志的意思，是一个网站形象的重要体现，如同网站的商标一样，是互联网上各个网站用来链接和识别的一个图形标志。下列是一组国外优秀网站的标识(Logo)，如图11-1所示。

图 11-1　一组网站标识

11.1.1　网站 Logo 设计标准

网站Logo就是网站标志，它的设计要能够充分体现一个公司的核心理念，并且在设计上要追求动感、活力、简约、大方和高品位，另外在色彩搭配、美观上也要多加注意，要使人看后印象深刻。

在设计网站Logo时，需要对应用于各种条件的设计做出相应规范，如用于广告类的Logo、用于链接类的Logo，这对指导网站的整体建设有着极现实的意义。

图 11-2　Logo 色彩方面

● 色彩方面：需要规范Logo的标准色、设计可能被应用的恰当的背景配色体系、反白、在清晰表现Logo的前提下制定Logo最小的显示尺寸。另外也可以为Logo制定一些特定条件下的配色、辅助色带等以方便在制作Banner等场合的应用，如图11-2所示。

图 11-3　Logo 布局方面

● 布局方面：应注意文字与图案边缘应清晰，字与图案不宜相交叠。另外还可考虑Logo竖排效果，考虑作为背景时的排列方式等，如图11-3所示。

● 视觉与造型：应该考虑到网站发展到一定程度时相应推广活动所要求的效果，使其在应用于各种媒体时，也能发挥充分的视觉效果；同时应使用能够给予多数观众好感而受欢迎的造型，如图11-4所示。

图 11-4　Logo 视觉与造型

● 介质效果：应该考虑到Logo在传真、报纸、杂志等纸介质上的单色效果，反白效果，在织物上的纺织效果，在车体上的油漆效果，制作徽章时的金属效果、墙面立体的造型效果等，如图11-5所示。

8848网站的Logo就因为忽略了字体与背景的合理搭配，圈住4字的圈成了8的背景，使其在网上彩色下能辨认的标识在报纸上做广告时效果不尽如人意，这样的设计与其努力上市的定位相去甚远，如图11-6所示。

比较简单的方法之一是把标识处理成黑白的，能正确良好表达Logo含义的即为合格。

图 11-5　Logo 介质效果

11.1.2　网站 Logo 的标准尺寸

Logo的国际标准规范是为了便于在Internet上信息的传播，目前国际上规定的Logo标准尺寸有下面3种，并且每一种Logo规格的使用也都有一定的范围(单位：像素px)。

(1) 88×31，主要用于网页链接或网站小型Logo。

这种规格的Logo是网络中最普通的友情链接Logo，这种Logo通常被放置到别人的网站中显示，让别的网站用户单击这个Logo进入你的网站，几乎所有网站的友情链接所用的Logo尺寸均是这个规格，好处是视觉效果好，占用空间小，如图11-7所示。

图 11-6　8848 网站 Logo

图 11-7　友情链接 Logo

(2) 120×60，这种规格主要用于做Logo使用。

一般用在网站首页面的Logo广告，如图11-8所示。

图 11-8　网站首页 Logo

(3) 120×90，主要应用于产品演示或大型Logo，如图11-9所示。

图 11-9 大型 Logo

11.1.3 网站 Logo 的一般形式

作为具有传媒特性的Logo，为了在最有效的空间内实现所有的视觉识别功能，一般是特定图案与特定文字的组合，起到出示、说明、沟通、交流的作用，从而引导受众的兴趣，达到增强美誉、记忆等目的。

网站Logo表现形式的组合方式一般分为特示图案、特示文字、合成文字。

● 特示图案：属于表象符号，独特、醒目，图案本身易被区分、记忆，通过隐喻、联想、概括、抽象等绘画表现方法表现被标识体，对其理念的表达概括而形象，但与被标识体关联性不够直接，受众容易记忆图案本身，但对其与被标识体的关系的认知需要相对较曲折的过程，但一旦建立联系，印象较深刻，对被标识体记忆相对持久，如图11-10所示。

图 11-10 特示图案

● 特示文字：属于表意符号。在沟通与传播活动中，反复使用的被标识体的名称或是其产品名，用一种文字形态加以统一。含义明确、直接，与被标识体的联系密切，易于被理解，认知，对所表达的理念也具有说明的作用，但因为文字本身的相似性易模糊受众对标识本身的记忆，从而对被标识体的长久记忆发生弱化，如图11-11所示。

图 11-11 特示文字

● 合成文字：是一种表象表意的综合，指文字与图案结合的设计，兼具文字与图案的属性，但都导致相关属性的影响力相对弱化，为了不同的对象取向，制作偏图案或偏文字的Logo，会在表达时产生较大的差异。

11.2 制作时尚空间感的文字 Logo

一个设计新颖的网站Logo可以给网站带来不错的宣传效应。本节就来制作一个时尚空间感的文字Logo。

11.2.1 制作背景

制作文字Logo之前，需要事先制作一个文件背景，其具体操作步骤如下。

步骤1 打开 Photoshop CS6，选择【文件】→【新建】菜单命令，打开【新建】对话框，在【名称】文本框中输入“文字 Logo”，将宽度设置为 400 像素，高度设置为 300 像素，分辨率设置为 72 像素 / 英寸，如图 11-12 所示。

步骤2 单击【确定】按钮，新建一个空白文档，如图 11-13 所示。

步骤3 新建一个【图层 1】，设置前景色为 (C：59，M：53，Y：52，K：22)，背景色为 (C：0，M：0，Y：0，K：0)，如图 11-14 所示。

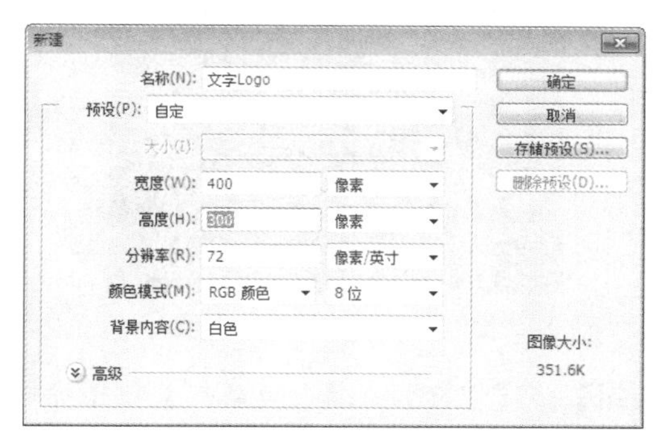

图 11-12 【新建】对话框

图 11-13 新建空白文档

步骤4 选择【工具箱】中的【渐变工具】，在其工具栏选项中设置过渡色为【前景色到背景色】，渐变模式为【线性渐变】，如图 11-15 所示。

步骤5 按 Ctrl+A 组合键进行全选，选择【图层 1】，再回到图像窗口，在选区中按下 Shift 键的同时由上至下画出渐变色，然后按住 Ctrl+D 组合键取消选区，如图 11-16 所示。

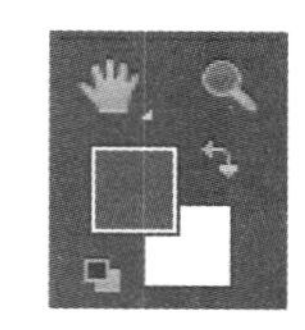

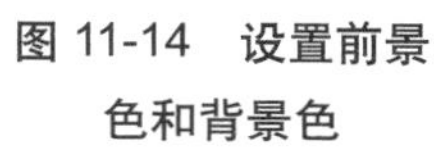

图 11-14 设置前景色和背景色

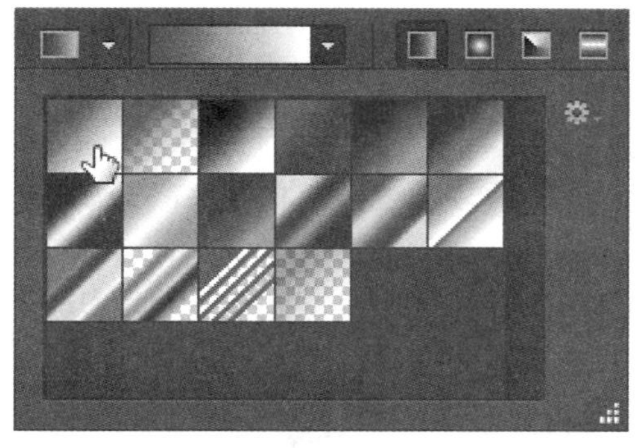

图 11-15 设置【渐变工具】

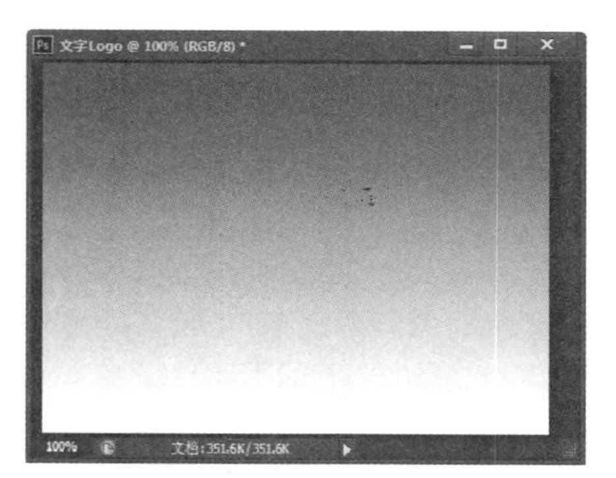

图 11-16 画出渐变

11.2.2 制作文字内容

文字Logo的背景制作完成后，下面就可以制作文字Logo的文字内容了，其具体操作步骤如下。

步骤1 在工具箱中选择【横排文字工具】，在文档中输入文字 YOU，并设置文字的字体格式为Times New Roman，大小为100pt，字体样式为Bold，颜色为C:0，M:100，Y:0，K:0，如图 11-17 所示。

步骤2 在【图层】面板中选中文字图层，然后将其拖曳到【新建图层】按钮上，复制文字图层，如图 11-18 所示。

图 11-17 输入文字

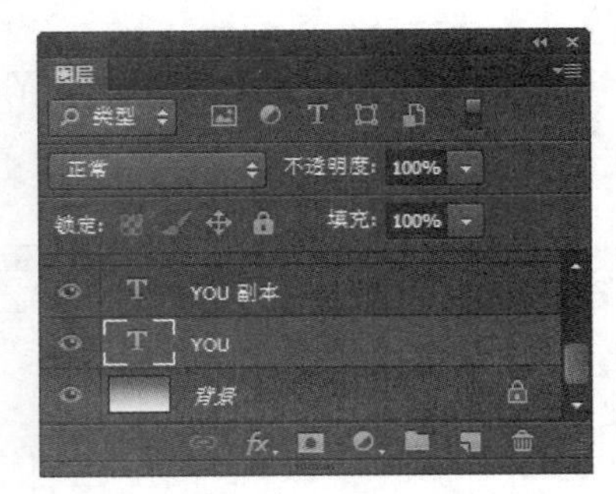

图 11-18 复制文字图层

步骤3 选中【YOU 副本】图层，选择【编辑】→【变换】→【垂直翻转】菜单命令，翻转图层，然后调整图层的位置，如图 11-19 所示。

步骤4 选中【YOU 副本】图层，在【图层】面板中设置该图层的不透明度为 50%，最终效果如图 11-20 所示。

图 11-19 翻转图层

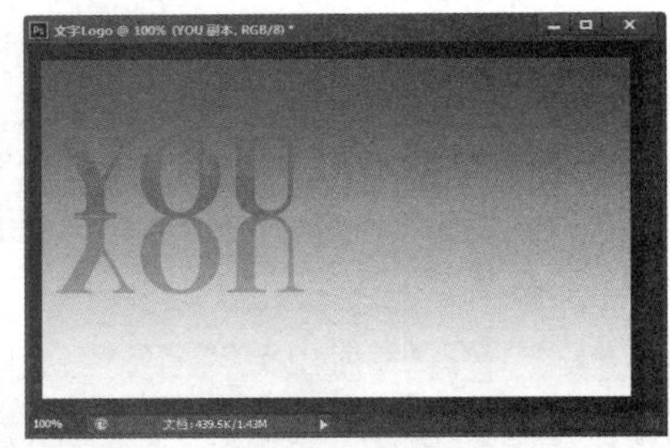

图 11-20 设置图层的不透明度

步骤5 参照步骤 1~ 步骤 4 的操作，设置字母 J 的显示效果，其中字母 J 为白色，如图 11-21 所示。

步骤6 参照步骤 1~ 步骤 4 的操作，设置字母 IA 的显示效果，其中字母 IA 为白色，如图 11-22 所示。

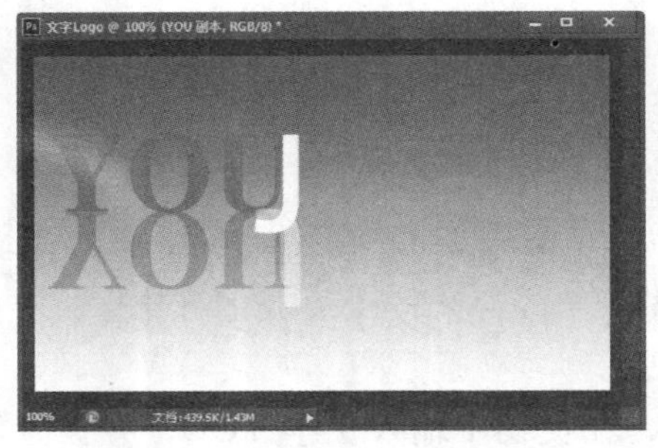

图 11-21 设置 J 的显示效果

图 11-22 设置 IA 的显示效果

11.2.3 绘制自定义形状

在一些Logo当中，会出现“®”标识，该标识的含义是优秀，也就是说明该公司所提供的产品或服务是优秀的。

绘制“®”标识的具体操作步骤如下。

步骤1 在工具箱中选择【自定形状工具】，再在首选项单击【点击可打开“自定形状”拾色器】按钮，打开系统预设的形状，在其中选择需要的形状样式，如图 11-23 所示。

步骤2 在【图层】调板中单击【新建图层】按钮，新建一个图层，然后在该图层中绘制形状，如图 11-24 所示。

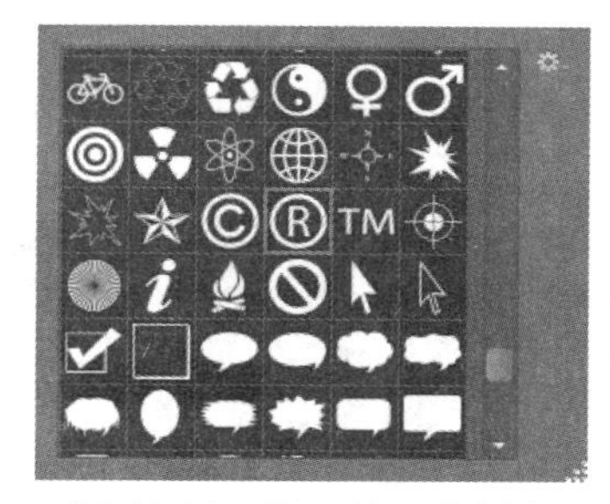

图 11-23 需要的形状样式

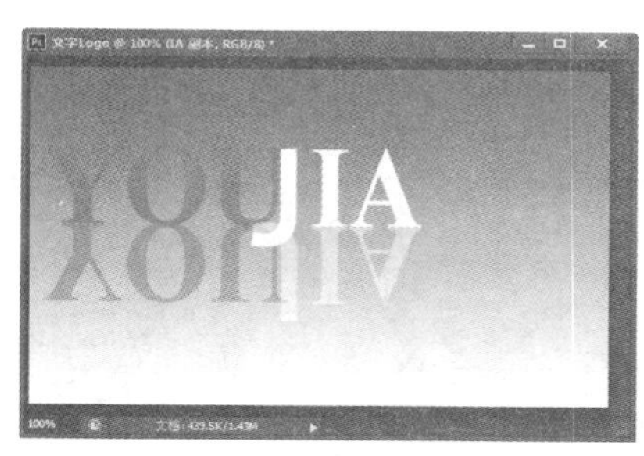

图 11-24 绘制形状

步骤3 在【图层】调板中选中形状 1 图层并右击，从弹出的快捷菜单中选择【栅格化图层】 命令，即可将该形状转化为图层，如图 11-25 所示。

步骤4 选中形状所在图层并复制该图层，然后选择【编辑】→【变换】→【垂直翻转】菜单命令，翻转形状，最后调整该形状图层的位置与图层不透明度，如图 11-26 所示。

图 11-25 栅格化图层

图 11-26 翻转形状

11.2.4 美化文字 Logo

美化文字Logo的具体操作步骤如下。

步骤1 新建一个图层，然后选择工具箱中的【单列选框工具】，选择图层中的单列，如图 11-27 所示。

步骤2 选择工具箱中的【油漆桶工具】，填充单列为玫红色 (C:0，M:100，Y:0，K:0)，然后按 Ctrl+D 组合键，取消选区的选择状态，如图 11-28 所示。

图 11-27　新建图层

图 11-28　使用【油漆桶工具】

步骤3 按 Ctrl+T 组合键，自由变换绘制的直线，并将其调整至合适的位置，如图 11-29 所示。

步骤4 选择工具箱中的【橡皮擦工具】，擦除多余的直线，如图 11-30 所示。

图 11-29　变换绘制的直线

图 11-30　擦除多余的直线

步骤5 复制直线所在图层，然后选择【编辑】→【变换】→【垂直翻转】菜单命令，并调整其位置和图层的不透明度，如图 11-31 所示。

步骤6 新建一个图层，选择工具箱中的【矩形选框工具】，在其中绘制一个矩形，并填充矩形的颜色为（C:0，M:100，Y:0，K:0)，如图 11-32 所示。

图 11-31　垂直翻转图层

图 11-32　绘制矩形

步骤7 在玫红色矩形上输入文字【友佳】，并调整文字的大小与格式，如图 11-33 所示。

步骤8 双击文字“友佳”所在的图层，打开【图层样式】对话框，勾选【投影】复选框，为图层添加投影样式，如图 11-34 所示。

图 11-33 输入文字

图 11-34 投影样式效果

步骤9 选中矩形与文字【友佳】所在图层，然后右击，在弹出的快捷菜单中选择【合并图层】命令，合并选中的图层，如图 11-35 所示。

步骤10 选中合并之后的图层，将其拖曳到【新建图层】按钮之上，复制图层。然后选择【编辑】→【变换】→【垂直翻转】菜单命令，翻转图层，最后调整图层的位置与该图层的不透明度，最终效果如图 11-36 所示。

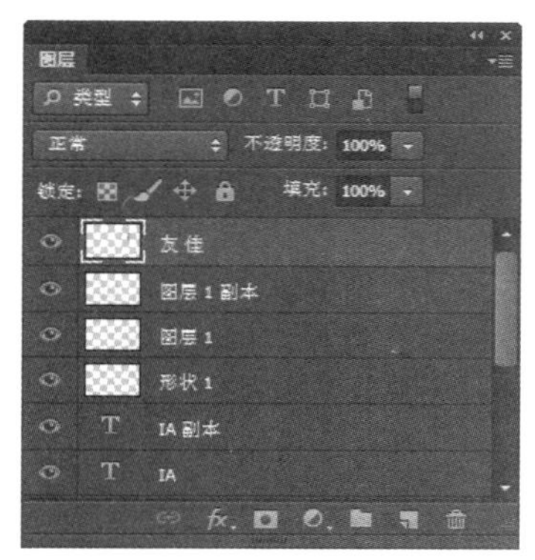

图 11-35 合并图层

图 11-36 翻转图层

11.3 制作图案 Logo

本节介绍如何制作图案Logo。

11.3.1 制作背景

制作带有图案的Logo时，首先需要做的就是制作Logo背景，其具体操作步骤如下。

步骤1 打开 Photoshop CS6，选择【文件】→【新建】菜单命令，打开【新建】对话框，在【名称】文本框中输入【图案 Logo】，将宽度设置为 400 像素，高度设置为 200 像素，分别率设置为 72 像素 / 英寸，如图 11-37 所示。

步骤2 单击工具箱中的【渐变工具】按钮之后，双击选项栏中的编辑渐变按钮，即可打开【渐变编辑器】对话框，在其中设置最左边色标的 RGB 值为 (47，176，224)，最右边色标的 RGB 值为 (255，255，255)，如图 11-38 所示。

图 11-37　新建空白文件

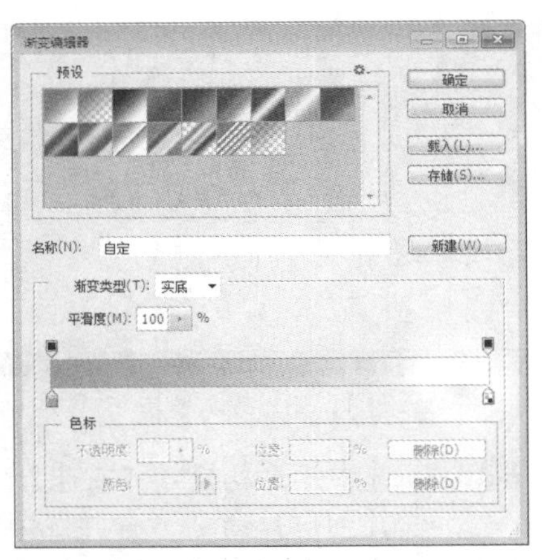

图 11-38　【渐变编辑器】对话框

步骤3 设置完毕后单击【确定】按钮，对选区从上到下绘制渐变，如图 11-39 所示。

步骤4 选择【文件】→【新建】菜单命令，打开【新建】对话框，在其中设置【宽度】为 400 像素，【高度】为 10 像素，【分辨率】为 72 像素 / 英寸，【颜色模式】为【RGB 颜色】，【背景内容】为【透明】，如图 11-40 所示。

图 11-39　绘制渐变

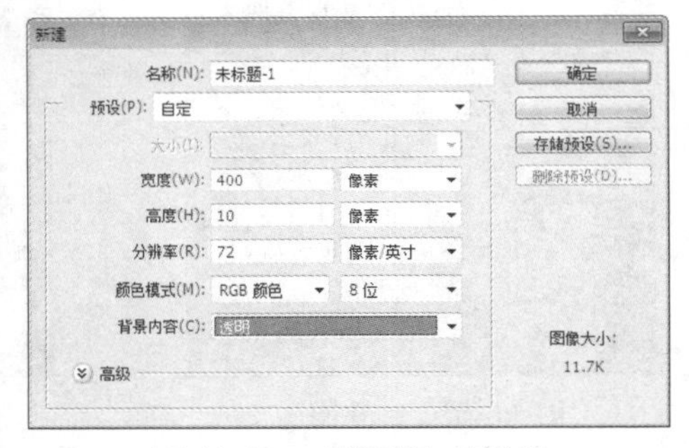

图 11-40　【新建】对话框

步骤5 在【图层】面板上单击【新建图层】按钮，新建一个图层之后，单击工具栏上的【矩形选框工具】按钮，并在矩形选项栏中设置【样式】为【固定大小】，【宽度】为 400 像素，【高度】为 5 像素，在视图中绘制一个矩形，如图 11-41 所示。

步骤6 单击工具栏中的【前景色】图标，在弹出的【拾色器】对话框中，将 RGB 值设为 (148，148，155)，然后使用【油漆桶工具】，为选区填充颜色，如图 11-42 所示。

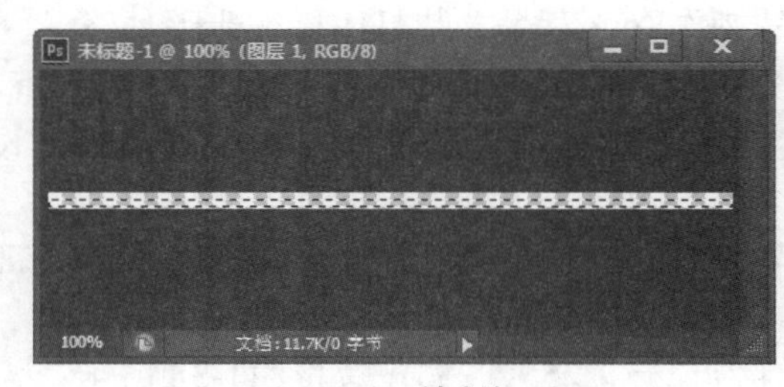

图 11-41　绘制矩形

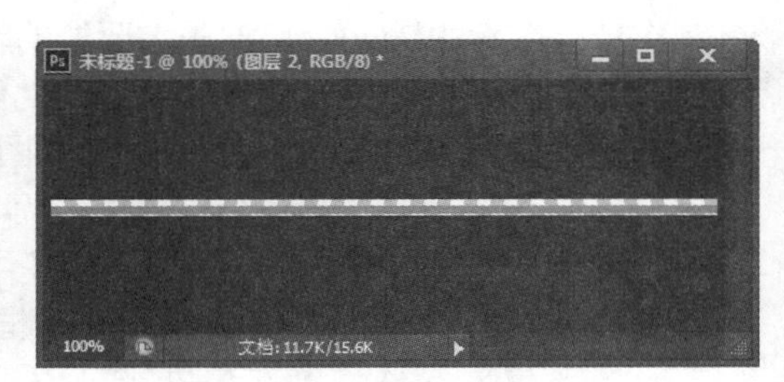

图 11-42　为选区填充颜色

步骤7 选择【编辑】→【定义图案】菜单命令，打开【图案名称】对话框，在文本框中输入图案的名称即可，如图 11-43 所示。

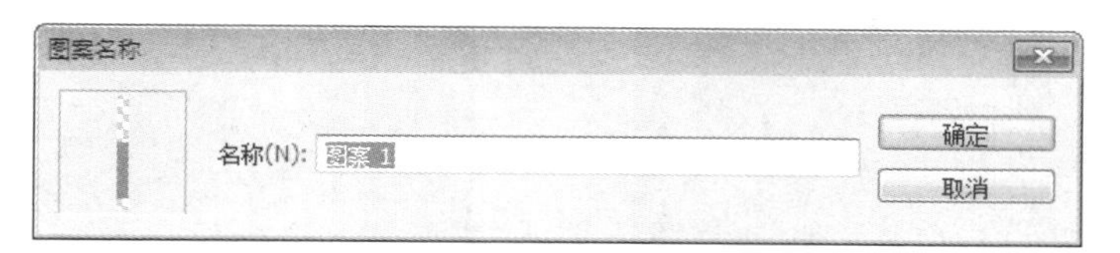

图 11-43 【图案名称】对话框

步骤8 然后返回到图案 Logo 视图中，选中上面实行渐变的矩形选区，在【图层】面板上单击【创建新图层】按钮，新建一个图层之后，选择【编辑】→【填充】菜单命令，即可打开【填充】对话框，设置【使用】为“图案”，【自定图案】为上面定义的图案，【模式】为“正常”，如图 11-44 所示。

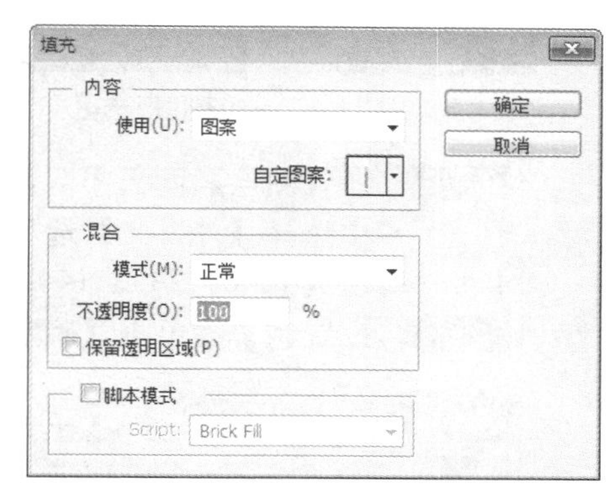

图 11-44 【填充】对话框

步骤9 设置完毕后单击【确定】按钮即可为选定的区域填充图像，然后在【图层】调板中可以通过调整其不透明度来设置填充图像显示的效果，在这里设置图层不透明度为 47%，如图 11-45 所示。

步骤10 在【图层】面板中双击新建的图层，打开【图层样式】对话框，在【样式】中选择【内发光】样式选项之后，设置【混合模式】为【正常】，发光颜色 RGB 值为 (255，255，190)，【大小】为 5 像素。在设置完毕之后，单击【确定】按钮，即可完成对内发光的设置，如图 11-46 所示。

图 11-45 设置图层不透明度

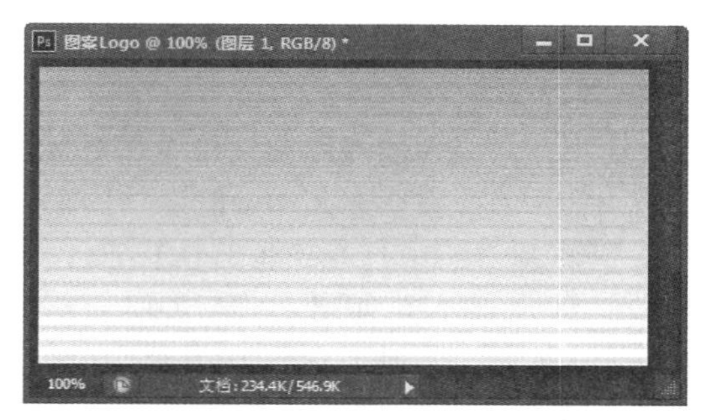

图 11-46 设置图层样式

11.3.2 制作图案效果

背景制作完毕后，下面就可以制作图案效果了，其具体操作步骤如下。

步骤1 在【图层】面板上单击【创建新图层】按钮，新建一个图层之后，选择工具箱中的【椭圆选框工具】，按住 Shift 键在图层中创建一个圆形选区，如图 11-47 所示。

步骤2 使用【油漆桶工具】，为选区填充颜色，其RGB值设为(120，156，115)，如图11-48所示。

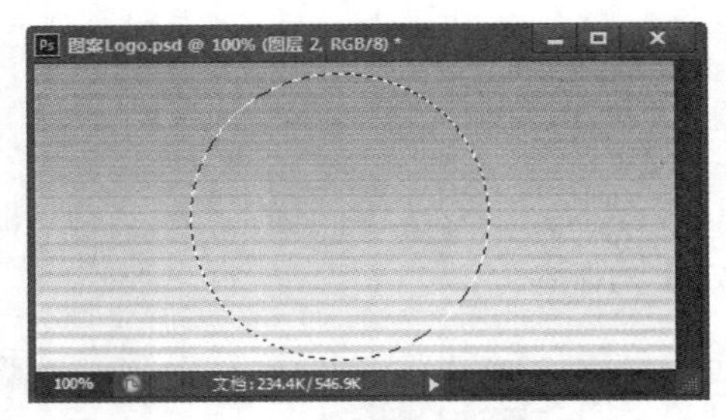

图 11-47 创建圆形选区

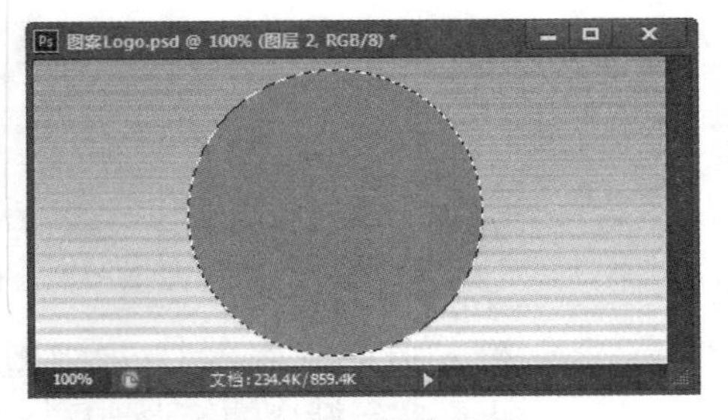

图 11-48 填充颜色

步骤3 在【图层】面板中双击新建的图层，打开【图层样式】对话框，在【样式】中选择【外发光】选项之后，设置【混合模式】为“正常”，发光颜色RGB值为(240，243，144)，【大小】为24像素，如图11-49所示。

步骤4 设置完毕后单击【确定】按钮，即可完成外发光的设置，如图11-50所示。

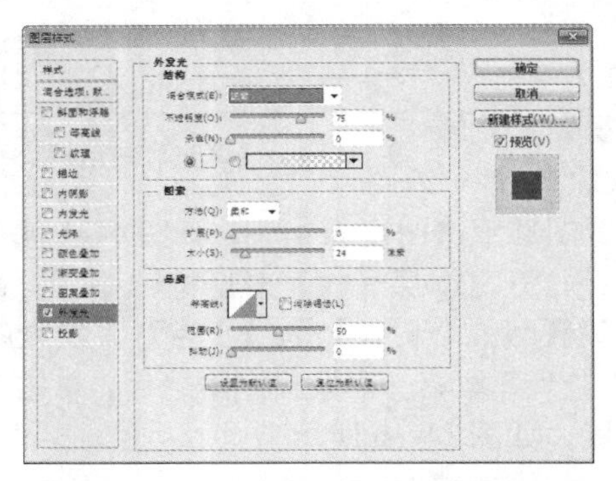

图 11-49 【图层样式】对话框

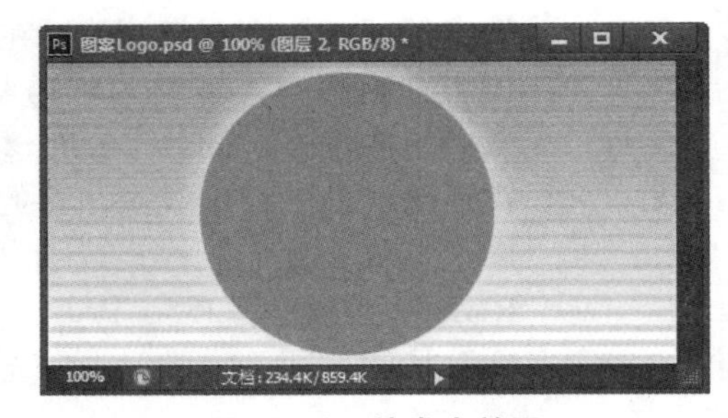

图 11-50 外发光效果

步骤5 在【图层】面板上单击【创建新图层】按钮，新建一个图层之后，单击工具箱中的【椭圆选框工具】按钮，按住Shift键在上面创建的圆形中再创建一个圆形选区，如图11-51所示。

步骤6 使用【油漆桶工具】，为选区填充颜色，其RGB值设为(255，255，255)，如图11-52所示，

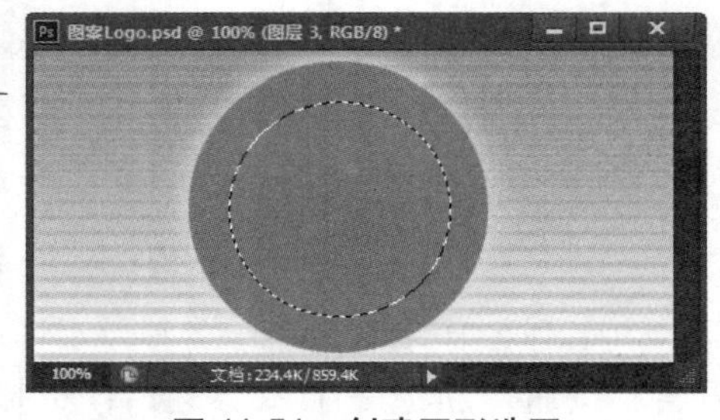

图 11-51 创建圆形选区

图 11-52 填充选区为白色

步骤7 在【图层】面板上单击【创建新图层】按钮新建一个图层，然后单击工具箱

中的【自定义形状工具】按钮，在选项工具栏中，单击形状下拉按钮，在弹出的下拉列表中选择红桃❤，如图 11-53 所示。

步骤8 选择完毕后在视图中绘制一个心形图案，在【路径】面板上单击【将路径作为选区载入】按钮，即可将红桃形图案的路径转化为选区，如图 11-54 所示。

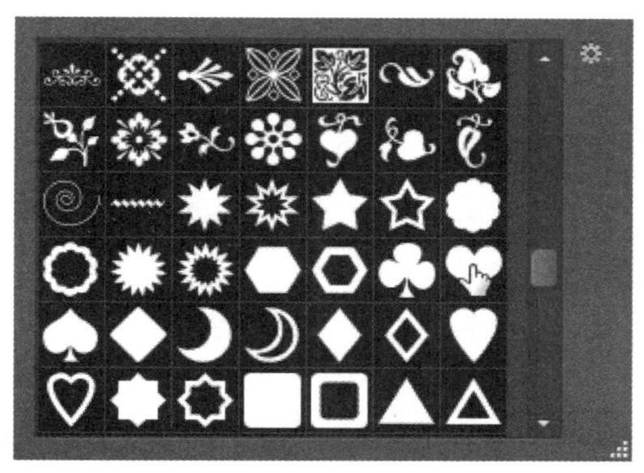

图 11-53　选择自定义样式

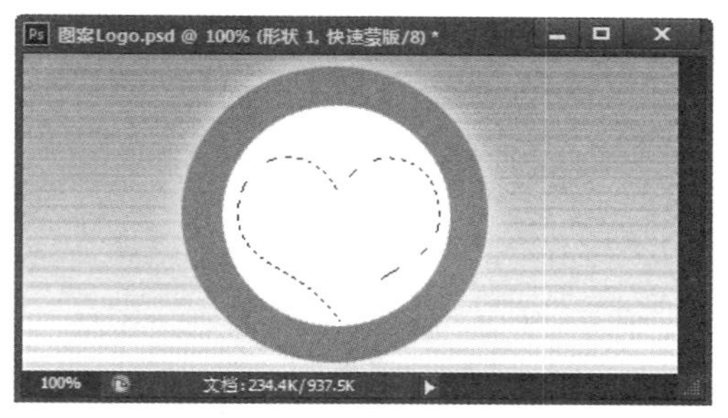

图 11-54　绘制心形选区

步骤9 单击【前景色】图标，打开【拾取实色】对话框，在其中将 RGB 值设为 (224，65，65)。然后选择【油漆桶工具】为选区填充颜色之后，然后使用移动工具调整其位置，完成后具体的显示效果如图 11-55 所示。

步骤10 在【图层】面板上单击【创建新图层】按钮新建一个图层，单击工具栏上的【横排文字工具】按钮，在视图中输入文本“Love”之后，再在【字符】面板中设置字体大小为 20 点，字体样式为【宋体】，颜色为白色，如图 11-56 所示。

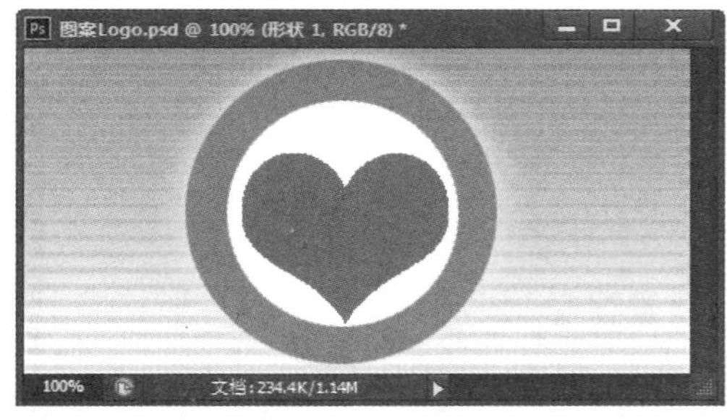

图 11-55　填充选区为红色

图 11-56　输入文字

11.4　图文结合 Logo

大部分网站的Logo都是图文结合的，本节就来制作一个图文结合的Logo。

11.4.1　制作网站 Logo 中的图案

制作网站Logo中图案的具体操作步骤如下。

步骤1 在 Photoshop CS6 的主窗口中，选择【文件】→【新建】菜单命令，打开【新建】对话框，在其中设置【宽度】为 200 像素，【高度】为 100 像素，【分辨率】为 72 像素 / 英寸，【颜色模式】为“RGB 颜色”，【背景内容】为“白色”，如图 11-57 所示。

步骤2 选择【视图】→【显示】→【网格】菜单命令，在图像窗口中显示出网格。然后选择【编辑】→【首选项】→【参考线、网格和切片】菜单命令，打开【首选项】对话框，在其中将网格线间隔数设置为 10 毫米，如图 11-58 所示。

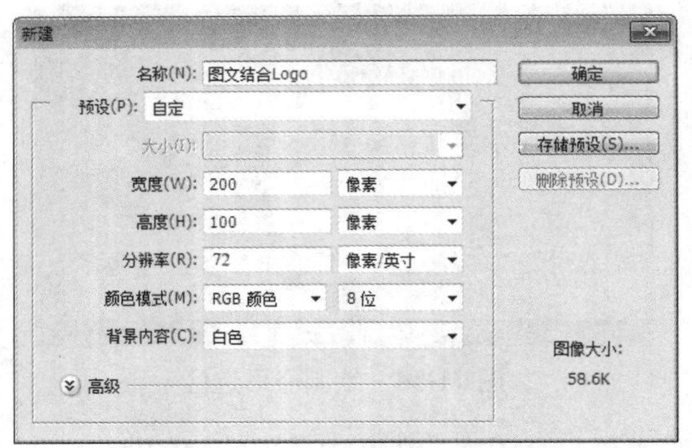

图 11-57 【新建】对话框

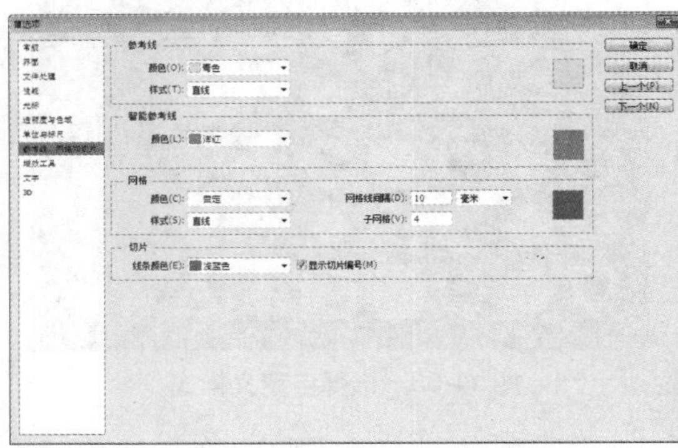

图 11-58 【首选项】对话框

步骤3 设置完毕后单击【确定】按钮，此时图像窗口显示的网格如图 11-59 所示。

步骤4 在【图层】面板上单击【创建新图层】按钮，新建一个图层之后，单击工具箱中的【椭圆选框工具】按钮，按住 Shift 键在图层中创建一个圆形选区，如图 11-60 所示。

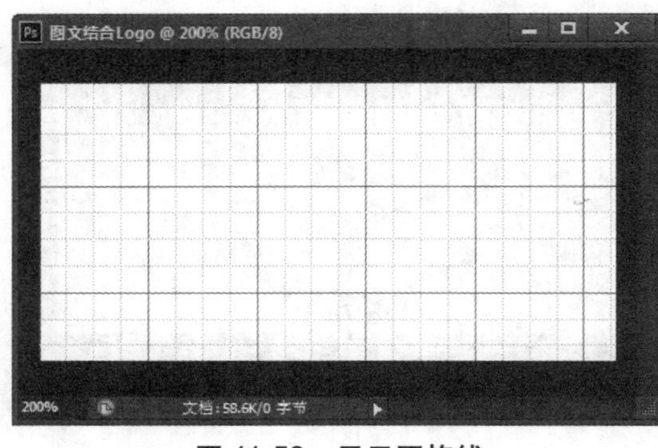

图 11-59 显示网格线

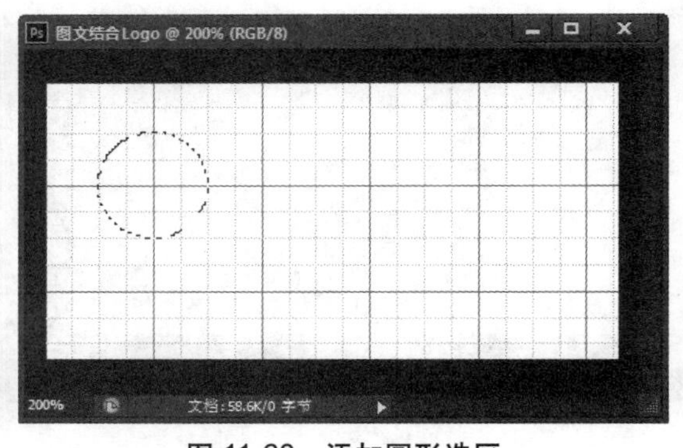

图 11-60 添加圆形选区

步骤5 选择工具箱中的【多边形套索工具】，并同时按下 Alt 键减少部分选区，完成后的效果如图 11-61 所示。

步骤6 设置前景色的颜色为绿色，其 RGB 颜色为 27，124，30。然后选择【油漆桶工具】，使用前景色进行填充，如图 11-62 所示。

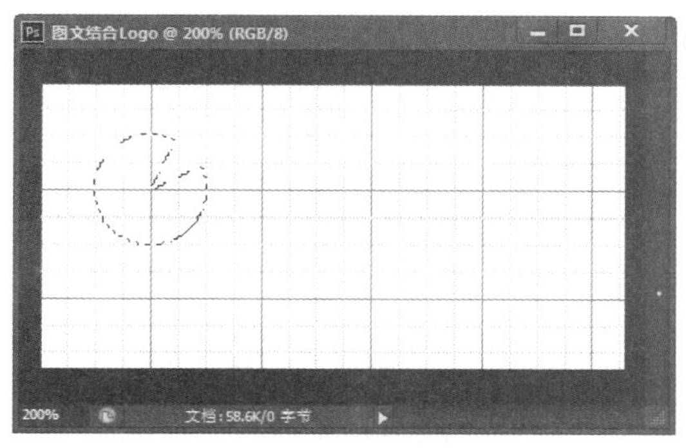

图 11-61 使用【多边形套索工具】

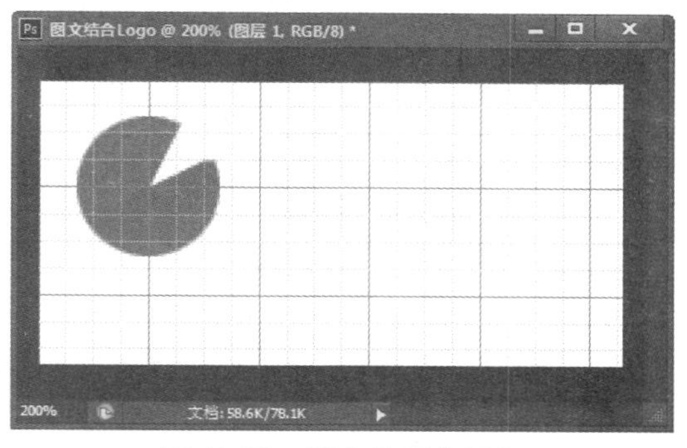

图 11-62 填充选区为绿色

步骤7 在【图层】面板上单击【创建新图层】按钮，新建一个图层之后，单击工具箱中的【椭圆选框工具】按钮，按住 Shift 键在图层中创建一个圆形选区，如图 11-63 所示。

步骤8 设置前景色的颜色为红色，其 RGB 颜色为 255，0，0。然后选择填充工具，使用前景色进行填充，如图 11-64 所示。

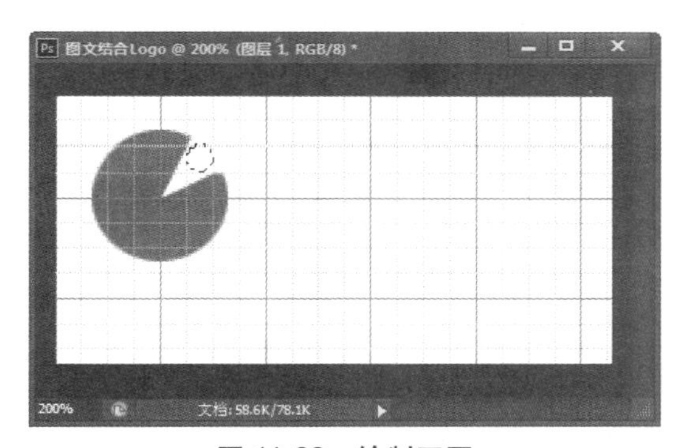

图 11-63 绘制正圆

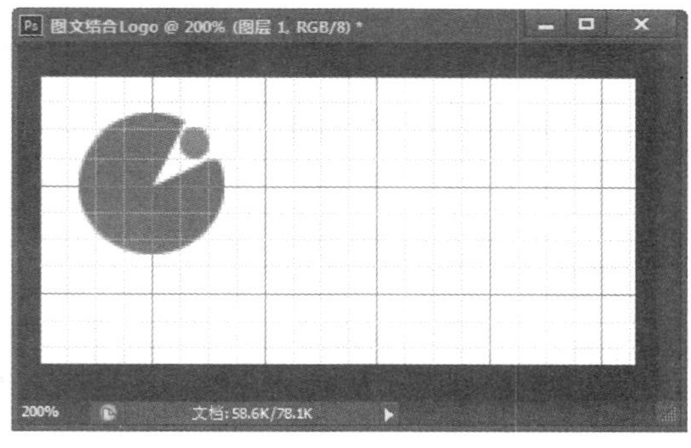

图 11-64 填充选区为红色

步骤9 采用同样的方法依次创建两个新的图层，并在每个图层上创建一个大小不同的红色选区。使用【移动工具】调整其位置，完成后的效果如图 11-65 所示。

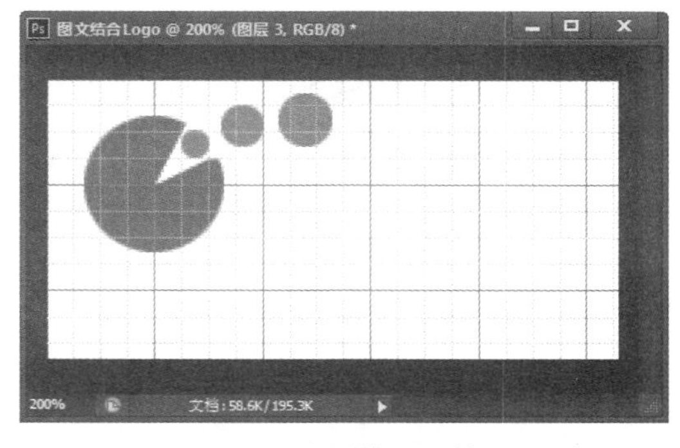

图 11-65 最终显示效果

11.4.2 制作网站 Logo 中的文字

图案制作完毕后，下面就可以制作网站Logo中的文字了，其具体操作步骤如下。

步骤1 新建一个图层，然后单击工具栏上的【横排文字工具】按钮，单击工具选项栏中的【文字变形】按钮，打开【变形文字】对话框。在【样式】下拉列表中选择【波浪】选项，设置完毕后单击【确定】按钮，如图 11-66 所示。

步骤2 选择【窗口】→【段落】菜单命令，打开【段落】调板，然后切换到【字符】调板，在【字符】调板中设置要输入文字的属性，如图 11-67 所示。

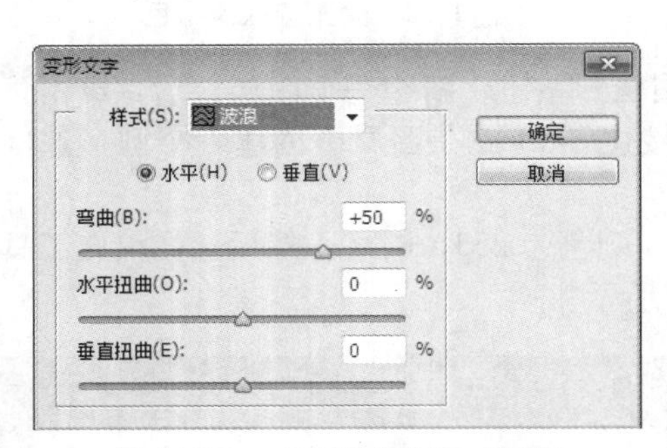

图 11-66 【变形文字】对话框

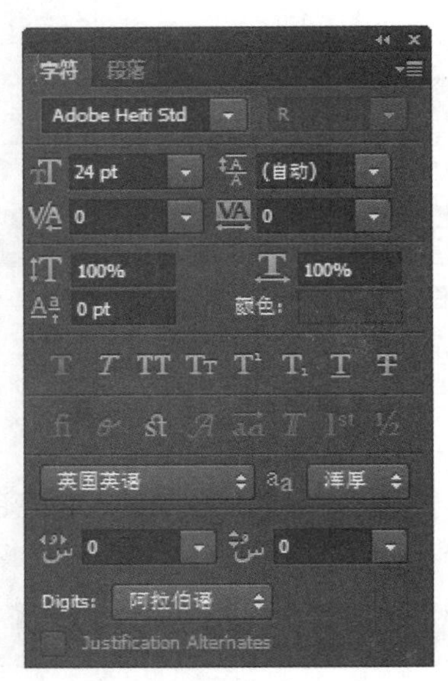

图 11-67 【字符】调板

步骤3 设置完毕后在图像中输入文字“创新科技”，并适当调整其位置，如图 11-68 所示。

步骤4 在【图层】面板中双击文字图层的图标，打开【图层样式】对话框，并在【样式】中选择【斜面和浮雕】选项，设置【样式】为【外斜面】，并设置【阴影模式】颜色的 RGB 值为（253，109，159），如图 11-69 所示。

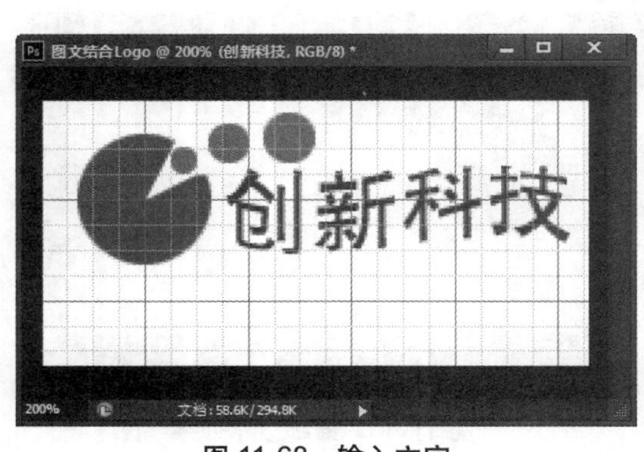

图 11-68 输入文字

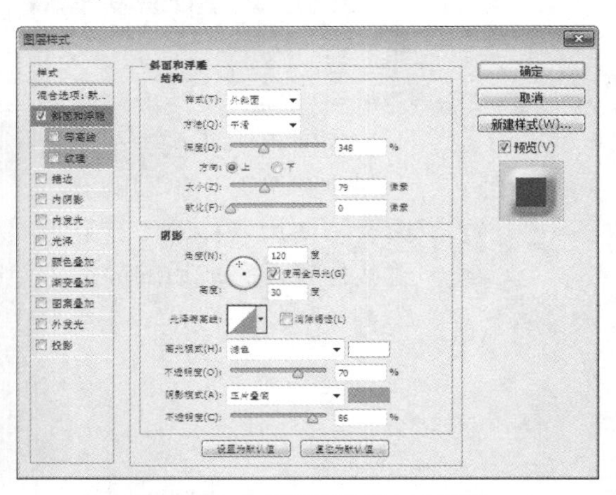

图 11-69 【图层样式】对话框

步骤5 设置完毕后单击【确定】按钮，其效果如图 11-70 所示。

步骤6 新建一个图层，然后单击工具栏上的【横排文字工具】按钮，并在工具选项栏中设置文字的大小、字体和颜色，然后输入文字“Cx”，如图 11-71 所示。

图 11-70　添加图层样式后的效果

图 11-71　输入文字

步骤7 右击新建的文字图层，在弹出的快捷菜单中选择【栅格化文字】命令，将文字图层转化为普通图层，然后按 Ctrl+T 组合键对文字进行变形和旋转，完成后的效果如图 11-72 所示。

步骤8 采用同样的方法完成网址其他部分的制作，其最终效果如图 11-73 所示。

图 11-72　栅格化文字

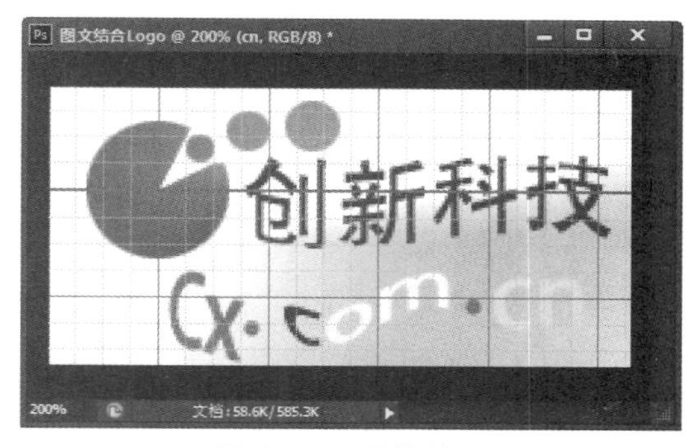

图 11-73　最终效果

步骤9 选择【视图】→【显示】→【网格】菜单命令，在图像窗口中取消网格的显示。至此，就完成了图文结合网站 Logo 的制作，如图 11-74 所示。

图 11-74　取消网格的显示

11.5 专家答疑

疑问1：在输入段落文本时，为什么不能完全显示输入的所有文本?

答：在输入段落文本时，如果输入的文本超出了段落文本的显示范围，则超出文本框的文字将不能显示。这时可以拖动段落文本框四周的控制点，调整文本框的大小，直到完全显示所有的文字为止。

疑问2：怎样快捷地调整局部图像的亮度?

答：使用减淡工具即可对局部图像进行提亮加光处理。使用加深工具即可降低图像的曝光度，并加深图像的局部色调。

第 12 章 制作网页 Banner

Banner 中文含义是旗帜、横幅和标语，通常被称为网络广告。网站 Banner 可以放置在网页上的不同位置，在用户浏览网页信息的同时，能吸引用户对于广告信息的关注，从而获得网络营销的效果。

12.1 网站 Banner 概述

Banner是旗帜的意思，在网站中称作旗帜广告或横幅广告，是网络广告的主要形式，一般使用GIF格式的图像文件，可以使用静态图形，也可用多帧图像拼接为动画图像。

12.1.1 网站 Banner 的标准尺寸

几种国际尺寸的Banner如下(单位：像素)：468 × 60(全尺寸Banner)、392 × 72(全尺寸带导航条Banner)、234 × 60(半尺寸Banner)、125 × 125(方形按钮)、120 × 90(按钮类型1)、120 × 60(按钮类型2)、88 × 31(小按钮)、120 × 240(垂直 Banner)，其中468 × 60和88 × 31最多用，下面就常用的尺寸解释一下。

1. 468 × 60 全尺寸 Banner

虽然尺寸为国际标准，但是在设计页面的时候，完全可以根据你的页面占用空间来制定Banner广告位和广告条大小。

一个页面内不宜超出两个468 × 60全尺寸Banner。两个条的时候，一般是上面一个下面一个。设计Banner配合页面的两种情况：单看Banner 很难看，但是放入网页中，却会使网页设计丰富而炫目，一般也就是468 × 60的Banner有这本事了。还有设计时必须考虑Logo跟别的网站互换时如何更适合他人网页的风格，所以应该多做一些不同颜色针对不同情况的Banner。

2. 88 × 31 的 Banner

大家俗称它为Logo。好的Banner也要符合网站的风格。经常遇到一个很棒的Banner点开却是很难看的主页。虽然有被欺骗的感觉，但是从行销的角度讲，Banner设计越好，点击率越高，也就越成功。

12.1.2 Banner 设计注意要点

设计Banner时需要注意以下几点。

(1) Banner上的字体：建议采用Bold Sans Serif字体。

(2) Banner上文字的方向：文字的方向应尽量调整为一个方向，这样更容易被浏览者从一个方向读到。

(3) Banner上图片的位置：图片是视线的第一焦点，浏览者会随着图片看过去，所以图片应该放在Banner的左边，如图12-1所示。

(4) Banner上按钮的位置：一般浏览者阅读的习惯是从左到右，所以将按钮放在Banner的右边比较合适，如图12-2所示。

图 12-1　Banner 上的图片

图 12-2　Banner 上的按钮

(5) Banner上文字的间距：一般情况下，文字越小，间距越大，这样可以提高文字的可读性。而文字越大，间距就应越小。

(6) Banner上文字的数量：文字数量尽量不要太多，这样更容易被浏览者看到。

(7) Banner上的文字之间应尽量留空：这样更容易做出精彩的动画效果。

(8) Banner的大小：网站Banner被浏览者观看的时候，需要下载Banner，所以Banner不宜设置得太大。

12.2 制作英文 Banner

在网站当中，Banner的位置显著，色彩艳丽，动态的情况较多，很容易吸引浏览者的目光，所以Banner作为一种页面元素，它必须服从整体页面的风格和设计原则。本节就来制作一个英文Banner。

12.2.1 实例 1——制作 Banner 背景

制作Banner背景的具体操作步骤如下。

步骤1 打开 Photoshop，按 Ctrl+N 组合键，新建一个宽 468 像素、高 60 像素的文件，将它命名为“英文 Banner”，如图 12-3 所示。

步骤2 单击【确定】按钮，新建一个空白文档，如图 12-4 所示。

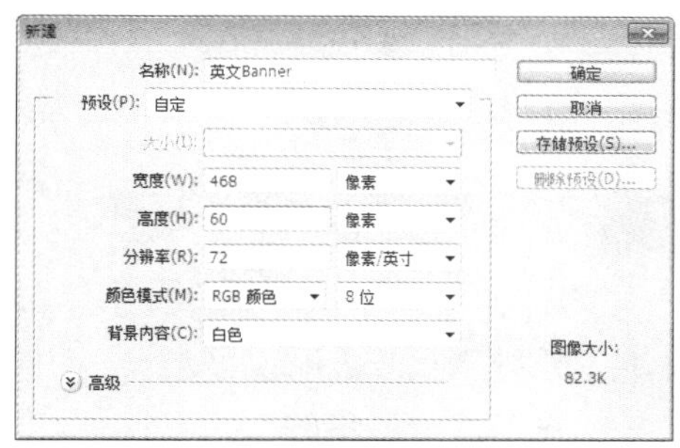

图 12-3 【新建】对话框

图 12-4 新建空白文档

步骤3 新建一个【图层 1】，设置前景色为(C：5，M：20，Y：95，K：0)，背景色为(C：36，M：66，Y：100，K：20)，如图 12-5 所示。

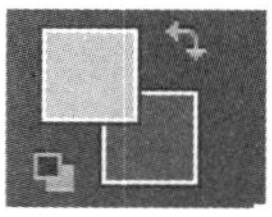

图 12-5 设置前景色和背景色

步骤4 选择【工具箱】中的【渐变工具】，在其工具栏选项中设置过渡色为【前景色到背景色】，渐变模式为【线性渐变】，如图 12-6 所示。

步骤5 按 Ctrl+A 组合键进行全选，选择【图层 1】，再回到图像窗口，在选区中按 Shift 键的同时由上至下画出渐变色，然后按 Ctrl+D 组合键取消选区，如图 12-7 所示。

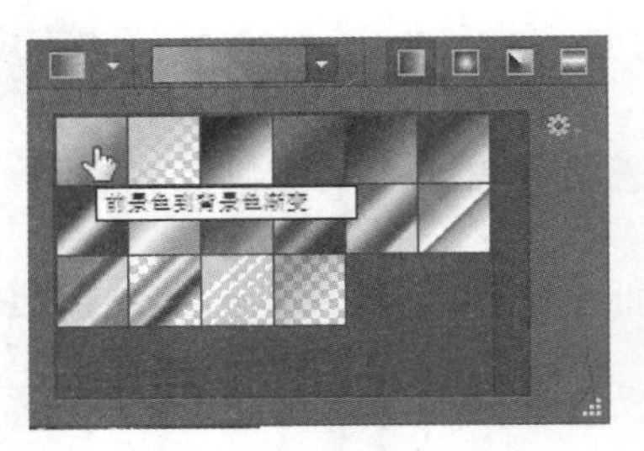

图 12-6　设置渐变

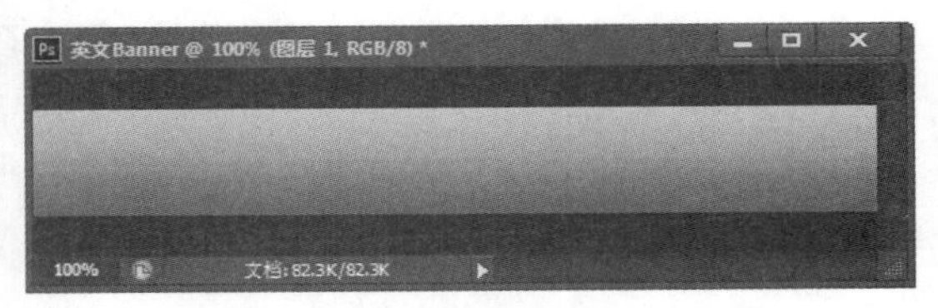

图 12-7　绘制渐变

12.2.2　实例 2——制作 Banner 底纹

制作Banner背景底纹的具体操作步骤如下。

步骤1 在工具箱中选中【画笔工具】，单击【形状】右侧的下三角按钮，在弹出的下拉列表中选择图案，并设置【大小】为 100 像素，【流量】为 50%，如图 12-8 所示。

图 12-8　选择画笔图案

步骤2 使用【画笔工具】在图片中画出如图 12-9 所示的图形。

步骤3 选择【自定形状工具】，在上方出现的工具栏选项中选择自己喜欢的形状，在这里选择了"　"形状，如图 12-10 所示。

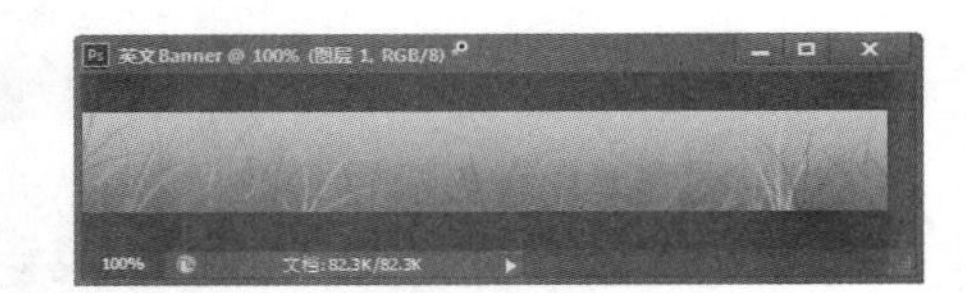

图 12-9　绘制图形

步骤4 新建【路径 1】，绘制大小合适的形状，再右击【路径 1】，在弹出的快捷菜单中选择【建立选区】命令，如图 12-11 所示。

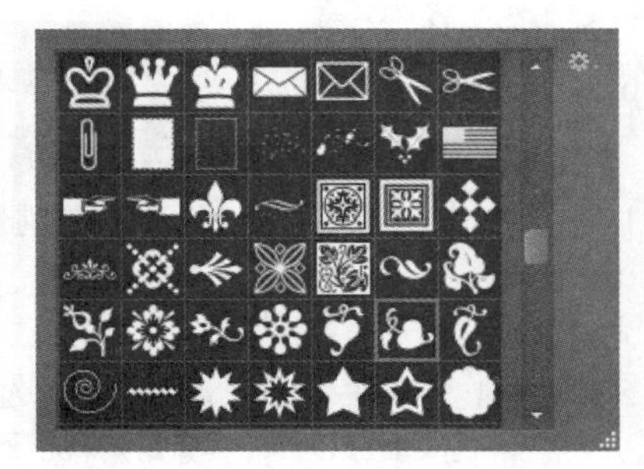

图 12-10　选择形状

图 12-11　建立选区

步骤5 设置前景色为 (C：10，M：16，Y：75，K：0)，新建【图层 2】，然后填充形状，如图 12-12 所示。

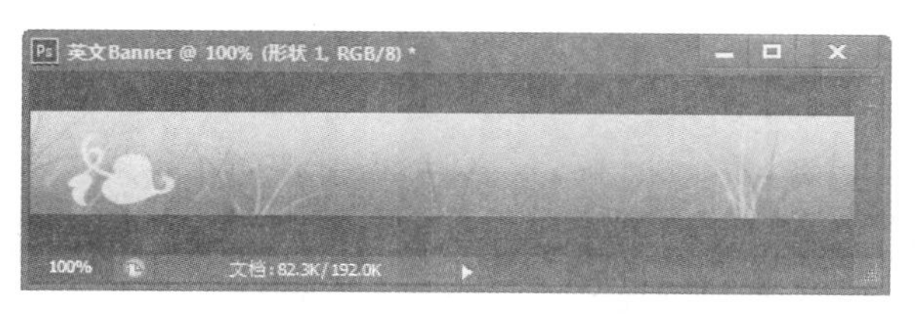

图 12-12 填充形状

步骤6 双击【图层 2】，打开【图层样式】对话框，为【图层 2】添加【投影】样式，具体参数设置如图 12-13 所示。

步骤7 为【图层 2】添加【描边】样式，具体参数设置如图 12-14 所示。

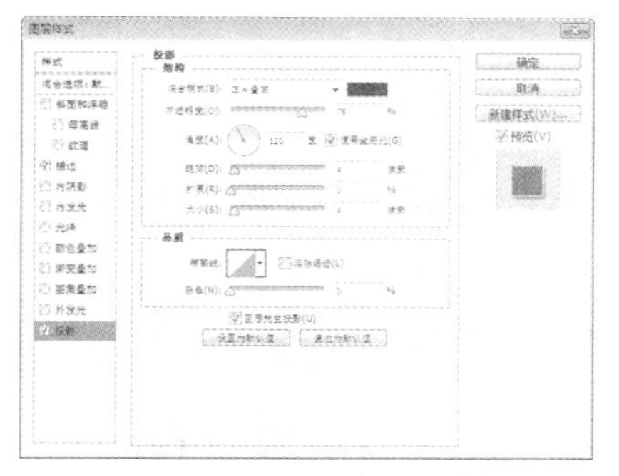

图 12-13 添加【投影】样式

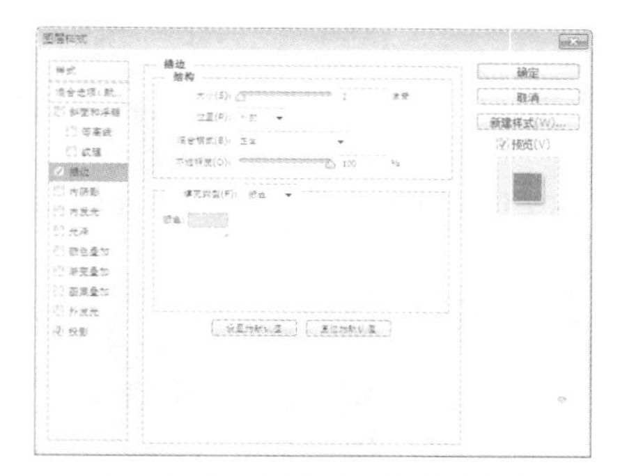

图 12-14 添加【描边】样式

步骤8 选择【自定义形状】工具，为图片添加形状，并填充为绿色，具体效果如图 12-15 所示。

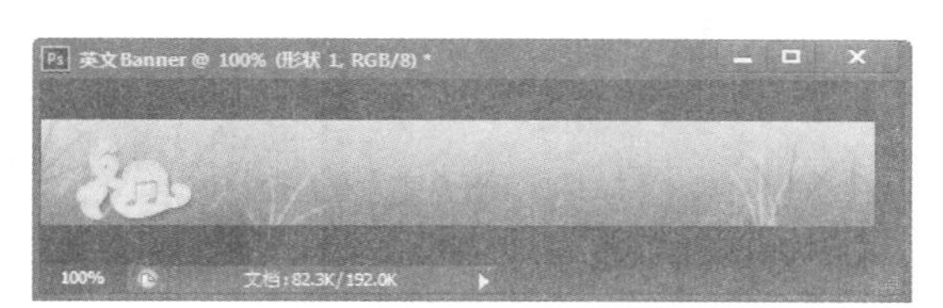

图 12-15 添加形状

12.2.3 实例 3——制作文字特效

制作文字特效的具体操作步骤如下。

步骤1 选择【工具箱】中的【横排文字工具】，为 Banner 添加英文文字，然后设置文字的大小、颜色、字体等属性，并为文字图层添加投影效果，如图 12-16 所示。

图 12-16 添加文字

步骤2 选择【编辑】→【变换】→【斜切】菜单命令，调整文字的角度。最终完成效果如图 12-17 所示。

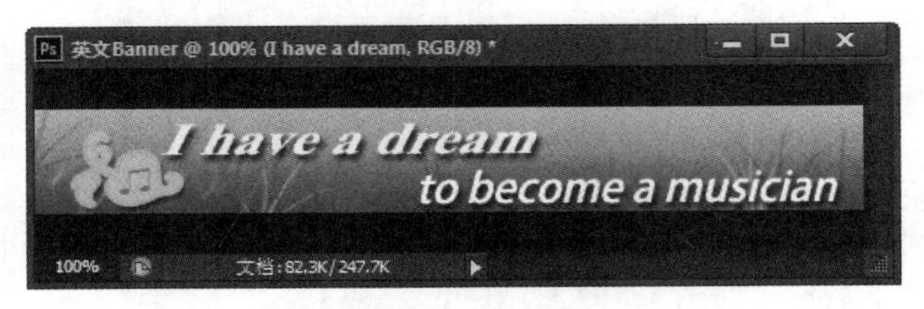

图 12-17　设置角度

12.3　制作中文 Banner

在12.2介绍了如何制作英文Banner，这一节将来介绍如何制作中文Banner。

12.3.1　实例 4——输入特效文字

输入特效文字的具体操作步骤如下。

步骤1 打开 Photoshop CS6，选择【文件】→【新建】菜单命令，弹出【新建】对话框，输入相关参数，创建一个 600 像素 ×300 像素的空白文档，单击【确定】按钮，如图 12-18 所示。

步骤2 使用工具栏中的【横排文字工具】，在文档中插入要制作立体效果的文字内容，文字颜色和字体可自行定义，本实例采用黑色，如图 12-19 所示。

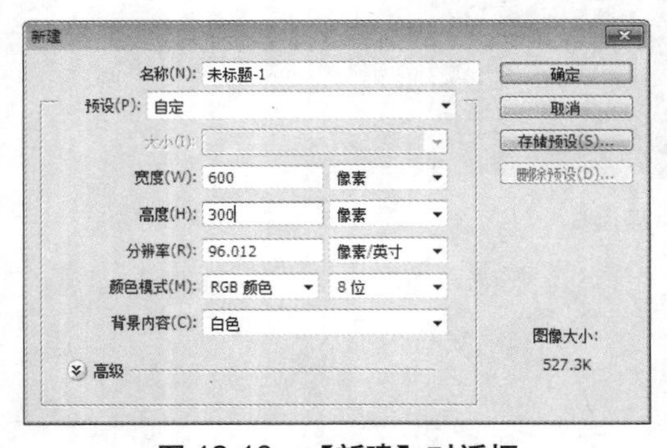

图 12-18　【新建】对话框

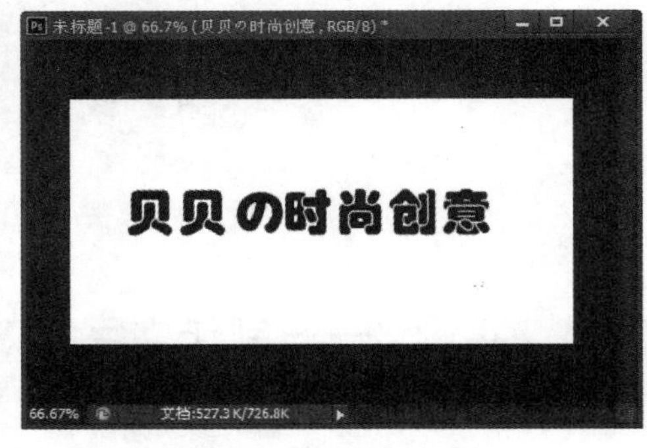

图 12-19　添加文字

步骤3 右击文字图层，在弹出的快捷菜单中选择【栅格化文字】命令，将矢量文字变成像素图像，如图 12-20 所示。

步骤4 选择【编辑】→【自由变换】菜单命令，对文字执行变形操作，调整到合适的角度，如图 12-21 所示。

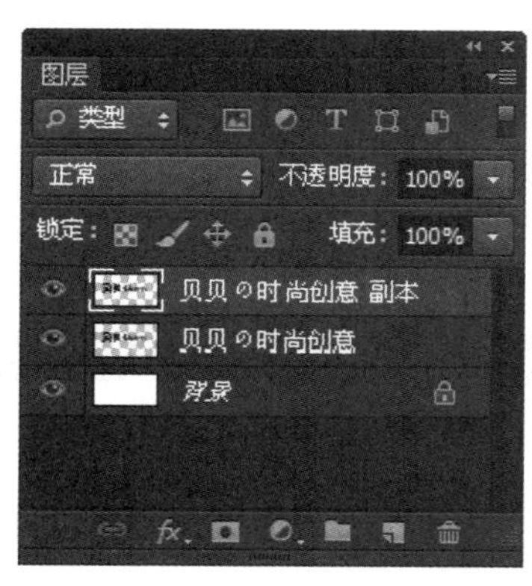

图 12-20　栅格化文字

图 12-21　对文字执行变形操作

文字自由变形时需要注意透视原理。

12.3.2　实例 5——将输入的文字设置为 3D 效果

将输入的文字设置为3D效果的具体操作步骤如下。

步骤1　对文字图层进行复制，生成文字副本图层，如图 12-22 所示。

步骤2　选择副本图层，双击图层，弹出【图层样式】对话框，勾选【斜面和浮雕】复选框，调整【深度】为 350%，【大小】为 2 像素，勾选【颜色叠加】复选框，设置叠加颜色为红色，单击【确定】按钮，如图 12-23 所示。

图 12-22　复制图层

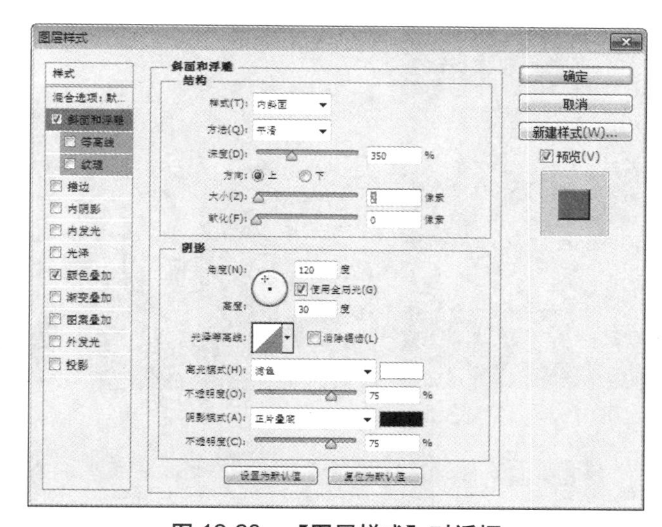

图 12-23　【图层样式】对话框

步骤3　新建【图层 1】，把【图层 1】拖到文字副本图层下面，如图 12-24 所示。

步骤4　右击文字副本图层，在弹出的快捷菜单中选择【向下合并】命令，将文字副本图层合并到【图层 1】上 得到新的图层，如图 12-25 所示。

步骤5 选择【图层 1】，按 Ctrl+Alt+T 组合键执行复制变形，在属性栏中输入纵横拉伸的百分比例为 101%，然后使用方向键向右移动两个像素（单击一次方向键可移动 1 个像素），如图 12-26 所示。

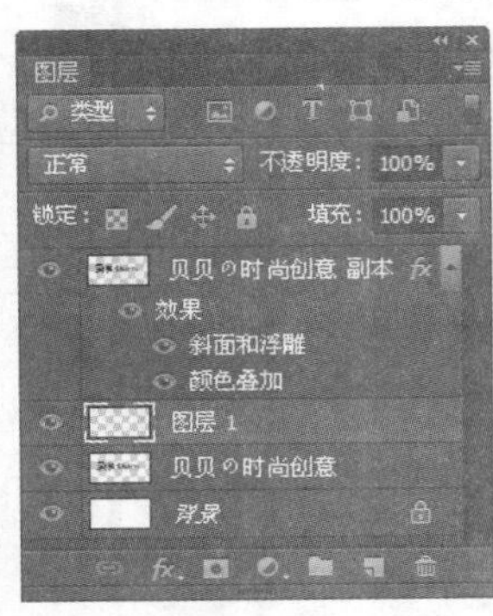

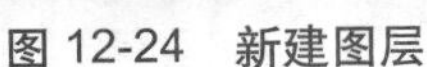
图 12-24　新建图层

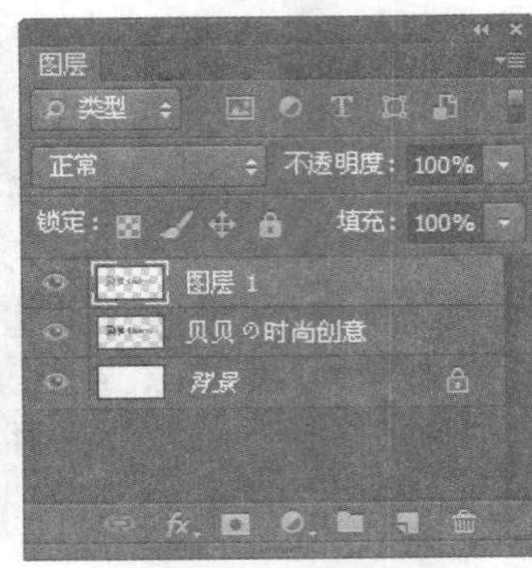

图 12-25　合并图层

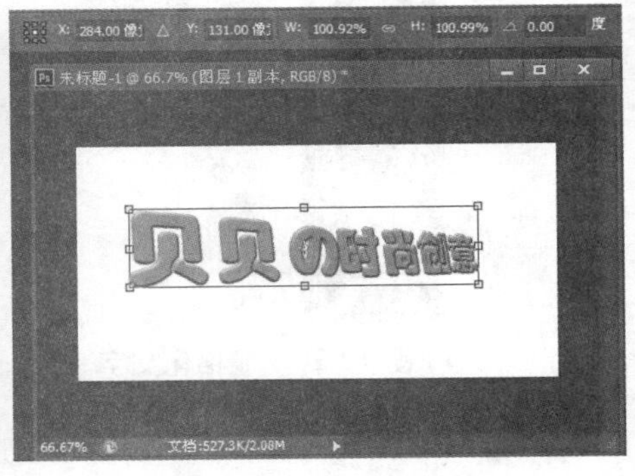

图 12-26　拉伸文字

步骤6 按 Ctrl + Alt + Shift+T 组合键复制【图层 1】，并使用方向键向右移动一个像素，使用相同方法依次复制图层，并向右移动一个像素，经过多次重复操作，得到如图 12-27 所示的立体效果。

步骤7 合并除了背景层和原始文字图层外的其他所有图层，并将合并后的图层拖放到文字图层下方，如图 12-28 所示。

步骤8 选择文字图层，使用 Ctrl+T 组合键对图形执行拉伸变形操作，使其刚好能盖住制作立体效果的表面，按 Enter 键使其生效，如图 12-29 所示。

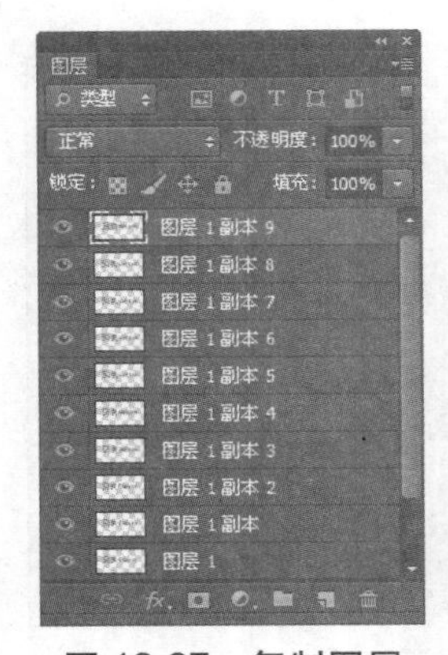

图 12-27　复制图层

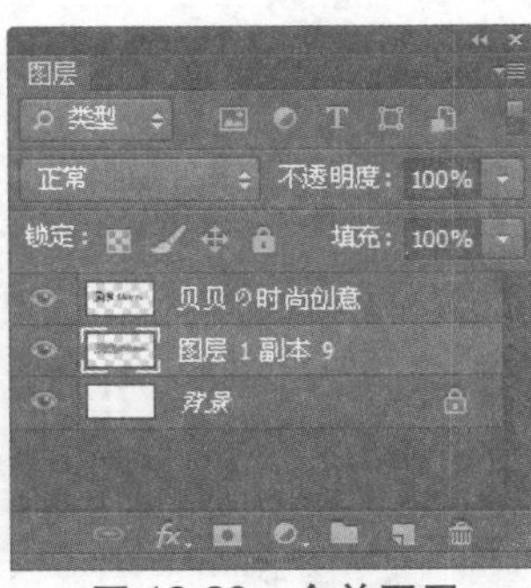

图 12-28　合并图层

图 12-29　拉伸文字图层

步骤9 双击文字图层，弹出【图层样式】对话框，勾选【渐变叠加】复选框，设置渐变样式为【橙，黄，橙渐变】，单击【确定】按钮，如图 12-30 所示。

步骤10 立体文字效果制作完成，如图 12-31 所示。

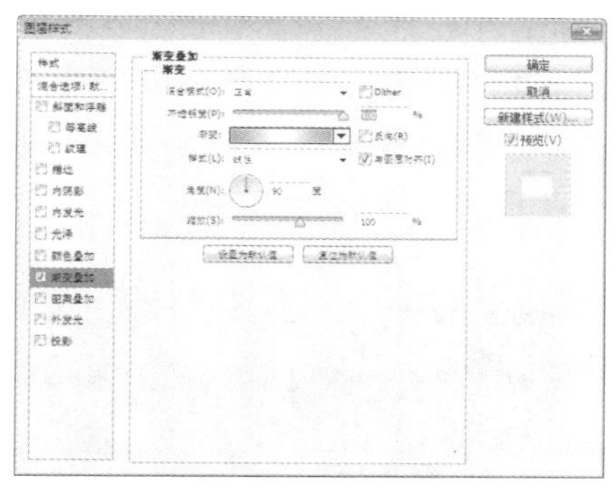

图 12-30 设置渐变叠加

图 12-31 立体文字效果

12.3.3 实例 6——制作 Banner 背景

步骤1 按 Ctrl+N 组合键，新建一个宽 468 像素、高 60 像素的文件，将它命名为“中文 Banner”，如图 12-32 所示。

步骤2 单击【确定】按钮，新建一个空白文档，如图 12-33 所示。

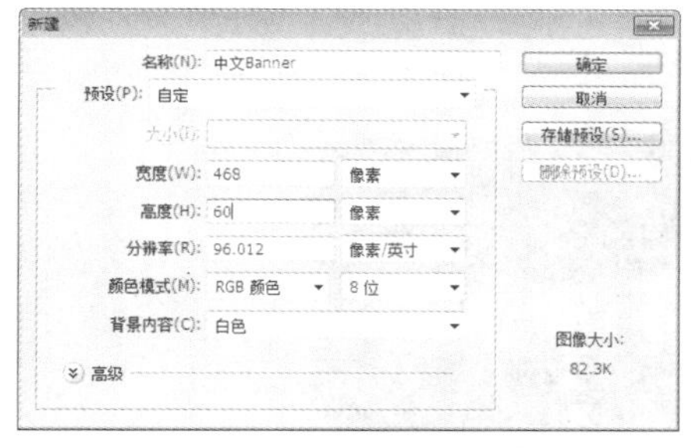

图 12-32 【新建】对话框

图 12-33 新建空白文档

步骤3 选择工具箱中的【渐变工具】，并设置渐变颜色为紫色 (R：102，G：102，B：155) 到橙色 (R：230，G：230，B：255) 的渐变，如图 12-34 所示。

步骤4 按 Ctrl 键，单击【背景】图层，全选背景，然后在选框上方单击并向下拖曳鼠标，填充从上到下的渐变，然后按 Ctrl+D 组合键取消选区，如图 12-35 所示。

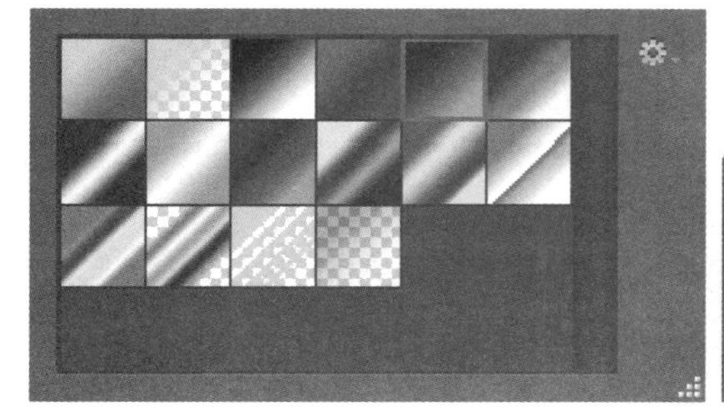

图 12-34 设置【渐变工具】

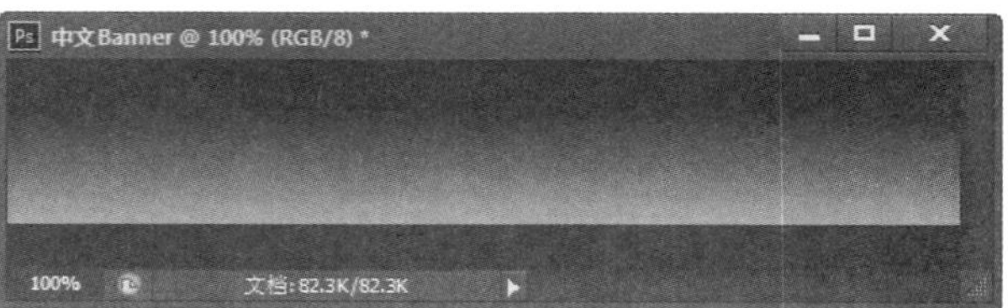

图 12-35 填充渐变

步骤5 打开上一步制作的特效文字，使用【移动工具】将该文字拖曳到“企业网站 Banner”文件当中，然后按 Ctrl+T 组合键，调整文字的大小与位置，如图 12-36 所示。

步骤6 选择【画笔工具】，然后在【画笔预设】面板中选择星星图案，并设置图案的大小等，如图 12-37 所示。

图 12-36 添加文字文件

图 12-37 【画笔预设】面板

步骤7 在企业网站 Banner 文档中绘制枫叶图案。至此，就完成了网站中文 Banner 的制作，效果如图 12-38 所示。

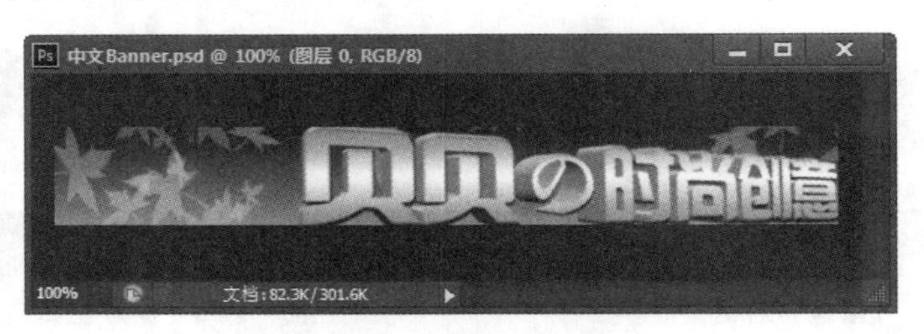

图 12-38 网站中文 Banner

12.4 专家答疑

疑问1：怎样将一个图层中的图层样式效果复制到其他图层或另一个文档中？

答：在应用有图层样式效果的图层上右击，选择【拷贝图层样式】命令，然后选择另一个图层或其他文档中的一个图层，并在该图层上右击，从弹出的快捷键菜单中选择【粘贴图层样式】命令即可。

疑问2：在为图层添加【斜面与浮雕】图层样式时，怎样同时为图像添加纹理效果？

答：在添加【斜面与浮雕】图层样式时，系统会打开对应的【图层样式】对话框，在对话框左边的【斜面和浮雕】选项下方选择【纹理】选项，然后就可以在该对话框右边的选项区域中选择所需的图案样式并进行相应的设置。

第13章 网页配色基础概述

缤纷绚丽的世界是由绚烂的色彩构成，各种色彩的存在使得世间万物充满着朝气，焕发出勃勃生机。作为网页，也需要斑斓的色彩来吸引人们的眼球，一个网页设计成功与否，在某种程度上取决于设计者对色彩的运用和搭配。因此，在设计网页时必须高度重视色彩的搭配。

13.1 网页色彩概述

色彩五颜六色、千变万化，平时所看到的白色光，经过三棱镜在色带上可以看到，它事实上包括红、橙、黄、绿、青、蓝、紫七色，各颜色间自然过渡。其中，红、绿、蓝是三原色，三原色通过不同比例的混合可以得到各种颜色。

13.1.1 了解网页的色彩

了解色彩的基础知识可以从8个方面入手，通过对这8个色彩方面知识的学习，读者可以很轻松地了解色彩的产生原理以及如何使用相关色彩。

1. 间色

间色又叫“二次色”，是由三原色调配出来的颜色。红与绿调配出橙色；绿与蓝调配出黄色；红与蓝调配出紫色，橙、黄、紫三种颜色又叫“三间色”。在调配时，由于原色在分量多少上有所不同，所以能产生丰富的间色变化。

2. 复色

复色也叫“复合色”，是用原色与间色相调或间色之间相调而成的“三次色”。复色是最丰富的色彩家族，千变万化，丰富异常，复色包括了除原色和间色以外的所有颜色。

3. 同种色

相同的颜色由于明度变化不同，可以形成两种颜色，这两种颜色就称为同种色。

4. 同类色

两种以上的颜色，其主要的色素倾向比较接近，如红色类的朱红、大红、玫瑰红等，都主要包含红色色素，所以这些颜色就可以称为同类色。

5. 类似色

在色相环上任意90度以内的颜色，各色之间含有共同色素，就可以将其称为类似色。

6. 邻近色

在色相环上任一颜色同其毗邻之颜色称为邻近色，邻近色也是类似色，唯一不同的就是所指范围缩小了一些。

7. 对比色

在色环上任一直径两端相对之色(含其邻近色)称对比色。

8. 补色

色环中任何两色混合所得的新色与另一原色互为补色，也称其为余色。如红与绿、黄与紫、蓝与橙皆属补色关系。

13.1.2 色彩的基础知识

色彩可以分为无彩色和有彩色两大类，其中有彩色就是具备光谱上的某种或某些色相，统称为彩调，如红、黄、蓝等七彩；与此相反的无彩色就没有彩调，如黑、白、灰等。

此外，色彩还有冷暖色之分，冷色(如蓝色)给人的感觉是安静、冰冷；而暖色(如红色)给人的感觉是热烈、火热。冷暖色的巧妙运用可以让网站产生意想不到的效果。

1. 色彩的形成

我们看到的色彩并不是物体本身固有的，它是物体本身吸收和反射光波的结果。色彩的形成，主要是通过以下几个方面实现的。

(1) 通过物体本身反射，所形成的一定的色彩。

(2) 通过光源的照射，所形成的一定的色彩。

(3) 由于物体色彩受环境的影响，所形成的一定的色彩。

(4) 由于物体色彩受空间的影响，所形成的一定的色彩。

2. 色彩的类型

色彩一般将其划分为3个类型，如图13-1所示，即光源色、固有色和环境色。下面一起来认识一下这3种类型。

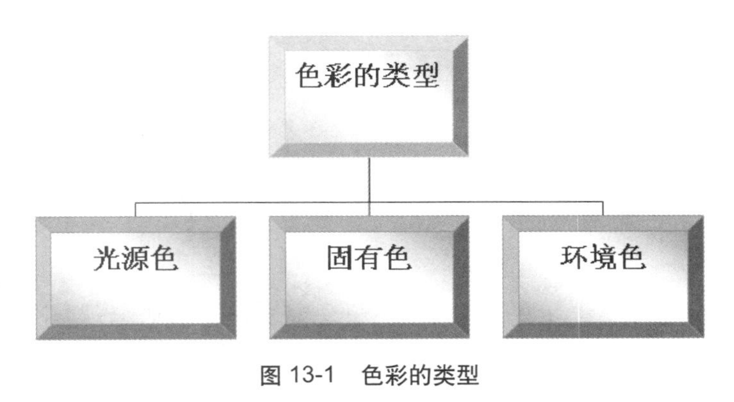

图 13-1 色彩的类型

(1) 光源色

光源色是指由各种光源发出的光。因为太阳灯等不同光源发出光的光波长短、强弱、比例性质不一样，所以表现出各种各样的色彩。

(2) 固有色

固有色是指物体自己本身的固有的颜色。因为物体固有的属性，在常态光源下也是会有色彩呈现的，所以就形成了物体的固有色。

(3) 环境色

物体周围环境的颜色反射到物体上的颜色。因为物体表面受到光照后，在一定程度上吸收了一些光，但还有一部分是反射到周围的物体上的，例如光滑的材质反射效果特别强烈，所以我们需要在网站设计时考虑环境色的影响。

3. 色彩的 3 个属性

色相、明度和纯度是色彩的3个属性。不同的颜色会给浏览者不同的心理感受，所以我们需要非常清楚地认识色彩的属性。

4. 色彩性质的分类

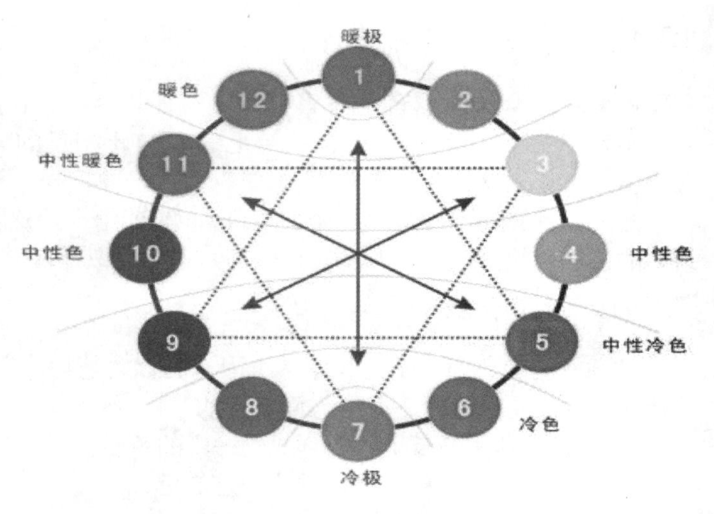

图 13-2　色调

因为三原色(红、绿、蓝)中，红色属于暖色，其他两种都不是，所以进行设计时可以通过红色所占比例的多少来进行作品颜色冷暖的判断。不同的色调(如图13-2所示)，所反映的色彩性质是有区别的，下面进行具体分析。

(1) 暖色调

以红色、橙色、黄色为代表的暖色调，蕴含着太阳、火焰般的视觉热情，给人温暖的感觉。如果想在暖色调中带上偏冷的感觉，可通过亮度的调整。暖色调亮度越高，越偏冷，反之如果冷色调的亮度越高，则越偏暖。图13-3所示的网页是一属于暖色调的色彩搭配。

图 13-3　暖色调页面

(2) 冷色调

以绿色、蓝色、黑色为代表的冷色调，蕴含着蓝天、大海、森林般的视觉效果，给人宽广、深沉的感觉。同样，可以通过调整亮度，让冷色调变得暖起来。图13-4所示的网页是一属于冷色调的色彩搭配。

图 13-4　冷色调页面

(3) 中性色调

以灰色、紫色、白色为代表的中间色，给人一种轻快的感觉。在使用中间色的时候，一般会将其作为一个过渡色调来应用。然后搭配暖色或者冷色让视觉冲击力变得更加明显。图13-5所示网页是中性色调在页面中的应用实例。

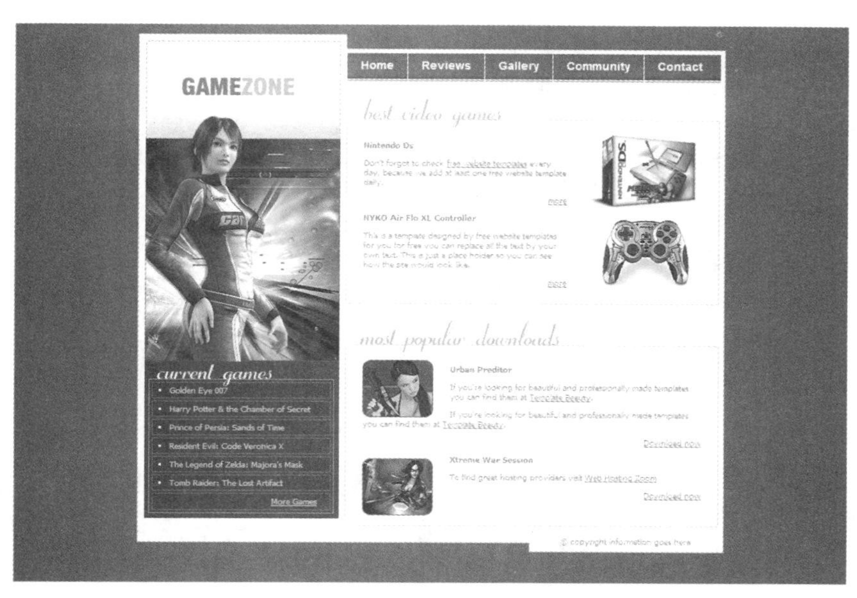

图 13-5　中性色调页面

13.1.3　Web216 安全色

用于显示网页的浏览器的不同，各浏览器的调色板是不一样的。浏览器通过选取本身所用调色板中最接近的颜色，或者通过抖动以及混合自身的颜色的方式，将其有的颜色重新产生。为了解决变动让颜色不产生变样的安全色问题，工作人员普遍会将Web216安全色(即网络上的安全色)用于网页的图像编辑及配色。

Web216安全色是一种颜色模型，采用十六进制方式表达。具体以三原色红、绿、蓝为主色调，然后将与每一种三原色接近的6种颜色作为组成部分，从而形成216种特定的颜色。这些颜色可以安全地应用于所有的Web中。图13-6所示是全部的216种颜色。

#ffffff	#ffccff	#ff99ff	#ff66ff	#ff33ff	#ff00ff
#ffffcc	#ffcccc	#ff99cc	#ff66cc	#ff33cc	#ff00cc
#ffff99	#ffcc99	#ff9999	#ff6699	#ff3399	#ff0099
#ffff66	#ffcc66	#ff9966	#ff6666	#ff3366	#ff0066
#ffff33	#ffcc33	#ff9933	#ff6633	#ff3333	#ff0033
#ffff00	#ffcc00	#ff9900	#ff6600	#ff3300	#ff0000
#ccffff	#ccccff	#cc99ff	#cc66ff	#cc33ff	#cc00ff
#ccffcc	#cccccc	#cc99cc	#cc66cc	#cc33cc	#cc00cc
#ccff99	#cccc99	#cc9999	#cc6699	#cc3399	#cc0099
#ccff66	#cccc66	#cc9966	#cc6666	#cc3366	#cc0066
#ccff33	#cccc33	#cc9933	#cc6633	#cc3333	#cc0033
#ccff00	#cccc00	#cc9900	#cc6600	#cc3300	#cc0000
#99ffff	#99ccff	#9999ff	#9966ff	#9933ff	#9900ff
#99ffcc	#99cccc	#9999cc	#9966cc	#9933cc	#9900cc
#99ff99	#99cc99	#999999	#996699	#993399	#990099
#99ff66	#99cc66	#999966	#996666	#993366	#990066
#99ff33	#99cc33	#999933	#996633	#993333	[illegible]
#99ff00	#99cc00	#999900	#996600	#993300	[illegible]
#66ffff	#66ccff	#6699ff	#6666ff	#6633ff	#6600ff
#66ffcc	#66cccc	#6699cc	#6666cc	#6633cc	#6600cc
#66ff99	#66cc99	#669999	#666699	#663399	#660099
#66ff66	#66cc66	#669966	#666666	#663366	[illegible]
#66ff33	#66cc33	#669933	#666633	[illegible]	[illegible]
#66ff00	#66cc00	#669900	#666600	[illegible]	[illegible]
#33ffff	#33ccff	#3399ff	#3366ff	#3333ff	#3300ff
#33ffcc	#33cccc	#3399cc	#3366cc	#3333cc	#3300cc
#33ff99	#33cc99	#339999	#336699	#333399	#330099
#33ff66	#33cc66	#339966	#336666	#333366	#330066
#33ff33	#33cc33	#339933	#336633	#333333	#330033
#33ff00	#33cc00	#339900	#336600	#333300	#330000
#00ffff	#00ccff	#0099ff	#0066ff	#0033ff	#0000ff
#00ffcc	#00cccc	#0099cc	#0066cc	#0033cc	#0000cc
#00ff99	#00cc99	#009999	#006699	#003399	
#00ff66	#00cc66	#009966	#006666	#003366	#000066
#00ff33	#00cc33	#009933	#006633	#003333	#000033
#00ff00	#00cc00	#009900	#006600	#003300	#000000

图 13-6　Web216 安全色

13.2 色彩标准概述

五彩斑斓的颜色确实把世界装扮得异常华美，但并不是每种颜色都可以搭配起来使用，而是有一定的标准和规则。通常情况下的网页配色都是依据色彩标准而行，这样才能设计出色彩艳丽的网页，收到事半功倍的效果。

13.2.1 网页色彩的搭配技巧

网页配色过程中，一般会选择同一色系、对比色系或者相近色系的颜色，来进行颜色搭配。关于它们的搭配技术及其他相关内容，下面将进行详细介绍。

(1) 同一色系配色

同一色系配色是指选定一种颜色作为主色调，通过调整该种颜色的透明度或者饱和度的操作，获得使用于同一页面中的新的色彩的配色方法。如图13-7所示，页面中使用的是同一色系的色彩搭配。

图 13-7 同一色系配色

(2) 对比色系配色

在选定一种颜色作为主色调之后，通过选取该种颜色的对比色并调整其饱和度的操作，从而获得用于同一页面中的新的色彩的配色方法，即为对比色系配色。图13-8所示为页面使用对比色系的搭配效果。

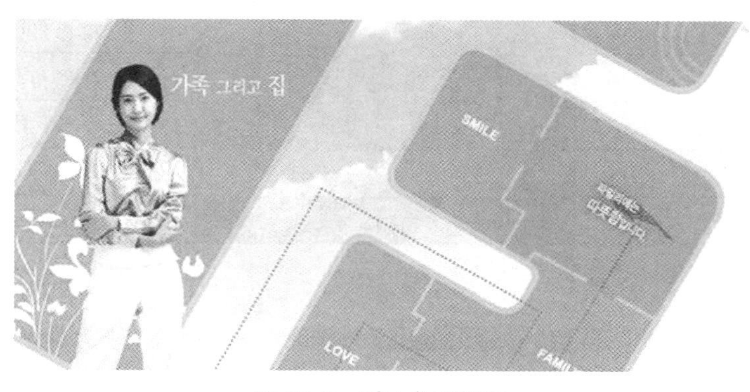

图 13-8 对比色系配色

(3) 相近色系配色

相近色系配色是在选定一种颜色作为主色调的条件下，通过选取该种颜色的相近色系，从而获得使用于同一页面中的新的色彩的配色方法。图13-9所示是相近色系的搭配效果。

图 13-9　相近色系配色

13.2.2　色彩三属性

色彩三属性是色彩的基本特征，了解色彩三属性是学习配色的基础。构成色彩的元素有3个，即色相、明度和饱和度，这3个元素并称为色彩的三属性。

1. 色相

色相是指色彩的相貌，每一种色彩都有不同的相貌，所以需要对这些色彩的相貌进行命名，以区别其中的差异。色彩的相貌是以红、橙、黄、绿、青、蓝、紫的光谱色为基本色相。不同色相是不同波长的光波给人的一种感觉。基本色相的秩序以色相环形式体现，称为色环。色环分为六色相环、九色相环、十二色相环、二十色相环等多种。

色相是纯色，即组成可见光谱的单色，具体体现如表13-1所示。

表13-1　色相表

色相	色彩	RGB值
黑色		R：0，G：0，B：0
绿色		R：58，G：153，B：2
蓝色		R：0，G：0，B：255
红色		R：255，G：0，B：0
黄色		R：255，G：255，B：0
紫色		R：198，G：117，B：236

2. 明度

所谓明度指色彩的明暗程度，是颜色明暗深浅的一种表现。对光源色来说可以称为光度，对物体色来说，可称亮度、深浅度等。在无彩色类中，明度最高的是白色，明度最低的是黑色。在白、黑色之间存在一系列的灰色，一般可分为9级。靠近白色的部分称为浅灰色；靠近黑色的部分称暗灰色，如表13-2所示。

表13-2　明度表

明度	色彩	色相
最高明度		白色
高明度		浅灰色
		浅灰色
稍亮		中灰色
中明度		中灰色
稍暗		中灰色
低明度		暗灰色
		暗灰色
最低明度		黑色

在有彩色类中，最明亮的是黄色，最暗的是紫色，这是由各个色相在可见光谱上的振幅不同而造成眼睛的知觉程度不同而形成的。黄色、紫色在有彩色的色环中，成为划分明暗的分界线。任何一个有彩色渗入白色，明度会提高，渗入黑色，明度则会降低，渗入灰色时，依灰色的明暗程度而产生相应的明度。

3. 饱和度

色彩的饱和度是指色彩纯洁、鲜艳的程度，如表13-3所示。一般情况下，纯色的饱和度最高。将一个纯色加入白色时，则其明度会变高，但饱和度会因此降低；如果加入黑色，则其明度跟饱和度都随之降低；如果是加入灰色，则明度不变，饱和度降低。

表13-3　饱和度表

彩度	色彩	色阶
最低饱和度		1S
低饱和度		2S
		3S
中饱和度		4S
高饱和度		5S
最高饱和度		6S

13.2.3　色彩的对比与调和

色彩对比与调和是网页设计上处理色彩关系常用的手法。对比给人以强烈的感觉，调和则给人以协调统一的感觉。但在网页设计中运用时，二者应各有所侧重，才能使页面生动，达到变化又统一的色彩效果。

1. 色彩的对比

色彩的对比是指两种或两种以上颜色并列时所产生的差别。对比表现主要有如下几个方面。

(1) 色相对比。因色相之间的差别而形成的色彩对比称为色相对比。由于各色相在色相环上的距离不同，它们之间有强对比与弱对比之分。

(2) 明度对比。因明度的差别而形成的色彩对比称为明度对比。由于明度对比程度的不同，它们之间便形成了高明度、中明度、低明度对比。

(3) 纯度对比。因纯度的差别而形成的色彩对比称为纯度对比。由于色彩间纯度差别的大小不同，便形成了高纯度、中纯度、低纯度对比等。

(4) 冷暖对比。因冷暖的差别而形成的色彩对比称冷暖对比。由于色相由暖色到冷色可划分为6个区，便形成了强对比、中等对比、弱对比。

2. 色彩的调和

色彩调和是指两个或两个以上的色彩经过调整、组合达到和谐与悦目。色彩调和主要有如下几种方法。

(1) 混入同一色调和。许多各不相同的颜色并置，只要在这些色中加入同一色素，就能使这些色调和。

(2) 运用主导色调和。确定具有画面主导地位的色彩作为基本色，其他色彩处于次要或从属地位，以此来保持色彩的协调。

(3) 运用中性色调和。当画面色彩过分刺目时，应适当使用一些中性色(白色、灰色、黑色)使之调和。

(4) 运用光源色调和。让各种色彩统一于同一光源下，即使各物体的颜色不同，但在同一光源色的影响下，也会变得统一调和。

13.2.4　色彩的心理联想

色彩与人的心理感觉和情绪也有一定的关系，利用这一点，可以在设计网页时形成自己独特的色彩效果，给浏览者留下深刻的印象。在众多的颜色当中，不同的颜色会给人以不同的感受，让人有不同的心理联想，这些针对色彩的联想具体体现在如下几个方面。

1. 实际的联想

红色：可联想到火、血、太阳。
橙色：可联想到灯光、柑橘、秋叶。
黄色：可联想到光、柠檬、迎春花。
绿色：可联想到草地、树叶、禾苗。
蓝色：可联想到大海、天空、水。
紫色：可联想到丁香花、葡萄、茄子。
黑色：可联想到夜晚、木炭、煤。

白色：可联想到白云、白糖、面粉、雪。
灰色：可联想到乌云、草木灰、树皮。

2. 抽象的联想

红色：可联想到热情、危险、活力。
橙色：可联想到温暖、欢喜、嫉妒。
黄色：可联想到光明、希望、快活。
绿色：可联想到和平、安全、生长、新鲜。
蓝色：可联想到平静、悠久、理智、深远。
紫色：可联想到优雅、高贵、庄重、神秘。
黑色：可联想到严肃、恐怖、死亡。
白色：可联想到纯洁、神圣、清净、光明。
灰色：可联想到平凡、失意、谦逊。

这些色彩的联想经多次反复推敲使用，几乎成了这些颜色的专有表情，成了某些事物的专有象征，一直这样沿用下去。

13.2.5 不同配色方案的心理感觉

事实上，判断网页设计配色是否成功的标准就是看浏览者数量以及浏览者评价，因为配色方案的好坏直接映射浏览者的心理感觉，所以不同配色方案给人的心理感觉是不一样的。

1. 红色调和方案

通过对色彩心理联想的介绍可以了解到，红色的色感温暖，性格刚烈而外向，在众多颜色当中是给人刺激性最强的一种颜色。另外，红色还容易引起人们的注意，是一种比较喜庆的颜色，它容易使人产生兴奋、激动、紧张、冲动等情绪。同时，如果长时间浏览会容易使人产生视觉疲劳。还有就是如果在红色中加入其他颜色，又会产生另外的心理感觉，具体体现在：

(1) 红色中加入少量的黄色。调和后会显得精力旺盛，趋于躁动，给人一种不安的情绪。

(2) 红色中加入少量的蓝色。调和后会使热性减弱且趋于文雅，给人一种柔和美感。

(3) 红色中加入少量的黑色。调和后会变得沉稳且趋于厚重，给人一种朴实无华的感觉。

(4) 红色中加入少量的白色。调和后会变得温柔且趋于含蓄，给人一种羞涩、娇嫩的感觉。

2. 黄色调和方案

在众多的颜色当中，黄色经常被称为“公主”，因为黄色是众多颜色当中最为娇气的一种颜色。只要在纯黄色中混入少量的其他色，则其色相感和颜色性格均会发生较大程度的变化。

具体体现在：

(1) 黄色中加入少量蓝色。调出来的颜色将转化为一种鲜嫩的绿色，原有的高傲性格消失殆尽，趋于平和、潮润。

(2) 黄色中加入少量红色。调和后具有明显的橙色感觉，其性格也会发生翻天覆地的变化，从原有的冷漠、高傲转化为一种有分寸感的热情和温暖。

(3) 黄色中加入少量黑色。调和后的色感和色性变化最大，成为一种具有明显橄榄绿的复色印象，色性也变得成熟、随和起来。

(4) 黄色中加入少量白色。调和后的色感变得柔和，原有性格中的冷漠、高傲被淡化，趋于含蓄，变得易于接近。

3. 蓝色调和方案

蓝色是博大的色彩，辽阔的天空和大海都呈蔚蓝色，另外蓝色是永恒的象征，它是最冷的色彩。纯净的蓝色表现出一种美丽、文静、 理智、安详与洁净。沉稳的特性使其具有理智、准确的意象。

在商业设计中，强调科技、效率的商品或企业形象，大多选用蓝色作为标准色，如电脑、汽车、影印机、摄影器材等。另外，蓝色还代表忧郁，这是受西方文化的影响，这个意象多运用在文学作品或感性诉求的商业设计中。

4. 绿色调和方案

绿色包含有黄色和蓝色两种色素，在绿色中，将黄色的扩张感和蓝色的收缩感相中和，将黄色的温暖感与蓝色的寒冷感相抵消，使得绿色的性格最为平和、安稳。它是所有颜色中最为柔顺、恬静、满足、优美的一种颜色。

在绿色中加入其他颜色，将使其性格和色感发生变化，具体体现在：

(1) 绿色中加入大量的黄色。调和后可使其性格趋于活泼、友善，但看起来具有很强的幼稚性，缺乏成熟稳重的魅力。

(2) 绿色中加入少量黑色。调和后可使其性格庄重、老练、成熟，一般大型企业都喜欢使用这种调和方案来设计自己的网站。

(3) 绿色中加入少量白色。调和后可使其性格趋于洁净、清爽、鲜嫩，一般具有美容性质的网站大都选择此种调和方案，给人一种干净的感觉，符合人们的心理需求。

5. 紫色调和方案

紫色是由温暖的红色和冷静的蓝色组合而成，是极佳的刺激色，对眼睛、耳朵和神经系统都会起一定安抚作用，但也可能会压抑人的情感(特别是愤怒的情感)。

在紫色中加入其他的颜色，则将会另有一番滋味，具体体现在：

(1) 紫色中加入大量的红色。调和后可使人在知觉上产生压抑感、威胁感等不良的感觉，因此，网页设计中很少用到此种调和方案。

(2) 紫色中加入少量的黑色。调和后可使人的感觉趋于沉闷、伤感、恐怖，这种调和方案一般用于具有恐怖色彩的网站中。

(3) 紫色中加入少量白色。调和后可使紫色沉闷的性格消失，从而充盈着优雅、娇气的感觉，充满着女性的魅力。

6. 白色调和方案

白色是全部可见光均匀混合而成的，称为全色光，是光明的象征，白色明亮、干净、畅快、朴素、雅致与贞洁。在商业设计中，白色具有高级、科技的意象，通常须和其他色彩搭配使用，纯白色会带给人寒冷、严峻的感觉。

因此，在使用白色时，都会掺入一些其他色彩，具体体现在：

(1) 白色中加入少量的红色。调和后颜色就成了淡淡的粉红色，给人一种鲜嫩而充满诱惑的感觉，这种调和方案多用于网上购物的网站中。

(2) 白色中加入少量的黄色。调和后颜色就成了一种乳黄色，给人一种香腻的感觉。

(3) 白色中加入少量的蓝色。调和后颜色给人一种清冷、洁净的感觉。

(4) 白色中加入少量的橙色。调和后颜色给人营造了一种干燥的气氛。

(5) 白色中加入少量的绿色。调和后颜色给人一种稚嫩、柔和的感觉。

(6) 白色中加入少量的紫色。调和后颜色给人一种淡淡的芳香的感觉，这种感觉一般用于具有香薰业务的网站，从而吸引更多的消费者。

13.3 色调和色相环

实现网页配色除了要遵循色彩搭配原理和颜色色调的搭配外，还需要找出可以在视觉上产生平衡、和谐的色彩，这个和谐的色彩就需要通过色相环来实现。

13.3.1 色调

色调是客观存在的，将色相、明度与饱和度结合在一起就产生了色调。色调与色彩一样，也是可以分成有彩色和无彩色两个类型，有彩色经过色相、明度和饱和度的变化后，即可衍生出不同的色彩，而无彩色则就只有黑、白、灰的明度差异了。

通常情况下，色调系列是由24个色相与9个色调组成的，9个色调是以24色相为主体，分别以清色系、暗色系、纯色系和浊色系色彩进行命名，不同色调之间的关系，同色彩体系三要素关系的构架一致，色调的明暗中轴线由不同明度的色阶组成。

通过对色调知识的整理，用户可以发现色彩的千变万化，同时色调也给人们带来不同的色觉效果，有的色调趋于活泼；有的色调趋于稳重；有的色调给人一种清凉的感觉；有的色调会给人一种热情似火的感觉。总之，不同色调带给人不同的心情，展现出不同的意味，这些都是需要设计者认真细致去把握的。

13.3.2 色彩三原色

所谓三原色是指任何色光都是可以通过不多于3个适当的原色，按一定比例混合得到的，三原色是互相独立的，也即其中任一原色不能由另外两个原色混合产生。

通常情况下，光的三原色为红、绿、蓝，物体颜色是光作用于物体表面，物体选择性吸收后，剩余的光反射到人眼，人眼视觉神经受到一定波长和强度的可见光刺激而引起的心理反应。在光的三原色中吸收一种颜色，另外两种颜色就会合成为颜料三原色中的一种颜色，颜料三原色分为青、洋红和黄3种。

1. 光的三原色

映射到人们眼中的色彩都是可见光波长不同造成的，人们的眼睛对其中3种波长的光色彩感受特别强烈，如果适当调整这3种光线的强度，就可以让人眼感受到所有的颜色。3种波长的光线对应的3种颜色就是光的三原色，即红、绿、蓝，也就是计算机中常见到的RGB。

2. 颜料的三原色

颜料的特性和光是刚好相反的，颜料是吸收光线，而不是增强光线，所以颜料的三原色必须是可以个别吸收红、绿、蓝的颜色，也即红、绿、蓝的补色青、洋红与黄，通常情况下都是以浓度来表示的。

13.3.3　冷暖色系之分

在接触冷暖色系之前，需要先了解色相环，因为冷暖色系是针对色相环而划分的。所谓色相环就是指将色彩条并列放置，组成一个色彩模式并将其模式联结成环，构成色相环。这样，色相环上的色彩就可以呈现出对比或平衡关系，如图13-10所示即为12色相环。

了解色相环就可以把色相环中各个颜色划分为暖色系和冷色系两大类，事实上划分为冷暖色系的根据是人们日常生活经验和相应习惯性的联想。通常情况下，红、橙、黄等颜色被划分为暖色系，而蓝、绿、紫通常被划分为冷色系，如图13-11所示。

不同色相的颜色可以划分为冷暖色系，在同一色相中的颜色又可以分为冷暖色调，色彩明度越高越容易呈现给人们一种冷冷的感觉，色彩明度越低越容易呈现给人们暖和的感觉，如图13-12所示。

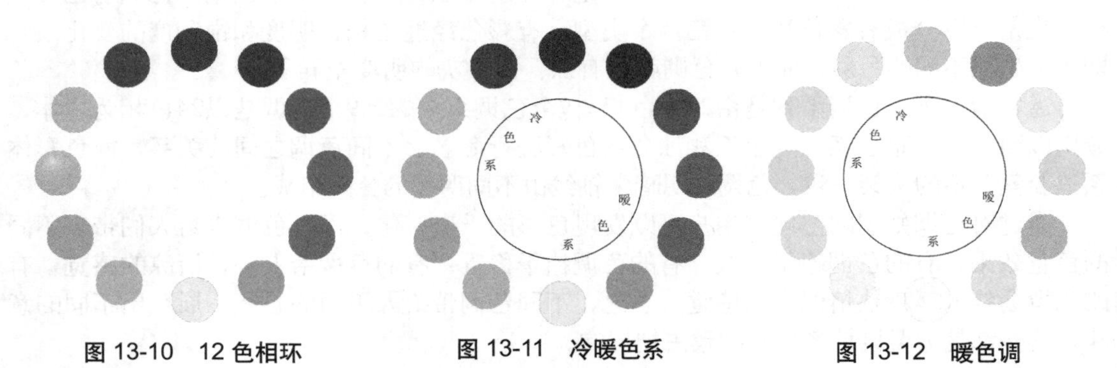

图 13-10　12 色相环　　图 13-11　冷暖色系　　图 13-12　暖色调

13.3.4　同一色系

在色相环中，不仅有完全饱和的纯色，还有纯色加入黑、白、灰所显现的不饱和色彩，这些色彩呈现出深浅不同的感觉，这些深浅不同的颜色就属于同一色系，如图13-13所示。

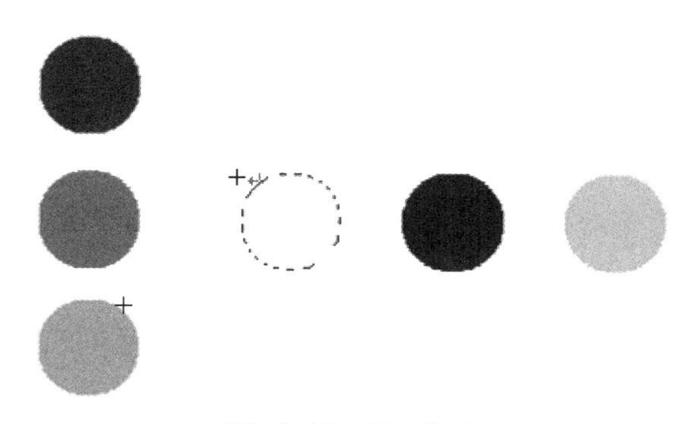

图 13-13　同一色系

13.3.5　色相环的色相关系

在色相环中，不同的色相之间具有不同的关系，大致上可以分为类似色、对比色和互补色3种关系形式。

1. 类似色

在色相环中，角度在30°~60°之间的颜色都可以称为类似色，也即每一种颜色的左邻右舍都是其类似色，如图13-14所示。

2. 对比色

在色相环中，角度在120°~150°间的颜色都可以称为其对比色，因为颜色的差异感是很明显的，如图13-15所示。

3. 互补色

在色相环中，角度在180°方向的颜色都可以称为其互补色，如图13-16所示。由于互补色的位置是处于对立的位置，所以其对比差异是最强烈的，在网页配色中尽量不要出现互补色的颜色，这样会使网页显得很不协调，如果使用则应尽量进行适当调整，以达到完美的效果。

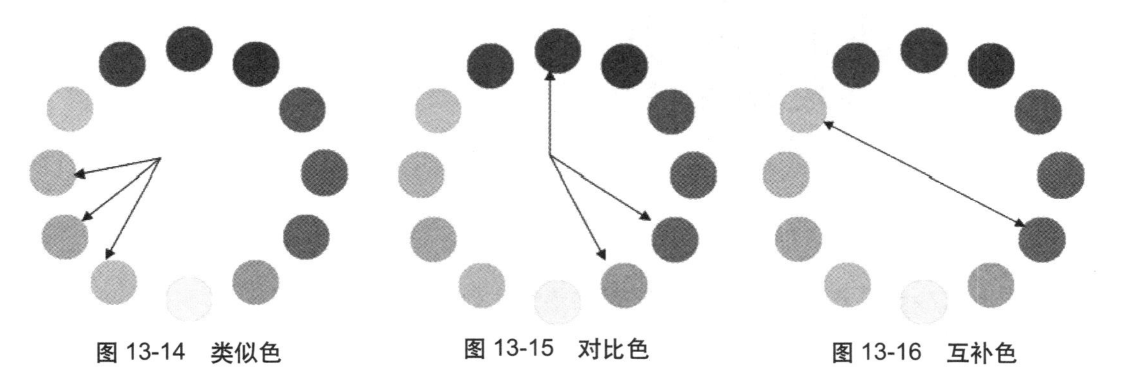

图 13-14　类似色　　图 13-15　对比色　　图 13-16　互补色

色彩均衡是比较保险的配色互补原则。多种颜色同时存在的时候不容易把握好，一定要调和统一。比如利用色彩错视现象，其中的重量错视在实用设计时用处很多，也就是明度高的浅亮色看起来较轻，明度低的深暗色则看起来较重。

13.4 色彩的感觉

有了好的框架和页面设计，而色彩把握不准，同样会导致整个设计失败。色彩是最先也是最持久地影响浏览者对网站的印象的因素。单一色彩很容易给人们具体和抽象的联想，不同的色彩组合在一起，就会形成另一种风格，给人以不同的感觉。

13.4.1 色彩的冷暖感觉

色彩在色相环中可以分为冷暖色调，而当色彩的明度高低不同时，又会产生色彩的冷暖感觉。同一种色彩，当其明度越高时，给人的感觉就越冷，当其明度较低时就会给人一种较温暖的感觉，例如浅蓝色就比深蓝色要冷。虽然单一颜色由于明度不同可以让人感觉出冷暖的不同，但如果配上其他颜色就不见得会让人有同样的感觉。同时冷暖感觉也受配色面积的影响，同样是一种色彩，如绿色，如果面积比较小，同时又配上比较暖的色调，则整个配色就显得比较的温暖；如果面积比较大，同时配上比较冷的色调，其配色就显得比较的寒冷。

因此，色彩的冷暖感觉，不仅取决于搭配的颜色的色调，还要看这种颜色在整个配色过程中所占的比例。图13-17所示配色方案即为色彩寒冷感觉的具体显现，图13-18所示配色方案即为色彩温暖感觉的具体显现。

图 13-17　寒冷感觉的色彩

图 13-18　温暖感觉的色彩

13.4.2 色彩的轻重感觉

色彩既有冷暖的感觉，也存在着轻重的感觉，色彩的轻重感觉也是以明度的高低来评定的。一般情况下，明度越高的色彩，感觉就越轻，相反，明度越低的色彩，感觉就越重，冷色调的颜色给人的感觉比较轻，而暖色调的颜色给人的感觉比较重。

判断色彩的轻重除了以明度为评定标准之外，还可以以饱和度的变化来评定，明度高、饱和度低的颜色给人的感觉比较轻，而明度低、饱和度高的颜色给人的感觉就比较重。图13-19

所示配色方案即为色彩的轻配色方案，图13-20所示配色方案即为色彩的重配色方案。

图 13-19　轻感觉的色彩　　　　图 13-20　重感觉的色彩

13.4.3　色彩的爽朗郁闷感

人的心情有快乐和郁闷之分，色彩也有好坏心情之分。那些暖色调的色彩和那些明度比较高的色彩，让人看起来就比较舒服、爽快，这样的颜色也通常被称为爽朗感色彩，如图13-21所示。

而那些冷色调和明度比较暗的色彩，让人看起来比较的忧郁，打不起精神，这样的色彩通常被称为郁闷感色彩，如图13-22所示。

图 13-21　爽朗感觉的色彩

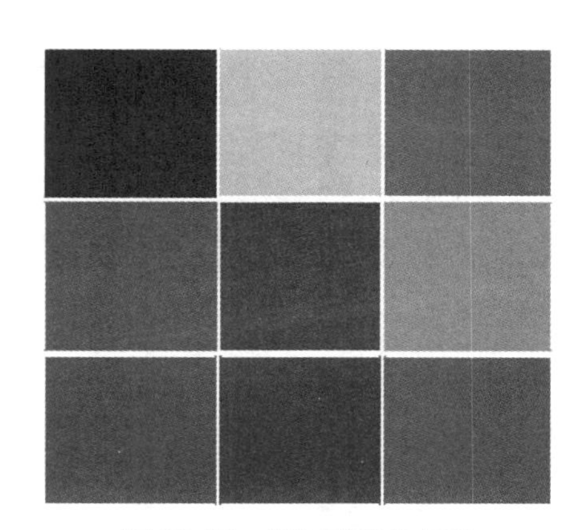

图 13-22　郁闷感觉的色彩

13.4.4　色彩的兴奋沉稳感

众所周知，人们在平时生活购物时，购买的商品颜色与人们心情好坏有直接联系。当人们心情好情绪比较激动兴奋时，选择的往往是一些比较明朗且具有亲切感的商品，因为这些颜色给人一种兴奋的感觉，这种让人具有兴奋感觉的颜色一般是一些暖色调的颜色，并且是明度和饱和度都较高的颜色，如图13-23所示。

与之相反，当人们在情绪低落心情不平静时，往往喜欢购买一些颜色比较暗的商品，因为这些颜色可以让人们不平静的心得到稍微平静。一般情况下，冷色调颜色都比较沉稳，虽然有点冷冷的感觉，但可让头脑清醒一些。

此外，还有那些明度和饱和度都比较低的颜色也给人一种沉稳感，卸掉华丽颜色，显示出华丽背后的那种朴实，让人心里更踏实，有安全感，如图13-24所示。

图 13-23　兴奋感觉的色彩

图 13-24　沉稳感觉的色彩

13.4.5　色彩的华丽与朴实

不同的饱和度、不同的明度和不同色调给人的感觉不一样，除具有冷暖感觉、轻重感觉、兴奋和郁闷的感觉之外，色调还具有气质上的感觉，那些饱和度高、明度高的纯色调给人一种高贵华丽的感觉，如图13-25所示。而那些饱和度低、明度低的暗色调与深色调，则给人一种朴实无华的感觉，如图13-26所示。

图 13-25　华丽感觉的色彩

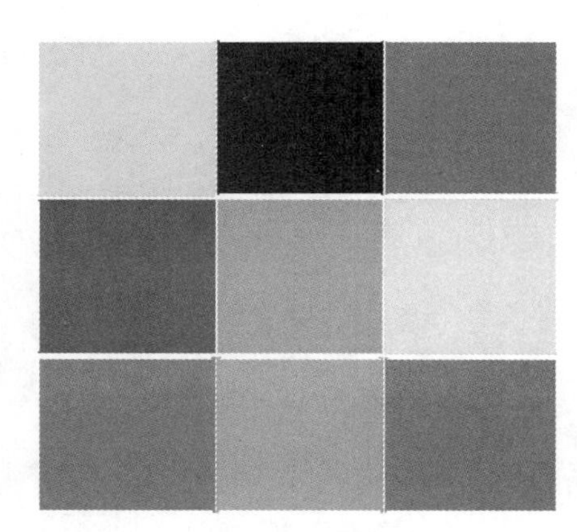

图 13-26　朴实感觉的色彩

13.4.6　色彩的酸甜苦辣感

酸甜苦辣是指人的味觉，但在颜色当中也同样存在有如此感觉，不同的色块组合在一起，就能给人以不同的感觉。

1. 酸

提起酸，人们不免就联想到未成熟的葡萄、橘子等实体，甚至看到与这些果实相仿的颜色就会感觉口里酸酸的，这就是具有酸感觉的颜色。因为生葡萄的颜色是绿色，橘子的颜色是橙色，在色相环中，一般这样的颜色搭配会给人一种酸酸的感觉，如图13-27所示。

2. 甜

说起甜，人们就会联想到亮晶晶的白糖、红彤彤的苹果以及成熟了的橘子，所以一看到乳白的颜色、黄色就会感觉出甜味，这就是具有甜感觉的颜色，并且这些颜色都是明度高且暖色调的颜色，如图13-28所示。

图 13-27　具有酸感觉的颜色

图 13-28　具有甜感觉的颜色

3. 苦

道起苦，人们就会想到那些苦药丸子，不用闻，只是光看着那些药丸子就感觉苦苦的。这些药丸一般都是黑色或黑褐色，特别是叫“甘草片”的棕色药丸已经达到想想就觉得苦的地步。于是，在色相环中只要看到这些近似药丸的明度比较低，并且饱和度也比较低的浊色色彩，都会让人有一种苦苦的感觉，如图13-29所示。

4. 辣

讲起辣，人们就会想到那火红的辣椒，黄黄的生姜，看见这些不免感觉嘴中麻麻的，所以在色相环中红色、黄色等搭配起来的色块，就有一种辣辣的感觉，如图13-30所示。

图 13-29　具有苦感觉的颜色

图 13-30　具有辣感觉的颜色

13.5 专家答疑

疑问1：网页配色中，应该注意的事情有哪些？

网页配色中最应注意的有两种情况；一种是不要将所有的颜色都用到，尽量控制在3种颜色之内；另一种是背景与前景色对比要大，以便突出主要文字内容。

疑问2：网页制作用彩色好还是非彩色好？

答：根据专业的研究机构研究表明，彩色的记忆效果是黑白的3.5倍，也就是说，一般情况下，彩色页面较完全黑白页面更加吸引人。通常网页设计师的做法是：主要内容文字用非彩色，如黑色，而边框、背景、图片用彩色，这样页面整体不会单调，看主要内容也不会眼花。

第 14 章 网页配色的要领

很多成功的网页都具备较为成熟的色彩搭配能力，并且以其独特的色彩搭配吸引人们的眼球，从而使得用户对其过目不忘。进行网页配色，需要掌握组成网页的导航、主页面等配色常识。同时，也离不开配色技巧的合理运用。

14.1 网页的版式结构

网页布局结构主要包含以下几种形式："国"字形网页结构、"吕"字形网页结构、"川"字形网页结构、和"回"字形网页结构。

14.1.1 "国"字形网页结构

"国"字形布局方式是目前最为常用的网页布局模式之一，该结构多应用于大型门户网页。

1. 认识结构

门户网站的页面中需要放置的东西很多，如标题、横幅广告条、联系方式、版权声明等。图14-1所示是"国"字形网页的框架结构，可以在最上面将标题、广告条放在那里。中间分成了左右两列，可以放小条内容，主要部分的内容放在正中间，把基本信息、联系方式、版权声明等放在底部的框架内，这样组成的就是最常见的"国"字形网页页面了。

图 14-1 "国"字形网页结构

2. 色彩搭配

对"国"字形网页结构有了简单了解之后，下面通过这一结构的网页的色彩选择，来进一步了解不同结构的网页在颜色上的具体应用。图14-2所示是一"国"字形结构的网页，分析该网页在色彩的选择上，采用几种不同颜色搭配而成。

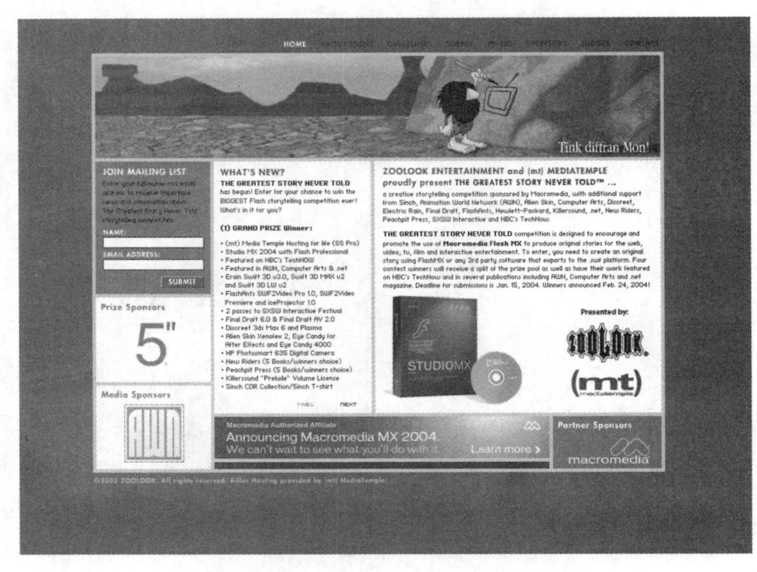

图 14-2 "国"字形网页

分析该“国”字形网页，主要采用了白色、蓝色、灰色等颜色。其主要的色彩搭配及其选择如图14-3所示。

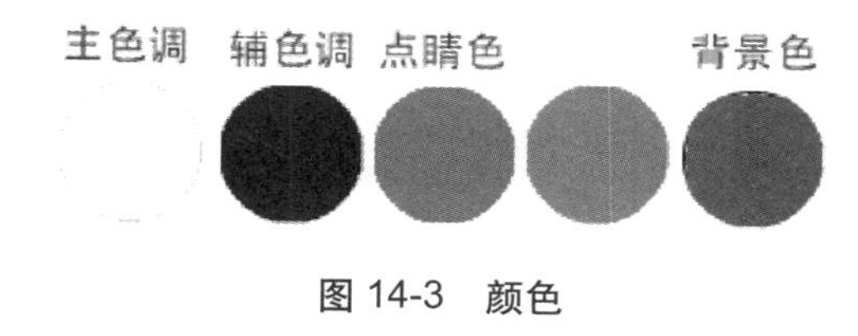

图 14-3 颜色

14.1.2 “吕”字形网页结构

把网页页面分成上下两部分，每一部分分别有单独的网页结构可以编排，这样的一种网页结构形式为“吕”字形网页结构。

1. 认识结构

“吕”字形网页结构，将页面分成上下两部分，上半部分放置导航、Logo、网页广告条等内容，下半部分可以放置网页的主要内容，以及其他没有放在网页上半部分又需要在该页面中进行放置的内容。该网页结构一般的形式如图14-4所示。

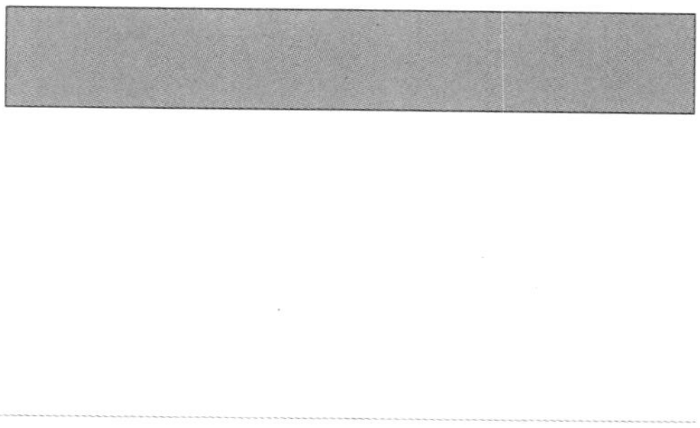

图 14-4 “吕”字形网页结构

2. 色彩搭配

对于“吕”字形网页结构的色彩搭配，主要选择比较相近的几种颜色来进行页面框架部分的搭配，然后选择黑色、白色以及红色作为网页的文字颜色，如图14-5所示。

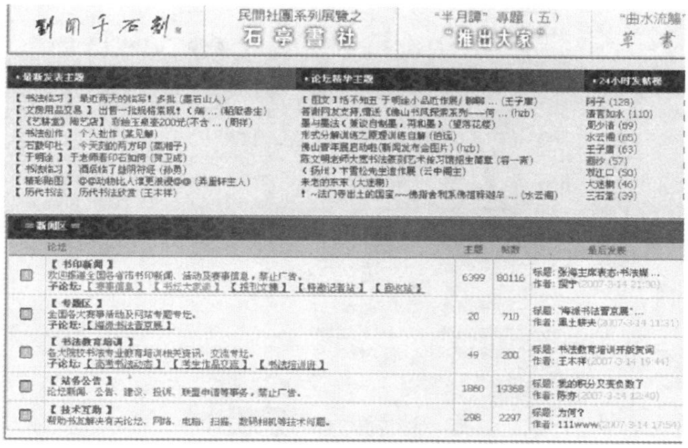

图 14-5 “吕”字形网页

分析“吕”字形网页的颜色选择及其具体搭配，结果如图14-6所示。

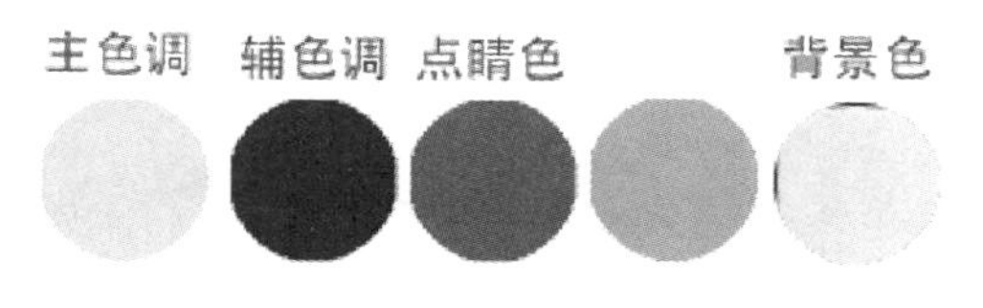

图 14-6 颜色

14.1.3 “川”字形网页结构

图 14-7 “川”字形网页结构

“川”字形网页结构是将页面大致分成三列，然后将页面内容分别置于每一列中。

1. 认识结构

“川”字形网页结构将页面划分为左、中、右三部分。通过分别在每一部分中添加内容，实现网页的创建。一般情况下，左侧或者右侧可以放置导航内容，以及其他引导用户去点击的内容，如图14-7所示。

此类结构的优点是：可以极大地增大首页内容的显示程度，信息量大。

此类结构的缺点是：访问时要滚动得很长，并且色彩不易协调。

2. 色彩搭配

认识了“川”字形页面结构后，同样通过一个网页来了解其色彩搭配的相关内容。图14-8所示是一个“川”字形结构的网页页面。观察页面结构，它被分成了三部分，以及若干的网页模块。

图 14-8 “川”字形网页

分析该网页使用的颜色有红色、蓝色、白色、黑色等。具体的搭配如图14-9所示。

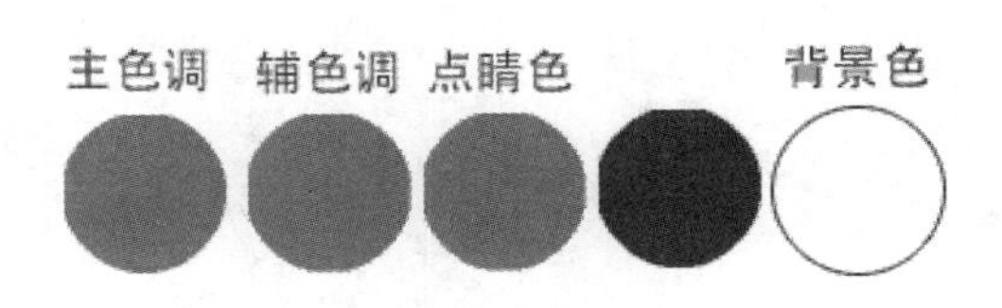

图 14-9 颜色

14.1.4 “回”字形网页结构

关于“回”字形网页结构，可以这样理解，网页的布局样式，比较像汉字“回”，所以将该种类型的网页结构命名为“回”字形网页结构。该结构主要的特点在于，整个页面就像“回”字，有两个边框围绕，形成了封闭区间。

1. 认识结构

“回”字形网页结构，与“同”或“匡”字形结构有着联系，“回”字形结构与它们的不同之处在于边框是封闭的。页面的底部或右部添加链接或者广告，就可将“同”或“匡”字形结构转化成“回”字形结构。例如，图14-10是一“回”字形网页框架，在底部蓝色背景部分，可以添加相应的链接或广告，是这一结构区别于其他结构的地方。

图 14-10 “回”字形网页结构

2. 色彩搭配

在了解“回”字形网页结构大概是什么样子之后，借用已经实现的“回”字形版式结构的网页，如图14-11所示，来简单了解此类网页在色彩选择以及搭配上的手法。

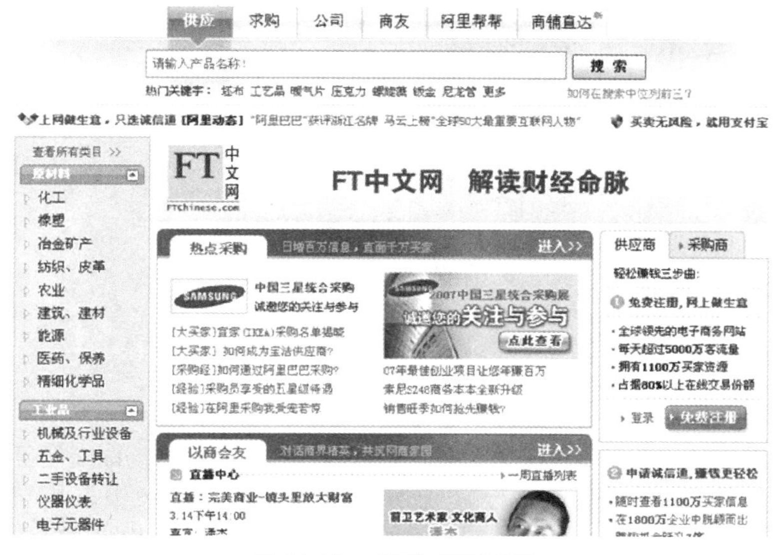

图 14-11 “回”字形网页

分析该“回”字形网页页面的具体色彩选择与搭配，采用了如图14-12所示的色彩，分别选择白色、灰色、黑色等颜色进行搭配。

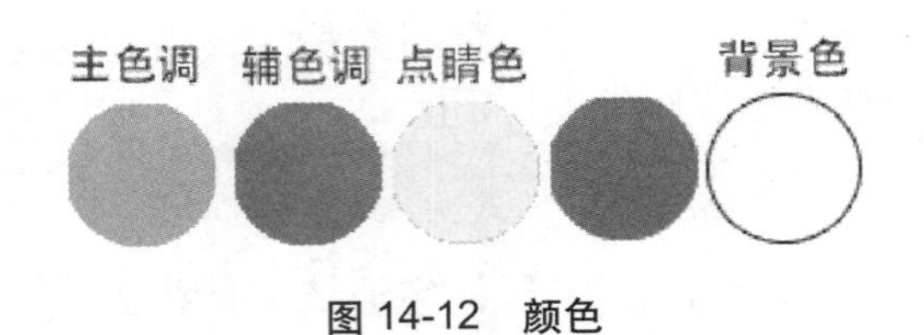

图 14-12　颜色

14.2　网页配色常识

这一节将介绍网页配色常识，内容分别从网站的Logo、网页Banner、网页导航、网页主页面、网页子页面这几部分来阐述。通过对网页子页面等这几部分的配色常识的了解，可以帮助读者提升网页配色技能，从而更好地实施网页配色。

14.2.1　网站 Logo 的配色常识

Logo的配色，除了考虑网页中使用，还需要考虑到在其他媒介中的应用。因此，选择颜色搭配时，除了注重RGB的颜色效果，还需要注重CMYK的颜色效果。

1. 适用于 Logo 配色的色调

图14-13所示是一些适用于Logo配色的色调，主要有纯色系、灰色系、暗色系3类。这3类又分别被分成若干色调。

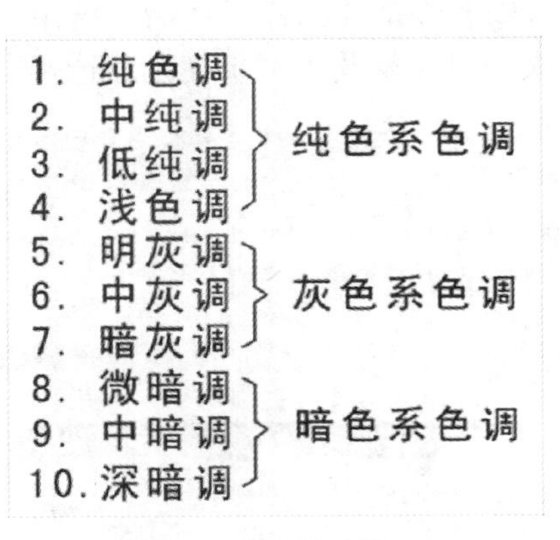

图 14-13　配色的色调

2. 渐变的应用

因为Logo的色彩种类一般不适宜太多，配色过程中，往往借助渐变使得色彩间搭配的过渡没有间隙。所以，将基本色进行渐变处理使用于Logo的配色中，是一种常用方法。图14-14所示是色彩的渐变处理，这是根据不同的饱和度渐变，以及明度渐变，来最终完成色彩渐变处理的一种方法。

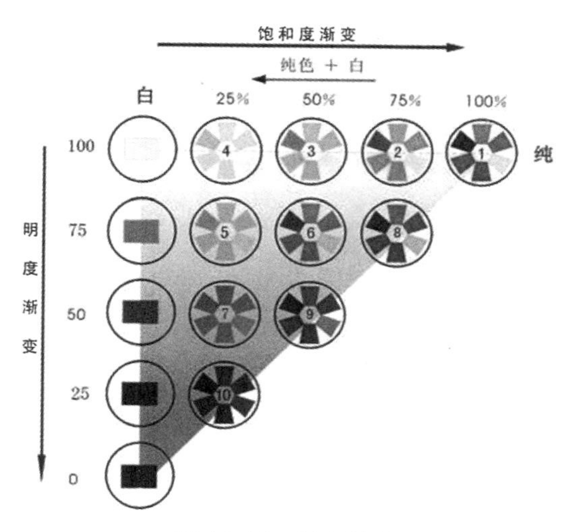

图 14-14　渐变处理

3. Logo 配色实现

下面通过几个例子，来进一步了解Logo的色彩选择，以及一个Logo不同颜色之间的配色。

方案一　本方案 Logo，采用白色与红色的搭配。文字与图形使用白色，背景色用红色，如图 14-15 所示。

该方案采用的具体颜色及其颜色值如图14-16所示。

图 14-15　Logo

图 14-16　颜色

方案二　本方案通过多种颜色来实现 Logo 的颜色搭配，进而提升其美观度，以及可欣赏性。以下分别是几组颜色搭配处理的实例，根据具体内容进行分析。

(1) 橙色系

图14-17所示是橙色系的Logo配色。将橙色以及与橙色相近的颜色，同白色进行搭配之后，可以得到一个和谐的效果，这样的色彩搭配显得比较合理。中间调的颜色搭配，采用的颜色可通过如图14-18所示的参数值获取。

图 14-17　橙色系 Logo

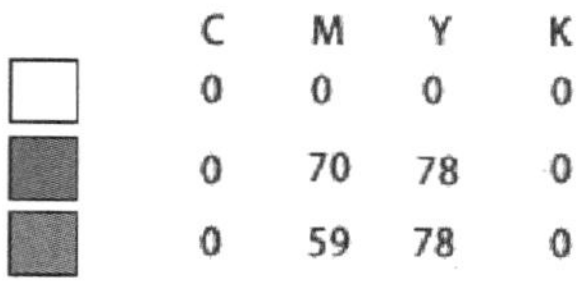

	C	M	Y	K
□	0	0	0	0
■	0	70	78	0
■	0	59	78	0

图 14-18　颜色

(2) 黄色系

如图14-19所示，同样采用了两种相近的颜色以及白色进行搭配，实现黄色系Logo的设计。分析颜色的使用，采用的颜色可由图14-20所示的CMYK值得到。

图 14-19　黄色系 Logo　　图 14-20　颜色

(3) 绿色系

这一款绿色系的Logo，同样采用相近颜色以及白色与绿色进行搭配，效果如图14-21所示。换了一种色系，使得Logo又变成另一种风格、情感了。在颜色选择上使用了如图14-22所示的类别。

图 14-21　绿色系 Logo　　图 14-22　颜色

(4) 蓝色系

同样比较常用的颜色搭配，有如图14-23所示的蓝色系效果。通过蓝色与白色的搭配实现设计效果。该Logo的配色可以参照如图14-24所示的具体参数值。

图 14-23　蓝色系 Logo　　图 14-24　颜色

方案三　一般 Logo 在选择颜色时，会采用两种，或者两种以上颜色相似的色彩进行搭配，从而实现整体的配色效果。这一部分，不同于常规手法，分别采用 3 种不同的颜色进行搭配，来实现 Logo 的整体配色。通过下面的几个实例，介绍另一种关于 Logo 的配色方法。

(1) 绿色+橙色+白色

在Logo中，因为体积小的原因，如果颜色种类较多，在颜色的选择上就需要考虑对比色或者相近色系的颜色来搭配。如图14-25所示，Logo以绿色为背景，选择对比色白色与橙色作为图形、文字的颜色，使得搭配比较和谐。

这种配色方式的颜色的CMYK值分别为白色(0，0，0，0)、绿色(75，10，88，0)、橙色(3，29，74，0)，具体如图14-26所示。

图 14-25　Logo

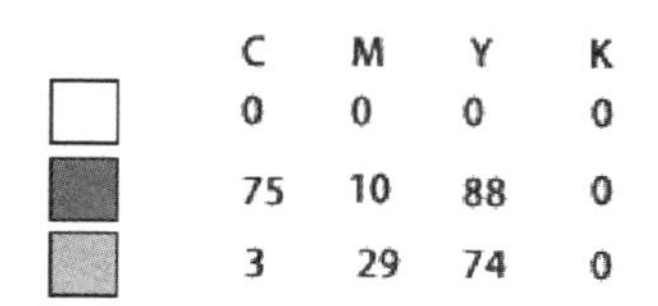

C	M	Y	K
0	0	0	0
75	10	88	0
3	29	74	0

图 14-26　颜色

(2) 蓝色+橙色+白色

有对比效果的颜色搭配，常用的颜色是蓝色、橙色、白色，如图14-27所示采用的就是这样的配色方法。关于具体的颜色CMYK值，如图14-28所示。

图 14-27　Logo

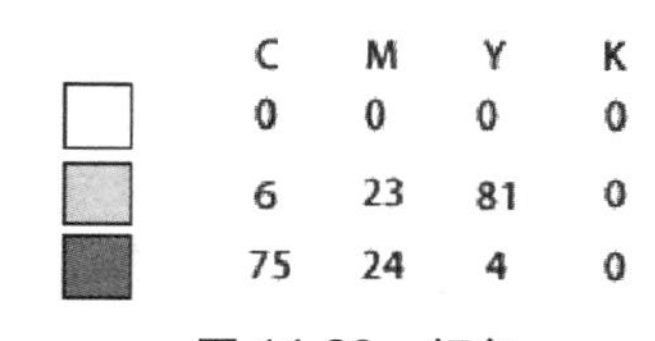

C	M	Y	K
0	0	0	0
6	23	81	0
75	24	4	0

图 14-28　颜色

(3) 橙色+黄色+白色

黄色与橙色是一组比较接近的颜色，通过选择不同亮度的黄色与橙色，从而实现Logo中的对比效果。具体的色彩搭配如图14-29所示。

这一款Logo采用的橙色、黄色、白色的具体CMYK值如图14-30所示。

图 14-29　Logo

C	M	Y	K
0	0	0	0
12	73	71	0
6	17	78	0

图 14-30　颜色

(4) 黄色+蓝色+白色

黄色、蓝色、白色的搭配，也可以产生对比效果，如图14-31所示的Logo就采用了这种颜色搭配。通过在背景以及图形中选择不同的对比颜色，从而实现Logo的整体配色。颜色使用的CMYK值如图14-32所示。

图 14-31　Logo

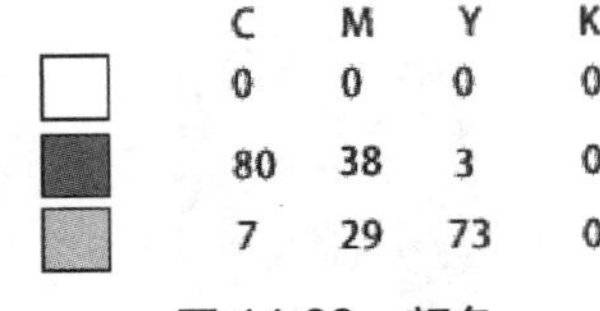

图 14-32　颜色

14.2.2　网页 Banner 的配色常识

Banner往往包含有图片，这时就需要考虑“动态色彩”如何实现统一、和谐的色彩搭配。最终，将这些动态色彩与静态色彩实现很好的搭配、处理。

1. Banner 风格

不同风格的Banner，在进行颜色搭配时，有着不同的色彩选择，能实现各异的色彩效果。常见的Banner风格有时尚、复古、清新等。

(1) 时尚的风格

如图14-33所示，分别是两款时尚风格的Banner。观察其界面，有着不同的颜色搭配，分析其设计构成，有着共同的特点。两款Banner分别采用大标题，添加模特图片，以及比较像时尚流行杂志的搭配，这是相同之处，也是时尚风格Banner常用的设计模式。

图 14-33　时尚的风格

(2) 复古的风格

通过传统手工艺，例如剪纸艺术，或者是书法字体配合有水墨感觉的图案，都是进行复古风格Banner设计时可以使用的方法，如图14-34所示。另外，在颜色的选择上以黑、蓝、中国红等比较适用于此风格的颜色为主。

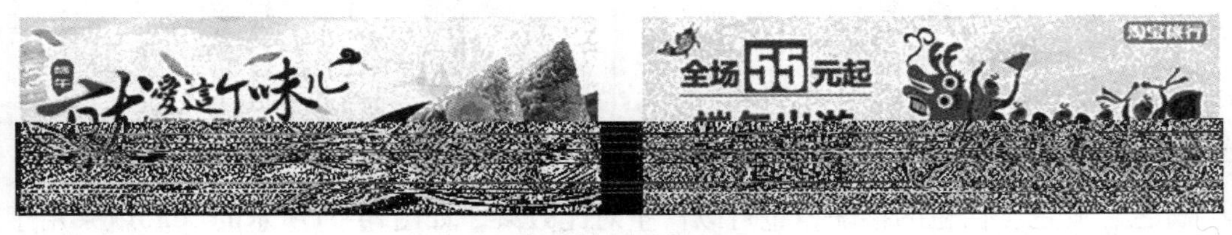

图 14-34　复古的风格

(3) 清新的风格

如图14-35所示，通过白色与绿色的搭配，将自然系中清爽、轻盈的感觉进行了很好的诠释。整体的清丽和透亮是在清新风格配色时需要着重注意的地方。

图 14-35 清新的风格

(4) 炫酷的风格

如果想要Banner的风格属于炫酷类型，可以采用深色背景，再加上光影特效，就会有比较好的效果。例如，图14-36所示是一个宣传Banner，在深蓝背景下，通过文字以及亮色图形的点缀，使得炫酷效果得以很好地体现。

图 14-36 炫酷的风格

(5) 简约的风格

简约的风格是Banner中使用得比较多的一种风格。此风格往往体现空间比较大的理念，整个版面在内容上空白的地方比较多。同时，对图像、文字等元素的修饰以及相关处理比较少，崇尚原始的效果。例如，图14-37所示的Banner给人感觉没有夸张的内容。

图 14-37 简约的风格

2. Banner 的配色实现

无论是页面还是Banner的配色，处理上都是一样的，即通过调整构成色彩的色相、明度或纯度最终实现配色处理。因为这些因素，使得不同的色彩拥有了不同的情感，从而带给浏览者不同的心理感受。

在进行Banner设计时，体现想让用户感受到的情感，并且符合页面的主题内容，以这样的宗旨为出发点，那就不会有问题了。以下4个方案，可以作为借鉴之用。

方案一 因为 Banner 中配图是夏装，所以整个颜色搭配，需要传达给浏览者夏天的色彩。这里选择浅色系来搭配整体颜色。主要采用的颜色有粉红、浅蓝、淡黄、浅粉、浅绿这几种，在整体效果上，给人一种充满了热情的夏日情感，如图 14-38 所示。

图 14-38 Banner 配色 (1)

方案二 在进行 Banner 色彩搭配过程中，选择纯度较低的那些进行搭配，更容易凸显整个页面搭配上的和谐，使色彩在同一页面中变得更加自然。从而传达给用户轻松、舒适的色彩情感。例如，图 14-39 所示这几种颜色搭配起来的 Banner 就有着这样的效果。

图 14-39 Banner 配色 (2)

方案三 红色有着华丽的韵味，黑色是永恒不变的颜色，将这两种颜色与金色进行搭配，色彩中摩登、华丽的感觉，就能够很好地展现了。例如，图 14-40 所示就是采用这种方式进行颜色搭配的。

图 14-40 Banner 配色 (3)

方案四 绿色或者褐色都是在森林里比较常见的色彩。这样的颜色搭配，可以透露出自然的青春气息，同时也给浏览者一种安静的感觉。具体的搭配操作及颜色选择如图 14-41 所示。

图 14-41 Banner 配色 (4)

14.2.3 网页导航的配色常识

导航就像网页的“眼睛”，引导用户通过导航去浏览整个网页。鉴于上述原因，在对导航进行设计制作过程中，往往采用一些“技术”，比如色彩的“叠加”“渐变”等，从而突出导航在页面中的位置。

1. 叠加实现

例如，图14-42所示是没有进行叠加处理的导航按钮效果，图14-43所示是应用了色彩叠加后的效果。无须更多的修饰，就足以让导航按钮在页面中备受关注。

图 14-42 色彩叠加之前

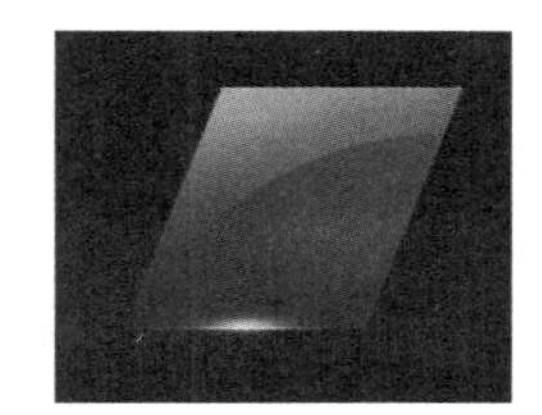

图 14-43 色彩叠加之后

如果对色彩进行光效处理，高斯模糊和“叠加”是最常用的方法，在设计制作过程中合理应用这些，可提升作品的色彩搭配效果。

2. 渐变实现

图14-44所示是苹果网站网页的导航条。苹果在设计上的一些理念，很受广大用户的喜欢。导航条通过灰色的运用，使该色彩的搭配及其处理手法得以完美地展示。除此之外，在导航条中使用的渐变处理，是将灰色这种本来给人沉闷感觉的颜色变得活跃的重要原因。

图 14-44　渐变实现

3. 配色实现

除了上述介绍的网页导航会采用的“技术”之外，在颜色的选择上，通过使用具有跳跃性的色彩，可以达到吸引浏览者视线的目的。下面通过实例来了解网页导航的配色实现。

图14-45所示是网页的导航内容。观察其颜色，采用了蓝色背景白色文字的搭配。导航中使用的颜色值及其导航功能，可通过CSS代码获得。

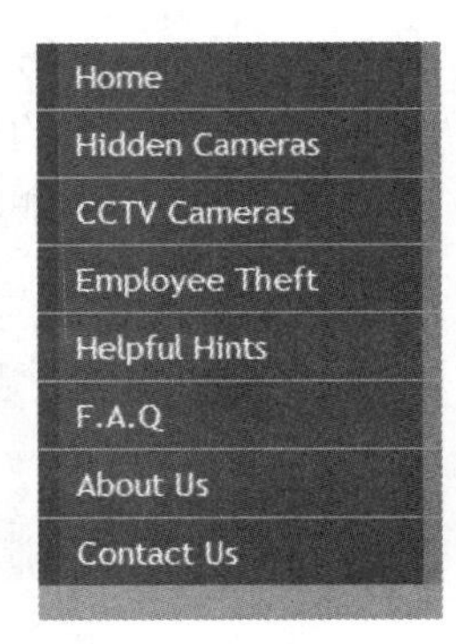

图 14-45　网页导航

实现配色及导航功能的CSS代码如下：

```
<style type="text/css" >
#button {
    width: 12em;
    border-right: 1px solid #000;
    padding: 0 0 1em 0;
    margin-bottom:1em;
    font-family:'Trebuchet MS', 'Lucida Grande',Verdana, Lucida,
    Geneva, Helvetica,      Arial, sans-serif;
    background-color: #90bade;
    color: #333;
    }
#button ul {
        list-style: none;
        margin: 0;
        padding: 0;
        border: none;
        }
    #button li {
```

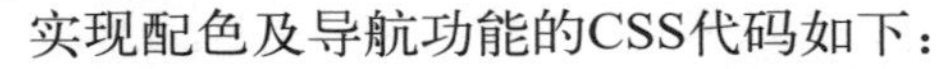

```
        border-bottom: 1px solid #90bade;
        margin: 0;
        }
#button li a {
        display: block;
        padding: 5px 5px 5px 0.5em;
        border-left: 10px solid  #1958b7;
        border-right: 10px solid #5ba3e0;
        background-color: #2175bc;
        color: #fff;
        text-decoration: none;
        width: 100%;
        }
    html>body #button li a {
        width: auto;
        }
    #button li a:hover {
        border-left: 10px solid #1c64d1;
        border-right: 10px solid #5ba3e0;
        background-color: #2586d7;
        color: #fff;
        }
</style>
```

暂且不去细分代码功能，总结该导航中使用的颜色，主要有以下几种颜色值：#000、#90bade、#333、#195876、#5ba3e0、#2175bc、#fff、#1c64d1、#2586d7等。

14.2.4 网页主页面的配色常识

主页面在色彩选择上，往往会选用与Logo、Banner以及导航这些已有的颜色相同、相似或者是对比的颜色。

1. 页面配色步骤

对页面进行配色，因为需要考虑到页面是一个整体，根据页面配色步骤，能够起到把握全局的作用。同时，可以保证页面色彩不至于产生杂乱无章的现象。

具体操作步骤如下。

步骤1 根据页面风格以及产品本身的诉求确定主色。

页面中有主要色彩、辅助色彩，以及其他色彩。确定页面的主色，是对页面进行配色的首要任务。根据产品的特点，以及页面想要的风格，能够对应选择出一些色彩供参考，最终选择最符合条件的作为页面的主色。

步骤2 根据主色找配色。

在页面的主色确定之后，参照色彩搭配的原则，查找适合与主色搭配的相关色彩。例如，白色可以是很多色彩的配色。如果将白色作为主色，其配色的选择范围就比较广。

步骤3 调整色彩在页面中的比例。

色彩选择确定之后，在进行色彩添加过程中，对于不同色彩，在页面中的“色彩面积”不同，要调整色彩在页面中的实际面积，从而使色彩在页面中变得协调、统一。

2. 实现主页面配色

下面通过几个配色方案，来了解主页面配色的实现。

方案一 红色＋白色

可口可乐公司在2011年的时候，将网页页面制作成如图14-46所示的效果。采用深红色、浅红色、白色这3种色彩，实现整个页面的配色。

图 14-46 页面配色

这种配色方案的优点主要有以下几个方面。

(1) 文字采用白色，与红色有着鲜明的对比效果。

(2) 红色的应用，将气氛进行了很好地渲染，从而传递给用户的感觉比较有活力。

(3) 除了主要的颜色搭配之外，页面中采用了黄色、橙色作为点睛色。同时，一些文字中浮光效果的使用，使画面更活泼，对比更加鲜明。

网页中使用的主要颜色为深红、浅红、白色，其具体值如图14-47所示。

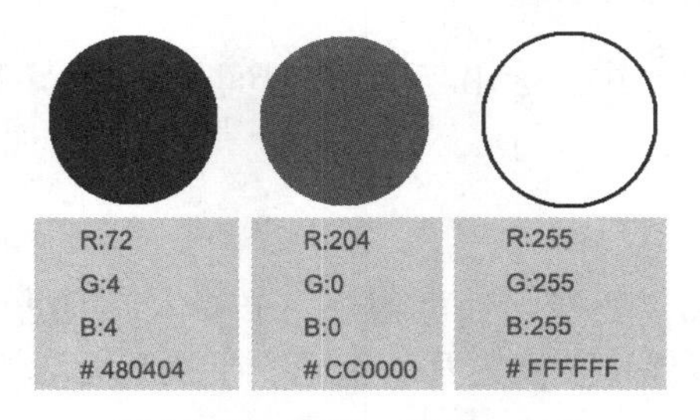

图 14-47 深红、浅红、白色

方案二 红色＋白色＋黑色

如图14-48所示页面中，文字使用灰色。灰色与其他颜色的搭配，不会有不融洽的感觉。该页面通过红色、白色、黑色与灰色的搭配，使灰色导航栏的过渡变得融洽。

图 14-48　页面配色

这种配色方案的优点主要有以下几个方面。

(1) 红色作为图片、图标的颜色，能够在黑色背景色中凸显出来，起到了醒目的效果。

(2) 白色的文字，通过大小不同的字体，进行搭配，使得页面不再沉闷，有活跃感。

(3) 页面使用的灰色使得过渡效果更好。

网页中使用的主要颜色为红色、白色、黑色，其具体值如图14-49所示。

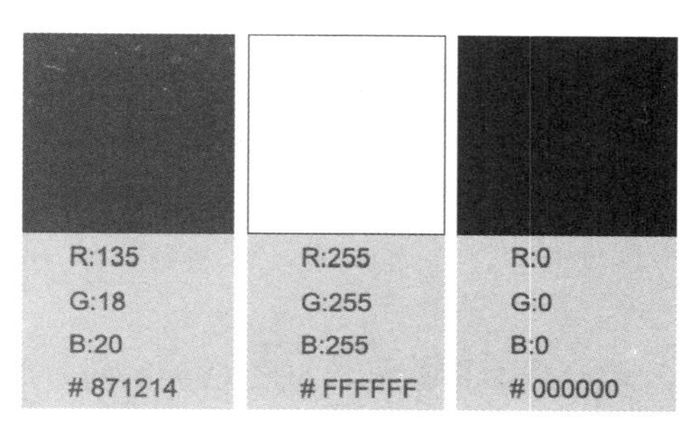

图 14-49　红色、白色、黑色

14.2.5　网页子页面的配色常识

子页面是从属于主页面的，往往是主页面的下一级，这就需要在配色时考虑到这些内容，使得用户能够不会因为翻页进而产生“陌生”感。具体的子页面配色常识，通过下面这部分内容来进行详细介绍。

1. 页面配色步骤

前面已经介绍了网页主页面的配色步骤，对于子页面的配色步骤，可以参照该步骤实现。不同于主页面需要实现的配色在于，子页面需要将配色与主页面的头部和尾部有一个相同的处理。一般，在子页面中，我们可以看到相同的导航、Logo等头部内容，以及尾部的相同的网页信息等。

2. 实现子页面配色

子页面的配色，可以参照主页面。图14-50所示是网页的主页面。将其与图14-51所示的子页面对比，子页面的中间部分与主页面有着区别。页面中顶部和底部，无论在子页面，还是在主页面，都有着相同的Logo、导航、网页信息。所以，子页面的顶部和底部，在配色时一定要做到与主页面相同。

图 14-50　主页面

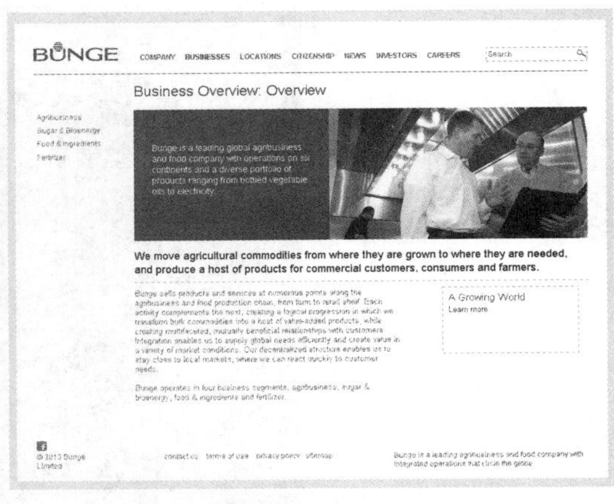

图 14-51　子页面

观察如图14-51所示的子页面，导航中采用黑色、蓝色进行搭配，Logo选择的蓝色，文字使用黑色、灰色以及蓝色。图14-52所示是子页面的配色。

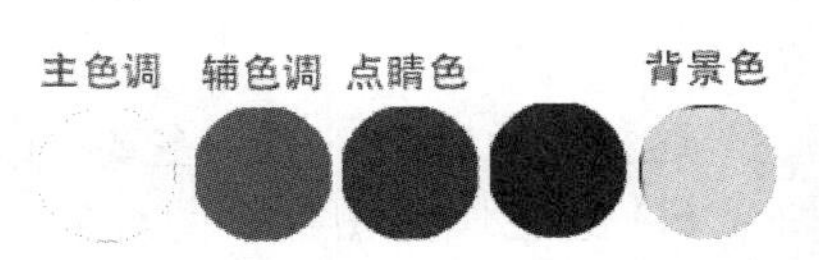

图 14-52　颜色选择

14.3　网页配色方法

无论是网页的配色，还是其他部分的配色，都是讲究方法的。只有借助恰当的方法，才能更好地发挥出配色带给用户的视觉体验，从而可以提升页面的炫彩程度。

14.3.1　对比色配色法

在对网页进行配色过程中，巧用对比色配色法进行色彩的搭配，往往会有意想不到的效果。

1. 什么是对比色配色

在配色过程中，使用有对比效果的颜色，如橙与青、黄与紫、红与绿等色彩，组成页面的色彩，属于对比色配色。例如，图14-53所示就是对比色的效果，分别是红与绿、黄与紫的对比。

图 14-53　对比色

对比色可以是色环中相差不到180°的两种颜色，相互之间的角度越大，也就意味着对比度越大。

2. 配色实现

使用对比色有突出重点的作用，在重点内容部分采用主色调的对比色可以起到重点突出该内容的作用，有着“画龙点睛”的效果。下面通过实例将对比色的配色进行分析。

用橙色及其对比色——蓝色，实现在同一网页页面中的色彩搭配，同样可以起到很好的色彩效果。如图14-54所示的网页采用的就是这样的配色。

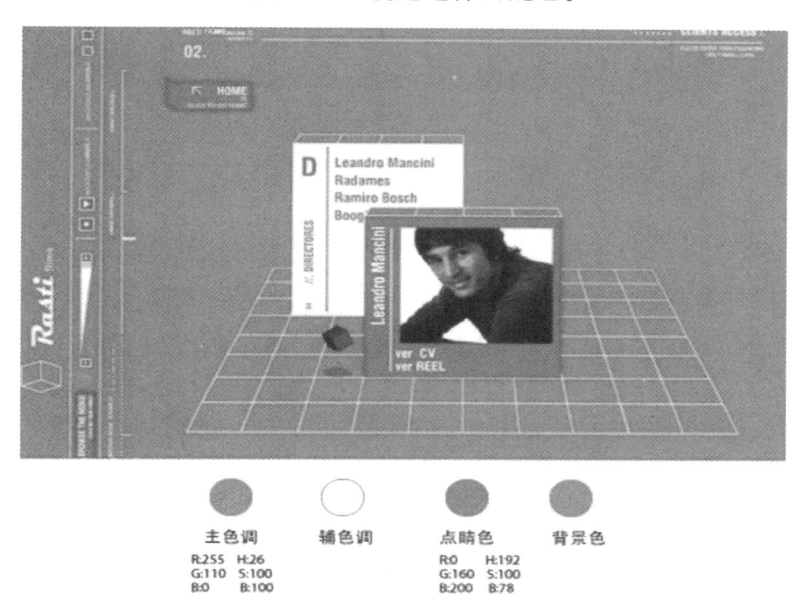

主色调 R:255 G:110 B:0 H:26 S:100 B:100

辅色调

点睛色 R:0 G:160 B:200 H:192 S:100 B:78

背景色

图 14-54　对比色配色

分析如图14-54所示的橙色与蓝色的配色实现，在HSB值中正红色的H为0，正橙色的H为30，橙色是往零移动进行调配的，所以该橙色是H值为26的橙红色。再看点睛色蓝色，它的RGB的G值为160，HSB的H值为192，不属于正蓝色。这样设置的目的在于降低蓝色的特性，从而使得已经在明度与饱和度达到最高值的橙红色，能够实现与蓝色的调配。

在对比色配色过程中，需要有辅色调作为过渡色来调和对比色。这里采用了白色，作用在于调和橙红色与蓝色。对比色非常能够突出个性，为了在画面中能够将配色协调处理好，除了上述方法之外，在页面处理上通过颜色面积、位置的不同，也可以调整页面的整体效果。

14.3.2　邻近色配色法

巧妙地将邻近色应用于网页的色彩搭配，也是配色的常用办法。

1. 什么是邻近色配色

如图14-55所示的色相环中，相互靠近的不同颜色，属于邻近色。比如紫色与红色、黄色与绿色，以及橙色与黄色等。这样的配色应用于网页设计中，在配色上容易取得多样、和谐的效果，是一种比较常用的配色手法。

在配色过程中，选择色相环中不同的邻近色进行搭配，实现页面的色彩处理，同样可以达到理想效果。例如，如图14-56所示，将临近色黄色与绿色进行叠加，就能够营造出山林般的色彩感觉。

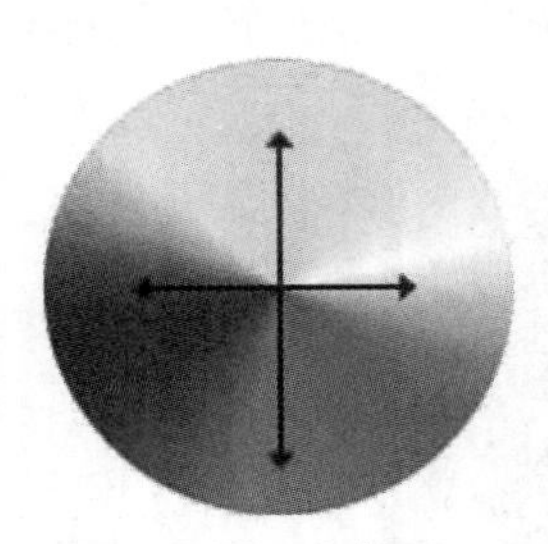

图 14-55　色相环

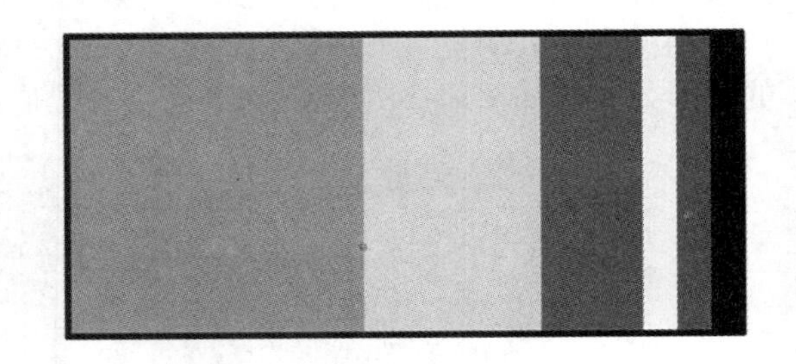

图 14-56　临近色搭配

2. 配色实现

在邻近色配色实现的部分，同样用实例网页进行介绍。分别通过两个不同类型的邻近色配色效果的实现，来介绍具体的实现方法。

如图14-57所示的网页，采用了橙色的邻近色配色。页面主要由黄色和橙色这两种颜色构成，黄色和橙色本身就是邻近色。通过调整色彩的明度和纯度，获得使用于该网页中的浅黄和橙红。同样，在色彩的面积、位置上进行了合理编排。色彩均属于暖色调，这样的搭配使得色彩在页面中能够趋于缓和，整体上的效果比较统一。

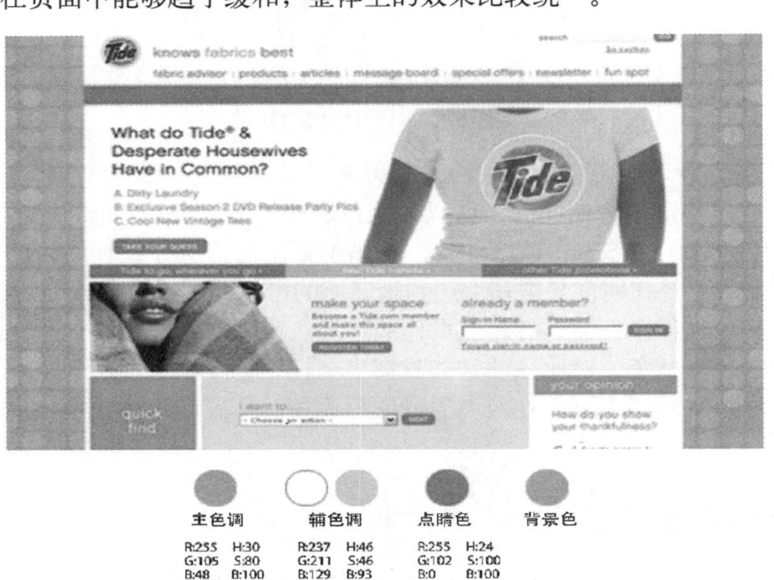

图 14-57　邻近色配色

14.3.3 冷暖互补配色法

色彩有冷色、暖色之分，将不同的颜色，通过搭配，实现冷暖互补的效果，从而达到色彩相互间的一种平衡，是配色的常用方法。

1. 什么是冷暖互补配色

如图14-58所示的网页，有属于冷色的绿色，有属于暖色的红色。这样的搭配，实现的就是冷暖互补效果。作为强调色的红色，同绿色的网页标识形成了鲜明的对比。然后，页面中其他颜色选择使用这两种颜色的亮色、灰色调和暗色，从而完成整个页面的颜色搭配。

观察网页，视觉效果上有着非常柔和的色彩融合。不会因为有着强烈对比的色彩的使用，使页面变得过于耀眼。这就是冷暖互补能够起到的“平衡”作用。建议在网页的配色上，可参照网页中灰色调和暗色的使用。

那么什么是冷暖互补配色呢？暖色是指在视觉上让人有着温暖、热情的心理感觉的颜色，例如，如图14-59所示色轮中的紫色到黄色范围内的各种色彩。反之，冷色是会给人冬天的寒冷、雪、冰等心理感觉的颜色，例如，如图14-59所示色轮中的黄绿色到紫色范围内的各种色彩。

图 14-58　网页效果

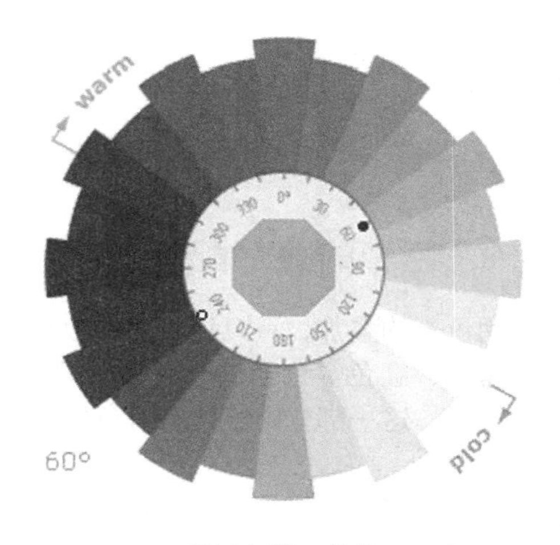

图 14-59　色轮

在选定一种色彩之后，与该色彩在冷暖色方面是相反的颜色，就是该选定颜色的互补色。例如，选择红色作为主色，该颜色属于暖色，那么冷色中的绿色是它的互补色；绿蓝色作为主色，该颜色属于冷色，那么暖色中的红橙色就是它的互补色，其他互补色以此类推。

2. 配色实现

色彩学上称间色与三原色之间的关系为互补关系。在色轮中互补色是颜色相对的颜色，即色盘中的相反色调，并且也是对比最强烈的颜色。例如红色的互补色是绿色，黄色是紫色的互补色等。如果将互补色并列在一起，则互补的两种颜色对比最强烈、最醒目、最鲜明。红与绿、橙与蓝、黄与紫是三对最基本的互补色。例如，如图14-60所示，网页采用了橙色与蓝色的互补配色进行搭配，具体的颜色搭配参照图中给出的颜色值，以及颜色图。

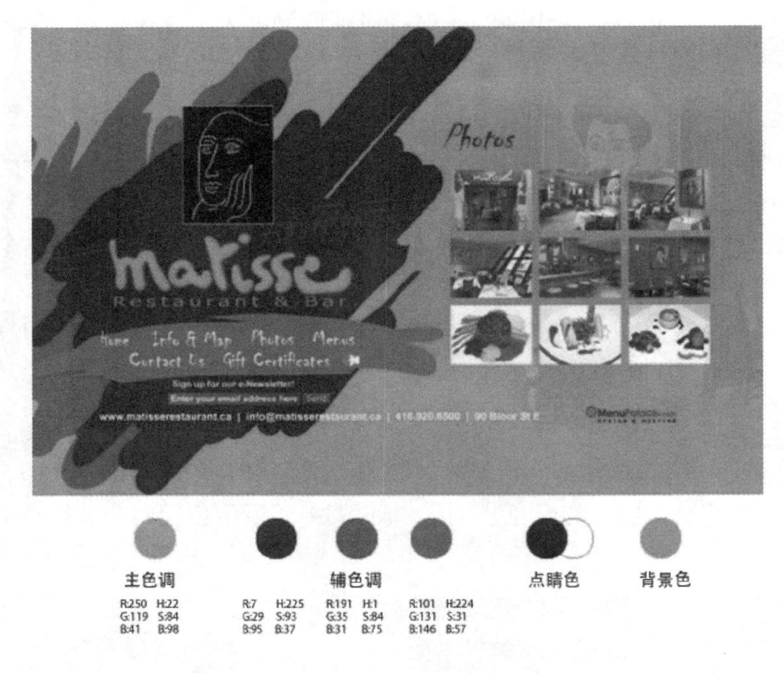

图 14-60　冷暖互补配色

14.3.4　色彩的叠加配色法

使用色彩的叠加，可以让页面的效果更加亮丽。例如，图14-61所示是将黄色、绿色、紫色、蓝色、红色等色彩进行叠加后得到的效果，页面中展现的色彩魅力，是不叠加色彩无法实现的。这一部分内容，将对色彩的叠加及其配色实现进行介绍。

图 14-61　叠加效果

1. 什么是色彩的叠加

了解色彩的叠加配色实现之前，先简单介绍什么是色彩的叠加。对网页、图片等对象进行处理的过程中，使用色彩的叠加，如【重叠】混合模式，可以使得色彩的组合更加多样化。例如，图14-62是利用黑色与白色，在【重叠】混合模式下获得的色彩组合。

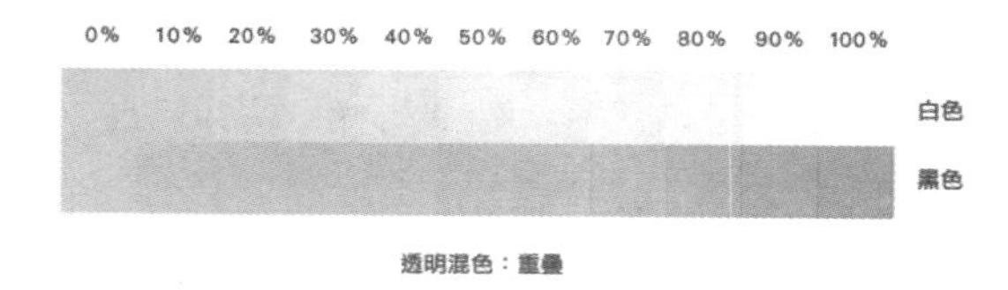

图 14-62 重叠

2. Photoshop 中的重叠

叠加可以分颜色叠加、渐变叠加、图案叠加，不同的叠加将产生不同的效果。这里介绍的叠加，可以通过Photoshop实现。在其【图层样式】对话框的【混合模式】下拉列表框中选择【叠加】选项即可，如图14-63所示。

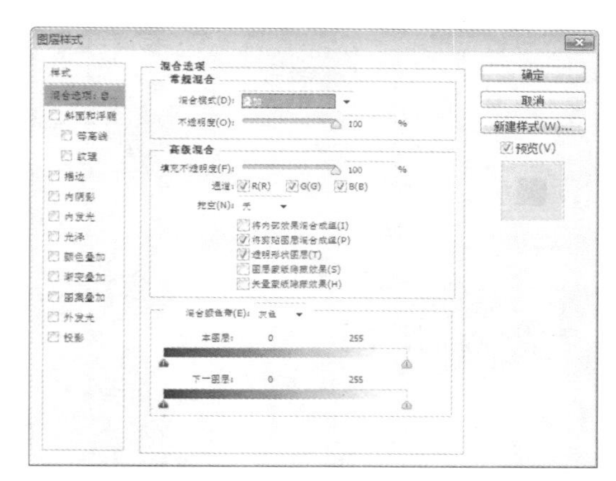

图 14-63 选择【叠加】选项

3. 配色实现

在网页中通过“色彩的叠加”来实现配色效果，是常用的配色方法之一。如图14-64所示，页面中蓝色与红色的叠加实现对网页中的图片起到了很好的渲染效果。

图 14-64 网页配色

14.3.5 色彩的柔光配色法

除了叠加的混合模式，采用“柔光”进行配色，也是常用的方法。

1. 什么是色彩的柔光

关于色彩的柔光，用一个实际例子进行介绍。图14-65所示是利用【柔光】叠加模式，在原始色彩中，采用相邻色彩叠加的方式来实现的，最终获得了不同的色彩搭配、组合的效果。柔光效果使获取的色彩调和性更好。

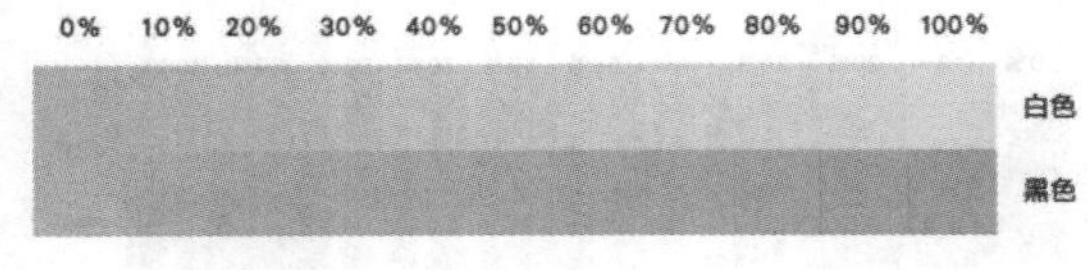

图 14-65　柔光

2. Photoshop 中的柔光

在Photoshop的【图层样式】对话框中，【混合模式】下拉列表框中选择【柔光】即可实现色彩的柔光效果的混合实现，如图14-66所示。

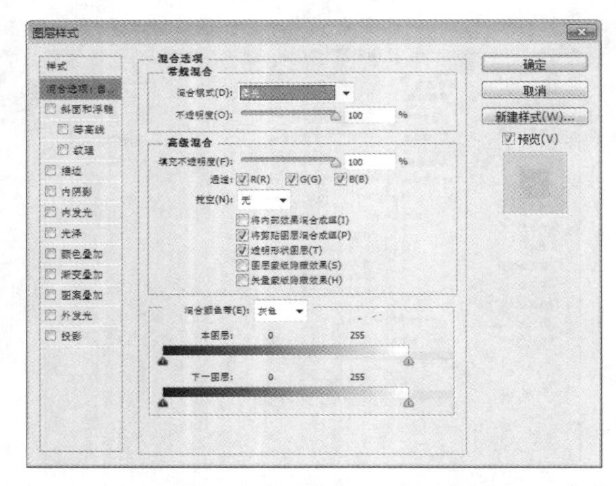

图 14-66　选择【柔光】选项

3. 配色实现

图14-67所示是使用了柔光效果的网页，网页的背景色通过添加柔光效果，使页面的色彩变得多样化，同时也变得柔和了。图14-68所示是图14-67所示网页的页面在添加背景色后的效果，其中就采用了柔光，视觉效果上同平常单一的背景色有着明显区别，画面更柔和了。

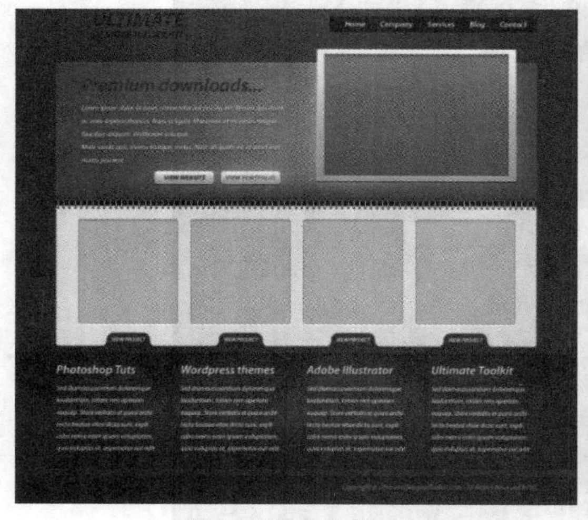

图 14-67　网页效果

图 14-68　柔光效果

14.3.6 色彩的透明度配色法

在配色过程中，除了上述的叠加、柔光的使用，往往会在整体搭配过程中添加“透明度”的处理。这样使得整个页面的色彩更加亮丽。以下内容介绍透明度配色的实现。

1. 什么是色彩的透明度

透明度配色，主要是通过不同的透明度，使其叠加在原始色彩中，实现的配色。该配色手法可取得同色系的色彩，图14-69所示是利用黑色与白色，所获取的同色系色彩的部分内容。此方法的效果，与调整饱和度、明度获取的色彩比较接近，但是“透明度”的实现比较便捷。

2. Photoshop 中的透明度

透明度同样可通过Photoshop来实现。具体方法是：在打开的【图层】面板中，通过单击【不透明度】下拉列表框，如图14-70所示，可以调整其相应的值，从而实现不同透明度的效果处理。

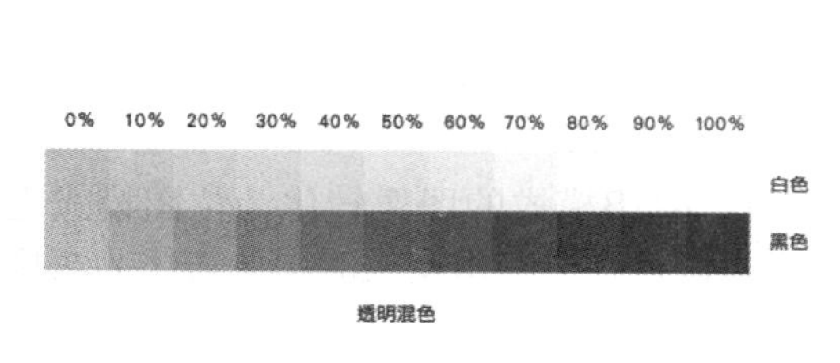

图 14-69 透明度

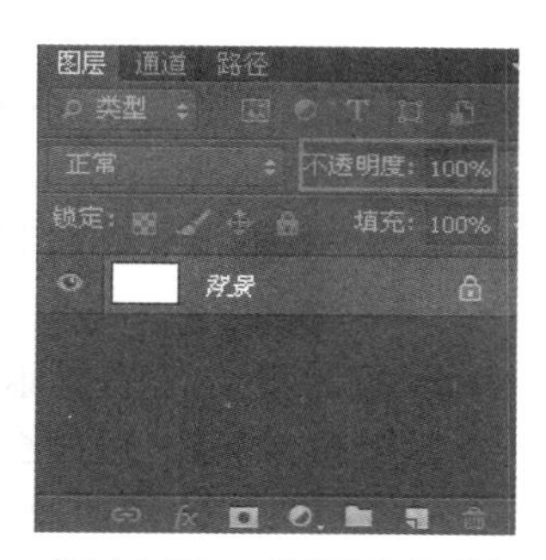

图 14-70 【图层】面板

3. 配色实现

透明度、柔光、叠加，往往都是同时被应用于一个网页的配色实现的。不同透明度的色彩，通过科学化的方式，从而可以帮助我们更快地取得需要的色彩组合，并将其应用于网页中。根据原始色彩，通过不同的方法尝试之后，获取最符合自己需要的颜色，例如，图14-71所示就是通过不同的手法获取的颜色。

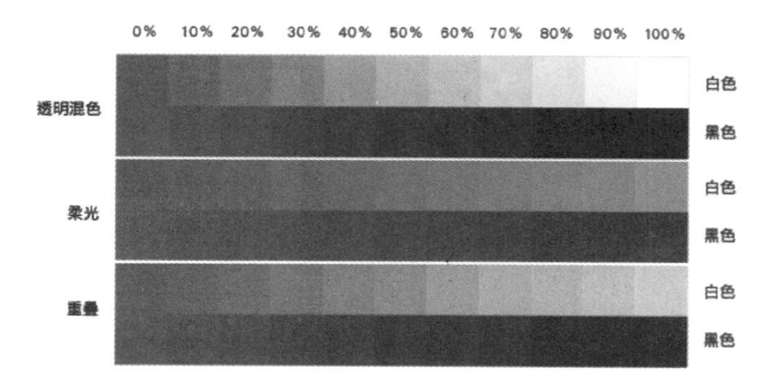

图 14-71 色彩获取

如图14-72所示，一些网络游戏类的网页页面，其中采用的配色实现，就有透明度、叠加、柔光的应用。透明度配色、叠加配色、柔光配色在网络游戏类网页中应用比较多，实施这一类网页配色过程中我们可以采用这些配色方案。

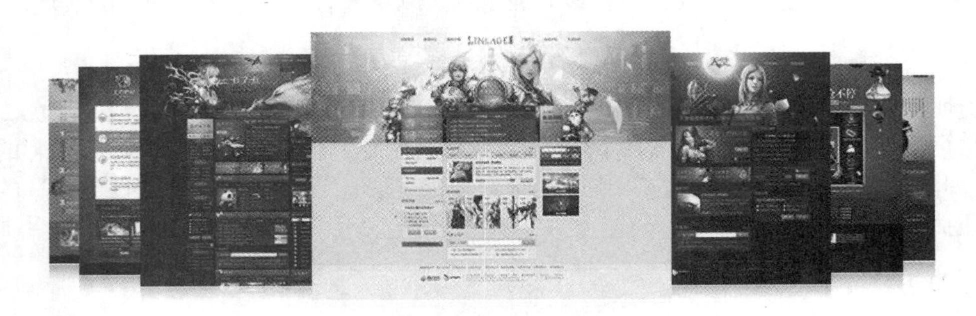

图 14-72　配色实现

14.4　专家答疑

疑问1：将一个RGB模式的图像转化为位图模式时，为什么系统总是提示不能实现转化？

答：之所以会出现这样的提示信息，是因为在将RGB模式的图像转化为位图模式之前，需要先将RGB模式的图像转化为灰度模式。因此，只有把RGB模式的图像转化为灰度模式之后，才可将其转化为位图模式。

疑问2：打印一个设计好的RGB图片之后，却发现打印出的图片出现了大幅度失真现象，为什么？

答：之所以会出现这种打印图像大幅度失真的现象，主要是因为RGB模式并不是最好的打印方式，本身就容易失真。所以在打印之前最好先将RGB模式转成Lab模式，再转成CMYK模式，这样打印出来的图片就不会出现失真现象了。

第 15 章 网页配色的色彩表现

色彩表现是网页配色的灵魂，网页配色又是网页设计的精髓，所以要想设计出具有新意并且亮丽的网页，必须准确地把握网页配色的色彩表现。

15.1 网页标志的色彩表现

网络标志的色彩如果选用不当，会使浏览者对网页的关注造成很大程度的影响，不同的色彩具有不同的表达意义。

15.1.1 红色标志

图15-1所示是国美电器的标志。红色会传递给人积极向上的情感，同时还传达着喜庆、热诚的氛围，从而达到直接吸引浏览者眼球的目的，使得浏览者产生激动、兴奋的共鸣。进一步观察国美标志，其颜色的搭配实现，采用红色背景、白色文字的方式实现。

图 15-1 红色标志

15.1.2 黄色标志

黄色给人柔和的感觉，往往被用于诠释高贵的形象，可以使人变得心情愉快。例如，如图15-2所示凤凰网的黄色标志象征着希望。黄色，同时代表着土地和权力，并附有一种神秘的心理感觉。

图 15-2 黄色标志

15.1.3 蓝色标志

蓝色代表着深远、安静，它给人永恒、冷静的意向。如果用这种色彩做标志，能够营造出平淡、雅致、清洁、踏实的氛围。例如图15-3所示的百事可乐标志。

图 15-3 蓝色标志

15.1.4 绿色标志

如果使用绿色作为网站的标志色彩，可以起到醒目的色彩效果。绿色代表着生命与健康，它传递的是一种平静和谐的气氛，非常符合现代人的精神理念，有着自然之色。图15-4所示是上岛咖啡绿色标志的实例效果。

图 15-4 绿色标志

15.1.5 紫色标志

紫色带给人一种非常神圣、浪漫的色彩感觉，比较受女性青睐，是一款女性化的色彩，象征着女性的高贵典雅。在色彩搭配过程中，很多造型公司比较愿意选择这种高尚、具有神秘色彩的颜色。以图15-5所示的LG公司标志为例，就选择了紫色作为其标志色。

图 15-5 紫色标志

15.2 网页的色彩表现

网站囊括的内容丰富多彩，其色彩表现也多姿多彩，包括性别的色彩表现、年龄的色彩表现、商业的色彩表现、自然界的色彩表现等，这些都是网站的突出表现，也是网站的精髓所在。

15.2.1 性别的色彩表现

人有男女性别之分，网站的色彩也同样具有性别之分，不同颜色往往可以给人不同的性别感觉。

1. 男性色彩的表现

在进行网站设计规划时，如果网站的目标用户群以男性为主体，在色彩的选择上需要考虑使用男性青睐的颜色。例如，选择低明度、低纯度色调，作为男性群性的色彩搭配，从而将男性潇洒的一面予以展示。

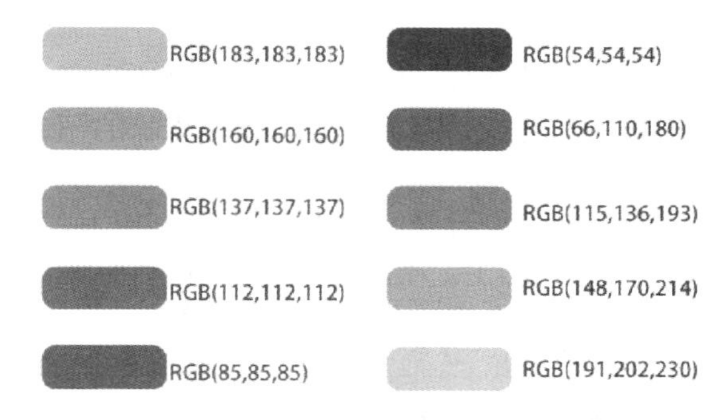

图 15-6 男性青睐的色彩

分析颜色，男性青睐的色彩主要有如图15-6所示的几种，是配色过程中用于男性群体比较集中的网页基本颜色。根据年龄的不同，颜色的明度变化上，还是有着不同程度的变化。比如年纪稍微大点的男性选择衣服相比于年纪稍小的男性选择衣服，在颜色明度上要暗沉一些。图中的这些颜色，越往后的几种，年纪轻的男性相对来说会更喜欢。总之，无论是哪一种颜色，男性青睐的色彩总是偏向于冷色系。

针对男性用户群体居多的如网游、科技类网站，在进行颜色的选择过程中，会以男性所喜欢的颜色为优先考虑对象。以男性时尚网为例，如图15-7所示，网站的首页配色中，主要采用蓝、黑、灰这3种颜色，进而将男性的内敛、沉稳等个性特点，通过颜色给予诠释。

分析网站的色彩，总结其中受男性青睐的色彩的应用，主要有如图15-8所示的4种。

图 15-7 男性时尚网

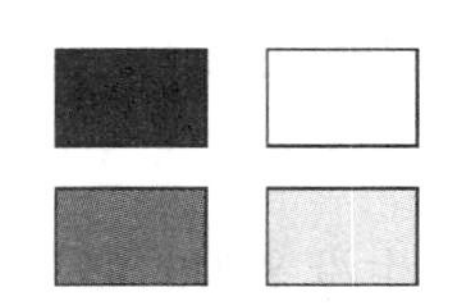

图 15-8 颜色选择

2. 女性色彩的表现

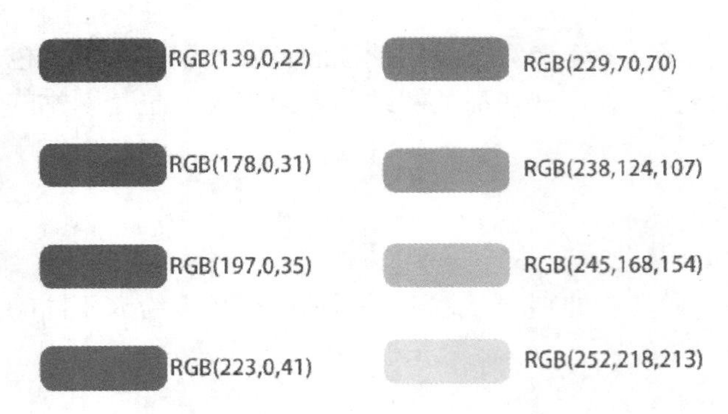

图 15-9 女性青睐的色彩

女性往往容易令人想起一些漂亮、温柔、善良、高雅端庄等专门形容女性的词语，这些词语都是女性的化身，所以女性网站的色彩一般都要趋向于柔和、淡雅、明亮。针对这些特点，结合女性喜欢的红色、粉色为主的色彩，得到如图15-9所示的一些女性青睐的常用色彩。

在了解了相关的可供选择的颜色之后，结合具体的网站，来进一步了解色彩的选择。以图15-10所示的新浪女性频道主页为例，页面在颜色的搭配上选择女性青睐的红色系。页面整体以女性青睐的颜色为主，同时配上零星的对比色(例如浅蓝的广告条)，实现了全部颜色的搭配。

分析新浪女性频道的页面中色彩的构成，使用的女性青睐的色彩，主要有如图15-11所示的4种。以红色、粉色、紫色这几种偏暖色调颜色，通过选择深色调的处理方式，将女性的柔美通过色彩进行了很好的诠释。

图 15-10 新浪女性频道

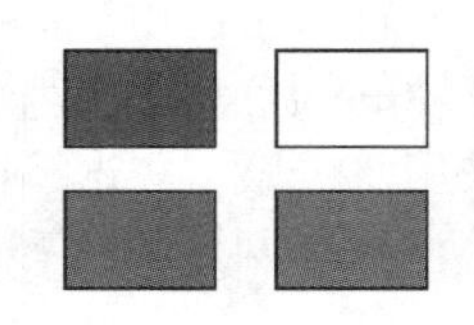

图 15-11 颜色选择

15.2.2 年龄的色彩表现

不同年龄段的人对颜色的喜好也各不相同，因此，网页设计者应该根据网站的性质设计相应的配色方案。

1. 婴儿、儿童色彩的表现

出生没多久的婴儿，其视网膜的发育还没有达到成熟的阶段，所以对色调的感觉还不是很清晰。通常情况下，他们比较喜欢那种柔和的颜色，所以婴儿、儿童类网站多采用明亮柔和的色调，如图15-12所示。

绿色基调类网站

蓝色基调类网站

图 15-12　婴儿、儿童色彩的网页

2. 青年色彩的表现

青少年被称为早晨八九点钟的太阳，富有朝气充满活力，所以青年色彩就多体现出阳光、活力和青春朝气，而从充满活力的纯色到强有力的暗色，都很好地迎合了这种青春的气息，如图15-13所示。当今社会的青少年知识面广，善于思考问题，对社会和人生有了更多自己的见解，所以趋于成熟理性的色彩也越来越受广大青年的青睐，如图15-14所示。

图 15-13　青春色彩的网站

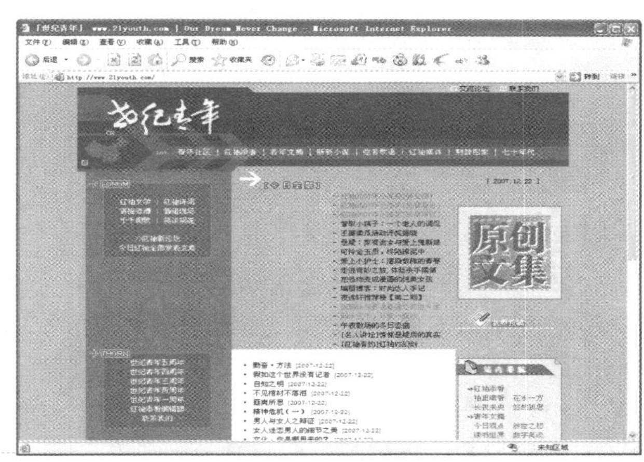

图 15-14　成熟稳重的网站

3. 中年色彩的表现

中年人是现在社会的主力军，是社会主义建设的中坚力量，其网站多以稳重见长，与青年人的网站相比，中年人的网站除少了几分活泼和浮躁之外，还多了几分安静和恬淡，尽力为中年人营造一种恬静平淡的具有浓郁的生活气息的氛围，如图15-15所示。此外，这类网站还大多采用一些色调大方、成熟、温和的色彩，如图15-16所示。

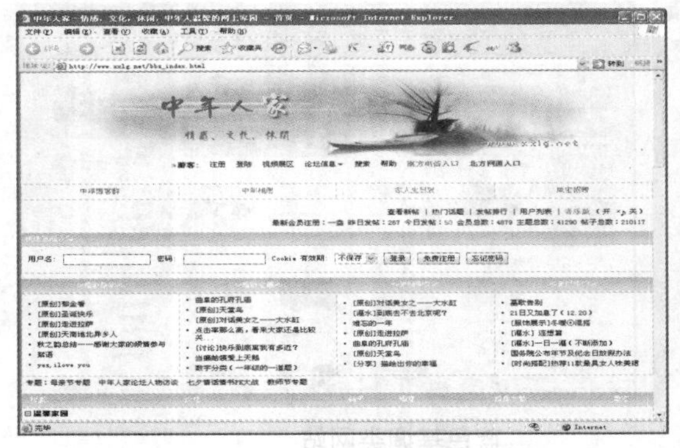
图 15-15　恬静色彩的网站

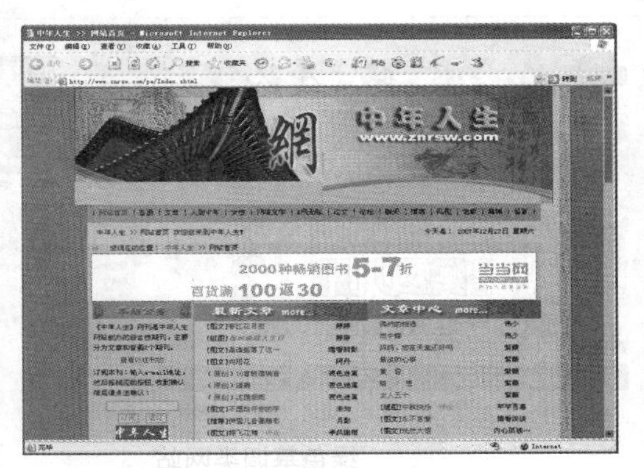
图 15-16　成熟色彩的网站

4. 老年色彩的表现

老年人是社会的财富，曾经是社会发展的推动力量，他们为社会的进步贡献了毕生精力，为后来人提供了一个奋斗的平台。他们经历了许许多多的风雨，也饱尝了人间的酸甜苦辣。此时他们追求的就是一种平静、健康、安详的生活，所以暗红色调往往是老年人的最爱，如图15-17所示。

当然，也有一些老年人还比较喜欢喜庆、热闹的场合，所以网页设计者在对老年人网站进行配色时，还需要在素雅的色彩中加入少量的墨绿色，如图15-18所示。

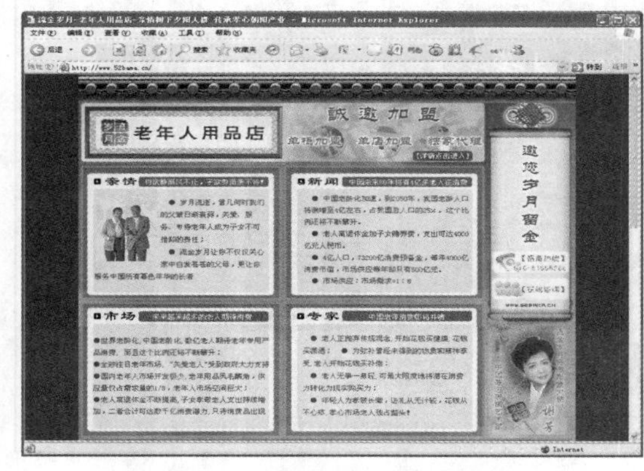
图 15-17　暗红色彩的网站

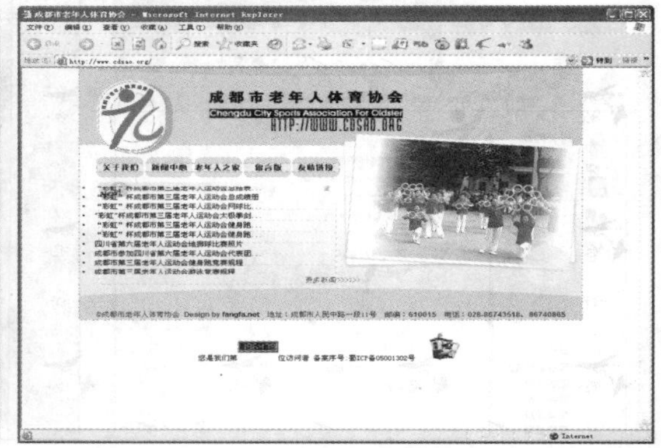
图 15-18　墨绿色彩的网站

15.2.3　商业的色彩表现

在商业策划中，网站宣传的功效已经远远超过实体宣传，成为商业宣传的重要手段。实行网站宣传，色彩自然就成了一个主角，企业的品牌形象完全是要靠色彩来塑造的。色彩搭配得当，就能收到良好的宣传效果，并且某种色彩还可以成为某产品品牌的专用色彩，如世界知名品牌可口可乐，红色就成为其专用的色彩，如图15-19所示。

图 15-19　可口可乐色彩表现

准确地运用相应色彩是成功塑造企业产品形象的关键，有效成功的商业网站配色，可以准确地传达商品的信息。色彩把握得当，宣传效果明显，产品的销路也就有了保障，这些色彩就逐渐包含了一定的商业气息，进而传达出截然不同的色彩品质，如图15-20所示。

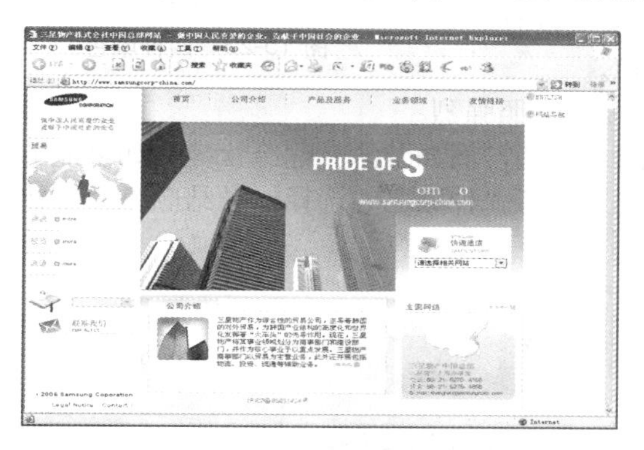

图 15-20　具有商业气息的颜色

15.2.4　虚拟网站的色彩表现

随着网络的普及，互联网已经成为人们与外界联系的一个重要手段，人们通过互联网足不出户就可以购买到自己喜欢的商品，实现远程学习等。虽然互联网是虚拟的，但其传递的信息是真实的，这些信息都是色彩在抽象网络里实现传递的。

在虚拟网站中的各种色彩表现如图15-21所示。

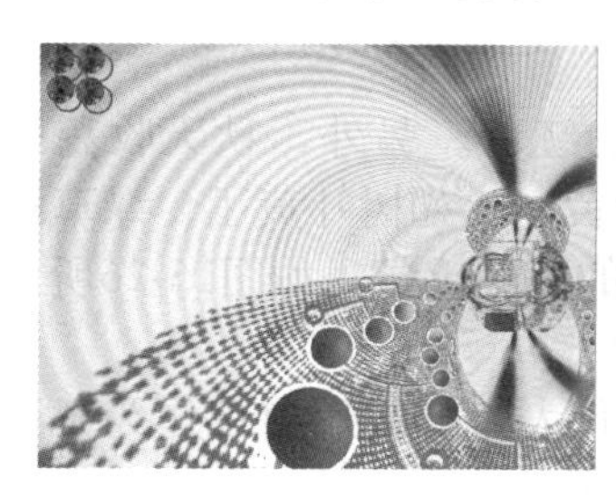

图 15-21　虚拟网站中的各种色彩表现

15.2.5 自然界的色彩表现

一年四季，春、夏、秋、冬有着非常鲜明的季节特点。例如，春天万物复苏，夏天炎热，秋天是丰收的好时节，冬天那皑皑白雪是最好的见证。如图15-22所示，通过颜色的搭配，能够展现出四季不同的自然现象。为了将这些情感通过色彩传递给浏览者，在网页配色过程中可选择代表这些季节的颜色。

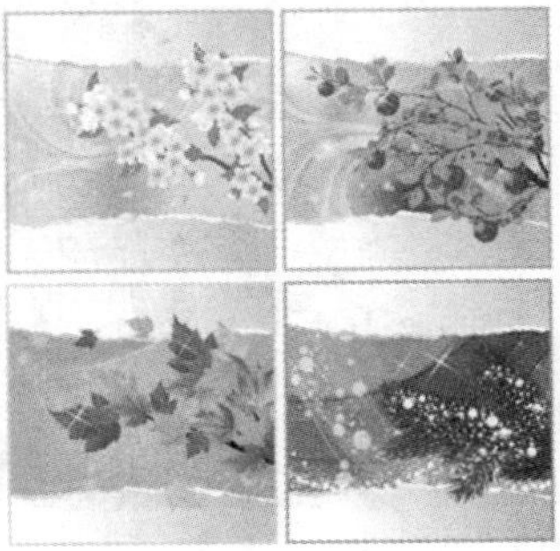

图 15-22　四季色彩

分别用一种颜色来代表春、夏、秋、冬这4个季节，如图15-23所示的4种颜色，就是比较有代表性，而且比较常用的颜色。

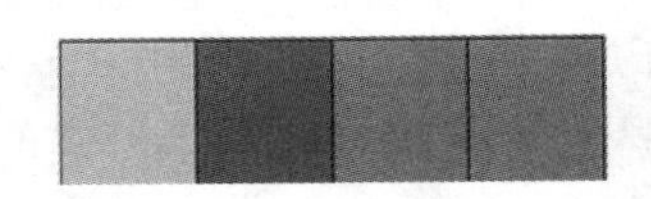

图 15-23　四种颜色

不同的季节，分别有不同的代表颜色。

(1) 春天：一般用粉色系或者绿色调来代表春天，并将这些颜色作为该季节的色彩。春天可以见到一山的草绿，一树的嫩绿，一地的浅绿，一湖的翠绿这样别的季节所没有的景象。图15-24所示是一些比较适合代表春天的颜色。

(2) 夏天：一般用黄色来代表夏天，抓住了夏天光照强烈的这一特点。另外，夏天因为天气热，需要有降暑行动，例如游泳、吃冷饮等。如果能够用蓝色，可以透出一份清凉的感觉，所以夏天就又有了一种颜色的选择。总结颜色季节特性，常用于夏天的颜色如图15-25所示。

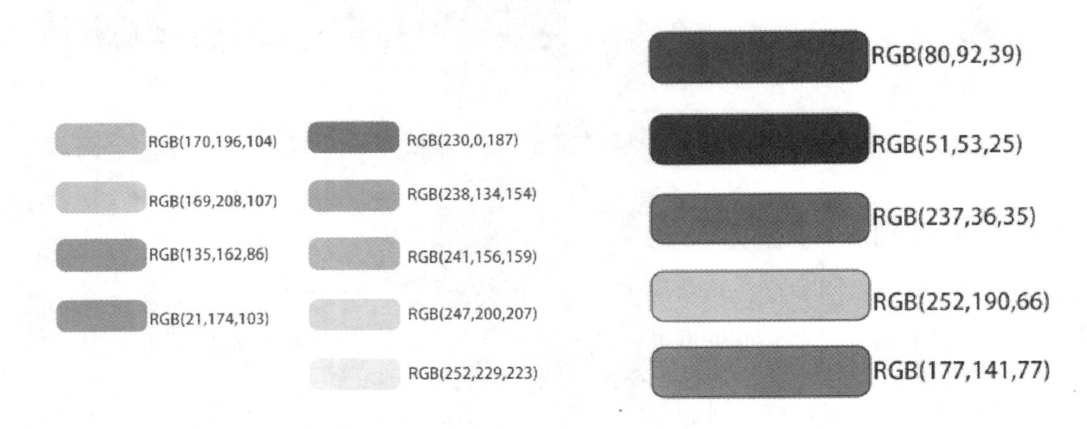

图 15-24　适合春天的颜色　　　图 15-25　适合夏天的颜色

(3) 秋天：秋天，枫叶红了，可以选择与枫叶颜色相近的红色。另外，秋天收获果实，可以选择用黄色或者橘色来搭配。如果为了表示植物的枯黄，比如树叶黄了、绿草黄了，用灰色也是不错的选择。总结秋天的特性，归纳颜色蕴含的不同感觉，如图15-26所示的颜色常用于秋天。

(4) 冬天：冬天的植物都干枯了，可以用黑色、灰色作为代表。如果用白色作为冬天的色彩，也是比较合适的，因为可以与冬天下雪联系起来。或者，选择蓝色，代表雪的凉意，也是一种选择。一些适用于冬天的颜色如图15-27所示。

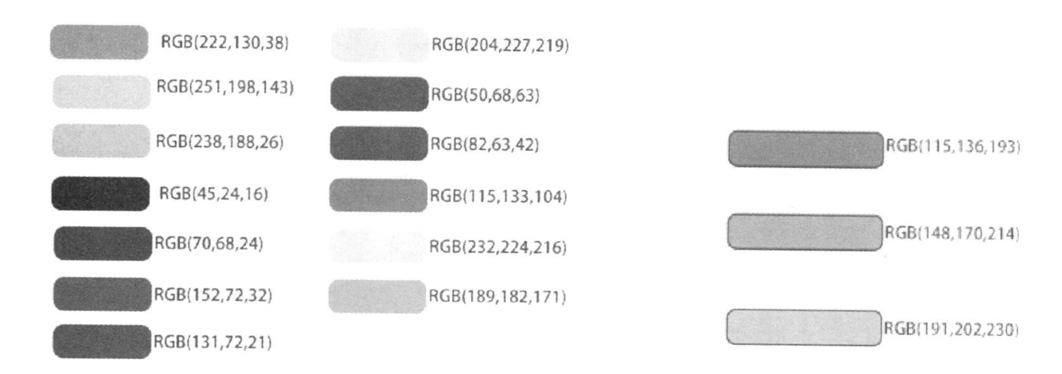

图 15-26 适合秋天的颜色

图 15-27 适合冬天的颜色

对于4个不同季节色彩的选择，可以该种颜色会在该季节有比较多的出现频率作为考虑因素。如春天小草发芽了，大自然的颜色中会出现较多的绿色，或者是在春天开花的桃花的颜色(粉色系)等。因为不同的季节，这些植物变化而来的不同色彩有着明显的特征，就是季节特征最好的代表色。

15.3 网页的色彩信息量

网页设计者往往不会用单一的色彩来设计网站，而是喜欢使用多种组成颜色，这些不同的颜色在网站中包含的信息量也不相同。

15.3.1 红色的信息量与网页表现

红色是色彩中的主色，其应用频率也首屈一指。红色给人的感觉就是比较喜庆，富有活力。此外，在某些时候或特定场合，红色也会表达出一些血腥暴力的意思。

在网站设计中，无论是表达吉庆的信息还是具有商业性质的信息，都喜欢用红色，因为红色是一种极具表现力的色彩。另外，红色光的波长在所有颜色当中是最长的，其穿透力也是最强的，感知度也是最高的，用红色装扮出来的网站具有积极向上的动态，给人一种温暖、振奋的感觉，如图15-28所示。

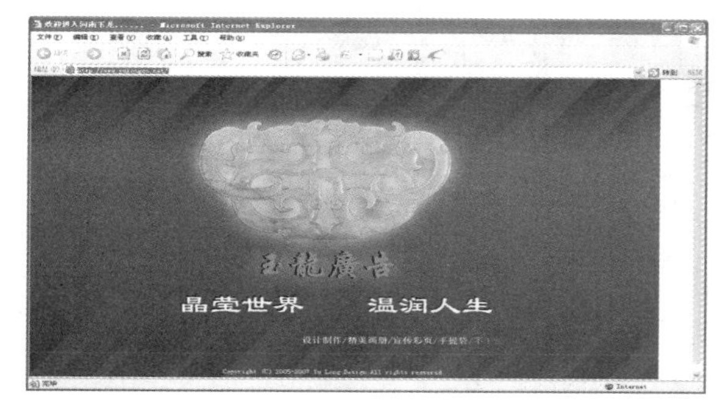

图 15-28 让人温暖、振奋的红色网站设计

1. 红色的基本配色常识

红色是一种大众色，但也具有自己的搭配规律。一般情况下，红色和黑色、白色、黄色搭配出来的效果非常和谐亮丽，给人一种传统的朴实之美，如图15-29所示。

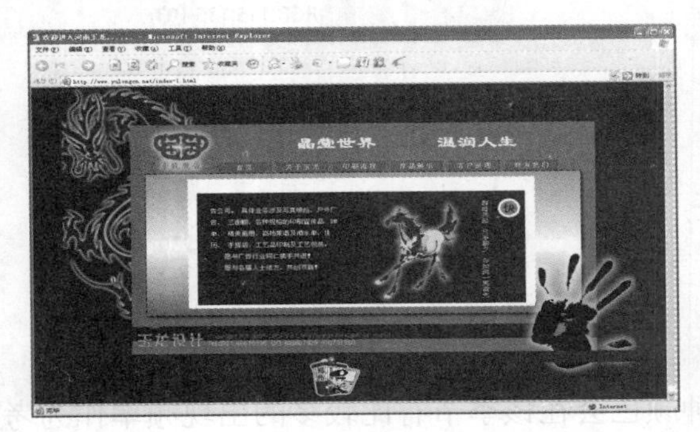

红色与黑色的搭配

红色和白色的搭配

红色与黄色的搭配

图 15-29　红色的不同搭配

另外，大红和紫红的色彩给人一种高贵的感觉，如图15-30所示；亮度比较高的粉红色也很受大众的青睐，特别是年轻女性，因为它体现了一种温柔贤淑的美。久而久之，粉红色就成为女性的代言色，如图15-31所示。

图 15-30　大红和紫红

图 15-31 具有温柔贤淑气质的粉红网页

当然，红色也不是跟所有的颜色搭配起来都会很和谐。在网页颜色的搭配过程中，纯红色最好不要与纯蓝色搭配，那样容易让人产生反感；红色最好也不要与绿色搭配，因为在绿色底面上的红色会变得比较刺目，如果需要这样搭配，必须使这两种颜色通过悬殊的面积比来达到平衡。

2. 红色网站色彩搭配解析

如图15-32所示的两个网站就是以红色为主导，以黑色、白色、灰色为衬托的色彩搭配，这样的色彩搭配给人感觉比较干净、稳重、朴实，其明度和冷暖对比度都比较明确，容易形成一种祥和稳定的意境之美。

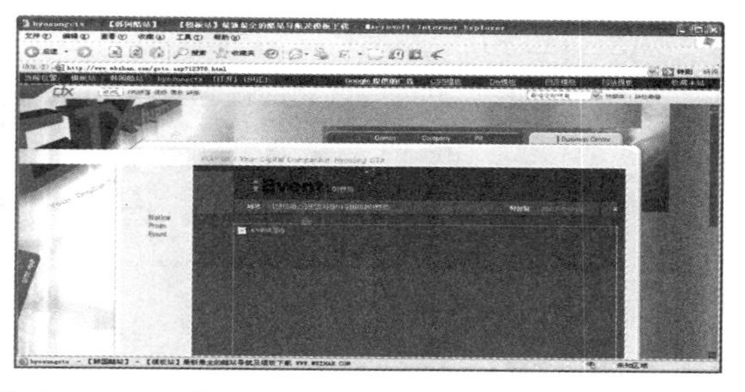

图 15-32 干净朴实的网页配色

如图15-33所示的网页是以白色为背景，红色为点缀。这样的网页给人一种青春活泼的气息，此类性质的网页配置一般用在青少年网站的设计中，充分体现出朝气蓬勃的气息。

图 15-33 简单青春的网页配色

15.3.2 黄色的信息量与网页表现

黄色在色彩界也占据着重要的位置，具有很高的明度，有着金色光芒，如图15-34所示。在古代，黄色有着至高无上的地位，历代帝王都是以黄色作为帝王之色。

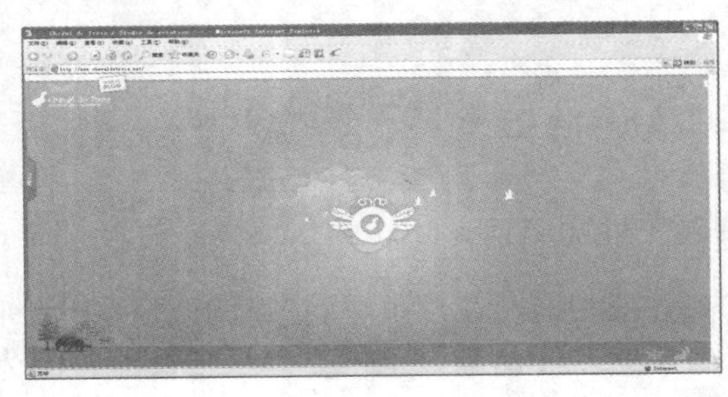

图 15-34 黄色系列的网页设计

另外，黄色与红色一样也经常被用作安全警示色，特别是在工业和交通用色中，黄色经常是用来警告危险或提醒注意。

1. 黄色的配色常识

黄色是属于暖色调的一种颜色，所以可以和许多的颜色进行相配。如果黄色和红色搭配，则会给人一种祥和吉庆的感觉，如图15-35所示。

如果黄色和黑色搭配，则会给人一种有无限力量的感觉，如图15-36所示。

图 15-35 黄色和红色搭配的网页

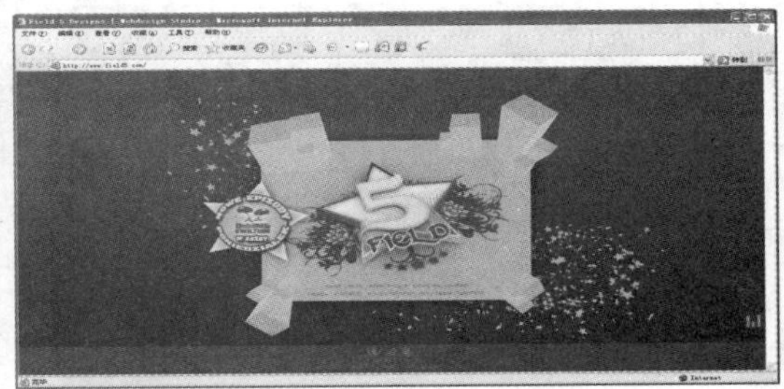

图 15-36 黄色和黑色搭配的网页

如果黄色和紫色搭配，则黄色能显示出最大的视觉效果，如图15-37所示。

图 15-37 黄色和紫色搭配的网页

如果黄色与淡淡的粉红色搭配，则搭配出的网页给人一种清纯、温柔的感觉，如图15-38所示。如果黄色与绿色搭配，则搭配出的网页带有一种朝气、向上、青春的气息，如图15-39所示。

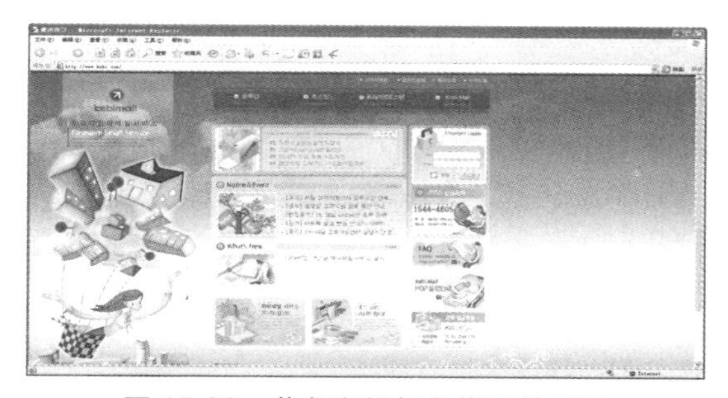

图 15-38　黄色和粉红色搭配的网页

图 15-39　黄色和绿色搭配的网页

如果黄色和蓝色搭配，则设计出来的网页给人一种清新、亮丽的感觉，如图15-40所示。如果淡黄色和草绿色搭配，则带有一种稚气活泼的嫩息，如图15-41所示。

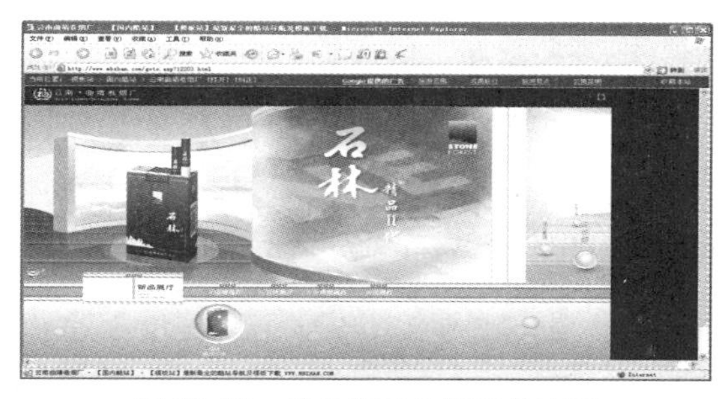

图 15-40　黄色和蓝色搭配的网页

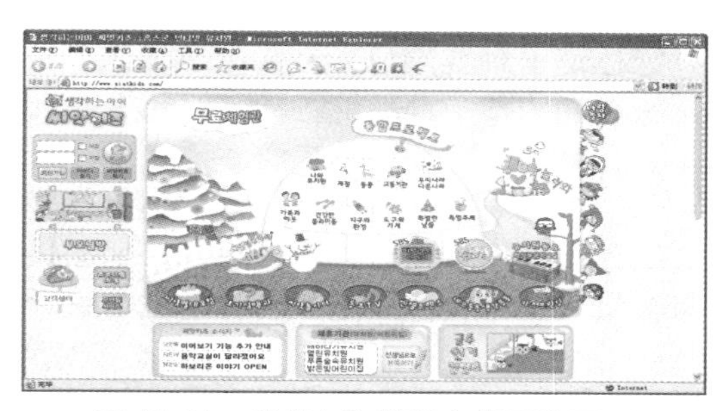

图 15-41　淡黄色和草绿色搭配的网页

黄色与红色一样，也有自己的忌讳搭配色。深黄色最好不要与深紫色、深蓝色和深红色相搭配，这样搭配出来的网页会给人一种压抑感。还有，淡黄色最好不要跟与其明度相当的颜色搭配，如果要搭配，则要拉开明度的层次。另外，黄色尽量少和白色进行搭配，因为它们的明度相当，白色很容易吞没黄色的色彩。

2. 黄色网站色彩搭配解析

如图15-42所示的网页是以黄色和褐色搭配起来的网页，这两种颜色属于同一色调，所以搭配出来的网页给人一种年轻、活泼、个性的感觉，整体感觉和谐整齐。

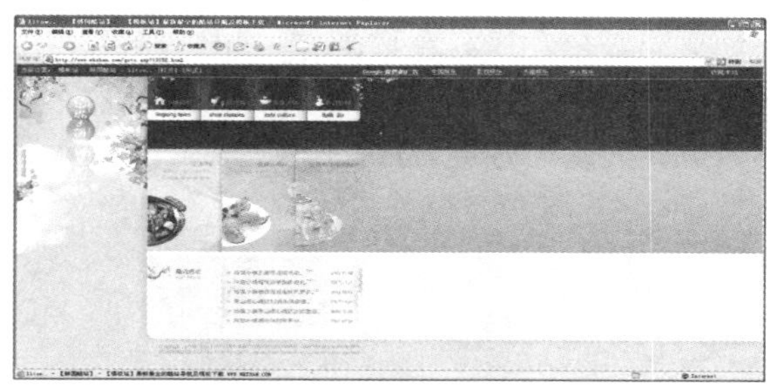

图 15-42　黄色和褐色搭配的网页

如图15-43所示的网页是以黄色、橙色和白色搭配出来的网页，由于黄色和橙色是属于邻近色，所以搭配起来的网页给人一种成熟稳重的感觉，再加上白色的搭配调和，使整个页面看上去很清新、舒适，有很大的感召力。

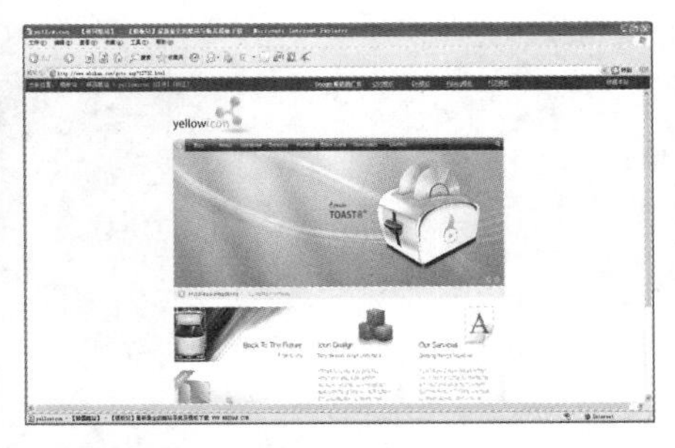

图 15-43　黄色、橙色和白色搭配的网页

15.3.3　绿色的信息量与网页表现

绿色是一种健康色。看到绿色，人们通常都会有一种清新、健康的感觉，因为绿色所传达给人们的是一种生机、生长、和平的意象，是人们一直追求的一种绿色生活和希望。

1. 绿色的配色常识

绿色给人一种清秀隽永的感觉，如图15-44所示。如果绿色和白色搭配，则设计出来的效果会给人一种青春向上、勃勃生机的感觉，如图15-45所示。

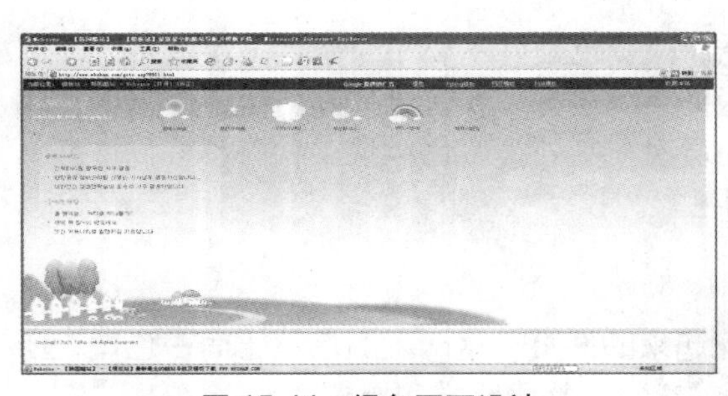

图 15-44　绿色网页设计

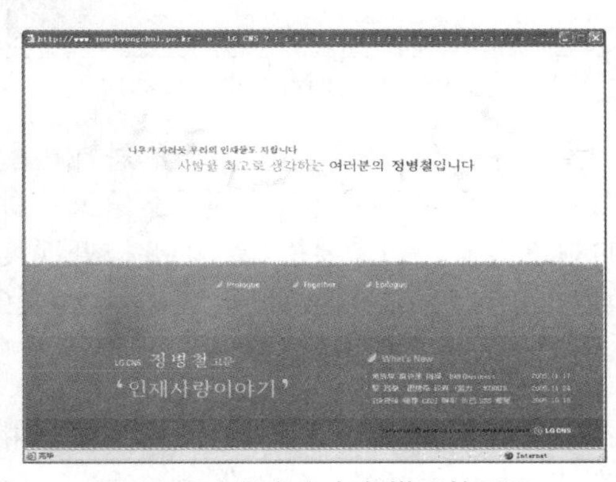

图 15-45　绿色和白色搭配的网页

如果深绿色和浅绿色搭配在一起，则设计出来的网页往往会给人一种层次美、和谐美和恬静美，如图15-46所示。如果浅绿色和黑色搭配，则设计出来的网页往往可以给人一种落落大方、大度的感觉，如图15-47所示。

图 15-46 深绿色和浅绿色搭配的网页

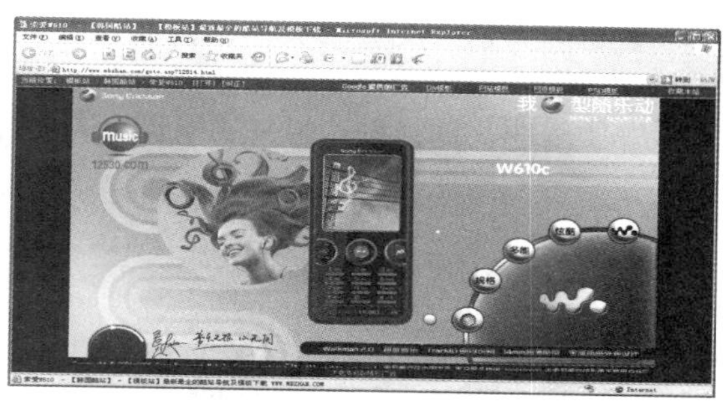

图 15-47 浅绿色和黑色搭配的网页

当然，绿色也有忌讳色，深绿色最好不要和深红色或紫红色搭配，那样设计出来的网页非常不协调。

2. 绿色网站色彩搭配解析

如图15-48所示的网页是绿色、灰色和白色搭配的网页，整体看上去非常工整，给人一种神秘的感觉，吸引读者去探个究竟；而如图15-49所示的网页是绿色、蓝色和白色的搭配，这样的网页给人一种清新、活泼的感觉。

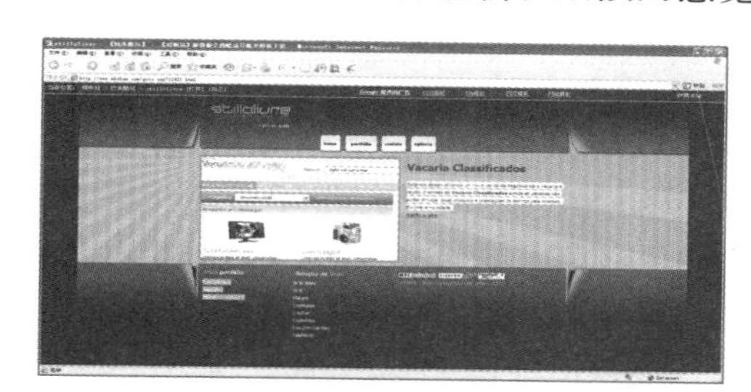

图 15-48 绿色、灰色和白色搭配的网页

图 15-49 绿色、蓝色和白色搭配的网页

15.3.4 蓝色的信息量与网页表现

蓝色在色相环中是一种冷色调，其波长比较短，给人一种明快、爽朗、洁净的感觉，看见蓝色，自然就会想起辽阔的大海、晴朗的天空，顿时让人们的心胸开阔起来。

1. 蓝色的配色常识

蓝色和红色搭配通常给人一种动静结合的感觉，如图15-50所示。蔚蓝色和草绿色搭配起来的网页，则给人一种生机勃勃的感觉，仿佛进入了纯美的大自然风光，如图15-51所示。

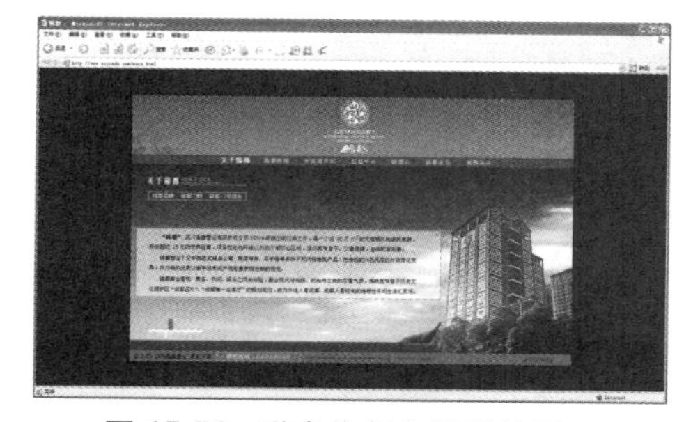

图 15-50 蓝色和红色搭配的网页

图 15-51 蔚蓝色和草绿色搭配的网页

蓝色与白色搭配的网页也比较多，这样的网页给人一种温柔、轻快、干净的感觉，如图15-52所示。蓝色和黄色都是明度比较大的两种颜色，如果这两种颜色搭配在一起，其对比度非常鲜明，这样设计出来的网页给人一种活泼、明亮的感觉，如图15-53所示。

图 15-52　蓝色和白色搭配的网页

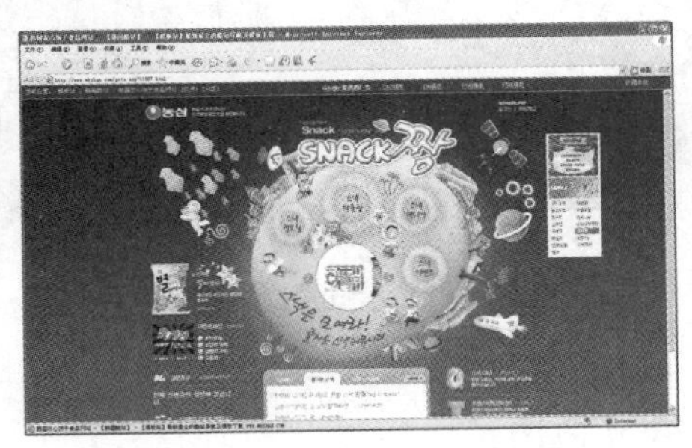

图 15-53　蓝色和黄色搭配的网页

有和谐就会有相对不和谐的元素，通常情况下，大面积的蓝色基本上不能与绿色相搭配，不过可以将两种颜色掺杂在一起，形成另一种新的颜色来实现搭配效果。

此外，颜色比较深的蓝色不能与深红色、紫红色、深棕色以及黑色等重颜色相搭配，因为它们都属于重色调，这样搭配起来的网页给人一种压抑、绝望的感觉。

2. 蓝色网站的色彩搭配解析

如图15-54所示的网页是以蓝色为主体，白色、黑色和红色为点缀的网页，在明亮的蓝色背景中搭配一个爆炸型的白色，给人一种醒目的感觉。浏览者可以很明显地注意到本网站的黑色字体的主题。另外，万里蓝中一点红，红色在蓝色的烘托下显得更为耀眼，从而加深浏览者的印象，吸引浏览者的眼球。

如图15-55所示的是蓝、黑和黄相搭配的网页，黑色边框蓝色中心内容，给人一种深邃悠远的感觉，再加上黄色字体的点缀，更突出网站主题，给人一种庄重、严肃、清晰的感觉。

图 15-54　蓝色、白色、黑色和红色为搭配的网页

图 15-55　蓝色、黑色和黄色为搭配的网页

如图15-56所示的网页是以蓝色为主体，以黄色和绿色为修饰的网页，该网页给人一种思维清晰的感觉。如图15-57所示的网页是以深蓝为背景，浅黄色为点缀的网页，突出表现网页所要表达的主题和宣传的产品，网页简单而有主体感。

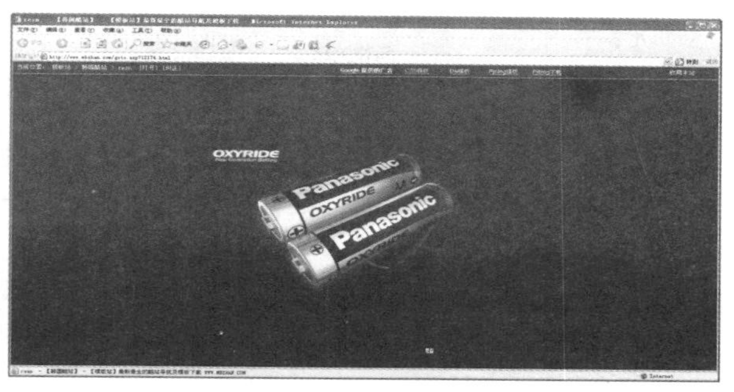

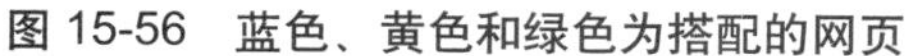

图 15-56 蓝色、黄色和绿色为搭配的网页　　图 15-57 深蓝色和浅黄色搭配的网页

15.3.5 黑白色的信息量与网页表现

黑白色是属于无彩色，由无彩色构成的网页往往可以给人神秘、庄重、威严的感觉。

1. 黑色、白色的配色常识

黑色和白色是无彩色的主体，也是两种相对、相反的颜色，合理地实现黑和白的搭配，勾勒出来的网页也别有一番韵味，是有彩色所不能替代的。

黑色给人一种凝重恐怖的感觉，多半的恐怖电影都是以黑色为背景，增加恐怖的气氛。当然，任何事物都其两面性，黑色除了含有消极气氛外，还具有稳重、庄严的成分，所以黑色也是经常用于网页的设计当中，给人一种正直庄重的感觉，如图15-58所示。

白色与黑色相比，其色感就明亮了许多，具有干净、纯洁的因素，代表着一种洁白无瑕的寓意，象征着希望和光明，而白色和黑色一样，也具有两面性，还具有毁灭、灾难的意思。正因为白色是单纯色，如果掺杂其他成分，则会改变白色原有的性格，使其变得比较含蓄，如图15-59所示。

图 15-58 黑色调网色

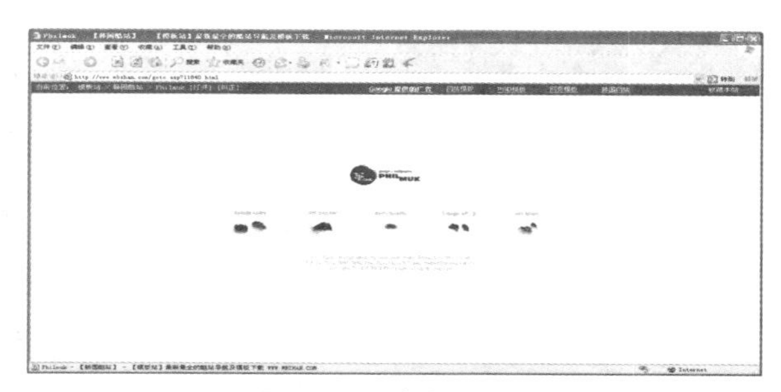

图 15-59 白色调网页

2. 黑色网站色彩搭配解析

如图15-60所示的网页是以黑色为背景，以黄色和红色为点缀的网页，黄色代表富贵，红色代表喜庆，这样在大面积黑色的衬托下，更显得亮丽庄重。

如图15-61所示的网页是在黑色背景下以白色方框为点缀的网页，该网页黑白结构分明，在黑色的铺垫下更凸显白色的耀眼，用户可以很清晰地了解网页各个板块的功能。

图 15-60　黑色、红色和黄色搭配的网页

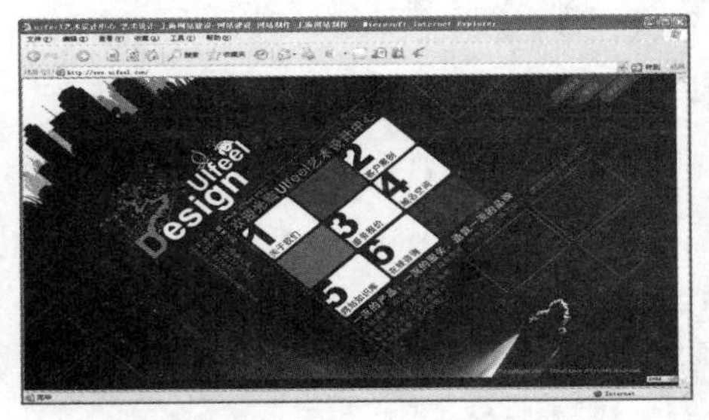

图 15-61　黑白相间的网页

如图15-62所示的网页为某住宅小区凤凰城的宣传网页，它是以黑色为边框，以绿色为内容修饰的网页，给人一种清新、雅致、幽静的感觉，非常符合人们休闲的需求，也顺应了人们对家的需求，从而能吸引更多的购买者。

如图15-63所示的网页为一个黑色和灰色搭配的网页，灰色是黑色和白色的中间色，具有调和的作用。黑色跟比较接近的灰色搭配，更显示出其神秘、大方和洒脱的特性。另外，灰色突出的性格是温顺、平稳，和黑色搭配，给人一种稳重、成熟、大方、和谐的美感，这种配色方案多用于成年人或是老年人网站中。

图 15-62　黑色和绿色搭配的网页

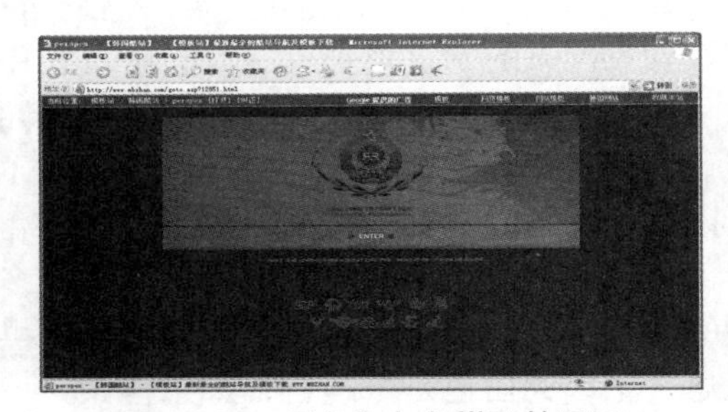

图 15-63　黑色和灰色搭配的网页

3. 白色网站色彩搭配解析

如图15-64所示的网页为一个以白色为背景、红色为点缀的网页，给人一种洁净、醒目的感觉。如图15-65所示的网页为一个以白茫茫的大雪为背景、以远处林林总总的松柏和蜿蜒的小溪为点缀的网页，给人以明净、寒冷和动感。

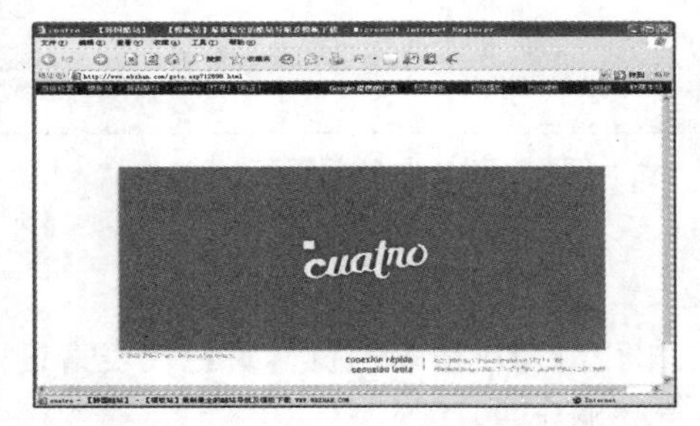

图 15-64　白色和红色搭配的网页

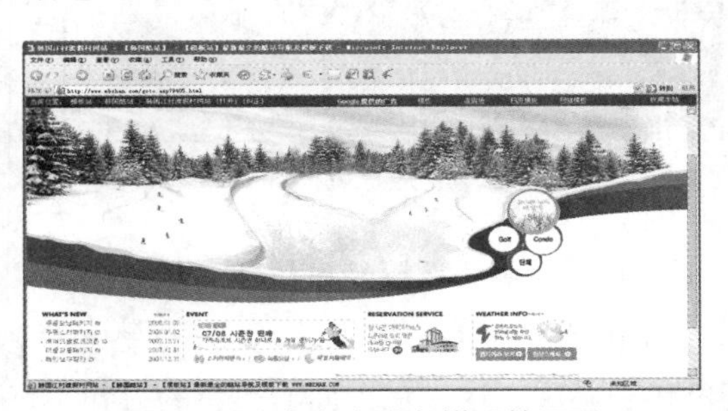

图 15-65　白色和蓝色搭配的网页

15.3.6 灰色的信息量与网页表现

灰色在色相环中是属于中性色，可以分为深灰、中灰和亮灰3种，如图15-66所示。通常情况下，灰色都是被作为背景色彩，因为灰色的性格就是比较的平稳、细致、柔和，不管是跟什么样的颜色搭配，都不会出现不协调的现象，所以灰色也被称为“万能色”。

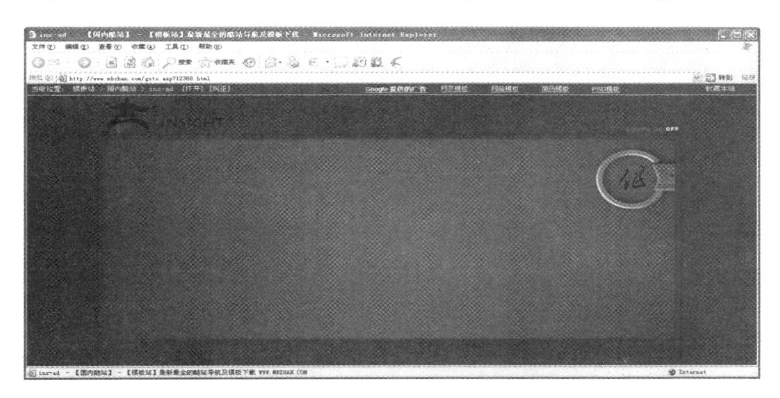

图 15-66 灰色网页

灰色与冷色调相配时就会使原有的冷色变得温和；如果跟暖色调搭配，则会中和原有的暖色，呈现出比较冷静的品质。

如图15-67所示的网页为一个以灰色为背景、红色为点缀的网页，这样设计出来的网页使鲜艳的红色更显鲜艳，使整个网页给人一种冷静、安宁的感觉。

如图15-68所示的网页为一个以灰色为背景，以黑色为框架，以自然蓝天色彩为主体内容的网页，这样的网页往往容易给人一种神秘感，激发人们的浏览兴趣。

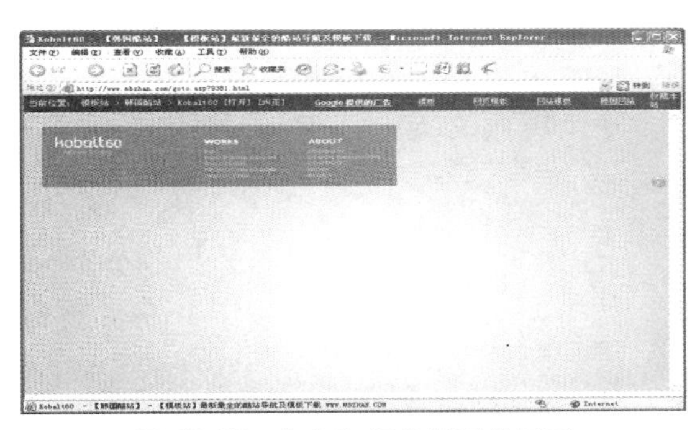

图 15-67 灰色和红色搭配的网页

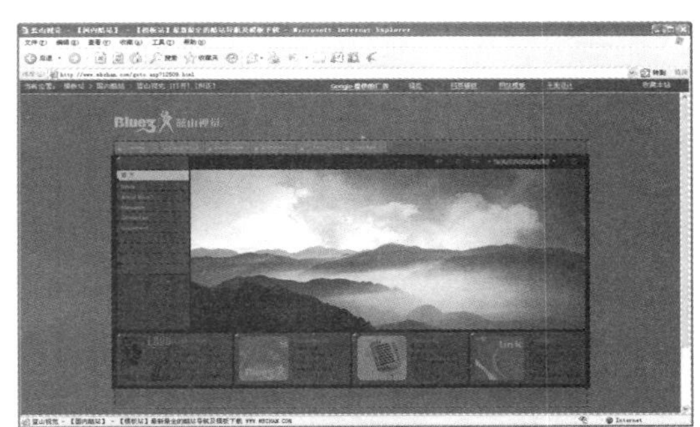

图 15-68 灰色、黑色和蓝色搭配的网页

15.4 专家答疑

疑问1：在设计网页时，如何实现红色和绿色的搭配？

答：红色最好不要与绿色搭配，因为在绿色底面上的红色会变得比较刺目，如果需要这样搭配，必须让这两种颜色通过悬殊的面积比来达到平衡。

疑问2：通常情况下，黄色不能与哪些颜色搭配？

答：深黄色最好不要与深紫色、深蓝色和深红色相搭配，这样搭配出来的网页给人一种压抑感。淡黄色最好不要跟与其明度相当的颜色搭配，如果要搭配需要拉开明度的层次。黄色尽量少和白色进行搭配，因为它们的明度相当，白色很容易吞没黄色的色彩。

第 16 章 配色工具的使用

在给网页配色的过程中，如果借助配色工具，就能帮助用户实现更好的配色效果。如通过配色工具可以事先知道在页面中将某两种颜色进行搭配会有怎样的效果。这样就可以帮助用户判断在颜色的选择上是不是合理，以及颜色方案是不是可行。

16.1 使用经典配色工具——ColorImpact

一个网页如果有漂亮的颜色方案作为陪衬，先不考虑网页内容的质量如何，至少可以先通过颜色方案吸引用户。那么，怎样才能快速地建立漂亮的颜色方案呢？这就需要借助配色工具来实现了。ColorImpact是一款功能比较强大的配色工具，通过它可快速地建立漂亮的颜色方案。

16.1.1 建立漂亮的颜色方案

ColorImpact是一个非常好的色彩选取工具，程序呈现了非常友好的界面，提供了多种色彩选取方式，支持屏幕直接取色，非常方便易用。ColorImpact的主要功能有：单击即可建立漂亮的颜色方案；通过内置的高级工具获取配色方案、高级颜色公式等。

通过ColorImpact建立漂亮的颜色方案的具体操作步骤如下。

步骤1 下载并安装ColorImpact可执行文件，双击桌面上的ColorImpact快捷图标，即可打开ColorImpact主界面，在其中设置RGB值，这里设置的RGB值为255、153、0，以下得到的颜色配色方案都是在这个基本色的基础上获取的，如图16-1所示。

步骤2 单击【色彩方案】选项卡，进入【颜色方案】设计界面，在其中可以看到相关的工作区以及属性区域，如图16-2所示。

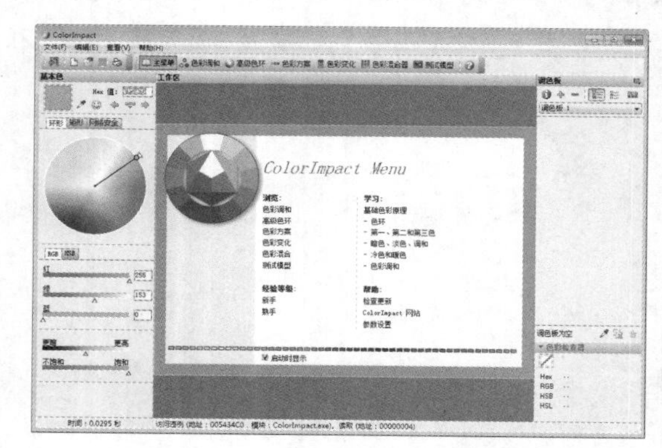

图16-1 ColorImpact主界面

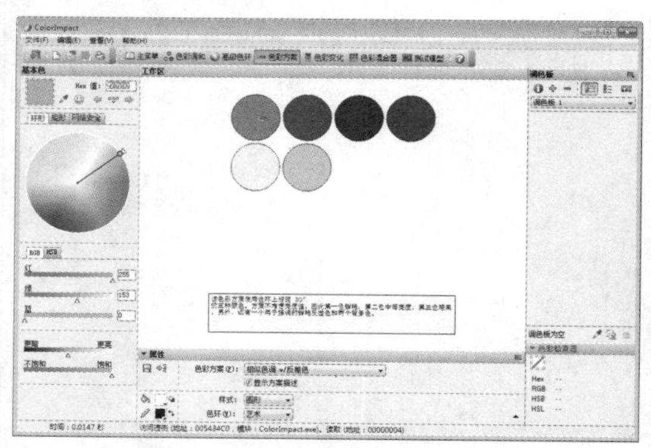

图16-2 【颜色方案】设计界面

步骤3 单击【属性】区域中的【色彩方案】右侧的下拉按钮，在弹出的下拉列表中可以选择ColorImpact工具预设的色彩方案，如图16-3所示。

步骤4 在【色彩方案】下拉列表框中选择【色调增加30°】，可得到如图16-4所示的漂亮颜色方案。

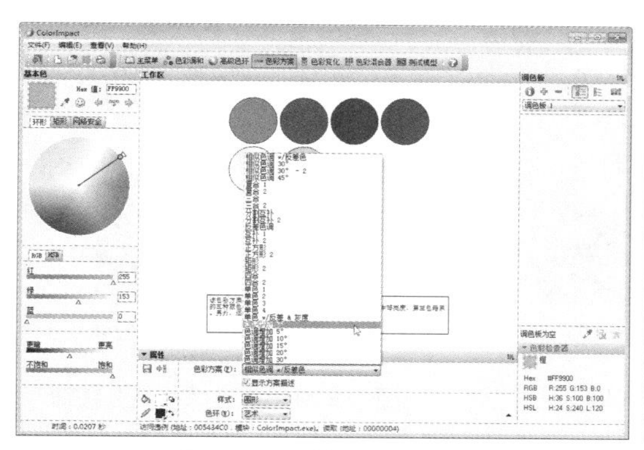
图 16-3 选择色彩方案

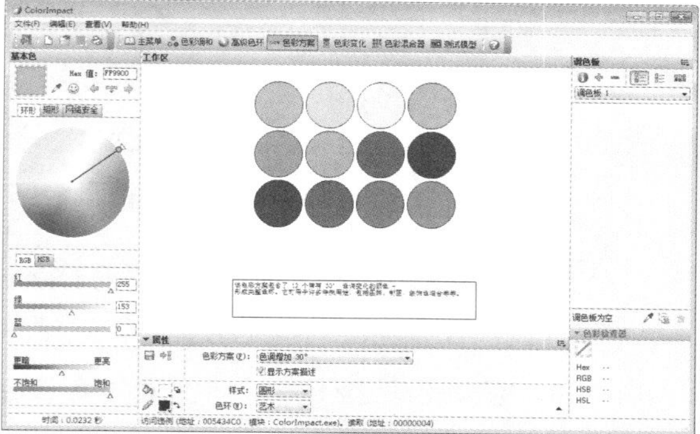
图 16-4 颜色方案效果

16.1.2 通过内置工具获取配色方案

除了使用 ColorImpact 工具预设的色彩方案外，还可以通过内置的高级工具获取配色方案。ColorImpact 的内置工具包括颜色方式、颜色模式和滴管工具。

1. 颜色方式

打开 ColorImpact 工具，该工具主界面的左侧区域就是用来选择颜色的【基本色】区域，有【环形】、【矩形】、【网络安全】3 个选项卡。默认形式为【环形】，如图 16-5 所示，用户通过移动环形颜色区域上的指针，就可以改变基本色的值，如图 16-6 所示。

选择【矩形】选项卡，进入矩形颜色设置界面，在其中可以看到【鲜艳】、【暗弱】、【明亮】3 个按钮，如图 16-7 所示。

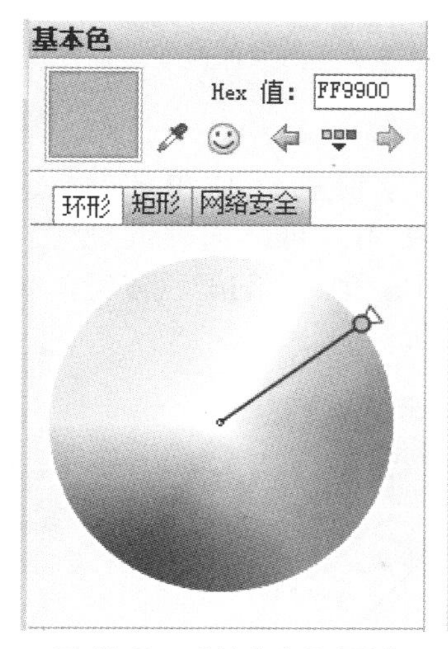

图 16-5 【基本色】区域

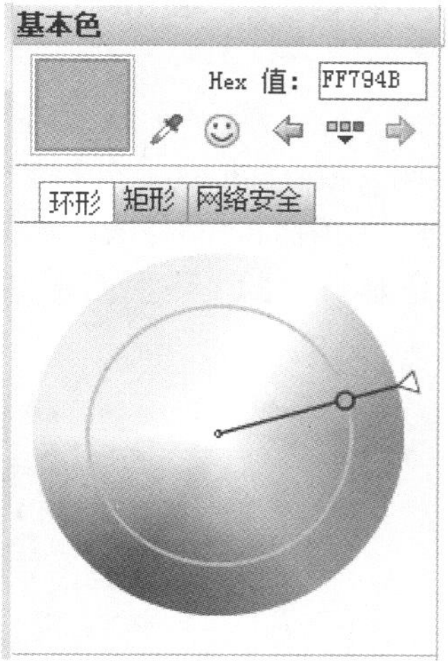

图 16-6 【环形】选项卡

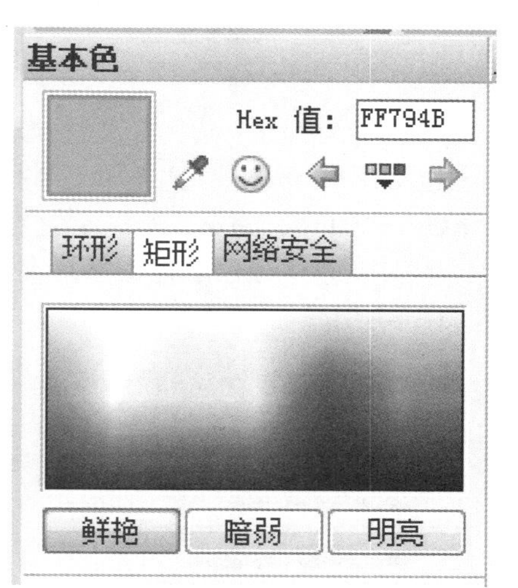

图 16-7 【矩形】选项卡

将鼠标指针移动到矩形颜色设置区域中，可以选择配色的基本色，如图 16-8 所示。单击【暗弱】按钮，可以改变矩形颜色设置区域的颜色强弱，如图 16-9 所示。单击【明亮】按钮，可以使矩形颜色设置区域明亮起来，如图 16-10 所示。

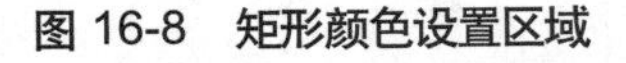

图 16-8　矩形颜色设置区域

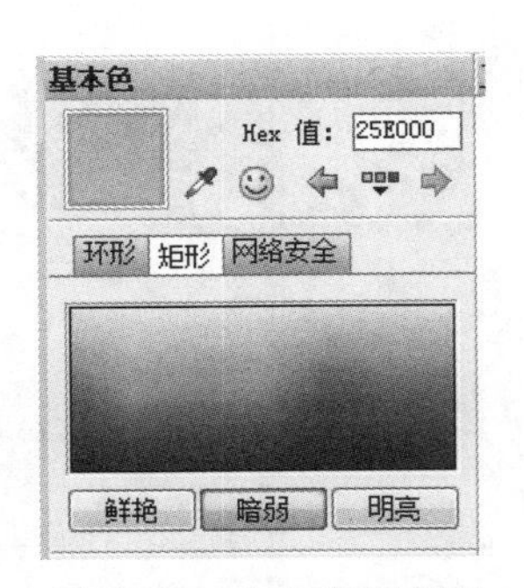

图 16-9　改变颜色强弱

图 16-10　单击【明亮】按钮

选择【网络安全】选项卡，在打开的界面中可以查看提供的网络安全色，将鼠标指针移动到某一色块上，可以设置配色的基本色，如图 16-11 所示。

选择完毕后，在【色彩方案】设置区域中的【工作区】中可以看到 ColorImpact 工具给出的配色方案，如图 16-12 所示。

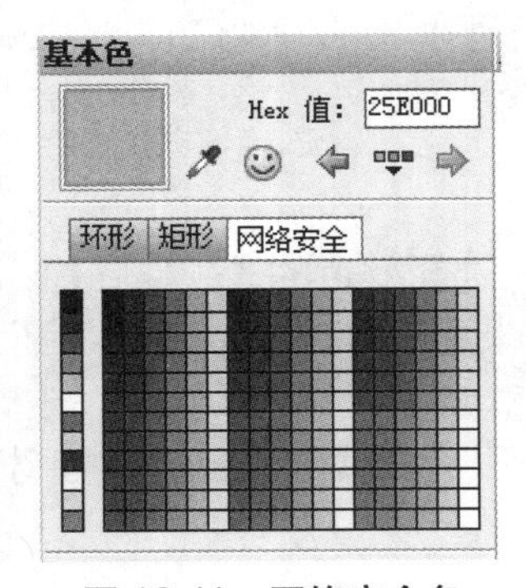

图 16-11　网络安全色

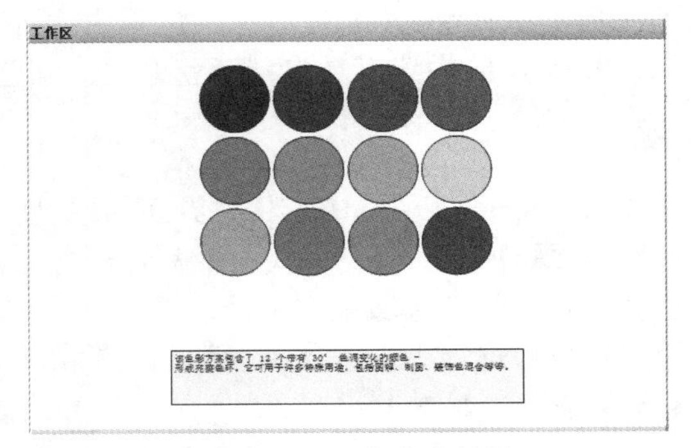

图 16-12　配色方案效果

2．颜色模式

在 ColorImpact 工具主界面的左侧区域有两种颜色模式，分别是 RGB 和 HSB，选择 RGB 选项卡，进入 RGB 设置界面，如图 16-13 所示。在其中用户可以通过调整红、绿、蓝的值进行颜色配色，然后在【色彩方案】工作界面中可以查看相应的配色方案，如图 16-14 所示。

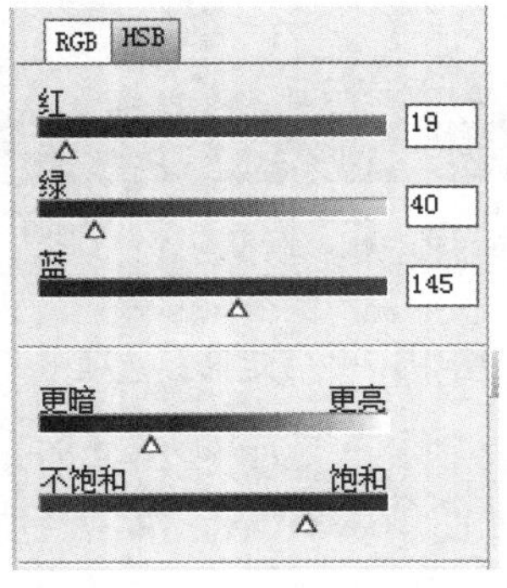

图 16-13　RGB 设置界面

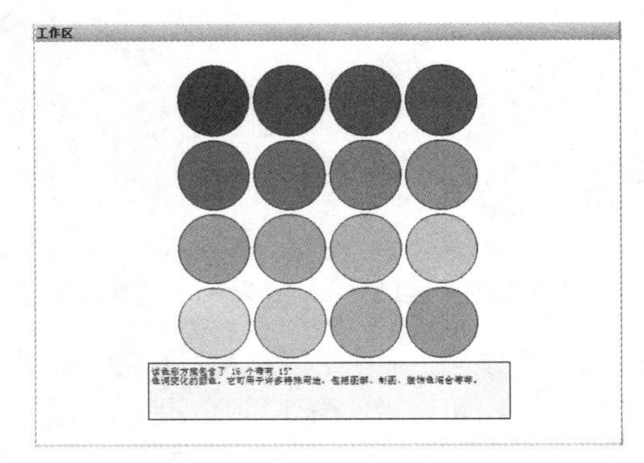

图 16-14　查看配色方案

选择HSB选项卡，进入HSB设置界面，如图16-15所示。在其中用户可以通过调整色调、饱和度、亮度的值进行颜色配色，然后在【色彩方案】工作界面中可以查看相应的配色方案，如图16-16所示。

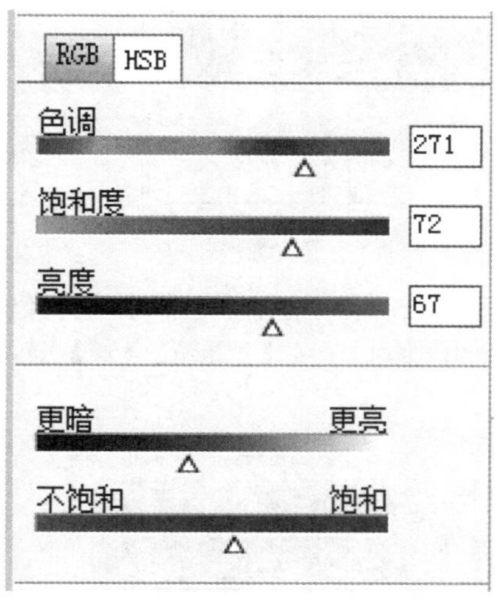

图16-15　HSB设置界面

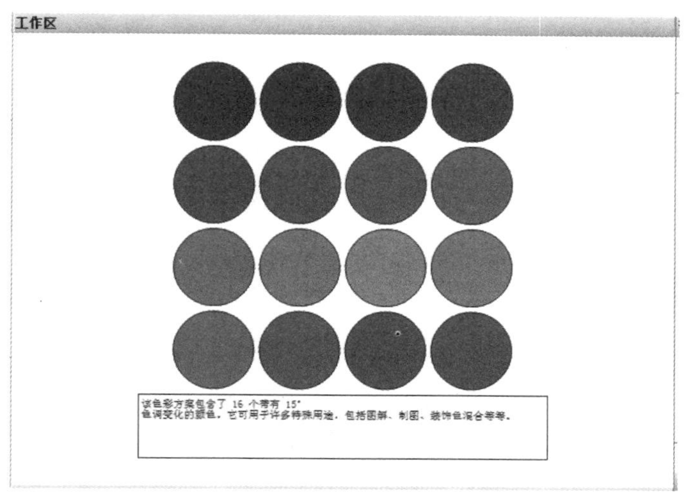

图16-16　查看配色方案

在颜色模式工作界面中还可以通过调整颜色的暗亮和饱和度的值来进行配色，如图16-17所示。然后在【色彩方案】工作界面中可以查看相应的配色方案，如图16-18所示。

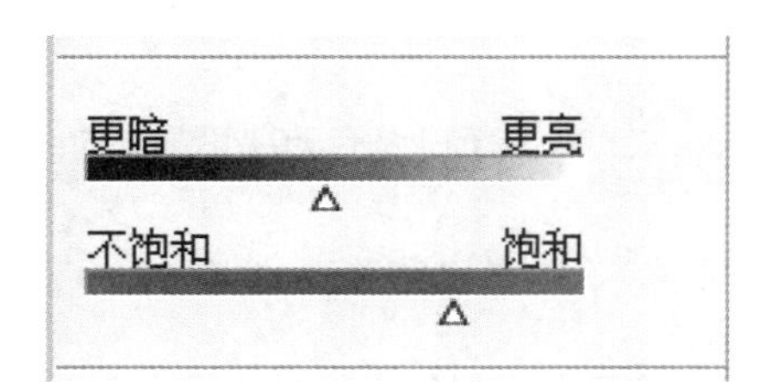

图16-17　调整明亮和饱和度

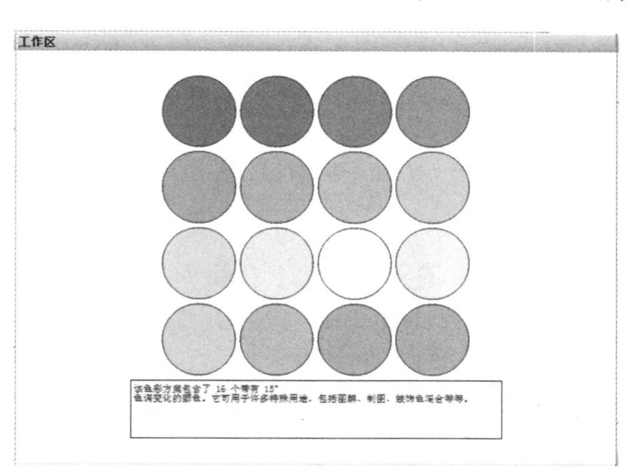

图16-18　查看配色方案

3. 滴管工具

除了颜色方式和颜色模式外，还可以通过滴管工具获取不同的配色方案。在ColorImpact中单击工作界面左上角的【滴管工具】按钮，打开【滴管工具设置】对话框，在其中可以设置取样模式和状态栏的格式，如图16-19所示。

设置完毕后，单击【确定】按钮关闭该对话框，然后就可以使用吸管工具吸取桌面上的颜色了，图16-20所示就是使用滴管工具在吸取桌面上的颜色。接着在【色彩方案】工作界面中可以查看相应的配色方案，如图16-21所示。

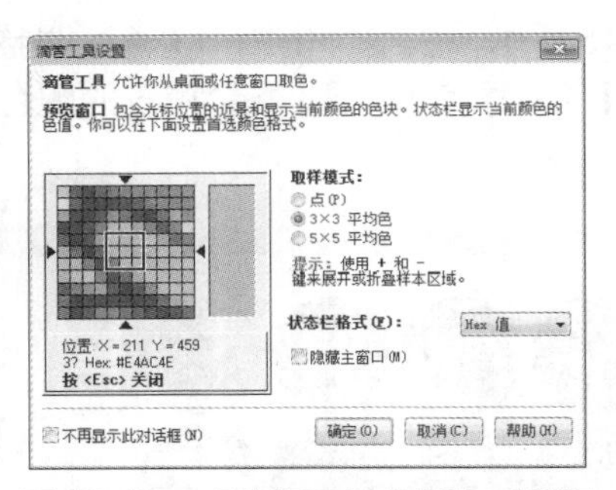
图 16-19　【滴管工具设置】对话框

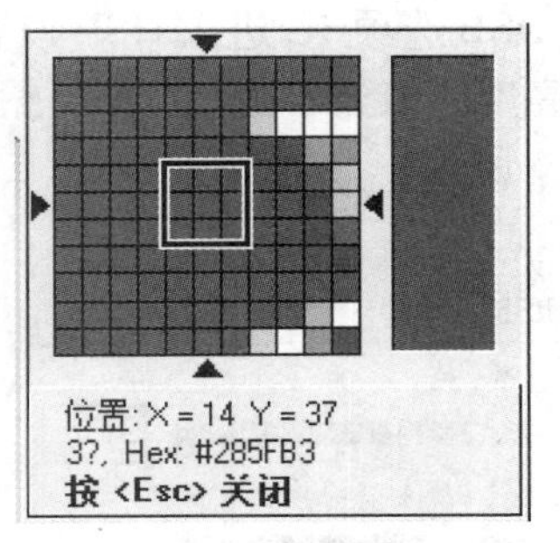

16-20　吸取颜色

其实，无论是颜色方式、颜色模式，还是使用滴管工具进行取色，最终都可以有新的配色方案产生。如图 16-22 所示的配色方案，可以在 ColorImpact 中的【色彩混合器】选项卡获得。

图 16-21　查看配色方案

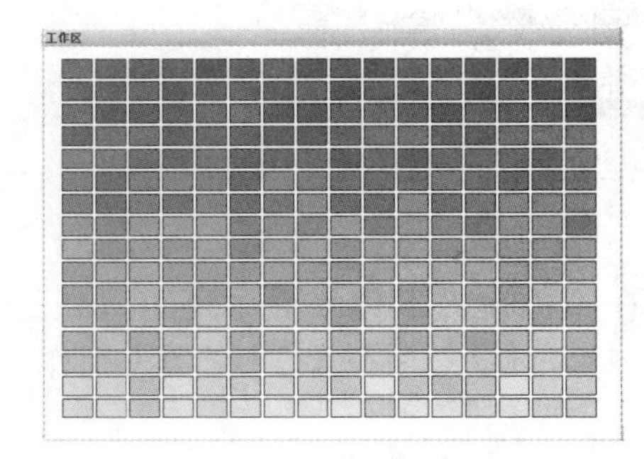
图 16-22　色彩混合器

16.1.3　通过高级色环获取配色方案

使用高级色环功能可以显示更为复杂的色环效果，并且可以对色环进行详细的设置，通过高级色环获取配色方案的具体操作步骤如下。

步骤1　在 ColorImpact 主界面中选择【高级色环】选项卡，进入【高级色环】设置界面，如图 16-23 所示。

步骤2　在主界面的左侧区域，设置进行配色的基本色，如这里设置基本色的 RGB 值分别为 100、0、100，如图 16-24 所示。

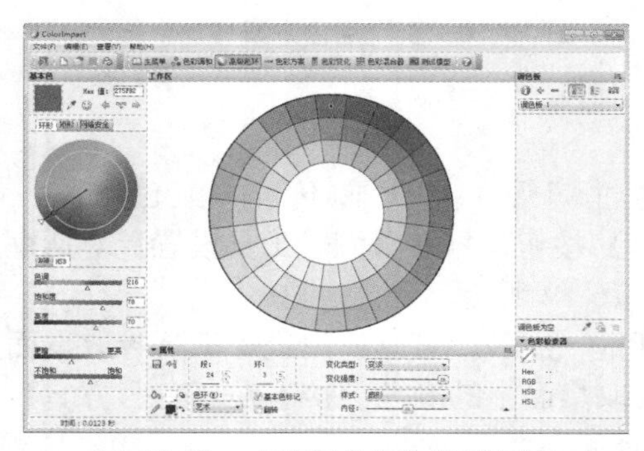
图 16-23　【高级色环】设置界面

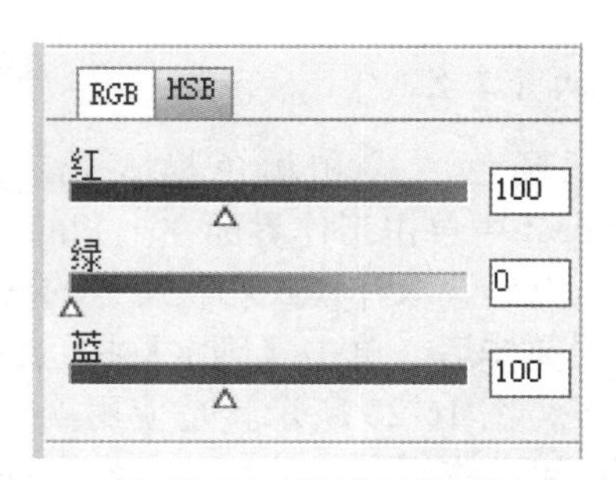

图 16-24　设置 RGB 值

步骤3 这时在【高级色环】工作界面中的【工作区】中可以看到具体的配色方案以及色相环，如图 16-25 所示。

步骤4 如果对当前的色相环不满意，还可以在下方的【属性】区域设置色相环的变化类型、变化强度、样式、内径等参数，如图 16-26 所示。

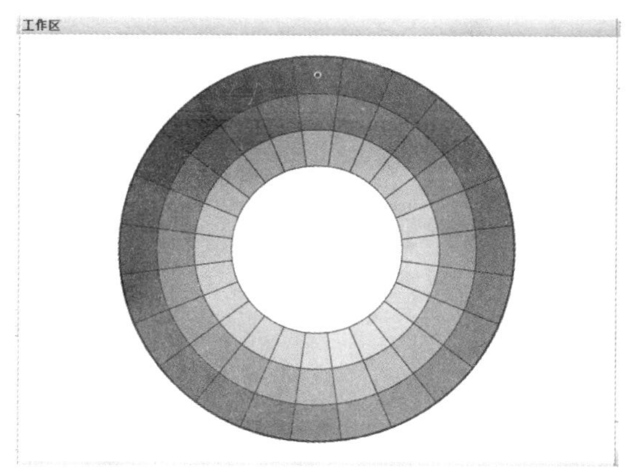

图 16-25 【高级色环】工作界面

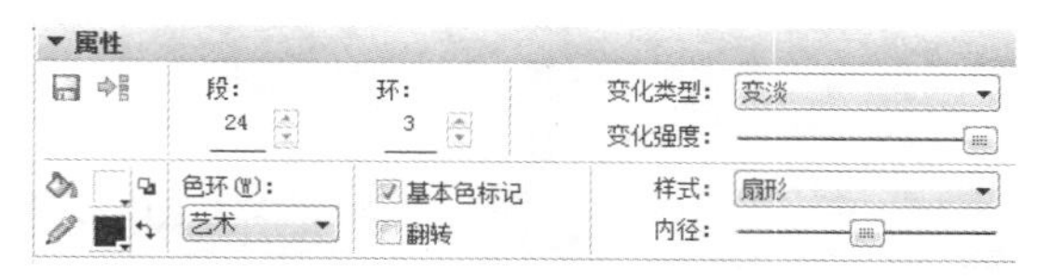

图 16-26 【属性】区域

步骤5 这里以基本色“640064”为例，如果想要获取变暖效果的色环，可以单击【变化类型】右侧的下拉按钮，在弹出的下拉列表中选择【变暖】选项，如图 16-27 所示。

步骤6 这时工作区中的色环就是变暖之后的效果显示，在其中可以选择相应的配色方案，如图 16-28 所示。

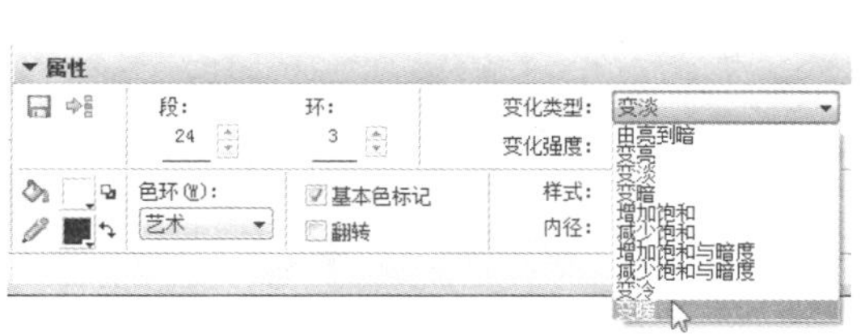

图 16-27 选择【变暖】选项

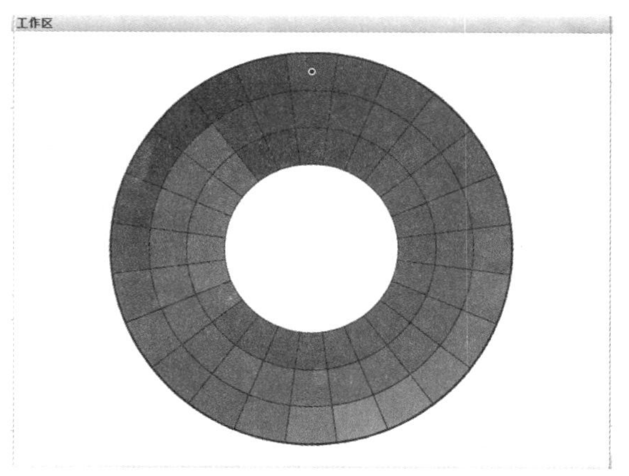

图 16-28 选择配色方案

步骤7 在【变化类型】的下拉列表中选择【变冷】选项，可以在工作区中获取变冷后的色相环，如图 16-29 所示。

步骤8 在【变化类型】的下拉列表中选择【减少饱和与暗度】选项，可以在工作区中获取减少饱和与暗度后的色相环，如图 16-30 所示。

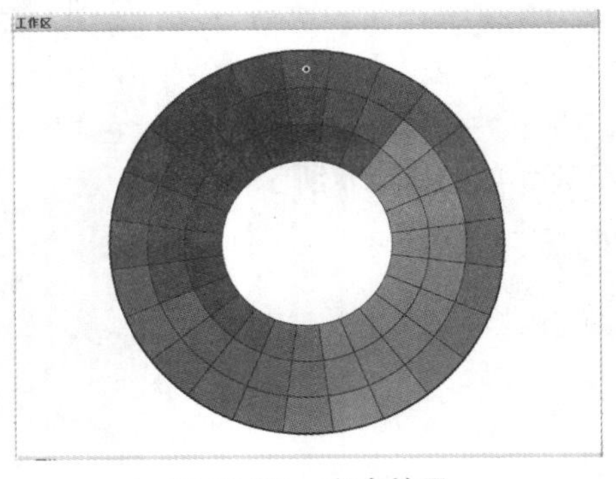

图 16-29　变冷效果

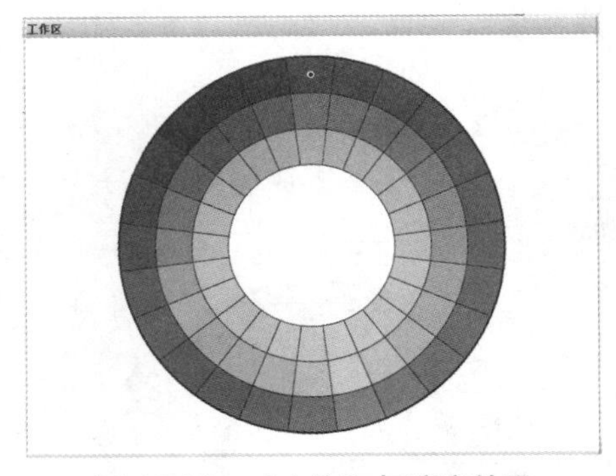

图 16-30　减少饱和与暗度效果

步骤9 在【变化类型】的下拉列表中选择【增加饱和与暗度】选项，可以在工作区中获取增加饱和与暗度后的色相环，如图 16-31 所示。

步骤10 在【变化类型】的下拉列表中选择【减少饱和】选项，可以在工作区中获取减少饱和后的色相环，如图 16-32 所示。

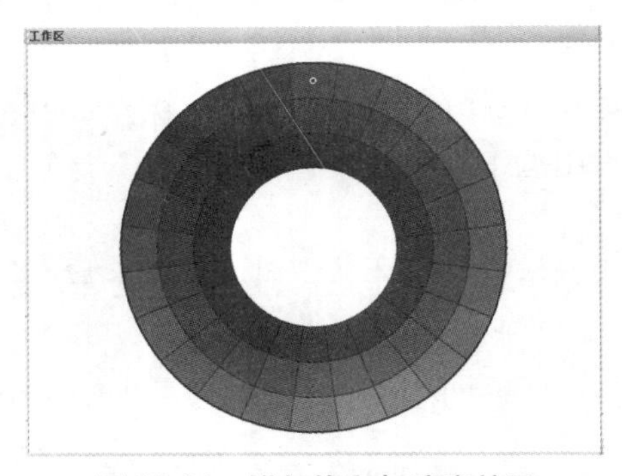

图 16-31　增加饱和与暗度效果

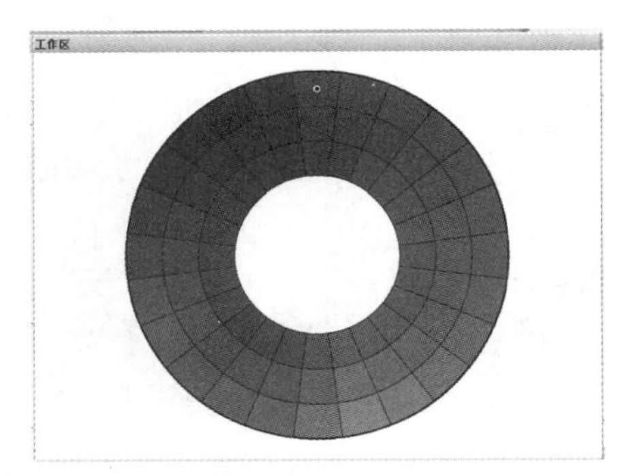

图 16-32　减少饱和效果

步骤11 在【变化类型】的下拉列表中选择【增加饱和】选项，可以在工作区中获取增加饱和后的色相环，如图 16-33 所示。

步骤12 在【变化类型】的下拉列表中选择【变暗】选项，可以在工作区中获取变暗后的色相环，如图 16-34 所示。

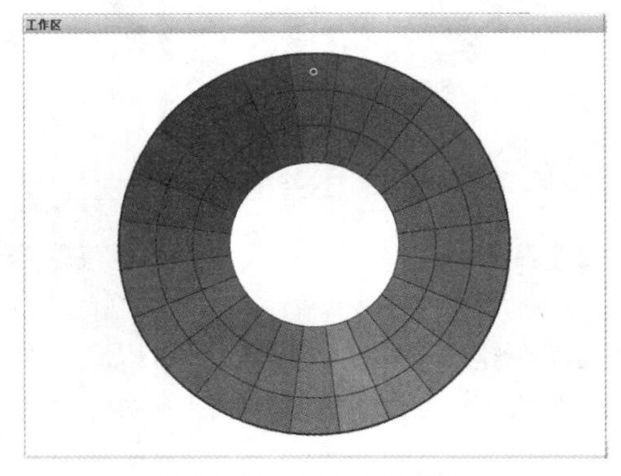

图 16-33　增加饱和效果

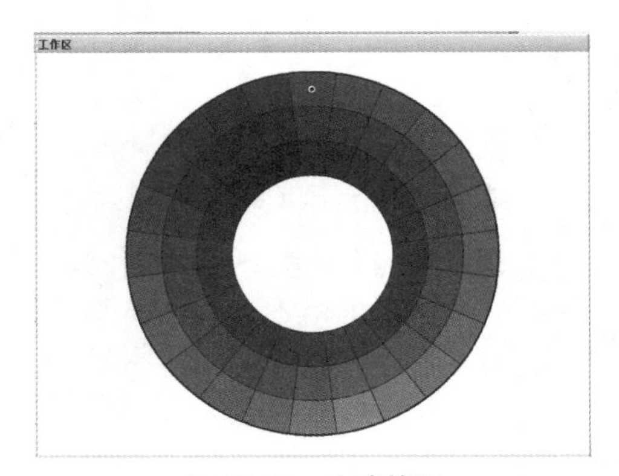

图 16-34　变暗效果

步骤13 在【变化类型】的下拉列表中选择【变淡】选项，可以在工作区中获取变淡后的色相环，如图 16-35 所示。

步骤14 在【变化类型】的下拉列表中选择【变亮】选项，可以在工作区中获取变亮后的色相环，如图 16-36 所示。

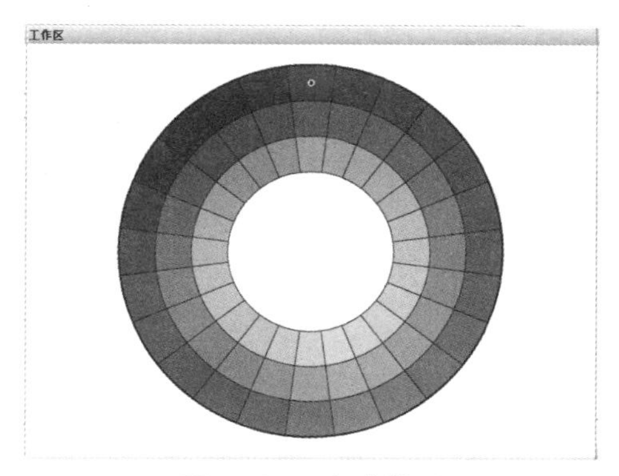

图 16-35 变淡效果

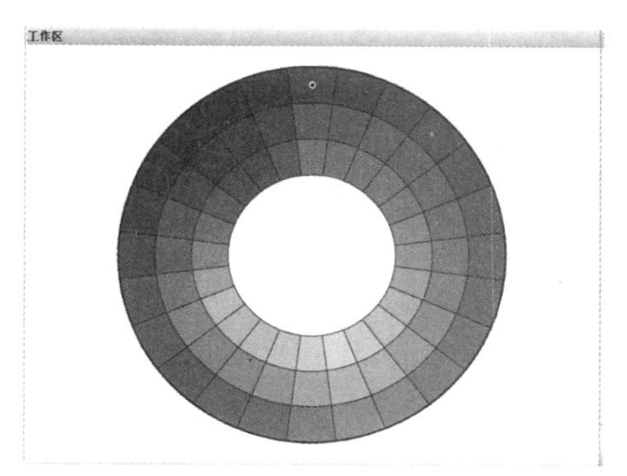

图 16-36 变亮效果

步骤15 在【变化类型】的下拉列表中选择【由亮到暗】选项，可以在工作区中获取由亮到暗后的色相环，如图 16-37 所示。

步骤16 在【属性】区域中单击【样式】右侧的下拉按钮，可以在弹出的下拉列表中设置色相环显示的方式。图 16-38 所示就是以圆形方式显示的色相环。

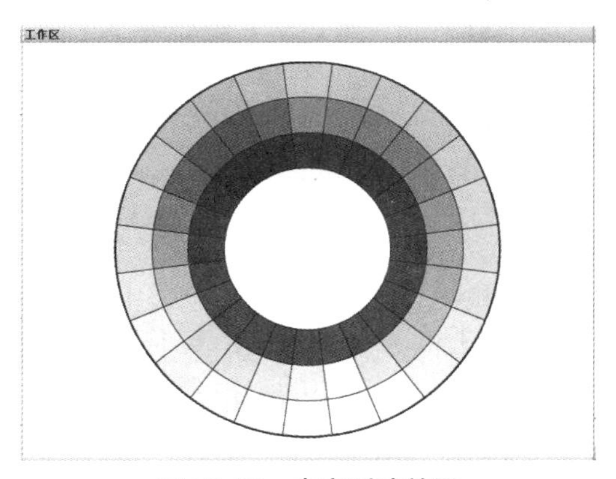

图 16-37 由亮到暗效果

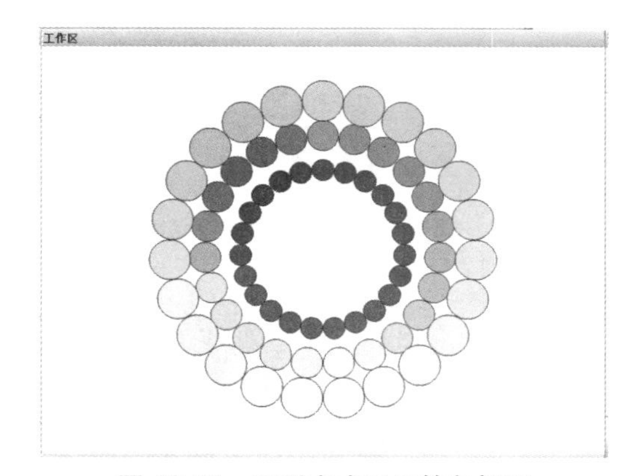

图 16-38 圆形方式显示的色相环

16.1.4 查看获取的配色方案

在【色彩调和】设置界面中可以以色环的方式查看获取的配色方案，其具体操作步骤如下。

步骤1 在 ColorImpact 主界面中选择【色彩调和】选项卡，进入【色彩调和】设置界面，如图 16-39 所示。

步骤2 在【属性】区域中单击【色彩调和】右侧的下拉按钮，在弹出的下拉列表中根据需要选择显示的方式，如这里选择【互补】选项，如图 16-40 所示。

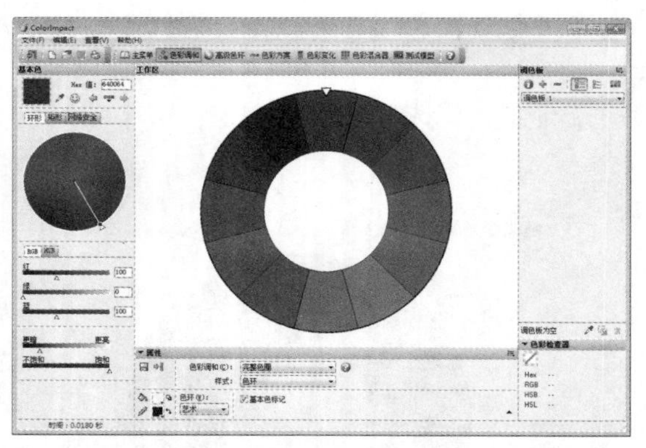

图 16-39 【色彩调和】设置界面

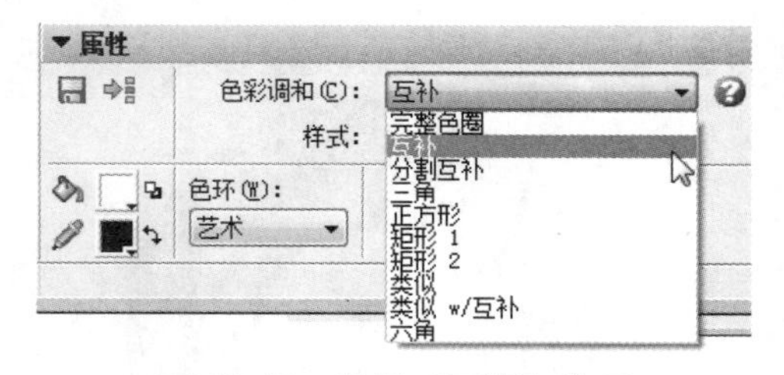

图 16-40 选择【互补】选项

步骤3 这时在工作区中就是以互补的方式显示获取的配色方案，如图 16-41 所示。

步骤4 在【色彩调和】下拉列表中选择【正方形】选项，则获取的配色方案以正方形方式显示，如图 16-42 所示。

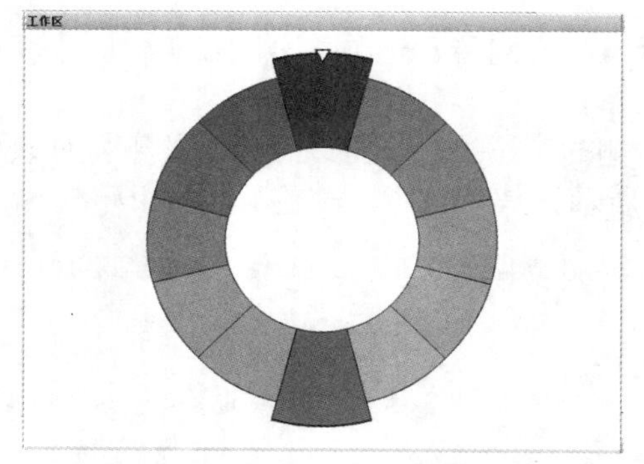

图 16-41 显示获取的配色方案

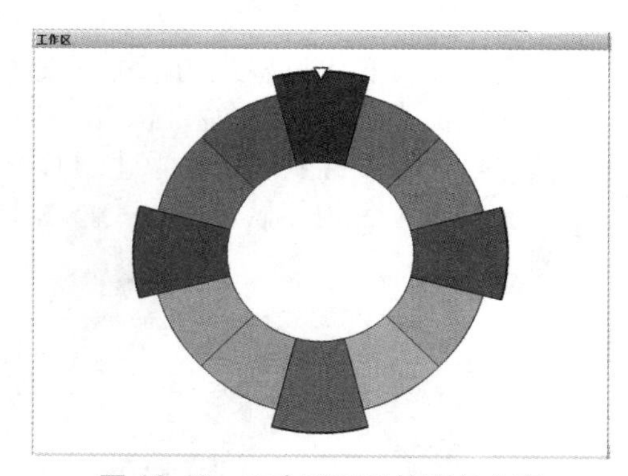

图 16-42 正方形显示的配色方案

步骤5 在【属性】区域中单击【样式】右侧的下拉按钮，在弹出的下拉列表中选择【色圈 1】选项，则获取的配色方案以【色圈 1】的方式显示，如图 16-43 所示。

步骤6 在【属性】区域中单击【样式】右侧的下拉按钮，在弹出的下拉列表中选择【色圈 2】选项，则获取的配色方案以【色圈 2】的方式显示，如图 16-44 所示。

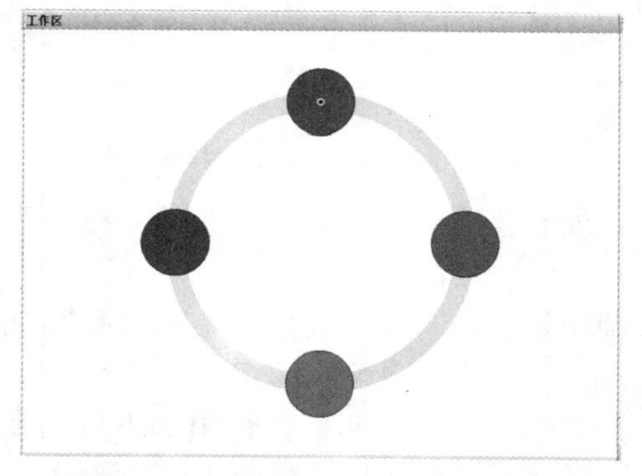

图 16-43 以【色圈 1】的方式显示

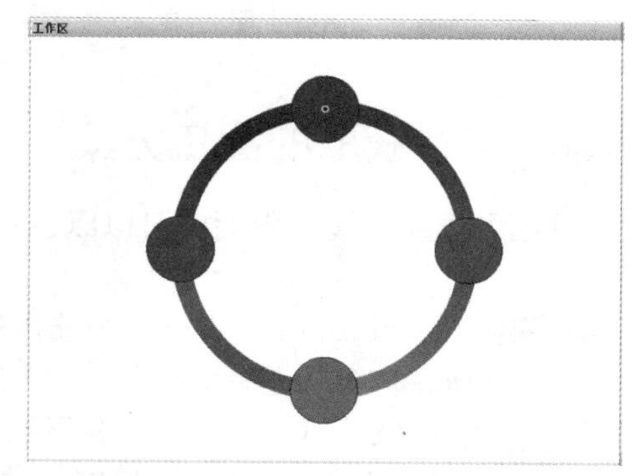

图 16-44 以【色圈 2】的方式显示

16.2 其他网页配色工具的使用

网页配色要求设计者有一定的美术素养，但是如果自己的美术功底不那么深厚，就要借助专门的网页配色工具了，使用网页配色工具，就可以设计出富含美术功底的网页。

16.2.1 使用 Kuler 网页配色工具

网页配色工具 Kuler 集调色、混色功能于一体，除了可以通过工具创建专属的配色方案之外，还为用户提供了成熟、实用的配色方案。

1. 通过改变颜色参数值进行网页配色

具体操作步骤如下。

步骤1 打开 IE 浏览器，在地址栏中输入网址 https://kuler.adobe.com/create/color-wheel/，单击【转至】按钮，即可进入 Kuler 工具页面，如图 16-45 所示。

步骤2 单击工作界面中的第一个色块，在下方更改该色块的 RGB 值，调整之后的显示效果如图 16-46 所示。

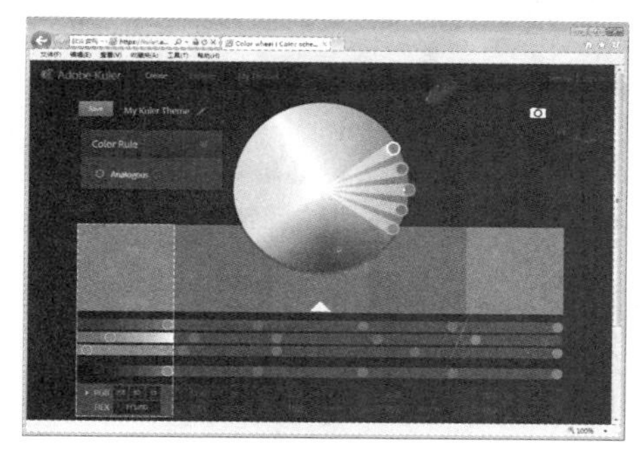

图 16-45 Kuler 工具页面

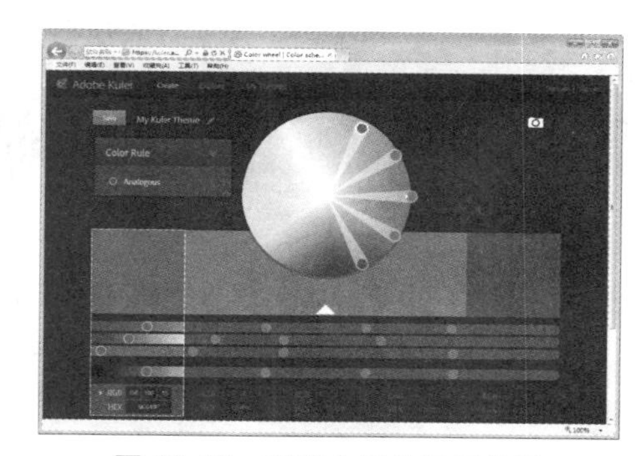

图 16-46 调整之后的显示效果

步骤3 除了通过改变色块的 RGB 值来进行配色外，还可以通过改变色块的 HEX 值来进行网页配色，如这里选择第二个色块，设置其 HEX 值为 E84F64，这时调整后的配色显示效果如图 16-47 所示。

步骤4 单击 RGB 左侧的小三角，打开更多颜色值设置框，如图 16-48 所示，在这里可以设置颜色 LAB、HSB、CMYK 相关值，从而可以得出不同的配色方案。

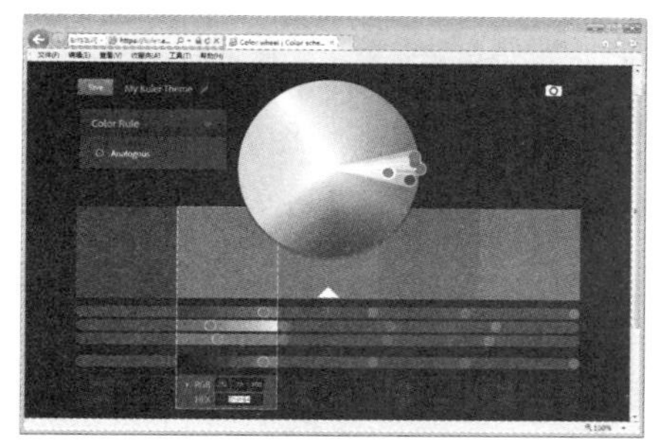

图 16-47 调整后的配色显示效果

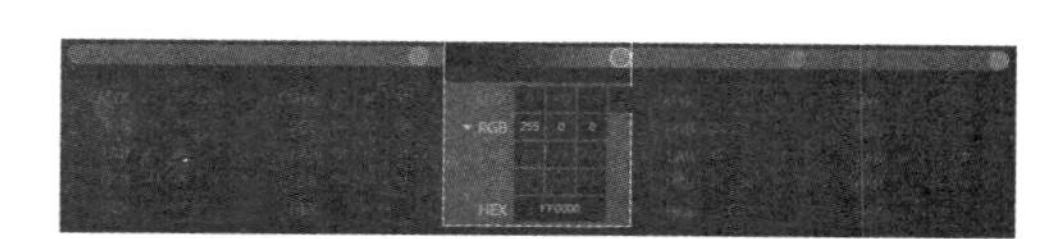

图 16-48 更多颜色值设置框

2. 通过颜色规则进行网页配色

Kuler 工具中分别提供了相似的、单色的、互补的等多种形式的颜色搭配形式。通过选择已有的颜色，可快速提供与之匹配的不同的颜色，从而创建配色方案。

具体操作步骤如下。

步骤1 在 Kuler 工作界面中设置第一个色块的 RGB 值为 255、83、14，以这个颜色为基础色来创建配色方案，如图 16-49 所示。

步骤2 将鼠标指针放置在 Color Rule 右侧的按钮上，在弹出的下拉列表中选择 Analogous(相似色) 选项，即可得到相似色的配色方案，系统默认提供的颜色方案就是相似色，如图 16-50 所示。

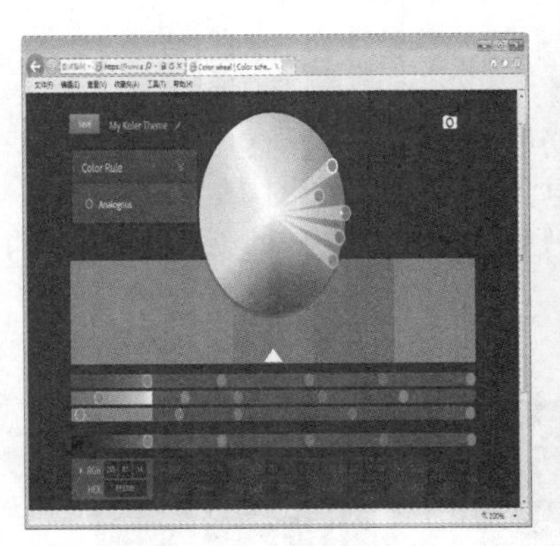

图 16-49　创建配色方案

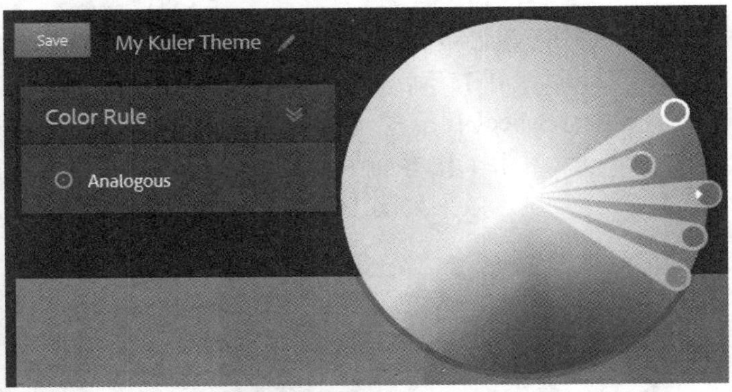

图 16-50　系统默认提供的颜色方案

步骤3 将鼠标指针放置在 Color Rule 右侧的按钮上，在弹出的下拉列表中选择 Monochromatic(单色) 选项，即可得到单色的配色方案，如图 16-51 所示。

步骤4 将鼠标指针放置在 Color Rule 右侧的按钮上，在弹出的下拉列表中选择 Triad(三色) 选项，即可得到 3 个一组的颜色方案，如图 16-52 所示。

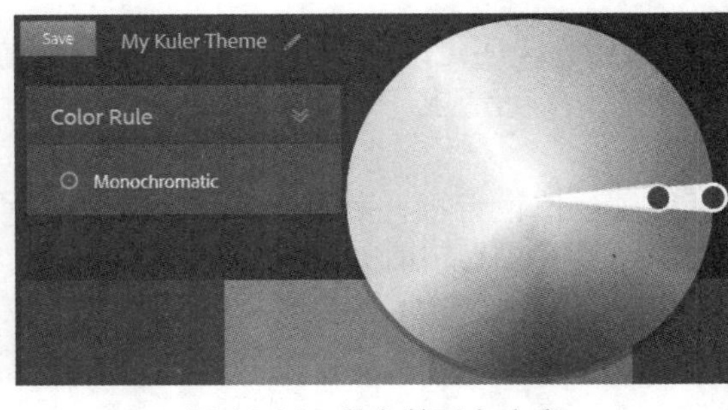

图 16-51　单色的配色方案

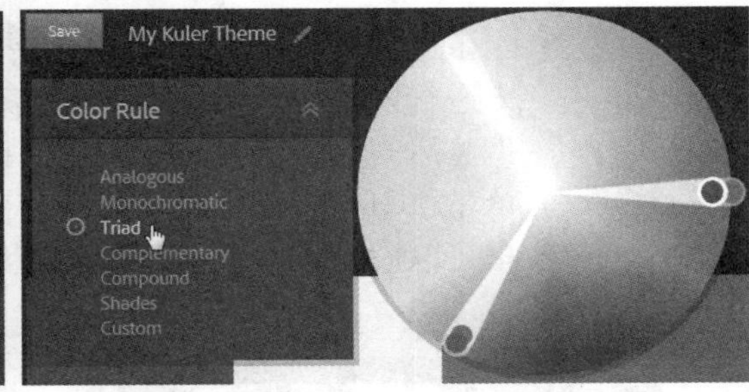

图 16-52　3 个一组的颜色方案

步骤5 将鼠标放指针置在 Color Rule 右侧的按钮上，在弹出的下拉列表中选择 Complementary(互补色) 选项，即可得到互补色的配色方案，互补色是通过距离色环 180° 的位置的颜色来获得的，如图 16-53 所示。

步骤6 将鼠标指针放置在 Color Rule 右侧的按钮上，在弹出的下拉列表中选择 Compound(复合) 选项，即可通过色环中不同位置标注的色彩小圆圈来获取配色方案，如图 16-54 所示。

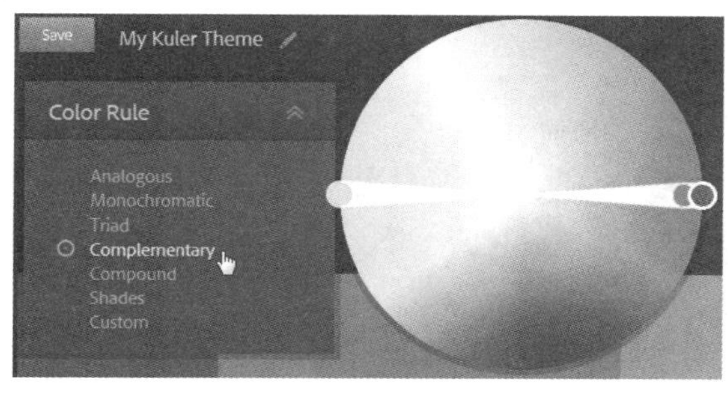

图 16-53　互补色的配色方案

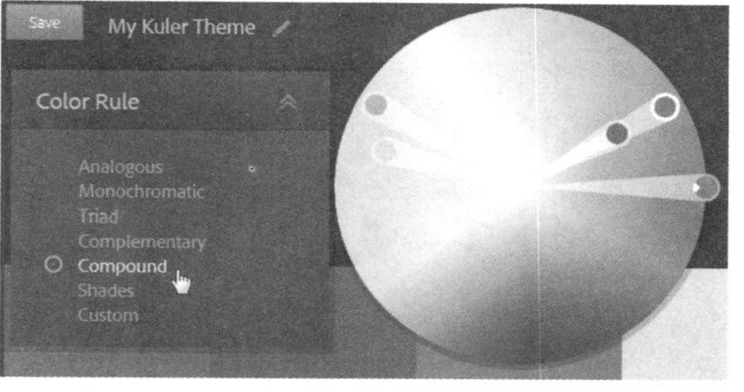

图 16-54　选择 Compound(复合)选项

步骤7　将鼠标指针放置在 Color Rule 右侧的按钮上，在弹出的下拉列表中选择 Shades(渐变)选项，即可得到色彩的渐变效果，从中可以获取网页配色方案，如图 16-55 所示。

步骤8　将鼠标指针放置在 Color Rule 右侧的按钮上，在弹出的下拉列表中选择 Custom(定制)选项，然后通过改变色块下的颜色值可以在原来色彩的基础上，获取网页配色方案。图 16-56 所示为改变了第二个色块的 RGB 值得出的配色方案。

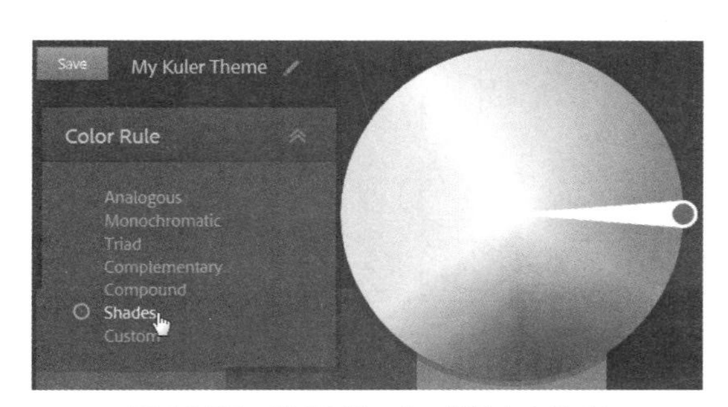

图 16-55　选择 Shades(渐变)选项

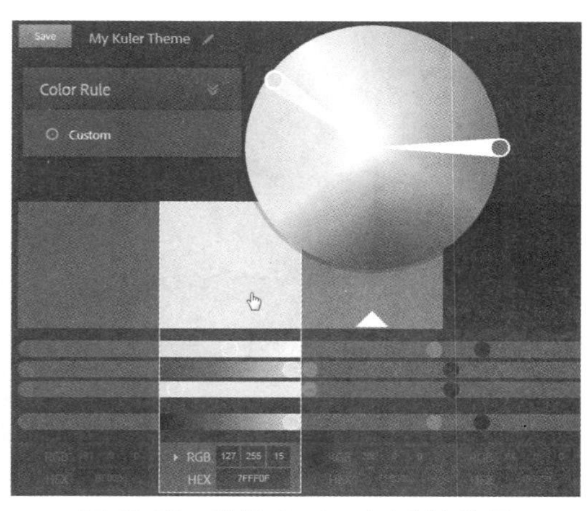

图 16-56　选择 Custom(定制)选项

3. 通过工具预设获取配色方案

Kuler 工具为用户提供了不同的预设配色方案，用户可以通过单击 Explore 菜单，在打开的界面中查看。其具体操作步骤如下。

步骤1　在工作界面中单击 Explore 菜单命令，进入 Explore 工作界面当中，系统默认显示的是 All Themes(所有主题)的配色方案，在其中可以查看系统给出的不同主题配色方案，如图 16-57 所示。

步骤2　选择 View 列表中的 Most Popular(最流行的)选项，在打开的界面中可以查看系统提供的比较受用户欢迎的色彩方案，如图 16-58 所示。

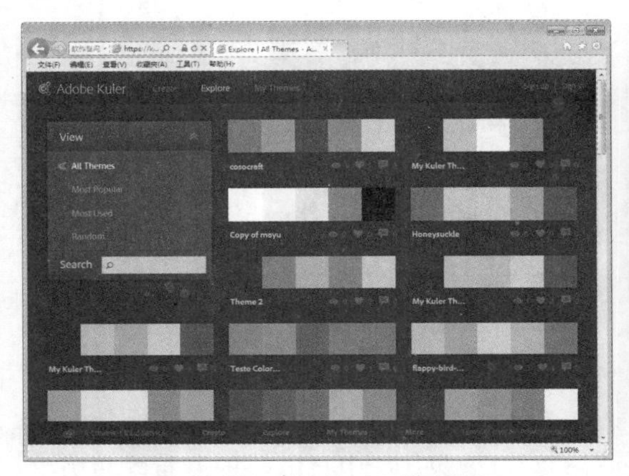

图 16-57　Explore 工作界面

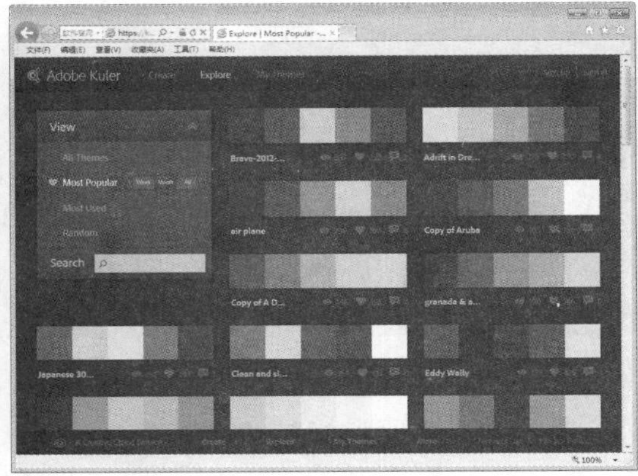

图 16-58　查看色彩方案

步骤3 选择 View 列表中的 Most Used(使用最多) 选项，在打开的界面中可以查看系统提供的用户使用最多的配色方案，如图 16-59 所示。

步骤4 选择 View 列表中的 Random(随机的) 选项，在打开的界面中可以查看系统随机抽取部分配色方案，如图 16-60 所示。

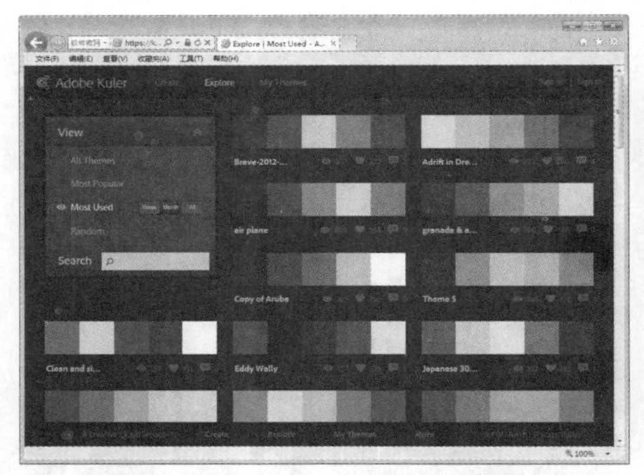

图 16-59　选择 Most Used(使用最多) 选项

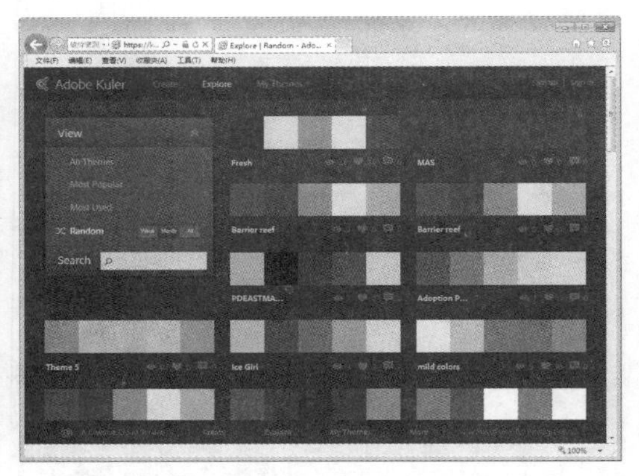

图 16-60　选择 Random(随机的) 选项

16.2.2　使用 Web Safe Colours 网页配色工具

Web Safe Colours 网页配色工具，其主要用途是保证输出的色彩无偏差。因为网页中使用的颜色，需要是网页安全色，该工具提供了全部网页安全色的集合，可以避免浏览过程中色彩偏差的产生。

在 Web Safe Colours 中查看网页安全色的具体操作步骤如下。

步骤1 打开 IE 浏览器，在地址栏中输入网址 http://cloford.com/resources/colours/index.htm，然后单击【转至】按钮，即可打开 Web Safe Colours 工作界面，如图 16-61 所示。

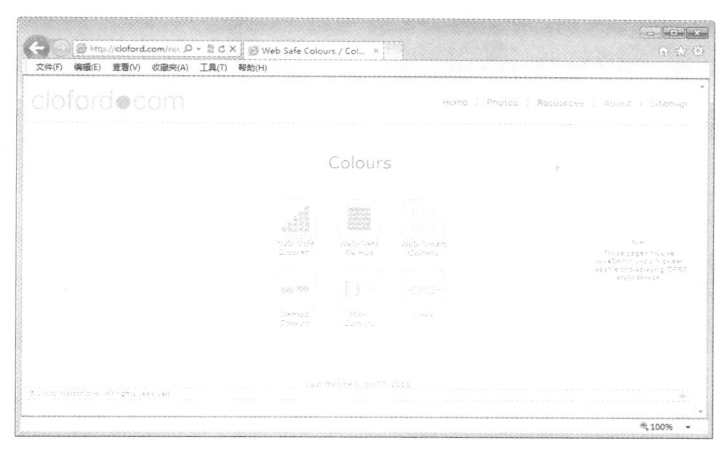

图 16-61 Web Safe Colours 工作界面

步骤2 在页面中单击不同的按钮，即可显示用于配色的网页安全色，如这里单击 Web Safe Diagram 按钮，可显示所有安全色，以下几组内容，分别是该工具提供的网页安全色，如图 16-62 所示。

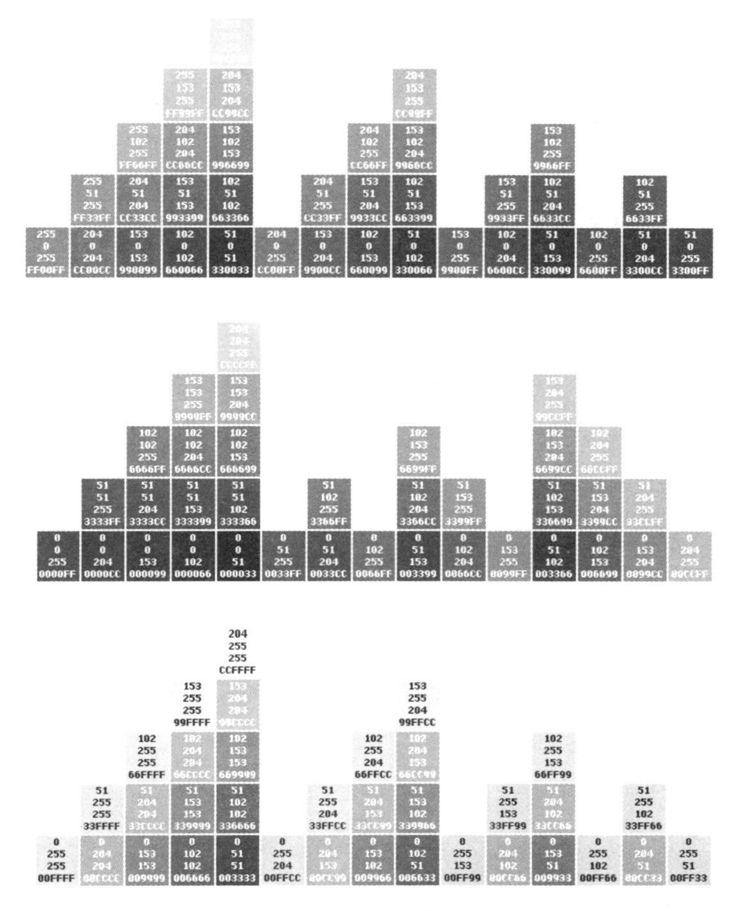

图 16-62 网页安全色

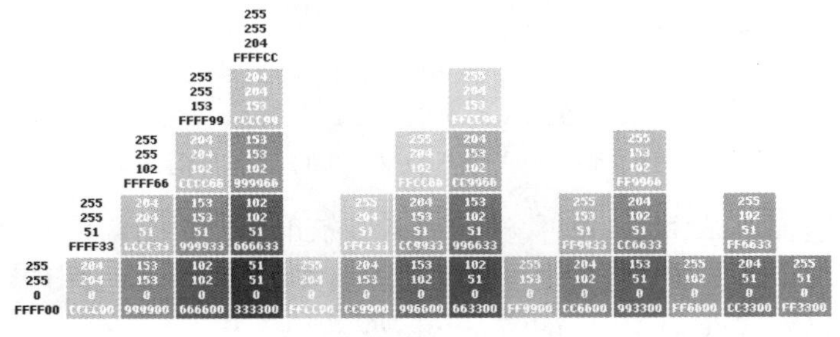

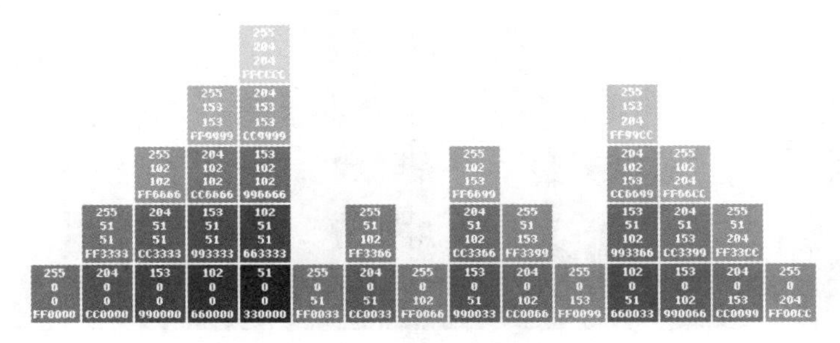

图 16-62 （续）

步骤3 在页面中单击 Web-Safe Colours by Hue 按钮，在打开的页面中可以查看 Web 安全颜色的色调，如图 16-63 所示。

步骤4 在页面中单击 Web-Smart Colours 按钮，在打开的页面中可以查看 Web 智能颜色，如图 16-64 所示。

图 16-63　Web 安全色的色调

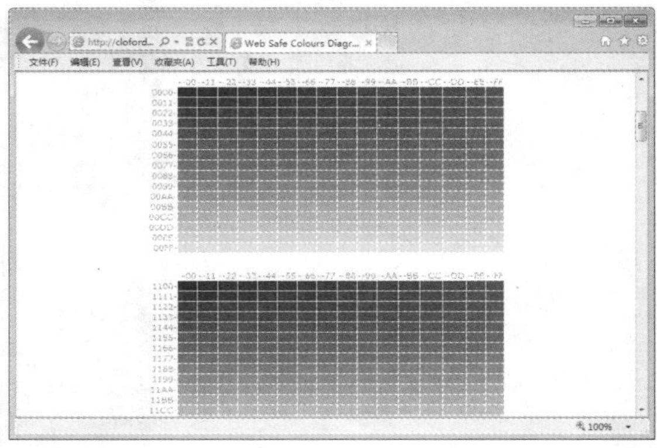

图 16-64　Web 智能颜色

16.2.3 使用 Color Schemer 网页配色工具

网页配色工具 Color Schemer 是 Color Schemer Studio 的在线版本，也是一款比较专业的配色工具。通过该工具可以创建亮丽的颜色方案，从而帮助用户提升颜色搭配技巧。

使用 Color Schemer 进行网页配色的具体操作步骤如下。

步骤1 打开 IE 浏览器，在地址栏中输入网址 http://www.colorschemer.com/online.html，然后单击【转至】按钮，即可进入 Color Schemer 的工作界面，如图 16-65 所示。

步骤2 在页面左侧的 R、G、B 文本框中，可以输入颜色的 RGB 值，分别为 100、22、255，然后单击 Set RGB 按钮，可实现颜色的输入，将其作为网页的基本色，在页面中间部分，就会给出一系列颜色配色方案，如图 16-66 所示。

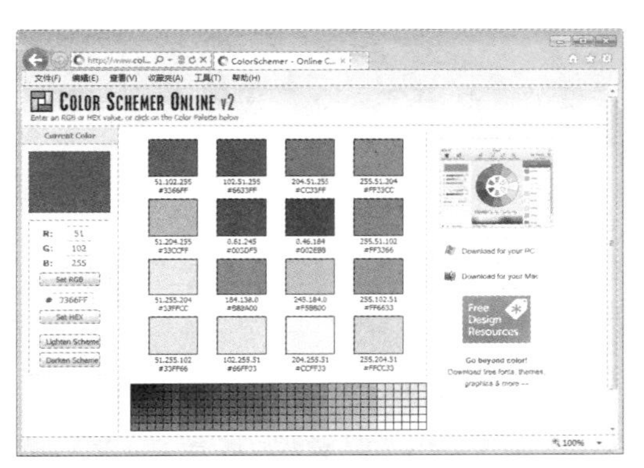

图 16-65　Color Schemer 的工作界面

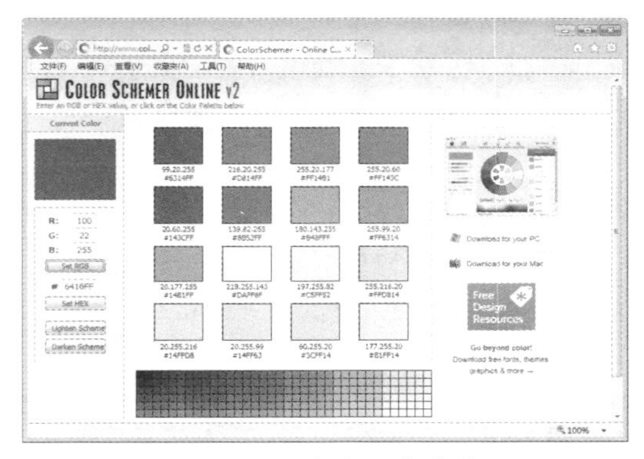

图 16-66　颜色配色方案

步骤3 除了上述方法外，还可以通过页面中的【变亮】按钮、【变暗】按钮，分别获得比原有方案更亮或者更暗的颜色方案。在 Color Schemer 工作界面中设置好网页的基本颜色后，单击页面左下角的 Lightem Scheme 按钮，可以获得比原有颜色方案更亮的颜色配色方案，如图 16-67 所示。

步骤4 在 Color Schemer 工作界面中设置好网页的基本颜色后，单击页面左下角的 Darken Scheme 按钮，可以获得比原有颜色方案更暗的颜色配色方案，如图 16-68 所示。

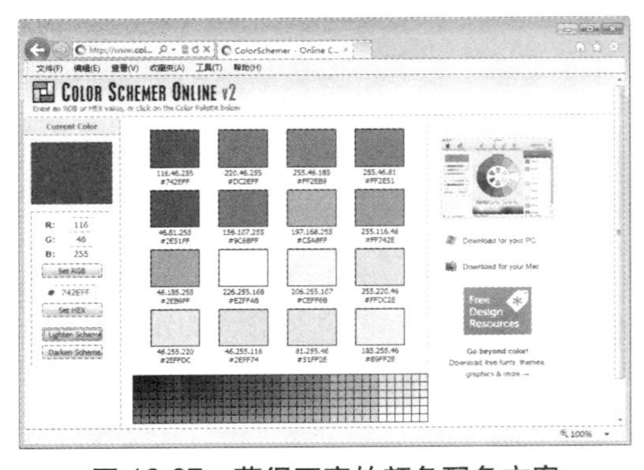

图 16-67　获得更亮的颜色配色方案

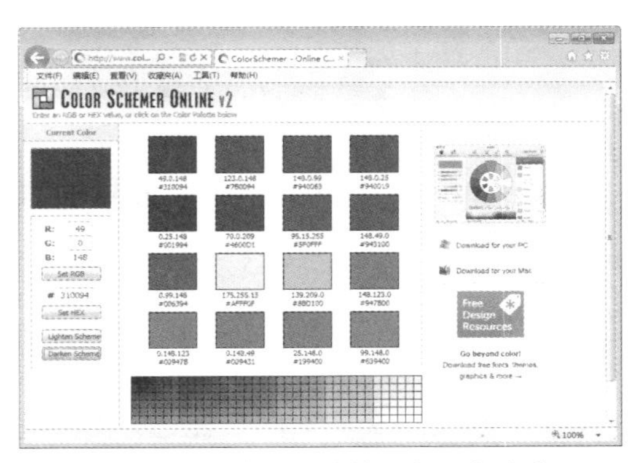

图 16-68　获得变暗的颜色配色方案

16.2.4 使用 Color Toy 网页配色工具

Color Toy 网页配色工具可根据 RGB 或者颜色代码生成与其对应的颜色，还可以根据配色需要随机拾取颜色。该工具不同于其他工具，它是以 Flash 形式在线进行配色。

使用 Color Toy 进行网页配色的具体操作步骤如下。

步骤1 打开 IE 浏览器，在地址栏中输入 http://www.colortoy.net/free/，单击【转至】按钮，打开 Color Toy 网页配色工具页面，如图 16-69 所示。

步骤2 在页面中部的 R、G、B 文本框中分别输入颜色的 RGB 值，将其作为网页配色的基本色，如这里输入的 RGB 值分别为 50、100、255，然后单击 SUBMIT RGB 按钮，即可得到与基本色相关的颜色配色方案，如图 16-70 所示。

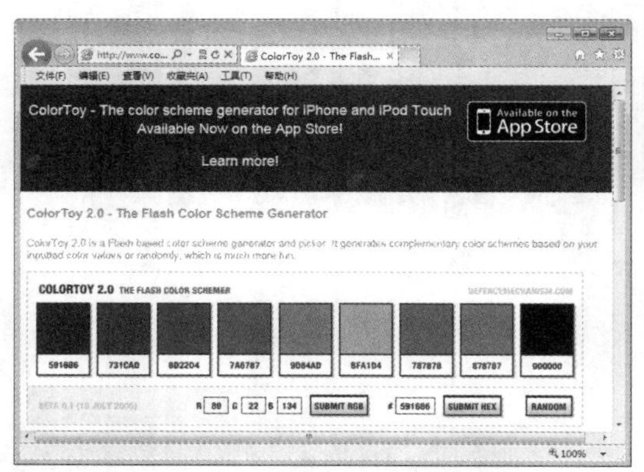

图 16-69 Color Toy 网页配色工具页面

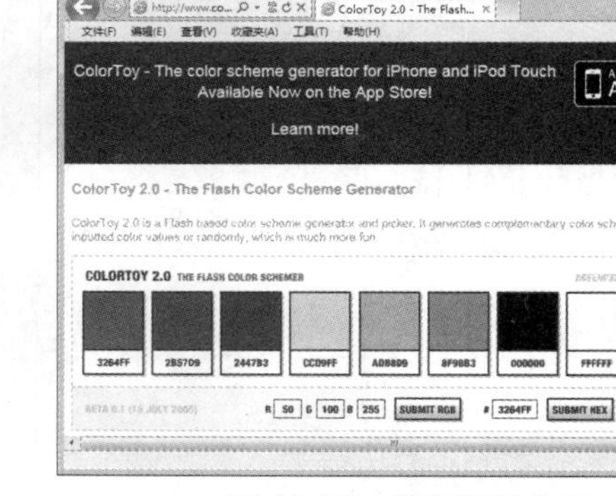

图 16-70 颜色配色方案

步骤3 除了上述获取颜色与颜色配色方案的方法外，还可以通过单击 RANDOM(随机) 按钮获取不同的色彩，从而得到不同的配色方案，如图 16-71 所示。

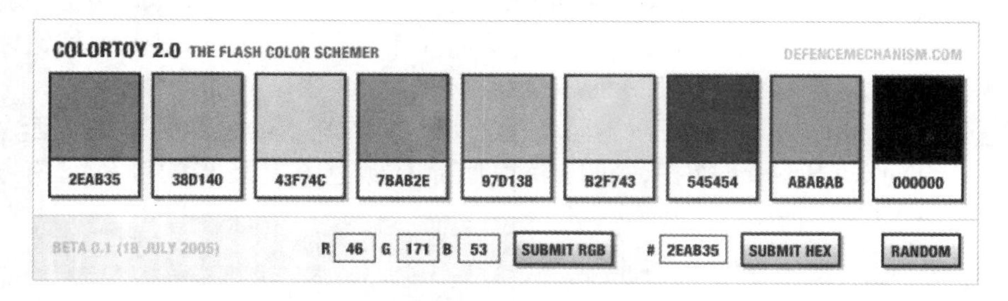

图 16-71 随机颜色的配色方案

16.2.5 使用 Color Jack 网页配色工具

Color Jack 通过提供的颜色表，让用户选择其中的颜色块，然后系统就会根据相应的颜色块给出对应的配色参考方案。具体的色彩方案，提供有颜色的 RGB、HEX、HSV 等参数值。

使用 Color Jack 获取网页配色方案的具体操作步骤如下。

步骤1 打开 IE 浏览器，在地址栏中输入网址 http://colord.com/，单击【转至】按钮，即可打开该工具的工作界面，如图 16-72 所示。

步骤2 在页面中单击【搜索】按钮，即可得出如图 16-73 所示的颜色表，在其中单击一种色块作为网页配色的基本色，如这里单击【黄色】色块。

图 16-72 Color Jack 工作界面

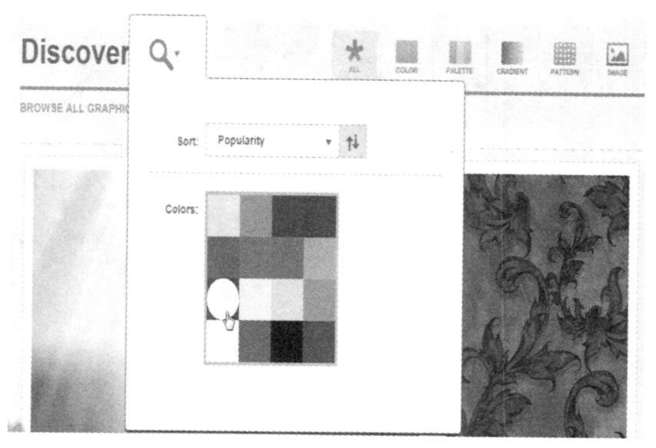

图 16-73 搜索基本色

步骤3 这时系统会给出具体的颜色配色方案，并将配色方案以不同的方式显示，如渐变、图片、花纹等，这里系统默认为【所有】显示方式，即系统给出全部配色方案，有渐变形式、调色板形式、图片形式，如图 16-74 所示。

步骤4 如果仅仅想要获取黄色这一类的色彩，用户可以单击 Color 按钮，这时系统就会给出如图 16-75 所示的配色方案。

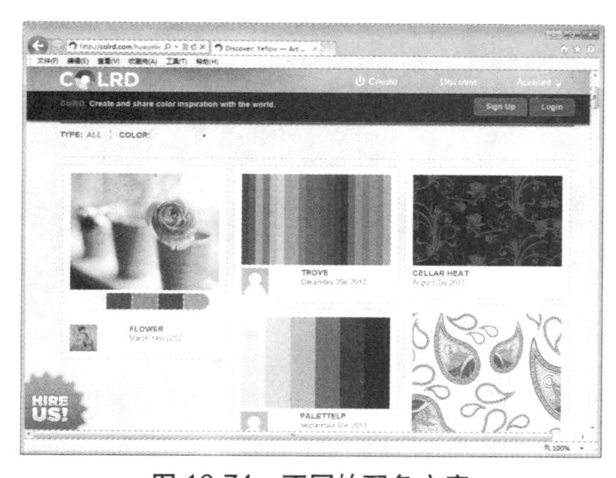

图 16-74 不同的配色方案

图 16-75 黄色配色方案

步骤5 如果想要获取黄色这一类色彩的调色板形式的配色方案，用户可以单击 PALETTE 按钮，这时系统就会给出如图 16-76 所示的配色方案。

步骤6 如果想要获取黄色这一类色彩的渐变形式的配色方案，用户可以单击 GRADIENT 按钮，这时系统就会给出如图 16-77 所示的配色方案。

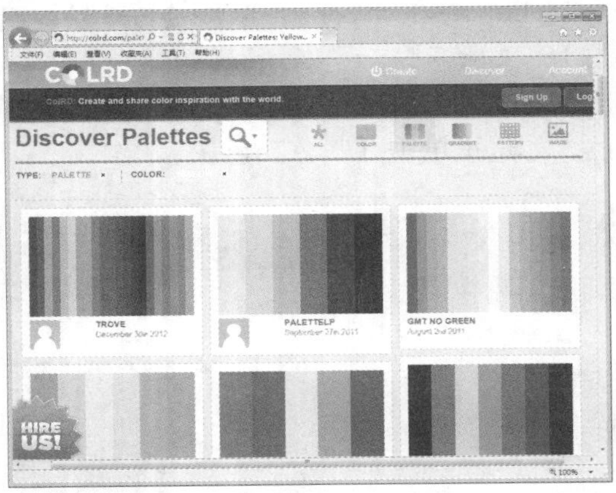

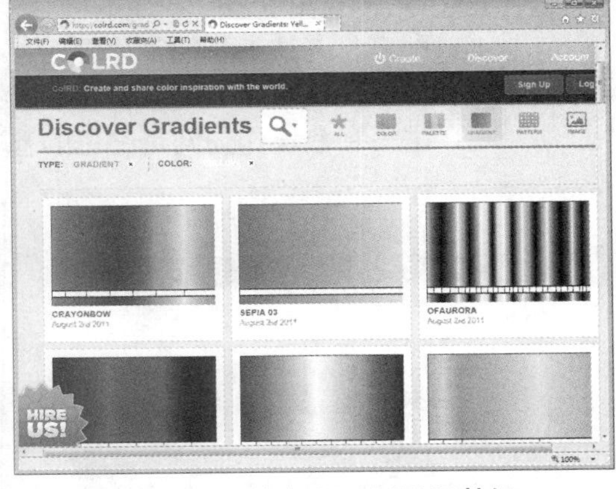

图 16-76　单击 PALETTE 按钮

图 16-77　单击 GRADIENT 按钮

步骤7 如果想要获取与黄色有关的并用于图案中的配色方案，可以通过单击 PATTERN 按钮来获取，这时系统会给出如图 16-78 所示的配色方案。

步骤8 如果想要获取与黄色相关的并用于图片的配色方案，可以通过单击 IMAGE 按钮来获取，这时系统会给出如图 16-79 所示的配色方案。

图 16-78　单击 PATTERN 按钮

图 16-79　单击 IMAGE 按钮

16.2.6　使用 Color Scheme Designer 网页配色工具

Color Scheme Designer 工具是 Color Scheme 配色工具的软件版，它相较于前面已经介绍的网页版，在功能上有所提升，从而能更好地起到网页配色的功能。

使用 Color Scheme Designer 工具进行配色的具体操作步骤如下。

步骤1 打开 IE 浏览器，在地址栏中输入网址 http://colorschemedesigner.com/，单击【转至】按钮，即可进入 Color Scheme Designer 工具的工作界面，如图 16-80 所示。

步骤2 单击页面中的 RGB 输入框，即可打开如图 16-81 所示的对话框，在其中输入网页基本色的颜色值，这里输入 9C02A7，然后单击 OK 按钮。

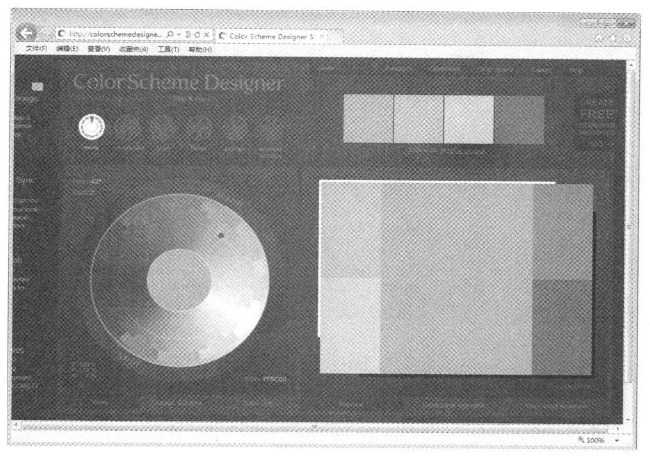

图 16-80 Color Scheme Designer 工作界面

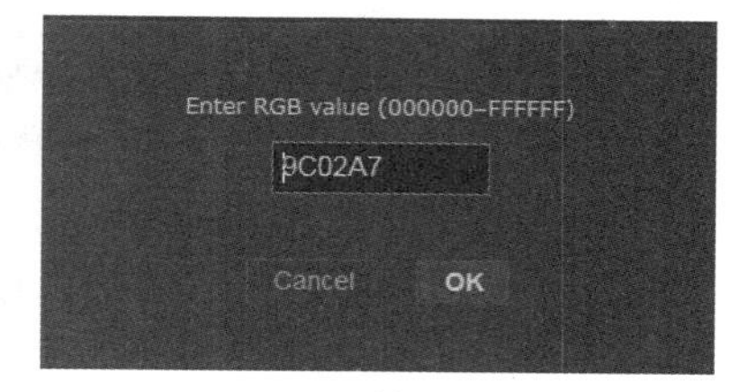

图 16-81 输入颜色值

步骤3 返回到 Color Scheme Designer 工具的工作界面当中，这时系统默认选择 Mono(单色)模式，在其中可以看到配色工具所给出的单色配色效果，其中上方给出了比较接近的 4 种颜色，颜色搭配区域中分别给出的是关于这几种颜色的布局安排，如图 16-82 所示。

步骤4 除了给出颜色搭配的方案外，该工具还提供有具体在网页中应用的示例，通过单击页面右下角的 light page example 选项卡，可以在打开的界面中查看具体的网页颜色搭配效果，该色彩搭配效果属于偏亮类型的，如图 16-83 所示。

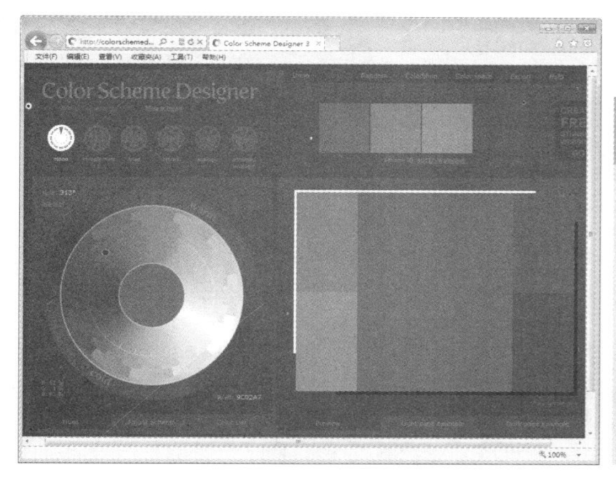

图 16-82 颜色的布局安排

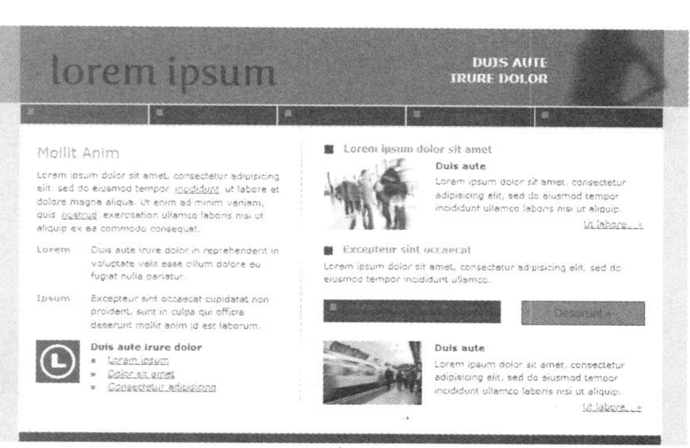

图 16-83 网页颜色搭配效果

步骤5 如果想了解该色彩偏暗一些的搭配实现，可单击 dark page example 选项卡，在打开的界面中查看色彩偏暗的页面效果，如图 16-84 所示。

步骤6 这里以颜色 #9C02A7 为基本色，选用该色彩的补色实现搭配。单击 Complement 按钮，即可获取该颜色的补色配色方案，如图 16-85 所示。

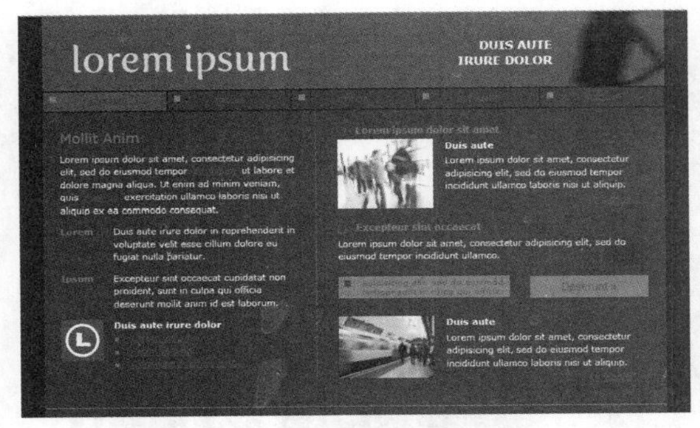

图 16-84　色彩偏暗的页面效果

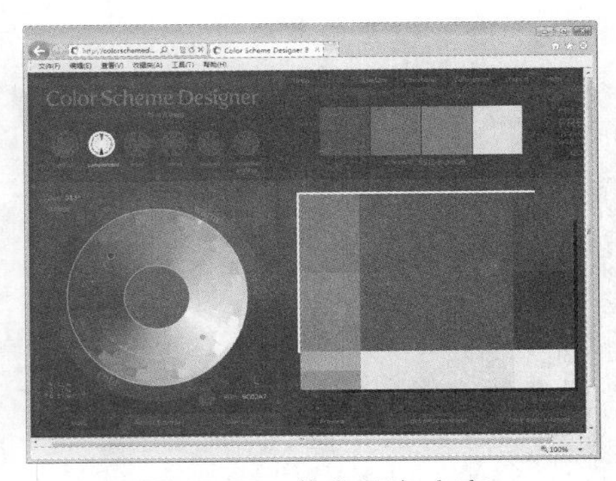

图 16-85　补色配色方案

步骤7 关于这一组颜色在网页中的搭配，工具同样给出较亮和较暗两种配色效果的网页。通过分别单击 light page example、dark page example 选项卡，就可以在页面中查看了。如图 16-86 所示的是较亮的网页配色效果，如图 16-87 所示的是较暗的网页配色效果。

图 16-86　较亮的网页配色效果

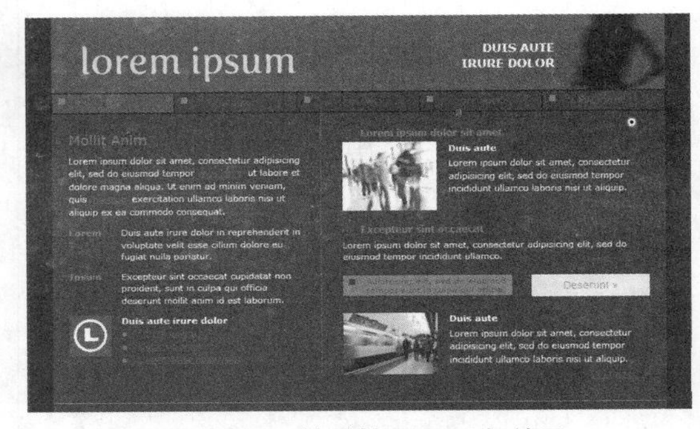

图 16-87　较暗的网页配色效果

步骤8 使用 Color Scheme Designer 工具可以实现 Triad 三色配色效果，单击工作界面中的 Triad 按钮，就可以获取相应的配色效果了，而且工具分别给出了颜色在页面中的布局方法，比如，将页面分成左中右三部分，分别用不同的紫色进行搭配，绿色与黄色可起到点睛作用，如图 16-88 所示。

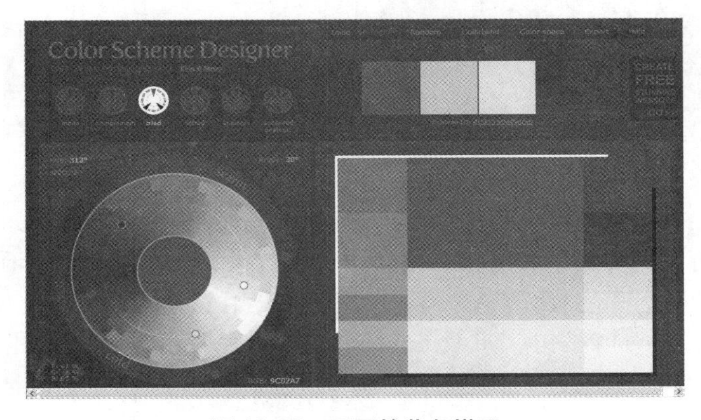

图 16-88　不同的紫色搭配

步骤9 具体的颜色在网页中的应用，可根据系统提供的参考网页，将其应用于自己的网页制作中。同样有较亮、较暗两种网页配色效果。如图 16-89 所示的是较亮的网页配色效果，如图 16-90 所示的是较暗的网页配色效果。

图 16-89 较亮的网页配色效果

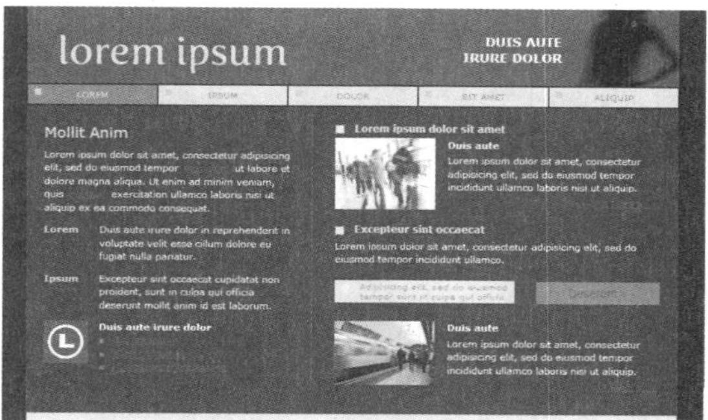

图 16-90 较暗的网页配色效果

步骤10 使用 Color Scheme Designer 工具可以实现 Tetrad 四色配色效果，单击工作界面中的 Tetrad 按钮，就可以获取相应的配色效果了，该方案不同于三色方案，这个方案中多了一个不同色相的颜色，如图 16-91 所示。

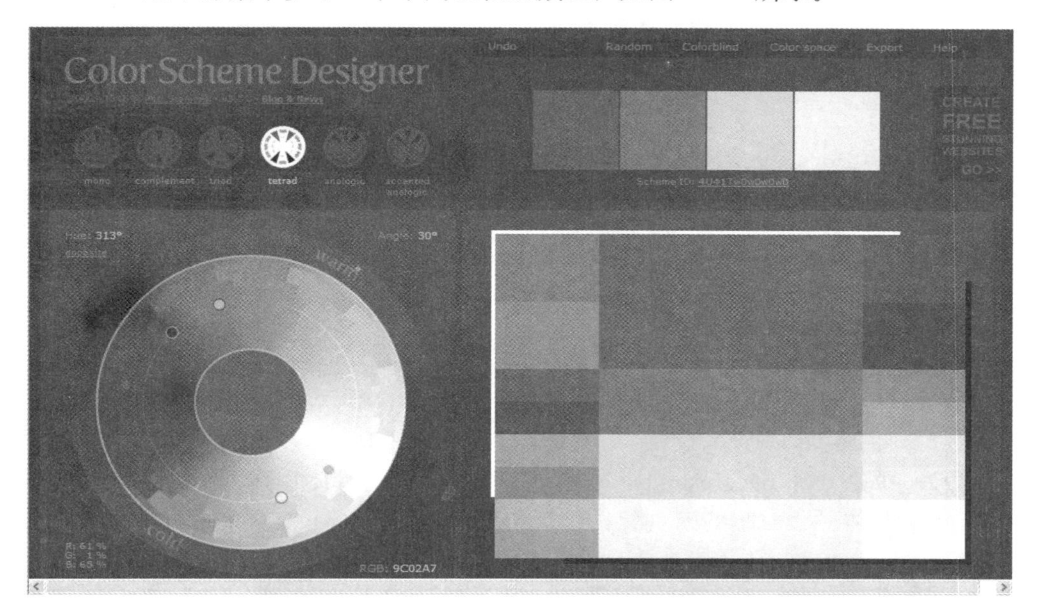

图 16-91 四色配色效果

步骤11 具体的颜色在网页中的应用，可根据系统提供的参考网页，将其应用于自己的网页制作中。同样有较亮、较暗两种网页配色效果。如图 16-92 所示的是较亮的网页配色效果，如图 16-93 所示的是较暗的网页配色效果。

图 16-92 较亮的网页配色效果

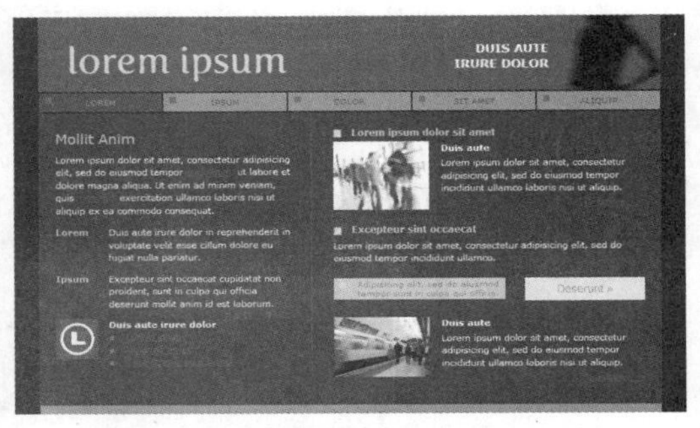

图 16-93 较暗的网页配色效果

步骤12 使用 Color Scheme Designer 工具可以实现类似色的配色效果，单击工作界面中的 Analogic 按钮，就可以获取相应的配色效果了，如图 16-94 所示。

图 16-94 类似色的配色效果

步骤13 在了解了可用于该颜色的类似色后，单击 light page example 就可以查看该组颜色具体在网页中的应用，搭配出的整体颜色较亮的网页配色效果如图 16-95 所示。

步骤14 单击 dark page example 就可以查看该组颜色具体在网页中的应用，搭配出的整体颜色较暗的网页配色效果如图 16-96 所示。

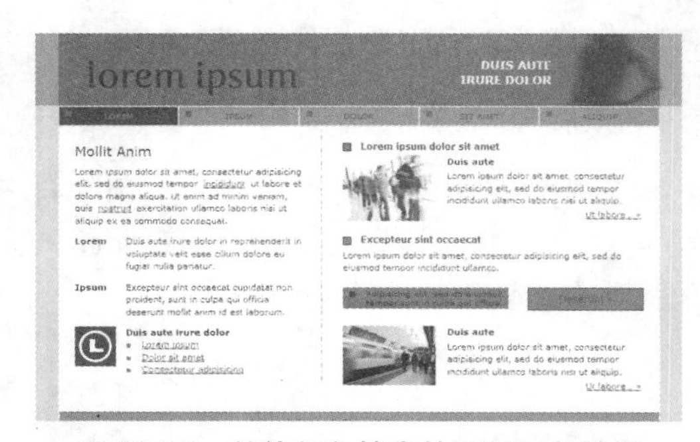

图 16-95 整体颜色较亮的网页配色效果

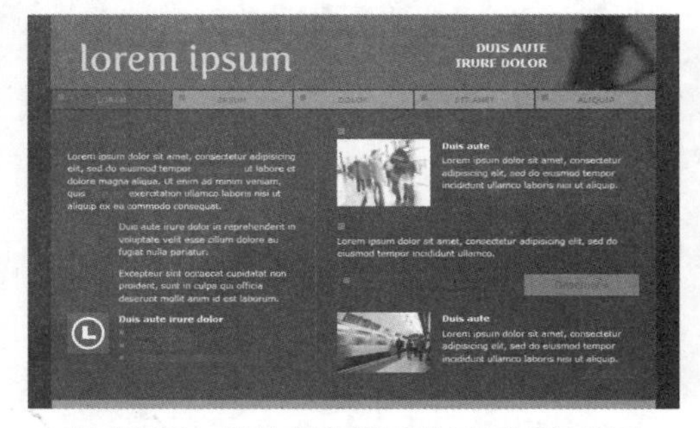

图 16-96 整体颜色较暗的网页配色效果

步骤15 使用 Color Scheme Designer 工具可以实现类似色 + 补色的配色效果，单击工作界面中的 Accented analogic 按钮，就可以获取相应的配色效果了，如图 16-97 所示。

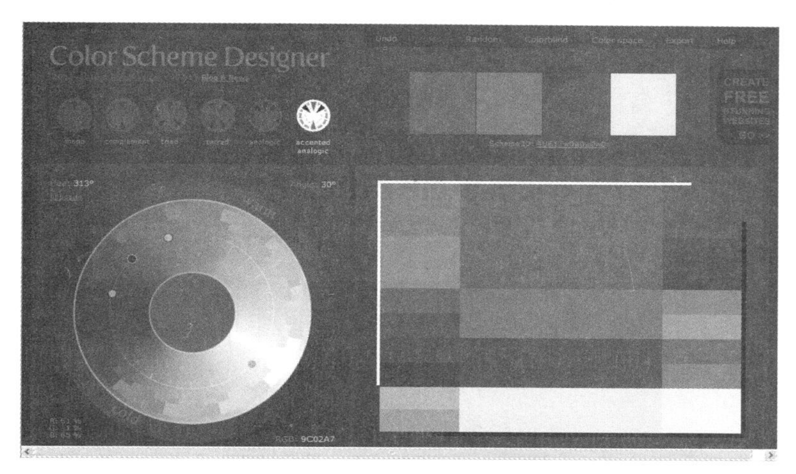

图 16-97 类似色 + 补色的配色效果

步骤16 在了解了可用于该颜色的类似色 + 补色后，单击 light page example 就可以查看该组颜色具体在网页中的应用，搭配出的整体颜色较亮的网页配色效果如图 16-98 所示。

步骤17 单击 dark page example 就可以查看该组颜色具体在网页中的应用，搭配出的整体颜色较暗的网页配色效果如图 16-99 所示。

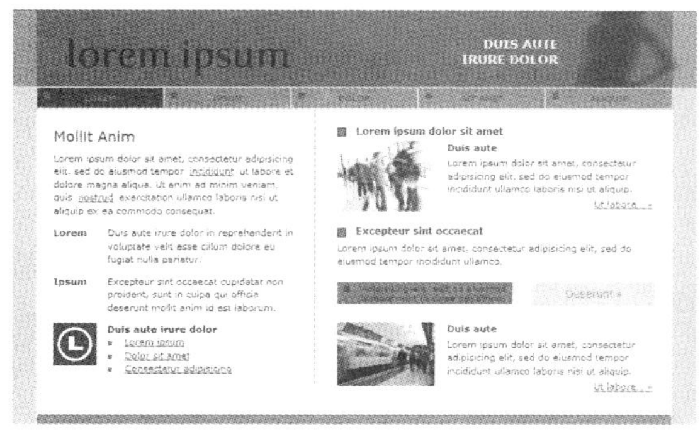

图 16-98 整体颜色较亮的网页配色效果

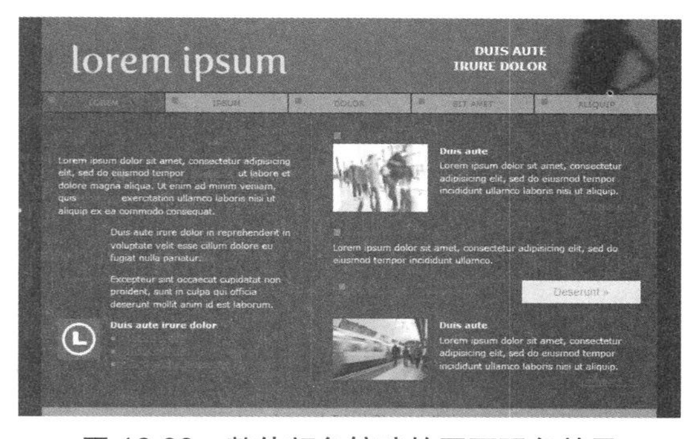

图 16-99 整体颜色较暗的网页配色效果

总之，Color Scheme Designer 是一个国外免费的在线取色工具，根据工具给出的方案，经过预览不满意的，可以不断地调试，直到满意为止。

16.3 专家答疑

疑问1：在线网页配色工具是做什么用的？

答：配色工具有软件型和在线型两种，使用在线配色工具可以快速生成符合用户网站的网页配色方案。

疑问2：在线网页配色工具如何使用？

在线网页配色工具使用起来非常简单，首先在配色框中输入网站主色调的RGB或HEX色值，然后单击设置，即可在右侧自动产生16种对应的配色方案。还可以通过页面下面的相关按钮调节颜色亮度，从而找出自己满意的配色效果。

第 17 章 根据网页色调进行配色

色彩总能给人留下深刻印象，有了丰富的内容，合理的版面配置，如果缺了好的网页色调及其配色也是不行的。网页主色调的选择往往与网站类型与网站标志相关。

17.1 红色主题色调网页的配色

在婚礼、喜庆的场合中，我们经常可以看到红色。在网页配色的过程中，红色同样有着其自身色彩所代表的特性。例如，红色可以作为婚庆类网站的主题色调。但是，在浏览网站过程中，可以发现远不止这一类网站使用红色主题色调，其他类型的网站也有使用红色作为其主题色调的。

17.1.1 网站类型分析

红色通过调色，可以使得红色的明度、纯度有所改变，从而得到粉红、鲜红、深红等颜色，由此带给浏览者视觉上的情感也有所不同。下面通过分析不同红色网页的搭配实例，来掌握该颜色所适用的网站类型。

1．公司展示类网站

如图 17-1 所示，是一个公司网站，浏览网站内容可以发现该网站主要用来展示公司产品。观察网站的色彩应用，是一个红色系站点。一般纯红色只适用于以节庆为主题的网站，这里网站大面积使用红色时，对其进行了调暗处理。

公司展示类网站的网页选择红色为主色调，更容易引起人们的注意，将该色调应用于企业网站的配色，主要目的在于传达具有活力、积极、热诚、温暖以及前进等含义的企业形象与精神。

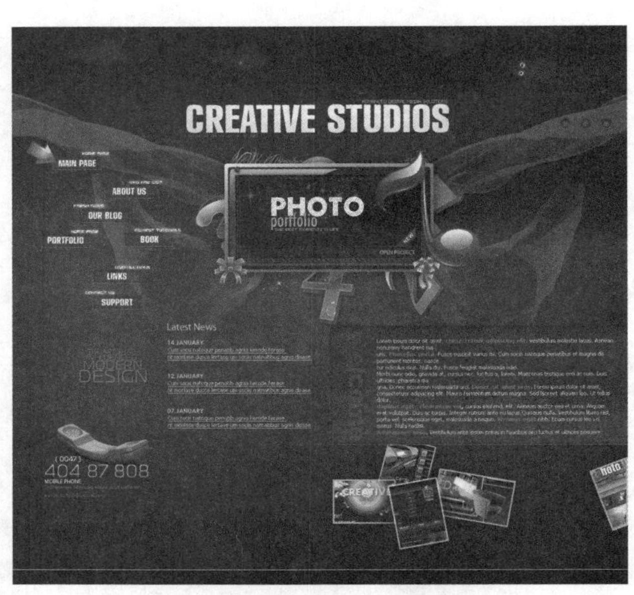

图 17-1　公司展示类网站

2．食品类网站

如图 17-2 所示是一食品类网站。网站中用红色作为整个页面的基本色，这样能够起到强烈地冲击视觉的效果，从而更贴近食品、饮食类网站的色彩应用。

分析页面所使用的颜色，白色的字体与红色的背景色起到了鲜明的对比效果，通过这样的搭配使得页面从色彩上看起来就更加醒目、吸引用户。并且，页面中这样的颜色搭配，可以让浏览者热力强盛，食欲倍增。

图 17-2 食品类网站

总之，上述两个不同类型的网站，网站都使用了白色文字来衬托红色背景，同时在小区域内添加了黑色区块。除此之外绿色作为点睛色，有着非常亮眼的效果。如果进行网站配色，选择了红色作为主色调，可以参考这样的方式进行色彩搭配设计。

17.1.2 网页配色详解

与红色有关的配色，单纯以红色作为主色调是不行的，还需要借助辅色、点睛色来进行陪衬。下面给出一些常用的，适合与红色搭配的方案，如图 17-3 所示。

r 255	r 204	r 255	r 153	r 255	r 255	r 255	r 153	r 255
g 255	g 255	g 204	g 204	g 204	g 204	g 153	g 102	g 204
b 204	b 255	b 204	b 204	b 153	b 204	b 153	b 153	b 204
#ffffcc	#ccffff	#ffcccc	#99cccc	#ffcc99	#ffcccc	#ff9999	#996699	#ffcccc
r 204	r 255	r 204	r 255	r 255	r 204	r 0	r 204	r 255
g 153	g 255	g 204	g 204	g 255	g 204	g 153	g 204	g 102
b 153	b 204	b 153	b 204	b 153	b 255	b 204	b 204	b 102
#cc9999	#ffffcc	#cccc99	#ffcccc	#ffff99	#ccccff	#0099cc	#cccccc	#ff6666
r 255	r 255	r 255	r 204	r 102	r 204	r 255	r 255	r 153
g 153	g 102	g 204	g 153	g 102	g 153	g 102	g 255	g 204
b 102	b 102	b 204	b 102	b 102	b 153	b 102	b 102	b 102
#ff9966	#ff6666	#ffcccc	#cc9966	#666666	#cc9999	#ff6666	#ffff66	#99cc66
r 204	r 204	r 0	r 153	r 204	r 102	r 204	r 102	r 204
g 51	g 204	g 51	g 51	g 204	g 51	g 204	g 102	g 153
b 51	b 204	b 102	b 51	b 0	b 102	b 153	b 102	b 153
#cc3333	#cccccc	#003366	#993333	#cccc00	#663366	#cccc99	#666666	#cc9999
r 255	r 255	r 0	r 204	r 51	r 204	r 51	r 153	r 255
g 102	g 255	g 102	g 0	g 51	g 204	g 102	g 0	g 204
b 102	b 0	b 204	b 51	b 51	b 0	b 51	b 51	b 153
#ff6666	#ffff00	#0066cc	#cc0033	#333333	#cccc00	#336633	#990033	#ffcc99
r 153	r 204	r 0	r 255	r 51	r 204	r 204	r 0	r 0
g 51	g 153	g 51	g 0	g 51	g 204	g 0	g 0	g 51
b 51	b 102	b 0	b 51	b 153	b 0	b 51	b 0	b 153
#993333	#cc9966	#003300	#ff0033	#333399	#cccc00	#cc0033	#000000	#003399

图 17-3 配色方案

与红色进行搭配的色彩，可以有多种选择，例如灰色、黑色、绿色、黄色等颜色，都是不错的选择。以如图 17-4 所示的红色系网页为例，通过对该网页的配色详解，进而来了解红色主题色调网页的配色。

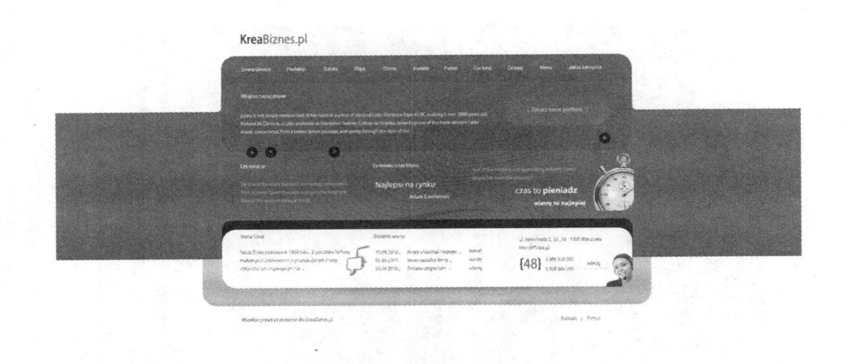

图 17-4　红色系网页

观察该网站的页面，除了主色调红色外，还使用了其他颜色来搭配。例如，用来搭配红色的黑色起到了点睛效果。页面中白色作为辅助色，将红色衬托得更加醒目。无论是白色文字还是白色背景，都很好地起到了衬托作用。

进一步细分颜色，作为主色调的红色，是由不同明度的红色搭配而成的。其中，红色的导航、Banner、背景相互间的深浅都是不一样的，该网站具体的色彩运用如图 17-5 所示。除了上述选择颜色所起的配色效果，为了达到更理想的配色效果，网站在页面中间区域，添加了纹理效果，这样使得整个页面的灵动性更好了。

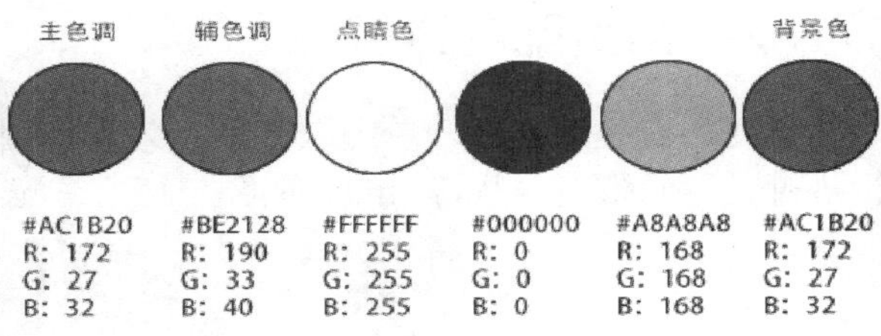

图 17-5　配色方案

除了案例网页的配色外，如果将红色与其他颜色进行搭配，还可以获取不同的效果。例如，增加了亮度的红色，搭配灰色或者黑色，可以体现现代、激进的感觉，如图 17-6 所示。商业设计中，常用红色与黑色的搭配，并将其应用于网站中，如图 17-7 所示。

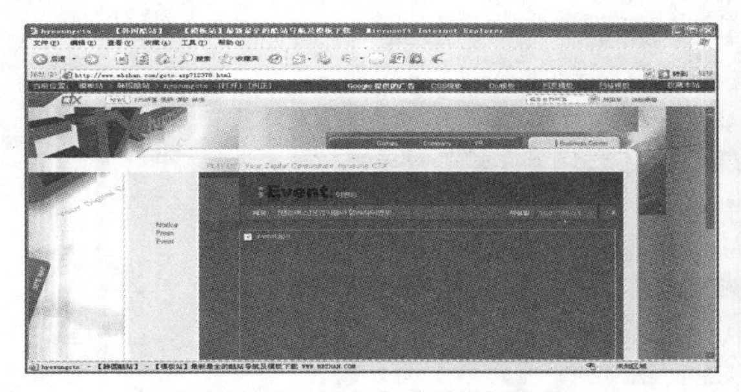

图 17-6　红色与灰色的搭配

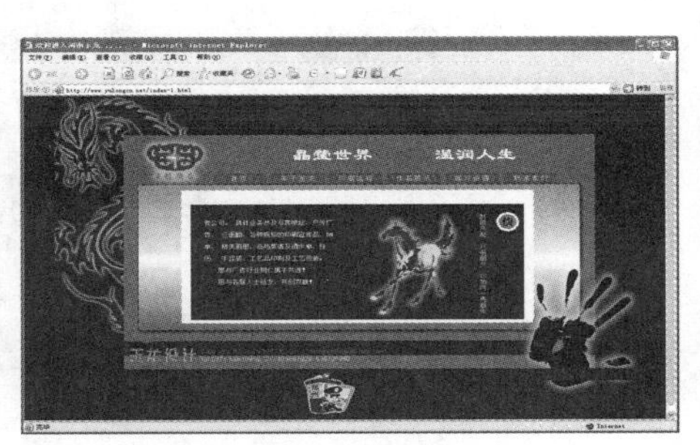

图 17-7　红色与黑色的搭配

17.2 橙色和黄色主题色调网页的配色

橙色和黄色主题色调，在网站中的应用非常广。例如一些食品类网站，为了增加食欲，往往会在配色中添加该色彩。这一节通过分析以橙色和黄色为主题色调的网站，进而掌握其配色方法。

17.2.1 网站类型分析

下面通过分析以橙色和黄色为主题色网页的搭配实例，来掌握该颜色所适用的网站类型。

1. 使用橙色作为主题色调的网站类型分析

橙色的色彩性格非常活跃，适用于时尚、运动等类型的网站，同时，橙色与食物的颜色比较接近，所以也适合以食物为主题的网站。由此可知，橙色主题色调适用的网站类型非常广泛。

如图 17-8 所示是一个橙色主题色调的网站网页。网站页面在色彩的使用上，选择的种类非常少，除去图片与文字的颜色外，页面中能看到的颜色也就只有橙色了。进一步了解该网站的内容，页面中除了一张图片，就是有一定篇幅的文本链接，这从内容的添加上来说也是比较简洁的。

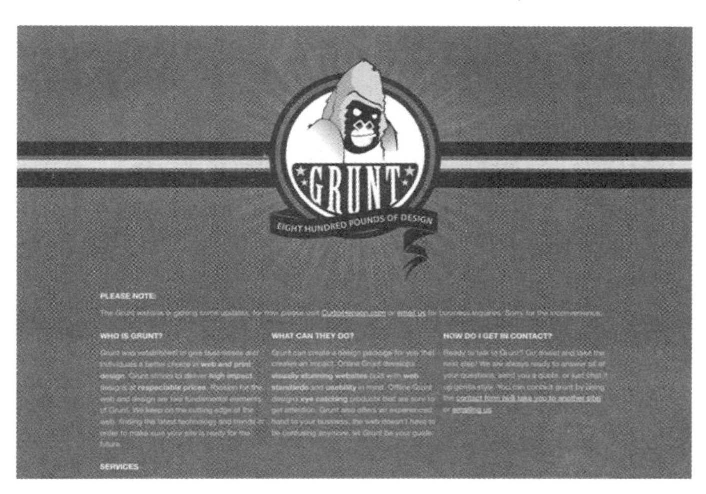

图 17-8 橙色系网站

2. 使用黄色作为主题色调的网站类型分析

黄色适用的范围也是比较广泛的。例如，可以将其用于追求阳光、明快效果的网站中。同样，黄色也适用于食品类网站。因为黄色曾是帝王龙袍的颜色，所以将此颜色应用于高档、贵重物品的网站都是可以的，如高档化妆品、别墅等高档房地产网站等。

如图 17-9 所示的黄色主题色调网站，在整个页面中使用的黄色比例非常大。然后，通过搭配白色，以及黑色的文字将这一色调进行了很好的融合。从而，更好地展示了黄色主题色调那种追求阳光、明快效果的理念。

图 17-9　黄色系网站

17.2.2　网页配色详解

了解橙色与黄色适用的网站类型只是第一步，以下内容结合实例网站，详细分析橙色和黄色在网站中的应用，进而帮助用户掌握该颜色的配色方法。

1. 橙色系配色

下面详细介绍橙色系配色的相关内容，结合在网站中的应用，对配色进行具体分析，从而将橙色系适用的配色方案，以及在网站中的实例应用，进行更好的阐述。

(1) 适用的配色方案

如图 17-10 所示罗列的是一些适用于橙色系网站配色的方案，合理地将橙色与其他色彩进行搭配，能够美化页面，使页面更有吸引力。橙色可以与绿色、粉色、蓝色、灰色、紫色等颜色进行搭配，并且都有不错的色彩效果。

r 153	r 255	r 255	r 255	r 153	r 204	r 255	r 255	r 51
g 204	g 153	g 204	g 153	g 204	g 102	g 153	g 255	g 102
b 51	b 0	b 0	b 51	b 51	b 153	b 51	b 0	b 204
#99cc33	#ff9900	#ffcc00	#ff9933	#99cc33	#cc6699	#ff9933	#ffff00	#3366cc
r 255	r 255	r 0	r 255	r 255	r 0	r 153	r 204	r 255
g 153	g 255	g 153	g 102	g 255	g 153	g 0	g 255	g 153
b 51	b 204	b 102	b 0	b 102	b 102	b 51	b 102	b 0
#ff9933	#ffffcc	#009966	#ff6600	#ffff66	#009966	#990033	#ccff66	#ff9900
r 255	r 153	r 204	r 204	r 153	r 204	r 204	r 204	r 51
g 153	g 102	g 204	g 102	g 153	g 204	g 102	g 204	g 102
b 102	b 0	b 0	b 0	b 153	b 51	b 0	b 51	b 153
#ff9966	#996600	#cccc00	#cc6600	#999999	#cccc33	#cc6600	#cccc33	#336699

图 17-10　配色方案

(2) 在网站中的应用

橙色在灰色、黑色的衬托下，能够起到更加醒目、突出的效果。例如，如图 17-11 所示的网页就是采用橙色为主色调，搭配灰色、白色来进行配色的。

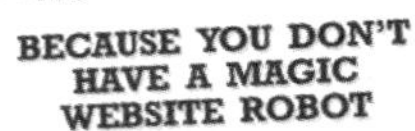

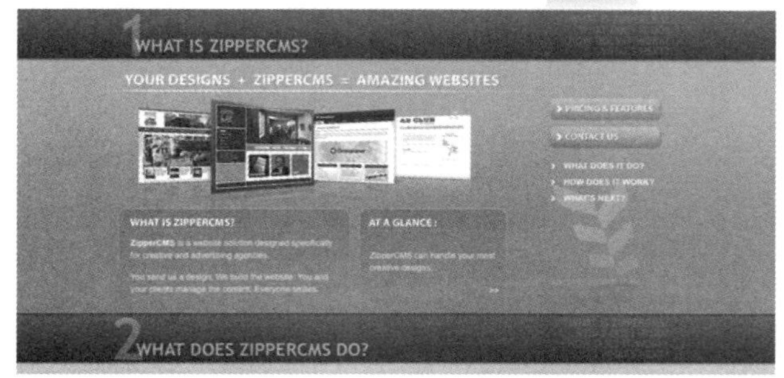

图 17-11　橙、灰、白搭配的页面效果

如图 17-11 所示的网页配色方案中，主要用到的颜色有灰色、白色与橙色，具体的颜色及颜色值如图 17-12 所示。

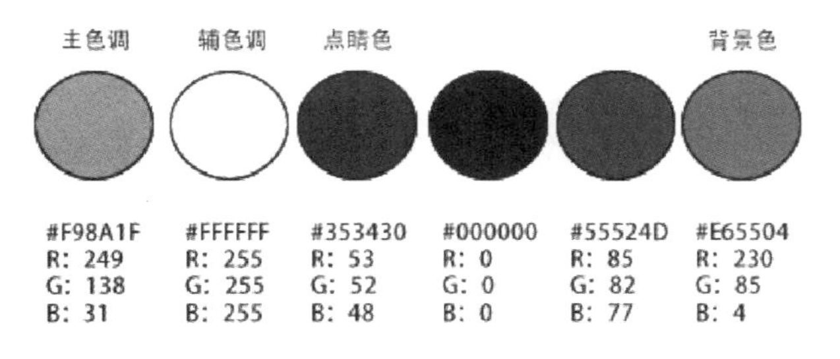

图 17-12　配色方案

2．黄色系配色

黄色在网页配色中是使用最为广泛的颜色之一，黄色比较适合活泼跳跃、色彩绚丽的配色方案。例如，喜庆的气氛以及华丽的商品可借助黄色来表现的。

(1) 适用的配色方案

如图 17-13 所示是一些配色方案，由此可以了解到黄色适合活泼跳跃、色彩绚丽的网站类型，如儿童类网站。将黄色与黑色进行搭配，可以使页面起到清晰、整洁的效果，如果想要让页面充满朝气可将其与绿色进行搭配。

r 255 g 255 b 204 #ffffcc	r 204 g 255 b 255 #ccffff	r 255 g 204 b 204 #ffcccc	r 255 g 255 b 0 #ffff00	r 255 g 255 b 255 #ffffff	r 204 g 204 b 0 #cccc00	r 153 g 204 b 255 #99ccff	r 255 g 204 b 51 #ffcc33	r 255 g 255 b 204 #ffffcc
r 255 g 255 b 51 #ffff33	r 153 g 204 b 255 #99ccff	r 204 g 204 b 204 #cccccc	r 255 g 255 b 0 #ffff00	r 255 g 255 b 255 #ffffff	r 153 g 51 b 255 #9933ff	r 153 g 204 b 255 #99ccff	r 255 g 204 b 51 #ffcc33	r 255 g 255 b 51 #ffff33
r 255 g 204 b 0 #ffcc00	r 102 g 204 b 0 #66cc00	r 255 g 255 b 153 #ffff99	r 255 g 153 b 0 #ff9900	r 255 g 255 b 0 #ffff00	r 0 g 153 b 204 #0099cc	r 255 g 204 b 0 #ffcc00	r 0 g 0 b 204 #0000cc	r 255 g 255 b 153 #ffff99

图 17-13　配色方案

(2) 在网站中的应用

如图 17-14 所示是黄色系的网站。该网站是一食品类网站，分析网站的配色，页面中除了黄色为主题色，还使用了红色、蓝色、白色进行搭配。除此之外，页面中图片边缘添加了阴影效果，这样使得页面更加灵动了。

图 17-14　黄色系网站

了解该网站所选择的颜色后，下面具体了解网站中应用的各种颜色值，如图 17-15 所示。

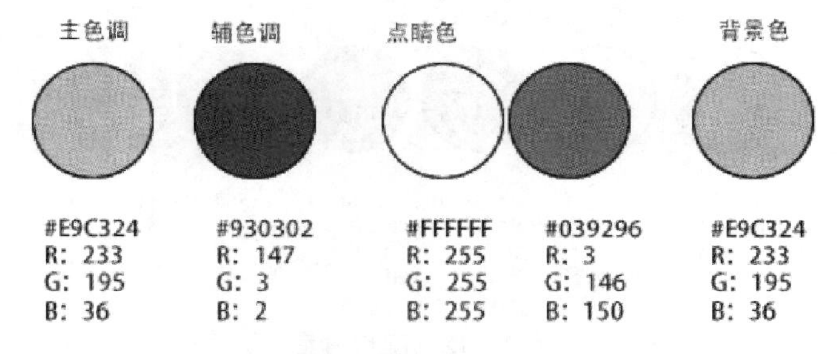

图 17-15　配色方案

因为黄色的纯度太高，其 R/G 已经接近于全色，很难大面积地使用，所以黄色是一个比较难以调和的颜色，能与之搭配的颜色很少。如果在黄色网页中插入少量的红与灰，就可以打破网页中黄色一统画面的局面，给整个网页带来生机与活力，这也是配色设计中常用的方案，如图 17-16 所示。

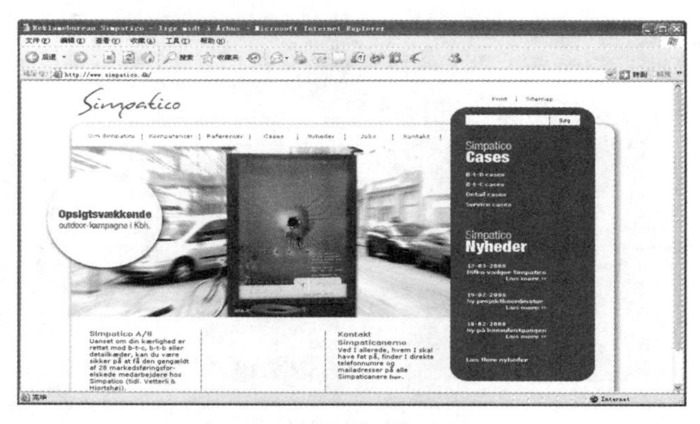

图 17-16　独特的黄色网页

17.3 黄绿色主题色调网页的配色

如果想让网站的网页呈现出虚幻与自然的感觉，可以选择黄绿色。虚幻和自然两种感觉是完全不同的，但黄绿色能够将其很好的诠释，这就是黄绿色的魅力之所在。

17.3.1 网站类型分析

黄绿色适合展现温暖亲切感，也能将高科技神秘虚幻的感觉进行很好的诠释。在进行主题色调选择过程中，黄绿色比较受儿童、年轻人的喜欢，以这些用户为主要群体的网站，适合使用该主题色调。

如图 17-17 所示，是以黄绿色为主题色调的网站，该网站属于食品类网站。通过页面中的食品照片可以了解到，在颜色的选择上也都是一些食品类网站常用的色彩，如橙色、绿色等。

图 17-17　黄绿色主题色调网站

17.3.2 网页配色详解

了解了黄绿色主题色调应用的网站类型，下面结合黄绿色主题色调网站的网页实例，进行配色的分析。

1. 适用的配色方案

在分析网站的配色应用之前，首先通过几种配色方案来了解适合与黄绿色搭配的颜色，及其具体的颜色参数值。如图 17-18 所示，黄绿色可以与蓝色、绿色、黄色、橙色、紫色等多种颜色进行搭配。

r 51　r 102　r 255
g 204　g 102　g 255
b 51　b 204　b 255
#33cc33　#6666cc　#ffffff

r 204　r 255　r 204
g 204　g 255　g 255
b 51　b 255　b 204
#cccc33　#ffffff　#ccffcc

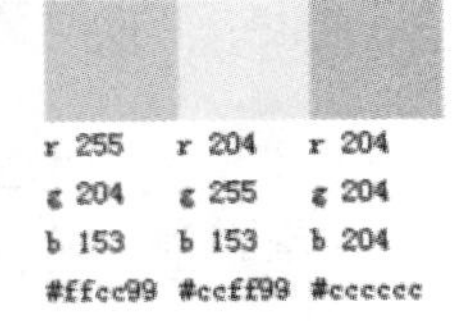
r 255　r 204　r 204
g 204　g 255　g 204
b 153　b 153　b 204
#ffcc99　#ccff99　#cccccc

r 204　r 153　r 255
g 204　g 153　g 255
b 0　b 102　b 204
#cccc00　#999966　#ffffcc

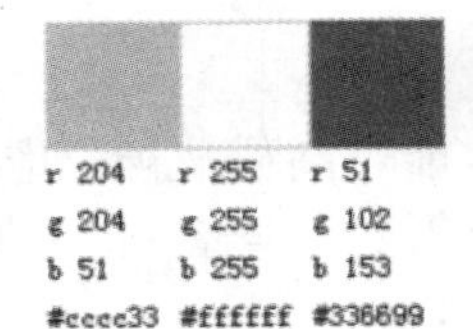
r 204　r 255　r 51
g 204　g 255　g 102
b 51　b 255　b 153
#cccc33　#ffffff　#336699

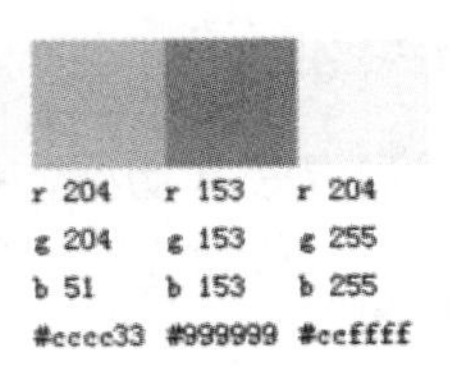
r 204　r 153　r 204
g 204　g 153　g 255
b 51　b 153　b 255
#cccc33　#999999　#ccffff

r 0　r 0　r 153
g 204　g 102　g 204
b 0　b 204　b 204
#00cc00　#0066cc　#99cccc

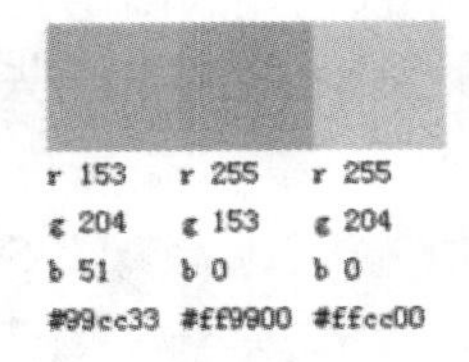
r 153　r 255　r 255
g 204　g 153　g 204
b 51　b 0　b 0
#99cc33　#ff9900　#ffcc00

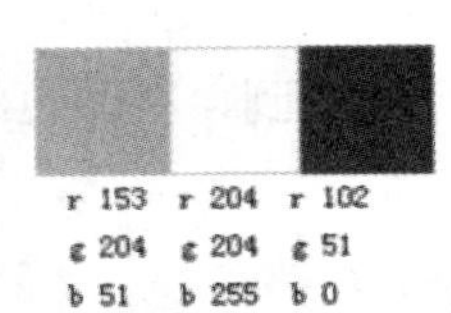
r 153　r 204　r 102
g 204　g 204　g 51
b 51　b 255　b 0
#99cc33#ccccff#663300

图 17-18　配色方案

2．在网站中的应用

如图 17-19 和图 17-20 都是同一网站的二级页面，观察页面除了内容上有关联之外，颜色的使用也是采用了统一色调，以黄绿色作为网站不同页面的主色。上述的二级页面，配色较单纯，但恰恰就是因为这样的搭配，使得页面层次感突出，不显得单调。

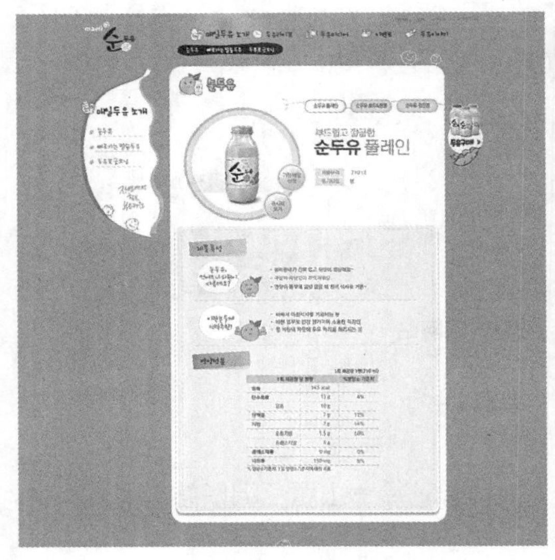

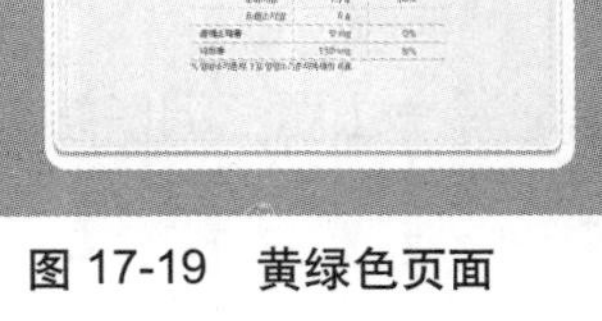

图 17-19　黄绿色页面

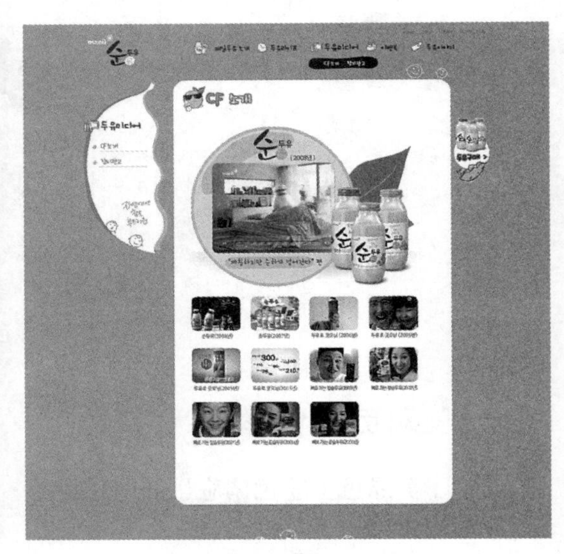

图 17-20　黄绿色页面

以如图 17-19 所示的页面为例，除了黄绿色主题色调，页面中添加了大面积的白色与浅灰色，搭配数量较多的文本内容，使整个页面看起来非常协调、有序。除此之外，页面还使用了其他颜色来搭配页面的主题色调，具体使用的颜色如图 17-21 所示。

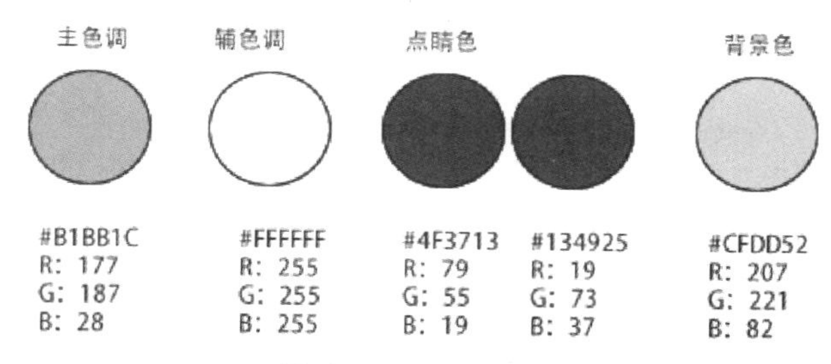

图 17-21 配色方案

下面分析如图 17-20 所示页面的配色具体应用，不同于如图 17-19 所示的页面，这里页面中没有添加灰色，反而采用了多个小图片的方法，来增加色彩的丰富度。页面内同样采用了几种颜色来与黄绿色进行很好的搭配，起到进一步丰富页面的效果，具体使用的颜色如图 17-22 所示。

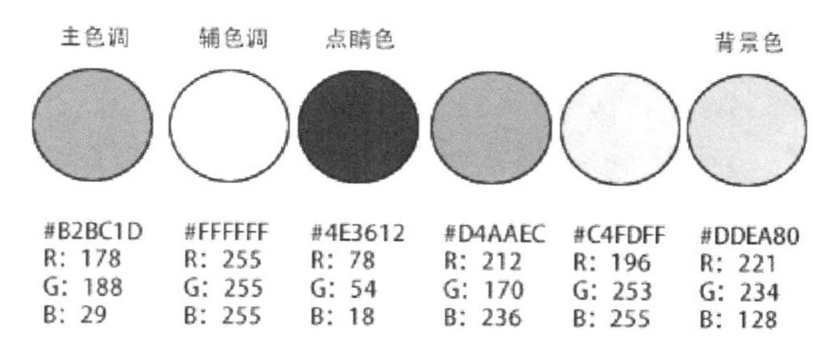

图 17-22 配色方案

在网页设计中，黄绿色通常与蓝色搭配使用，主要用于表现温暖、亲切的感觉或者高科技神秘虚幻的感觉。如图 17-23 所示就是一个科技类型的网站网页。黄绿色为主题色调的网站中，点睛色可以选择耀眼的颜色，也可以用混合灰色起到协调视觉的效果，都是不错的选择。

图 17-23 黄绿色与蓝色的搭配

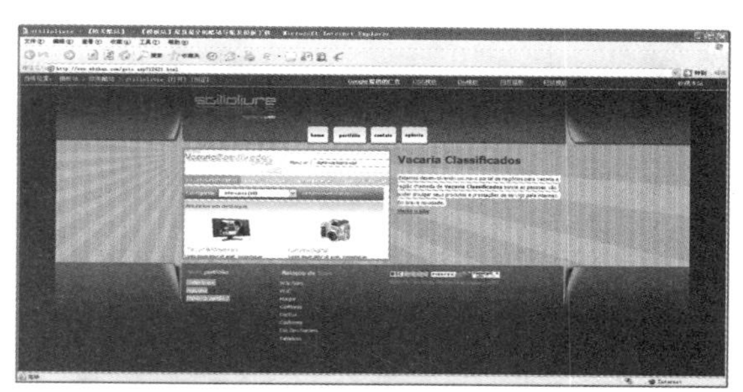

图 17-24 黄绿色与灰色的搭配

17.4 绿色和青绿色主题色调网页的配色

绿色和青绿色在网页配色的过程中被经常使用，其中青绿色结合了草绿色和蓝色所代表的部分“味道”，例如草绿色的健康以及蓝色的清新，都是可以通过青绿色来展现的。

17.4.1 网站类型分析

绿色带给用户健康的印象，所以很多保健类的网站、公司的公关网站、教育网站等经常使用它来配色。因为绿色与青绿色比较接近，与自然、健康相关的站点，都可以考虑使用这两种颜色。

1. 使用绿色作为主题色调的网站类型分析

绿色调是一种非常灵活的色彩，可以通过前面介绍的“黄绿色”来增加页面的温暖感，也可以使用“蓝绿”或者“碧绿”让页面往冷感的方向设计。在网站中合理使用不同的绿色搭配，可以让页面更加美观。比如，以绿色作为绿色食品网站的主题色调，就可以非常好地体现食品的绿色、健康的理念。

绿色与服务业、卫生保健业的精神理想比较贴近，如果将绿色应用于这些行业的网站中，就非常适合。例如，如图 17-25 所示，是食物类网站，页面正是选用的绿色系为其主色调。

分析该网页采用白色、红色来与绿色进行搭配，是一个不错的配色方案。既能够把点睛色进行很好的凸显，也能够让辅助色低调地起着辅助绿色的作用，从而让页面不但有丰富的色彩，也让用户看起来不反感。

此外，网页设计中绿色常被应用于服务业、卫生保健业、教育行业、农业类网页中，从而体现清爽、希望、欣欣向荣等意境。因为绿色象征着生命，所以应用在与自然、健康相关的站点，也是非常理想的。另外，一些公司的儿童站点、教育类内容的页面，都会选择使用绿色，如图 17-26 所示。

图 17-25　绿色系网站

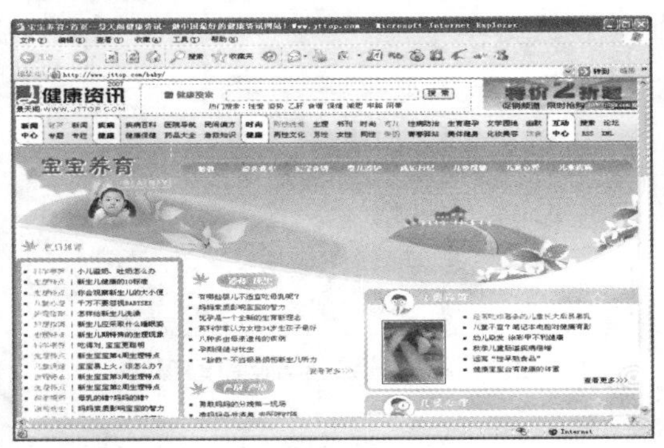

图 17-26　教育类网站

2．使用青绿色作为主题色调的网站类型分析

青绿色主题色调适用的网站类型与绿色比较接近，同样适合在健康食品类网站中使用。青绿色站点，也是比较常见的。因为青绿色与大自然的绿色有着一定的不同，所以适合展现人工制作的感觉效果会比较好。

例如，如图 17-27 所示，是一个青绿色的网页，页面中枫叶的颜色相信大家都明白，这里使用青绿色背景来放枫叶图片，把枫叶代表国家的一种理念进行了很好的诠释。

图 17-27　青绿色网站

17.4.2　网页配色详解

了解绿色适用于哪些网站之后，以下内容结合实例，详解绿色在网站配色中的使用。

1．绿色系配色

下面介绍绿色系配色的详细内容，通过绿色在网站中的实际应用，讲解如何将绿色同其他颜色进行合理的搭配。

(1) 适用的配色方案

在对绿色系的配色进行详细介绍之前，首先通过一些针对绿色系的配色方案，来了解适合同绿色进行搭配的相关颜色，如图 17-28 所示是与绿色相搭配的配色方案，从中可以看到与绿色进行搭配的颜色有黑色、白色、灰色、紫色、黄色、蓝色等。

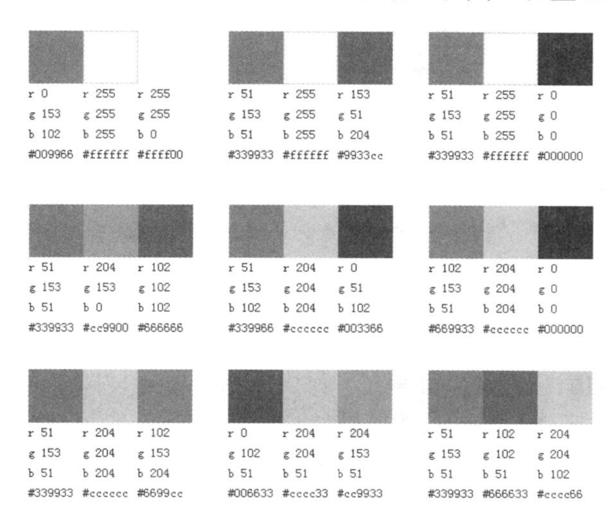

图 17-28　配色方案

(2) 在网站中的应用

绿色有着自然美的特点，是在网页中被使用得最多的颜色之一，该颜色可以与红色、

蓝色、黄色进行搭配，通过合理的编排，进而获取意想不到的美感及视觉感受。

如图 17-29 所示，是一个绿色系网站。页面中除了绿色还有蓝色、黄色等颜色，从而实现了颜色间的搭配。黑色文字以及白色的文字背景是为了突出内容区域的黑颜色文字，这样的颜色搭配，起到了醒目、突出的效果，搭配得恰到好处。

进一步分析该网站的配色，可以得到如图 17-30 所示的颜色值。网站使用的背景色、主题色，以及点睛色都起到了自身所应该起到的作用，比如突出文字内容，吸引用户浏览，或者突出某个按钮，便于用户找到并且使用。

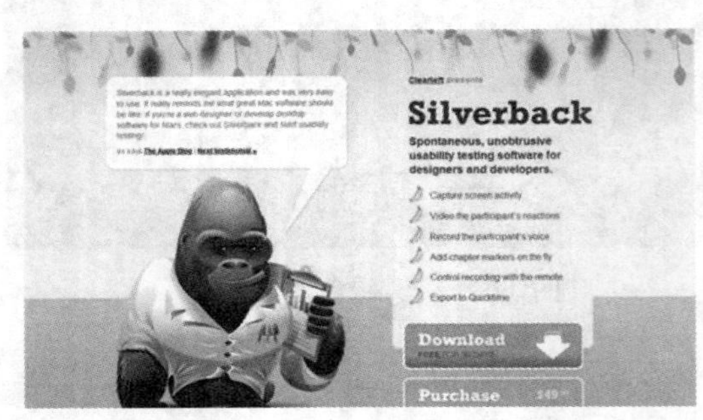

图 17-29　绿色系网站

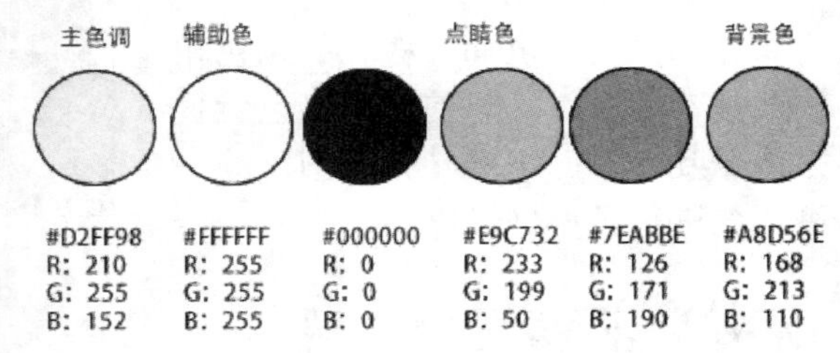

图 17-30　配色方案

另外，绿色系中的柠檬绿可以让设计效果很“潮”，平和的橄榄绿还是军队的象征色，通过淡绿色将春天的感觉带给浏览的用户。除了上述搭配之外，将绿色与蓝色进行搭配，可以把“水”的感觉带给用户，如图 17-31 所示。在绿色中添加米色或者褐色都是泥土气息展示的好办法。高对比的黑色和绿色，以及白色与绿色的搭配，都是很好的色彩搭配伙伴，如图 17-32 所示。

图 17-31　绿色和蓝色的搭配

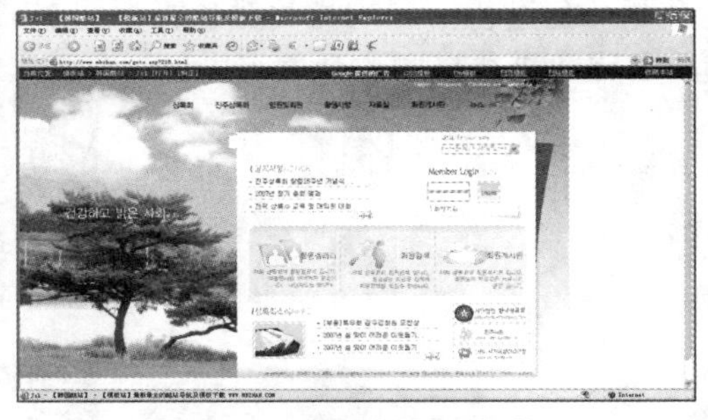

图 17-32　绿色与白色的搭配

2. 青绿色配色

关于青绿色适用的配色方案，及其在网站中的搭配使用，以下内容进行具体介绍。主要对该颜色在网站中的应用，通过实例网站，进行全面的分析。

(1) 适用的配色方案

青绿色在网站中的配色实现，先通过如图 17-33 所示的几种配色方案，进行简单的了解。青绿色可以同黄色、红色、绿色系的其他颜色进行搭配，还可以同粉红、紫色等颜色进行搭配。

(2) 在网站中的应用

在了解了可以与青绿色搭配的颜色之后，下面通过一个实例网站来进一步认识青绿色的配色实现，以及在网站应用的相关配色内容。如图 17-34 所示是以青绿色作为主题色调的网站，通过分析该网站的配色，以及颜色的选择等内容，从而帮助用户了解青绿色网站的配色实现，以及该颜色在网站中的应用。

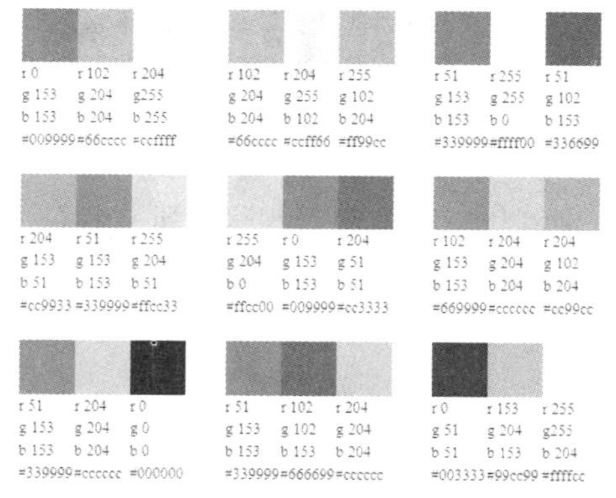

图 17-33 配色方案

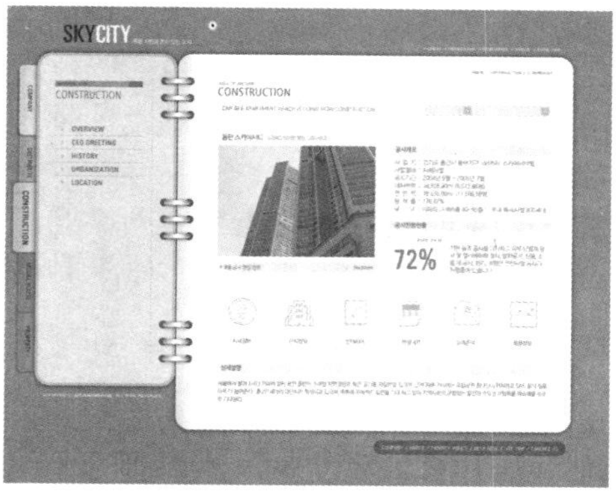

图 17-34 青绿色网站

观察上述网站的网页颜色，可以发现其采用的颜色有青绿色、白色、红色以及其他颜色，除了主页面中的红色作为点睛色，页面左侧的绿、黄、蓝、紫、橙这几种颜色同样起着点睛效果。该点睛色将页面导航进行衬托，起到了导航该有的效果。从总体上来说，页面中的色彩搭配非常协调，各种颜色的使用恰到好处。分析该页面的色彩搭配，主要采用如图 17-35 所示的配色方案。

除了使用案例网站中的颜色搭配方式，还可以将青绿色与其他绿色进行搭配，从而帮助缓解色彩带给用户的眼部疲劳感。青绿色与黄色、橙色等颜色搭配，可以营造出亲切、可爱的气氛；若与蓝色、白色等颜色搭配，可以得到清新爽朗的效果，这些都是不错的搭配方案，如图 17-36 所示。

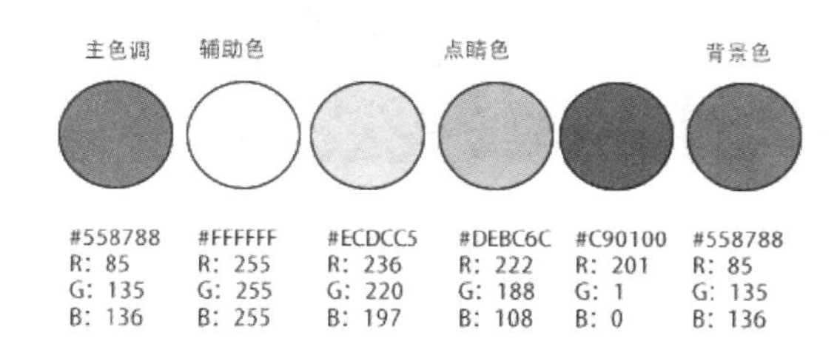

图 17-35 配色方案

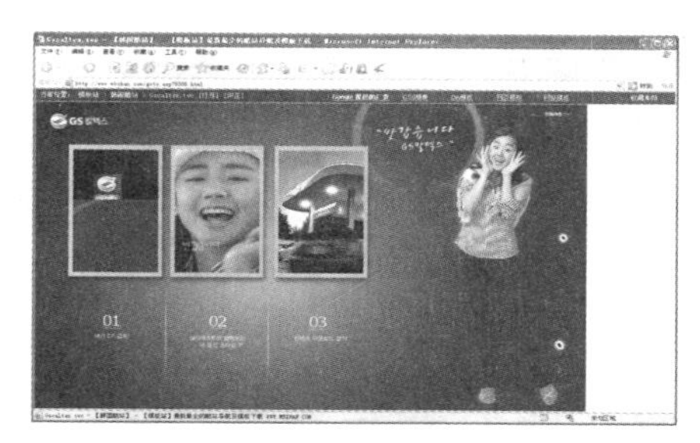

图 17-36 青绿色网页

17.5 蓝色和蓝紫色主题色调网页的配色

蓝色是天空、海水的颜色，常常被用于代表此类物体。蓝紫色通过色相环可以在蓝色和紫色之间找到它。所以，蓝紫色兼具了蓝色与紫色的某些特性。

17.5.1 网站类型分析

下面分析适用于蓝色和蓝紫色作为主题色调的网站类型，从而帮助用户掌握该色彩类别适用的不同的网站类型，以及这些网站的配色。

1. 使用蓝色作为主题色调的网站类型分析

蓝色是网站设计中运用最多的颜色之一，是代表冷色系的典型色彩。想要体现爽朗、开阔、清凉的感觉，可以用蓝色。蓝色容易让人联想到大海、天空的色彩，有着博大、深远的意境。因此，进行商业网站设计时，要想突出科技、商务类型的企业，就可以选择蓝色作为网站主题色调。

如果将蓝色应用于男士美容网站的相关页面，可以将干脆、利落的气质进行很好的诠释，透露出男性的时尚和魅力。如图 17-37 所示的就是一个蓝色系的网站。

2. 使用蓝紫色作为主题色调的网站类型分析

蓝紫色网站，既具有蓝色页面的效果，又兼具紫色的神秘色彩。因此，清新淡雅的蓝紫色，适合用来表现女性气质，可用于此类网站中。例如，女性时妆美容类页面的网站，就比较适合用蓝紫色作为主题色调，可以将女性浪漫、文雅的气质进行很好的诠释，进而展现女性充满迷人魅力的感觉。

如图 17-38 所示，是以蓝紫色为主色调的网站，除了在布局上用独特的编排吸引人之外，蓝紫色与白色的搭配恰到好处，页面既简洁又时尚。

图 17-37　蓝色系网站

图 17-38　蓝紫色网站

17.5.2 网页配色详解

本节介绍蓝色和蓝紫色配色的相关内容，通过分析网站中蓝色和蓝紫色的应用，将相应的配色方案进行分析介绍。

1. 蓝色系配色

下面介绍蓝色系配色的详细内容，通过在网站中的实际应用，结合实例，讲解如何将蓝色同其他颜色进行合理的搭配。

(1) 适用的配色方案

如图 17-39 所示，是一些适用于蓝色系网站配色的色彩方案。将蓝色与黄绿色等颜色进行搭配，可以起到很好的点睛色效果，除此之外，也适合同紫色等颜色进行搭配。

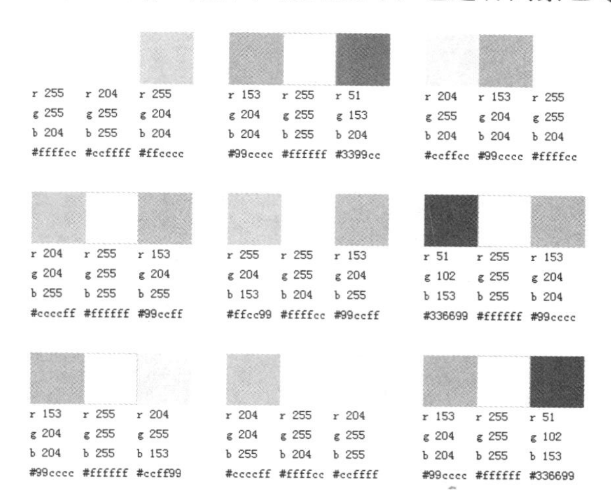

图 17-39　配色方案

(2) 在网站中的应用

如图 17-40 所示是一蓝色系网站，这部分内容通过对该实例网站在颜色的选择以及配色手法的分析，帮助详细了解蓝色在网页中的配色效果的实现及其应用。

分析如图 17-40 所示的网站网页所使用的颜色，主要有如图 17-41 所示的几种。以浅蓝色为背景，抒发着音乐带给人低调而又奢华的感觉。醒目的文本颜色，主要以黑色、较深一些的蓝色为主，与背景色形成对比效果从而突出文本内容。

图 17-40　蓝色系网站　　　　图 17-41　配色方案

如图 17-42 所示，是如图 17-40 所示网站的二级页面，页面在配色上看起来非常的协调统一。从页面颜色的选择上可以了解到，网站中不同页面的色彩搭配协调性对网站整体配色的统一协调有着不同程度的影响，具体可通过对比如图 17-43 所示的配色方案与如

图 17-41 所示网站使用的颜色参数来了解。

图 17-42 蓝色系网站二级页面

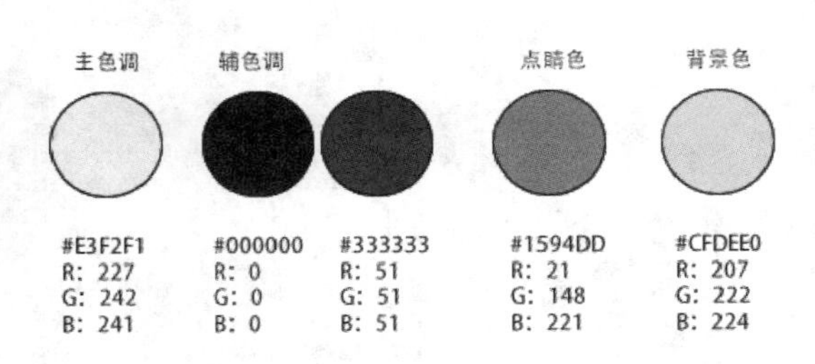

图 17-43 配色方案

蓝色适用于化妆品、女性、服装等不同类型网站的主题色调，其中深蓝色常被用于企业完全类网站，经典的浅蓝色、绿色与白色实现的搭配效果，也是非常理想的，如图 17-44 所示。除此之外，使用高对比度的蓝色会营造出整洁、轻快的印象，如图 17-45 所示。低对比度的蓝色会给人一种都市化的现代派印象，蓝色也是许多 IT 等企业的标志色。

图 17-44 蓝、白搭配的网页

图 17-45 高对比度的蓝色网页

2. 蓝紫色配色

以下内容具体分析蓝色紫的配色及其配色应用。通过在网站中的实际应用，讲解如何将蓝紫色同其他颜色进行合理的搭配。

(1) 适用的配色方案

适合与蓝紫色搭配的颜色可通过如图 17-46 所示的颜色参数值了解到。例如黄色、紫色、蓝色、白色等都是不错的选择，可以作为搭配页面中的文本以及点睛色的色彩。同时，蓝紫色也可以去衬托其他颜色的色彩性格，进而使得页面更具魅力，更吸引浏览者。

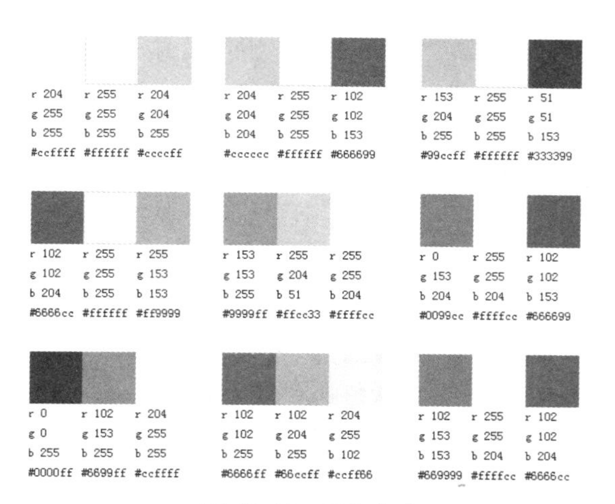

图 17-46　配色方案

(2) 在网站中的应用

蓝紫色在色相环中位于蓝色与紫色之间。低亮度的蓝紫色显得很有分量，而高亮度的蓝紫色则显得非常高雅，在网页中，它通常与蓝色一起搭配使用。蓝紫色可以用来创造都市化的成熟美，也可以使心情浮躁的人冷静下来。从明亮的色调到灰亮的色调，都带有一种与众不同的神秘美感。如图 17-47 所示网页就是一个以蓝紫色为背景色，搭配相邻色相的网站。

分析该网站的配色，网站除了采用蓝紫色主题色调外，还选用了相邻色彩蓝色、紫色与其进行搭配，整个页面看起来稳重、优雅氛围十足。绿色与黄色的点睛效果能帮助衬托点睛色蓝色及紫红色的两个按钮，从而起到了导航作用，具体使用的颜色参数值如图 17-48 所示。

图 17-47　蓝紫色网站

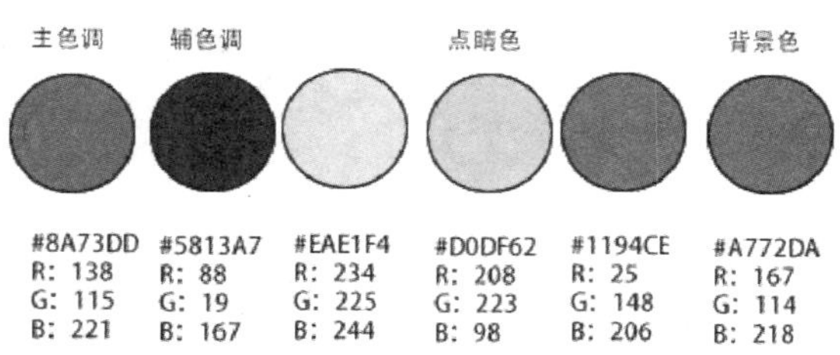

图 17-48　配色方案

除了上述的配色方案，蓝色和蓝紫色既可以分别用作不同网站的主题色调，也可以将其用于同一网站中，分别作为主色与辅助色进行搭配处理。

17.6 紫色主题色调网页的配色

紫色带给浏览者梦幻般的感觉，网站通过紫色主题色调营造出高贵、奢华、优雅的魅力。同时，又因为使用了紫色，给用户一种神秘的韵味。

17.6.1 网站类型分析

紫色在女性主题或者介绍艺术作品的网站中比较常见，为了突出高档艺术品的高价值，适用较暗的紫色来衬托，清澈的紫色多被用于女性网站中。

如图17-49所示是一个主题色调为紫色的网站。网站没有使用很多的颜色，主要有紫色、白色。通过观察网站的主页以及子页面（如图17-50所示），可以发现页面很好地沿用了碟片型的纹理，作为内容简单的网站，避免图片分散出去更多注意力，这样的手法就比较恰当。最终，用这样的配色方法来告诉用户网站内容以音乐为主。

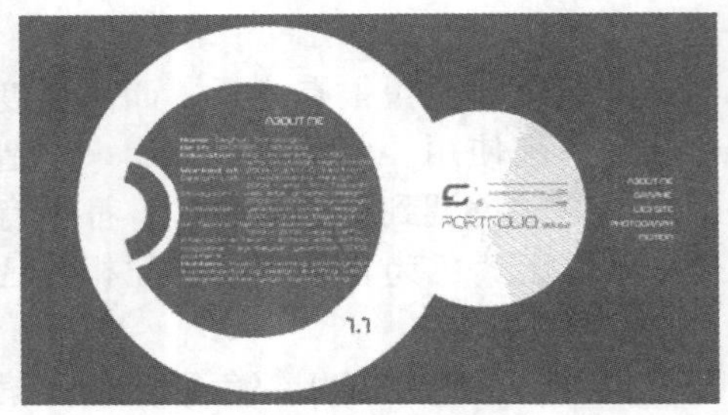

图 17-49　紫色系主页面

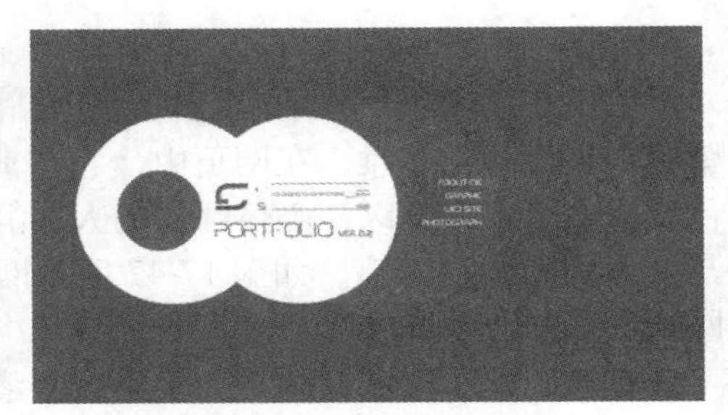

图 17-50　紫色系子页面

17.6.2 网页配色详解

色彩情感中，神秘、尊贵和高尚可通过紫色来展现。这一部分详细讲解紫色在网站中展现其色彩特点的方法，以及配色的实现。

1. 适用的配色方案

适合与紫色搭配的颜色，可以如图17-51所示的配色方案。将紫色与紫红色、红色、蓝色、绿色、黄色等颜色进行搭配，能够将配色中的同类色、对比色效果进行很好的展现，从而实现好的配色效果。比如，与紫色有着对比效果的浅黄、浅蓝等颜色，是紫色系网页中点睛色的不错选择。红色、紫红色等可以作为紫色的辅助色，也会有很好的搭配效果。

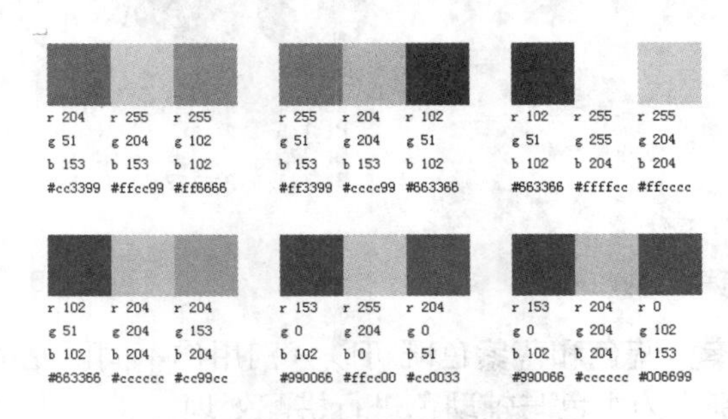

图 17-51　配色方案

2. 在网站中的应用

如图 17-52 所示是紫色系的网站。以下内容分析该网站的配色实现，从而帮助进一步掌握紫色系网站的配色方法及其相关内容。

页面中用白色的文字，搭配主题色调紫色，起到了很好的协调作用。点睛色选用的绿色与蓝色也有着理想的效果。此外，列表框的滚动条与背景，也有着强烈的对比效果，可以让用户快速找到滚动条及其按钮。关于该页面使用的具体颜色，参照如图 17-53 所示的颜色值。

ДИНИС
ЗА НАС

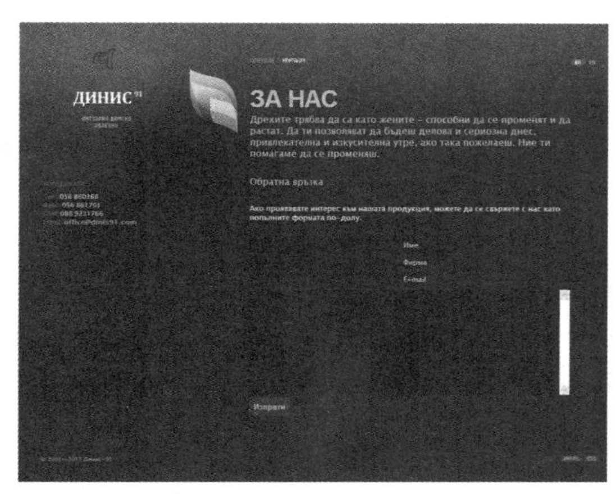

图 17-52 紫色系网站

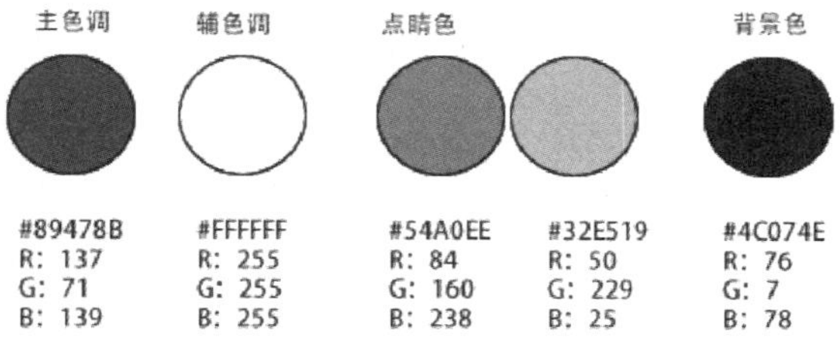

主色调
辅色调
点睛色
背景色
#89478B
R: 137
G: 71
B: 139
#FFFFFF
R: 255
G: 255
B: 255
#54A0EE
R: 84
G: 160
B: 238
#32E519
R: 50
G: 229
B: 25
#4C074E
R: 76
G: 7
B: 78

图 17-53 配色方案

分析整个网页，是一个用于联系的页面。根据各颜色的特质，在视觉上成功做了先后次序的引导。白色虽是非色彩，但也起到拉大色彩之间色阶层次的作用，增强了页面空间感，也使以上配色更协调。

17.7 紫红色主题色调网页的配色

紫红色主题色调多用于女性为主的网站，属于女性化的颜色。通过该主题色调能够带给用户柔和、优雅的感觉，从而寓意着使用者的高雅。

17.7.1 网站类型分析

紫红色是非常女性化的色彩，带给人浪漫、柔和、优雅的感觉。将其对比度调高，可以表现出超凡华丽的视觉效果；将对比度调低，可将高雅的气质进行很好的诠释。因此，紫红色主要用作女性为主的网站。

另外，如图 17-54 所示是一个宠物食品网站，用于该网站中的紫红色配色能够将食品网站需要的食欲以及吸引力给予实现。这里使用紫红色与黄色的对比，将页面的导航结构给予了很好的突出。

whiskas
定制营养
呵护幼猫天性

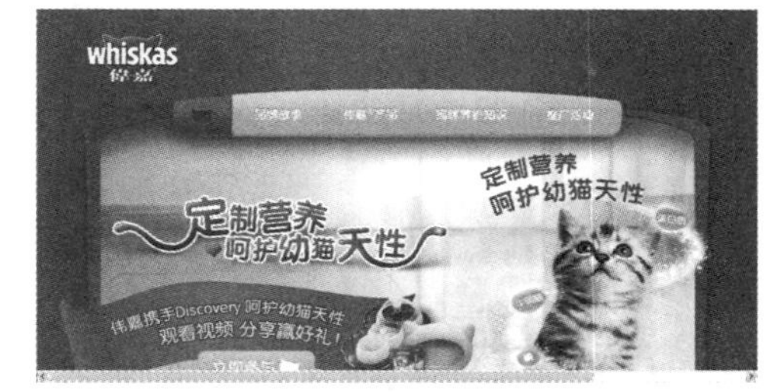

图 17-54 紫红色网站

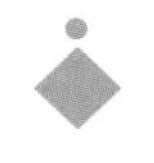

17.7.2 网页配色详解

以下内容，结合实例网站，详解紫红色网站的配色及其适用的配色方案。

1．适用的配色方案

如图 17-55 所示给出了一部分紫红色配色方案，适合用作紫红色网站的配色。将紫红色与黄绿色、紫色、粉紫色、淡黄等颜色进行搭配，是不错的搭配方案。

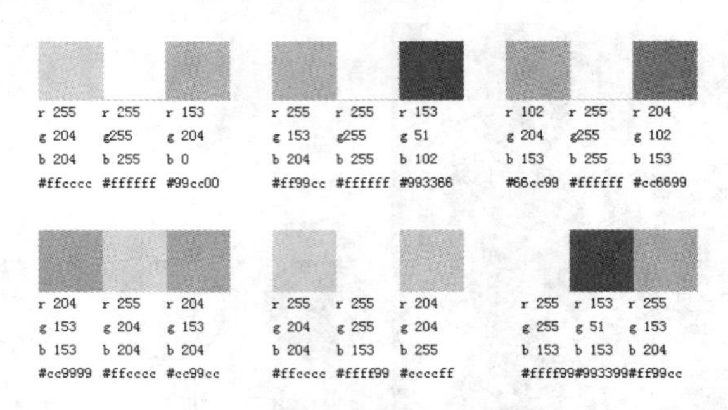

图 17-55 配色方案

2．在网站中的应用

以下内容结合实例网站，如图 17-56 所示，分析紫红色在网站中的配色实现。网站是一个宠物类食品的相关页面，也是如图 17-54 所示的页面的二级页面。该网站采用的色彩搭配与主页的统一是配色需要遵循的原则。具体分析其颜色搭配方案，及其选择与紫红色搭配的不同颜色。

页面中白色与紫红色形成鲜明对比，再用黄色按钮的颜色起到很好的突出效果，紫红色背景可以衬托页面中白色背景，与白色背景上的黑色文字也有着强烈的对比效果，从而将页面中的内容很好地衬托出来了。如图 17-57 所示是网站的色彩方案。

图 17-56 二级页面

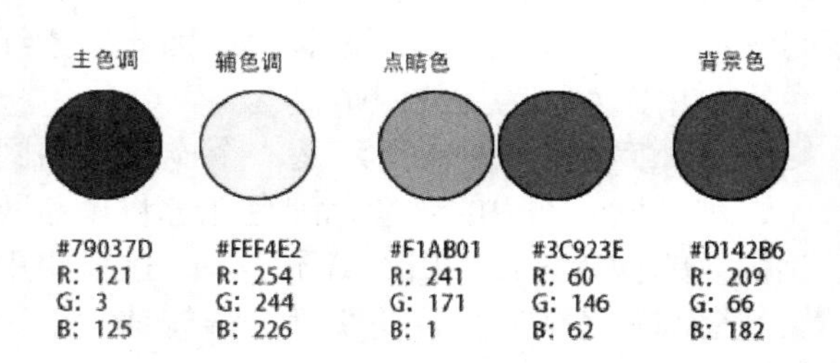

图 17-57 配色方案

这一紫红色网站在以紫红色为主题色彩之外，对白色的调整过程中，降低了白色的绿色以及蓝色的相关颜色值。绿色相对于蓝色要较低一些，在保持红色基本不变的条件下，这样更有利于与紫红色进行很好的搭配。

17.8　黑色主题色调网页的配色

相对于其他色彩，将黑色作为网站的主题色调，从数量上来说相对少一些。但黑色所特有的魅力，还是吸引着设计师将其作为一些网站的主题色调，从而将该色调的感染力融于整个网页，最终将这种感染力传递给用户。

17.8.1　网站类型分析

如图 17-58 所示，是一黑色系网站，页面的主要颜色除了主色调黑色之外，借助白色来搭配其整体页面，用作文字的色彩，这样将文本内容进行了清晰显示。

黑白两种颜色的搭配使用通常可以表现出都市化的感觉，常用于现代派页面设计中，使页面散发出迷人的高品位的贵族气息。如图 17-59 所示红色和黑色搭配而成的网页，有着商业成功色的美誉。因为红色对人的视觉刺激很强，在黑色的衬托下极容易吸引人们的目光，并且相对于其他颜色，红色视觉传递速度是最快的。这类颜色的搭配，常运用于较能体现个性的时尚类网站，从而加深人们的印象。

图 17-58　黑色系网站

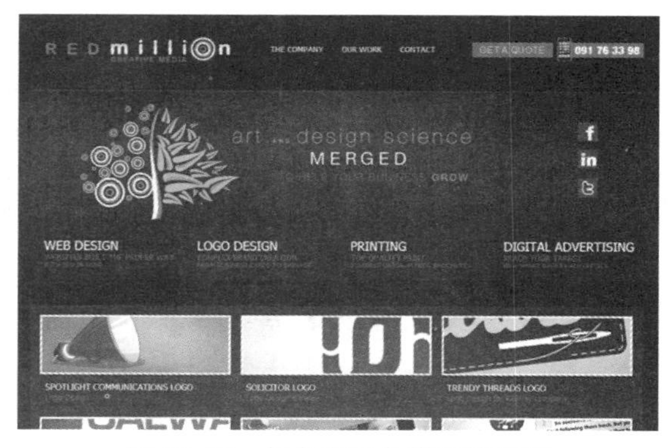

图 17-59　红色和黑色搭配的网页

17.8.2　网页配色详解

黑色与白色表现出两个极端的亮度，而这两种颜色的搭配使用通常可以表现出都市化的感觉。如果能技巧地使用黑、白二色，甚至可以实现比彩色搭配更生动的效果。黑色有很强的感染力，它能够表现出特有的高贵。

如图 17-60 所示就是一个黑色系网站的网页。分析该网页的配色，除了黑色主题色调之外，白色、红色、黄色都恰到好处地起到了突出显示的效果。将页面中的主题内容，进行了非常有效的处理，效果较为理想。页面中具体应用的各类颜色，可通过如图 17-61 所示的配色方案了解。

图 17-60　黑色系网站

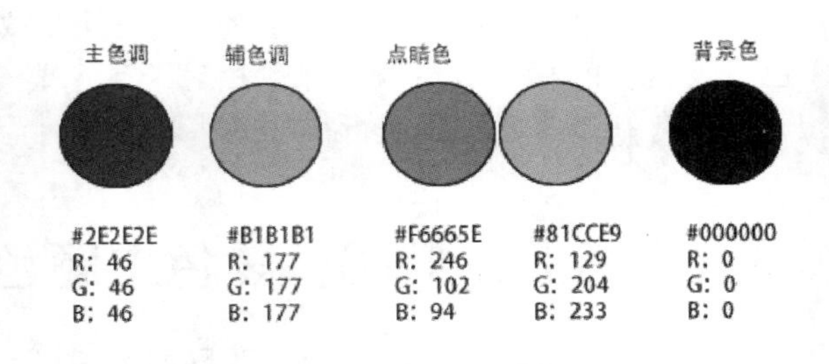

图 17-61　配色方案

17.9　白色主题色调网页的配色

如果将黑色与白色进行搭配，比如以白色作为背景色，黑色作为文字颜色，就可以使得整个网页在色彩搭配上变得简洁，又毫不逊色于使用了其他更多色彩的网站。

17.9.1　网站类型分析

白色主题色调的网站，很受大型门户网站欢迎。新浪、雅虎、搜狐等这一类网站都以白色为背景。即使是百度，如图 17-62 所示，这一国内最大的搜索引擎网站，也在首页中选择以白色作为其背景色。

除了这些大的网站，因为白色是无彩色，经常与黑色进行搭配。例如，白色背景下添加黑色的文本内容，又或者是黑色的背景下添加白色的文本内容，是较为常见的网站主题内容配色的色彩应用手法。因此，白色系可用于不同类型的网站中，作为该网站的背景色。如图 17-63 所示是天涯论坛，网站使用的也是以白色为网页的背景色，然后搭配蓝色，将色彩的经典组合之一——蓝色 + 白色进行了很好的应用。

图 17-62　白色主题色调

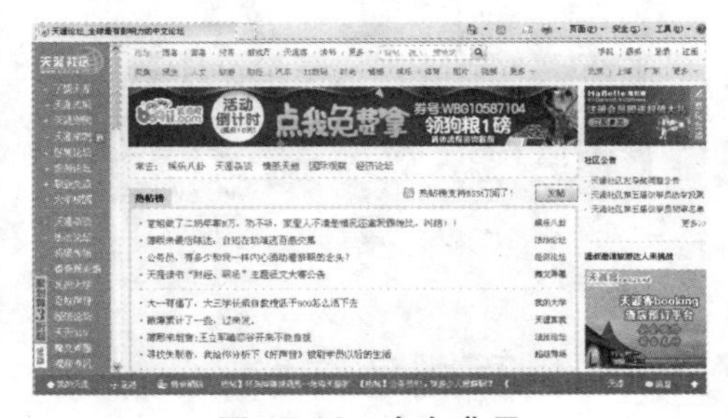

图 17-63　白色背景

17.9.2　网页配色详解

黑色白色属于没有色相和饱和度、只在明度两极的非色彩，有着两个极端的亮度。通过搭配这两种颜色，可以表现出都市化的感觉。白色有着很强的感召力，所以可以用来体现如雪般纯净与柔和的页面效果。

如图 17-64 所示是一白色系的商务网站。白色背景，搭配灰色、黑色、红色这几种颜色，使得整个页面，该突出的内容非常突出。

分析该页面内容，构成简单，色彩种类有着简洁、低调，但又不失优雅的效果。页面中白色背景上的黑色文本内容，更有利于文字的清晰度。另外，红色背景下的白色文本，同样有着明显的突出文本内容的效果。总结该页面的色彩应用，可以有如图 17-65 所示的配色方案。

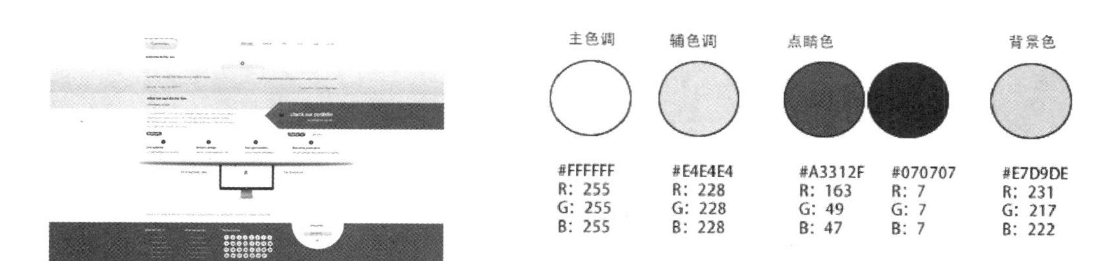

图 17-64　白色系网站

图 17-65　配色方案

17.10　灰色主题色调网页的配色

灰色是一种中等明度的色彩，色彩的彩度属于无彩度及低彩度的那一种。如果要很好地搭配出灰色主题色调的网站，可以参照下面介绍的配色方案。

17.10.1　网站类型分析

灰色是一种中立色，具有中庸、平凡、温和、谦让、中立和高雅的心理感受，任何色彩加入灰色都能显得含蓄而柔和。灰色调有红灰、黄灰、蓝灰等多种颜色。

灰色位于白色与黑色之间，具有中等明度，属于无彩度及低彩度的色彩，使用该色彩有着既不暗淡又不刺眼的好处，不容易让浏览者感受到视觉疲劳。但是，因为彩度低，有着沉闷、颓废的感觉，可以适当抑制高彩度色彩。将灰色用于色彩艳丽的画面中，有利于色彩间的平衡过渡，如图 17-66 所示。

如图 17-67 所示是非色彩系灰色为主色调点缀极少面积的色彩系，色彩运用的面积反差越大，页面所呈现的独特魅力也就越强烈。灰色的特性在于能把刺激耀眼的颜色柔和化，这将是调和多个页面配色的利器，页面中图片的视觉元素颇有时尚现代的气息，与前景的色彩明度纯度稍有变化又在视觉上达到风格统一。进行灰色系网站配色，多采用这样的手法实现的。

图 17-66　灰色系网站

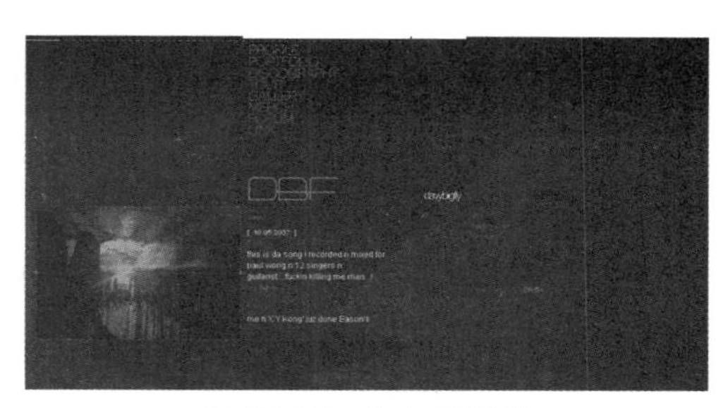

图 17-67　灰色系网站

17.10.2 网页配色详解

灰色经常被当作辅助色彩，用于衬托出其他色彩的张扬与大胆。作为主题色调，灰色系网页的配色如果搭配不当，容易给人暗淡无光的感觉。

例如，如图 17-68 所示，是一个灰色系网站，该网站的配色以浅灰色为背景，搭配蓝色作为其点睛色，使得整体页面的重点内容突出。进一步观察该网站配色，除了使用蓝色之外，页面中所采用的灰色，也有着一定的区别。例如在蓝色图标边缘使用的灰色，以及导航文本中使用的颜色都比较深。

如图 17-69 所示是图 17-68 所示的网页的配色方案，根据图中给出的颜色值，可以了解到，整体页面在使用灰色进行配色过程中，通过选择深浅不同的灰色搭配实现整个页面的灰色系色调，从而使得页面的整体色彩不单调。

图 17-68　灰色系网站

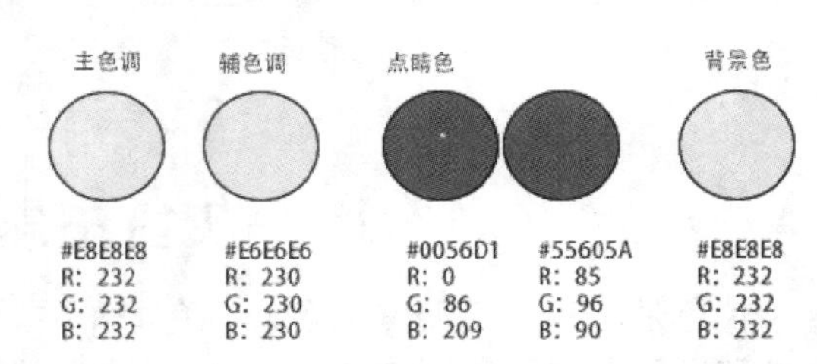

图 17-69　配色方案

17.11 专家答疑

疑问 1：如何使自己的网站搭配颜色后更具有亲和力？

答：在对网页进行配色时，必须考虑网站的本身性质。如果网站的产品是以化妆品为主的，那么这样网站的色彩多采用柔和、柔美、明亮的色彩，给人一种温柔的感觉，具有很强的亲和力。

疑问 2：如何在自己的网页中营造出地中海般的风情配色？

答：可使用“白＋蓝”的配色，由于天空是淡蓝的，海水是深蓝的，把白色的清凉与无瑕表现出来。白色很容易令人感到十分的自由，好像是属于大自然的一部分，令人心胸开阔，似乎像海天一色的大自然一样开阔自在。要想营造这样的地中海式风情，必须把家里的东西，如家具、家饰品、窗帘等都限制在一个色系中，这样才有统一感。向往碧海蓝天的人士，白与蓝是居家生活最佳的搭配选择。

第 18 章 不同网站网页配色设计分析

如果选择了恰当的颜色，并且有了巧妙的设计思想，还需要对这些网页元素进行间架结构的规划，才有可能设计出精美的网站。因此，最有效办法就是通过借鉴优秀网站的精华，来很好地实现网页间架结构的设计。

18.1 门户类网站配色设计分析

门户网站是指通向某类综合性互联网信息资源，并提供有关信息服务应用系统的网站。门户网站最初只是提供搜索引擎和网络接入服务，后来由于市场竞争日益激烈，门户网站不得不快速地拓展各种新的业务类型，希望通过门类众多的服务来吸引和留住互联网用户，以至目前门户网站的业务包罗万象，成为网络世界的“百货商场”或“网络超市”。

18.1.1 色彩设计与网站风格

如图 18-1 所示是中国知名网站中国网的首页，该网站的主色调为蓝色（中明度、中纯度），辅助色为红色（高明度、高纯度），该网站属于门户类网站。该网站的主色调是蓝色，给人以肃穆威严的感觉，而辅助色则是红色，从而烘托蓝色的主题格调，给原本威严的气氛增添了一份和谐。

中国最大的门户网站搜狐网，不再使用具有威严特性的蓝红色调，转而采用比较温暖的黄色调，该网站的主色调为黄色（中明度、中纯度），辅助色为蓝色（高明度、高纯度），使整个画面活跃起来，如图 18-2 所示。

图 18-1 中国网

图 18-2 搜狐网

搜狐网使用黄色作为主色调，给人以温暖舒适的感觉，增添了网页的亲和力，用蓝色字体代替那些繁多的图片，增强了网页的实用性。

18.1.2 框架与色彩

门户类网站通常也称为框架类网站，其网站的栏目比较多，但是这类网站还是遵循一定的设计规则的：站点左上方为网站的 Logo，右侧就是 2 ～ 4 行菜单栏，分列新闻、体育、教育、音乐、电影等栏目。栏目上方展示的是站点登录和搜索等窗口，下面以通栏或 2/3 栏方式进行切割，以站点内头条或者醒目的内容做提示，如图 18-3 所示。

图 18-3　商都网

该网站使用红色（中明度、中纯度）作为主色调，辅助色为蓝色（中明度、中纯度），给整个网页以活泼生命的寓意，因为红色给人以鲜亮感，刚好符合该网站的主题思想。

18.1.3　风格设计的创新与延续

网站的变化日新月异，门户类网站的结构也不是一成不变，而是随着实际需要和具体表现形式发生着变化。

如图 18-4 所示即为一个电子商务类门户网站，沿用传统门户类网站的框架，但在风格上有了新的变化，用富有动感的图片代替烦琐的文字叙述。该网站主色调为草绿色（中明度、中纯度），辅助色为灰色（中明度、低纯度），不仅在视觉上给人眼前一亮的感觉，而且结构脉络也非常清晰。

如图 18-5 所示是一个音乐类门户网站，该网站结构清晰、色彩明快，主色调为黄绿色（高明度、中纯度），辅助色为草绿色（中明度、中纯度），给人一种动态的感觉。

图 18-4　电子商务类门户网站

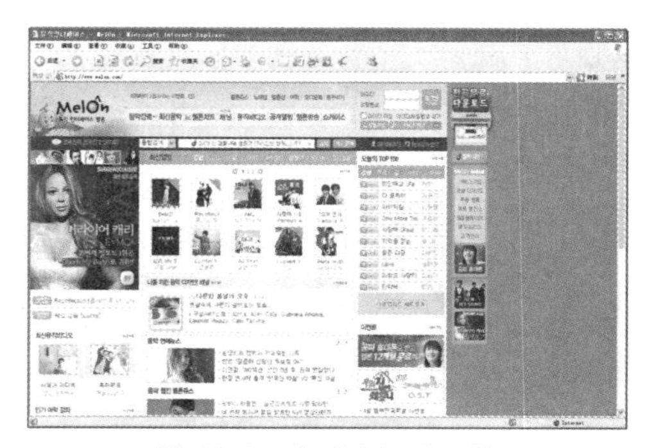

图 18-5　音乐类门户网站

该网站使用同色系的两种不同颜色进行搭配，黄绿色属于高明度的颜色，在整个网页中起着中流砥柱的作用，给人一种轻松、愉悦的感觉，再加上明度稍微低些的草绿色作为背景，实现了颜色的明暗协调，给人一种层次感，恰好符合音乐类门户网站的主导思想，延续了门户类网站的格局，在颜色表现上又不同于传统的门户类网站，实现了色彩的突破。整个网页给人一种振奋人心、动感十足、青春活泼的感觉。

18.2 资讯类网站配色设计分析

咨讯类网站是指那些以提供专业动态信息为主、面向获取信息的专业用户的网站，此类网站比门户类网站更具有特色。

18.2.1 网页导航与布局

无论是什么类别的网站，其网页导航条和小标题都是浏览者的引路石，必不可少。资讯类网站也不例外。浏览者要想在资讯类网站中了解网站的结构和内容，就必须通过导航和相应的布局来实现。如果使用特别明亮的色彩来修饰这些导航，那就会吸引浏览者的眼球。

如图 18-6 所示网页就是一个很好的例子，该网站的主色调为深灰色（低明度、低纯度），辅助色为蓝色（低纯度、低明度）和深红色（中纯度、低明度）。

该网站的导航和框架分布非常独特，特别是导航，一改通常的横向展示，而是从逆向的竖条给人以新的感觉，框架用极其鲜明的长方形做修饰，每个模块都有不同的特点，特别是用深灰色作为背景色，更突出蓝色模块的鲜亮和红色模块的耀眼，让浏览者进入网站就能根据自己的兴趣和爱好自由浏览不同网页，在视觉上也给人以独特的感觉。

如图 18-7 所示网站也是一个比较经典的资讯类网站，其结构简单易懂，给人一种清晰舒适的感觉。该网站的主色调为黑色（低明度、低纯度），辅助色为红色（高明度、高纯度），网站的间架结构非常的清晰简单，导航条也一改以往的在网页上方的显示方式，创新式地放在网页的最下方。

网页首端是该网页的主标志，特别是用红色修饰出来的圆环，仿佛升起的太阳，给人以明示的感觉。该网页以黑色为主色，以红色为修饰色，突出显示出该网页的庄重，让人有种过目不忘的感觉。

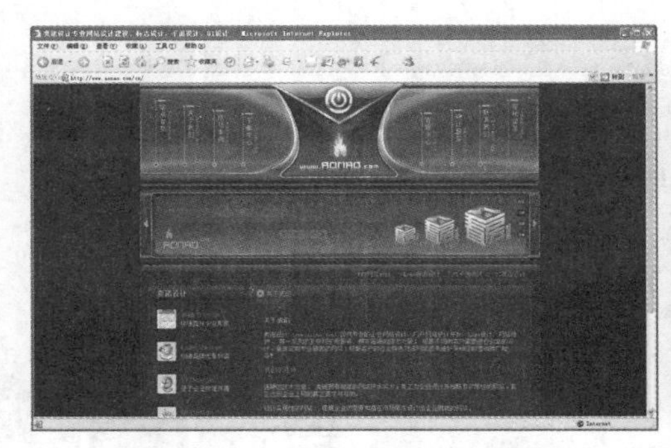
图 18-6 具有独特导航的资讯类网站

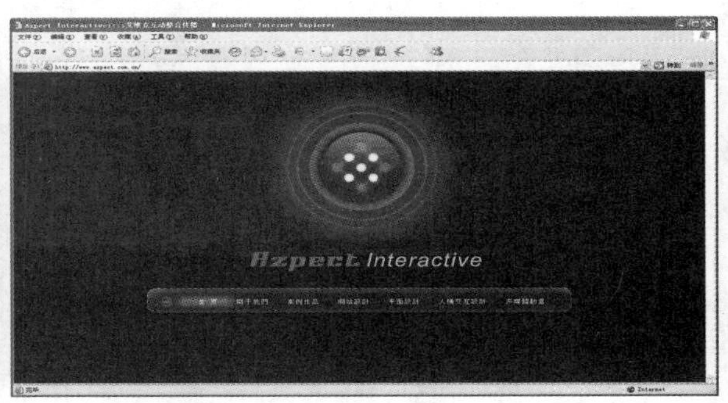
图 18-7 视觉舒适的资讯类网站

18.2.2 框架与色彩

通常情况下，资讯类网站的框架结构均以栏目分类为主体分类标准，形成框架切割模式，从而体现动态信息更新和模块的合理组合，并在此基础上兼顾框架与框架之间的组织，实现整个网站点、线、面关系上的协调。

如图 18-8 所示网站就是灰色资讯类框架网站的例子；如图 18-9 所示网站就是灰、白色资讯类框架网站的例子。

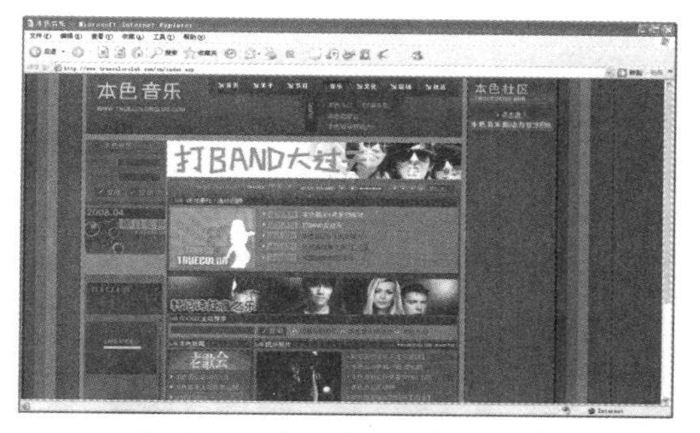

图 18-8　灰色资讯类框架网站

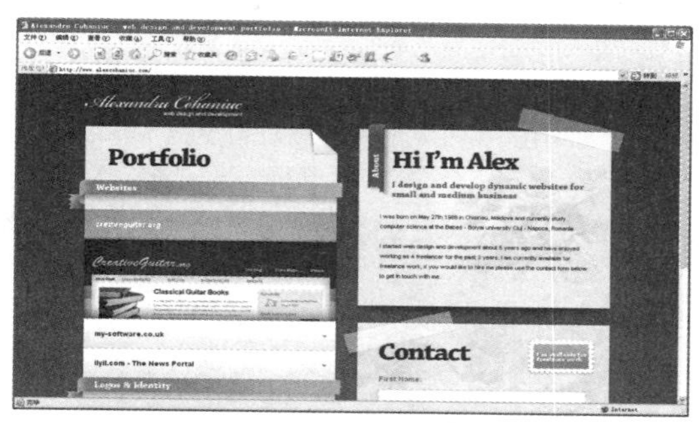

图 18-9　灰、白资色讯类框架网站

18.2.3　各类信息与风格设计

初学者在学习设计资讯类网站时，不仅要考虑如何提供大量的信息，还要考虑页面布局与导航的易用性。

如图 18-10 所示网站的整体设计风格比较新颖，红色背景中更显网站内容的科技感与设计思想的特殊性，更重要的是满足了用户对功能的需求，符合人们的审视观点。

如图 18-11 所示网站在整体设计上蕴含着浓厚的文化底蕴，这正符合网站本身的文化性质，并且是以画卷的形式展现整体网站的内容，浏览者仿佛吟着古诗走进了那古老而又有内涵的古代文化世界中，其设计精美贴切，让人回味不尽。

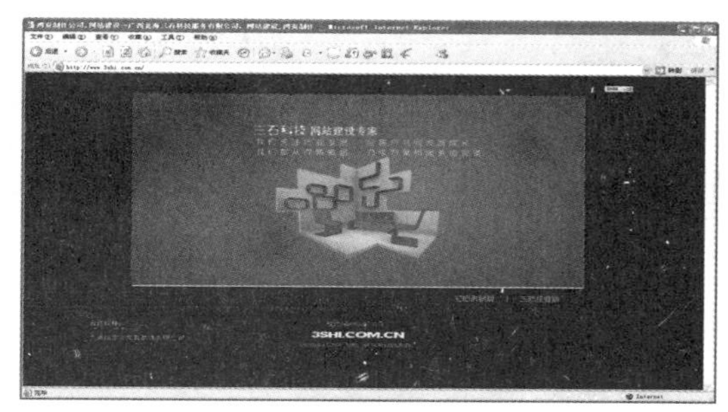

图 18-10　设计独特的资讯类网站

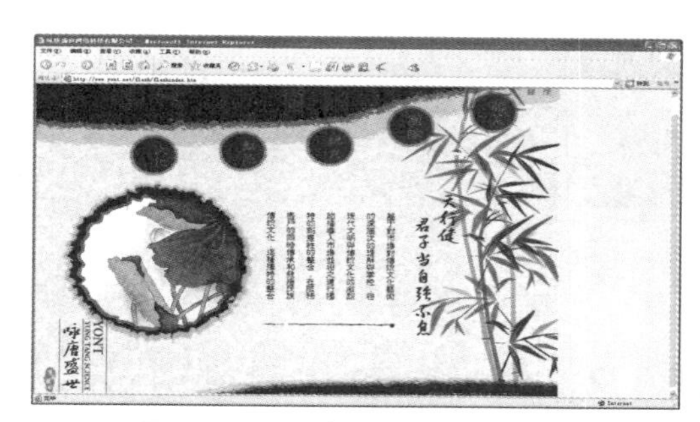

图 18-11　信息表现突出的网站

18.3　时尚类网站配色设计分析

时尚类网站的色调没有门户类网站那么正式和严肃，也没有资讯类网站那样专业，而是更加活跃，其设计风格更加活泼与多样化，思维更加的大胆，给人一种赏心悦目的感觉。

18.3.1　流行文化与时尚

时尚类网站的应用范围很广泛，其中流行文化与时尚就是其中的类别，不同时期，不同文化都会有不同的表现风格，所以时尚类网站的色调和布局，是所有类别网站中变换速度最快的一种。

如图 18-12 所示即为一个典型的民间文化网站。整个网站通透着古朴与淡雅，深蓝色的细碎小花做背景，具有代表性的民俗产物图片做修饰，不仅展现网页的内容特点，更重要的是体现出了 19 世纪三四十年代的那种文化的意蕴，给人一种优雅、舒适的感觉。

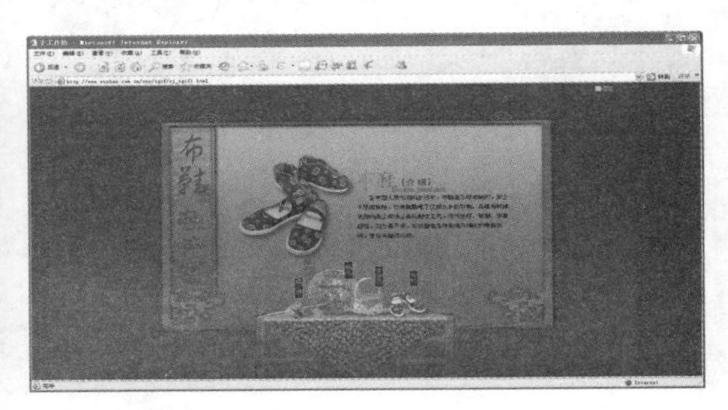

图 18-12　具有古朴民俗文化的网站

如图 18-13 所示即为一个流行服饰的网站，该网站以红色为主色，再加上具有凝重神秘高贵气质的黑色做修饰，更显其服饰的高档气质，品质不言而喻，给人一种雍容华贵的美感。

图 18-13　流行时尚服饰网站

18.3.2　各类信息与风格设计

时尚类网站与资讯类网站一样，其网站风格也是奇特万千、各具特色，并且同一性质的网站随着生活习俗、审美情趣的不同，其风格设计所暗含的信息也不尽相同。

如图18-14所示，该网站的主色调为黄色(高明度、高纯度)，辅助色为白色(高明度、高纯度)，大篇幅的使用橙黄色作为修饰色，色彩比较鲜艳，其设计比较独特，给人一种鲜亮舒适的感觉。从而展现活跃的气氛，因为橙黄色本身就具有热情奔放的性格，而少许的白色给热力似火的页面增加一点点缀，舒缓一下热情的气氛，更显其页面的动感色彩。

如图18-15所示的网站也是一个色彩鲜艳的韩国时尚服饰网站，该网站的主色调为白色(高明度、高纯度)，辅助色为浅灰绿色(中明度、低纯度)，运用白色来修饰整个页面，并且用浅灰绿色作为修饰色，从而展现该服饰的个性特色，特别是穿插具有代表性的产品的图片，给原本个性的网站增添了几分独特，吸引浏览者的眼球，有一种让人回味的感觉。

图 18-14 时尚格局网站

图 18-15 色彩鲜艳的时尚性网站

如图18-16所示是一个气氛活跃的时尚类网站，该网站使用暗红色(低明度、中纯度)来营造神秘的气氛，给人一种变幻莫测的感觉，从而给浏览者留下深刻的印象。辅助色为褐色(低明度、中纯度)，特别是用褐色装点暗红色背景的网页，更给人一种好奇的感觉，从而吸引更多浏览者一探究竟。

图 18-16 活力四射的时尚网站

18.3.3 文体时尚

文体时尚类网站就是能够感受到浓厚的文化气息，并同时实现娱乐与文化相结合的网站，如图 18-17 所示即为一个标准的文体时尚类网站。

该网站的主色调为淡黄色(高明度、中纯度)，辅助色为棕红色(低明度、中纯度)、红色(中明度、中纯度)和灰色(低明度、低纯度)，运用了明暗相结合的表现手法，用棕红色做背景色，从而突出淡黄色的亮度，并且用富有中国文化传统的中国结形状做Logo，更显其网站的文化气息，再加上远处朦胧的大山，给人一种深远的感觉。

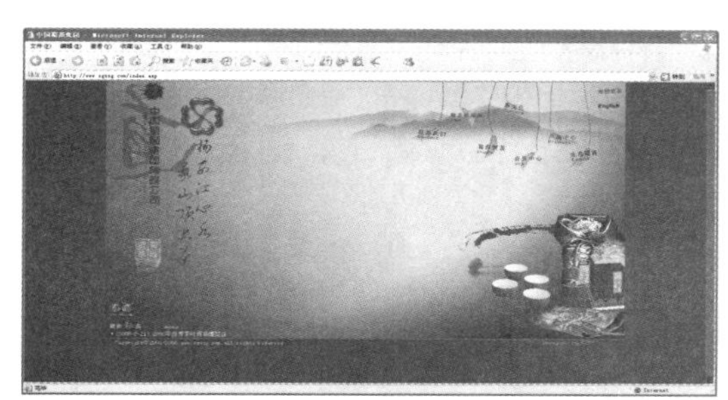

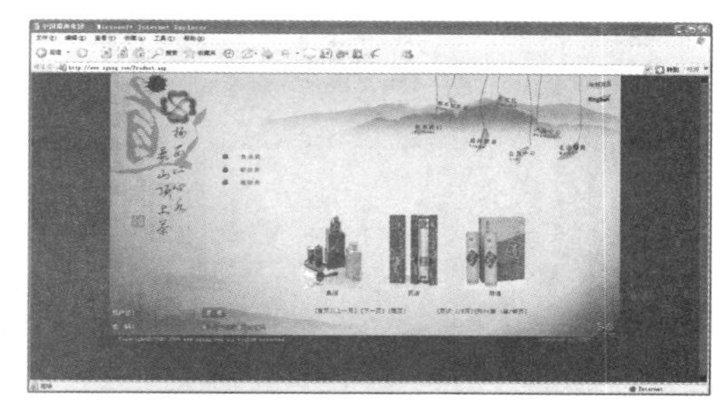

图 18-17 含有浓厚文化气息的网站

如图 18-18 所示即为一个标准的具有复古风格的网站，该网站的主色调为棕红色（低明度、低纯度），辅助色为金黄色（高明度、中纯度），在颜色的配置上使用同一色系的搭配方法，这在视觉上给人以统一的感觉，并且棕红色给人一种稳重的感觉，整个网页给人一种回味的美感。

如图18-19所示即为一个时尚性装饰网站，代表了社会发展的流行态势。该网站使用深褐色(低明度，中纯度)做主体背景色，意在突出展示美玉的色泽，如今社会流行的装饰已不再是各种金银饰品，而是具有鲜艳色泽的美玉。网页中的辅助色为绿色(高明度、高纯度)和银白色(高明度、中纯度)，意在使绿玉在褐色的映衬下更显耀眼，从而吸引更多浏览者驻足浏览。

图 18-18　复古风格的网站

图 18-19　流行饰品网站

18.3.4　品牌时尚

时尚类网站囊括的范围比较广泛，不仅有文化的时尚，而且还有品牌的时尚。这个品牌的时尚多通过服饰、鞋帽和装饰品等体现出来，从而给人一种高雅娴熟的美。

如图18-20所示即为一个主色调为红色(中明度、中纯度)，辅助色为深灰色(低明度、低纯度)、褐色(中明度、中纯度)和白色(高明度、高纯度)的红色时尚网站。该网站的红色给人以醒目温暖的感觉，白色则给人干净明亮的感觉，产品图片穿插在白色当中，更显其产品的崭新与亮丽，通透着时尚别致的气息。

如图 18-21 所示即为一个紫色时尚网站，该网站的主色调为紫色（中明度、中纯度），辅助色为银白色（高明度、低纯度）。该网站是一个女性服饰网站，整个网页的色彩都采用紫色，紫色不仅展示服饰的颜色，更是暗含女性的柔美气息，另外再加上银白色的修饰，进一步增加高贵典雅的气氛，充分体现了此类网站的特点和主旨。

图 18-20　红色时尚网站

图 18-21　紫色时尚网站

如图18-22所示是一个深灰色时尚品牌网站，此类网站的主色调为深灰色(低明度、低纯度)，辅助色为白色(高明度、高纯度)和褐色(低明度、中纯度)，此类网站大面积地使用深灰色做修饰，并且加以不同明度的白色，使整个网站的颜色得到了很好的协调，再加上褐色的点缀，将整个网站的画面带到了时代的最前沿，给人以轻松舒适的感觉。

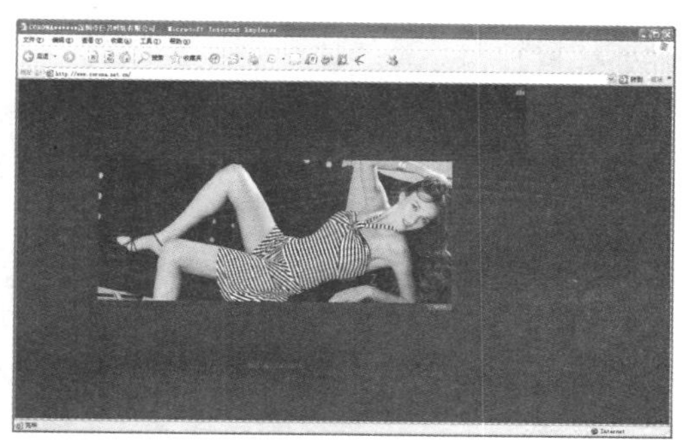

图 18-22　深灰色时尚网站

如图 18-23 所示是一个知名的运动鞋网站，该网站的主色调为深棕色(低明度、中纯度)，辅助色为白色(高明度、高纯度)，运用深棕色做主色调，整个网页给人一种稳重信赖的感觉，再加上白色的产品，突出显示该产品的别致与亮丽，从而吸引更多浏览者关注这个产品。

如图18-24所示即为以一个环境典雅咖啡厅为主题的网页。该网站的主色调为棕红色(低明度、低纯度)，辅助色为白色(高明度、高纯度)和棕黄色(高明度、中纯度)。该网站运用棕红色来展示整个网页，给人一种宁静、典雅的感觉，特别是用白色的咖啡杯子，使原本典雅的氛围增进一层。另外，运用棕黄色来突出点亮整个幽暗的环境，让网站的主旨更加鲜明突出。

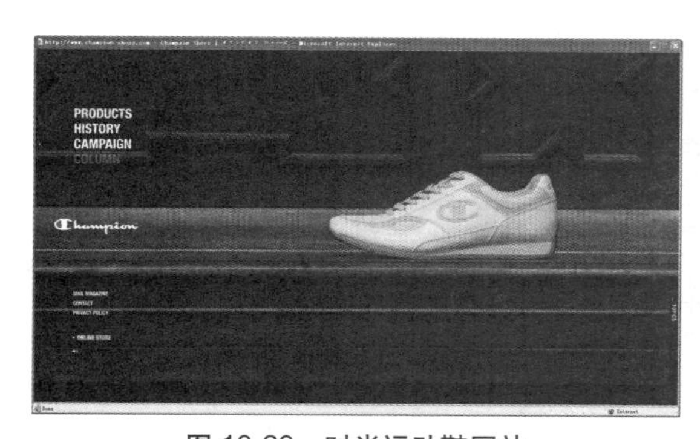

图 18-23　时尚运动鞋网站

图 18-24　时尚咖啡厅网站

18.4　企业类网站配色设计分析

企业类网站在整个网站界中占据着重要的地位，充当着网站设计的主力军，其网站配色也十分重要，是作为初学者必须学习的。

18.4.1 企业文化与 VIS 的统一

众所周知，不同性质企业设计网站的表现方法也就不同。但无论采用何种表现手法，企业VIS(企业形象视觉识别系统)中往往贯穿着整个企业的文化，不论是企业的标志、字体、特色还是企业形象在三度空间中的应用，都处处展现着企业自身的理念和信仰。

如图18-25所示即为一个汽车类网站的主页，该网站的主色调为深棕色(低明度、低纯度)，辅助色为金黄色(中明度、中纯度)，整个网页给人一种豪华、典雅、强悍的感觉。另外，该网页的金黄色与深棕色搭配，实现明与暗的良好结合，给人一种稳重、可靠、安全的感觉，从而展现出企业的雄厚实力，增强浏览者的购买信心。

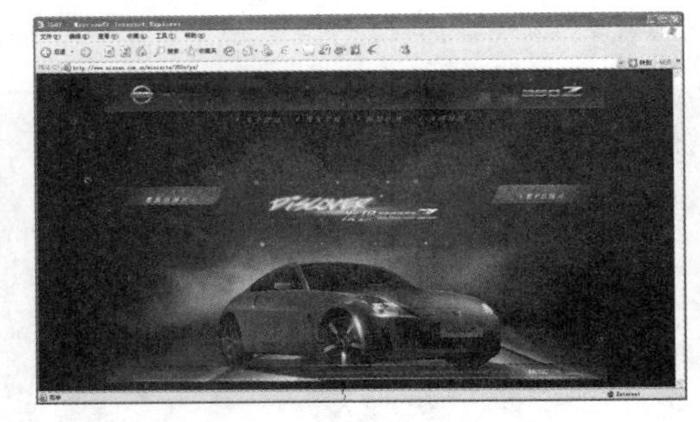

图 18-25　汽车企业网站

不仅深颜色能实现企业文化与 VIS 的统一，鲜艳的颜色同样可以很好地表现企业的固有品质。如图 18-26 所示即为一个化妆品企业的网站，该网站的主色调为红色（低明度、低纯度），辅助色为粉红色（中明度、中纯度）、白色（高明度、高纯度）和金黄色（高明度、中纯度），展现给人们的不仅是产品独到的柔美，而且还能展现企业的完美形象。

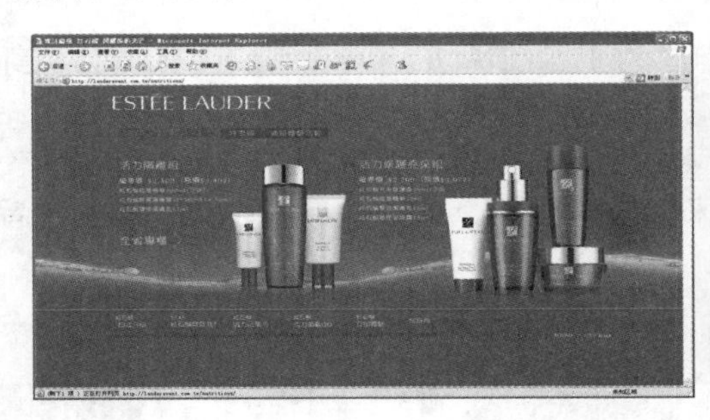

图 18-26　化妆品企业网站

该网站的风格就是高贵、典雅、亮丽，这正迎合了该企业产品的特有品质，整个网页采用的色调就是女性色红色，这样色调配置出来的网页很容易给人一种柔美感觉，也明显地展现出了企业稳重、朴实的一面，并且使用不同明度的红色进行搭配，使整个网页的气氛活跃起来，带给人们视觉上的享受。

18.4.2 风格设计与各类信息

企业类网站的风格设计与其他类别网站的风格设计不同，通常情况下，企业类网站的风格设计与相应信息，往往与企业产品的特点和企业视觉形象紧密联系在一起，设计的突破点就是消费者的消费心理，将企业文化与企业精神贯穿在整个设计中，满足消费者的需求。

如图 18-27 所示即为一个矿泉水厂商网站的主页，该网站的主色调为灰色（中明度、低纯度），辅助色为黑色（低明度、低纯度）、深蓝色（中明度、中纯度）、白色（高明度、高纯度)，页面风格清爽、透明、带给人畅饮的欲望。灰色作为主色调，简单大方。

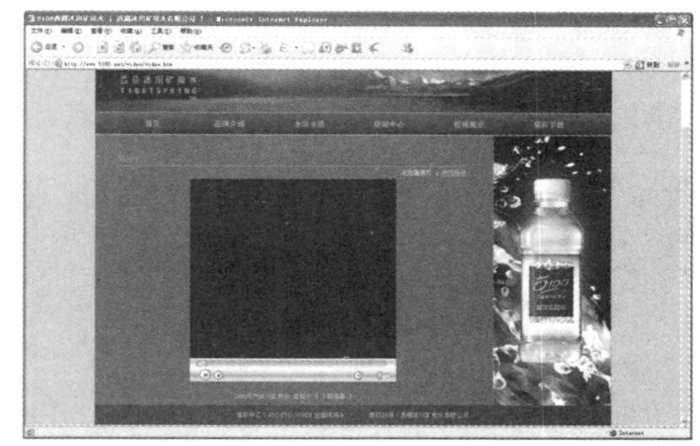

图 18-27　饮料企业网站

同属于饮品，而酒类的网站设计风格散发出另外一种气息，如图18-28所示是韩国一家酒业集团的网站首页，该网站的主色调为深蓝色(中明度、中纯度)，辅助色为黑色(低明度、低纯度)和金黄色(高明度、中纯度)，给人一种悠远的感觉，从而突出企业悠久的历史。

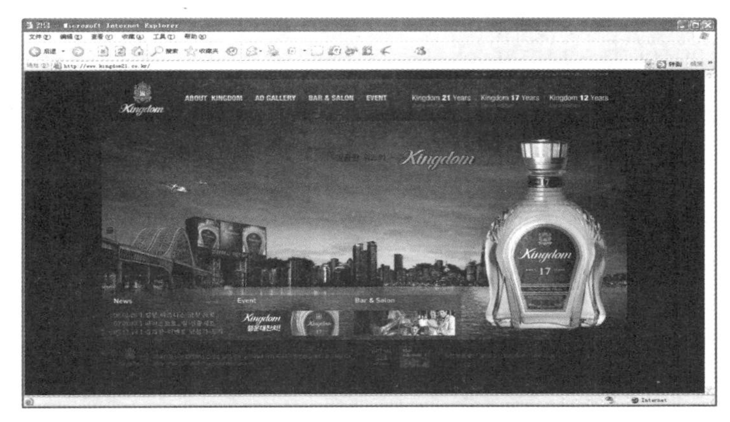

图 18-28　酒类企业网站

另外，运用黑色做修饰色更显其深蓝色的神秘特点，运用黄色作为产品的颜色，仿佛黑夜中的一颗耀眼的明星，给人以醒目的感觉，从而突出其产品的耀眼与亮丽，给人留下一种永恒的记忆。

18.4.3　以形象为主的企业网站

以形象为主的企业网站就是以企业形象为主体宣传的网站，这类性质的网站表现形式也与众不同，经常是以宽广的视野、雄厚的实力、强大的视觉冲击力，并配以震撼的音乐以及气宇轩昂的色彩，将企业形象不折不扣地展现在世人面前，给人以信任和安全的感觉。

如图18-29所示就是一个典型以形象为主的企业网站主页，该网页是一个房地产公司网站的首页。该网站的主色调为深蓝色(中明度、中纯度)，辅助色为黑色(低明度、低纯度)、红色(中明度、中纯度)和淡黄色(高明度、中纯度)，页面以深蓝色为主修饰色，给人一种深幽、淡雅的感觉。

如图 18-30 所示也是一个标准以企业形象为主的地产公司网站首页，该网站的主色调为暗红色(中明度、中纯度)，辅助色为灰色(中明度、低纯度)，页面采用暗红色来勾勒修饰，运用战争年代战士们冲锋陷阵的图片作为此网站的主背景，意在向人们展现此企业犹如抗战时期的中国一样，有毅力、有动力、有活力，并且有足够的信心将自己的企业做大做强。

图 18-29 深蓝色房地产公司网站

图 18-30 暗红色房地产公司网站

18.4.4 以产品为主的企业网站

以产品为主的企业网站大都以推销其产品为主，整个网页贯穿产品的各种介绍，并从整体和局部准确地展示产品的性能和质量，从而突出产品的特点和优越性。

如图 18-31 所示某品牌汽车厂商网站就是一个很好的例子，该网站是以汽车销售为主的企业网站，用黑色作为主色调(低明度、低纯度)，用以展现企业产品汽车的强悍与优雅。特别是运用灰色(中明度、低纯度)做辅助色搭配，使页面在稳重中增添了明亮的色彩，增加了汽车的力量感，从而将企业产品醒目地展现给浏览者。

温暖舒适的色调，稳重高雅的装饰，是家庭装饰的重中之重，而作为地板类网站，如图 18-32 所示的网站成功地把握消费者的消费心理，该网站的主色调为浅棕色(高明度、中纯度)，辅助色为米黄色(中明度、中纯度)。

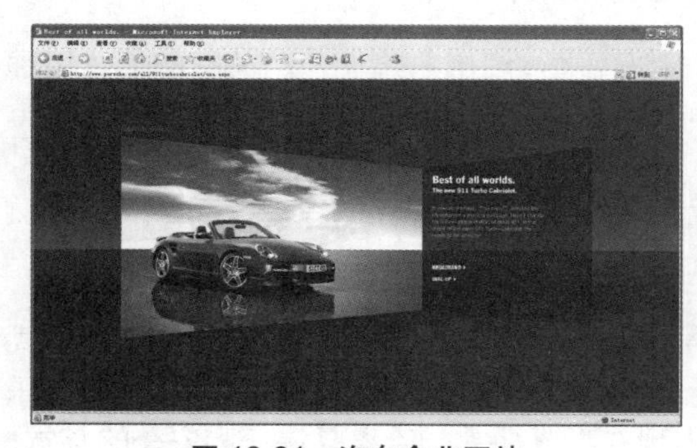

图 18-31 汽车企业网站

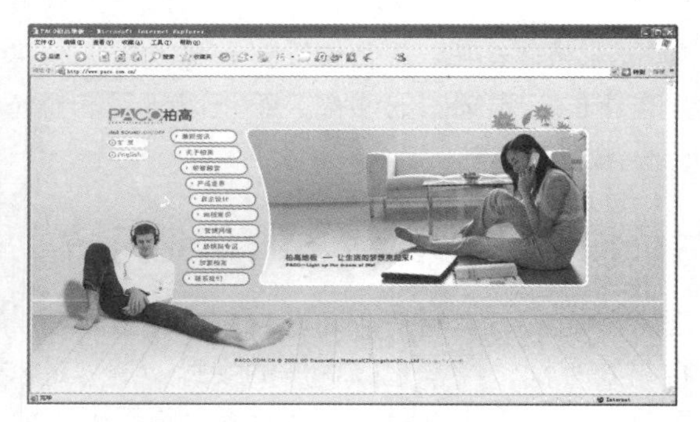

图 18-32 地板类网站

该网站是一个知名品牌柏高地板的网站，采用的是两种比较接近的颜色，整个画面渗透着清新淡雅的情调，充盈着浪漫温馨的气氛。其中的浅棕色是属于中性色，给人一种平静的感觉；而米黄色则属于暖色，跟浅棕色搭配在一起，带给人一种宾至如归的感觉。

18.5 电子商务类网站配色设计分析

电子商务是指买卖双方不用见面，只是利用简单、快捷、低成本的电子通信方式，来进行各种商贸活动的行为。随着科学的发展、互联网的迅速普及，各种类型的电子商务网站也如雨后春笋般地出现。

18.5.1 框架与色彩

电子商务类站点的框架和结构千变万化，随着网站内容性质的不同，其框架结构与相应的色彩搭配也不一样。通常，网站菜单放在比较显眼的部位，其导航图标和按钮也比较醒目，色彩使用要么与企业形象识别系统相呼应，要么与产品的使用环境相吻合。

如图18-33所示网站就是一个典型的例子，该网站的主色调为棕色(中明度、中纯度)，辅助色为黑色(低明度、低纯度)、灰色(中明度、中纯度)和白色(高明度、高纯度)，该网站大面积使用棕色来修饰整个房间家具的颜色，棕色是属于一种中性色，含有冷色调的酷和暖色调的柔，用这种颜色配置的家具，给人一种轻松舒适的感觉。

如图18-34所示的网站主色调为黑色(低明度、低纯度)，辅助色为灰色(中明度、中纯度)、银白色(中明度、低纯度)和红色(高明度、高纯度)。该网站大面积的地使用黑色做背景，突出了稳重厚实而又含带神秘的气息，接着使用银白色和红色突出显现产品，用具有动感的平行四边形作为产品浏览导航条，无形中增强了该产品的动力色彩，并且用灰色作为产品的铺垫色，更显其汽车的优雅与清新，给人留下永久的印象。

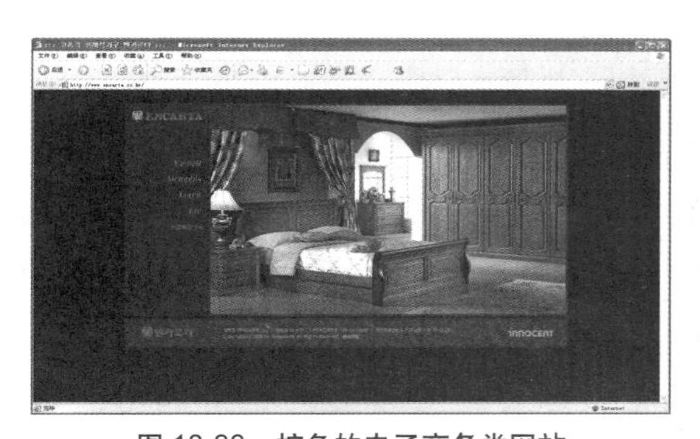

图 18-33　棕色的电子商务类网站

图 18-34　黑色的电子商务类网站

18.5.2 信息的可信度

电子商务网站属于网络商务的范畴，一般情况下，网站的商用价值占据首要地位。所以，电子商务网站所要传达给浏览者的信息其实就是商品或服务的信誉度。作为网页设计者，通过相应的色彩将网站要素体现出来，才是算是成功的设计。

如图 18-35 所示即为一个汽车厂商网站，该网站的主色调为黑色 (低明度、低纯度)，辅助色为蓝色 (高明度、中纯度)，采用大色块的黑色对页面进行修饰，突出显示出大气而又高雅的气氛，给人一种稳重成熟、可信度强的感觉；特别是运用具有放射形的蓝色作为修饰，更增添了网站的神秘高贵的色彩，将汽车质感和单纯形式感表达得淋漓尽致，给人视觉上的享受，让人有种过目不忘的感觉。

如图 18-36 所示的网站是一个标准的商务网站结构，易于实现新内容更换和规划整个网站界面的元素。该网站的主色调为蓝色（中明度、中纯度），辅助色为白色（高明度、高纯度），此网站内容的主题是计算机产品，在该页面中此产品的图片占据着重要位置，特别是使用大面积的蓝色作为产品背景色，更显其产品的清新、高雅、先进特色，再加上白色框架的修饰，更增加了该网站的可信度，从而吸引更多消费者了解其产品性能，达到商务网站的目的。

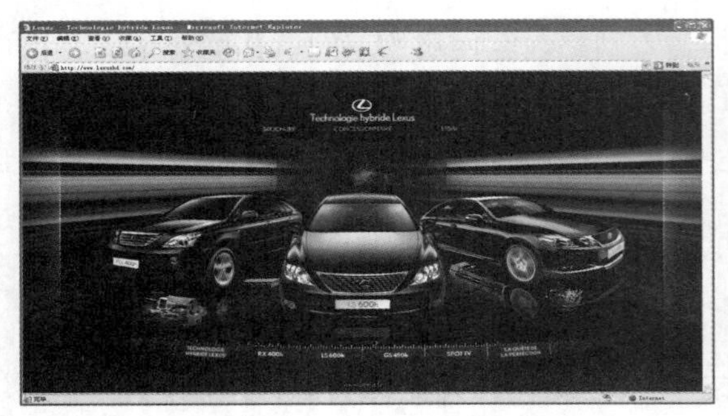

图 18-35　黑色的汽车厂商网站

图 18-36　蓝色的计算机产品网站

18.5.3　商品信息与网站层级结构

通常情况下，电子商务类网站注重表达产品的商业价值，所以，为了便于检索，设计师一般会将销售商品的具体型号、报价、性能等以表格形式展现。另外，电子商务类网站的搜索引擎与其他站点相比，其功能更加强大与完善，可以产品编号、性能、体积、容量等多种形式进行检索，使浏览者快速地找到产品并了解具体的性能和价格。

电子商务类网站的层级结构都是以产品的类型、数量等为出发点的，不管是简单的还是烦琐复杂的，都必须厘清网站内容的条理，实现结构层次的清晰分明，如图 18-37 所示的网站就是一个典型的层级结构网站。

该网站的主色调为深绿色（低明度、中纯度），辅助色为黄绿色（高明度、中纯度）和黑色（低明度、低纯度），整个背景色使用深绿色，给人一种稳重安静的感觉，而黄绿色的点缀，给人一种生机盎然的感觉，特别是使用黑色修饰不规则的图形边框，传达着信息主体，给人一种醒目的感觉。整个网站看上去简洁大方、主题鲜亮，突出了网站所要表达的中心思想。

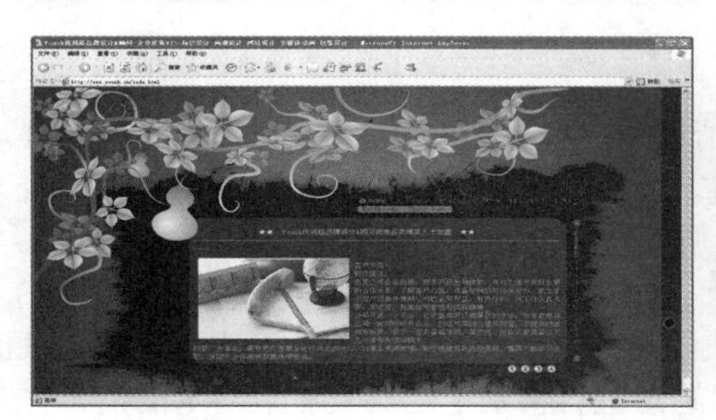

图 18-37　深绿色的电子商务类网站

如图 18-38 所示的电子商务类网站主色调为灰色（中明度、中纯度），辅助色为黑色（低明度、低纯度），此类网站的主色调全都是高级的灰色，这样，整个网页给人一种含蓄、神秘、稳重的感觉，这也是电子商务科技性能特点的主要体现，给人一种踏实、可靠的感觉。

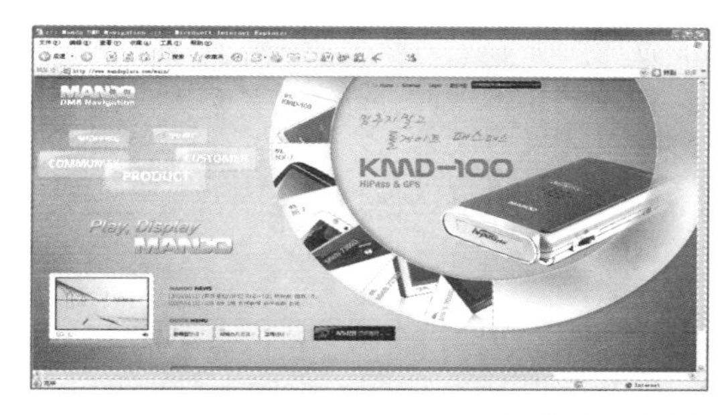

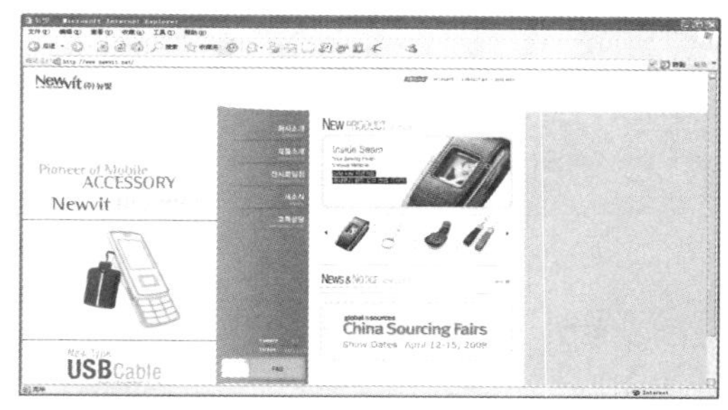

图 18-38　灰色的电子商务类网站

18.5.4　小店铺型风格设计

通常情况下，小店铺型风格设计的站点与大型的商业站点不同，小店铺型站点没有大型商业站点的搜索引擎和购物系统，仅用于某种商品的网上展示或销售，所以在设计上突出的不是商品全部性能，而是风格的个性化并配合产品属性进行风格定位，从而让更多消费者能够接纳。

如图 18-39 所示的网站就是一个典型的小店铺风格设计网站，该销售饰品网站的主色调为粉红色（高明度、中纯度），辅助色为灰色（中明度、中纯度）和草绿色（中明度、中纯度），使用具有温柔特色的粉红色作为整个网页的主色调，意在向浏览者展示精美的饰品，因为饰品的主要消费群体是女性，所以从色彩上突出该产品的风格。

紫色的宽外框与内部的结构框架结构独特、优美，带给人一种轻松、舒畅的感觉，如图 18-40 所示。该网站的主色调为紫色（低明度、高纯度），辅助色为黄绿色（中明度、中纯度）和绿色（中明度、中纯度），网站大面积使用紫色作为修饰色，用来突出其典雅、休闲的气氛，给人以时尚休闲的感觉。

图 18-39　粉红色小店铺型风格网站

图 18-40　紫色小店铺型风格网站

通常情况下，作为女性的化妆品和服饰多使用柔和的色彩来修饰，给人一种柔美的感觉。如图 18-41 所示即为女性服饰和化妆品的网站。

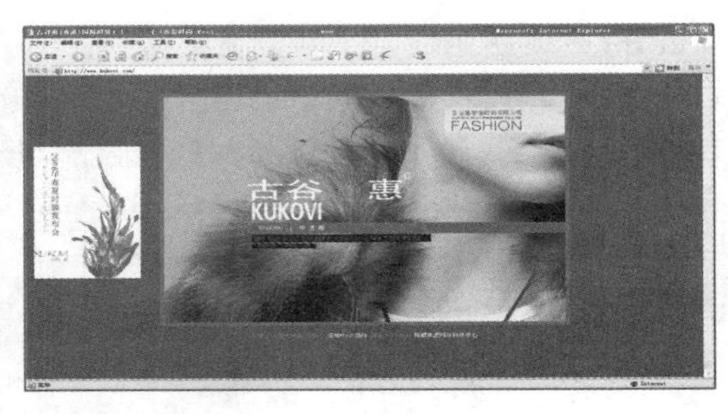

图 18-41　柔美格调网站

网站的主色调为红紫色（中明度、中纯度），辅助色为白色（高明度、高纯度），整个网站使用红紫色作为主要修饰色，因为这种颜色属于柔和性的色调，符合女性消费者的审美观点，因为此类产品的消费主角是女性，所以其网站运用红紫色将女性独有的柔性和魅力尽力地展现在该网站中。另外，使用小范围的白色衬托红紫色，增添了整个网站的柔韧度。

18.5.5　风格取决于消费者的偏好

电子商务类网站的主要用户群体是广大商户和各个工薪阶层，所以其网站风格定位必须取决于消费者的偏好，不同的消费群体其消费需求和偏好也各不相同。

如图 18-42 所示是一个倾向于男性消费者的汽车网站（汽车的主要消费者是男性），该网站的主色调为银灰色（中明度、中纯度），辅助色为黑色（低明度、低纯度），网站使用大面积的灰色来展现汽车产品的造型与外观，给人一种彪悍的感觉，特别是使用黑色作为修饰，更增添了该汽车的稳重感，给人一种绅士般的感觉，满足广大男性消费者的审美特点。

如图 18-43 所示是一个女性时尚鞋业网站，同样也是以消费者的爱好来展现网站风格。

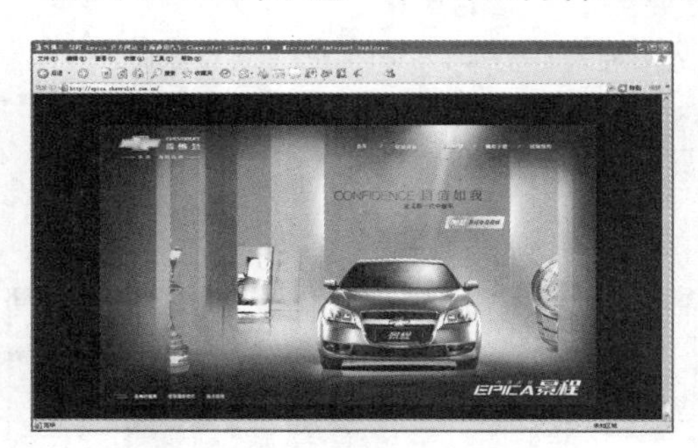

图 18-42　银灰色汽车网站

图 18-43　紫色女性时尚鞋业网站

该网站的主色调为紫色（中明度、高纯度），辅助色为粉红色（高明度、中纯度），大面积地使用紫色作为页面修饰色，给人一种高贵、典雅的感觉，特别是运用粉红色作为点缀，更显其产品的独特性，从而吸引更多女性消费者。

18.6　文化与生活类网站配色设计分析

文化与生活类网站的风格与其他类别的网站风格完全不同，此类网站风格不是以追求商业利益为最终目标，而是以展现人文气息、生活情趣为出发点，以表达个人喜好为中心思想。

18.6.1 网站文化与网站气息

众所周知，文化与生活类的网站主体思想就是表现人文气息与生活味道，所以此类型的网站多以凝重、丰富的文化底蕴为设计的基点，带给人书香四溢的感觉。

如图 18-44 所示即为一个文化底蕴十足的网站，该网站的主色调为米色（高明度、中纯度）和灰色（中明度、中纯度），辅助色为黑色（低明度、低纯度），米色和灰色将整个网页切割成两部分，米色部分显示具体的能代表文化的图片，灰色部分则展示的是具体的文化内容的介绍，整个网页既有图片上的展示，又有文字的叙述介绍。这样，整个网页的内容清晰明了。

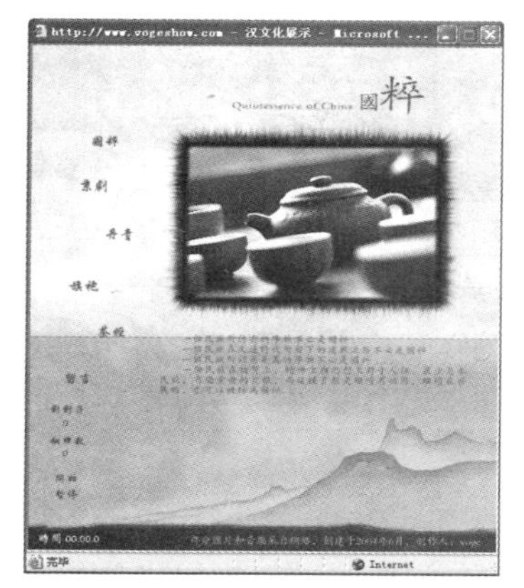
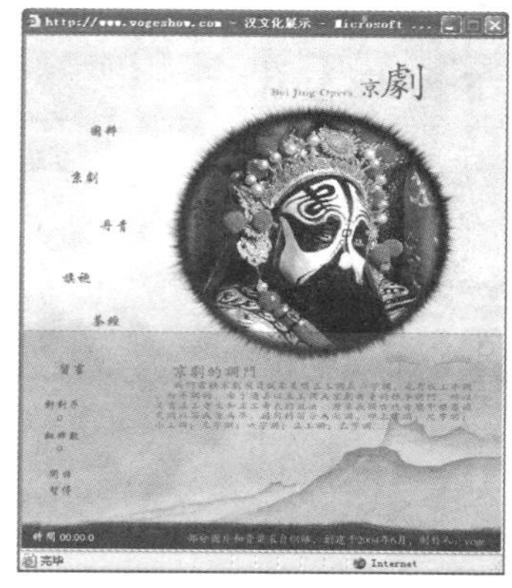

图 18-44　文化与生活类网站

如图 18-45 所示即为一个中国标准民间文化艺术类的网站，该网站展示的陶艺创作灵感就来自日常生活。该网站的主色调为瓷白色（高明度、中纯度），辅助色为灰色（中明度、中纯度）、黑色（低明度、低纯度）、红色（高明度、中纯度）和黄色（高明度、中纯度），通过大面积的瓷白色作为背景色充分展现了各种类型的陶瓷艺术，给人一种舒适的感觉。

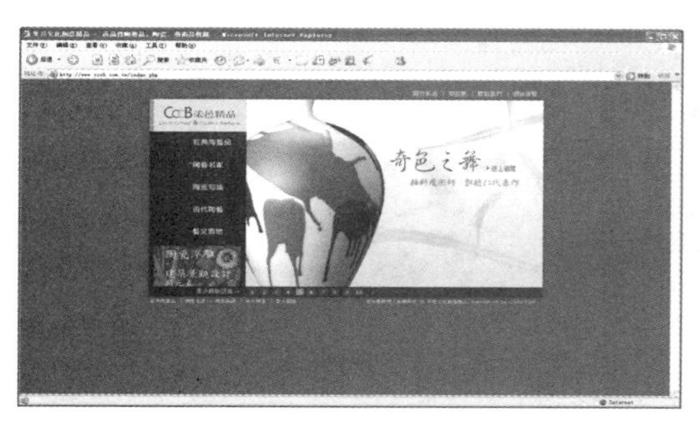

图 18-45　陶瓷艺术网站

另外，使用黑色和灰色作为边框的修饰色，更衬托出主体色的重要意味，并使用高明度的红色和黄色点缀网页，使整个网页的气氛活跃起来，突出其和谐自然的格调。

18.6.2 框架与色彩

文化与生活类网站框架与商业性网站的框架结构不同，不再是商业网站的层级式结构，而是通过切割的方式营造一个视觉重心，这个视觉的重心就是观众在视觉上和心理上情感期待的重点，也是网站需要表达的主题内容。

如图 18-46 所示是一个文化味十足的网站，也是一个经典的文化与生活类网站，网页中渗透着一种浓厚的文化气息。网站主色调为红色（中明度、中纯度），辅助色为深灰色（低明度、中纯度），运用红色作为整个网站的主打色，透露出一种古色古香的气息。特别是使用深灰色作为修饰，更显其网站的朴实无华，正如中国悠久的历史文化一样源远流长。

图 18-46　文化与生活类网站

如图 18-47 所示也是一个文化与生活类的框架网站，结构简单清晰，给人一种简单明了的感觉。该网站的主色调为黄绿色（高明度、中纯度），辅助色为黑色（低明度、低纯度）、银灰色（中明度、中纯度）和褐色（中明度、中纯度），该网站采用电影屏幕的表现形式，通过黑色边框修饰色，突出显现所要表达的文化艺术主题，特别是在银灰色和褐色的陪衬下更显示出黄绿色图案的意境，给人留下无限的联想空间。

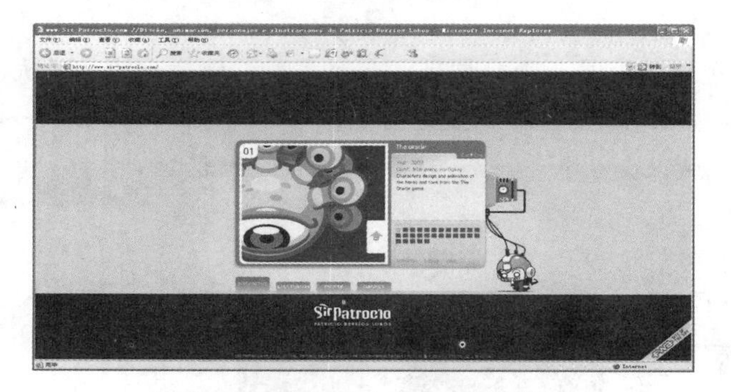

图 18-47　简明的文化与生活类网站

18.6.3 风格设计

文化与生活类网站的设计风格比较灵活，只需在传统设计的基础上加入设计者所要表达的文化内容和生活氛围即可。所以此类型网站，画面的层次感越强，就越能表达出浓厚的文化底蕴。

如图 18-48 所示网站的主色调为灰色（低明度、中纯度），辅助色为浅灰色（中明度、中纯度）和黄色（高明度、高纯度），该网站使用灰色作为主打色，使整个网页弥漫着质朴、古典的色彩，特别是使用稍高亮度的浅灰色和黄色做修饰，更突出了古朴的意味，营造出了一个浓厚的古文化环境，耐人寻味，给人一种流连忘返的感觉。

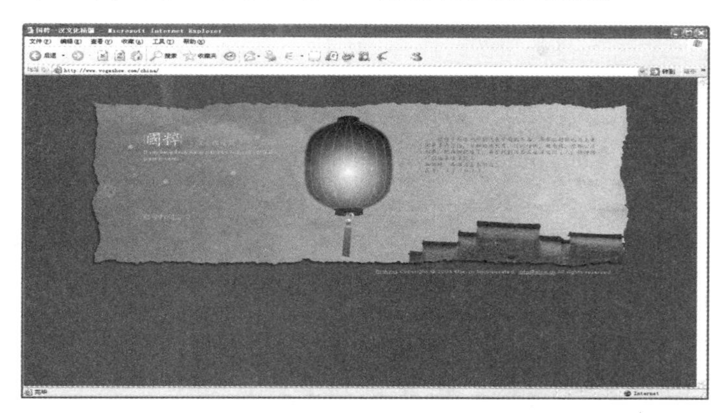

图 18-48 古朴的文化与生活类网站

如图 18-49 所示即为一个风格独特、个性十足的网站，无彩度的黑色跟鲜艳色彩形成鲜明对比，从而增强了整个网站的动感气氛。该网站的主色调为黑色（低明度、低纯度），辅助色为紫色（中明度、中纯度）、橘红色（中明度、中纯度）、绿色（中明度、中纯度）和水红色（中明度、中纯度），网站运用黑色做对比，使得鲜亮的画面更加耀眼。

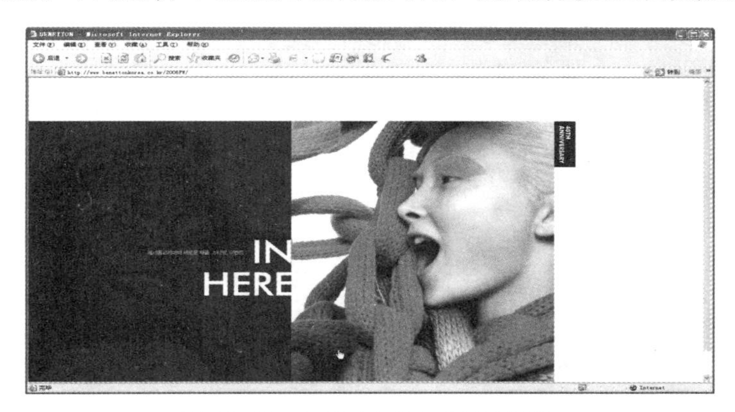

图 18-49 个性的文化与生活类网站

另外，黑色调中使用鲜艳的彩色，从而使整个网页的视觉冲击力增强，同时该网页使用平均分割的方法，这样更增强了网页的对比性，整个网页也就平衡起来，突出了网页表现的中心视觉，给人一种别具一格的意味。

18.7 娱乐类网站配色设计分析

在众多类别网站中，思想最活跃、格调最休闲、色彩最缤纷的网站非娱乐类网站莫属，格式多样化的娱乐类网站，总是通过独特的设计思路来吸引浏览者注意力，表现其个性的网站空间。

18.7.1 网站的受众定位

娱乐类网站是一类内容极其丰富的网站，包括电影类、音乐类、卡通游戏类等，这些不同类别的网站，其浏览对象也千差万别。所以在设计娱乐类网站时，一定要重点考虑参与站点娱乐消费者的不同心理和相应色彩爱好，实现多种风格的设计。

如图 18-50 所示是一个儿童类的游戏网站，此类网站在娱乐类网站中占据着举足轻重的位置，因为此类网站可以带给人们一种超凡脱俗的感觉。

图 18-50　儿童类游戏网站

该网站的主色调为蓝色（中明度、中纯度），辅助色为绿色（中明度、中纯度）和黄色（中明度、中纯度），使用蓝色作为主色调，容易给人一种明净、清爽的感觉，而使用绿色和黄色作为修饰，则无形中增添了该网站的趣味性。

如图 18-51 所示是一个战争味十足的游戏类网站，给人一种血腥屠杀的感觉。该网站的主色调为深褐色（低明度、中纯度），辅助色为黄色（中明度、中纯度）和灰色（中明度、中纯度），网站以深褐色为主色调，很好地配合了游戏主人公的形象，简单明了地将玩家带入游戏世界，其结构简单明了，一定程度上提高了该游戏的欣赏力，带给人们一种精神上的享受。

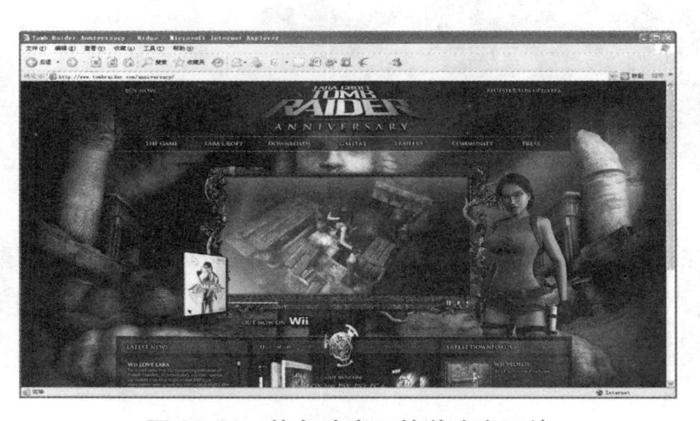

图 18-51　战争味十足的游戏类网站

18.7.2 多样的色彩风格

娱乐类网站是一个丰富多彩的网站，不仅内容丰富多样，就连配置网站的色彩风格也是五花八门，给人以美的享受。

如图 18-52 所示即为一个冷暖色调交替的游戏网站，该网站的主色调为深红色(低明度、中纯度)，辅助色为黑色(低明度、低纯度)、黄色(中明度、中纯度)和蓝色(中明度、中纯度)，使用深红色作为基调，整个页面透出一种神秘的色彩，再加上黑色修饰，更突出显示整个页面的神秘意味，也更加衬托出黄色和蓝色的游戏画面，给人一种身临其境的感觉。

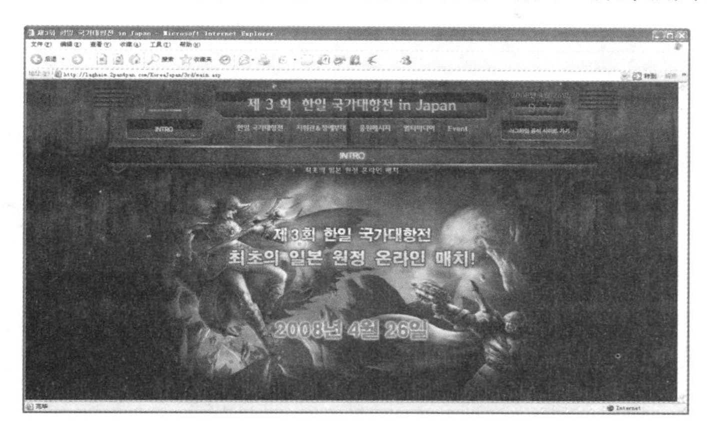

图 18-52　冷暖色调交替的游戏网站

如图 18-53 所示的同样是一个游戏网站，但此网站给人的感觉比较清新、明亮。该网站的主色调为淡蓝色(高明度、中纯度)，辅助色为灰色(中明度、中纯度)、黄色(中明度、中纯度)和紫色(中明度、中纯度)，儿童类游戏网站其色调都比较鲜亮，特别是使用淡蓝色作为主修饰色，给人一种轻松明快的感觉，再加上灰色边框的修饰，以及紫色和黄色的游戏页面，给原本清新的画面增添一份动感神秘的气息，从而吸引更多的玩家。

图 18-53　清新明亮的游戏网站

18.7.3　气氛营造与网站风格

娱乐类网站不仅强调色彩的多样化，而且还特别注重网页气氛的烘托和渲染，形成个性的网站风格，给浏览者提供一个想象的舞台，尽情发挥自己的想象力。

如图 18-54 所示即为一个气氛营造非常成功的例子。该网站是一个恐怖电影网站，该网站的主色调为深蓝色（低明度、低纯度），辅助色为黑色（低明度、低纯度）和淡黄色（中明度、中纯度），使用深蓝色作为基色调，意在突出阴暗冰冷的环境，接着使用黑色和淡黄色来增强网站的幽暗气氛，强化了恐怖的色彩，特别是运用披着头发的无脸女性，将整个网页的恐怖气氛推到了高潮，浏览者仿佛看到了那个飘摇不定的女鬼，让人毛骨悚然。

图 18-54　恐怖电影网站

一个网站气氛的营造，可以通过网站中人物形象和网站颜色，将网站风格表现得淋漓尽致。如图 18-55 所示的也是一个电影类网站，突出表现的主题是浪漫美丽的爱情故事。

该网站的主色调为红色（中明度、中纯度），辅助色为黑色（低明度、低纯度）和黄色（中明度、中纯度），大面积运用红色进行着墨，突出显示出太阳升起前后天空的颜色，进而烘托出一种浪漫温暖的氛围。

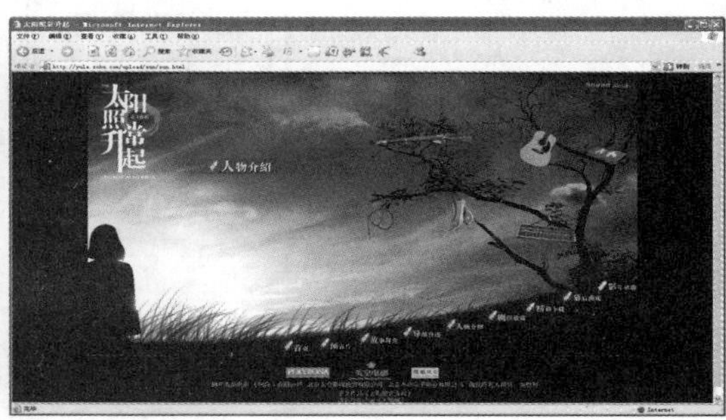

图 18-55　爱情主题的电影网站

18.8 个人类网站配色设计分析

个人类网站与其他类别的网站相比，在色彩搭配和格局布置上，随意性更强。个人类网站不必拘泥于某种框架布局，也无须考虑是否符合大众的口味，其设计风格完全由设计师自己决定，网站的个人风格比较浓。

如图 18-56 所示的即为一个典型的个人类网站，该网站的主色调为草绿色（高明度、中纯度），辅助色为黑色（低明度、低纯度）、深灰色（中明度、中纯度）和粉红色（中明度、中纯度）。采用草绿色作为主色调，具有青春、个性的色彩，使用黑色和深灰色作为边框修饰色，更加突出绿色色调的鲜亮。该网站的独特之处在于善于联想，具有创意，网页设计者完全按照自己意愿实现个性的创新。

个人类网站除具有独特创意之外，还善于表达个人的某种情思。如图 18-57 所示的网站主色调为深红色（中明度、中纯度），辅助色为黑色（低明度、低纯度）和绿色（中明度、中纯度），使用深红色作为主要表达色则给人一种优雅的情调，运用对比色绿色作为窗户和屋檐下树叶的颜色，给人一种清新的感觉。

图 18-56 个人类网站 1

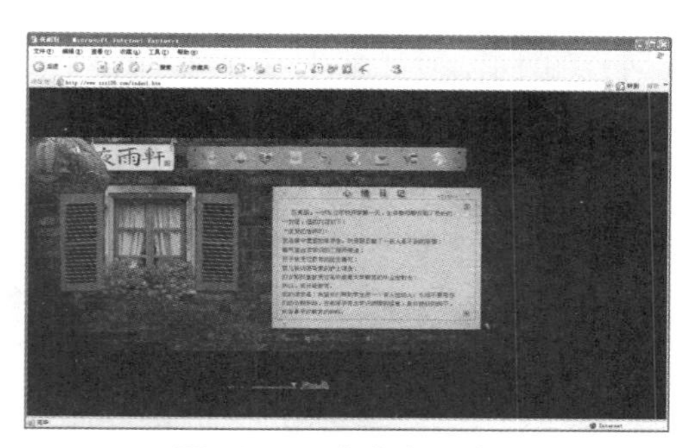

图 18-57 个人类网站 2

使用黑色作为背景色，意在衬托出黑暗中那点点飘落的雨珠，从而制造出一个雨天静思的意境，烘托出主人公在下雨天气中倚窗遥望远处的雨幕，蓦然然想起以前日子的场景，表达了自己深深的思念之情。

18.8.1 风格多样化

个人类网站由于不受任何框架和色彩的限制，所以表现的风格空间就比较大，从而呈现出丰富多彩的网站风格和相应效果，带给浏览者无尽的欣赏视野。

如图 18-58 所示的网站主色调为绿色（中明度、中纯度），辅助色为蓝绿色（中明度、中纯度）、淡黄色（中明度、中纯度）和深绿色（低明度、中纯度）。该网站运用绿色作为大树的树叶，符合事物的实际情况。

其独特的风格在于：此网站导航条一改过去传统的方形，而以整棵大树作为导航框架，使用大树主干介绍网站的主要内容，运用大树其他枝条作为网站的其他辅助信息，创意之独特符合个人类网站的特点，给人以新颖感。而使用蓝绿色和黄色修饰天空色，用想象空间衬托主要的设计思想，用深绿色作为大树的根基色，则给人以稳重、优美的视觉感。

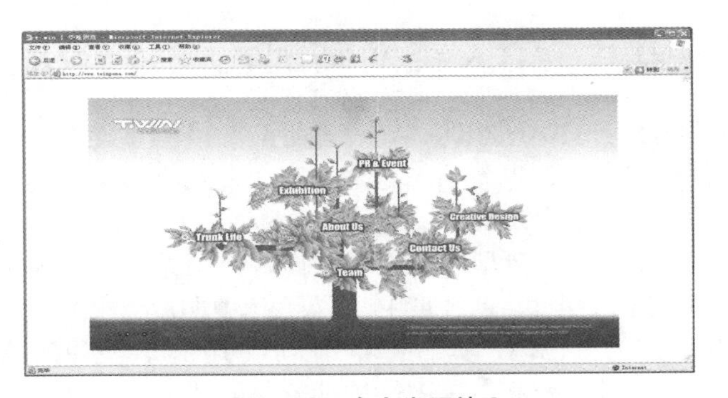

图 18-58　个人类网站 3

个人类网站不仅设计精巧、新颖，其颜色搭配也独树一帜，给人留下永恒的回忆。如图 18-59 所示网站的个性之处在于使用同一色系的不同明度的颜色进行搭配。网站的主色调为草绿色(中明度、中纯度)，辅助色为深绿色(低明度、中纯度)和淡绿色(高明度、中纯度)，给人以超强的明度层次感。运用草绿色作为基调色，烘托出一种生机勃勃的迹象，运用深绿色和淡绿色的衬托，更加突出草绿色的旺盛生命力，给人以生的希望。

个人类网站与其他类型网站一样，不同色调所展现出来的意境各不相同。如图 18-60 所示的也是运用同一色系不同明度的两种颜色来修饰整个网页，该网站的主色调为紫色(低明度、中纯度)，辅助色为浅紫色(中明度、中纯度)。

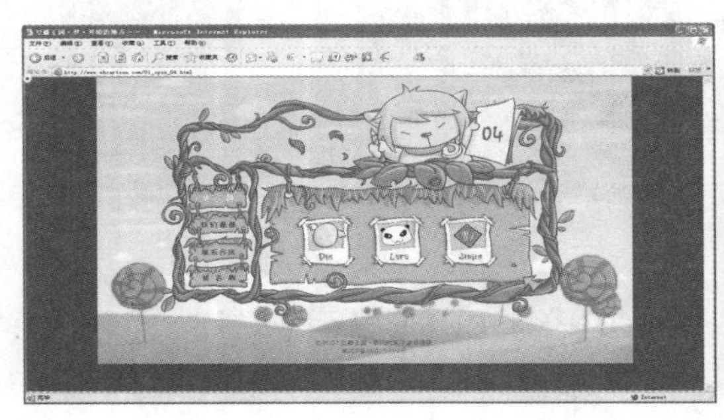

图 18-59　个人类网站 4

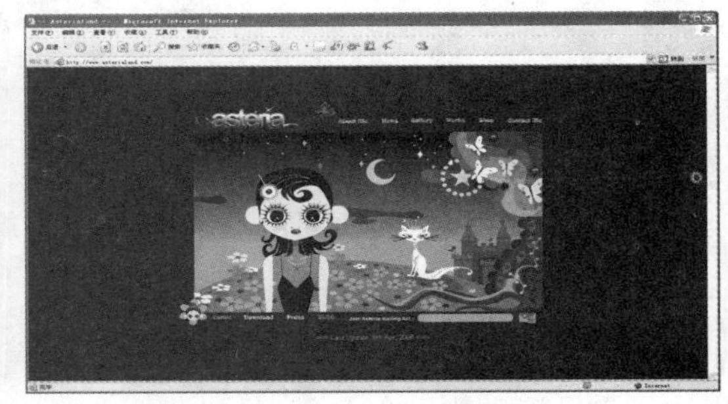

图 18-60　个人类网站 5

该网页使用了紫色系列的两种不同颜色，大面积使用紫色给人以浪漫的气息。而使用较高明度的浅紫色进行点缀，将整个网页的浪漫、高贵品质表现得活灵活现，给人以美的享受。

18.8.2　自由的色彩

个人网站不仅格局可以随意设计，其色彩的运用也是自由的，不受任何条条框框的约束，色彩搭配可完全凭借设计者的个人爱好而确定。

如图 18-61 所示的即为一个色彩运用恰如其分的个人类网站，该网站的主色调为红紫色(中明度、中纯度)，辅助色为棕色(中明度、中纯度)和绿色(中明度、中纯度)，使用红紫色作为整个页面的修饰色，给人一种温柔、静谧的感觉，特别是运用盛开的鲜花和舞动的蝴蝶来增添网站动感，带给浏览者一种美的享受。

如图 18-62 所示的也是一个个人类网站，该网站的结构简单明了，色彩的搭配给人一种清新舒爽的感觉。

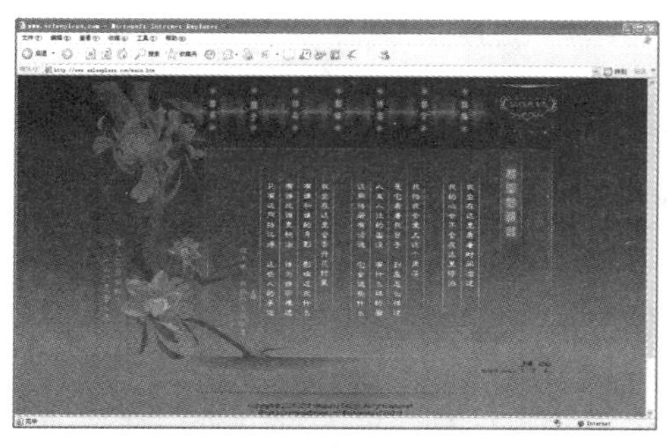

图 18-61　个人类网站 6

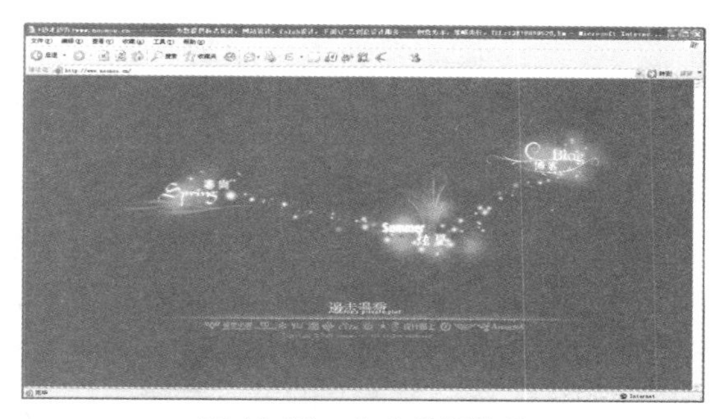

图 18-62　个人类网站 7

该网站的主色调为绿色（中明度、中纯度），辅助色为黄绿色（高明度、中纯度）、白色（高明度、高纯度），通篇使用绿色作为修饰，给人一种干净、爽朗的感觉，再加上黄绿色和白色的点缀，给单一的色调增加一道亮色，使整个网页的色调丰富活跃起来，简单的框架结构加上少量色彩装饰，使整个网页看上去明了而不单调，有种超凡脱俗的气质美。

18.8.3　多样的色彩风格

个人类网站正是由于不受格局、色彩的限制，所以才能创造出千变万化的色彩风格，给人以不同的视觉享受，如图 18-63 所示的网站主色调为蓝色（中明度、中纯度），辅助色为黑色（低明度、低纯度），网站运用蓝色使页面显得清幽、淡雅，给人一种神秘的意味，并且使用黑色作为边框修饰色，将设计者的个性特点更加鲜明地表现出来。

如图 18-64 所示的也是一个个性十足的个人类网站，突出表现出一种虚幻的想象空间。该网站的主色调为浅绿色（中明度、中纯度），辅助色为深绿色（低明度、中纯度），网站运用绿色不同明度的两种颜色作为整个网页的修饰色，这样一明一暗给人一种强烈的层次感，并且充分利用了设计者的想象力，构造出了一个别致的与众不同的网页构架，进入该网页，仿佛进入一个人间仙境一般，给人以新鲜感。

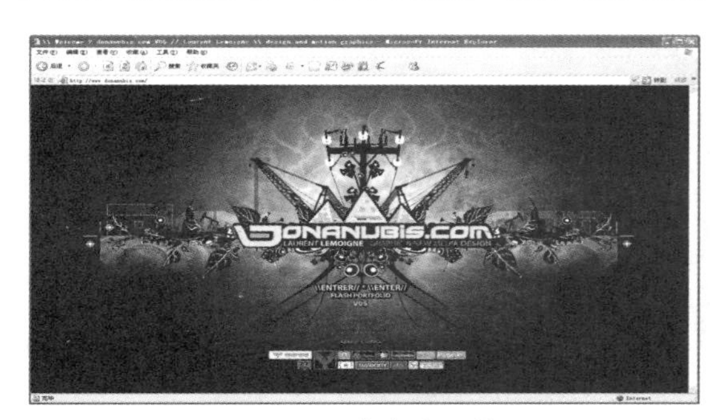

图 18-63　个人类网站 8

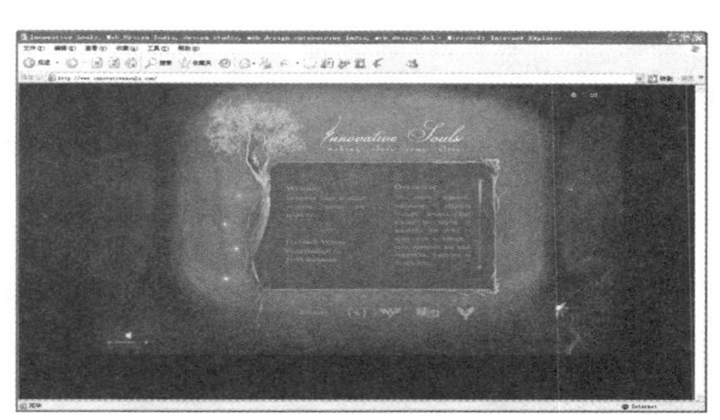

图 18-64　个人类网站 9

18.9 专家答疑

疑问 1：如何在网页配色中实现企业文化与 VIS 的统一？

答：众所周知，不同性质企业设计网站的表现方法也就不同。但无论采用何种表现手法，企业 VIS(企业形象视觉识别系统)中往往贯穿着整个企业的文化，不论是企业的标志、字体、特色还是企业形象在三度空间中的应用，都处处展现着企业自身的理念和信仰。不仅深颜色能实现企业文化与 VIS 的统一，鲜艳颜色同样可以很好地表现企业的固有品质。网站风格迎合了该企业产品的特有品质，除展现出企业稳重、朴实的一面之外，使用不同明度的红色进行搭配，还可使整个网页的气氛活跃起来，带给人们视觉上的享受。

疑问 2：如何实现商业网站配色中的小店铺风格设计？

答：小店铺型站点大多仅用于某种商品的网上展示或销售，所以在设计上突出的不是商品全部性能，而是风格的个性化并配合产品属性进行风格定位，从而让更多消费者能够接纳。另外，通过灰色和绿色的搭配，特别是使用卡通标志在页面顶端，更能有效地吸引更多消费者(特别是女性朋友)的眼球，将网站信息的主题准确地表达出来。另外，使用小范围的白色衬托红紫色，还可以增添整个网站的柔韧度。

第19章 电子商务网站配色全过程

随着互联网队伍的日益庞大，网购吸引着越来越多的人，由此应运而生的电子商务类网站也日益扩展。本章通过对电子商务网站的配色分析，从而详解电子商务网站配色全过程。

19.1　经典电子商务网页配色分析

提起经典电子商务网站的网页，估计大多数用户想到的就是淘宝网、阿里巴巴等。下面就来分析阿里巴巴电子商务网站的配色，从而找到自己可以借鉴的优点，如图 19-1 所示为阿里巴巴网站的首页。

图 19-1　阿里巴巴网站首页

浏览该网站页面，在网页的导航部分，占有不小比例的搜索框，是电子商务类网站用于让用户搜索产品等内容而设置的，这是此类网站所特有的，如图 19-2 所示。因此，设计者用点睛色（橘黄色）进行配色。

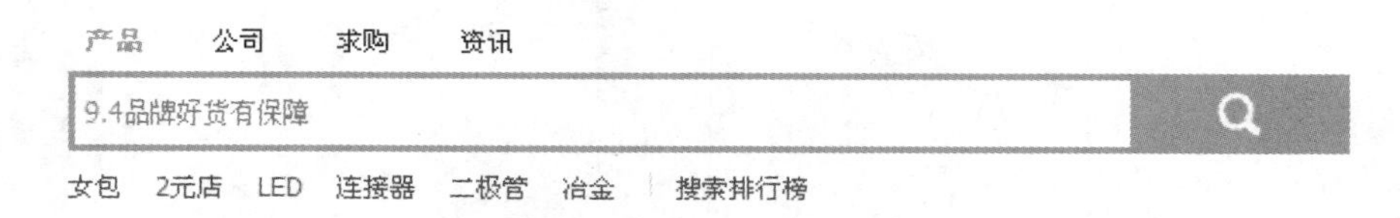

图 19-2　搜索框

除了上述内容之外，网站进行主体内容的配色时，将搜索框中的黄色用作主体内容的点睛色，从而使得一些文本内容起到了突出作用，能够被用户第一时间看到。还有，不同市场的文本内容所使用的蓝色，也是与背景色白色有着强烈对比效果的。具体颜色使用如图 19-3 所示。

合成助剂市场

吸附剂 食品添加剂 整染助剂 脱模剂
催化剂 表面活性剂 涂料助剂 造纸助剂

涂料市场

内墙漆 木器漆 防水漆 地坪漆 水性漆
绝缘漆 金属漆 防腐漆 色浆 颜料填料

粘合剂市场

万能胶 热熔胶 灌封胶 结构胶 瞬间胶
密封胶 导电胶 厌氧胶 动物胶 UV胶

专用化工市场

试剂 香料、香精 工业清洗剂 农药制剂
化肥 石油蜡 废料 水处理 染料 能源

服装面料市场

羽绒服面料 大衣面料 风衣面料 卫衣布
裙装面料 裤装面料 亚麻布 94备货面料

家纺面料市场

床品面料 全棉斜纹 全棉印花 南通面料
窗帘布 沙发布 箱包布 毛巾布 绒布

通用辅料市场

拉链 纽扣 织带 魔术贴 洗唛、商标
松紧带 缝纫线 吊粒、吊牌 94备货辅料

装饰辅料市场

花边 毛领 丝带 布贴 流苏穗 蝴蝶结
亮片 烫图 烫钻 毛球 胸花 DIY辅料

图 19-3 网站主体内容

除了阿里巴巴网站外，如图 19-4 所示的当当网也是一个比较经典的电子商务类网站。网站在配色上与阿里巴巴网站还是有区别的。主要的不同在于：当当网使用绿色作为搜索框（即点睛色）。由此可知，虽然同属于相同类型的站点，在色彩选择上也是有所不同的。

图 19-4 当当网首页

下面再来认识一个电子商务网站，如图 19-5 所示，是电子商务网站亚马逊的产品页。在页面中，用于展示产品的文本内容，为了达到有序突出的效果，分别对价格、产品描述、按钮等不同类别的主体内容，进行了不同颜色的使用。这种颜色的选择能够很好地通过白色背景予以重点突出，这样的配色方法，在网站配色过程中也是经常使用的。

图 19-5 电子商务类网站

19.2 电子商务网站的主要配色法则

本节主要介绍电子商务网站的主要配色法则，通过掌握电子商务类网站主要配色法则，能够更好地实现对电子商务网站的配色。

19.2.1 网站主色调的选择

一些知名的电子商务网站，主色调多以红色或者与其相近的暖色系颜色为主，同时将该主色调作为 Logo、导航的主要颜色进行显示与使用。以如图 19-1 所示的阿里巴巴网站首页为例，页面使用的橘黄色就是暖色系的，这是因为红、橙、黄色常常使人联想到旭日东升和燃烧的火焰，因此让人产生温暖的情感。另外，偏红色有着促进购物欲的作用。

除了阿里巴巴的主色调是这样选择的，如图 19-6 ~ 图 19-9 这几个不同的电子商务网站，观察其主色调，均为暖色调。虽然色相有所不同，但是主色调与阿里巴巴相似，都属于红色或者与其相近的暖色系的色彩。

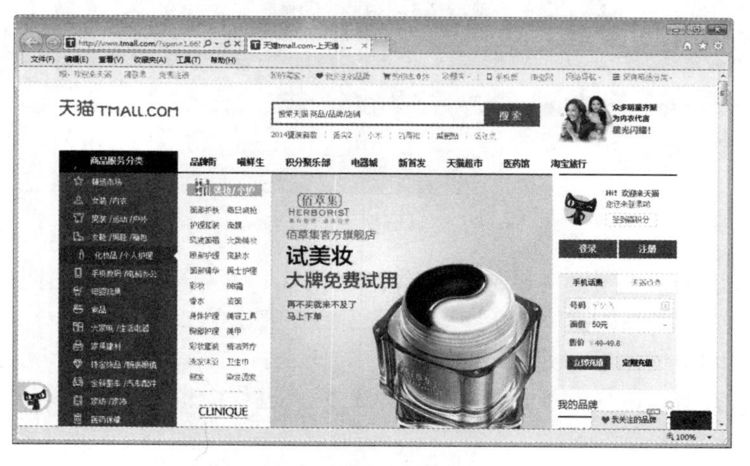

图 19-6 天猫

图 19-7　京东

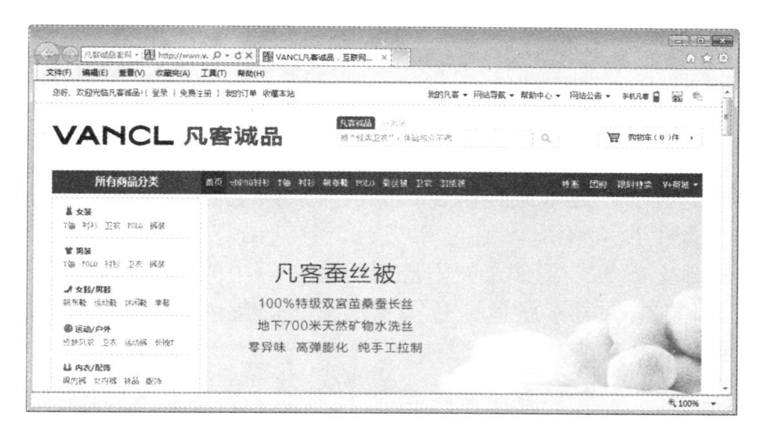

图 19-8　凡客诚品

图 19-9　1 号店

19.2.2　网站主体内容的配色

众所周知，红色和黑色的搭配被誉为商业中的经典搭配颜色，以黑色为背景，而突出一点亮丽的红，就会给人留下不禁想要点击和触碰的印象。各类著名电商企业都选取这两种颜色作为自己门户的宣传色，如图 19-10 所示物流企业顺丰速运就使用的是这组经典搭配。

图 19-10　顺丰速运主页

另外，以网购类电子商务网站为例，作为其代表阿里巴巴选用了红色的邻近色橙色作为主色调，与其搭配的网页中文本则使用黑色，这造就了橙黄与黑色的经典搭配，这与红黑色有着异曲同工之效果。例如，阿里巴巴网站主页中的“商人社区”部分的配色，如图 19-11 所示，图片下方的文本颜色，分别采用一行橙黄色，一行黑色的搭配方式，这是经典搭配在小区域内的一种应用。

图 19-11　“橘黄色 + 黑色”经典搭配

19.3　电子商务网站配色的步骤

本节通过对阿里巴巴网站具体配色实现的分析，来介绍网站配色的一般步骤。

19.3.1　主题色的确定

每个企业都有自己鲜明的企业文化和企业形象，阿里巴巴网站也不例外。网站主题颜色的体现可以与企业主色彩保持一致，这样既可以使企业形象在互联网上得到延伸，同时也可以使网站主题和企业形象相互促进，形成统一的视觉认同和形象认同，如图 19-12 所示的企业 Logo 中的主色调橙黄色正是网页的主题色调。

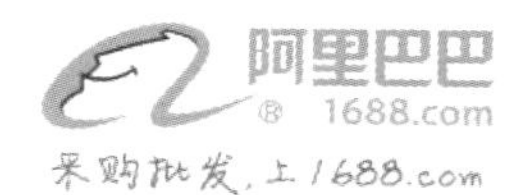

图 19-12　企业 Logo

除此之外，通过主页面之外的其他页面，来进一步了解网站的主题色调。如图 19-13 所示，是网站中服装服饰批发频道的页面。该页面选择使用红色为其主题色彩，该颜色主要用于导航背景以及重要标题文本。红色有着刺激购买、促进消费的作用。同时，将其与页面文本的主要颜色黑色进行搭配，这是一组永不会失色的经典搭配。

图 19-13　服装服饰批发频道

19.3.2　确定主题色的搭配

邻近色彩搭配、原色或者间色搭配、补色组合搭配以及全色组合搭配都是常用的色彩搭配方法。阿里巴巴网站主题色的搭配，同样是采用的上述搭配方法。

1. 邻近色搭配

红色、橙色与黄色分别是邻近色，这些颜色的搭配实现了邻近色彩组合。使用邻近色搭配可以表现出统一协调性，也能体现出冷暖基调的一致。在阿里巴巴网站中，就有页面使用的是邻近色搭配，如图 19-14 所示的是日用百货频道，使用的就是此类颜色搭配。

图 19-14　邻近色搭配

2. 原色或间色组合

具有纯粹性质的原色或者原色组合成的间色之间进行组合，往往可形成清晰的对比效果。阿里巴巴网站也不例外，同样在进行网站的创建时，将原色或者原色组合成的间色组合应用于网页的配色之中。例如，如图 19-15 所示的页面，就起到了对比效果，从而形成了阿里巴巴网站中美容护肤频道的色彩搭配的亮丽配色效果。

图 19-15　原色或间色组合

3．全色组合

全色组合应用于网页的配色中，网站的色彩可以变得丰富多彩，从而使得页面效果也能够更加活泼，并能够更易受到用户的喜欢。因为全色组合，色彩往往都很活跃，所以使得页面中既有色彩丰富的效果，如图 19-16 所示页面右侧的配色不止三五种，又不会让页面喧宾夺主，该有的重点，同样能够予以突显。

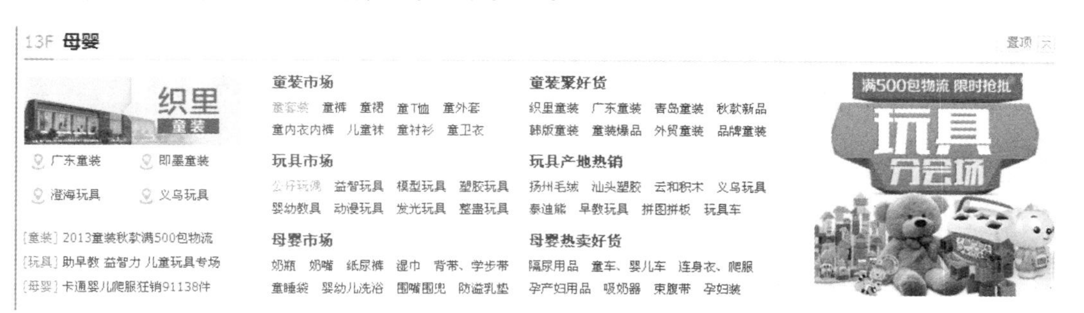

图 19-16　全色组合

19.3.3　主题色布局

与许多网站布局、配色相似，阿里巴巴网站同样选择了以白色为其网站的背景色，然后搭配橙黄色作为网站的主题色彩，并将此色彩用作网站标志的主色调。从而，让页面有了主次之分，形成重点突出的效果。网页整体感觉主题鲜明，浑然一体。

一般情况下，网站主页面的主题色主要体现在 Logo、导航栏、搜索栏、搜索按钮、Baner 按钮以及区域线框上，对于其他网页元素的配色，可以在确立主题色的情况下，在此基调的基础上进行微调来获取。如图 19-17 所示的阿里巴巴的主题色调布局，就有着这一方面的体现。

图 19-17　网站主题色布局

19.3.4 页面色彩相互呼应

网页的色彩呼应首先应当做到首尾呼应，页面的底部应当运用一些色彩元素，例如分割线就可以与网页顶部的 Logo 或者导航的主题色进行呼应。

如图 19-18 所示，是网站的导航以及 Logo 的配色截图，导航的背景颜色与 Logo 标志的颜色都是相同的。从而也就使得页面起到了协调一致的配色需要，让整个页面有了浑然一体之感。

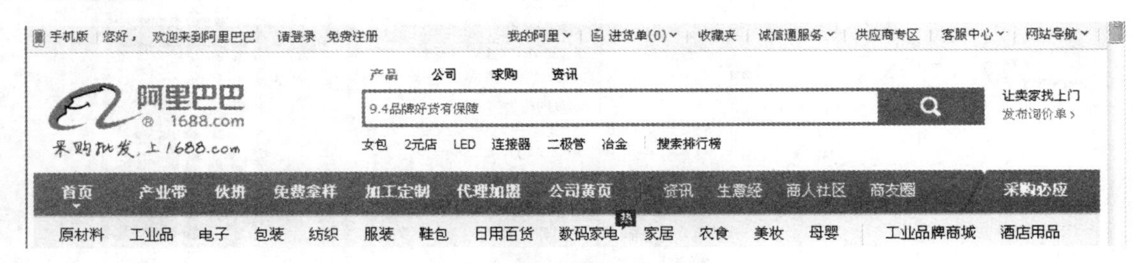

图 19-18 页面色彩协调搭配

第 20 章
在线购物网页设计实战

网页设计是 Photoshop 的一种拓展功能，是网站程序设计的好搭档，本章就来介绍如何使用 Photoshop 设计网页。

20.1 设计网页 Logo

网页 Logo 是一个网站的标志，Logo 设计的好与坏直接关系到一个网站的整体形象。下面就来介绍如何使用 Photoshop 设计在线购物网站的网页 Logo。

具体操作步骤如下。

步骤1 打开 Photoshop CS6 工作界面，选择【文件】→【新建】菜单命令，打开【新建】对话框，在其中输入相关参数，如图 20-1 所示。

步骤2 单击【确定】按钮，即可新建一个空白文档，如图 20-2 所示。

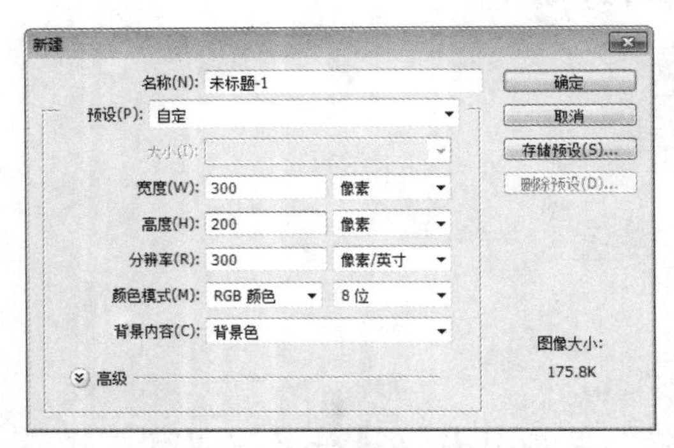

图 20-1 【新建】对话框　　图 20-2 新建空白文档

步骤3 选择【文件】→【存储】命令，在打开的【存储为】对话框中输入文件的名称，并选择存储的类型，如图 20-3 所示。

步骤4 单击工具箱中的【横排文字工具】按钮，在空白文档中输入网页 Logo 文字“我爱美妆”，选择“我爱”两个字，在【字符】面板中设置字符的参数，如图 20-4 所示。

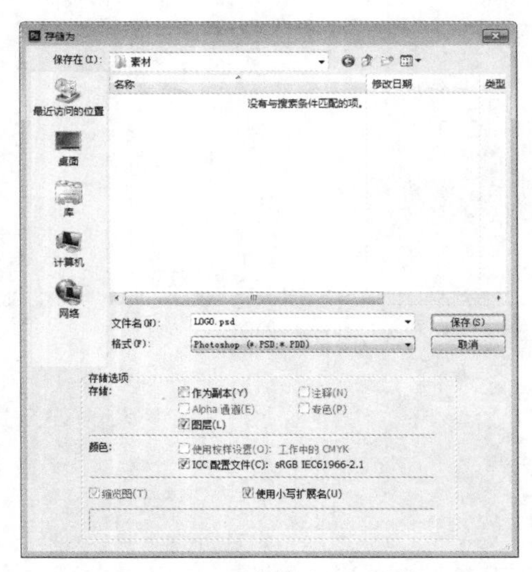

图 20-3 【存储为】对话框

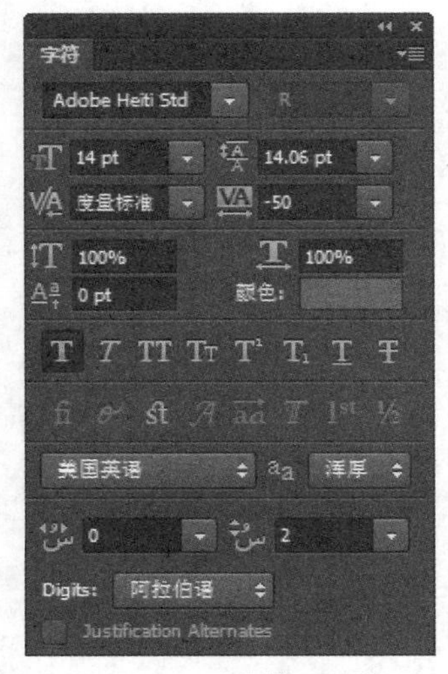

图 20-4 【字符】面板

步骤5　选择“美妆”两个字，在【字符】面板中设置相关参数，如图 20-5 所示。

步骤6　设置完毕后，返回到图像工作界面中，可以看到最终的显示效果，如图 20-6 所示。

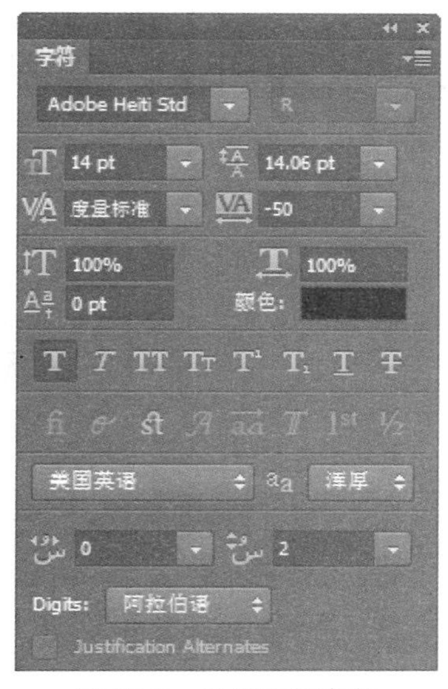

图 20-5　设置字符参数

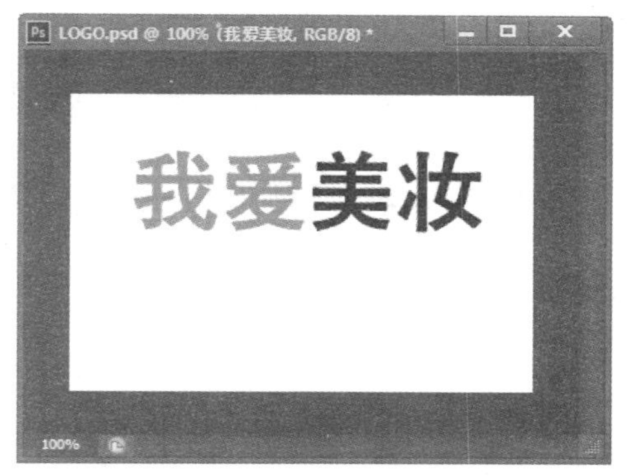

图 20-6　设置后的文字效果

步骤7　双击【我爱美妆】文字图层，打开【图层样式】对话框，在其中勾选【投影】复选框，并设置相关参数，如图 20-7 所示。

步骤8　设置完毕后，单击【确定】按钮，即可为文字添加投影样式，如图 20-8 所示。

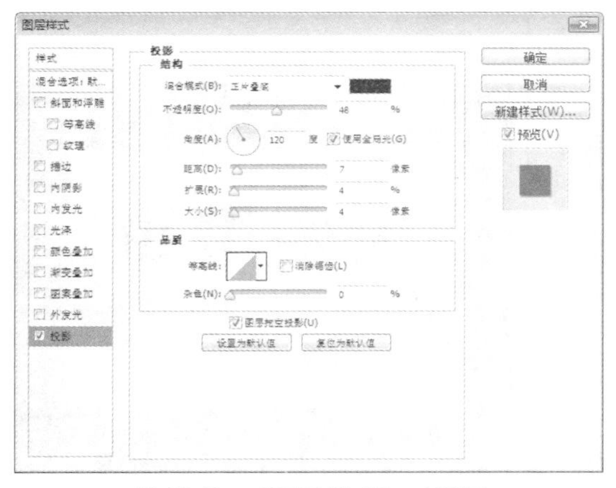

图 20-7　【图层样式】对话框

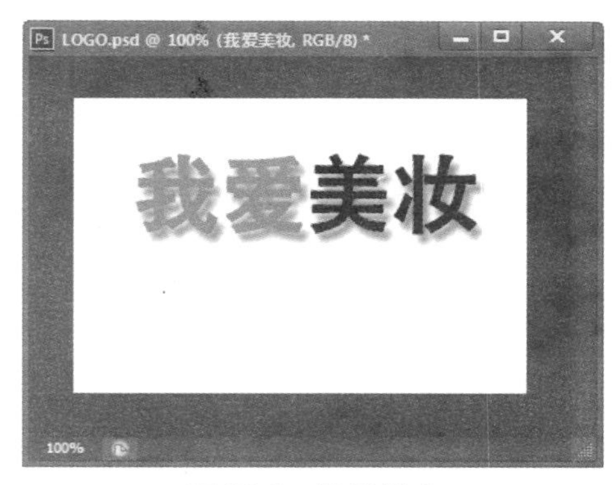

图 20-8　投影样式

步骤9　单击工具箱中的【横排文字工具】按钮，在文档中输入 MEIZHUANG.COM，然后在【字符】面板中设置该文字的参数，如图 20-9 所示。

步骤10　返回到图像工作界面中，可以看到文字的显示效果，然后使用【移动工具】调整该文字的位置，如图 20-10 所示。

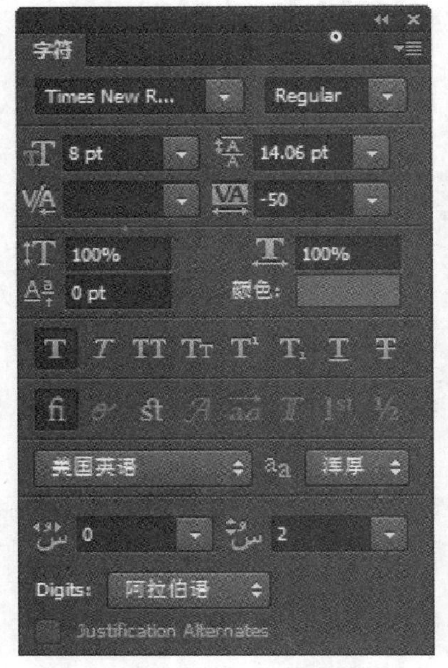

图 20-9　设置文字参数

图 20-10　文字的显示效果

步骤11 双击 MEIZHUANG.COM 文字所在图层，打开【图层样式】对话框，在其中勾选【投影】复选框，并设置相关参数，如图 20-11 所示。

步骤12 单击【确定】按钮，即可为该文字添加投影效果，如图 20-12 所示。

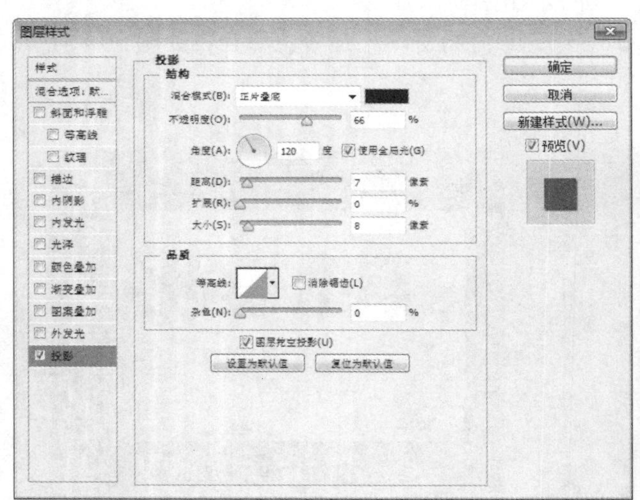

图 20-11　勾选【投影】复选框

图 20-12　文字投影效果

步骤13 在【图层】面板中选中文字所在图层并右击，在弹出的快捷菜单中选择【栅格化文字】命令，将文字图层转化为普通图层，如图 20-13 所示。

步骤14 再次选中文字所在的两个图层并右击，在弹出的快捷菜单中选择【合并图层】命令，将文字图层合并为一个图层，如图 20-14 所示。

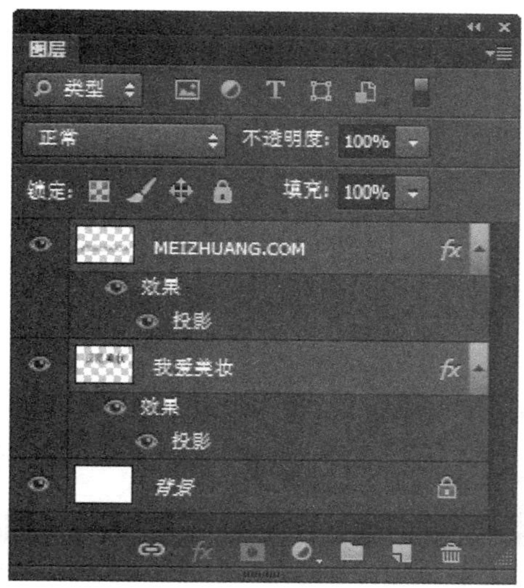

图 20-13　格式化文字

图 20-14　合并图层

步骤15 双击【背景】所在图层，即可打开【新建图层】对话框，然后单击【确定】按钮，即可将背景图层转化为普通图层，名称为“图层 0”，如图 20-15 所示。

步骤16 选中“图层 0”，然后将其拖曳至【图层删除】按钮之上，将该图层删除，即可完成网页透明 Logo 的制作，如图 20-16 所示。

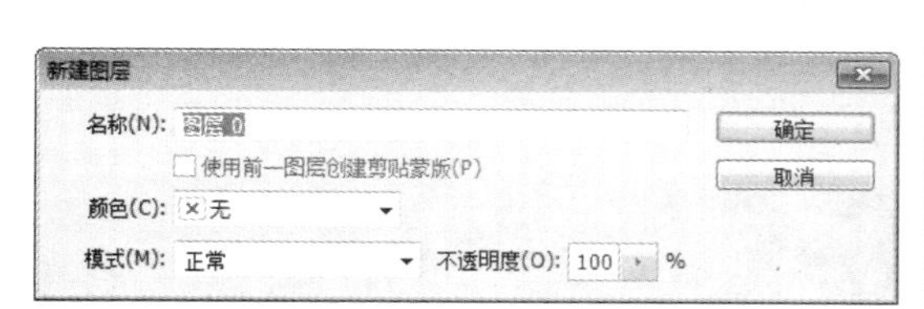

图 20-15　【新建图层】对话框

图 20-16　删除图层

20.2　设计网页导航栏

导航栏是一个网页的菜单，通过它可以了解到整个网站的内容分类，设计网页导航栏的具体操作步骤如下。

步骤1 新建一个大小为 1024 像素 ×36 像素，分辨率为 300 像素 / 英寸，背景为黑色的文档，并将其保存为“导航栏 .psd”文件，如图 20-17 所示。

图 20-17　新建文件

步骤2 新建一个图层，使用【矩形选框工具】在新图层中绘制一个矩形选区，然后使用【油漆桶工具】为矩形选区填充玫红色 (R：237、G：20、B：91)，如图 20-18 所示。

图 20-18　新建图层

步骤3 使用工具箱中的【横排文字工具】在文档中输入网页的导航栏文字，这里输入“特卖精选”，并根据需要调整文字的颜色为白色，字体为 STXihei，大小为 5pt，如图 20-19 所示。

图 20-19　添加文字

步骤4 根据实际需要，复制多个文字图层，并调整文字图层的位置，最终的效果如图 20-20 所示。至此，一个简单的在线购物网页的导航栏就制造完成了。

图 20-20　复制多个文字图层

20.3　设计网页的 Banner

网页的 Banner 主要用于展示网站最近的活动。在线购物网站的 Banner 主要用于展示最近的产品销售活动。设计在线购物网站 Banner 的具体操作步骤如下。

步骤1 在 Photoshop CS6 的工作界面中选择【文件】→【打开】菜单命令，在打开的【打开】对话框中选择素材文件 Banner.psd 文件，如图 20-21 所示。

图 20-21　打开素材

步骤2　打开素材文件“图片 1.jpg”，使用【移动工具】将该图片移动到文件 Banner 之中，然后使用【自由变换工具】将该图片进行自由变换，并调整其位置至合适位置，如图 20-22 所示。

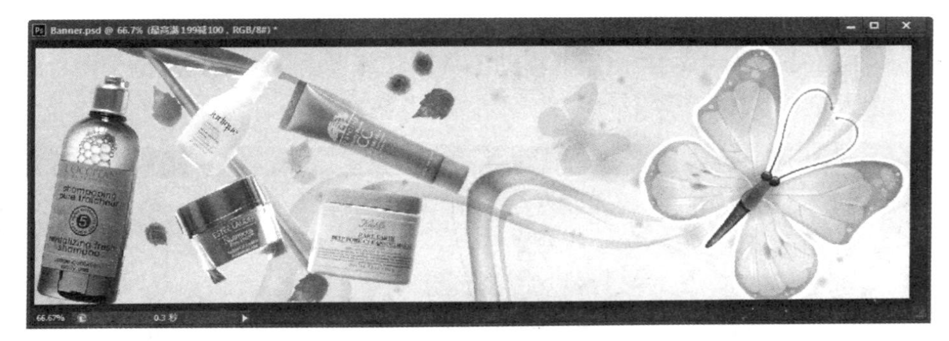

图 20-22　自由变换图片

步骤3　双击“图片 1”所在的图层，打开【图层样式】对话框，在其中勾选【投影】复选框，并设置其中的参数，如图 20-23 所示。

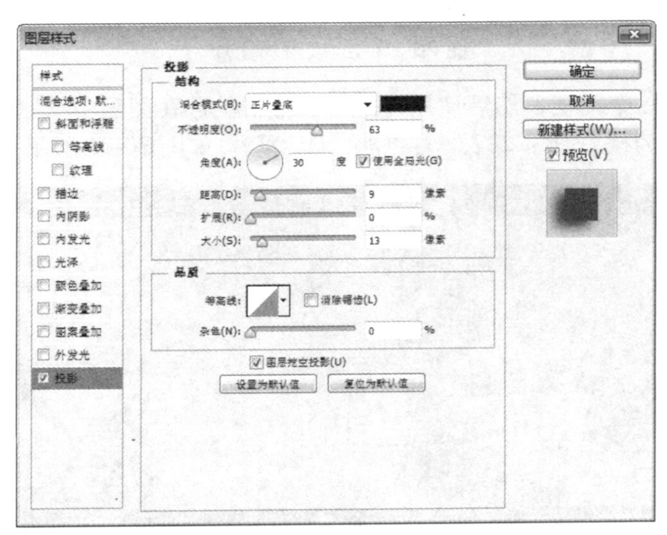

图 20-23　设置投影参数

步骤4 单击【确定】按钮，返回到 Banner 文档之中，即可为“图片 1”添加投影效果，如图 20-24 所示。

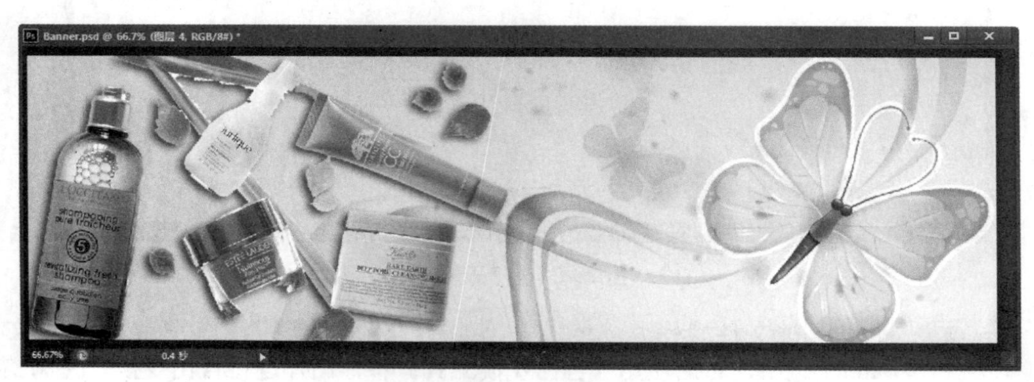

图 20-24　添加投影效果

步骤5 参照步骤 2 的操作方法，将素材“图片 2.jpg”、“图片 3.jpg”添加到 Banner 文件中，并使用【移动工具】和【自由变换工具】调整图片的位置和大小，如图 20-25 所示。

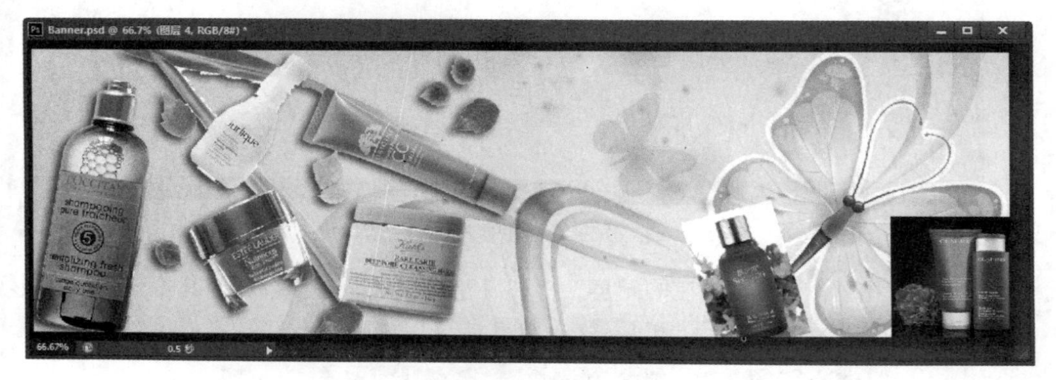

图 20-25　继续添加图片

步骤6 新建一个图层，然后使用【矩形选框工具】在图层中绘制一个矩形，并将其填充为橘色 (R：227、G：106、B：87)，如图 20-26 所示。

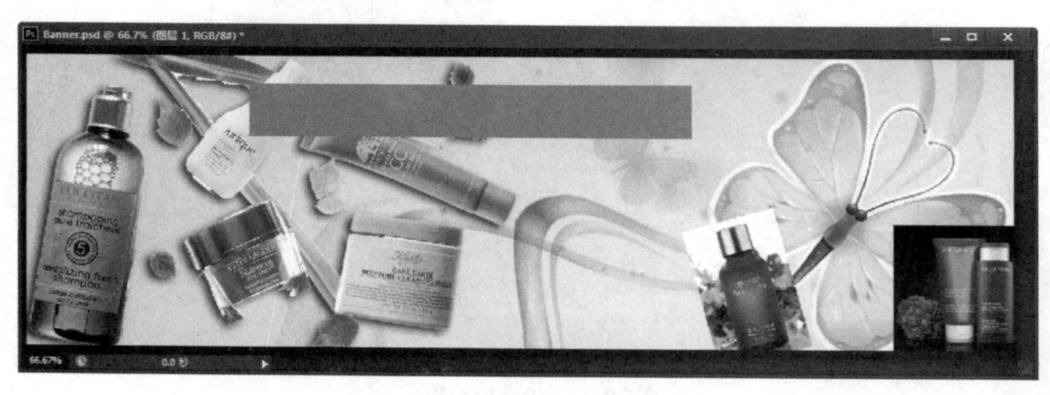

图 20-26　绘制矩形

步骤7 使用【多边形套索工具】为两端添加三角形选区，然后按 Delete 键将其删除，如图 20-27 所示。

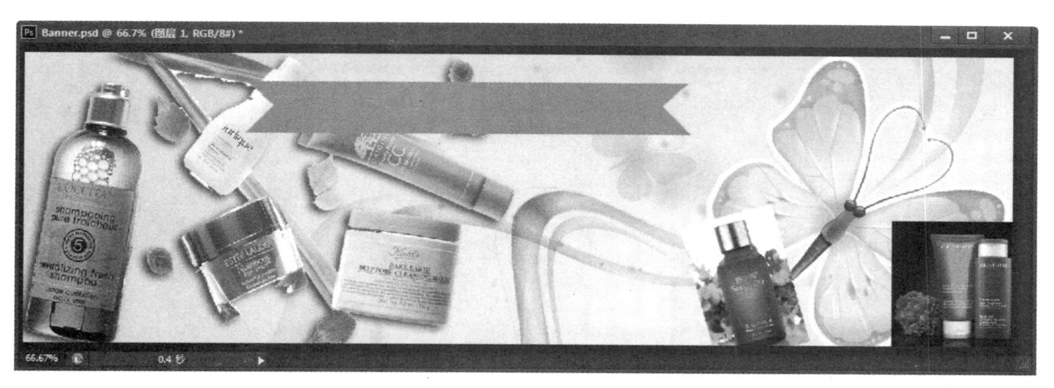

图 20-27　添加三角形选区

步骤8 新建一个图层，然后选择工具箱中的【直线工具】，绘制一条直线，并设置直线的颜色为白色，如图 20-28 所示。

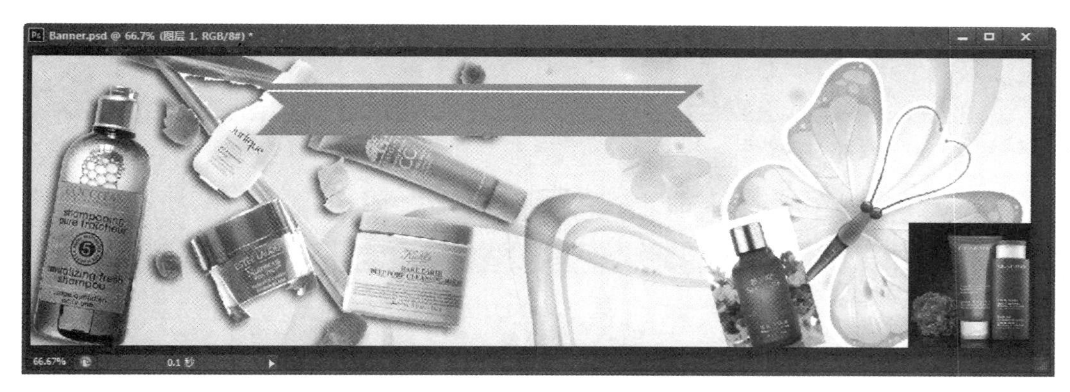

图 20-28　绘制直线

步骤9 选中直线所在图层，将其拖曳至【新建图层】按钮之上，复制直线所在图层，然后使用【移动工具】调整直线所在位置，如图 20-29 所示。

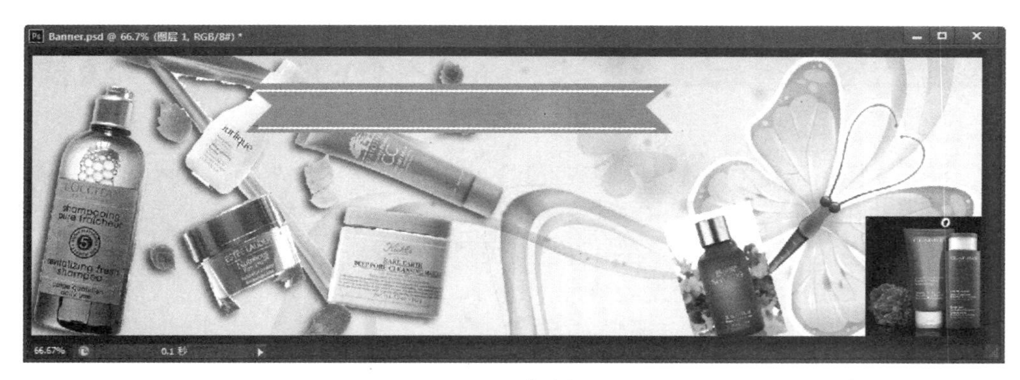

图 20-29　复制图层

步骤10 选择工具箱中的【横排文字工具】，在文档中输入文字，在【字符】面板中设置文字的大小、字体、颜色等，如图 20-30 所示。

步骤11 在【图层】面板中调整图层的组合方式为【叠加】，如图 20-31 所示。

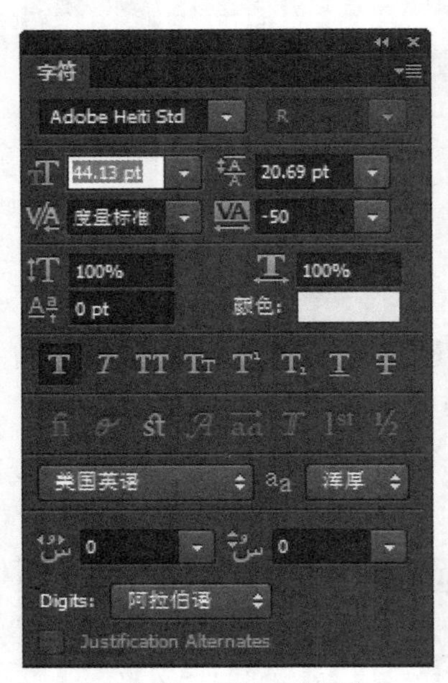

图 20-30　设置文字属性

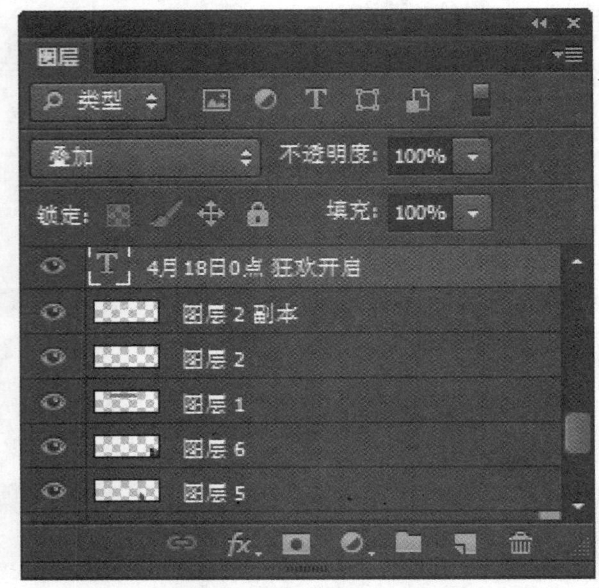

图 20-31　选择【叠加】选项

步骤12 返回到Banner文档的工作界面中，可以看到最终的显示效果，如图20-32所示。

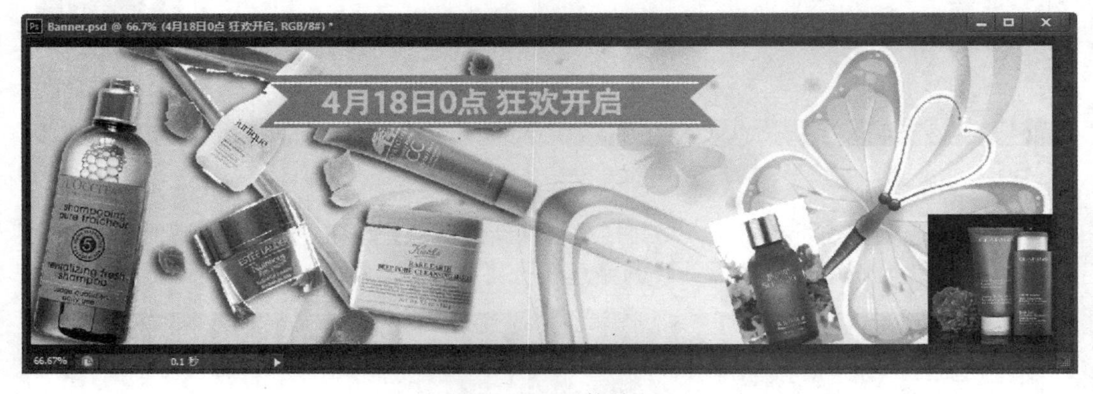

图 20-32　最终效果

步骤13 选择工具箱中的【横排文字工具】，在 Banner 文档界面中输入活动内容文字，并在【字符】面板中设置文字的大小、颜色、字体样式等，如图 20-33 所示。

步骤14 双击文字所在图层，在打开的【图层样式】对话框中勾选【外发光】复选框，为文字图层添加外发光效果，如图 20-34 所示。

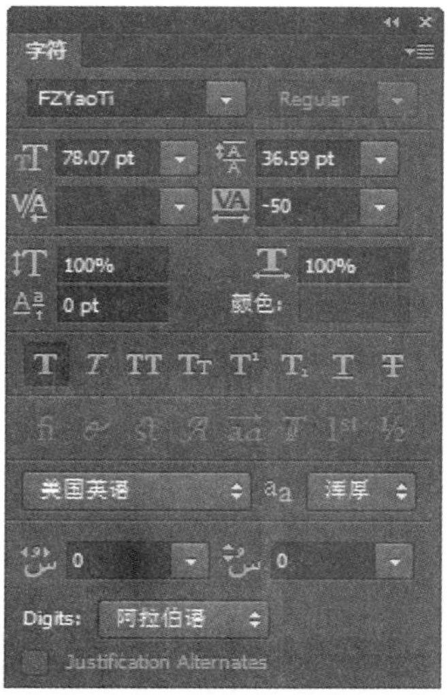

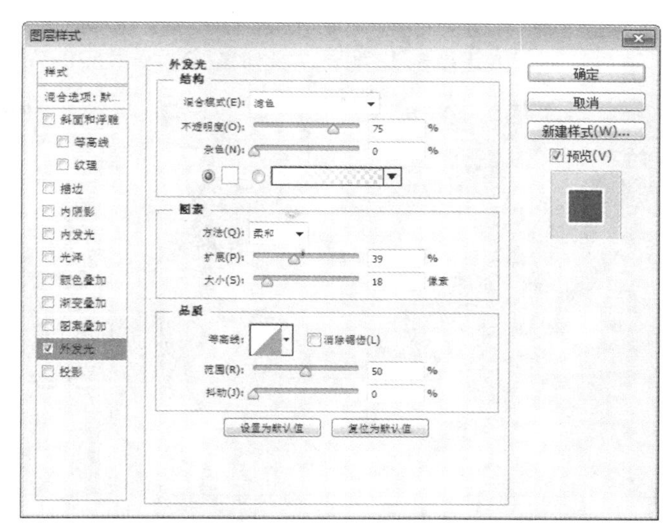

图 20-33 设置文字参数

图 20-34 勾选【外发光】复选框

步骤15 单击【确定】按钮，返回到 Banner 文档工作界面，可以看到添加的文字效果，如图 20-35 所示。

图 20-35 添加的文字效果

步骤16 新建一个图层，使用【矩形选框工具】在图层中绘制一个矩形，并填充颜色为橘色 (R：227、G：106、B：87)，如图 20-36 所示。

图 20-36 绘制矩形

步骤17 双击矩形所在的图层，打开【图层样式】对话框，为该图层添加【斜面和浮雕】和【投影】效果，具体的参数如图 20-37 和图 20-38 所示。

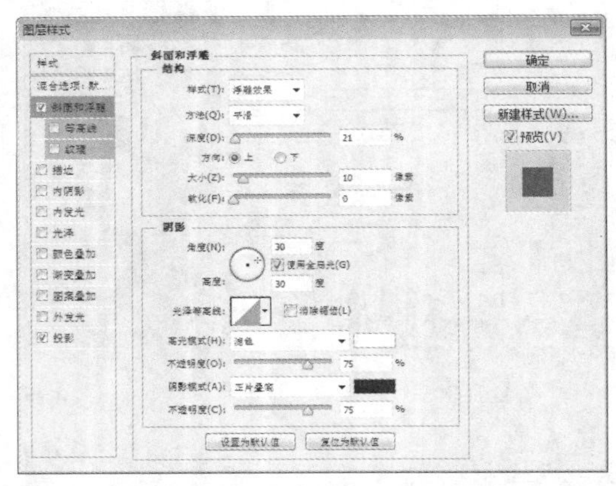

图 20-37　添加【斜面和浮雕】效果

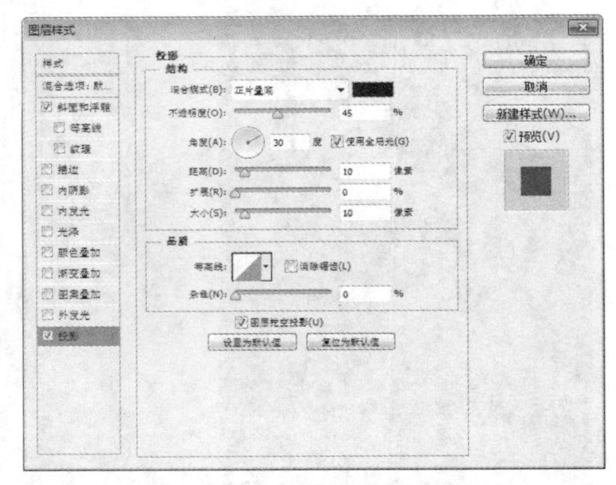

图 20-38　添加【投影】效果

步骤18 单击【确定】按钮，返回到 Banner 文档工作界面中，可以看到应用图层样式后的效果，如图 20-39 所示。

图 20-39　应用图层样式后的效果

步骤19 使用【横排文字工具】在文档中输入文字并调整文字的位置，然后在【字符】面板中调整文字的字体样式、颜色和大小等，最终的效果如图 20-40 所示。

图 20-40　设置的文字效果

步骤20 新建一个图层，使用工具箱中的【自定形状工具】在文档中绘制一个心形形状，添加形状的颜色为橘色（R：227、G：106、B：87），如图 20-41 所示。

图 20-41　绘制一个心形形状

步骤21 双击心形所在图层，在打开的【图层样式】对话框中勾选【投影】复选框，为图层添加投影效果，如图 20-42 所示。

图 20-42　添加投影效果

步骤22 使用【横排文字工具】在文档中输入文字【上不封顶】，然后调整文字的位置，并在【字符】面板中设置文字的字体样式、大小、颜色等，最终的显示效果如图 20-43 所示。

图 20-43　添加文字

步骤23 至此，在线购物网页的Banner就制作完成了，然后选择【文件】→【存储为】菜单命令，打开【存储为】对话框，在其中设置文件的保存类型为.jpg，如图20-44所示。

图20-44 【存储为】对话框

20.4 设计网页正文部分

网页的正文是整个网页设计的重点。在线购物网站的正文主要用于显示产品的销售信息，下面就来设计网页的正文部分内容。

20.4.1 设计正文导航

为了更好地展示网页的正文内容，一般在正文上面会显示正文的导航，如在线购物网站的导航为产品的分类。

设计正文导航的具体操作步骤如下。

步骤1 新建一个大小为1024像素×92像素、背景为白色、分别率为300像素/英寸的空白文档，并将其保存为“导航按钮.psd”，如图20-45所示。

图20-45 新建导航按钮文件

步骤2 新建一个图层，然后选择工具箱中的【矩形选框工具】，再在属性栏中设置

【矩形选框工具】的参数，这里设置样式为【固定大小】，宽度为 1024 像素，高度为 7 像素，如图 20-46 所示。

图 20-46　矩形选框工具属性栏

步骤3 单击空白文档，在其中绘制一个矩形选框，然后使用【油漆桶工具】将选框填充为黑色，并调整至合适位置，如图 20-47 所示。

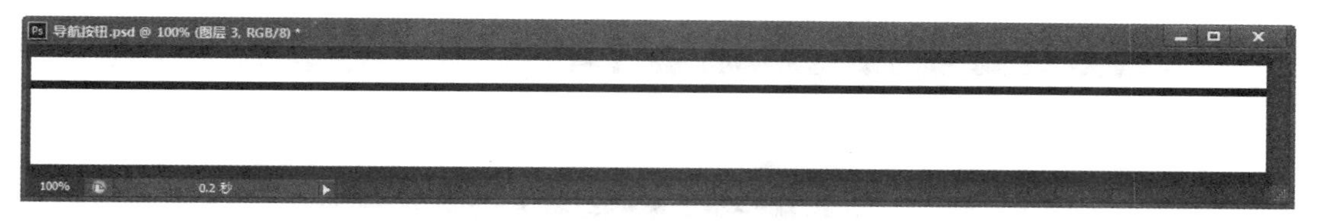

图 20-47　绘制矩形选框

步骤4 新建一个图层，然后选择工具箱中的【矩形选框工具】，在文档中绘制两个矩形选框，如图 20-48 所示。

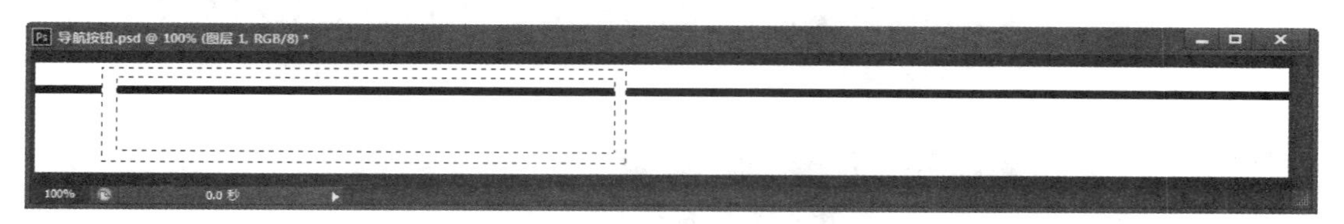

图 20-48　绘制两个矩形选框

步骤5 设置前景色为灰色 (R：197、G：197、B：197)，使用【油漆桶工具】将选区填充为灰色，如图 20-49 所示。

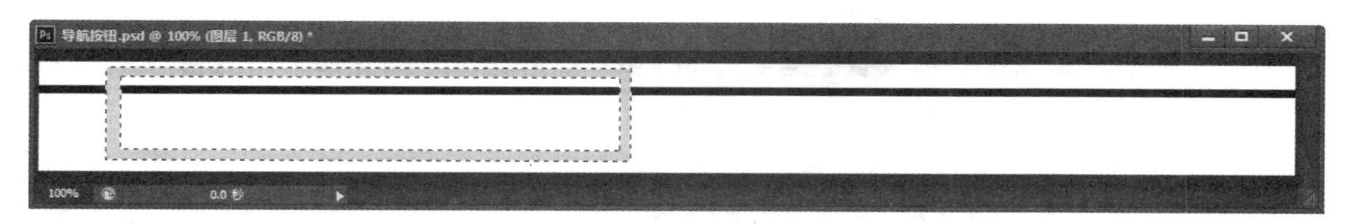

图 20-49　填充选区

步骤6 使用【魔棒工具】选中灰色矩形中间的矩形，如图 20-50 所示。

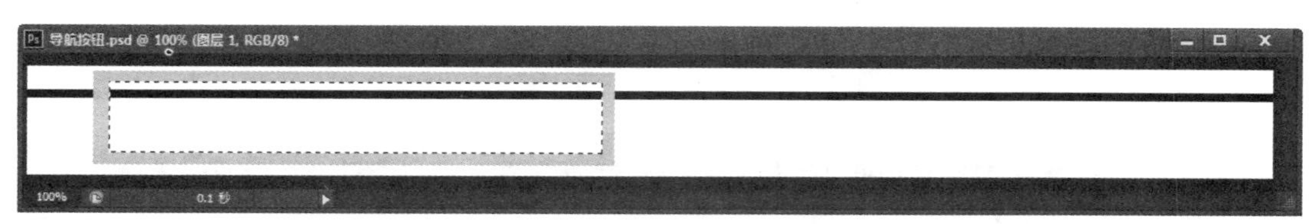

图 20-50　选中矩形

步骤7 使用【油漆桶工具】将选中的灰色矩形填充为白色，如图 20-51 所示。

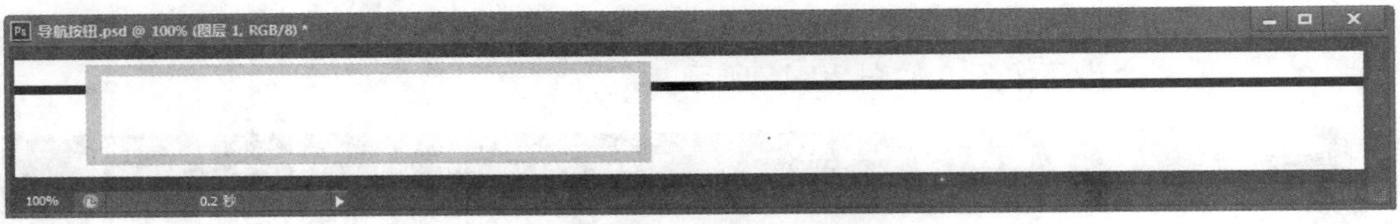

图 20-51　填充矩形

步骤8 新建一个图层，使用【矩形选框工具】在文档中绘制一个 10×10 正方形，并将其填充为黑色，如图 20-52 所示。

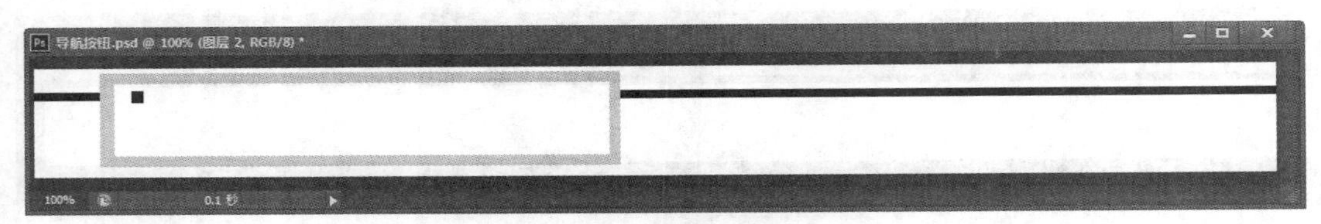

图 20-52　绘制正方形

步骤9 复制 4 个黑色正方形所在的图层，并调整至合适的位置，如图 20-53 所示。

图 20-53　复制 4 个正方形

步骤10 选择工具箱中的【横排文字工具】，在文档中输入文字 Point 1，并在【字符】面板中设置文字的字体样式为 Times New Roman、大小为 10pt、颜色为黑色，如图 20-54 所示。

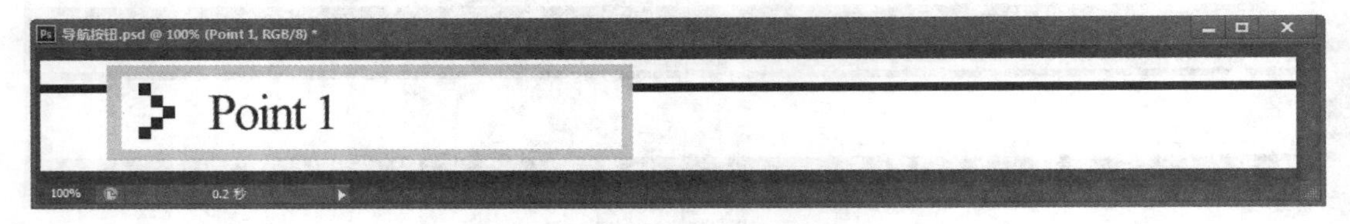

图 20-54　输入文字

步骤11 再使用【横排文字工具】在文档中输入文字“全部特卖”，然后设置文字的字体样式为 STZhongsong、大小为 9pt、颜色为红色 (R：255、G：112、B：163)，最后将其保存起来，如图 20-55 所示。

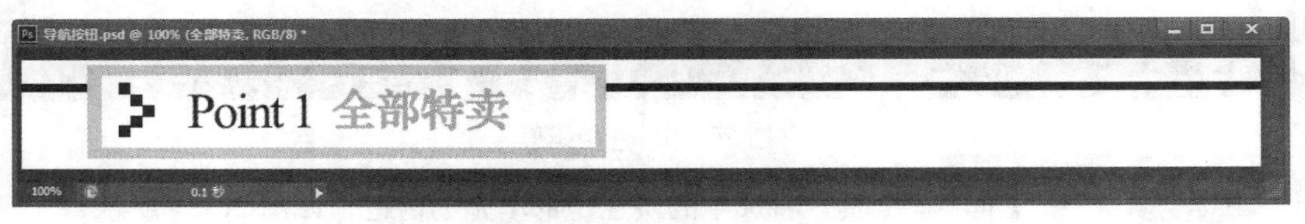

图 20-55　再输入文字

步骤12 根据需要再制作其他正文内容的导航按钮，如图 20-56 所示。

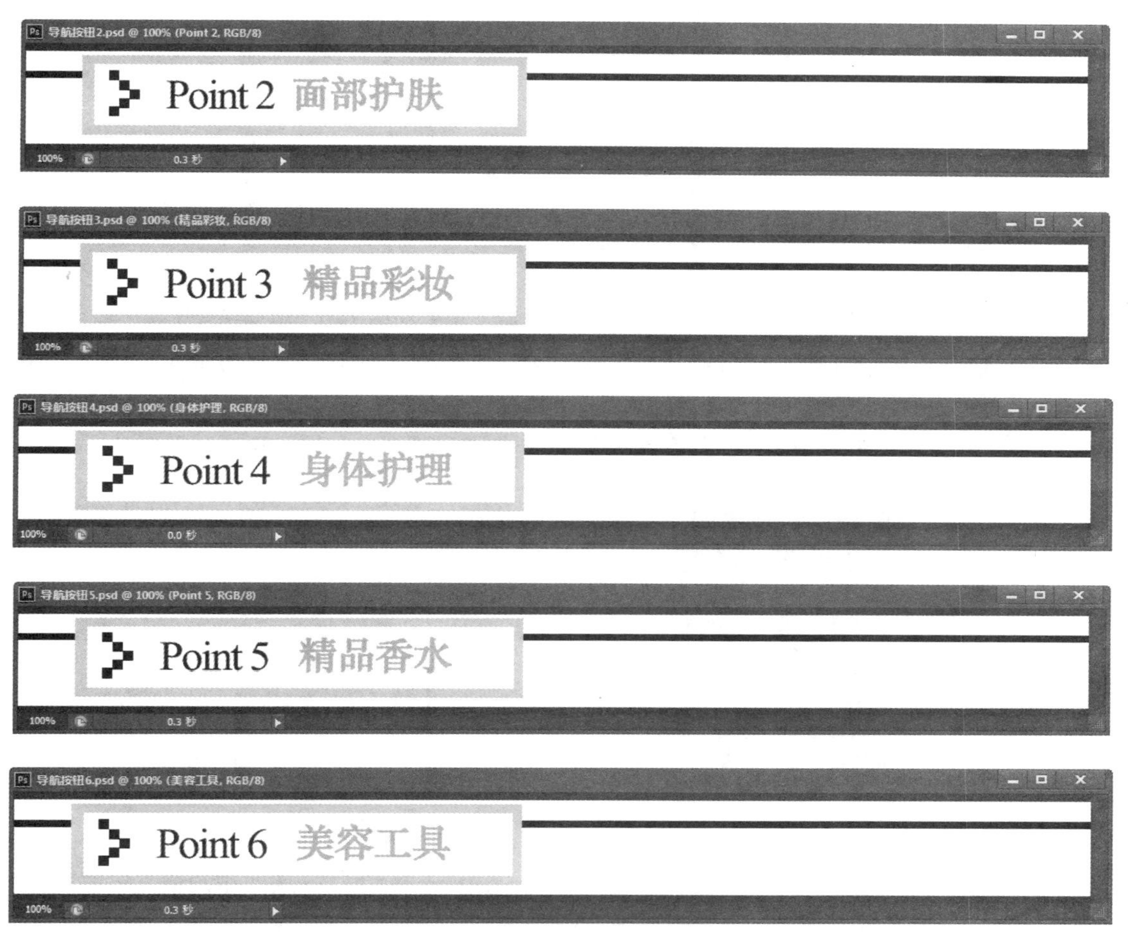

图 20-56 多个导航按钮

20.4.2 设计正文内容

在线购物网页的 6 部分正文内容，分别为全部特卖、面部护肤、精品彩妆、身体护理、精品香水、美容工具。由于这 6 部分的正文内容在形式上一样，这里以设计身体护理这部分内容为例，来介绍在线购物网页正文内容的设计步骤。

具体操作步骤如下。

步骤1 新建一个大小为 230 像素 ×380 像素、分别率为 300 像素 / 英寸、背景为白色的文档，并将其保存为“身体护理 1.psd”，如图 20-57 所示。

步骤2 打开素材文件“身 3.jpg”文件，然后使用【移动工具】将其移动到“身体护理 1.psd”文件中，并使用【自由变换工具】调整图片的大小与位置，如图 20-58 所示。

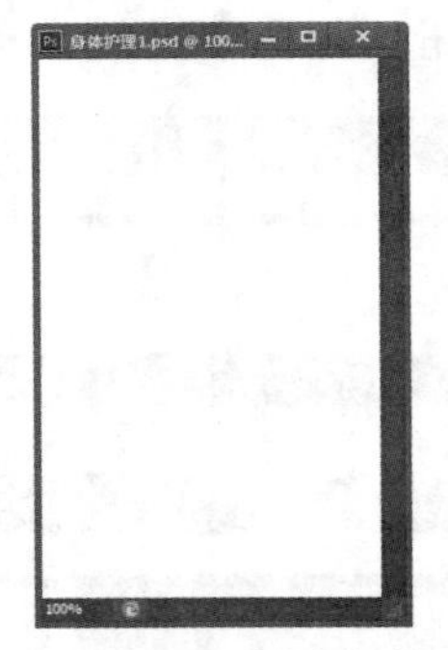
图 20-57　新建文件

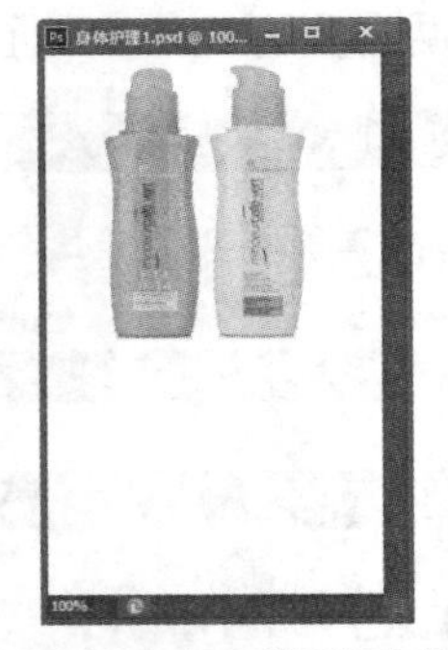
图 20-58　打开并移动素材

步骤3 使用工具箱中的【横排文字工具】在文档中输入该产品的说明性文字，然后在【字符】面板中设置文字的字体样式、大小以及颜色等，如图 20-59 所示。

步骤4 返回到文档中，可以看到添加的文字显示效果，如图 20-60 所示。

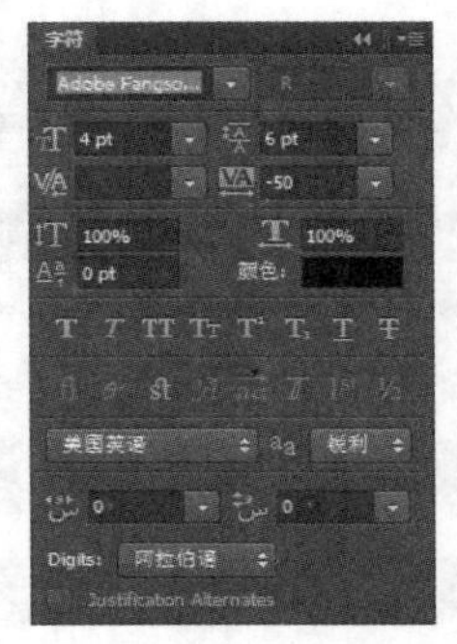
图 20-59　设置文字属性

图 20-60　文字效果

步骤5 使用【横排文字工具】在文档中输入该产品的价格信息，并调整文字的大小、字体样式以及颜色等，如图 20-61 所示。

步骤6 新建一个图层，使用【矩形选框工具】在该图层中绘制一个矩形，并填充矩形为玫红色 (R：244、G：92、B：143)，如图 20-62 所示。

步骤7 双击矩形所在的图层，打开【图层样式】对话框，在其中勾选【斜面和浮雕】复选框，为图层添加“斜面和浮雕”效果，如图 20-63 所示。

图 20-61　输入价格信息

图 20-62　绘制矩形

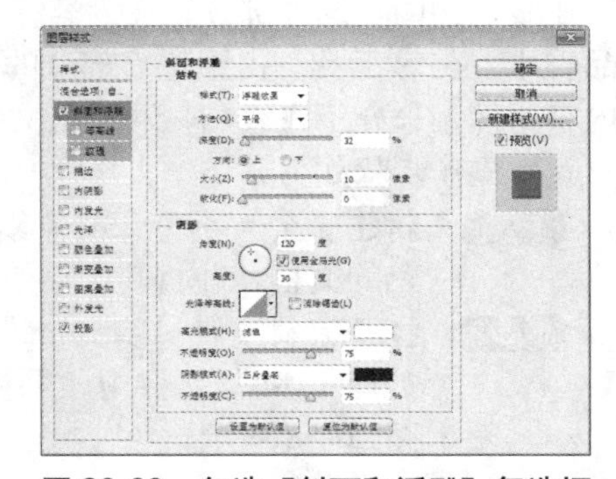
图 20-63　勾选【斜面和浮雕】复选框

步骤8 在【图层样式】对话框中勾选【投影】复选框，在其中设置投影的相关参数，为图层添加投影效果，如图 20-64 所示。

步骤9 设置完毕后，单击【确定】按钮，返回到文档中，可以看到最终的显示效果，如图 20-65 所示。

步骤10 参照上述制作玫红色按钮的方法，再制作一个按钮，该按钮的颜色为灰色，如图 20-66 所示。

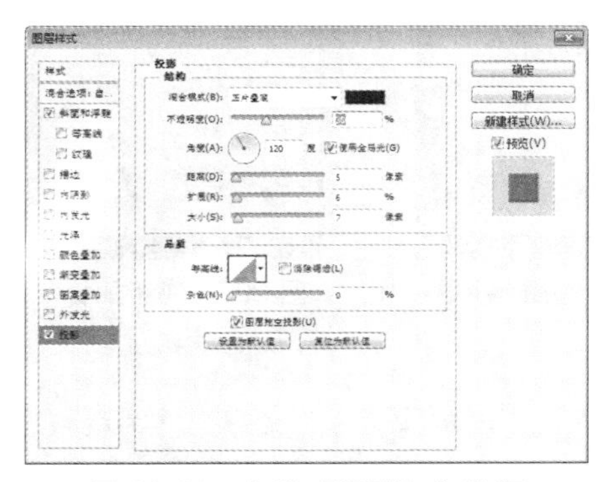

图 20-64 勾选【投影】复选框

图 20-65 红色按钮

图 20-66 制作灰色按钮

步骤11 使用【横排文字工具】在文档中输入按钮上的文字，在玫红色按钮上输入“放入购物车”，在灰色按钮上输入“查看”，并为文字图层添加相应的图层样式，如图 20-67 所示。

步骤12 选择工具箱中的【自定义形状】按钮，在形状预设面板中选择【会话 8】形状，如图 20-68 所示。

步骤13 在文档中绘制【会话 8】形状，并填充形状的颜色为红色，如图 20-69 所示。

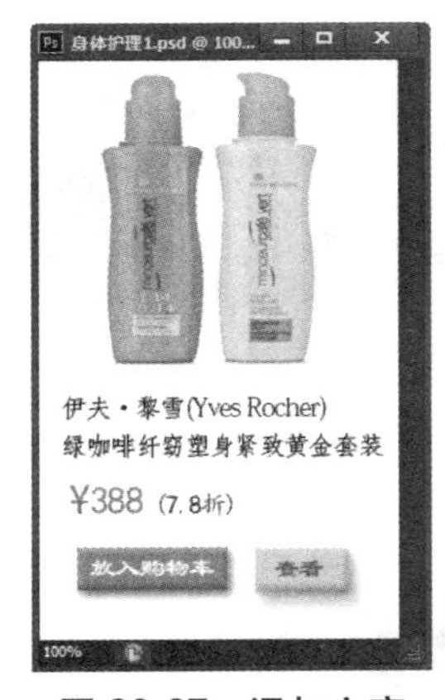

图 20-67 添加文字

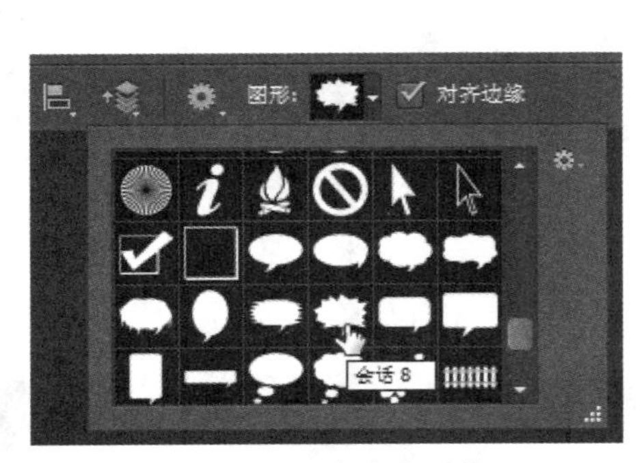

图 20-68 自定义形状

图 20-69 绘制并填充形状

步骤14 双击形状所在的图层，打开【图层样式】对话框，在其中勾选【投影】复选框，并设置相应的参数，如图 20-70 所示。

步骤15 单击【确定】按钮，为图层添加投影效果，如图 20-71 所示。

步骤16 使用【横排文字工具】在文档中输入文字“包邮！”，并调整文字的大小、颜色、字体样式等，如图 20-72 所示。至此，正文中【身体护理 1】模块就设计完成了。

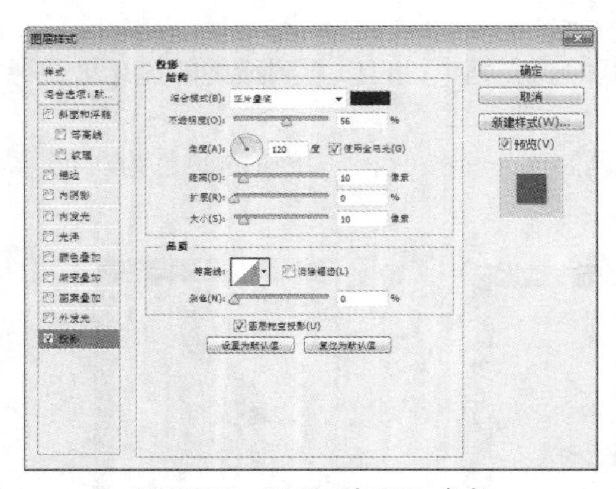

图 20-70　设置【投影】参数

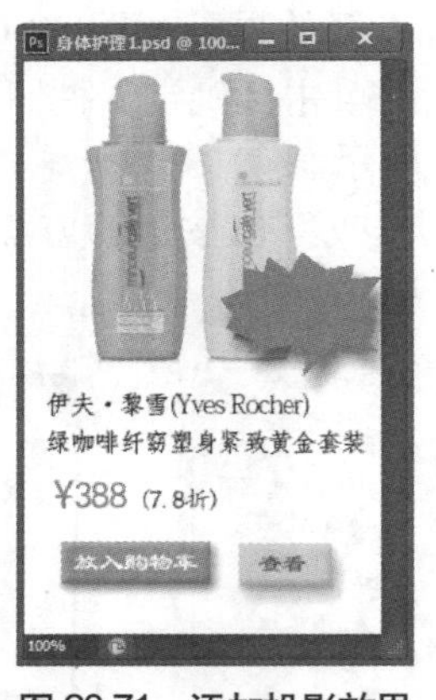

图 20-71　添加投影效果

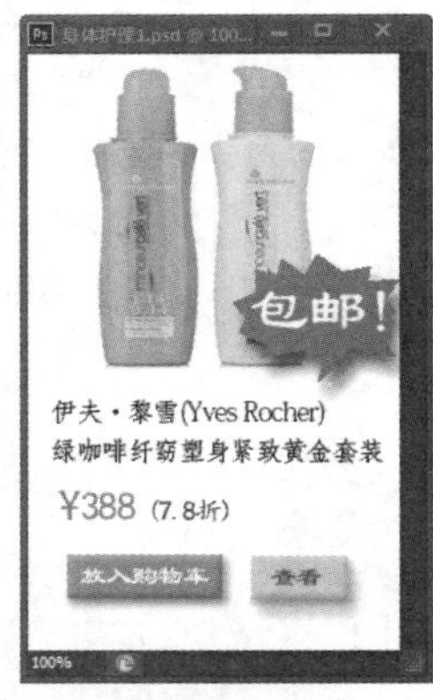

图 20-72　添加文字

注意

参照上述制作【身体护理 1】文件的步骤，可以制作其他正文中的产品模块，这里不再赘述。

20.5　设计网页页脚部分

一般网页的页脚部分与导航栏在设计风格上是一致的，其显示的主要内容为公司的介绍、友情联系等文字超级链接，设计网页页脚的具体操作步骤如下。

步骤1　打开已经制作好的网页导航栏，如图 20-73 所示。

图 20-73　打开导航栏文件

步骤2　在【图层】面板中选中玫红色矩形所在的图层并右击，在弹出的快捷菜单中选择【删除图层】命令，将其删除，如图 20-74 所示。

图 20-74　删除图层

步骤3　选中文档中各个文字，根据需要修改这些文字，最终的效果如图 20-75 所示。

图 20-75　修改文字

步骤4 新建一个图层，选择工具箱中的【直线工具】，在文件中绘制一条竖线，并填充为白色，如图 20-76 所示。

图 20-76　绘制一条竖线

步骤5 复制白色直线所在的图层，然后调整白色直线至合适位置，如图 20-77 所示。至此，网页的页脚就制作完成了，将其保存为 JPG 格式的文件即可。

图 20-77　完成页脚的制作

20.6　组合在线购物网页

当网页中需要的内容都设计完成后，下面就可以在 Photoshop 中组合网页了，其具体操作步骤如下。

步骤1 选择【文件】→【新建】菜单命令，打开【新建】对话框，在其中设置相关参数，如图 20-78 所示。

步骤2 单击【确定】按钮，创建一个空白文档，如图 20-79 所示。

步骤3 打开素材文件 Logo.jpg，使用【移动工具】将其移动到网页文档中，并调整 Logo 的位置，如图 20-80 所示。

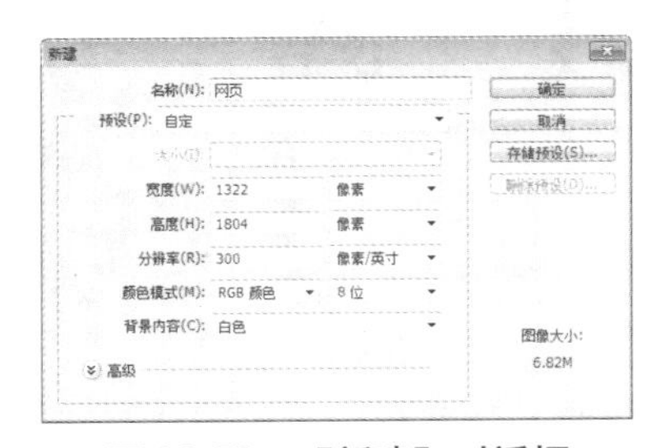

图 20-78　【新建】对话框

图 20-79　创建空白文档

图 20-80　打开并移动 Logo

步骤4 打开素材文件“导航栏.jpg”，使用【移动工具】将其移动到网页文档中，并调整导航栏至合适位置，如图 20-81 所示。

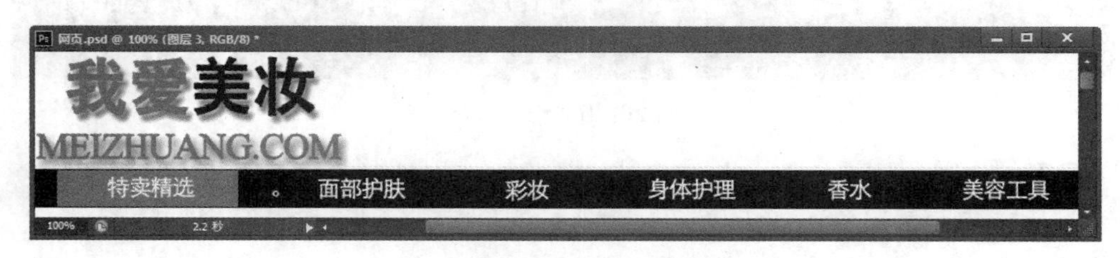

图 20-81 打开并移动导航栏

步骤5 打开素材文件 Banner.jpg，使用【移动工具】将其移动到网页文档中，并调整 Banner 至合适位置，如图 20-82 所示。

图 20-82 打开并移动 Banner

步骤6 打开素材文件“导航按钮 1.jpg”，使用【移动工具】将其移动到网页文档中，并调整【导航按钮 1】至合适位置，如图 20-83 所示。

图 20-83 打开并移动【导航按钮 1】

步骤7 打开素材文件“身体护肤 1.jpg”，使用【移动工具】将其移动到网页文档中，并调整【身体护肤 1】至合适位置，如图 20-84 所示。

图 20-84 打开并移动【身体护肤 1】

步骤8 选中【身体护肤 1】图片所在的图层，按 Alt 键，再使用【移动工具】拖动并复制该图片，然后调整至合适的位置，如图 20-85 所示。

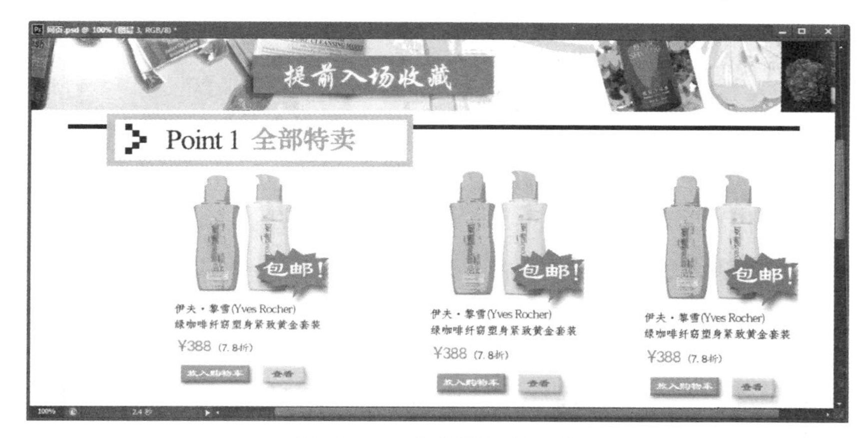

图 20-85 复制并调整图片

步骤9 使用相同的方式，添加Point 2区域中的产品信息，最终的效果如图20-86所示。

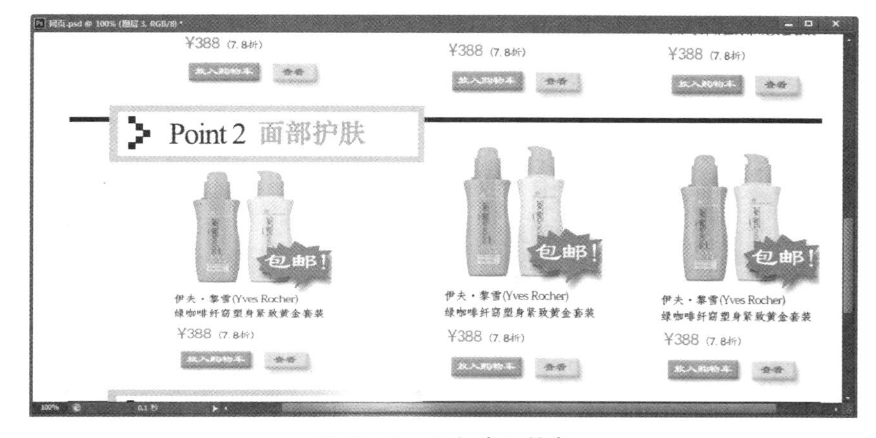

图 20-86 添加产品信息

步骤10 打开素材“页脚.jpg”文件，使用【移动工具】将其移动到网页文档中，并调整“页脚.jpg”至合适位置，如图20-87所示。至此就完成了在线购物网页的制作。

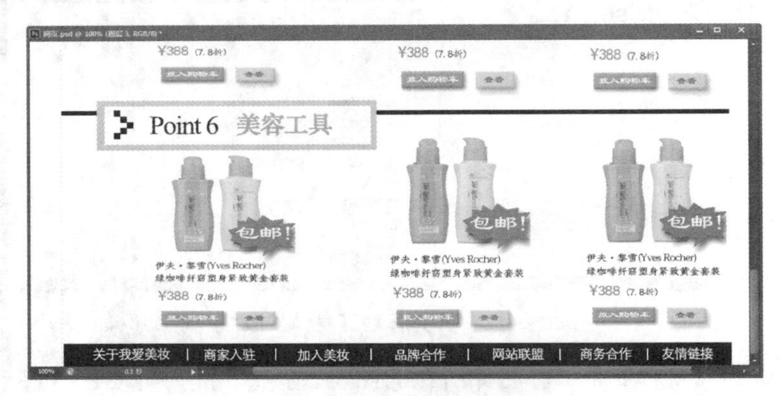

图 20-87 插入页脚文件

网页中的产品信息用户可以根据需要自行调整。

20.7 保存网页

网页制作完成后，下面就可以将其保存起来了。保存网页内容与保存其他格式的文件不同，保存网页的具体操作步骤如下。

步骤1 在Photoshop CS6工作界面中，选择【文件】→【存储为Web所用格式】菜单命令，弹出【存储为Web所用格式】对话框，根据需要设置相关参数，如图20-88所示。

步骤2 单击【存储】按钮，弹出【将优化结果存储为】对话框，设置文件保存的位置，单击【格式】右侧的下拉按钮，从弹出的下拉列表中选择【HTML和图像】选项，如图20-89所示。

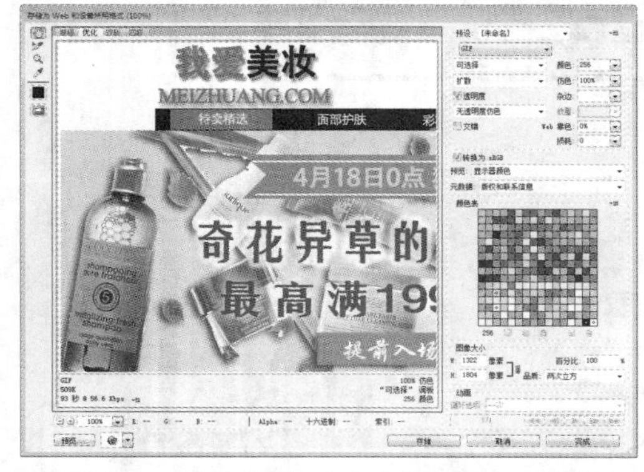

图 20-88 【存储为Web所用格式】对话框

图 20-89 【将优化结果存储为】对话框

步骤3 单击【保存】按钮，即可将“在线购物网页”以 HTML 和图像的格式保存起来，如图 20-90 所示。

步骤4 双击其中的“在线购物网页 .html”文件，即可在 IE 浏览器中打开在线购物网页，如图 20-91 所示。

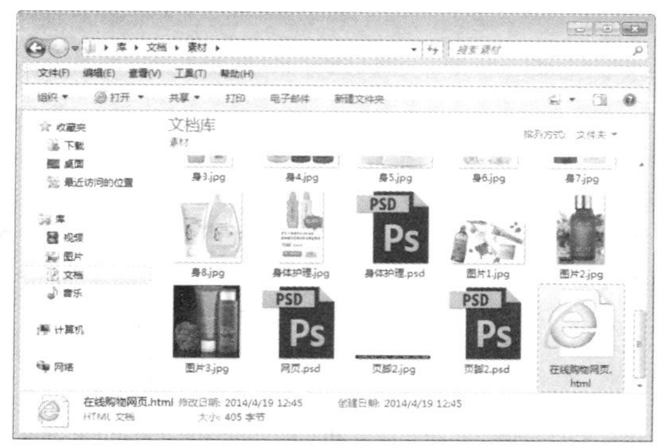

图 20-90　选择保存文件的位置

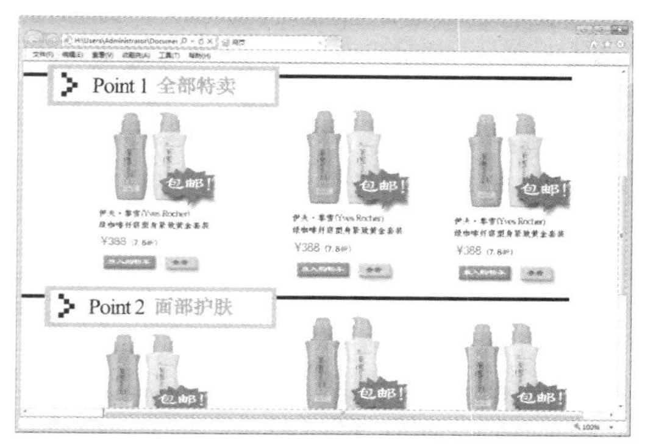

图 20-91　打开在线购物网页

20.8　对网页进行切片处理

在 Photoshop 中设计好的网页素材，一般还需要将其应用到 Dreamweaver 之中才能发布，为了符合网站的结构，就需要将设计好的网页进行切片，然后存储为 Web 和设备所用格式。对设计好的网页进行切片的具体操作步骤如下。

步骤1 单击【文件】→【打开】菜单命令，打开制作的在线购物网页，如图 20-92 所示。

步骤2 在工具箱中单击【切片工具】按钮，根据需要在网页中选择需要切割的图片，如图 20-93 所示。

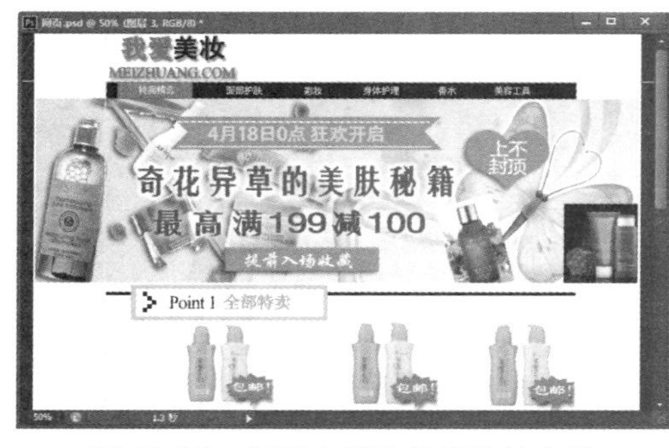

图 20-92　打开在线购物网站的文件

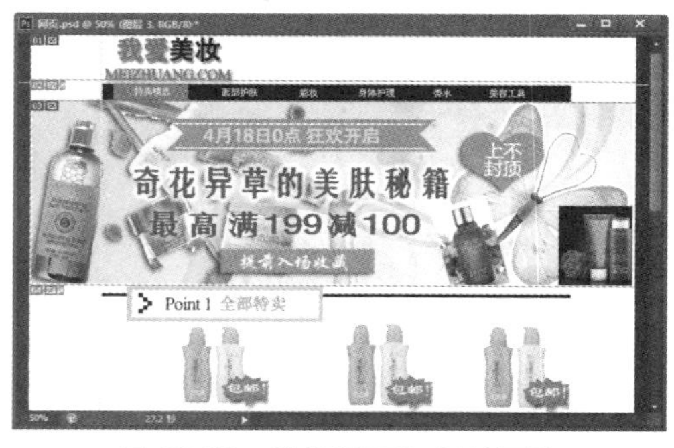

图 20-93　选择需要切割的图片

步骤3 单击【文件】→【存储为 Web 和设备所用格式】菜单命令，打开【存储为 Web 所用格式】对话框，在其中选中切片 1 中图像，如图 20-94 所示。

步骤4 单击【存储】按钮，即可打开【将优化结果存储为】对话框，单击【切片】后面的下三角按钮，从弹出的快捷菜单中选择【选中的切片】命令。如图 20-95 所示。

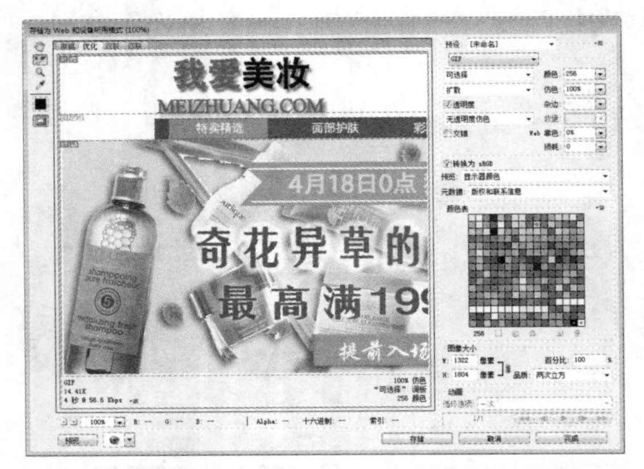

图 20-94 【存储为 Web 和设备所用格式】对话框

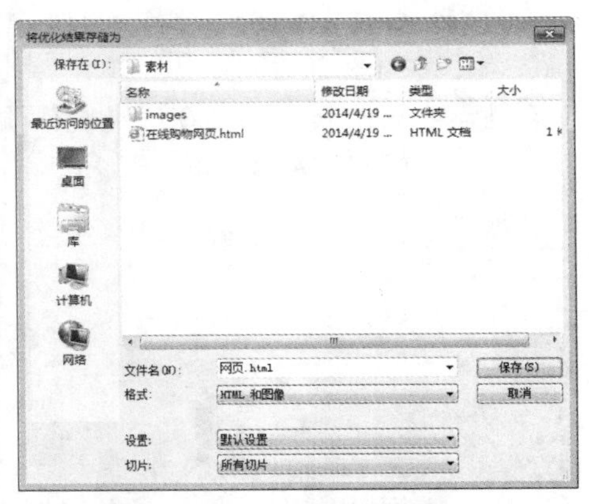

图 20-95 【将优化结果存储为】对话框

步骤5 单击【保存】按钮，即可将所有切片图像保存起来，如图 20-96 所示。

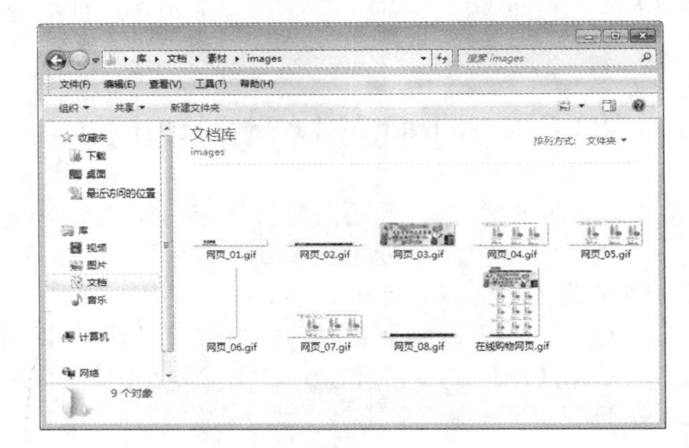

图 20-96 保存切片